엘러건트 유니버스

초끈이론과 숨겨진 차원, 그리고 궁극의 이론을 향한 탐구 여행

옮긴이 | **박병철**

1960년 서울에서 태어나 연세대학교 물리학과를 졸업하고 한국과학기술원(KAIST)에서 박사학위를 취득하였다. 현재는 대진대학교 물리학과 초빙교수이며, 여러 대학에서 물리학을 강의하면서 번역가로 활발히 활동하고 있다.
옮긴 책으로는 『파인만의 물리학 강의 Ⅰ, Ⅱ』, 『일반인을 위한 파인만의 QED 강의』, 『파인만의 여섯 가지 물리 이야기』, 『파인만의 또 다른 물리 이야기』, 『우주의 구조』, 『페르마의 마지막 정리』 등 20여 권이 있다.

Copyright ⓒ 1999 by Brian R. Greene
All rights reserved.
Korean translation copyright ⓒ 2002 by Seung San Publishers

이 책의 한국어판 저작권은 Brockman 에이전시와의 독점 계약으로
도서출판 승산이 소유합니다.
저작권법에 의하여 한국 내에서 보호를 받는 저작물이므로
무단 전재와 무단 복제를 금합니다.

엘러건트 유니버스

1판 1쇄 펴냄 | 2002년 3월 11일
1판 20쇄 펴냄 | 2022년 7월 1일
지은이 | 브라이언 그린
옮긴이 | 박병철
펴낸이 | 황승기
마케팅 | 송선경
디자인 | 코컴디자인
펴낸곳 | 도서출판 승산
등록일자 | 1998년 4월 2일
주소 | 서울시 강남구 역삼동 723번지 혜성빌딩 402호
전화 | 02)568-6111   팩스 | 02)568-6118
이메일 | books@seungsan.com

ISBN | 978-89-88907-28-3   03420

● 도서출판 승산은 좋은 책을 만들기 위해 언제나 독자의 소리에 귀를 기울이고 있습니다.

the elegant universe

엘러건트 유니버스

초끈이론과 숨겨진 차원, 그리고 궁극의 이론을 향한 탐구 여행

브라이언 그린 지음 | 박병철 옮김

승산

나의 어머니, 그리고 이미 고인이 되신
아버지의 영전에 무한한 사랑과 감사의 마음으로
이 책을 바칩니다.

"그린은 추상적인 물리학의 원리들을 생생하고
재미있는 언어로 명쾌하게 풀어냈다.
그는 끈이론의 아름다움에 매료된 학자로서, 그 속에 숨겨져 있는 진리를
논리적으로 규명하고, 그 결과를 독자들과 공유하기 위해 이 책을 집필하였다."
— Chicago Tribune

"사색적이면서도 결코 경시할 수 없는
교양과학 서적이다…
엘러건트 유니버스는 끈이론을 명쾌하게, 그리고 아름답게 설명해주고 있다.
그것은 한 학자의 개인적 연구담인 동시에 거대한 지성의 흐름이기도 하다."
— Scientific American

"끈이론은 스티븐 호킹이
블랙홀의 내부를 들여다 본 이후로 물리학계의 '뜨거운 감자'가 되었다…
그린은 이것을 누구나 이해할 수 있는 일상적 언어로 풀어내고 있다."
— San Francisco Chronicle

"그린은 끈이론의 원리를 일상적인 언어로
설명해내는 어렵고도 뜻 깊은 작업을 훌륭하게 완수했다.
이 책에는 끈이론이 제안하는 새로운 시공간의 구조가 영감어린 필체로
깔끔하게 소개되어 있다."
— New Scientist

"한마디로, 놀라운 책이다.
그린은 흥미진진한 학문(끈이론)을 생생한 삶의 현장으로 옮겨다 놓았다."
— Nature

"**브라이언 그린의 걸작으로**
남을 이 책은 최첨단의 끈이론을 설명한 최상의 교양과학 도서이다."
— London Morning Star

"**그린은 물리학이나 수학 용어를**
전혀 사용하지 않은 채로 방대한 양의 정보를 한 권의 책 속에 담아냈다.
이 책은 첨단 물리학의 백과사전으로도 전혀 손색이 없다…
이 책을 읽다 보면 그린의 열정과 흥분감에 동화되지 않을 수 없다."
— The Philadelphia Inquirer

"**너무나도 매혹적인… 훌륭한 업적이다…**
그린은 수학 방정식을 단 하나도 나열하지 않고 일상적인 언어만 사용하여,
물리학자들이 끈이론에 자신의 삶을 흔쾌히 바치는 이유를 설득력 있게
설명하고 있다… 그린의 책을 읽다 보면, 독자들은 지독하게 추상적인
끈이론을 편한 마음으로 대하게 될 것이며, 그것이 결코 좌시될 수 없는
심오한 이론임을 온 몸으로 느끼게 될 것이다."
— Sunday Telegraph(London)

"**그린은 지성과 위트,**
그리고 뛰어난 안목으로 이 한 권의 책을 완성하였다."
— Alan Lightman(Einstein's Dream의 저자), Havard Magazine

"**그린은 끈이론의 난해한 개념들을 멋진 비유로**
아름답게 풀어내고 있다. 엘러건트 유니버스는 정말로 읽을 만한 책이다…
아인슈타인이 살아있다면, 그도 이 책을 권했을 것이다."
— Discover Magazine

"브라이언 그린은…
끔찍하게 복잡한 끈이론을 모든 사람들이 이해할 수 있게 해준 물리학의
전도사이다. 그는 인간의 지각을 넘어선 고차원의 세계에서 진행되고 있는
물리적 현상들을 쉽고 재미있는 언어로 우리에게 이해시키고 있다."
— Publishers Weekly

"〈시간의 역사 A Brief History of Time〉 후에
이처럼 돌풍을 일으킨 책은 없었다."
— Sunday Times(London)

"브라이언 그린은 특유의 필체로 일반인들에게
최첨단 물리학을 전도하고 있다."
— The Christian Science Monitor

"우주론과 물리학의 최첨단에서 바라본 세상을
방정식 없이 훌륭하게 서술한 책"
— American Scientist

"그린은 최첨단의 과학적 개념들을
일반인들에게 풀어주는 훌륭한 재능을 갖고 있다. 이 책을 읽은 독자들은
그의 영감 어린 화술에 탄복할 것이다."
— Astronomy Magazine

"엘러건트 유니버스는
과학 분야의 명 고전들과 어깨를 나란히 할 만한 새로운 명작이다…
독자들은 이 한 권의 책으로 끈이론의 아름다움을 충분히 느낄 수 있을 것이다."
— The New York Times

"그린은 끈이론의 핵심 개념과 그 의미를
일반 독자들에게 알리기 위해 커다란 노력을 기울였다.
그는 복잡다단한 첨단 물리학의 세계를 한 권의 책에 담아내는
훌륭한 업적을 이루어냈다."
— Science News

| 서문 |

　알버트 아인슈타인 Albert Einstein은 자연계에 존재하는 모든 힘들(중력, 전자기력, 약력, 강력 : 옮긴이)을 하나의 통일된 원리로 설명하는 통일장이론unified field theory을 완성하기 위해, 생애의 마지막 30년 동안 혼신의 노력을 기울였다. 그는 이런 저런 실험 데이터를 논리적으로 설명하는 식의 과학적 사명감에 매여 있는 사람이 아니었다. '우주에 대한 이해가 깊어지면 전 우주를 지배하는 원리가 단순하고도 아름다운 형태로 그 모습을 드러낼 것이다.' — 아인슈타인이 가졌던 믿음은 바로 이것이었다. 그는 우주의 운영 원리를 과거 그 어느 때보다도 명쾌하게 규명하여 우주의 아름다움과 우아함을 온 세상에 알리고 싶었던 것이다.

　그러나 아인슈타인은 자신의 꿈을 이루지 못했다. 그가 살아있던 무렵에는 자연계에 존재하는 물질과 힘의 근본적인 성질들이 거의 알려지지 않았거나, 기껏해야 일부분만이 겨우 규명된 정도에 지나지 않았기 때문에, 어찌 보면 그는 시대를 잘못 타고난 불운한 학자였다고 볼 수도 있다. 아인슈타인이 세상을 떠난 후 지난 반세기 동안 물리학자들은 선배 학자들이 이루어놓은 수많은 발견들을 종합, 분석하여 우주의 원리를 이해할 수 있는 기틀을 마련했다. 통일장이론에 관하여 아인슈타인으로부터 물려받은 것이 거의 없는 지금, 물리학자들은 영감 어린 아이디어들을 매끄럽게 연결하여 자연계에서 일어나는 모든 현상들을 설명해줄 하나의 이론 체계를 만들어 냈다. 그 이론이 바로 초끈이론 Superstring Theory이며, 동시에 이 책의 주제이기도 하다.

　나는 물리학의 최전선에서 진행되고 있는 첨단의 연구 결과들을 사전 지식이 없는 (특히 수학과 물리학에 익숙하지 않은) 많은 독자들에게 소개하려는 목적으로 이 책을 집필했다. 나는 지난 몇 년 동안 일반청중들을 대상으로 초끈이론에 관한 강의를 계속 해왔는데, 당시 내 강의를 들었던 사람들은 물리학을 전공하지 않았음에도 불구하고, 최첨단의 이론물리학에 지대한 관심을 갖고 있었다. 그들은 우주의 기본 법칙들이 현재 어느 정도까지 밝혀졌으며 이 법칙들을 이해하기 위해 기존의 우주관을 얼마나 수정해야 하는지, 그리고 궁극의 이론으로 가는 길에 어떤 장애물이 가로놓여 있는지 등에 대하여 꽤 심오한 질문들을 던져왔다. 나는 아인슈타인과 하이젠베르크 W. Heisenberg의 업적에서 시작하여, 이들의 아이디어로부터 풍부한 수확을 거둔 오늘날에 이르기까지 이론물리학이 걸어온 발자취와 혁신적인 아이디어들을 이 책에 소개하여, 독자들의 궁금증을 풀어주고 사고의 깊이와 폭을 넓히는데 도움을 주고자 한다.

이 책은 과학적 기초 지식을 이미 갖춘 사람들에게도 도움이 될 수 있다. 과학 분야를 전공하고 있는 대학(원)생이나 교사들은 특수상대성이론과 일반상대성이론, 양자역학 등 통일장이론의 근간을 이루는 기본 개념들을 이 책을 통해 다시 한 번 확고하게 다질 수 있을 것이다. 나는 더욱 열성적인 독자들을 위해, 지난 10년 사이에 새롭게 알려진 사실들을 가능한 한 자세하게 설명하였다. 그리고 다른 과학 분야에 종사하고 있는 동료 학자들을 위해 '왜 초끈이론을 연구하는 이론물리학자들이 궁극의 이론을 찾는데 그토록 열성적인지'를 솔직하고 공정한 관점에서 설명하였다.

초끈이론은 상당히 넓은 분야를 포괄하고 있다. 현대물리학의 수많은 발견들이 초끈이론에서 비롯되었으며, 이 이론은 이론물리학의 희망봉인 통일장이론을 완성시켜줄 강력한 후보로 각광 받고 있다. 가장 큰 스케일의 우주에서부터 소립자의 미시세계에 이르기까지, 모든 영역에 적용되는 법칙들을 하나로 통일하는 것이 통일장이론의 최종 목표이기 때문에, 이 문제에 접근하는 방식도 다양할 수밖에 없다. 나는 여러 가지 경우를 심사숙고한 끝에, '시공간 spacetime에 대한 개념의 변화'에 초점을 맞추어 논리를 진행시켜 나가기로 했다. 독자들은 이런 식의 접근법을 통해 새로운 통찰력을 키울 수 있을 것이다. 아인슈타인은 시간과 공간이 기존의 관념과는 전혀 다른 양식으로 행동한다는 놀라운 사실을 밝혀냈다. 그리고 지금의 물리학자들은 아인슈타인이 알아낸 사실들을 양자역학과 결합시키는 과정에서, 기하학적으로 복잡하게 얽혀있는 '숨겨진 차원 hidden dimensions'들이 우주의 비밀을 풀어줄 열쇠임을 알게 되었다. 물론 개중에는 차원의 구조가 너무 복잡하여 이해할 수 없는 것도 있지만, 비슷한 성질들을 순차적으로 유추해 나가다 보면 결국에는 그 실체가 드러날 것이다. 그리고 우리가 이러한 아이디어들을 모두 이해하게 되면 기존의 사고방식과는 전혀 다른 혁명적인 개념의 우주관이 새롭게 탄생할 것이다.

나는 이 책에서 현대의 과학자들이 갖고 있는 우주관을 설명할 때, 독자들의 직관적인 이해를 돕기 위해 비유적이고 은유적인 표현을 종종 사용하긴 했지만, 과학적 논리에서 크게 벗어나지 않으려고 꽤 많은 주의를 기울였다. 또한 독자들의 혼란을 피하기 위해 전문 용어와 수식의 사용을 가능한 한 억제하였다. 제 4부의 일부 내용들(가장 최근에 알려진 사실들)은 이 책의 다른 부분들보다 다소 추상적으로 느껴질 수도 있는데, 내용이 자신의 취향에 맞지 않는 독자들은 대충 읽고 넘어가거나 아예 건너뛰어도 전반적인 이해에는 별로 지장이 없을 것이다. 본문에 나오는 주요 용어들은 책의 뒷부분에 있는 용어 해설에 자세한 설명을 첨부하여 독자들의 이해를 도왔다. 또 책의 뒷부분에 달려있는 후주는 읽지 않고 넘어가도 큰 지장은 없지만 본문에서 대충 설명한 내용들을 더욱 자세하고 분명하게 풀이하였으므로 열성을 가진 독자들에게는 커다란 도움이 될 것이다.

나는 이 책을 집필하면서 여러 사람들로부터 많은 도움을 받았다. 다비드 스타인하르트 David Steinbardt는 원고를 꼼꼼하게 읽어주고 편집에 관하여 날카로운 조언을 해주는 등 나에게 끊임없이 용기를 불어넣어 주었다. 데이빗 모리슨 David Morrison과 켄 바인버그 Ken Vineberg, 라파엘 카스퍼 Raphael Kasper, 니콜라스 볼레즈 Nicholas Boles, 스티븐 칼립 Steven Carlip, 아서 그린스푼 Arthur Greenspoon, 데이빗 머민 David Mermin, 마이클 뽀뽀위츠 Michael Popowits, 그리고 샤니 오픈 Shani Offen은 내 원고를 여러 차례 수정하여 매끈한 글로 다듬어 주었다. 또 폴 아스핀월 Paul Aspinwall과 퍼시스 드렐 Persis Drell, 마이클 더프 Michael Duff, 쿠르트 고트프리트 Kurt Gottfried, 조슈아 그린 Joshua Greene, 테디 제퍼슨 Teddy Jefferson, 마르크 카미온코프스키 Marc Kamionkowski, 야코프 칸터 Yakov Kanter, 안드라스 코박스 Andras Kovacs, 데이빗 리 David Lee, 미간 맥이웬 Megan McEwen, 나리 미스트리 Nari Mistry, 하산 파담시 Hasan Padamsee, 로넨 플리서 Ronen Plesser, 마시모 포라티 Masimo Poratti, 프레드 셰리 Fred Sherry, 라스 스트래터 Lars Straeter, 스티븐 스트로가츠 Steven Strogatz, 앤드류 스트로밍거 Andrew Strominger, 헨리 타이 Henry Tye,

쿰룬 바파 Cumrun Vafa, 그리고 가브리엘레 베네치아노 Gabriele Veneziano는 원고의 전체, 또는 일부를 읽어주고 조언과 격려를 아끼지 않았다. 특히 집필 초기부터 수시로 접해왔던 라파엘 군너 Raphael Gunner의 날카로운 비평은 이 책의 전반적인 형태를 결정하는데 지대한 도움이 되었으며, 로버트 말리 Robert Malley는 내 머릿속에 어지럽게 담겨져 있던 생각들이 종이 위에 글로 표현될 수 있도록 끊임없이 나를 격려해 주었다. 스티븐 와인버그 Steven Weinberg와 시드니 콜먼 Sidney Coleman도 내게 값진 조언과 도움을 주었고, 캐롤 아처 Carol Archer, 빅키 카슨스 Vicky Carstens, 데이빗 캐슬 David Cassel, 앤 코일 Anne Coyle, 마이클 던컨 Michael Duncan, 제인 포먼 Jane Forman, 웬디 그린 Wendy Greene, 수잔 그린 Susan Greene, 에릭 젠드레센 Erik Jendresen, 그레이 카스 Gray Kass, 시바 쿠마르 Shiva Kumar, 로버트 머휘니 Robert Mawhinney, 팸 모어하우스 Pam Morehouse, 피에르 라몽 Pierre Ramond, 아만다 샐리스 Amanda Salles, 그리고 이에로 시몬첼리 Eero Simoncelli에게도 깊은 감사를 전하고 싶다. 또 코스타스 엡티미우 Costas Efthimiou는 사실 확인과 참고 문헌을 찾는 작업을 도와주었을 뿐만 아니라, 내가 어설프게 그린 그림이 톰 록웰 Tom Rockwell의 멋진 그림으로 재탄생하게 해주었다. 그리고 본문에 게재된 몇 가지 특별한 그림들을 준비해준 앤드류 한슨 Andrew Hanson과 짐 세스나 Jim Sethna에게도 깊은 감사를 드린다.

    그동안 나와의 인터뷰에 응해주고 여러 가지 토픽들에 대하여 개인적인 관점과 전망을 피력해준 하워드 조지 Howard Georgi와 셸던 글래쇼 Sheldon Glashow, 마이클 그린 Michael Green, 존 슈바르츠 John

Schwarz, 존 휠러 John Wheeler, 에드워드 위튼 Edward Witten, 앤드류 스트로밍거 Andrew Strominger, 쿰룬 바파 Cumrun Vafa, 그리고 가브리엘레 베네치아노 Gabriele Veneziano에게 진심으로 고맙다는 말을 전하고 싶다.

안젤라 폰 데어 리페 Angela Von der Lippe는 영감 어린 조언으로 이 책의 질을 높여주었고, 트레이시 나글 Traci Nagle과 노턴 W.W.Norton의 편집장은 나의 엉성한 문장을 깔끔하게 다듬어 주었다. 또 나의 출판 대리인인 존 브로크만 John Brockman과 카틴카 맷슨 Katinka Matson은 이 책을 처음 기획할 때부터 책으로 나올 때까지 모든 과정을 능숙하게 인도해 주었다.

지난 15년간 나의 연구 활동을 지원해준 미국 국립 과학 재단 National Science Foundation과 알프레드 슬로언 재단 Alfred P. Sloan Foundation, 그리고 미국 에너지 관리국에도 깊은 감사를 드린다. 사실, 이 책에 도움을 준 사람들을 모두 열거하자면 한도 끝도 없다. 초끈이론을 제안하고 발전시킨 모든 물리학자들에게도 일일이 감사의 말을 전해야할 것이다. 그러나 감사의 글이 길어지면 독자들이 지루해질 것이므로 본문 중에 그들의 이름을 소개하는 것으로 대신하고자 한다. 내용의 한계상 이 책에서 이름과 연구 업적이 언급되지 않은 학자 여러분들께는 죄송하다는 말을 전하고 싶다.

마지막으로, 나에게 변함없는 사랑과 도움을 준 엘렌 아처 Ellen Archer에게 마음속으로부터 깊은 감사를 드린다. 그녀의 도움이 없었다면 이 책은 세상 빛을 보지 못했을 것이다.

Contents

1부 지식의 변두리에서

제1장 끈 String으로 단단히 묶다 | 021

2부 시간과 공간, 그리고 양자의 딜레마

제2장 시간과 공간, 그리고 관찰자의 눈 | 049
제3장 뒤틀림 Warps과 굴곡 ripples | 095
제4장 불가사의한 미시세계 | 143
제5장 새로운 이론의 필요성이 대두되다 | 193
: 일반상대성이론 대 양자역학

3부 우주의 교향곡

제6장 그것은 그냥 음악일 뿐이다 | 215
: 초끈이론 Superstring Theory의 본질
제7장 초끈 Superstring의 '초 Super'란 과연 무슨 뜻인가? | 256
제8장 눈에 보이는 것 이상의 차원을 찾아서 | 281
제9장 실험적 증거들 | 315

4부 끈이론과 시공간의 구조

제10장 양자기하학 Quantum Geometry | 341
제11장 공간찢기 Tearing the Fabric of Space | 381
제12장 끈이론 이상의 이론 : M-이론 M-Theory을 찾아서 | 407
제13장 끈/M-이론의 관점에서 본 블랙홀 | 455
제14장 우주론 Cosmology | 488

5부 21세기 통일이론

제15장 앞으로의 전망 | 525

후주 | 545
용어해설 | 568
역자후기 | 581
색인 | 585

1부

지식의 변두리에서

the elegant universe

"무언가를 전문용어 없이 일상적인 언어로 설명할 수 없다면,
그것은 당신이 그 문제를 제대로 이해하지 못했다는 증거다."
— **어니스트 러더포드** *Ernest Rutherford*

제1장
끈 String으로 단단히 묶다

지난 반세기 동안 인류의 과학은 역사상 전례를 찾아볼 수 없을 정도로 눈부신 발전을 이루었다. 그러나 이렇게 풍성한 수확을 거두는 와중에, 물리학자들은 멀리 보이는 지평선 위에 먹구름이 소리 없이 퍼져가고 있다는 사실을 알고 있었다. 그 먹구름의 정체는 바로 다음과 같은 것이었다. 현대물리학은 두 개의 커다란 기둥에 의해 그 체계가 유지되고 있다. 하나는 방대한 스케일의 우주를 설명해주는 이론, 즉 아인슈타인의 일반상대성이론 general relativity으로, 별과 은하, 성단 등 광활한 우주에서 일어나는 현상들을 이해할 수 있는 이론적 기틀을 마련해 주었다. 그리고 다른 하나의 기둥은 분자와 원자를 비롯하여 그 내부에 존재하는 전자, 쿼크 quark 등의 소립자 세계를 설명해주는 양자역학 quantum mechanics이다. 물리학자들은 다년간의 연구를 통해 이 두 개의 이론에 의해 예견되는 물리량들이 실제 실험에서 얻은 관측 결과와 기가 막힐 정도로 잘 일치한다는 사실을 알아냈다. 그러나 일반상대성이론과 양자역학은 우리에게 너무나도 어려운 화두를 던져주었다. 각자의 분야에서는 의심의 여지가 전혀 없이 잘 들어맞는 이 두 개의 이론들이 '서로 양립할 수 없다'는 것이다! 지난 100년 동안 물질의 미세 구조부터 우주의 법칙에 이르기까지 수많은 사실들이 이 두 개의 이론에 의해 밝혀졌음에도 불구하고, 일반상대성이론과 양자역학은 아직도 물과 기름처럼 별개로 존재하고 있다.

일반상대론과 양자역학이 이렇게 대립 관계에 있다는 것을 처음 들은 독자들은 당연히 그 이유가 궁금할 것이다. 대답은 간단하다. 그동안 물리학자들은 작고 가벼운 대상(원자와 그 구성 입자들)만을 연구하거나 크고 무거운 대상(별과 은하 등)만을 연구 대상으로 삼았을 뿐, 이 두 가지를 동시에 고려해본 적이 없었다. 따라서 물리학자들은 양자역학과 일반상대성이론 중 한 쪽에 집중적으로 매달리면서, 다른 쪽에서 들려오는 경고성 메시지를 애써 무시해왔던 것이다.

그러나 우주는 양쪽 극단의 성질들을 동시에 가질 수도 있다. 블랙홀의 중심부에는 엄청난 질량이 아주 작은 공간 속에 밀집되어 있다. 빅뱅 big bang이 일어나기 직전에 우주는 모래알 하나 정도의 크기에 불과했다. 이것은 극미의 영역에 거대한 질량이 상상을 초월할 만큼 압축되어 있는 상태이므로, 미시세계의 양자역학과 거시세계의 일반상대성이론이 동시에 적용되어야 올바른 답을 얻을 수 있을 것이다. 그런데 일반상대성이론과 양자역학의 방정식들을 한데 엮어놓으면 마치 한계 속도를 초과한 자동차처럼 이리저리 흔들리고 덜컥거리면서 김을 뿜어내기 시작한다. 대체 왜 그럴까? — 그 이유는 이 책을 읽으면서 차차 명확해질 것이다. 개개의 방정식들은 자연과 우주의 현상들을 매우 정확하게 서술하고 있는데, 이들을 강제로 섞어놓으면 말도 안 되는 결과들이 튀어나오는 것이다. 블랙홀의 내부와 우주의 초창기에 관한 의문들을 더 이상 문제삼지 않는다 해도, 양자역학과 일반상대성이론은 도처에서 충돌을 일으키고 있다. 과연 거시적 우주와 미시적 우주는 서로 다른 법칙의 지배를 받고 있는 것일까?

유서 깊은 양자역학이나 일반상대성이론과 비유하자면 신출내기나 다름없는 초끈이론은, 이 질문에 단호히 "아니요!"라고 대답하고 있다. 지난 10여 년간 이 분야를 집중적으로 연구해온 물리학자와 수학자들은 '가장 근본적인 단계에서 만물의 섭리를 서술하는' 초끈이론이야말로, 일반상대성이론과 양자역학 사이의 대립 관계를 해소시켜줄 가장 강력한 후보라고 힘주어 강조하고 있다. 사실, 초끈이론이 할 수 있는 일은 이뿐만이 아니다. 초끈이론의 체계를 그대로 따라가다 보면, 일반상대성이론과 양자역학은 하나로 합쳐져야만 올바른 이론이 될 수 있다는 놀라운 사실이 자연스럽게 유도된다. 이 두 개의 이론은 '합쳐져서 나쁠 것 없는' 별개의 이론이 아니라, '반드시 합쳐져야 하고, 또 필연적으로 합쳐질 수밖에 없는' 불가분의 이론들이라는 것이다.

이 정도만 해도 꽤 희망적이다. 그러나 초끈이론(줄여서 끈이론 string theory이라고도 한다)은 최종 목적지를 향해 이미 커다란 일보를 내디뎠다. 아인슈타인은 자연계에 존재하는 모든 힘들과 모든 물질의 구성 요소들을 하나의 통일된 체계로 이해하기 위해 30년 동안 고민하다가 결국 해답을 얻지 못한 채 후배들에게 바통을 넘겨주었다. 그 후 세월이 흘러 새 천년을 눈앞에 둔 지금(번역 과정을 거치면서 이미 새 천년이 밝아버렸다 : 옮긴이), 초끈이론을 지지하는 학자들은 통일장이론의 실마리를 잡았다고 굳게 믿고 있다. 초끈이론은 이 우주 안에서 일어나고 있는 모든 신비한 현상들 — 정신없이 촐싹거리는 원자 내부의 쿼크 quark(양성자와 중성자의 구성 입자로 알려진 소립자의 일종으로, 3개의 쿼크가 모여 양성자나 중성자를 이루며, 혼자 돌아다니는 경우는 아직 발견된 적이 없다 : 옮긴이)에서 시작하여 장엄한 춤을 추면서 궤도를 돌고 있는 연성계 蓮星界에 이르기까지, 그리고 태초에 존재했던 한 점 크기의 우주에서부터 하늘에서 소용돌이 치고 있는 방대한 은하에 이르기까지, 우주에 속한 모든 만물과 모든 현상들은 하나의 커다란 원리, 즉 우주 전체를 대변하는 단 하나의 방정식으로 설명될 수 있다는 것이다.

초끈이론은 시공간과 물질의 근원을 기존과는 전혀 다른 시각에서 바라보기 때문에, 우리가 이 이론을 별 불편 없이 받아들이려면 어느 정도 시간이 지나야할 것이다. 그러나 앞으로 이 책을 읽으면서 차츰 분명해지겠지만, 이론적 배경과 주된 논리를 숙지한 상태에서 바라보면, 초끈이론은 지난 100년 동안 익을 대로 익은 물리학이 드디어 터지면서 탄생한 20세기 물리학의 결정체, 바로 그 자체이다. 사실 지난 한 세기를 돌아볼 때 두 개의 이론이 서로 충돌하는 사건은 양자역학과 일반상대성이론이 처음이 아니었다. 이것은 세 번째로 일어난 충돌이었다. 그리고 물리학자들은 앞서 일어났던 두 번의 충돌 사건을 해결하면서 기존의 우주관을 대대적으로 수정해야 했다.

세 번의 충돌 사건

첫 번째 충돌 사건은 18세기 후반에 빛의 이상한 성질로부터 발생하였다. 뉴턴 Isaac Newton의 운동 법칙에 의하면 운동하는 두 물체의 상대 속도는 각각의 속도를 더하거나(진행 방향이 반대일 경우) 뺌으로써 구해진다(진행 방향이 같은 경우). 따라서 당신이 무슨 수단을 쓰건 충분히 빠른 속도로 달릴 수만 있다면 당신은 멀어져가는 빛(광선)을 얼마든지 따라잡을 수 있다. 그러나 맥스웰 James Clerk Maxwell의 전자기 법칙에 의하면 아무리 빨리 달려도 빛을 따라잡는 것은 불가능하다. 앞으로 이 책의 2장에서 다루게 되겠지만, 아인슈타인은 특수상대성이론으로 이 문제를 해결하였으며, 그 결과로 우리는 시간과 공간의 개념을 기본 바닥부터 송두리째 바꿔야했다. 시간과 공간은 모든 사람들에게 동일하게 느껴지는 '절대적인' 물리량이 아니라, 개개인의 운동 상태에 따라 구조와 외형이 고무줄처럼 변형되는 '상대적인' 물리량이었던 것이다.

특수상대성이론이 알려지면서 곧바로 **두 번째** 충돌 사건이 발생했다. 아인슈타인이 얻어낸 결론들 중에는 '이 우주 내에 존재하는 그 무엇도 빛보다 빨리 이동할 수 없다'는 내용이 포함되어 있었다. 그런데 뉴턴의 만유인력, 즉 중력의 법칙에 의하면 질량을 가진 물체가 다른 물체에게 중력을 행사하는 데에는 '전혀 시간이 소요되지 않는다'(예를 들어, 아무 것도 없는 우주공간에 질량을 가진 물체 A를 갖다 놓고 잠시 기다렸다가 멀리 떨어진 곳에 또 다른 물체 B를 잽싸게 갖다 놓는다면, B가 A의 중력을 느낄 때까지 시간이 얼마나 걸릴까? 뉴턴은 'B를 갖다 놓는 즉시' A의 중력을 느낀다고 생각했다. 이것은 논리적 사고의 결과라기보다는, 직관이 수용할 수 있는 한도 내에서 더 이상 문제를 복잡하게 만들기 싫었기 때문에 어쩔 수 없이 내려진 결론이다 : 옮긴이) 이 충돌을 해결한 사람도 역시 아인슈타인이었다. 그는 1915년에 중력을 새로운 개념으로 이해하는 일반상대성이론을 발표했다. 특수상대성이론이 시간과 공간에 대한 기존의 관념을 뒤집어엎었던 것처럼, 일반상대성이론도 중력의 개념에 일대 혁명을 일으켰다. 이제 시간과 공간은 관측자의 운동 상태에 영향을 받을 뿐만 아니라, 물질이나 에너지가 존재하는 곳에서는 뒤틀리고 휘어질 수도 있는, 참으로 난해한 물리량이 되었다. 뒤에서 다시 논하게 되겠지만, 시공간의 이러한 왜곡 현상은 한 지점에서 다른 지점으로 중력이 전달되는 수단으로 작용한다. 따라서 시간과 공간은 우주의 사건들이 진행되는 '무대 배경'이 아니라, 사건들과 어우러져 함께 우주의 스토리를 만들어가는 어엿한 배우였던 것이다.

충돌 → 해결 → 혁명으로 이어지는 이러한 일련의 과정은 또 한번 반복되었다. 일반상대성이론이 기존의 문제를 해결하면서 또 하나의 문제를 야기시킨 것이다. 1900년부터 시작하여 약 30년 동안 물리학자들은 미시세계에 적용되는 양자역학을 발전시켰는데, 이것이 일반상대성이론과 **세 번째** 심각한 충돌을 일으키고 말았다. 앞으로 5장에서 구체적으로 다루게 되겠지만, 일반상대성이론에 의해 기하학적으로 매끄럽게 휘어진 공간은 양자역학이 예견하는 혼란스러운 미시세계와 정면으로 상충된다. 1980년대 중반에 끈이론이 해결책을 제시한 후, 이 문제는 현대물리학의 최대 화두가 되었다. 게다가 초끈이론은 특수 및 일반상대성이론에 의해 대대적인 수정이 가해진 시공간의 개념을 또다시 갈아 치웠다. 예를 들어, 우리들은 이 우주가 3차원 공간으로 이루어져 있다는 것을 당연하게 받아들이고 있지만, 끈이론에 의하면 우리가 살고 있는 공간은 이보다 훨씬 더 높은 차원을 갖고 있다. 그런데 이 여분의 차원이 미세한 영역 안에 단단히 꼬인 채로 숨어 있기 때문에 눈으로 감지되지 않는다는 것이다. 차원이란, 시공간의 구조와 특성을 담고 있는 가장 기본적인 물리량이므로, 이 문제가 명확하게 밝혀지면 다른 의문들도 자연스럽게 풀릴 것이다. 사실 끈이론은 아인슈타인의 상대성이론 후에 다시 대두된 '시공간의 이론'이다.

끈이론의 내용을 좀더 정확하게 파악하기 위해, 지난 한 세기 동안 물리학이 밝혀낸 미시세계의 성질을 간단히 살펴보기로 하자.

극미의 우주 : 물질에 대해 우리가 알고 있는 것들

고대 그리스인들은 이 우주가 원자 atom라는 '더 이상 자를 수 없는' 미세한 구성 원소로 이루어져 있다고 생각했다. 수십 개에 불과한 알파벳으로부터 방대한 양의 영어 단어가 만들어지는 것처럼, 그들은 몇 종류의 원자들이 다양한 조합으로 결합하여 이토록 방대하고 다양한 물질세계가 형성되었다고 생각했던 것이다. 그들의 생각은 전적으로 옳았다. 그로부터 2000년이 지난 지금, 최소 단위의 구성 원소에 대한 개념은 많은 변화를 겪었지만, 고대 그리스인들이 세웠던 물질관은 여전히 진리로 받아들여지고 있다. 19세기의 과학자들은 산소나 탄소 등과 같이 일상생활 속에서 흔히 접하는 물질들이 아주 미세한 (그러나 감지될 수 있는) 최소 단위의 구성 요소들로 이루어져 있다는 사실을 발견하고는, 여기에 그리스인들로부터 물려받은 '원자'라는 이름을 붙였다. 그러나 나중에 알고 보니 이 원자라는 것이 더 이상 세분될 수 없는 최소 단위가 아니었다. 1930년대 초반에 이르는 동안 톰슨 J. J. Thomson과 러더포드 Ernest Rutherford, 보어 Niels Bohr, 맥스웰, 그리고 채드윅 James Chadwick 등의 연구 결과가 순차적으로 발표되면서 원자의 내부가 태양계와 비슷한 구조로 되어있다는 사실이 알려지게 되었다. 원자는 물질의 최소 단위가 아니라 양성자와 중성자로 이루어진 원자핵을 중심으로 하여 주변에 전자들이 어지럽게 돌아다니고 있는 복합체였던 것이다.

이후로 한동안 물리학자들은 양성자와 중성자, 그리고 전자가 바로 그리스인들이 생각했던 최소 단위, 즉 '원자'일 것이라고 생각했다. 그러나 1968년에 스탠포드 선형 가속기 센터 Stanford Linear Accelerator Center에서 물질의 미세 구조를 연구하던 중 양성자와 중성자조차도 물질의 최소 단위가 아니라는 충격적인 사실이 밝혀졌다. 실험결과에 의하면 하나의 핵자(양성자 또는 중성자)는 3개의 소립자로 이루어져 있는데, 이 소립자에는 '쿼크 quark'라는 괴상한 이름이 붙여졌다. 이는 쿼크의 존재를 미리 예견했던 머리 겔만 Murray Gell-Mann이 아일랜드의 소설가 제임스 조이스 James Joyce의 《피니건의 경야(經夜, *Finnegan's Wake*)》라는 소설에서 눈에 띄는 단어 하나를 따다가 명명한 것이다. 당시에는 두 가지 형태의 쿼크만이 발견되어 '업 쿼크 up-quark'와 '다운 쿼크 down-quark'라는 이름으로 구별하였다. 양성자는 두 개의 업 쿼크와 하나의 다운 쿼크로 이루어져 있으며, 중성자는 두 개의 다운 쿼크와 하나의 업 쿼크로 이루어져 있다.

  이 우주 안에 산재해 있는 모든 물질들은 업 쿼크와 다운 쿼크, 그리고 전자 electron로 이루어져 있는 것처럼 보인다. 그리고 이 소립자들을 더 작은 단위로 쪼갤 수 있다는 실험적 증거는 아직 발견되지 않았다. 그러나 실험실에서 얻어진 결과들을 종합해볼 때, 우주에는 이들 이외에 다른 소립자들이 반드시 존재해야 한다. 1950년대 중반에 프레데릭 라인스 Frederick Reins와 클라이드 코완 Clyde Cowan은 네 번째 소립자를 발견하는데 성공했다. 이 입자는 1930년대 초반에 볼프강 파울리 Wolfgang Pauli가 그 존재를 미리 예견했던 '뉴트리노 neutrino'였다. 뉴트리노는 다른 물질과 상호 작용을 거의 하지 않는 유령 같은 성질을 갖고 있기 때문에 관측하기가 매우 어렵다. 평균치 정도의 에너지를 갖고 있는 뉴트리노는 수 조(10^{12}) 마일 두께의 납덩이를 가볍게 통과할 정도로 투과력이 강하다. 이것은 다른 한편으로 생각하면 매우 다행스런 일이기도 하다. 지금 당신이 이 책을 읽고 있는 순간에도 태양에서 날아온 수십 억 개의 뉴트리노들이 당신의 몸을 관통하고 있기 때문이다. 물론 이들은 지구도 가볍게 통과하여 우주 저편을 향해 고독한 여행을 계속 한다. 1930년대 후반에는 '뮤온'(muon, 전자보다 200배가량 무겁다는 것만 빼고는 모든 성질이 전자와 동일하다)이라는 소립자가 우주선(cosmic ray, 외부에서 지구로 쏟아져 내리는 입자들)을 연구하던 한 물리학자에 의해 발견되었다. 그런데 자연계에는 왜 이런 입자들이 존재하는 것일까? 뮤온의 존재 이유를 알 수 없었던 발견자 — 이시도르 아이삭 래비 Isidor Isaac Rabi는 이 공로로 노벨상을 받고서도 궁금증을 떨쳐버릴 수가 없었다. "대체 이런 질서가 왜 필요한 것일까?" 이유는 알 수 없지만 뮤온은 분명히 존재하고 있었다. 그리고 자연계에 존재하는 소립자는 이들뿐만이 아니었다.

그 후로 물리학자들은 더욱 강력한 기구를 발명하여, 빅뱅 이후로 한 번도 도달한 적이 없는 초고에너지 상태를 순간적으로나마 만들 수 있게 되었다. 그들은 이러한 환경 속에서 입자의 족보에 새롭게 추가될 새로운 소립자들을 하나씩 찾아나갔다. 지금까지 알려진 입자의 명단은 다음과 같다 — 네 종류의 쿼크가 추가로 발견되었고(참 charm, 스트레인지 strange, 바텀 bottom, 탑 top) 전자와 사촌지간이면서 큰 질량을 가진 타우 tau 입자, 그리고 뉴트리노와 성질이 비슷한 두 개의 입자(원조 뉴트리노와 구별하기 위해 뮤온-뉴트리노 muon neutrino와 타우-뉴트리노 tau-neutrino로 명명되었다. 라인스와 코완이 발견했던 원조 뉴트리노는 '전자-뉴트리노 electron-neutrino'라고 불린다)가 발견되었다. 이 입자들은 고에너지 충돌 과정에서 탄생했다가 순식간에 사라져 버린다. 즉, 이들은 우리 주변의 일상적인 물질들을 이루는 구성 요소가 아닌 것이다. 소립자의 족보는 여기서 끝나지 않는다. 모든 입자들은 자신의 파트너인 반입자 antiparticle를 가지고 있다. 반입자란 질량은 같으면서 다른 성질들(전기 전하나 기타 다른 힘의 근원이 되는 전하량)이 정반대인 입자를 말한다. 예를 들어, 전자의 반입자는 양전자 positron로서, 질량은 전자와 정확하게 같지만 전자와 정반대인 +1의 전하를 갖고 있다(전자의 전하량은 -1.6×10^{-19} 쿨롱인데, 물리학자들은 계산상의 편의를 위해 이 값을 흔히 -1로 취급하고 있다 : 옮긴이). 입자와 반입자가 만나면 에너지를 방출하면서 사라져 버린다. 바로 이러한 이유 때문에 우리 주변에는 반입자가 거의 존재하지 않는 것이다.

물리학자들은 소립자의 목록을 분석한 끝에 표 1.1과 같은 패턴을 발견하였다. 소립자들은 소위 '입자족(族, family)'이라고 불리는 세 개의 그룹으로 깔끔하게 분류될 수 있다. 각각의 족에는 두 종류의 쿼크와 전자 계열의 입자 중 하나, 그리고 뉴트리노 타입의 입자 하나가 포함되어 있다. 세 개의 입자족에서 같은 위치에 있는 입자들(예를 들면 전자와 뮤온, 그리고 타우 입자)은 질량을 제외하고는 모든 면에서 동일

입자족 1		입자족 2		입자족 3	
입자	질량	입자	질량	입자	질량
전자 (electron)	0.00054	뮤온 (muon)	0.11	타우 (tau)	1.9
전자-뉴트리노 (electron-neutrino)	$< 10^{-8}$	뮤온-뉴트리노 (muon-neutrino)	< 0.0003	타우-뉴트리노 (tau-neutrino)	< 0.033
업-쿼크 (up-quark)	0.0047	참 쿼크 (charm quark)	1.6	탑-쿼크 (top-quark)	189
다운-쿼크 (down-quark)	0.0074	스트레인지 쿼크 (strange quark)	0.16	바탐-쿼크 (bottom-quark)	5.2

표 1.1 3종류의 입자족 명단과 질량(양성자의 질량을 1로 간주함).
뉴트리노의 질량은 정확하게 알 수 있는 방법이 아직 없다.

한 성질을 갖고 있다. 질량은 표 1.1에서 보는 바와 같이 오른쪽으로 갈수록 증가한다. 결국 물리학자들은 10억×10억 분의 1(10^{-18})미터 영역에서 물질의 구조를 연구하는 지경까지 이르게 된 것이다. 그들은 끈질긴 연구 끝에 우리가 일상적으로 접하는 모든 물질들이 소립자들과 반입자들의 적절한 조합으로 이루어져 있다는 사실을 밝혀냈다.

    표 1.1을 보면 독자들도 뮤온을 발견했던 래비의 당혹스런 심정을 이해할 수 있을 것이다. 각 입자족들의 배열 순서에는 모종의 규칙이 있는 것 같긴 한데, 전체적으로 보면 의문스러운 점이 한둘이 아니다. 우리 주변에 있는 대부분의 물질들은 전자와 업-쿼크, 다운-쿼크만으로 이루어져 있음에도 불구하고, 왜 자연계에는 이렇게 많은 종류의 입자들이 존재하는 것일까? 그리고 입자족들은 왜 4종류도 아니고 2종류도 아닌 3종류로 구분되는 것일까? 그리고 각 입자의 질량에는 왜 아무런 규칙도 없는 걸까? 타우 입자의 질량은 왜 전자의 3,520배이며, 탑 쿼크의 질량은 왜 업-쿼크의 40,200배일까? 이 숫자들은 아무리 들여다봐도 규칙이 없는 것 같다. 이 모든 입자들은 우연히 발생한 것인가? 아니면 어떤 신성한 존재나 창조주가 심오한 의도로 만들어낸 것인가? 이들의 존재 이유를 논리적으로 설명할 수 있는 과학적 이론을 과연 우리는 찾을 수 있을까?

자연계에 존재하는 힘들 / 광자 photon는 어디에 있는가?

    자연계에 작용하는 힘들을 고려하면 문제는 더욱 복잡해진다. 우리 주변의 세계는 힘을 행사하거나 영향을 받는 사건들로 가득 차있다. 야구공은 방망이에 의해 사정없이 얻어맞고, 번지 점프를 즐기는 매니아들은 시도 때도 없이 자신의 몸을 중력에 내맡긴 채 허공에 몸을 던진다. 전자기력을 이용한 자기 부상 열차는 금속 레일을 따라 초고속으로 달리고 있으며, 가이거 계수기 Geiger counter는 방사능 물질이 붕괴할 때마다 '탁, 탁' 하는 소리를 낸다. 그리고 세계 도처에서는 평화를 수호한다는 미명하에 실험용 핵폭탄들이 수시로 터지고 있다. 우리는 어떤 물체에 영향력을 행사할 때 밀거나 당길 수도 있고, 또 흔들어댈 수도 있다. 또는 잡아 늘이거나, 비틀거나 부술 수도 있으며, 얼리거나 데우거나 혹은 태움으로써 물체를 변형시킬 수도 있다. 지난 100년 동안 물리학자들은 수많은 실험과 분석을 통해, 이 세상(우주)에서 일어나는 모든 상호작용은 4가지 형태의 힘으로 설명할 수 있다는 사실을 알아냈다. 중력, 전자기력, 약력, 강력(핵력)이 바로 그것이다.

중력은 우리에게 가장 친숙한 힘으로서, 지구가 태양의 주위를 공전하는데 필요한 구심력의 원천이며, 우리의 발바닥(또는 궁둥이)을 지면에 밀착시켜 주는 고마운 힘이기도 하다. 물체의 질량은 중력의 크기를 결정하는 척도로서, 질량과 중력은 서로 비례하는 관계에 있다. 중력 다음으로 우리에게 친숙한 힘은 전자기력인데, 조명과 컴퓨터, TV, 전화 등 현대 문명의 이기들은 물론이고 천둥 번개와 같은 자연 현상의 근원이 되는 힘이다. 심지어는 피부로 느껴지는 부드러운 손의 감촉도 전자기력으로 설명될 수 있다. 전자기력에서 전기 전하 electric charge는 중력의 질량과 동일한 역할을 한다. 즉, 전기 전하는 전자기력의 크기를 결정하는 물리량인 것이다.

강력 strong force과 약력 weak force은 원자 스케일의 근거리에서만 작용하고 거리가 멀어지면 급격히 감소하기 때문에 우리에게는 다소 낯선 힘이다. 이 두 개의 힘들이 중력이나 전자기력보다 한참 뒤에 발견된 것도 바로 이런 이유 때문이다. 강력은 양성자와 중성자 내부의 쿼크들을 단단하게 결속시켜 주면서, 동시에 양성자와 중성자를 원자핵 속에서 강하게 결합시켜 주는 힘이다. 그리고 약력은 우라늄이나 코발트 같은 원소에서 방사능 붕괴를 일으키는 힘이다.

지난 한 세기 동안 물리학자들은 이 4종류의 힘들에서 두 가지의 공통적인 성질을 발견했다. 첫 번째 공통점은 이 힘들이 아주 미세한 입자(힘을 매개하는 입자)들에 의해 전달된다는 것이었다. 레이저 빔은 전자기파의 일종으로서 그 안에는 수많은 광자 photon들이 들어있는데, 전자기력은 바로 이 광자라는 '다발 bundle'에 의해 매개된다(물론 광자는 레이저에만 있는 것이 아니다. 광자는 전자기파, 즉 빛을 이루는 구성 입자이다 : 옮긴이). 그리고 이와 비슷하게 약력과 강력은 각각 위크 게이지 보존 weak gauge bosons과 글루온 gluon이라는 다발에 의해 매개된다('글루온'이라는 이름은 문자 그대로 접착제 입자 glue-on라는 뜻

힘	매개입자	질량
강력(strong)	글루온(gluon)	0
전자기력(electronmagnetic)	광자(photon)	0
약력(weak)	위크 게이지 보존(weak gauge bosons)	86, 97
중력(gravity)	중력자(graviton)	0

표 1.2 자연계에 존재하는 4가지 힘과 그 힘을 매개하는 입자들. 매개 입자의 질량은 양성자의 질량을 1로 간주한 단위로 표시하였다. (약력을 매개하는 위크 게이지 보존은 질량이 2가지이며, 이론적 계산에 의하면 중력자는 질량이 없어야한다)

이다. 원자핵 내부의 양성자와 중성자들을 서로 단단하게 묶어주는 '초강력 접착제'임을 강조하기 위해 이런 이름이 붙여졌다). 이 3종류의 매개 입자들은 1984년 무렵까지 그 성질이 거의 완전하게 규명되었다. 그래서 물리학자들은 중력의 경우에도 힘이 다발의 형태로 전달된다고 가정하여 가상의 매개 입자에 '중력자 graviton'라는 이름까지 붙여놓았다. 그러나 애석하게도 중력자는 아직 실험적으로 발견되지 않고 있다. (표 1.2 참조)

4가지 힘들이 갖고 있는 두 번째 공통점은 힘의 크기를 결정하는 물리량이 존재한다는 것이다. 중력은 질량에 의해 그 크기가 결정되고, 전자기력은 전기 전하에 의해 크기가 결정된다. 이와 비슷하게 강력은 '강전하 strong charge', 약력은 '약전하 weak charge'라는 양에 의해 그 세기가 결정되는 것이다(이에 관한 자세한 설명은 1장의 후주에 첨부된 표를 참조할 것).[*1] 그러나, 우리의 우주가 왜 이러한 특정 질량과 전하를 가진 입자들로 이루어져 있는지를 설명할 수 있는 사람은 아무도 없다.

이런 공통점을 갖고 있지만, 의문은 여전히 남아있다. 왜 자연계에는 4종류의 힘이 존재하는가? 3종류나 5종류, 또는 하나가 아니라 왜 하필이면 4종류인가? 그리고 이 힘들은 왜 각기 다른 성질을 갖고 있는가? 강력과 약력은 왜 극미의 영역에서만 작용하며, 중력과 전자기력은 왜 원거리까지 전달되는가? 힘의 크기는 또 왜 그렇게 제각각인가?

마지막 질문을 실감나게 이해하기 위해, 두 개의 전자들 사이에 작용하는 전자기력과 중력의 크기를 비교해보자. 당신이 양손에 전자를 하나씩 쥔 채로 이들을 서서히 접근시킨다면 두 개의 전자들 사이에는 서로 끌어당기는 중력과 서로 밀쳐내려는 전자기력이 동시에 작용할 것이다. 이 두 개의 힘 중 어느 쪽이 더 셀까? 실제로 계산을 해보면,

한마디로 말해서 "쨉도 안 된다." 전자기력에 의한 척력이 중력보다 100만×10억×10억×10억×10억(10^{42}) 배나 크다! 중력의 세기가 당신의 오른팔 근력 정도에 해당된다고 했을 때, 왼팔로 전자기력만한 힘을 행사하려면 팔의 굵기가 현재 관측된 우주의 폭보다 굵어야 한다. 전자기력이 이렇게 위력적임에도 불구하고, 왜 우리가 살고 있는 세계에는 중력이 판을 치고 있는 걸까? 그 이유는 간단하다. 우리 주변의 모든 물체들은 양전하와 음전하를 똑같은 양만큼 갖고 있기 때문에 전자기적 효과가 서로 상쇄되어 겉으로 나타나지 않는 것뿐이다. 반면에 중력은 항상 끌어당기는 인력의 형태로 작용하기 때문에 전자기력과 같은 상쇄 효과가 나타나지 않는다. 질량이 많으면 많을수록, 중력의 세기는 오로지 증가하기만 한다. 그러나 근본적인 개념에서 볼 때 중력은 너무나도 미미한 힘이다. 실험적으로 알려진 사실에 의하면 강력은 전자기력의 100배, 그리고 약력의 10만 배에 해당하는 위력을 갖고 있다. 그런데 이런 힘들은 왜 존재하는 것일까? 이들의 존재 이유를 논리적으로 설명할 수는 없을까?

이것은 두 다리를 책상 위에 걸치고 느긋하게 앉아서 심심풀이로 떠올릴 만한 질문이 결코 아니다. 이 질문에는 철학자의 현학적인 사상이 아닌, 물리학자의 간절한 탐구 정신이 담겨있다. 만일 힘을 매개하는 입자들과 만물을 이루는 물질의 기본 성질이 조금만 바뀐다면, 이 우주는 지금과 전혀 다른 딴 세상이 될 것이다. 예를 들어, 주기율표에 올라있는 100여 종의 원소들과 이들의 원자핵이 갖고 있는 고유의 구조는 전자기력과 강력의 '크기 비율'에 의해 좌우된다. 다시 말해서, 전자기력과 강력의 비율(약 1:100)이 지금과 달랐다면 이 우주는 지금과 전혀 다른 원소들로 채워졌을 것이다. 원자핵 내부의 양성자들은 모두 +전하를 갖고 있기 때문에 이들 사이에는 서로 밀쳐내려는 전자기력이 작용하고 있다. 그러나 다행히도 양성자의 구성 입자인 쿼크들 사이에 작용하는 핵력(인력)이 전자기력(척력)보다 훨씬 크기 때문에 양성자들은 서로 흩어지지 않고 단단히 붙어서 안정된 핵을 이룰 수 있는 것이다. 만일 전자기력과 강력의 크기 비율이 조금만 달라진다면 두 힘의 균형 상태가 붕괴되어 대부분의 원자핵들은 당장 분해되고 말 것이다. 그리고 만일 전자의 질량이 지금의 몇 배로 커진다면, 전자와 양성자는 서로 맹렬하게 결합하여 중성자가 되고, 그 결과 수소 원자(한 개의 양성자와 한 개의 전자로 이루어진 가장 단순한 형태의 원자)는 당장에 씨가 말라버릴 것이다. 뿐만 아니라, 무거운 원자들도 지금의 형태를 유지하지 못하고 산산이 분해될 것이다. 안정된 핵자들의 융합 반응으로 생명이 유지되고 있는 항성(별)들도 더 이상 존재할 수 없게 된다.

이 우주를 지금의 형태로 유지시키는 데에는 중력도 단단히 한몫을 하고 있다. 물질이 엄청난 밀도로 농축되어 있는 별의 중심부에서는 핵융합 반응이 끊임없이 진행되면서 그 결과로 생성된 에너지가 열과 빛의 형태로 방출되고 있다. 그런데 만일 중력의 세기가 지금보다 커진다면 자체 중력에 의한 수축이 더욱 강해져서 별의 밀도가 높아지고, 그 결과 핵 반응의 속도도 더욱 빨라질 것이다. 천천히 타는 초보다 강렬하게 타는 불꽃이 연료를 더 빨리 소모하듯이, 핵 반응이 더욱 강렬해지면 우리의 태양은 지금보다 연료를 더 빨리 소모하여 수명이 단축된다. 그렇다면 지구의 운명은 어찌 될까? — 더 이상 말할 필요도 없다. 이와는 반대로, 중력이 지금보다 약해진다면 물질들이 서로 합쳐지기가 어렵게 되어 별이나 은하가 생성될 수 없을 것이다.

우주는 왜 지금과 같은 형태로 존재하는 것일까? 대답은 간단하다. 모든 물질들과 힘을 매개하는 입자들이 '그러한' 성질을 갖고 있기 때문이다. 그런데, 하고많은 성질들 중에서 왜 하필이면 '그러한' 성질을 갖게 된 것일까? 이 점을 논리적으로 설명할 만한 과학적 이론을 과연 찾을 수 있을까?

끈이론 string theory의 기본 개념

끈이론은 위의 질문에 답하기 위해 탄생한 이론으로서, 물리학자들의 오랜 숙원을 풀어줄 강력한 후보로 부상하고 있다. 우선 끈이론의 기본적 개념을 살펴보자.

표 1.1에 제시된 입자들은 물질을 구성하는 '알파벳'이라고 할 수 있다. 이들은 더 이상 분해될 수 없는 '물질의 최소 단위'이다. 그러나 끈이론은 이 점에 동의하지 않고, 모든 입자들이 근본적으로는 끈 string의 형태로 이루어져 있다고 주장하고 있다. 즉, 입자들은 점이나 구 sphere의 형태가 아니라 지극히 미세한 1차원 고리(가느다란 끈의 양 끝을 한데 이어놓은 모양으로, 원형일 필요는 없음 : 옮긴이) 모양을 하고 있다는 것이다. 지극히 가느다란 고무줄처럼 진동하고 춤추는 입자들 — 이 아이디어를 처음 제기했던 물리학자들은 겔만만큼 문학적 안목이 없었는지, 여기에 '끈 string'이라는 재미없는 이름을 붙여놓았다. 그림 1.1에는 일상적인 사과라는 물질을 점차 확대시켰을 때 나타나는 미세 구조가 개략적으로 표현되어 있다. 과거의 물리학자들이 찾아낸 물질의 미세 구조(원자, 전자, 양성자, 중성자, 쿼크)에 '진동하는 고리형 끈'이라는 최소 단위가 하나 더 추가된 것이다.[*2]

언뜻 보기에 잘 이해되지 않겠지만, 입자의 궁극적 구조를 끈의 형태로 대치시키면 양자역학과 일반상대성이론의 대립 관계를 해소시킬 수 있다(이 점은 6장에서 자세하게 언급될 것이다). 현대 이론물리학이 직면하고 있는 고디우스의 매듭(알렉산더 대왕이 칼로 끊어서 풀었다는 난해한 매듭 : 옮긴이)을 풀어줄 강력한 후보로 끈이론이 지목되고 있는 이유가 바로 이것이다. 이 정도만 해도 대단한 업적이지만, 사실 끈이론이 사람들의 관심을 끄는 이유는 이것뿐이 아니다.

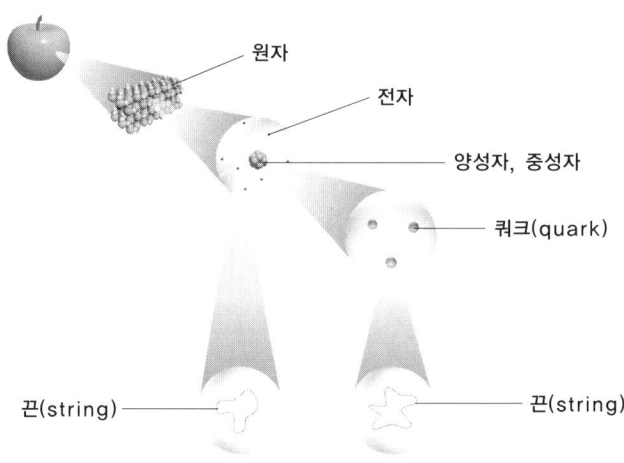

그림 1.1 모든 물질은 원자로 이루어져 있고 원자는 전자와 쿼크로 이루어져 있다. 그런데 끈이론 string theory에 의하면, 이 모든 입자들은 매우 작은 '진동하는 고리형 끈'의 형태를 띠고 있다.

끈이론은 만물의 이론
(T.O.E. : Theory of Everything)인가?

아인슈타인이 살아있던 시절에는 강력과 약력이 발견되지 않았었다. 그러나 아인슈타인은 두 개의 힘(중력, 전자기력)만으로도 엄청나게 골머리를 앓았다. 그는 자연이 그렇게 비효율적으로 디자인되었다는 것을 액면 그대로 받아들일 수 없었다. 그에게는 두 개의 법칙도 너무 많았던 것이다. 그래서 그는 중력과 전자기력을 하나의 법칙으로 통일시키는 통일장이론 unified field theory을 연구하면서 30년의 세월을 보냈다. 그러나 당시의 이론물리학자들은 그 무렵에 새롭게 탄생한 양자역학의 수학적 기초를 다지는 데 여념이 없었으므로, 아인슈타인은 물리학의 주된 흐름에서 벗어나 소위 말하는 '왕따'가 되고 말았다. 1940년대 초반에, 그는 친구에게 보낸 편지를 통해 다음과 같이 자신의 심정을 토로하였다. "나는 요즈음 '양말을 신지 않고 다니면서 괴상한 일에만 관심을 갖는 외로운 영감' 정도로 알려져 있다네."[*3]

간단히 말해서, 아인슈타인의 생각은 시대를 너무 앞서나갔던 것이다. 그로부터 50여 년이 지난 요즈음, 그가 창시했던 통일장이론은 물리학의 최대 화두로 떠올랐다. 상당수의 물리학자들과 수학자들은 아인슈타인의 꿈을 이루어줄 후보로서 끈이론을 가장 유력한 후보로 꼽고 있다. 모든 만물의 최소 단위가 진동하는 끈으로 이루어져 있다고 주장하는 끈이론은 4종류의 힘과 모든 물질들을 하나의 원리로 통합하는 데 매우 적절한 구조를 갖고 있다.

예를 들어, 끈이론에 의하면 만물의 최소 단위인 끈이 진동하는 방식에 따라 겉으로 나타나는 형태가 달라진다. 즉, 하나의 끈은 진동 모드에 따라서 업-쿼크가 될 수도 있는 것이다. 따라서 표 1.1과 1.2에 나열되어 있는 소립자들과 매개 입자들은 모두 '진동하는 끈의 여러 가지 얼굴' 중 하나로 간주될 수 있다. 바이올린이나 피아노의 줄이 각기 고유의 공명 진동수를 갖고 있는 것처럼, 만물을 이루는 끈 역시 다양한 형태의 진동 모드를 갖고 있다. 그러나 이 끈은 음악을 만들어내는 것이 아니라. 진동 패턴에 따라 특정 질량과 힘 전하(force charge, 힘의 크기를 결정하는 물리량으로서, 중력의 경우에는 질량이, 그리고 전자기력의 경우에는 전기 전하가 이에 해당된다 : 옮긴이)를 갖는 입자의 형태로 나타나는 것이다. 끈이론에서 말하는 입자의 성질은 진동의 패턴에 의해 전적으로 좌우된다. 그리고 이러한 아이디어는 4종류의 힘에도 그대로 적용된다. 즉, 힘 입자 force particle(힘을 매개하는 입자)들 역시 진동하는 끈으로 이해될 수 있으며, 따라서 모든 물질과 힘은 '진동하는 미세한 끈'이라는 하나의 근원으로 통합되는 것이다.

물리학 역사상 처음으로, 우리는 우주의 근본 원리를 과학적으로 설명할 수 있는 능력을 갖게 되었다. 이런 이유 때문에 끈이론은 흔히 '만물의 이론 theory of everything'(T.O.E.)이나 '궁극의 이론', 또는 '최후의 이론' 등의 이름으로 불려지기도 한다. 이 거창한 이름 속에는 "더 이상의 구체적인 서술이 필요 없을 정도로 우주 만물의 모든 현상과 성질들을 완벽하게 설명해주는 이론"이라는 어마어마한 뜻이 숨어있다. 그러나 끈이론을 연구하는 학자들은 T.O.E.라는 용어를 조금 제한된 의미로 사용하고 있다. 그들이 말하는 T.O.E.란, 4종류의 힘이 작용하는 원리와, 지금까지 발견된 모든 소립자들의 특성을 규명해주는 이론인 것이다. 그러나 환원주의 reductionism(모든 생명 현상을 물리적, 화학적 이론으로 설명할 수 있다고 주장하는 사조 : 옮긴이)를 신봉하는 사람들은 빅뱅에서부터 인간의 일상사에 이르는 삼라만상을 물리 법칙에 담아낼 수 있다고 믿고 있다. 구성 요소에 대한 모든 것을 이해하면 모든 것, 즉 전체(우주)를 이해할 수 있다는 주장이다.

환원주의자들의 이러한 생각은 다분히 논쟁의 여지가 있다. 우주와 생명의 신비함이 그저 물리학의 법칙에 따라 움직이는 미세한 입자들로부터 나타나는 현상이라고 주장한다면, 수많은 사람들이 반론을 제기할 것이다. 우리가 느끼는 기쁨과 슬픔, 지루함 등의 감정들은 과연 두뇌에서 일어나는 화학 반응 때문일까? 인간이 느끼는 모든 감정들이 과연 표 1.1에 열거한 소립자들 — 진동하는 미세한 끈으로부터 기인하는 것일까? 노벨상을 수상했던 스티븐 와인버그 Steven Weinberg는 자신이 저술한 《최후의 이론을 향한 꿈 *Dreams of Final Theory*》에서, 이 문제에 관한 소견을 다음과 같이 피력하였다.

> 반대쪽 극단에는 현대 과학의 황폐함에 몸서리를 치면서 환원주의를 강하게 배척하는 사람들이 있다. 인간을 비롯한 만물의 존재가 입사와 장(또는 마당, field), 그리고 이들 간의 상호 작용으로 규명이 되면 될수록, 이들은 상대적인 박탈감을 느낀다…. 현대 과학은 논리적으로 아름답기는 하지만, 단순히 이런 이유만으로 환원주의를 옹호할 수는 없다. 환원주의자들의 세계관은 매우 냉담하고 인간적인 면이 전혀 없다. 이 논쟁에서 올바른 결론을 내리려면, 개인적인 선입견이나 선호도를 완전히 배제하고 오로지 진실만을 받아들이는 자세가 먼저 확립되어야 할 것이다.[*4]

와인버그의 관점은 매우 중립적이고 건실해 보인다. 그러나 여기에 동의하지 않는 사람도 얼마든지 있을 수 있다.

시스템이 복잡해지면 혼돈 이론 chaos theory과 같은 새로운 법칙이 도입되어야 한다고 주장하는 사람도 있다. 전자와 쿼크의 행동 양식을 이해하는 것과 토네이도 tornado의 특성을 이해하는 것은 분명히 다른 일이다. 이 점에는 대부분의 사람들이 동감할 것이다. 그러나, '단일 입자계보다 훨씬 복잡한 계에서 발생하는 다양한 현상들로부터 진정한 물리 법칙을 이끌어낼 수 있는가?' 라는 질문에는 아직도 의견이 분분하다. 내 개인적인 사견으로는 구성 입자가 엄청나게 많은 거시적 현상에서 물리학의 근본 법칙을 찾아내기는 어렵다고 본다. 쿼크나 전자의 물리적 성질로부터 토네이도의 특성을 설명하지 못하는 것은 관련된 물리 법칙을 몰라서가 아니라, 계산량이 너무 많기 때문이다. 물론 이 의견에 반대하는 사람들도 있을 것이다.

'물리학의 기본 원리'와 '실제로 일어나는 현상'은 분명히 별개의 것이다. 독자들은 이 책을 읽는 동안 이 점을 분명하게 인식해야 한다. 만물의 이론, 즉 T.O.E.가 발견되었다고 해서 심리학과 생물학, 지질학, 화학, 그리고 물리학의 모든 문제들이 한꺼번에 해결되지는 않는다. 이 우주는 너무도 광대하고 복잡하기 때문에, 지금 여기서 논하고 있는 '최후의 이론'이 실제로 완성된다고 해도, 그것이 과학의 완성을 의미할 수는 없다. 내가 보기에는 오히려 그 반대의 결과가 초래될 것 같다 — 가장 미시적인 스케일에서, 그리고 가장 원리적인 단계에서 우주의 법칙을 설명해주는 T.O.E.가 완성된다면, 우리는 이 확고한 기초를 발판으로 삼아 새로운 우주관을 부지런히 세워나가야 할 것이다. 즉, T.O.E.의 발견은 과학의 끝이 아니라 새로운 시작을 의미한다. 최후의 이론은 이 우주가 논리적으로 이해 가능한 대상이라는 확고한 믿음을 우리에게 가져다줄 것이다.

끈이론의 현주소

이 책의 주된 목적은 끈이론의 관점에서 우주의 원리를 설명하는 것이다. 특히 끈이론이 말하는 시공간의 구조를 이해하는 데 중점을 두고자 한다. 이미 알려진 기존의 이론들과는 달리, 끈이론은 이론적 체계가 아직 완전하게 확립되지 못한 상태이며, 따라서 실험적으로 엄밀한 검증을 거친 '완성된' 이론이 아니다. 그리고 학계에서도 아직은 정설로 받아들여지지 않고 있다. 지난 20여 년 동안 끈이론은 장족의 발전을 이루었지만, 이론 체계가 너무도 심오하고 복잡하기 때문에 그 끝을 보려면 아직도 갈 길이 한참 남아있다.

그러므로 끈이론은 현재 개발 도중에 있는 이론으로 이해되어야 한다. 지금까지 알려진 사실만으로도 끈이론은 우리에게 시공간과 물질에 대하여 매우 깊고 다양한 정보들을 제공해주있지만, 아직도 풀어야 할 문제들이 도처에 산재해 있다. 끈이론이 올린 커다란 성과들 중 하나는 그것이 일반상대성이론과 양자역학을 조화롭게 결합시켰다는 것이다. 게다가 기존의 이론들과는 달리, 끈이론은 자연의 가장 근본을 이루는 소립자들과 힘의 성질에 대하여 지금까지 어느 누구도 생각하지 못했던 새로운 실마리를 제공하고 있다. 끈이론이 갖고 있는 또 하나의 특징은 이론 체계가 너무도 우아하다는 것이다(여기서 '우아하다'는 말은 수학적 체계가 훌륭하게 갖추어져 있다는 뜻이다. 물리학자의 입장에서 볼 때, 매끄러운 수학 체계는 미녀의 매끄러운 각선미보다도 더욱 유혹적이다. 그러나 자연이 수학과 일맥상통한다는 것은 어디까지나 희망사항이며, 이론의 진위 여부를 판단하는 잣대로 사용되어서는 결코 안

될 것이다. 실제로 끈이론을 신봉하는 학자들 중에는 바로 이 '매끄러운' 수학에 현혹된 사람들이 적지 않다 : 옮긴이). 예를 들어, 끈이론에서는 자연계에 존재하는 입자의 개수(종류의 수)와 특성들이 우주의 기하학으로부터 자연스럽게 유도된다. 만일 끈이론이 옳다면 우리가 사는 우주는 미시적 세계에서 엄청나게 복잡한 다중 차원의 미로가 서로 정신없이 얽혀있는 구조를 갖게 되는 셈이다. 그리고 이 속에서 우주의 끈들은 주어진 법칙에 따라 끊임없이 진동을 반복하고 있다. 또한, 우주 만물의 최소 단위인 끈의 물리적 성질은 그것이 살고 있는 시공간의 구조와 복잡하게 얽혀있다.

끈이론이 정말로 우주의 가장 깊은 곳에 숨겨져 있는 미스터리를 해결해줄 것인지는 아직 확실치 않다. 실험적으로 검증 가능한 결론이 아직 내려지지 않았기 때문이다. 그러나 앞으로 10년 이내에 실험을 통한 검증이 가능해지리라 믿는다. 앞으로 13장에서 구체적으로 거론되겠지만, 최근에 '끈이론은 베켄슈타인 - 호킹 엔트로피 Bekenstein - Hawking entropy와 관련된 블랙홀 문제를 해결함으로써, 그 타당성이 부분적으로나마 입증되었다. 이 사건을 계기로 끈이론은 우주의 비밀을 밝혀줄 후보로서 더욱 각광을 받게 되었다.

끈이론의 창시자 중 한 사람이자 이 분야의 대가로 손꼽히고 있는 에드워드 위튼 Edward Witten은 지금의 상황을 다음과 같이 표현하였다 ― "끈이론은 20세기에 우연히 발견된, 21세기형 물리학이다."[*5] 다시 말해서, 20세기에 끈이론이 발견된 것은 19세기 말에 살았던 우리의 선조들이 오늘날의 수퍼 컴퓨터를 놓고 사용법을 몰라 전전긍긍하는 상황과 매우 비슷하다는 것이다. 여러 번의 시행착오를 거치다 보면 수퍼 컴퓨터의 위력이 결국은 드러나게 되겠지만, 그것을 완전하게 정복할 때까지는 상당한 노력과 시간이 소요될 것이다. 그런데, 이 선조들이 수퍼 컴퓨터의 능력을 미리 알고 있었다면, 작동 원리를 알아내는 데 대단한 열정을 쏟아 부을 것이다. '환상적인 결과'는 성취동기를 강하게 불러일으키는 매력을 갖고 있기 때문이다. 우주의 삼라만상을 설명해주는 끈이론 역시 이와 비슷한, 아니, 이를 훨씬 능가하는 매력을 갖고 있다. 끈이론이 갖고 있는 잠재적인 위력은 이론물리학자들의 성취동기를 과거 어느 때보다도 강하게 자극하고 있다.

위튼을 비롯한 여러 학자들은 끈이론이 완성되기까지 앞으로 수십 년, 혹은 수백 년의 세월이 소요될 수도 있음을 지적하고 있다. 이 말은 사실일 것이다. 실제로 끈이론에 사용되는 수학은 너무도 복잡하여, 이 이론을 서술하는 방정식의 정확한 형태조차 밝혀지지 않고 있다. 그래서 물리학자들은 실제와 비슷하다고 여겨지는 근사적인 방정식을 사용하고 있는데, 이것조차도 너무 복잡하여 부분적인 해 解만이 알려진 상태이다. 이런 열악한 상황에도 불구하고 1990년대 후반에 들어 커다란 진보가 이루어졌다 — 너무도 어려워서 상상조차 하기 싫었던 문제의 해답이 발견된 것이다. 이로써 끈이론은 애초에 생각했던 것처럼 난공불락의 신기루만은 아니라는, 다소 희망적인 생각이 싹트게 되었다. 지금 전 세계의 이론물리학자들은 기존에 사용되던 근사적 접근법을 뛰어넘어, 끈이론의 다양한 퍼즐 조각들을 꿰어 맞추는 새로운 테크닉을 개발하기 위해 모든 열정을 쏟아 붓고 있다.

이러한 테크닉들이 개발되면서, 물리학자들은 끈이론의 기본 개념을 다른 각도에서 바라보게 되었다. 예를 들어, 그림 1.1을 들여다보면서 독자들은 이런 의문을 떠올렸을 것이다 — 왜 하필이면 끈이란 말인가? 만물의 최소 단위가 납작한 원반 모양이면 왜 안 되는가? 물방울 같은 구형일 수도 있지 않은가? 또는 이 모든 형태들이 섞여 있는 복잡한 형태일 수도 있지 않을까? 앞으로 이 책의 12장에서 보게 되겠지만, 최근에 알려진 바에 의하면 이런 다양한 형태의 구성 요소들은 실제로 끈이론에서 중요한 역할을 하고 있으며, 끈이론 자체는 이보다 더욱 방대한 스케일을 가진 M-이론 M-theory의 일부분이라는 사실이 밝혀졌다. 가장 최근에 발표된 연구 결과는 이 책의 마지막 장에서 다룰 예정이다.

과학의 진보는 '계단식'으로 진행된다. 그것은 항상 동일한 속도로 진행될 수가 없다. 어떤 기간에는 획기적인 발견이 이루어지는가 하면, 또 어떤 기간 동안은 아무런 발전 없이 현상 유지로 일관하기도 한다. 과학자들은 새로운 이론이나 실험적 결과들을 끊임없이 생산해 내고 있다. 이들 중 어떤 것은 폐기처분될 수도 있고, 일부가 수정된 채로 간신히 살아남을 수도 있다. 그리고 (흔한 일은 아니지만) 물리적 우주관을 송두리째 뒤바꿔놓는 위대한 업적이 탄생하는 경우도 있다. 다시 말해서, 과학은 최후의 진리를 향해 최단 거리로 접근하지 못하고, 지그재그로 나아간다는 뜻이다. 인간은 우주의 원리를 규명하기 위해 과학을 탐구하고 있지만, 그 종착점은 어디인지는 아무도 예측할 수 없다. 그러나 지난 20여 년간 수백 명의 물리학자들이 이룬 연구 업적들을 가만히 들여다보면, 우리가 지금 제대로 된 길을 가고 있으며 최후의 진리가 바로 코앞에 있다는 희망적인 느낌을 갖게 된다.

앞으로 우리는 아인슈타인의 특수·일반상대성이론에 나타난 시간과 공간의 개념이 끈이론에 의해 어떻게 변형되었는지를 살펴볼 것이다. 만일 끈이론이 옳다면, 이 우주는 아인슈타인조차도 혀를 내두를 정도로 복잡 미묘한 존재가 되는 것이다.

2부

시간과 공간, 그리고 양자의 딜레마

the elegant universe

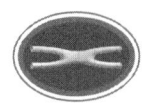

나는 신이 어떻게 이 세계를 창조하였는지를 알고 싶다.
이런저런 현상 따위에는 관심이 없다.
신의 생각을 알고 싶은 것이다.
나머지는 지엽적인 것에 불과하다.

— **알버트 아인슈타인** *Albert Einstein*

제2장
시간과 공간, 그리고 관찰자의 눈

1905년, 당시 26세였던 알버트 아인슈타인은 소년 시절부터 궁금하게 여겨왔던 빛의 역설적인 성질에 관한 한 편의 논문을 작성하여 '애널스 오브 피직스 Annals of Physics'라는 독일어 판 학술지에 게재하였다. 당시 이 학술지의 편집자였던 막스 플랑크 Max Planck(h라는 플랑크상수를 처음으로 도입하여 흑체 복사 현상을 완벽하게 설명함으로써 양자역학을 탄생시킨 독일의 물리학자 : 옮긴이)는 아인슈타인의 논문을 읽으면서, 기존의 과학 체계가 송두리째 무너져 내리는 것을 느꼈다. 스위스 베른 Bern에 있는 특허청의 한 평범한 직원에 의해, 수천 년 동안 고수되어 왔던 시공간의 개념이 완전히 뒤바뀌게 된 것이다.

청년 아인슈타인을 십여 년간 괴롭혀왔던 역설은 과연 무엇이었을까? — 1800년대 중반에 영국의 물리학자 마이클 패러데이 Michael Faraday가 전자기학의 기초를 다진 후에, 스코틀랜드 출신의 물리학자인 제임스 클럭 맥스웰 James Clerk Maxwell은 전기 현상과 자기 현상을 하나로 통일하여 '전자기장 electromagnetic field'이라는 개념을 확립시켰다. 만일 당신이 천둥 치는 날 산꼭대기에 오르거나 밴더그라프 발전기 Van de Graaf generator(고전압의 정전기를 발생시키는 장치 : 옮긴이) 근처에 가본 적이 있다면 전자기장의 위력을 피부로 느꼈을 것이다. 이런 경험이 없다면, 초등학교 자연 시간에 자석 주위에 뿌려진 쇳가루가 그리던 일정한 패턴을 상상해보라. 그것이 바로 시각화된 자기장(또는 자기력선)의 모습이다. 건조한 날에 털 스웨터를 벗을 때 '탁! 탁!' 하는 소리가 나면서 약간의 충격을 느끼는 것도 스웨터의 섬유 속에 들어있는 하전 입자들과 이들이 만들어낸 전기장 때문에 발생하는 현상이다. 맥스웰은 전기와 자기 현상을 수학적으로 아름답게 통합하여 '전자기학 electromagnetics'이라는 분야를 완성시켰으며, 이와 더불어 전자기파가 항상 동일한 속도로 전달된다는 사실도 (우연히) 알게 되었는데, 이 속도는 우리가 이미 알고 있던 빛의 진행 속도와 정확하게 일치했다. 맥스웰은 이러한 일련의 결과들로부터, 우리 눈에 보이는 가시광선이 전자기파의 일부라는 사실도 알게 되었다. 또한 맥스웰의 이론은 (이 점이 가장 중요하다) 모든 종류의 전자기파들이 결코 멈추거나 느려지는 일 없이 '영원히' 빛의 속도로 여행한다는 사실을 입증해냈다.(물론, 매질이 달라지면 빛의 속도는 달라질 수도 있다. 예를 들어, 유리 속에서 진행하는 빛은 진공 상태에서 진행하는 빛보다 속도가 느리기 때문에 굴절된다. 여기서 빛의 속도가 항상 일정하다고 말하는 것은 '동일한 매질'을 통과할 때 그렇다는 뜻이다 : 옮긴이)

16세 소년 시절의 아인슈타인도 겪었듯이, 우리가 의문을 품지 않으면 모든 것이 평화롭게 잘 돌아가는 법이다. 만일 우리가 빛과 동일한 속도로 빛을 쫓아간다면 어떤 일이 벌어질까? 뉴턴 Isaac Newton의 고전적 역학에 기초하여 직관적으로 생각해보면, 빛의 최첨단부가 마치 정지해있는 듯이 보일 것 같다. 다시 말해서, 우리의 눈에는 빛이 전혀 움직이지 않고 있는 듯이 보인다는 뜻이다. 그러나 맥스웰의 전자기 이론이나, 그동안 실행되었던 다양한 실험결과에 의하면, '멈춰 있는 빛'은 어디에도 존재하지 않는다. 진행하지 않고 그 자리에 얌전하게 놓여있는 빛을 본 사람은 이 세상 어디에도 없다. 그렇다면 이것을 어떻게 이해해야 할 것인가? 다행히도 아인슈타인은 당시 전 세계의 내로라하는 물리학자들이 이 문제로 골머리를 앓고 있다는 사실을 전혀 모르고 있었기에, 외부로부터의 영향을 받지 않고 자신만의 논리를 펴나갈 수 있었다.

이 장에서는 아인슈타인이 자신의 특수 상대성 원리로 이 문제를 어떻게 해결하였는지, 그리고 상대론에 의해 시간과 공간의 개념이 어떻게 수정되었는지를 집중적으로 살펴볼 것이다. 특수 상대성 원리의 핵심은 '서로에 대하여' 움직이고 있는 여러 명의 관찰자(물리적 현상을 관측하여 일련의 법칙을 찾아내는 주체를 뜻하며, 사람뿐만 아니라 사진기, 검출기 등의 관측용 기구들도 관찰자로 생각할 수 있다 : 옮긴이)들에게 '상대적으로' 눈에 보이는 현상들을 이해하는 것이다. 첫눈에 보기에, 이것은 별로 어려울 것 없는 긴단한 일쯤 문제 생노로 신주될 수노 있다. 그러나 실은 정반대였다. 아인슈타인은 빛을 쫓아서 달리는 관찰자를 상상하면서, '서로 상대방에 대해 움직이고 있는 관찰자들이 바라보는 평범한 세상'에 엄청난 비밀이 숨어있음을 감지했던 것이다.

직관의 맹점

서로에 대하여 움직이고 있는(여기서 '움직인다'는 것은 일정한 속도로 운동하고 있는 상태를 말한다. 특수상대성이론의 적용 범위는 상대 속도가 등속도인 경우로 한정되어 있다 : 옮긴이) 관찰자들이 동일한 현상을 관측했을 때 서로 다른 결과를 얻는다는 것은 일상적인 경험을 통해 이미 잘 알려진 사실이다. 예를 들어, 자동차를 타고 고속도로를 달리는 사람에게는 가로수가 뒤로 움직이는 것처럼 보이지만, 도로변에 서서 히치 하이크를 하고 있는 사람의 눈에는 가로수들이 제자리에 서 있을 뿐이다. 이와는 반대로, 자동차의 운전석 앞에 있는 계기판의 경우에는 운전자의 관점에서 볼 때 정지해 있지만, 도로 위에 서 있는 사람의 눈에는 자동차와 동일한 속도로 내달리고 있다. 이것이 바로 이 세계의 '상대성'에 관한 직관적 이해 방법이다.

그러나 특수 상대성 원리에 의하면, 서로 다른 운동 상태에 있는 두 사람의 관찰자가 각기 얻어낸 관측 결과는 이보다 더욱 복잡하고 미묘한 형태로 달라지게 된다. 즉, 서로에 대하여 움직이고 있는 관찰자들에게는 거리와 시간도 달라진다는 것이다. 다시 말해서, 동일한 시계를 차고 있는 두 사람의 관찰자가 서로 상대방에 대하여 움직이면서 어떤 두 사건 사이의 시간 간격을 관측했다면 이들은 서로 다른 결과를 얻게 된다. 물론 이것은 시계의 오차 때문이 아니다. '시간'이라는 물리량은 원래 이러한 성질을 갖고 있다.

이와 비슷하게, 서로에 대하여 움직이고 있는 두 사람이 어떤 물건의 길이를 각자 자신이 가진 줄자로 측정한 경우에도 동일한 결과를 얻을 수 없다. 이것 역시 측정상의 오차에서 기인하는 현상이 아니다. 지금까지 만들어진 가장 정확한 장비를 총동원한다 해도 관찰자들의 운동 상태가 서로 다른 한, 이들은 각기 다른 관찰 결과(시간 간격, 또는 길이)를 얻을 수밖에 없다. 아인슈타인이 설명했던 대로, 특수상대성이론은 '운동'과 '빛의 성질' 사이에 발생한 모순점을 해결하면서 이에 상응하는 대가를 치렀다 — '서로 다른 운동 상태에 있는 관찰자들은 시간과 공간에 대하여 동일한 관측 결과를 얻을 수 없다'는 어이없는 사실을 받아들여야만 했던 것이다.

아인슈타인이 시공간의 개념에 일대 혁명을 가져온 지 벌써 100년 가까이 지났지만, 우리는 아직도 시간과 공간을 '절대적인' 개념으로 쉽게 받아들이려는 경향이 있다. 왜냐하면, 특수상대성이론을 일상생활 속에서 피부로 느낄 수가 없기 때문이다. 특수상대성이론의 결과는 우리가 경험을 토대로 쌓아온 직관과 매우 동떨어져 있다. 왜 그럴까? 이유는 간단하다. 상대론적 효과는 움직이는 속도가 빠를수록 크게 나타나는데, 우리가 일상적으로 경험하는 자동차나 비행기 등의 속도는 빛의 속도에 비교할 때 달팽이보다도 느리기 때문에 그 효과가 거의 눈에 보이지 않는 것이다. 지구 위에서 제각각의 속도로 이동하고 있는 모든 사람들은 각자 나름대로의 고유한 시공간을 경험하고 있지만, 그 차이가 너무 작아서(이동 속도가 너무 느려서) 느끼지 못하는 것뿐이다. 그러나 미래형 우주선을 타고 우주공간을 매우 빠른 속도로 비행하는 경우에는 특수상대성이론에 의한 효과들이 매우 크게 나타난다. 물론 이런 경험은 아직 공상 과학 소설 속에서나 가능하다. 상대론적 효과는 빛의 속도와 견줄만한 초고속에서 두드러지게 나타나지만, 정밀하게 세팅된 실험 장치로 관측해본 결과, 아인슈타인의 특수상대성이론은 범우주적으로 적용되는 진리임이 분명하게 밝혀졌다.

일상생활 속에서 특수상대성이론의 효과가 얼마나 미미한지를 실감나게 이해하기 위해, 다음과 같은 상황을 가정해보자. 때는 1970년, 매우 빠른 속도로 달릴 수 있는 대형 승용차가 새로 출시되었다. 가진 돈을 모두 털어 이 차를 구입한 슬림 Slim은 자신의 형인 짐 Jim과 함께 직선 포장도로에서 새로 산 차의 성능을 테스트해 보기로 했다. 슬림은 운전석에 앉아 차를 출발시킨 뒤 시속 120마일까지 속력을 냈으며,

도로변에 서 있던 짐은 초시계로 주행 시간을 측정했다. 나중에 결과를 확인하기 위해, 슬림도 똑같은 종류의 초시계로 자신의 주행 시간을 측정했다. 이 경우, 슬림과 짐의 측정 결과는 어떻게 나올 것인가? 특수상대성이론이 알려지기 전까지는, 두 사람이 측정한 주행 시간이 정확하게 같다는 데 아무도 이견을 달지 않았다. 그러나 특수상대성이론에 의하면 두 사람의 시계는 결코 같을 수가 없다. 만일 짐의 시계가 30초를 가리키고 있다면, 슬림의 시계는 29.99999999999952초를 가리키고 있을 것이다 ─ 이것은 분명히 '다른' 결과이다. 그러나 차이가 너무 적어서 보통의 시계로는 감지할 수가 없다. 원자시계 정도가 동원되어야 두 사람의 측정 결과가 서로 다르다는 사실을 알 수 있을 것이다. 우리가 일상적으로 겪는 속도에서 일어나는 상대론적 효과는 이렇게 미미한 것이다.

길이(또는 거리)를 측정하는 경우에도 이와 유사한 차이가 발생한다. 예를 들어, 짐이 차의 길이를 측정하기 위해 다음과 같은 아이디어를 떠올렸다고 가정해보자. 즉, 슬림이 타고 있는 차의 앞쪽 끝이 자신이 서 있는 지점을 통과할 때 초시계를 작동시키고, 차의 뒤쪽 끝이 지나갈 때 초시계를 멈추는 것이다(조금 고전적인 방법이다. 슬림은 초인적인 시력과 반사신경을 갖고 있다는 또 하나의 가정이 필요할 것 같다 : 옮긴이). 짐은 차의 속도가 시속 120마일이라는 사실을 알고 있으므로, 차의 속도에 자신이 측정한 시간을 곱하면 차의 길이를 알아낼 수 있다. 자, 이렇게 해서 얻어진 차의 길이는 과연 차가 정지해 있을 때 슬림이 자로 측정한 결과와 일치할 것인가? 고전적으로 생각해보면 다를 이유가 하나도 없다. 그러나, 특수상대성이론에 의하면 이 역시 같을 수가 없다. 차가 멈춰 있는 상태에서 슬림이 측정한 결과가 16피트였다면, 짐의 측정 결과는 15.9999999999974피트가 된다 ─ 분명히 다른 결과이지만 그 차이가 너무나 작아서 일반적인 측정 기술로는 감지되지 않을 것이다.

비록 지극히 미세한 차이이긴 하지만, 바로 이 차이로 인해 '불변의 시간과 공간'이라는 절대적인 개념은 작별을 고하게 되었다. 슬림과 짐의 상대 속도(위의 경우에는 시속 120마일)가 더욱 커지면 두 사람이 얻은 측정 결과도 더욱 큰 차이를 보이게 된다. 이 차이가 보통 사람의 눈에 의해 감지될 정도로 커지려면 슬림의 자동차는 빛과 견줄 만한 속도로 달려야한다. 맥스웰의 이론 및 다양한 실험을 통해 알려진 빛의 속도는 초속 186,000마일(초속 30만 킬로미터), 또는 시속 6억 7천만 마일이다. 예를 들어, 슬림의 차가 시속 5억 8천만 마일로 달린다면(빛 속도의 87%) 짐이 측정한 차의 길이는 8피트로 줄어들 것이며, 짐이 측정한 주행 시간은 슬림이 측정한 시간보다 두 배 가량 길어질 것이다.

물론, 현재의 과학 기술로는 이런 무지막지한 속도를 낼 수 없다. 그래서 '시간 팽창 time dilation'이나 '로렌츠 수축 Lorentz contraction' 같은 현상들은 일상생활 속에서 지극히 미미하게 나타난다. 만일, 모든 물체의 이동 속도가 거의 광속(빛의 속도)에 가까운 희한한 세상에서 우리가 살고 있다면, 우리는 상대론적 시공간의 개념을 거의 직관처럼 받아들이며 살고 있을 것이다. 그러나, 현실 세계는 그렇지 않다. 우리 주변에서 이동하고 있는 물체들의 속도는 광속과 비교할 수 없을 정도로 너무나 느리다. 그래서 '상대론적 시공간'이라는 개념이 낯설게 느껴지는 것이다. 앞으로 보게 되겠지만, 상대성이론을 이해하고 받아들이려면 기존의 고전적인 관념들을 완전히 버리고 새로운 우주관에 친숙해져야 한다.

상대성이론의 기본 원리

특수상대성이론은 단순하고도 심오한 두 개의 가설을 내포하고 있다. 앞서 말한 바와 같이, 둘 중 하나는 빛의 성질과 밀접하게 관련되어 있는데, 자세한 내용은 다음 절에서 다루기로 하고, 여기서는 또 하나의 가설에 대하여 알아보기로 하자. 이 가설은 다소 추상적인 내용을 담고 있다. 게다가 이 가설은 어떤 특정한 물리 법칙에 한정적으로 적용되는 것이 아니라, '모든' 물리 법칙에 공통적으로 적용되기 때문에 '상대성 원리 principle of relativity'라는 이름으로 불려지고 있다. 상대성 원리는 매우 단순한 사실에 기초를 두고 있다 — 우리가 어떤 물체의 속도(빠르기와 진행 방향)를 논할 때에는 그 속도를 측정하고 있는 관찰자(또는 관측 기계)의 운동 상태까지 정확하게 명시해야 한다. 이 말 속에 담겨 있는 의미를 정확하게 이해하기 위해, 다음과 같은 상황을 가정해보자.

조지 George라는 한 우주선의 승무원이 우주공간에서 유영을 하고 있다. 그는 근처에 행성이나 별, 은하 등의 천체가 전혀 없는 완전한 암흑 속에서 우주복을 입은 채로 공간 속을 떠다니고 있다. 그가 지니고 있는 도구라고는 붉은 빛을 내는 손전등이 전부이다. 조지의 입장에서 볼 때, 그는 암흑의 우주 속에서 완전히 정지해 있는 것처럼 느껴진다(물체에 가해지는 힘이 전혀 없을 때, 그 물체는 정지해 있거나 균일한 속도로 움직이게 된다. 위의 경우, 조지의 근처에는 그에게 힘을 행사할 만한 질량이 없기 때문에, 조지의 몸은 완전히 정지해 있거나 균일한 속도로 이동 중일 것이다. 이럴 때 조지의 입장에서 자기 스스로를 바라본다면 자신이 정지해 있는지, 아니면 움직이고 있는지를 판단할 방법이 없다. 자신의 몸에 아무런 힘도 느껴지지 않기 때문이다 : 옮긴이). 그런데, 갑자기 저만치서 푸른 빛을 발하는 물체가 조지의 시야에 들어왔다. 그 불빛은 조지가 있는 쪽으로 점점 가까이 다가오더니 마침내 정체를 드러냈다. 그것은 우주공간을 떠돌고 있는 또 한 사람의 우주인, 그레이시 Gracie였던 것이다. 푸른 빛은 그녀가 들고 있는 손전등에서 나오는 빛이었다. 두 사람은 스치듯이 지나치면서 서로 손을 흔들어 인사를 나누었고, 그레이시는 반대편 방향으로 멀어져갔다 — 지금까지의 이야기는 조지의 입장에서 서술된 것이다. 그러나, 그레이시의 입장에서 이 상황을 다시 설명한다면 전혀 다른 이야기가 될 것이다. 자, 그럼 그레이시의 증언에 귀를 기울여보자 — 그레이시는 완전한 암흑의 우주 속에서 홀로 외로이 떠 있었다. 그런데 먼발치에서 붉은 빛이 점점 다가오더니, 조지라는 우주인이 손을 흔들며 인사를 하고는 반대편으로 멀어져갔다.

동일한 상황에 대한 이 두 개의 상반된 관점들 중에서, 과연 어느 쪽이 사실에 더 가까운 설명인가? 정답은 '둘 다 똑같이 옳다' 이다. 조지와 그레이시는 둘 다 '나는 정지해 있는데 상대방이 내게로 다가왔다' 고 생각할 것이다. 이들의 주장은 논리적으로 이해될 수 있고, 또 증명될 수도 있다. 그러나 두 개의 관점 중 어느 것이 진실인지를 판별할 수 있는 방법은 어디에도 없다. 즉, 두 개의 상반된 주장이 갖는 진실성의 정도가 완전하게 똑같다는 것이다.

'모든 운동은 상대적이다' — 이것이 바로 상대성 원리의 핵심이다. 우리는 어떤 대상의 운동을 논할 때, 다른 대상을 기준으로 삼아 그것에 '대한' 운동만을 서술할 수 있을 뿐이다. 따라서 앞서 말한 조지와 그레이시의 경우, "조지가 시속 10마일의 속도로 움직였다"고 말하는 것은 아무런 의미가 없다. 운동의 기준이 될 만한 대상이 전혀 언급되어 있지 않기 때문이다. 그러나 "조지가 시속 10마일의 속도로 그레이시를 지나쳐 갔다"고 말한다면, 그레이시가 운동의 기준 역할을 해주고 있으므로 분명한 의미를 갖게 된다. 그리고 이 말은 "그레이시가 시속 10마일의 속도로(반대 방향으로) 조지를 스쳐 지나갔다"라는 말과 완전히 동등하다. 다시 말해서, '절대 운동 absolute motion'이라는 개념은 이 우주에 존재하지 않는 것이다. 운동은 언제 어디서나 상대적인 개념이다.

여기서 또 한 가지 주목해야 할 점은 조지와 그레이시에게 외부로부터 어떠한 힘도 작용하지 않았다는 사실이다. 즉, 이들은 등속운동(속도의 크기와 방향이 변하지 않는 운동, 완전한 정지 상태도 등속운동으로 간주할 수 있다 : 옮긴이)을 하고 있었다. 따라서 더욱 엄밀하게 표현한다면 다음과 같다 ─ "힘이 작용하지 않고 있는 상태에서 진행되는 모든 운동은 다른 대상과의 상대적인 비교 하에서만 서술될 수 있다" 여기서, '힘이 작용하지 않는다'는 전제는 매우 중요한 의미를 담고 있다. 만일 운동 중인 물체에 힘이 작용한다면 속도나 진행 방향(또는 둘 다)이 변할 것이고, 이것은 가속도의 형태로 나타나서 조지나 그레이시는 그 변화를 감지할 수 있게 되기 때문이다. 예를 들어, 조지가 자신의 등에 매고 있는 제트 추진기를 이용하여 유영하고 있다면, 그는 자신이 움직이고 있다는 사실을 곧바로 알 수 있을 것이다. 제트 추진기의 추진력에 의해 조지의 몸이 가속되면, 그는 눈을 감고 있다 해도 자신의 이동 속도가 점차 빨라지고 있다는 사실을 몸으로 느낄 수 있다. 즉, 조지는 '힘'을 느끼는 것이다. 이렇게 되면 조지는 자신이 '정지해 있다'는 주장을 전혀 할 수 없게 된다. 힘을 느꼈다면, 그는 가속운동을 하면서 움직인 것이 분명하다. 결론적으로 말해서, 등속운동은 상대적이지만 가속운동은 상대적이 아니다.

위에서 언급한 예는 아무런 물체도 존재하지 않는 이상적인 우주 공간을 배경으로 하고 있지만, 일상생활 속에서도 이러한 상대 운동의 개념은 얼마든지 유추될 수 있다.[*1] 예를 들어 당신이 기차를 탄 채로 졸다가, 맞은편에서 다가오는 기차와 스쳐 지나가는 순간에 잠에서 깨어났다고 가정해보자. 창밖을 내다보니 스쳐가는 기차 때문에 시야가 가려서 다른 풍경은 전혀 보이지 않는다. 이런 경우에 당신은 내가 탄 기차가 움직이고 있는지, 아니면 맞은편의 기차가 움직이는 건지, 또는 둘 다 움직이고 있는지, 판단을 내리기가 곤란할 것이다. 물론, 당신이 타고 있는 기차가 덜컹거리거나 휘어진 선로를 따라 곡선 운동을 하고 있었다면 당신은 힘을 느끼면서 움직이고 있다는 사실을 알 수 있다. 그러나 기차의 승차감이 너무나 환상적이어서 아무런 요동도 없이 등속운동 상태를 유지하고 있다면 당신이 알 수 있는 것은 스쳐 지나가는 두 기차의 상대 속도뿐이다. 둘 중 어떤 기차가 '진짜로' 움직이고 있는지를 알아낼 방법은 없다.

여기서 한걸음 더 나아가보자. 당신이 창문으로 들어오는 햇빛을 가리기 위해 커튼을 쳤다면, 그리고 당신이 탄 기차가 완전한 등속운동을 하고 있다면, 당신은 기차의 운동 상태에 대하여 알 수 있는 것이 아무 것도 없다. 기차가 제자리에 가만히 정지해있는 경우나, 초고속으로 달리고 있는 경우나, 당신의 주변에서 벌어지고 있는 상황은 완전하게 동일하다. 이 세상에 존재하는 어떠한 관측 기구를 동원한다 해도, 창문이 가려진 채로 등속운동을 하고 있는 기차 안에서 기차의 운동 상태를 측정할 수 있는 방법은 존재하지 않는다 — 아인슈타인이 떠올렸던 아이디어는 바로 이것이었다. 이것이 바로 상대성 원리의 핵심이다. 힘이 작용하지 않는 모든 운동(정지 상태를 포함한 모든 등속운동)은 상대적이기 때문에, 등속운동을 하고 있는 다른 물체를 기준으로 삼아 '그것에 대한' 운동 상태를 서술하는 것이 우리가 할 수 있는 최선이다. 다시 말해서, 어떤 물체의 운동 상태를 서술하려면 어떻게 해서든 외부에 있는 다른 물체와 운동 상태를 비교해야 한다는 뜻이다. '절대 등속운동 absolute constant-velocity motion'이라는 개념은 말로만 존재할 뿐, 우리가 사는 우주에서는 오로지 상대적인 등속운동 relative constant-velocity motion만이 물리적 의미를 갖는다.

아인슈타인은 상대성 원리의 적용 범위를 과감하게 확장하여 모든 물리 법칙들을 적용 대상으로 삼았다. 즉 등속으로 이동하고 있는 모든 관찰자들에게 '모든 물리 법칙은 동일하다'는 과감한 주장이었다. 조지와 그레이시가 우주공간에서 단순히 유영하고 있는 것이 아니라 일련의 실험장비를 갖추고 어떤 현상으로부터 법칙을 찾고 있었다면, 그들이 알아낸 법칙은 완전하게 동일하다는 것이다. 조지와 그레이시의 실험실(우주공간을 떠다니는 이동 실험실 정도로 생각하면 될 것이다 : 옮긴이)은 서로 상대방에 대하여 등속운동을 하고 있지만 그들 각각은 자신의 실험실이 정지해 있는 것처럼 느낀다. 이 두 개의 실험실에 동일한 장비가 갖추어져 있다면, 이들은 물리적으로 다를 것이 하나도 없다. 완전하게 동등한 조건인 것이다. 따라서 이로부터 관측된 물리 법칙이 같아야 한다는 것은 전술한 조건들로부터 미루어볼 때 너무나도 당연한 결과이다. 조지와 그레이시, 그리고 이들이 사용하고 있는 모든 실험장비들은 운동을 느끼지 못하고 있다. 이들은 어느 한쪽이 다른 쪽보다 '우세하다'고 주장할 만한 어떠한 근거도 갖고 있지 않다. 그런데 만일 이들이 얻어낸 물리 법칙이 다르다면 이것은 '두 사람의 조건이 완전하게 동등하다'는 전제와 상충된다. 다시 말해서, 조지와 그레이시가 처한 상황이 물리적으로 완전하게 동일하기 때문에, 이로부터 얻어진 물리 법칙 역시 동일해야 한다는 것 — 이것이 바로 상대성 원리이다. 앞으로 우리는 이 원리를 보다 심오한 분야에 적용하게 될 것이다.

빛의 속도(광속)

특수상대성이론의 두 번째 핵심은 빛의 운동과 밀접한 관계가 있다. 앞서 말했던 대로 "조지가 시속 10마일의 속도로 달리고 있다"는 서술은 '무엇에 대해서 시속 10마일인지' 가 명시되어 있지 않으므로 물리적 의미를 가질 수 없다. 그러나 이와 반대로 지금까지 실행된 관측 결과에 의하면, 빛은 관측자의 운동 상태에 상관없이 항상 시속 6억 7천만 마일이라는 한결 같은 속도로 진행한다는 것으로 알려져있다.

이 현상을 이해하려면 우리의 우주관을 바꿔야 한다. 우선, 빛의 속도가 항상 일정하다는 것이 고전적인 관점에서 볼 때 얼마나 황당한 주장인가를 알아보기 위해 다음과 같은 상황을 가정해보자. 어느 화창한 봄날에 당신은 친구와 함께 마당에서 야구공을 던지고 받는 캐치볼을 하고 있었다. 당신과 친구가 던지는 공의 속도는 초속 20피트(초속 6m) 정도이다. 그런데 갑자기 어디선가 일진광풍이 불어 닥치면서 분위기가 스산해지기 시작했다. 당신은 캐치볼을 그만 두는 게 좋겠다고 생각하면서 친구의 표정을 살폈다. 그런데 바로 그 순간! 친구의 머리카락이 마치 사자 갈기처럼 휘날리면서 괴물의 형상으로 변하는 것이 아닌가! 게다가 그 친구가 조금 전까지 들고 있던 야구공은 어느새 수류탄으로 변해 있었다! 더 이상 무엇을 망설일 것인가? 당신은 죽을힘을 다해 도망가기 시작했다. 그리고 괴물로 변신한 친구는 당신을 향해 기어이 수류탄을 던지고 말았다. 수류탄의 속도는 초속 20피트, 그러나 당신은 수류탄을 피해 달아나고 있으므로 수류탄이 당신에게 다가오는 속도는 초속 20피트보다 느릴 것이다. 당신의 주력이 초속 12피트(초속 3.65m)라면 친구, 아니 괴물이 던진 수류탄은 초속 20 − 12=8피트의 속도로 당신을 향해 다가올 것이다. 또 하나의 예를 들어보자. 당신이 등산을 하다가 눈사태를 만났다. 엄청난 양의 눈이 당신을 향해 쏟아져 내려오고 있다면, 당신은 무조건 아래쪽으로 달려갈 것이다. 그렇게 해야 눈사태의 접근 속도를 줄일 수 있기 때문이다. 이때 하늘에 떠 있는 헬기에서 이 상황을 구경하고 있는 사람이 있었다면, 그의 눈에 보이는 눈사태의 하강 속도는 사력을 다해 뛰고 있는 당신의 눈에 비치는 하강 속도보다 분명히 빠를 것이다.

지금까지 예로 들었던 야구공과 수류탄, 그리고 눈사태의 운동을 빛의 운동과 비교해보자. 비교를 좀더 쉽게 하기 위해, 빛줄기가 조그만 덩어리의 집합체라고 상상해보자. 사실, 이것은 상상이 아니라 실제로 그렇다. 빛은 아주 작은 입자들로 이루어져 있으며, 우리는 이들을 '광자 photon'라고 부른다(빛의 자세한 성질에 관해서는 4장에서 언급할 예정이다). 우리가 손전등을 켜거나 레이저 빔을 발사할 때, 우리는 엄청난 양의 광자들을 특정 방향으로 집중 사격하고 있는 것이다. 이제, 아까 괴물로 변신했던 당신의 친구가 수류탄 대신 강력한 레이저 총을 들고 있다고 상상해보자. 그가 당신을 향해 레이저를 발사했다. 그런데 당신에게는 레이저 빔의 속도를 측정할 수 있는 장비가 있다고 하자. 당신이 도망을 가지 않고 제자리에 가만히 서서 당신을 향해 날아오는 빔의 속도를 측정한다면, 당연히 시속 6억 7천만 마일이라는 값이 얻어질 것이다(레이저 laser 역시 빛의 일종이다 : 옮긴이). 그러나 만일 당신이 아까처럼 도망가면서 레이저 빔의 속도를 측정한다면, 그 결과는 어떻게 될 것인가? 상황을 좀더 극적으로 만들어보자. 당신이 도망가려는 순간, 우주선 엔터프라이즈 호(스타트렉 Star Trek에 등장하는 우주 여행용 비행선 : 옮긴이)가 고맙게도 당신을 낚아채고는 시속 1억 마일이라는 엄청난 속도로 도망가기 시작했다. 뉴턴의 고전역학적 관점에서 볼 때, 이 경우 당신을 쫓아오는 레이저 빔의 속도는 가만히 선 채로 측정했을 때보다 느리게 보여야 한다. 즉, 엔터프라이즈 호에서 측정한 레이저 빔의 접근 속도는 시속 6억 7천만 마일 – 시속 1억 마일 = 시속 5억 7천만 마일이 될 것 같다.

1880년대부터 지금까지 실행된 모든 실험결과들과, 빛에 관한 맥스웰의 전자기 이론을 종합해보면, 놀랍게도 위의 계산은 사실과 다르다. 당신이 빛의 추적을 피해 달아나면서 빛의 속도를 관측한 경우에도, 빛의 속도는 '언제나' 시속 6억 7천만 마일로 일정하다. 그것은 결코 느려지거나 빨라지는 법이 없다. 이 얼마나 황당한 결과인가? 야구공과 수류탄, 그리고 쏟아지는 눈사태의 경우에는 분명히 상대 속도가 느려졌는데, 광속만은 언제 어디서나, 누가 어떠한 상태에서 측정한다 해도 항상 시속 6억 7천만 마일의 속도를 고수한다는 것이다. 당신이 다가오는 빛을 향해 돌진하면서 광속을 측정하는 경우에도 달라지는 것은 없다. 빛은 여전히 시속 6억 7천만 마일로 이동하는 것처럼 보일 것이다. 결론적으로 말해서, 광원과 관찰자의 상대 속도에 관계없이, 관측된 빛의 속도는 언제나 동일하다.[2]

물론 실제 상황에서 위와 같은 방식으로 빛의 속도를 측정할 수는 없다. 그러나 물리학자들은 비교를 통한 간접적인 방법을 동원하여 빛이 실제로 그렇게 움직인다는 사실을 기어이 확인해내고 말았다. 1913년, 네덜란드의 물리학자였던 빌렘 드 시터 Willem de Sitter는 초고속으로 움직이고 있는 연성계 binary stars(질량이 엇비슷하여 서로 상대방을 중심으로 공전하고 있는 두 개의 천체 : 옮긴이)를 광원으로 간주하여 광속의 불변성을 관측할 수 있다는 아이디어를 제시하였다. 그 후로 지난 80년간, 이와 비슷한 종류의 실험들이 수도 없이 반복되면서, 결국 빛은 어떤 상태에서 관측해도 항상 시속 6억 7천만 마일(초속 약 30만 킬로미터)의 한결 같은 속도로 진행한다는 다소 황당한 결과를 받아들일 수밖에 없게 되었다.

당신은 빛의 이러한 성질을 받아들일 수 있겠는가? 만일 받아들일 수 없다 해도 왕따가 된 듯한 기분을 느낄 필요는 없다. 받아들이기 어려운 사람은 당신 혼자만이 아니다. 인류가 20세기를 맞이하던 무렵에, 전 세계의 물리학자들은 이 문제를 놓고 격렬한 논쟁을 벌였다. 특히, 당시의 상식으로는 거의 야바위에 가까운 '광속 불변'의 가설을 뒤집기 위해 수많은 학자들이 애를 써보았지만, 모두 실패하고 말았다. 그런데 아인슈타인은 이 가설을 흔쾌히 받아들였다. 그가 소년 시절부터 의문을 품어왔던 문제 — "당신이 빛을 따라잡기 위해 아무리 열심히 뒤쫓는다 해도, 빛이 당신으로부터 멀어져 가는 속도는 결코 변하지 않는다"에 대한 해답이 바로 이 속에 들어있었기 때문이었다. 이것은 분명한 사실이다. 진공 중에서 시속 6억 7천만 마일이 아닌, 다른 속도로 진행하는 빛을 본 사람은 아무도 없다. 이 사실을 받아들이고 난 뒤에 누구나 하고 싶은 질문이 있다. "그래서 어쨌다는 말인가?" — 물론 엄청난 사건이 벌어졌다. 빛의 속도가 불변이라는 사실은 지난 300여 년 동안 물리학을 지배해왔던 뉴턴 역학의 종말을 뜻했다. 그리고 당시에 이 엄청난 사실을 유일하게 간파했던 단 한 사람, 그가 바로 아인슈타인이었다.

진실의 결과

　속도란 정해진 시간 내에 얼마나 먼 거리를 이동할 수 있는지를 나타내는 척도이다. 만일 우리가 시속 65마일로 달리는 차에 타고 있다면, 이는 한 시간 동안 이 속도를 유지할 때 65마일의 거리를 이동할 수 있다는 뜻이다. 이런 식으로 설명해놓고 보니, 속도라는 개념에 별다른 특별한 의미는 없는 것 같다. 그런데 왜 우리는 야구공과 눈덩이, 그리고 광자의 속도를 논하면서 이토록 법석을 떨고 있는 것일까? 한 번 차분하게 생각을 정리해보자. '거리'는 분명히 공간적인 개념으로서, 공간상의 두 지점 사이가 얼마나 멀리 떨어져 있는지를 나타내는 양이다. 그리고 '시간 간격'은 시간적인 개념이며, 두 개의 사건 사이에 흘러간 시간의 양을 뜻한다. 따라서 속도는 시간과 공간의 개념과 밀접하게 연관되어 있음이 분명하다. 이 점을 마음 깊이 새겨두고 다시 빛의 문제로 돌아가보자. 빛의 속도는 어떤 상태에서 관측을 하건 간에, 항상 불변이다. 이것은 분명히 속도에 관한 우리의 상식에 위배되는 결과이다. 그렇다면 우리가 옛날부터 믿어왔던 시간과 공간의 개념 자체에 문제가 있는 것은 아닐까? — 이리하여 빛의 속도는 아인슈타인에 의해 또 한 차례 엄밀한 검증을 거치게 되었으며, 그 결과는 기존의 물리학을 송두리째 뒤엎을 정도로 엄청난 것이었다.

시간 개념의 혁명 : 제1부

광속 불변의 성질을 이용하면 우리가 습관적으로 받아들이고 있는 시간의 개념이 잘못되었다는 사실을 간단하게 입증할 수 있다. 한창 전쟁을 치르고 있는 두 나라의 정상들이 기다란 협상 테이블의 양쪽 끝에 앉아, 휴전 협정서에 서명하기로 방금 합의했다고 가정해보자. 그런데 두 정상 모두 상대방보다 먼저 서명하는 것을 원치 않고 있다. 그때 유엔 사무총장이 멋진 아이디어를 떠올렸다. 우선 불이 꺼져있는 전구를 테이블의 중앙에 설치해놓고 잠시 뜸을 들인 후, 어느 순간에 갑자기 스위치를 올린다. 두 정상은 전구로부터 같은 거리만큼 떨어져 있으므로, 전구의 불빛은 두 사람의 눈에 '동시에' 도달할 것이다. 바로 그때 두 정상이 재빠르게 서명을 한다면, 어느 쪽도 손해 보는 일 없이 무난하게 협상을 끝낼 수 있다. 결과는 매우 성공적이었다.

자신의 멋진 아이디어에 용기를 얻은 사무총장은 또 다른 국지전을 펼치고 있는 두 나라의 정상들을 협상 테이블로 불러들여, 이전과 동일한 방법으로 서명을 시키리라 마음먹었다. 역시 기다란 테이블과 함께 전구가 세팅되고, 모든 환경은 전과 동일했지만 단 한 가지 다른 점은 이 모든 것이 등속으로 달리는 기차 안에서 이루어진다는 것이었다. 그래서 '전방국'의 수상은 기차가 달리는 방향을 바라보는 자세로 앉고, '후방국'의 수상은 기차가 달리는 방향을 등지고 앉기로 했다. 유엔 사무총장은 '서로에 대하여 등속 운동을 하고 있는 여러 명의 관찰자들은 모두 동일한 물리 법칙의 적용을 받는다'는 사실을 알고 있었기에 별 다른 생각 없이 테이블의 중앙에 있는 전구의 불을 켰고, 두 나라의 수상들은 전구의 빛이 눈에 도달하는 순간에 맞추어 협정서에 서명을 했다. 그리고는 배석한 수행원들과 함께 종전을 축하했다.

그런데 바로 그때, 열차의 바깥쪽에서 두 나라의 군인들이 다시 전쟁을 시작했다는 날벼락 같은 소식이 들려왔다. 이들은 두 정상이 서명하는 광경을 열차의 내부가 아닌 바깥쪽에서 본 사람들이었다. 달리는 열차 안에서 협상 장면을 보았던 사람들은 바깥 사람들의 주장을 이해할 수가 없었다. 바깥에 대기 중이던 전방국의 병사들은 자기네 수상이 적국의 농간에 넘어가 서명을 '먼저' 했다면서 분개하고 있었던 것이다. 그러나 열차 안에 타고 있던 사람들은 두 정상이 정확하게 '동시에' 서명하는 것을 보았다. 대체 뭐가 잘못된 걸까?

바깥 플랫폼에 서서 서명 광경을 지켜보던 외부 관찰자의 입장에서, 이 사건을 다시 한번 재현해보자. 처음에 전구는 꺼져 있는 상태였고, 어느 순간에 갑자기 불이 켜지면서 양쪽 끝에 앉아있는 수상들을 향해 광속으로 빛줄기를 뿜었다. 그런데 바깥에 서 있던 사람들의 입장에서 보면 전방국의 수상은 자신에게 다가오는 빛을 '향해' 움직이고 있었고(기차의 속도로) 후방국의 수상은 이와 반대로 빛으로부터 후퇴하고 있었다. 그러므로 외부 관찰자의 눈에는 빛이 전구에서 출발하여 전방국 수상의 눈에 도달할 때까지 이동한 거리가 후방국 수상까지의 거리보다 더 짧게 보였을 것이다. 이것은 빛의 '속도'와는 아무런 상관이 없는 문제이다. 앞에서 여러 차례 강조한 바와 같이, 빛의 전달 속도는 광원이나 관찰자의 운동 상태에 상관없이 항상 일정하다. 지금 외부의 관찰자는 빛의 속도가 아니라 빛이 이동한 '거리'를 문제삼고 있는 것이다. 전방국의 수상은 빛 쪽으로 다가가면서 빛을 보았고, 후방국의 수상은 빛으로부터 후퇴하면서 빛을 보았기 때문에 결국 빛이 진행한 거리에 차이가 생겨서 전방국의 수상이 서명을 먼저 하게 된 것이다. 전방국의 병사들이 속았다고 분개하는 이유도 바로 이것이었다.

CNN 뉴스가 목격자의 증언을 방송하자, 유엔 사무총장과 양국의 수상들, 그리고 기차 안에 동승하고 있던 수행원들은 도무지 믿기지 않는 듯 어안이 벙벙할 뿐이었다. 그들이 볼 때 전구는 분명히 테이블의 중앙에 있었고, 양쪽으로 뻗어 나온 빛줄기는 분명히 '동일한' 거리를 이동하여 양국의 수상들의 눈에 정확하게 '동시에' 들어왔기 때문이다. 빛의 속도가 항상 일정하고, 전구로부터 두 수상이 앉아 있는 거리가 정확하게 똑같았는데, 어찌 그런 일이 있을 수 있다는 말인가? 열차 안에 타고 있는 사람들은 두 수상의 서명이 '동시에' 이루어지는 광경을 분명히 보았다.

자, 동일한 사건을 놓고 두 개의 상반된 의견이 대립되었다. 달리는 열차 안의 관찰자와 바깥에 서 있던 관찰자, 둘 중 누구의 주장이 맞는 것일까? 이들의 논리는 전혀 잘못이 없다. 그저 눈에 보인 사실을 그대로 주장하고 있을 뿐이다. 여기에는 둘 중 어느 쪽이 사실에 더 가깝다고 판단할 만한 근거가 전혀 없다. 따라서 '둘 다 옳다'고 말할 수밖에 없다. 마찬가지로 우주공간을 떠돌고 있던 조지와 그레이시의 상반된 주장은 동일한 '진실성'을 갖게 되는 것이다. 한 가지 난처한 것은 양쪽의 주장이 상반된다는 점이다. 이런 경우에 양국의 수상들은 동시에 서명한 것으로 보아야 할까? 기분이 썩 내키지는 않겠지만, 우리는 다음의 설명을 사실로 받아들여야만 한다 ― "두 관찰자가 서로에 대하여 등속 운동을 하고 있는 경우, 한 관찰자의 눈에 동시에 일어난 사건은 다른 관찰자가 볼 때 결코 동시에 일어나지 않는다."

이것은 정말로 기절초풍할 일이다. 그러나 어쩌겠는가? 이 세계의 본질이 원래 그렇게 생겨먹은 것을… 독자들의 취향에 다소 거슬리더라도 어쩔 도리가 없다. 이 우주는 상대성 원리의 지배를 받고 있다. 당신이 이 책을 덮고 오랜 시간이 지나면 지금 서술한 내용을 까맣게 잊을 수도 있다. 그러나 황당한 이유로 휴전 협정에 실패한 두 수상의 일화만 기억한다면, 당신은 특수 상대성 원리의 핵심을 터득한 거나 다름없다. '보편적 동시성'을 허용하지 않는 시간의 이 독특한 성질은 고등 수학이나 복잡한 논리를 동원할 필요도 없이, '빛은 누구에게나 동일한 속도로 움직인다'는 사실 하나만으로 쉽게 증명될 수 있다. 만일 빛이 야구공이나 눈덩이처럼 우리의 직관대로 움직이는 성질을 가졌다면 열차 안의 사람들과 바깥에 서 있던 사람들은 아무런 문제없이 의견일치를 볼 수 있었을 것이다. 즉, 전방국의 수상은 전구와 눈 사이의 거리가 짧아진 대신 다가오는 빛의 속도가 느려지고(열차의 진행 방향과 빛의 진행 방향이 반대이므로), 후방국의 수상은 전구와 눈 사이의 거리가 길어진 대신 빛의 속도가 빨라지기 때문에 득과 실이 정확하게 상쇄되어, 바깥에 있는 관찰자가 보기에도 빛은 정확히 '동시에' 양국 수상의 눈에 도달했을 것이다. 그러나 실세의 세계에서 빛은 결코 빨라지거나 느려지지 않는다. 바로 이러한 빛의 특성 때문에 바깥에 있는 사람들의 눈에는 전방국의 수상이 휴전 협정서에 먼저 서명한 것으로 여겨진 것이다.

빛의 속도가 불변이라는 것은 반박의 여지가 없는 엄연한 사실이다. 그러므로 우리는 오랜 세월 동안 당연하게 믿어왔던 동시성의 개념(한 사람에게 '동시에' 일어난 사건은 다른 모든 사람들에게도 동시에 일어난 것으로 보인다는 믿음 : 옮긴이)을 버려야만 한다. 지구와 화성, 목성, 안드로메다 은하, 그리고 그 밖의 우주 곳곳에서 항상 동일한 속도로 돌아가는 공정한 시계란 애초부터 존재하지 않았던 것이다. 서로에 대하여 상대적으로 움직이고 있는 두 명(또는 그 이상)의 관측자들은 그들의 눈앞에서 일어난 사건들의 동시성에 의견일치를 볼 수가 없다. 그런데 왜 우리는 그동안 이런 놀라운 사실을 모르는 채로 살아왔을까? 빛의 속도에 비해 형편없이 느린 일상적인 속도에서는 이 효과가 너무도 미미하게 나타나기 때문이다. 협상 테이블의 길이가 100피트(약 30m)이고, 기차의 속도가 시속 10마일(시속 16km)이였다면, 바깥에 서있는 관찰자가 볼 때 전방국과 후방국의 수상이 서명하는 시간의 차이는 겨우 100만×10억 분의 1초(10^{-15}초)에 불과하다. 시간차가 분명히 존재하긴 하지만 그 크기가 너무나 작아서 인간의 지각으로는 감지되지 않았던 것이다. 만일 기차가 시속 600만 마일이라는 초고속으로 달렸다면, 바깥의 관찰자가 볼 때 전구의 빛이 후방국의 수상에게 도달할 때까지 걸린 시간은 전방국의 수상에게 도달하는데 걸린 시간보다 20배나 길어진다. 속도가 빨라질수록 특수상대성이론의 효과는 그만큼 크게 나타난다.

시간 개념의 혁명 : 제 2부

'시간'이라는 개념은 어떻게 정의되어야 할까? — 이것은 결코 쉬운 일이 아니다. 정의를 내리려고 하다보면 정의 자체 내에 시간이라는 단어가 또 등장하기 십상이다. 사전에서 '시간'이라는 단어를 찾아보면, 그저 '시간'이라는 단어가 설명 속에 또 등장하지 않도록 억지로 피해간 흔적이 역력하다. 이런 식의 접근보다는 좀더 현실적인 관점에서 '시계로 측정되는 시간'의 정의를 내려보자. 물론 이 역시 쉬운 일은 아니다. '시계'라는 단어에게 모든 짐이 떠맡겨진 것뿐, 상황은 별로 나아진 것이 없다. 우리가 사용하는 시계는 '정확한 주기운동을 수행하는 기계 장치'라고 대충 정의를 내릴 수 있다. 우리는 시계가 수행한 주기운동의 횟수로부터 시간을 측정한다. 손목시계와 같이 우리에게 친숙한 시계들은 이 정의를 만족시키고 있다. 손목시계에 달려있는 바늘은 규칙적인 주기운동을 하면서 두 사건 사이의 시간 간격을 우리에게 알려준다.

물론, '완전하게 규칙적인 주기운동'이라는 말속에는 시간의 개념이 내포되어 있다. '규칙적'으로 돌아가는 바늘은 매번 같은 지점을 통과할 때마다 정해진 양의 시간이 경과했음을 알려주고 있기 때문이다. 이상적인 시계는 매 주기마다 소요되는 시간이 동일하여, 경과된 시간을 측정하는 훌륭한 도구의 역할을 할 수 있다. 할아버지께서 쓰시던 괘종시계나 원자의 진동을 이용한 원자시계는 모두 이러한 원리에 기초를 두고 있다.

지금, 우리의 목적은 물체의 운동이 시간에 어떠한 영향을 미치는지 이해하는 것이다. 우리는 방금 시계의 원리로부터 시간을 정의했으므로, 이제부터는 물체의 운동이 시계에 미치는 영향을 살펴볼 차례다. 한 가지 유념할 것은 시계가 흔들리거나 충격을 받아서 생기는 역학적인 영향은 지금 우리의 관심사가 아니라는 사실이다. 게다가 지금 우리는 등속도로 움직이는 경우만을 고려하고 있으므로, 시계가 흔들리거나 충격을 받는 경우는 전혀 고려할 필요가 없다. 우리의 주된 관심사는 임의의 등속운동이 시간의 흐름에 어떤 영향을 주며, 그 결과로 시계의 움직임이 어떻게 변하는지를 이해하는 것이다. 물론 이 논리는 시계의 역학적 구조와는 아무런 상관이 없다.

우선, 가장 단순한 형태의 시계 하나를 상상해보자. '광자시계'라고 불리는 이 시계는 서로 평행하게 마주보고 있는 두 개의 평면거울로 이루어져 있으며, 하나의 광자가 그 사이를 오락가락하고 있다. (그림 2.1 참조) 만일 거울 사이의 간격이 6인치였다면, 광자가 이 사이를 한 번 왕복하는데 걸리는 시간은 10억 분의 1초이다. 광자시계는 광자가 거울 사이를 한 번 왕복할 때마다 '째각' 소리를 낸다(10억 분의 1초 사이에 이렇게 긴 소리를 낼 수 있을까? 일단, 저자의 논리를 따라가기 위해 사소한 문제는 눈감아 주기로 하자 : 옮긴이). 그러므로 이 시계가 10억 번 째깍거리면 그것은 곧 1초가 지났다는 뜻이다.

우리는 이 광자시계를 사용하여 두 사건 사이의 시간 간격을 측정할 수 있다. 해당 시간 동안 '째각' 소리가 난 횟수를 센 다음, 여기에 10억 분의 1초를 곱하면 된다. 예를 들어, 경마장에서 말들이 출발한 뒤 1등마가 결승점을 통과할 때까지 광자시계가 550억 번 째깍거렸다면, 경주에 소요된 시간은 55초이다.

지금 광자시계를 도입한 이유는 구조가 매우 단순하여 '운동이 시간에 미치는 영향'을 가장 깔끔하게 설명할 수 있기 때문이다. 이제 우

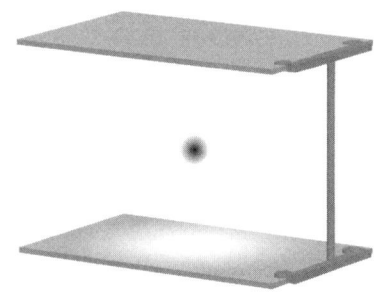

그림 2.1 두 개의 평면거울로 구성된 광자시계. 거울 사이에서 움직이고 있는 광자가 한 번 왕복할 때마다 시계는 '째깍' 소리를 내며 작동된다.

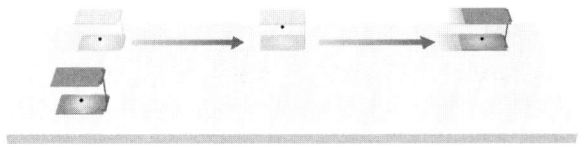

그림 2.2 제자리에 정지해 있는 광자시계와 등속으로 움직이고 있는 광자시계.

리가 테이블 위에 얌전하게 놓여있는 광자시계를 얌전하게 앉아서 바라보고 있다고 상상해보자. 그런데 갑자기 그 옆에서 두 번째의 광자시계가 나타나 특정 방향으로 등속운동을 하고 있다. (그림 2.2 참조) 그렇다면, 등속으로 움직이고 있는 광자시계는 제자리에 얌전히 놓여 있는 광자시계와 동일한 템포로 작동될 것인가?

이 질문에 대답하기 위해, 등속으로 움직이고 있는 광자시계의 내부에서 왕복 운동을 하고 있는 광자의 진행 경로를 정지 상태에 있는 관찰자의 입장에서 주의 깊게 살펴보자. 아래쪽 거울에서 출발한 광자는 곧바로 위쪽 거울에 도달한다. 그런데 관찰자가 볼 때 이 광자시계는 분명히 움직이고 있으므로 광자는 수직 운동을 하지 않고 그림 2.3과 같이 사선을 따라 이동하게 된다. 만일 광자가 이런 식으로 움직이지 않는다면, 위쪽 거울에 도달하지 못하고 그냥 허공으로 날아가버릴 것이다. 그러나 움직이는 광자시계는 자신의 입장에서 볼 때 '나는 정

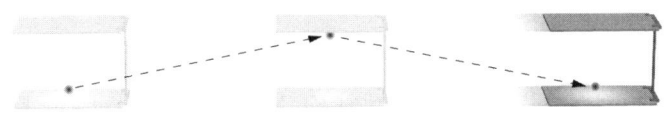

그림 2.3 정지해 있는 관찰자의 입장에서 볼 때, 움직이는 시계 속의 광자는 사선 방향으로 왕복 운동을 하게 된다.

지해 있고 다른 모든 것들이 반대편으로 움직인다'고 얼마든지 주장할 수 있다(앞에서 설명한 바와 같이, 이 주장도 틀림없이 옳은 주장이다 : 옮긴이). 즉, 등속운동을 하고 있는 광자시계 역시 정상적으로 작동되어야만 한다. 그러므로 광자의 경로는 사선이 되어야만 한다. 자, 이제 사선 방향으로 왕복한 광자의 경로를 눈여겨보자. 이 길이는 정지된 광자시계에서 수직 방향으로 왕복한 광자의 경로보다 분명히 길다. 즉, 정지해 있는 관찰자의 입장에서 볼 때, 움직이는 시계 속의 광자가 더 먼 거리를 이동한 것이다. 게다가 광속은 어떤 상태에서 측정해도 항상 불변이기 때문에, 두 시계 속에서 광자의 이동 속도는 동일하다. 그러므로, 등속으로 이동하고 있는 광자시계는 정지해 있는 광자시계보다 느리게 갈 것이다. 앞에서 우리는 시계가 째깍거리는 속도를 시간의 척도로 정의했으므로, 결국 움직이는 광자시계에서는 시간 자체가 느리게 흘러간다는 결론을 내릴 수 있다.

 독자들은 이것이 광자시계의 특성 때문에 얻어진 결과이며 할아버지의 괘종시계나 롤렉스 손목시계에는 적용되지 않는다고 생각할지도 모른다. 우리에게 친숙한 시계를 대상으로 이와 같은 실험을 한다고 해도 역시 같은 결론이 내려질까? 정답은 '그렇다'이다. 이것은 특수 상대성 원리로부터 입증될 수 있다. 자, 이번에는 두 개의 광자시계 위에 롤렉스 손목시계를 단단하게 고정시켜 놓았다고 상상해보자. 앞서 말한 대로, 정지해 있는 광자시계와 그 위에 부착된 롤렉스 손목시계는 정확하게 동일한 템포로 작동될 것이다. 즉, 광자시계가 10억 번 째깍이는 동안에 롤렉스 시계는 정확하게 1초가 경과될 것이다. 그렇다면, 등속으로 움직이는 광자시계와 그 위에 부착된 롤렉스 시계의 경우는 어떻게 될 것인가? 이 경우에도 두 종류의 시계는 동일한 템포로 작동하는가? 만일 그렇다면 움직이는 롤렉스 손목시계도 늦게 간다는 사실이 입증되는 셈이다 — 논리의 설득력을 높이기 위해, 롤렉스 상표가 부착된 광자시계가 등속으로 달리는 기차의 화물칸에 실려있다고 가정해보자. 화물칸에는 창문이 없어서, 시계에 눈이 달려있다 해도 자신이 움직이고 있는지를 확인할 방법이 없다. 그렇다면 특수 상대성 원리에 의해, 이 두 개의 시계는 정지해 있는 상태와 하나도 다를 것이 없다. 즉, 두 개의 시계는 정확하게 동일한 템포로 작동되어야 한다는 뜻이다. 그런데 등속으로 이동 중인 광자시계가 느리게 간다는 것은 이미 앞에서 확인된 사실이므로, 등속운동을 하고 있는 롤렉스 시계 역시 같은 정도로 느리게 가야만 하는 것이다. 시계의 상표나 생긴 모양, 작동 원리 등에 상관없이, 서로에 대해 상대 운동을 하고 있는 시계들은 각각 다른 템포로 작동될 수밖에 없다.

광자시계를 이용하면 이동 속도에 따라 시간이 느려지는 정도를 정확하게 계산할 수 있다. 정지해 있는 관찰자의 입장에서 볼 때, 이동 속도가 빠를수록 시계는 더욱 느려진다. 왜냐하면 그림 2.3에서 보는 바와 같이, 이동 속도가 빨라지면 사선의 길이가 너 길어져서 광자가 한 번 왕복운동을 하는데 더욱 많은 시간이 소요되기 때문이다. 결국, 정지해 있는 관찰자가 볼 때 이동 중인 시계는 자신의 시계보다 느리게 가는 것처럼 보이며, 이동속도가 빠를수록 느려지는 정도도 커지는 것이다.[*3]

그렇다면 구체적으로 얼마나 느려질까? 광자시계 속의 광자는 거울 사이를 한 번 왕복하는데 10억 분의 1초가 걸린다. 이토록 짧은 시간 안에 시계가 우리 눈으로 감지할 수 있는 정도의 거리를 이동하려면, 이동 속도가 광속과 견줄 수 있을 정도로 엄청나게 빨라야 한다. 만일 광자시계가 일상적인 속도 — 예를 들어 시속 10마일로 이동하고 있다면, 한 번 째깍이는 동안 이동한 거리는 150억 분의 1피트밖에 되지 않는다. 이 경우, 광자는 '사선'을 따라 이동하긴 하지만, 이 사선이라는 것이 수직선과 거의 같기 때문에 시간 지연 효과는 거의 나타나지 않는다. 다시 한 번 강조하지만, 움직이는 시계가 늦게 가는 것은 시계의 구조적인 특성 때문이 아니라 시간 자체가 특수 상대성 원리의 지배를 받기 때문이다. 이것이 원래 시간의 속성이었다. 단지 그 효과가 일상적인 속도에서 너무 작게 나타나기 때문에 우리가 인식하지 못했던 것뿐이다. 만일, 광자시계가 광속의 3분의 1로 달린다면 정지해 있는 관찰자가 볼 때 시계의 작동 속도는 3분의 2로 느려질 것이다. 정말로 엄청난 변화가 아닐 수 없다.

달리는 물체의 수명

지금까지 우리는 빛의 속도가 불변이라는 사실로부터 움직이는 광자시계가 정지해있는 광자시계보다 늦게 간다는 것을 입증했다. 그리고 상대성 원리에 의해 이 현상은 광자시계뿐만 아니라 이 세상에 존재하는 모든 시계에 똑같이 적용된다는 사실도 입증했다. 즉, 이것은 시계의 성질이 아니라 시간 자체의 독특한 성질인 것이다. 따라서 움직이고 있는 사람의 시간은 정지해 있는 사람의 시간보다 늦게 흘러간다. 그렇다면 계속해서 움직이는 사람은 제자리에 정지해 있는 사람보다 오래 살게 될까? — 그렇지는 않다. 시간이 늦게 가는 것은 시계에만 해당되는 것이 아니다. 움직이는 사람의 심장 박동을 비롯한 모든 생체 현상도 똑같이 느려져서, 정작 당사자는 아무런 변화도 느끼지 못한다. 이 사실은 이미 실험을 통해 사실임이 입증되었다. 실험 대상은 사람이 아닌 뮤온 muon이라는 소립자였지만, 이 결과가 알려진 후로 '빠른 속도로 달리면서 젊음을 유지하는' 상대론적 회춘법은 한갓 허황된 꿈에 머물게 되었다.

실험실 안에서 정지 상태에 있는 뮤온은 방사능 붕괴와 비슷한 과정을 거치면서 백만 분의 2초 만에 붕괴되어 사라진다. 이 붕괴 현상은 이미 수많은 실험을 통해 익히 잘 알려져 있다. 뮤온의 삶은 덧없다는 말이 무색할 정도로 짧다. 한번 탄생한 뒤, 백만 분의 2초가 지나면 전자와 뉴트리노로 분해되면서 전광석화 같은 삶을 마감하는 것이다. 그러나 이 뮤온을 입자가속기 내부에 잡아넣고 거의 광속에 가까운 속도로 가속시키면 수명이 엄청나게 길어진다. 이것은 분명히 실제로 일어나는 현상이다. 뮤온의 운동 속도가 시속 66억 7천만 마일(광속의 99.5%)로 가속되면, 뮤온의 수명은 10배로 길어진다. 이 현상을 특수상대성이론으로 설명하자면 다음과 같다. — 뮤온이 차고 있는 손목시계는 실험실의 벽에 걸려있는 시계보다 늦게 가기 때문이다. 이는 운동이 시간에 미치는 극적인 영향을 직접 증명해보인 대표적인 실험이었다. 만일 사람이 뮤온처럼 빠른 속도로 이동한다면, 70살의 수명은 700살로 늘어날 것이다.[*4]

그러나 움직이는 사람의 손목시계가 늦게 간다는 것은 '정지해 있는 사람이 볼 때' 그렇다는 뜻이다. 정작 움직이고 있는 사람의 입장에서 보면 시간과 함께 진행되는 모든 현상이 느려지기 때문에 본인은 아무런 변화도 느낄 수 없다. 따라서 뮤온의 경우에도 수명이 길어지는 것은 실험실 내에 정지해 있는 관측자(또는 관측기계)가 볼 때 그렇게 보이는 것뿐이다. 고속으로 달리는 뮤온은 수명뿐만 아니라 운동 중에 겪는 모든 현상들이 똑같이 느려져서, 이득을 보는 것이 하나도 없다. 예를 들어, 정지 상태에 있는 뮤온이 평생 동안(그래봐야 100만분의 2초밖에 안 되지만) 100권의 책을 읽을 수 있다면, 고속으로 달리는 또 다른 뮤온 역시 100권밖에는 읽을 수 없다. 비록 수명은 길어졌지만, 이와 함께 모든 현상들이 느리게 진행되기 때문이다. 그래서 정지 상태의 관찰자가 보면 움직이는 뮤온에게는 모든 일들이 슬로우 모션으로 일어나는 듯이 보인다. 고속으로 움직이는 뮤온이 정지 상태의 뮤온보다 오래 사는 것은 분명하지만, 그가 느끼는 수명은 조금도 길어지지 않는다. 사람의 경우도 마찬가지다. 초고속으로 이동 중인 사람은 정지해 있는 사람보다 긴 수명을 누리지만, 그에게서 일어나는 모든 생명활동과 물리적 현상들도 똑같이 느려지기 때문에 아무런 이득도 볼 수 없다.

도대체 누가 움직이고 있는가?

'상대운동 relative motion'은 상대성이론을 이해하는 가장 중요한 열쇠이자 온갖 혼돈을 불러일으키는 원흉이기도 하다. '움직이는' 뮤온과 '정지해 있는' 뮤온의 역할은 보는 관점에 따라서 얼마든지 뒤바뀔 수 있다. 앞에서 조지와 그레이시가 "나는 정지해 있었는데 상대방이 움직였다"고 서로 상반된 주장을 할 때, 어느 쪽이 옳은지를 판별할 방법이 없기 때문에 둘 다 옳다는 결론을 내렸었다. 뮤온의 경우도 다를 것이 전혀 없다. 움직이는 뮤온은 자신의 입장에서 볼 때 자기 자신은 정지해 있고, 우리가 정지 상태에 있다고 말했던 뮤온이 초고속으로 움직였다고 주장할 것이다. 그리고 이 역시 완전히 옳은 주장이다. 그런데 이런 관점에서 본다면 시간이 늦게 가는 쪽이 바뀌게 된다. 즉,

움직이는 뮤온이 볼 때에는 자신의 시계보다 정지해 있는 뮤온의 시계가 늦게 가는 것이다.

우리는 달리는 열차 속에서 일어났던 '휴전협정 서명사건'을 통해, 관점이 다르면 눈에 보이는 현상은 완전히 다를 수 있음을 확인한 바 있다. 고전적인 시간관념으로는 아무 문제가 없었던 '동시성'의 개념은 특수상대성이론에 의해 대대적인 수정이 불가피하게 되었다. 그러나 지금 제기된 문제는 우리를 더욱 혼란스럽게 만든다. 두 사람의 관찰자가 볼 때, 어떻게 똑같이 상대방의 시계가 늦게 가는 것처럼 보일 수 있다는 말인가? 좀더 극적으로 표현하자면, 정지 상태의 뮤온과 초고속으로 달리는 뮤온은 둘 다 상대방을 부러워하면서, 상대방보다 자기가 먼저 죽게 될 것이라며 자신의 운명을 똑같이 한탄한다는 것이다. 특수상대성이론의 결과가 기존의 상식과 많이 다르다고는 하지만, 이건 해도 너무한 것 같다. 전통적인 논리로는 도저히 납득이 가지 않는다. 대체 어찌된 영문일까?

특수상대성이론으로부터 얻어진 역설적인 결과들을 면밀하게 분석하다 보면, 이 우주의 운영 방식이 기존의 관념들과는 전혀 다르다는 놀라운 사실을 깨닫게 된다. 뮤온을 사람처럼 취급하는 것이 아무래도 어색한 듯하여, 지금부터는 우리의 주인공을 조지와 그레이시로 바꾸어서 생각해보기로 하겠다. 그리고 이들은 손전등 이외에 '스스로 빛을 내는 전자시계를 착용하고 있다고 가정하자. 조지의 입장에서 볼 때, 그레이시는 푸른빛을 발하는 손전등과 전자시계를 착용한 채로 먼 발치에서 나타나 조지를 스쳐 지나갔다. 그리고 조지는 그레이시의 시계가 자신의 시계보다 늦게 간다는 사실을 확인했다(늦게 가는 정도는 그레이시의 속도에 따라 달라진다). 뿐만 아니라, 그레이시가 취하는 모든 행동들(손을 흔들어 인사하면서 한쪽 눈으로 윙크를 했다)은 마치 TV

의 느린 화면을 보는 것처럼 천천히 진행되고 있었다. 그러나 그레이시의 관점에서 이 상황을 다시 서술한다면, 다가오면서 슬로우 모션으로 인사를 나누고 반대편으로 사라진 사람은 그레이시가 아니라 조지가 될 것이다.

다소 역설적이긴 하지만, 논리적 난점을 더욱 명확하게 하기 위해 한 가지 실험을 해보자. 조지와 그레이시는 서로 스쳐 지나가던 순간에 서로 시계를 12:00시 정각으로 맞추어 놓았다. 그리고 이들은 서로 멀어져 가면서 상대방의 시계가 자신의 시계보다 늦게 가는 것을 '똑같이' 보았다. 조지와 그레이시는 이 기묘한 사건의 진상을 규명하기 위해, 다시 만나서 서로의 시계를 대조해보기로 마음먹었다. 그러나, 어떻게 다시 만날 것인가? 이들은(또는 둘 중 하나는) 우주공간 속에서 등속운동을 하고 있다. 이런 상태에서 두 사람이 다시 만나려면 조지나 그레이시(또는 둘 다)는 가던 길을 되돌아와야 하고, 이는 곧 그의 몸에 무언가 힘이 작용해야만 한다는 뜻이다. 즉, 등속운동이 아닌 가속운동을 해야만 재회가 가능하다는 것이다. 만일 그레이시는 현 상태를 유지하고 조지가 가속운동을 하여(가던 길을 되돌아와서) 두 사람이 다시 만났다면, 두 사람은 이제 더 이상 동등한 입장일 수가 없다. 조지는 자신의 몸이 가속될 때 모종의 '힘'을 느낀 반면, 그레이시는 아무런 힘도 느끼지 않았기 때문이다. 조지는 자신의 등에 지고 있던 제트 분사기의 스위치를 올리는 순간, 자신의 몸이 움직이고 있음을 분명히 느꼈을 것이므로, 이제 더 이상 '나는 정지 상태에 있었는데 저 여자가 내게 다가왔다'는 주장을 할 수가 없는 것이다.

만일 조지가 이런 식으로 그레이시와 재회했다면, 두 사람의 시계는 분명하게 다른 시간을 가리키고 있을 것이다. 차이의 정도는 두 사람의 상대 속도와 조지가 느낀 가속도의 크기에 따라 달라진다.

이동 속도가 느린 경우에는 시간의 차이가 극히 미미하게 나타나지만, 광속과 견줄 수 있을 만큼 빠른 속도로 이동하다가 되돌아왔다면, 몇 분에서 며칠, 몇 년, 심지어는 몇 세기, 또는 그 이상의 차이가 날 수도 있다. 구체적인 예를 들어보자. 조지와 그레이시가 서로 스치고 지나갈 때 이들의 상대 속도가 광속의 99.5%였다고 가정해보자. 그리고 조지는 당시의 운동상태를 계속해서 유지하다가, 3년이 지난 뒤에 역추진 장치를 비로소 작동시켜 이전과 동일한 속도로 그레이시에게 돌아왔다고 하자. 이 경우, 조지는 이런 식으로 인사를 건넬 것이다. "안녕하세요? 6년 만에 다시 만나는군요!" — 편도로 3년이 걸리는 거리를 왕복하였으므로, 조지에게 6년의 세월이 흐른 것은 너무도 당연한 결과이다. 그러나, 과연 그레이시도 그렇게 생각해줄까? 약간의 상대론적 수학 계산을 해보면, 조지가 6년의 세월을 느끼는 동안 그레이시에게는 무려 60년의 세월이 흘렀다는 사실을 확인할 수 있다. 이것은 결코 야바위나 속임수가 아니다. 그레이시는 그때까지 살아있다 해도 까마득한 옛날 일을 기억해내기가 쉽지 않을 것이나. "반갑구넌, 그런데 젊은이는 누구신가?" — 조지는 아마 이런 말을 듣게 될 것 같다. 이 경우에, 조지는 실제로 시간 여행을 한거나 다름없다. 그는 그레이시의 미래를 여행한 셈이다.

두 사람이 다시 만나서 서로의 시계를 비교한다는 사실 자체가 독자들에게는 억지 논리처럼 들릴지도 모른다. 그러나, 이것이야말로 상대성 원리의 핵심이다. 서로 상대방의 시계가 늦게 가는 이 모순적인 상황을 다른 방법으로 확인할 수는 없을까? 방법이야 있지만 결과는 항상 실망스럽다. 두 사람의 시계를 어떻게 해서든지 비교를 해보면, 역설적인 상황은 흔적도 없이 사라지는 것이다. 예를 들어, 조지와 그레이시가 무선 전화로 통화를 하면서 비교를 한다면 어떻게 될까?

만일 두 사람이 한 치의 시간차도 없이 '동시에' 의사 교환을 할 수 있다면 상대성이론은 당장 논리적 모순에 부딪힐 것이다(서로 상대방의 시계가 늦게 가는 것처럼 보인다는 것은 고전적인 논리로는 도저히 동시에 일어날 수 없는 사건이다. 그러나 상대성이론은 이것이 사실임을 주장하고 있다. 그래서 저자는 지금 온갖 수단을 동원하여 논리적 모순을 만천하에 드러낼 수 있는지를 우리에게 확인시켜 주려고 노력하는 중이다. 물론, 결과는 항상 상대성이론의 승리로 끝날 것이다 : 옮긴이). 그레이시의 입장에서 볼 때, 조지의 시계가 늦게 가고 있으므로 과거의 조지와 통화하는 셈이며, 조지의 입장에서는 과거의 그레이시와 통화하는 셈이다. 자, 이건 누가 봐도 명백한 모순이다. 한쪽이 과거라면 다른 한쪽은 미래가 되어야 마땅한데, 양쪽 다 '과거의 상대방' 과 동시에 통화를 한다니, 지나가는 강아지가 웃을 일이다. 글쎄… 과연 그럴까? 무선 전화는 빛의 한 형태인 라디오파를 이용한 통신 장치다. 따라서 기지국의 복잡한 속사정을 고려하지 않는다 해도 최소한 빛이 전달되는 데 필요한 시간만큼 통신이 지연될 수밖에 없다. 즉, 두 사람이 '동시에' 정보를 교환할 방법이 없는 것이다. 바로 이 '통신 지연 현상' 때문에 강아지가 웃을 만한 일은 절대로 발생하지 않는다.

우선, 조지의 입장에서 생각해보자. 조지는 매시 정각마다 그레이시에게 전화를 걸어 "지금 시각은 12시, 아무 이상 없다. 오버", "지금은 오후 1시, 역시 아무 이상 없다. 오버"라는 식으로 상황 보고를 하고 있다. 그런데 조지가 볼 때 그레이시의 시계는 자신의 시계보다 늦게 가고 있으므로, 얼핏 생각하기에 그레이시는 매시간 정시가 되기 직전에 조지의 보고를 듣게 될 것 같다. 그래서 조지는 이렇게 생각했다 ― "그레이시가 나의 시간 보고를 듣고 나면 자신의 시계가 내 시계보다 늦게 간다는 것을 인정할 수밖에 없겠지. 가만… 그런데 내 목소리가 전파를 타고 그녀에게 도달하려면 분명 시간이 걸릴 텐데, 이것 때문에 나와 그녀의 시간이 딱 들어맞게 되는 것은 아닐까?" 조지의 생각대로, 여기에는 서로 경쟁 관계에 있는 두 가지의 요소가 있다. 상대론적 효과에 의한 시간 지연과 전파가 도달하는데 소요되는 시간이 그것이다. 조지는 이 두 가지 요인들 중 어느 쪽의 효과가 더 크게 나타날지를 계산해보았다. 그랬더니… 아뿔사! 전파가 전달되는데 소요되는 시간이 현재 조지와 그레이시의 상대론적 시간보다 더 길다는 결과가 나오고 말았다. 결국 조지가 12시를 알리는 보고를 정각에 알리면 그레이시는 자신의 시계로 12시가 지난 다음에야 조지의 보고를 듣게 되는 것이다. 그러나, 조지의 집념도 만만치는 않았다. 그는 그레이시가 물리학에 조예가 깊다는 사실을 떠올리고, 그녀가 전파 전달에 소요된 시간을 알아서 빼준다면 결국 자신과 동일한 결론을 얻을 것이라고 생각했다. 그런데 막상 계산을 해보면, 그레이시가 전파 전달 시간을 고려한다 해도 여전히 그레이시는 조지의 시계가 자신의 것보다 늦게 간다는 결론을 읻게 된다.

시간 보고를 그레이시가 하는 경우에도 그레이시는 "12시 정각에 조지에게 전화 보고를 하면, 조지는 12시가 되기 전에 연락을 받고 자신의 시계가 내 것보다 느리게 가고 있음을 인정할 것이다."라고 생각했다가, 전파가 전달되는 소요 시간을 문득 떠올리고는 그 효과를 계산해 볼 것이다. 그리고 결국에는 그녀 역시 "조지는 내 시계가 자신의 시계보다 느리게 간다는 결론을 내릴 수밖에 없겠네…"라며 한숨을 내쉬게 될 것이다.

조지와 그레이시, 둘 중 한 사람이 가속운동을 하지 않는 한, 이들의 상반된 관점은 결국 모두 옳을 수밖에 없다. 독자들에게 이 말이 역설적으로 들린다는 것을 나 역시 잘 알고 있다. 그러나 어쩌겠는가?

'상대운동을 하고 있는 두 명의 관찰자가 볼 때, 상대방의 시계는 내 것보다 느리게 간다.' — 우리는 이 사실을 인정할 수밖에 없다.

운동 공간에 미치는 효과

지금까지 우리는 움직이는 시계가 늦게 간다는 사실을 확인했다 (확인했다기보다는, 일방적으로 설득 당했다는 표현이 더 어울릴 것이다 : 옮긴이). 한마디로 요약하자면, '시간은 운동에 의해 영향을 받는다'고 말할 수 있다. 그런데 운동은 시간뿐만 아니라 공간까지도 변형시키는 성질을 가지고 있다. 여기서 다시 슬림과 짐 형제의 자동차 이야기로 돌아가 보자. 슬림은 자신의 자동차가 정지해 있는 상태에서 줄자를 이용하여 차의 길이를 정확하게 측정해 놓았다. 이제, 슬림이 차를 타고 달리는 동안 도로변에 서있는 짐이 차의 길이를 측정한다고 상상해 보자. 물론 짐은 슬림이 했던 방식대로 측정할 수가 없다(짐이 자동차와 동일한 속도로 달릴 수 있다면 줄자를 이용한 측정이 가능하겠지만, 이

그림 2-4 움직이는 물체는 진행 방향으로 길이가 줄어든다.

경우에는 슬림과 짐 사이의 상대 속도가 0이 되기 때문에 상대성이론을 논할 여지가 없어진다 : 옮긴이). 그래서 짐은 간접적인 측정법을 동원하기로 했다. 즉, 앞서 말한 바대로 자동차의 앞쪽 끝이 자신을 지나치는 순간에 초시계를 작동시키고, 뒤쪽 끝이 지나는 순간에 초시계를 멈춰서 통과 소요 시간을 측정한 다음, 여기에 자동차의 속도를 곱하여 차의 길이를 산출해내는 방법이었다.

그런데 시간의 동시성 문제로 바로 전에 한차례 고문을 당했던 우리는, 이제 슬림의 입장에서 볼 때 짐이 움직이고 있는 거나 다름없으므로 짐의 시계가 늦게 간다는 사실을 알고 있다. 그래서 짐이 측정한 차의 길이는 실제의 길이(정지 상태에서 줄자로 측정한 길이)보다 짧게 나올 수밖에 없다. 시계가 느리게 가면 통과 소요 시간이 그만큼 짧게 나타날 것이고, 거리(길이) = 속도 × 시간으로 계산되기 때문에 결국 차의 길이가 짧아지는 것이다.

그러므로 짐의 입장에서 볼 때 주행 중인 슬림의 자동차는 정지해 있을 때보다 길이가 짧게 보인다. 일반적으로, 등속운동을 하고 있는 모든 물체는 진행 방향으로 길이가 줄어든 것처럼 보이며, 슬림의 자동차는 한 가지의 사례에 불과하다. 그렇다면, 구체적으로 얼마나 줄어들 것인가? 특수상대성이론의 방정식으로 계산해보면, 광속의 98%로 달리는 물체는 정지 상태의 관찰자가 볼 때, 원래 길이의 20%까지 줄어든다. 그림 2.4에는 길이 단축 현상이 그림으로 표현되어 있다.[*5]

시공간에서의 운동

빛의 속도가 관측 상태에 상관없이 항상 일정하다는 사실은 기존의 절대적인 시공간의 개념에 일대 혁명을 불러일으켰다. 이제 시간과 공간은 관측자와 관측 대상의 상대 운동 상태에 따라 얼마든지 달라질 수 있는 상대적인 개념이 된 것이다. "움직이는 물체(사람)는 동작이 슬로우 모션으로 진행되며, 길이가 짧아진다." — 우리는 이 점을 강조하면서, 이쯤에서 상대성이론에 관한 논의를 끝낼 수 있다. 그러나 특수상대성이론은 이 두 가지 현상을 하나로 통합하여 설명하는 우아한 체계를 제공하고 있다. 이왕 발을 들여놓은 김에, 이것까지도 한번 짚고 넘어가기로 하자.

이야기를 쉽게 풀어나가기 위해, 약간 비현실적인 자동차 한 대를 생각해보자. 이 차는 한번 출발하면 곧바로 시속 100마일의 속도에 이르며, 일단 이 속도가 되면 한 치의 오차도 없이 일정한 속도를 유지하다가 제동을 걸면 곧바로 멈추는 이상적인 자동차다. 이제, 카레이서로 명성을 얻은 슬림은 넓고 평평한 주행용 도로 위에서 새로 출고된 이 차의 시험 주행을 해달라는 부탁을 받았다. 출발 지점과 도착 지점 사이의 거리는 10마일이다. 따라서 슬림이 운전하는 자동차는 이 주행 코스를 1/10시간, 즉 6분 만에 주파할 수 있다. 아르바이트로 자동차 엔지니어 일을 하고 있는 짐은 여러 차례에 걸쳐 시행된 슬림의 시험 주행 기록을 한데 모아서 비교를 해보았다. 그랬더니 대부분의 주행 기록은 예상대로 6분이었지만, 마지막 3번에 걸친 주행 시간이 6.5분, 7분, 7.5분으로 기록되어 있었다. 처음에 짐은 이것이 차의 결함 때문일 거라고 생각했다. 엔진에 이상이 생겨서 자동차가 시속 100마일의 속도를 내지 못했다면 주행 시간은 조금 길어질 수도 있다. 그래서 짐은 슬림이 운전했던 시험용 자동차의 상태를 주도면밀하게 조사해 보았다. 그런데 이게 어찌된 영문인가? 차의 상태는 모든 것이 완벽했다. 차의 속도에 지장을 줄만한 요인은 전혀 발견되지 않았던 것이다. 당황한 짐은 슬림에게 달려가 마지막 3회의 시험 주행 때 혹시 무슨 일이 있었느냐고 물어보았다. 그리고 슬림은 제법 속 시원한 대답을 해주었다 — 자동차의 주행 코스가 동쪽에서 서쪽으로 뻗어 있었는데, 저녁 무렵이 되면서 서쪽 하늘에 떠 있는 해가 슬림의 시야를 방해했다는 것이다. 그래서 마지막 3회에 걸친 주행 때에는 차의 방향을 약간 오른쪽으로 틀어서 달렸다고 했다. 슬림은 마지막 3회의 주행 방향을 그림으로 그려주었다. (그림 2.5 참조) 이제야 비로소 주행 시간이 늘어난 이유가 명백해졌다. 차의 방향이 정서향에서 약간 빗나가면 주행 거리가 길어지기 때문에 소요 시간은 당연히 6분을 초과할 것이다.

슬림의 설명은 매우 명쾌하다. 그러나, 여기서 약간의 개념적인 노약을 시도하여 이 상황을 다시 서술해보자. 주행용 도로의 동 – 서 방

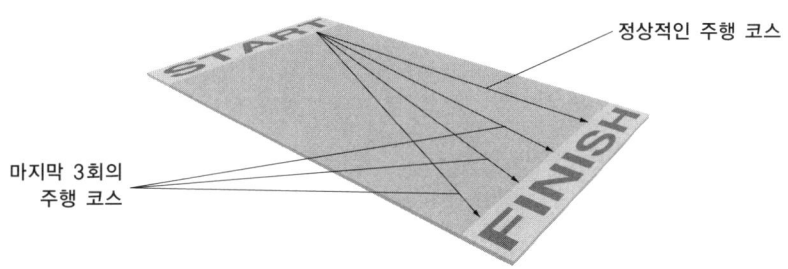

그림 2.5 슬림은 서쪽에서 들어오는 햇빛을 피하기 위해 마지막 3회에 걸친 주행 코스를 조금씩 오른쪽으로 편향시켰다.

향과 남-북 방향은 차가 이동할 수 있는 두 개의 독립적인 공간 차원에 해당된다. (물론 차가 아니라 헬기였다면 수직 방향으로 이동도 가능하다. 이 역시 또 하나의 공간 차원이 될 수 있다. 그러나 문제를 단순화시키기 위해, 여기서는 우리의 논지를 2차원 평면에 한정시키기로 하겠다.) 매 주행시마다 슬림의 자동차는 시속 100마일의 속도를 정확하게 유지했다. 그러나 주행 코스가 동-서 방향에서 조금 빗나가면 시속 100마일이라는 속도는 동-서 방향으로의 이동뿐만 아니라 남-북 방향의 이동에도 기여하기 때문에 결과적으로 동-서 방향의 속도가 느려진 듯한 효과로 나타나는 것이다. 정상적인 코스(정동-정서 방향)를 따라 달릴 때, 시속 100마일의 속도는 모조리 동-서 방향의 이동에만 기여한다. 그리고 코스가 빗나가면 이 속도 중 일부는 남-북 방향으로 이동하는데 소요된다(동서 방향에서 크게 벗어날수록 소요되는 양도 많아진다 : 옮긴이).

아인슈타인의 머릿속에 떠올랐던 아이디어는 바로 이것이었다. 서로 다른 방향의 차원들에 대하여 운동이 분배된다는 개념 — 이것이야말로 특수상대성이론의 가장 중요한 핵심이다. 단, 상대론에서는 운동 요소를 나누어 갖는 차원 목록에 공간뿐 아니라 시간까지도 포함되어 있다. 실제로 대부분의 경우, 물체의 운동은 공간이 아닌 시간을 통해 이루어진다. 이 말의 의미를 지금부터 자세히 분석해보자.

운동이 공간 속에서 이루어진다는 생각은 우리가 어린 시절부터 경험을 통해 습득한 개념이다. 그리고 항상 염두에 두고 있진 않지만, 나와 친구들, 그리고 가족과 친지를 비롯한 모든 사람들은 흐르는 '시간' 속에서 살아가고 있다. 우리가 TV를 보다가 무심결에 시계 쪽으로 눈을 돌렸을 때, 그때에도 시계는 변함없이 움직이고 있다. 끊임없이 '미래를 향해' 나아가고 있는 중이다. 우리 자신을 비롯한 모든 삼라만상은 한 순간에서 다음 순간으로 넘어가면서 예외 없이 나이를 먹어가고 있다. 수학자인 민코프스키 Hermann Minkovsky는 시간을 또 하나의 차원으로 간주해야 한다고 주장했었다. (물론 나중에 아인슈타인도 여기에 전적으로 동의했다) 즉, 우리가 살고 있는 공간은 3차원(전-후, 좌-우, 상-하)이지만, 시간이라는 개념 역시 공간상의 차원과 유사하기 때문에 4번째의 차원으로 간주해도 무방하다는 뜻이었다. 당장은 추상적인 말처럼 들리겠지만, 시간을 하나의 차원으로 간주하여 3차원의 공간과 한데 묶는다는 것은 매우 구체적인 발상이었다. 누군가와 만날 약속을 할 때, 우리는 먼저 약속 장소를 정한다. 예를 들어 약속 장소가 53번로 street와 7번가 avenue가 만나는 귀퉁이의 건물 9층이었다고 가정해보자(미국 대도시에서는 street와 avenue를 가로와 세로로 구분해서 쓰고 있음. 가령 뉴욕에서는 street는 동서, avenue는 남북으로 뻗은 도로를 일컬음 : 옮긴이). 여기에는 3차원 공간상에서 특정 위치를 지정하는 3개의 정보(9층. 53번 street, 7번 avenue)가 들어있다. 그러나 이것만으로 기다리는 사람을 만날 수 있을까? 어림도 없는 소리다. 약속 시간을 정해놓지 않으면 하릴없이 기다리면서 짜증만 더해갈 것이다. 두말 할 필요도 없이, 누군가와 만나려면 약속 장소와 함께 시간도 정해놓아야 한다. 그 시간이 오후 3시였다고 가정하자. 지금까지 약속된 4개의 정보에 의해, 하나의 '만남'이라는 사건이 예정된 시각, 예정된 장소에서 일어나게 된다. 따라서 하나의 사건을 정의하는데 필요한 정보는 3개가 아니라 4개인 것이다. 이들 중 3개는 공간상의 위치를 지정하고, 나머지 하나는 시간을 지정한다. 그래서 우리는 시간과 공간을 한데 묶어서 '시공간 spacetime'이라고 부르기도 한다. 이런 관점에서 볼 때, 시간은 하나의 독립적인 차원임이 분명하다.

시간과 공간이 한데 묶여질 수 있는 차원이라면, 공간 속에서 정의된 물체의 이동 속도를 시간의 개념 속에서 정의할 수도 있지 않을까? — 물론 할 수 있다.

우리는 이것을 실현하기 위한 기본 지식을 앞에서 이미 습득했다. 임의의 물체가 우리에 대하여 상대 운동을 하고 있을 때, 그 물체와 함께 움직이고 있는 시계는 우리의 시계보다 늦게 간다. 즉, '시간적 관점에서 볼 때' 물체의 속도가 느려진 것이다. 그런데, 아인슈타인은 여기서 과감한 도약을 시도했다. **"모든 물체는 시공간 spacetime 속에서 항상 빛의 속도로 이동한다"**고 선언한 것이다. 얼핏 듣기에는 말도 안 되는 소리다. 우리가 일상적으로 겪는 속도는 광속과 비교가 안 될 정도로 느려터진 것들뿐이다. 그리고 바로 이런 이유 때문에 일상생활 속에서 상대론적 효과가 거의 나타나지 않는다고 앞에서도 여러 차례 강조한 바 있다. 물론 이것은 분명한 사실이다. 그러나 아인슈타인은 시간이나 공간상에서의 속도를 말한 것이 아니다. 시간과 공간이 합쳐진 '시공간' 상에서 볼 때, 모든 물체들이 한결같이 광속으로 움직인다는 뜻이었다. 이 말의 의미를 좀더 구체적으로 이해하기 위해, 항상 일정한 속도로 달리는 이상적인 자동차를 다시 한 번 상기해보자. 단, 이 자동차의 일정한 속도는 공간 차원과 시간 차원, 양쪽 모두에게 분배된다고 생각해보자. 만일 어떤 물체가 우리에 대하여 정지해 있다면, 이 물체는 공간 이동이 전혀 없으며, 따라서 이 물체의 모든 '운동'은 시간 차원 쪽으로만 진행된다고 볼 수 있다. 우리에 대하여 정지해 있는 모든 물체들(이들은 서로에 대해서도 정지해 있다)은 한결같이 동일한 '속도'를 유지한 채로 시간 차원을 따라 이동하고 있다. 즉, 이들 모두는 나이를 먹는 것이다. 그리고 공간 속에서 움직이고 있는 물체는 시간 차원을 향하던 속도 중 일부가 공간 차원 쪽으로 할당되어 그 덕택에 움직이는 것으로 간주될 수 있을 것이다. 정상 코스에서 벗어난 길을 달리는 실험 주행용 자동차처럼, 운동의 일부가 공간 차원으로 할당된 자동차는 시간 쪽의 이동 속도가 느려질 수밖에 없다. 즉, 움직이는 자동차의 시계는 정지해있을 때보다 늦게 간다. 이것은 우리가 앞에서 얻었던 결과와 정확하게 일치한다. 단지 이해하는 방식이 조금 달라졌을 뿐이다. 우리에 대하여 움직이는 물체는 시간 차원 쪽의 속도 중 일부가 공간 차원으로 할당된 상태이며, 따라서 이런 물체의 시간은 정상 상태(정지된 상태)보다 늦게 간다는 식으로 이해하자는 것이다. 따라서 공간을 이동하는 물체의 속도가 얼마나 빠른가 하는 것은 시간을 따라 이동하는 속도 중 얼마나 많은 양이 공간 이동 쪽으로 할당되었는지를 묻는 것과 완전히 동일하다.*[6]

이런 식의 논리를 따른다면, 공간을 이동하는 속도에 명백한 한계치가 있음을 금방 알 수 있다. 공간 이동 속도의 최대치는 시간 차원 쪽의 운동이 '모두' 공간 이동 쪽으로 할당되었을 때 나타난다 (이것은 슬림의 자동차가 정확하게 남-북 방향으로 진행하는 경우에 해당된다. 이 경우, 슬림의 자동차는 아무리 오랫동안 달려도 동-서 방향으로는 진혀 이동할 수 없다 : 옮긴이). 그렇다면, 이 최대 속도는 얼마일까? 바로 빛의 속도이다! 다시 말해서, 이것은 정지 상태에서 시간 차원을 따라 광속으로 진행되던 운동이 모조리 공간차원에서의 운동으로 전환된 경우에 해당된다. 이렇게 되면 시간 차원에는 더 이상 끌어다 쓸 만한 속도가 남아있지 않기 때문에 물체의 공간 이동 속도는 절대로 광속을 초과할 수 없다. 그리고 광속으로 이동하는 물체에게는 시간의 흐름이 정지된다. 광자(빛의 구성 입자)가 영원히 젊음을 유지할 수 있는 이유가 바로 이것이다. 빅뱅(big bang, 초기 우주의 대폭발 : 옮긴이) 때 탄생한 광자는 150억 년이 지난 지금도 그때의 나이를 유지하고 있다. 광속으로 움직이는 물체는 결코 나이를 먹는 법이 없다.

$E=mc^2$의 의미는 무엇인가?

아인슈타인은 자신의 이론에 '상대성'이라는 이름이 붙여지는 것을 별로 환영하지 않았지만(원래 제안된 이름은 광속 불변성을 상징하는 '불변성 이론 invariance theory'이었다), 이것은 아무리 생각해봐도 너무나 적절한 이름이다. 아인슈타인은 고전적으로 완전히 별개의 개념이자 누구에게나 절대적인 개념이었던 시간과 공간이 '한데 합쳐질 수 있는', 또는 '합쳐져야 마땅한' 상대적 개념이었음을 온 세상에 선언하였다. 또한 그는 여기서 한걸음 더 나아가, 다른 물리적 성질들까지도 하나로 통합하는 연구를 계속했다. $E=mc^2$로 대변되는 공식이 대표적인 예이다. 이 짧은 수식에는 정말로 엄청난 양의 정보가 들어있다. 아인슈타인은 에너지(E)와 질량(m)이 서로 무관하지 않은(어찌 보면 서로 동등한) 물량임을 간파했던 것이다. 질량을 알고 있을 때 여기에 광속의 제곱(c^2)을 곱하면 에너지가 얻어지고, 반대로 에너지를 알고 있을 때 이것을 광속의 제곱으로 나누면 질량이 얻어진다. 다시 말해서, 에너지와 질량은 마치 달러와 프랑처럼 교환(전환)이 가능한 물리량이었던 것이다. 화폐는 교환 시기에 따라 환율이 달라지지만, 에너지와 질량 사이의 환율인 c^2은 영원히 변하지 않는다. 그런데, 이 c^2은 엄청나게 큰 숫자이므로, 아주 작은 질량이라고 해도 이것이 에너지로 전환되면 엄청난 위력을 발휘하게 된다. 제 2차 세계대전 당시 히로시마에 투하되었던 핵폭탄의 위력은 2파운드(약 910g)의 우라늄 중 1%의 질량(9.1g)이 에너지로 전환되면서 발생한 것이다. 지금까지 $E=mc^2$는 인류의 생명과 재산을 파괴하는데 주로 이용되었다. 앞으로 핵융합 에너지의 실용 방안이 더욱 개발되고 나면, 아인슈타인의 걸작인 $E=mc^2$는 인류에게 충분한 에너지를 공급하는 축복의 방정식으로 남게 될 것이다.

이 장에서 지금까지 논해온 새로운 개념들을 토대로 생각해보면, $E=mc^2$야 말로 '모든 물체는 빛보다 빨리 달릴 수 없다'는 명제를 가장 확실하게 증명해주는 결정타나 다름없다. 독자들은 아직도 이 명제에 회의를 가지고 있을지도 모른다. 실제로 입자가속기를 이용하여 뮤온과 같은 입자를 가속시키면 광속의 99.5%인 시속 66억 7천만 마일까지 가속시킬 수 있다. 그렇다면 여기서 조금만 더 가속시키면 광속의 99.9%에 이를 수 있을 것이고, 마지막으로 '한 번만 더 안간힘을 쓰면' 드디어 광속의 벽을 넘을 수도 있지 않을까? — 아인슈타인의 방정식은 이것이 왜 불가능한지를 설명해주고 있다. 물체의 속도가 빨라지면 물체의 에너지가 증가한다(운동하는 물체는 $1/2 \times$ (질량) $\times$ (속도)^{2}의 운동에너지를 갖는다 : 옮긴이). 그리고 이렇게 증가한 에너지는 $E=mc^2$의 관계식에 의해 고스란히 질량의 형태로 저장된다. 즉, 물체의 이동속도가 빨라질수록 질량이 증가하는 것이다. 예를 들어, 광속의 99.9%로 운동하고 있는 뮤온의 질량은 정지 상태에 있는 뮤온의 질량보다 22배 정도 크다. (표 1.1에 나타나 있는 입자들의 질량은 정지 상태를 기준으로 기록된 것이다) 그런데, 입자의 질량이 커지면 가속시키기도 그만큼 어려워진다. 어린아이가 타고 있는 자전거를 밀어서 가속시키는 것과 시동이 꺼진 10톤 트럭을 뒤에서 미는 것은 분명히 차원이 다른 이야기다. 뮤온 역시 여기서 예외일 수는 없다. 광속의 99.999%로 달리는 뮤온의 질량은 정지 상태일때 질량의 224배가 되며, 광속의 99.99999999%가 되면 질량은 무려 70,000배로 증가한다. 속도가 광속에 접근할수록 뮤온의 질량은 무한정 커지기 때문에, 결국 뮤온을 빛보다 빨리 달리게 하려면, '무한대'의 에너지가 투입되어야 한다. 무한대의 에너지를 어디서 구할 것인가? — 우주에 존재하는 모든 에너지를 닥닥 긁어모아도, 무한대에는 턱없이 모자란다. 그러기에 뮤온을 비롯한 모든 물체는 빛보다 빠르게 달릴 수 없는 것이다.(역자는 여기서 한 가지 사실을 짚고 넘어가고자 한다. '모든 물체는 빛보다 빨리 달릴 수 없다'는 명제는 사실인즉 '원래 빛보다 느리게 움직이던 물체를 가속시켜서 빛보다 빠르게 만들 수 없다'는 뜻이다. 만일 우주 탄생 초기부터 운명적으로 빛보다 빨리 움직이는 팔자를 타고난 입자가 있어서 지금까지 살아있다면, 이 입자가 빛보다 빨리 달린다고 문제될 것은 없다. 물리학자들은 이 입자에 '타키온 tachyon'이라는 이름을 붙여놓고, 필요할 때마다 유용하게 써먹고 있다 : 옮긴이)

다음 장에서 보게 되겠지만, 이 결론은 지난 한 세기 동안 이론물리학자들을 괴롭혀왔던 두 번째 난제의 씨앗이 되었다. 그리고 이로 인해 지난 300여 년간 절대적 지위를 확보해왔던 뉴턴의 중력이론에 먹구름이 드리워지기 시작했다.

제3장
뒤틀림 warps과 굴곡 ripples

아인슈타인은 특수상대성이론을 통해 운동에 관한 전통적인 직관과 광속의 불변성 사이에 야기되는 모순점들은 말끔하게 해결하였다. 결국, 우리의 직관은 틀린 것이었다. 우리가 일상적으로 겪는 속도들이 광속보다 너무나도 느렸기 때문에 시간과 공간의 진정한 성질을 눈치 채지 못하고 있있던 것이다. 특수상대성이론이 찾아낸 시공간의 성질은 기존의 개념과 전혀 딴판이었다. 이제 진실이 밝혀진 이상, 우리는 시간과 공간을 새로운 기틀 속에서 새롭게 이해해야 한다. 그러나 이것도 결코 쉬운 작업이 아니었다. 아인슈타인은 특수상대성이론의 여파로 나타난 수많은 문제들 중에서, 특히 어떤 한 문제가 심상치 않다는 심증을 갖고 있었다. 빛보다 빠른 운동은 있을 수 없다는 대전제가 뉴턴의 중력이론과 정면 충돌을 일으켰기 때문이었다. 한 가지 문제가 해결되면 또 다른 문제가 야기되는 악순환이 10년 동안 반복되던 끝에, 드디어 아인슈타인은 모든 문제를 해결해주는 일반상대성이론 general theory of relativity을 완성시켰다. 이 이론에서 아인슈타인은 또 한 차례의 혁명을 불러일으켰다. 시간과 공간은 중력에 의해 뒤틀리고 구부러져 있다는 주장이 바로 그것이다.

뉴턴이 상상했던 중력

 1642년, 영국의 링컨셔 Lincolnshire에서 태어난 아이작 뉴턴 Isaac Newton은 물리학을 연구하는 수단으로 수학을 도입함으로써 과학 연구사에 새로운 지평을 열었다. 뉴턴은 자신의 새로운 물리학 이론을 검증할 만한 수학 체계가 아직 개발되지 않았을 때에는 직접 자기 손으로 만들어서 사용했을 정도로 뛰어난 천재였다. 인류는 뉴턴과 견줄 만한 물리학의 천재가 다시 나타날 때까지 거의 300년을 기다려야 했다. 뉴턴이 이루어낸 수많은 업적들 중에서 지금 우리의 주제와 가장 관련이 깊은 것이 바로 그 유명한 중력(만유인력)이론이다.
 중력은 우리가 매일 같이 느끼고 살면서 이미 너무나 친숙해져 버린 힘이다. 중력 덕분에 우리를 비롯한 주변의 모든 사물들은 지구의 표면에 안전하게 붙어 있을 수 있다. 우리가 숨쉬는 데 반드시 필요한 대기도 지구의 중력에 의해 현재의 상태를 유지하고 있다. 달이 지구 주위를 도는 것과 지구가 태양의 주위를 도는 것도 중력이 없었다면 불가능한 일이다. 중력은 소행성에서부터 은하의 별에 이르기까지, 끊임없이 진행되고 있는 우주의 무도회에서 춤의 리듬을 결정하는 중요한 역할을 하고 있다. 뉴턴의 중력이론이 300여 년 동안 그 명맥을 유지할 수 있었던 것은 이를 증명해주는 천문 관측상의 증거들이 매우 많이 발견되었기 때문이다. 그러나 뉴턴이 나타나기 전까지는 사과나무에서 사과가 떨어지는 현상과 지구가 태양의 주위를 공전하는 현상이 동일한 물리학적 원리로 설명될 수 있음을 아무도 간파하지 못했다. 뉴턴은 혁명적인 논리로 하늘의 법칙과 땅의 법칙을 하나로 통합하였으며, 중력은 눈에 보이지 않으면서 우주 어디서나 동일한 법칙에 따라 작용하는 만유의 힘임을 선언하였다.

뉴턴의 중력관은 하나의 거대한 평형 장치에 비유될 수 있다. '모든 만물은 다른 모든 만물을 자기 쪽으로 끌어당기는 힘(중력)을 행사하고 있다.' — 이것이 뉴턴의 주장이었다. 행성의 운동에 관한 케플러 Johannes Kepler의 연구 결과를 분석한 끝에, 뉴턴은 두 물체 사이에 작용하는 중력의 크기가 두 가지의 요인에 의해 결정된다는 결론을 내렸다. 물체를 이루고 있는 구성물질의 양과 두 물체 사이의 거리가 바로 중력의 세기를 결정하는 요인이었다. 물체를 이루는 구성 물질은 양성자와 중성자, 전자 등이며 이들이 모두 합쳐진 양은 '질량 mass'이라는 개념으로 대치된다. 뉴턴의 중력이론에 의하면 질량이 클수록 이 물체에 작용하는 중력이 커지며, 질량이 작아지면 중력도 작아진다. 또, 두 물체 사이의 거리가 가까울수록 중력은 커지고, 거리가 멀어질수록 중력은 작아진다.

뉴턴은 이런 대략적인 서술에 만족하지 않고, 두 개의 물체 사이에 작용하는 중력의 크기를 하나의 수식으로 표현해냈다. 이 식에 의하면, 중력은 두 물체의 질량을 서로 곱한 값에 비례하고 두 물체 사이의 거리의 제곱에 반비례한다. 이 중력법칙은 태양의 주변을 돌고 있는 행성과 혜성을 비롯하여 지구를 돌고 있는 달의 운동, 그리고 지구에서 발사된 위성과 탐사선 등의 운동을 예측하는데 아주 유용하게 사용되고 있다. 뿐만 아니라, 야구 선수가 쳐낸 공의 궤적이나 다이빙 선수가 허공에서 그리는 복잡한 궤적을 계산할 때에도 중력법칙이 결정적인 역할을 하고 있다. 이렇게 계산상으로 얻어진 결과와 실제 실험을 통해 나타난 결과는 입이 딱 벌어질 정도로 잘 들어맞는다. 바로 이러한 이유 때문에 뉴턴의 이론은 20세기 초반까지 확고한 입지를 굳힐 수 있었던 것이다. 그러나, 아인슈타인의 특수상대성이론이 세상에 알려지면서 뉴턴의 중력이론은 사상 최대의 위기에 직면하게 되었다.

뉴턴의 중력이론과 특수상대성이론의 충돌

특수상대성이론의 결과들 중 가장 눈길을 끄는 것은 모든 물체들이 낼 수 있는 속도의 한계치가 광속이라는 주장이다. 이것은 움직이는 물체뿐만 아니라 모든 종류의 신호 signal와 모든 종류의 '영향력'이 전달되는 속도에도 똑같이 적용된다. 한 장소에서 다른 장소로 신호를 보내거나 모종의 영향력을 행사할 때, 그것이 빛보다 빠른 속도로 전달될 수 있는 방법은 어디에도 없다. 물론, 이 세계는 오만 가지의 통신 수단과 교통 수단이 널려있지만, 이들은 모두 빛보다 느리거나 끽해야 광속과 동일한 것들뿐이다. 당신의 입에서 나오는 소리도 일종의 통신 수단으로 볼 수 있는데, 공기의 진동에 의해 전달되는 소리의 속도는 시속 700마일 정도로서, 시속 6억 7천만 마일로 달리는 광속과 비교하면 거의 달팽이가 기어가는 수준에 불과하다. 야구장의 외야석에 앉아서 경기를 지켜본 경험이 있는 사람들은 소리가 얼마나 느리게 전달되는지를 잘 알고 있을 것이다. 타자가 방망이를 휘둘러 공을 칠 때에도 이와 비슷한 현상을 경험할 수 있다. 번개와 천둥은 구름 속에서 동시에 발생하는 현상이지만, 번개가 내리친 후 몇 초가 지나야만 천둥소리를 들을 수 있다. 빛은 소리보다 월등하게 빠르기 때문이다. 빛과 동시에 출발한 어떤 신호(또는 물체)는 결코 빛보다 먼저 목적지에 도착할 수 없다. 빛보다 빠른 것은 존재하지 않는다.

그런데, 여기에 한 가지 문제가 있다. 뉴턴의 중력이론에 의하면, 질량을 가진 한 물체가 주변에 있는 다른 물체를 끌어당기는 힘, 즉 중력의 크기는 오로지 두 물체의 질량과 둘 사이의 거리에 의해 결정된다. '두 개의 물체가 현재의 상태를 얼마나 오랫동안 유지해 왔는가?' — 이런 것은 중력의 크기와 아무런 상관이 없다는 뜻이다. 뉴턴의 논리를 따른다면 두 물체의 질량이나 거리를 변형시켰을 때 이들은 즉시로 변화를 감지하여 새로운 크기의 중력을 다시 행사할 때까지 아무런 시간도 걸리지 않는다는 뜻이다. 예를 들어, 뉴턴의 중력이론에 의하면 어느 날 갑자기 태양이 폭발했을 때 그로부터 9,300만 마일(1억 5천만 킬로미터)이나 떨어져 있는 지구는 그 즉시로 태양이 사라졌음을 '느끼고' 기존의 타원 궤도에서 벗어난 운동을 당장 시작해야 한다. 다시 말해서, 태양의 부재 현상을 지구가 알아차리는데 아무런 시간도 걸리지 않는다는 뜻이다. 태양에서 출발한 빛조차도 지구에 도달하려면 8분 이상이 걸리는데, 태양이 사라졌다는 것을 어떻게 그 즉시로 눈치 챌 수 있다는 말인가? 아무래도 무언가 대대적인 수정 작업이 필요한 것만 같다.

두말할 필요도 없이, 뉴턴의 중력이론은 특수상대성이론과 정면으로 대립되었다. '어떤 물체도, 신호도, 영향력도 빛보다 빠를 수는 없다'는 특수상대성이론의 제 1교리를 뉴턴의 중력이론이 지키지 않는 것처럼 보였기 때문이다.

아인슈타인은 자신의 이론에 확고부동한 신념을 가지고 있었다. 제아무리 지난 300년 동안 무수한 시험을 이겨내면서 부동의 권위를 지켜온 뉴턴의 이론이라 해도, 특수상대성이론의 교리를 무시하는 이

단적인 중력이론을 결코 용납할 수 없었다. 그래서 아인슈타인은 특수상대성이론에 부합되는 중력이론을 자신이 직접 만들기로 했다. 시간과 공간의 개념에 또 한 번의 파란을 불러일으킨 일반상대성이론은 이렇게 탄생되었다.

아인슈타인의 행복한 생각

특수상대성이론이 발표되기 이전에도, 뉴턴의 중력이론은 중대한 결점을 갖고 있었다. 이 이론은 중력의 영향하에서 움직이는 물체의 운동을 매우 정확하게 계산해주었지만, **'중력이 왜 작용하는가?'** 라는 질문에는 그야말로 속수무책이었다. 수억 킬로미터나 떨어져있는 두 개의 물체들이, 어떻게 서로 영향력을 행사할 수 있다는 말인가? 과연 중력은 어떠한 과정을 거쳐서 전달되는가? 천재 중의 천재였던 뉴턴이 이 사실을 몰랐을 리가 없다. 물론 그는 이 문제를 익히 알고 있었으며 고민도 할 만큼 했다. 여기서 잠시 뉴턴 자신의 고백을 들어보자.

생명이 없는 물체들이 서로 접촉하지도 않은 상태에서 서로에게 영향력을 행사한다는 것은 정말로 이해하기 어려운 현상이다. 중력은 모든 물질이 갖고 있는 천성이므로 멀리 있는 대상에게 영향을 주겠다는 어떤 의도나 행동이 없어도 먼 거리까지 전달된다. 이런 일이 어떻게 가능한 것일까? 정상적인 사고를 가진 사람이라면 결코 이해할 수 없을 것이다. 중력은 그것을 끊임없이 실어 나르는 어떤 매개체에 의해 작용하는 것이 분명하다. 그 매개체는 형이상학적 존재일까? 아니면 물질적 존재일까?

독자들은 나름대로 결론을 내려주길 바란다![*1]

뉴턴은 중력의 법칙을 발견한 후에 중력이 작용하는 구체적인 과정을 밝히려고 노력했지만, 아무런 단서도 찾아내지 못했다. 뉴턴이 우리에게 남겨준 것은 중력을 일상생활에 응용하는 '사용자 설명서 user's manual' 뿐이었다. 물리학자와 천문학자, 그리고 엔지니어들을 위해 만들어진 이 설명서에는 달 탐사선과 행성의 위치 계산법을 비롯하여 일식과 월식의 예측법, 혜성의 진행 궤도 계산법 등이 정확하게 제공되어 있다(물론, 뉴턴이 아폴로 11호의 궤적을 계산했다는 뜻이 아니라, 그의 저서인 프린키피아 Principia 에 이 모든 문제를 해결할 수 있는 원리가 제공되어 있다는 뜻이다 : 옮긴이). 그러나 뉴턴의 서비스는 여기가 끝이다. 중력이 '왜' 작용하는가에 대해서는 그도 굳게 입을 다물었다. 중력의 기본 원리가 블랙박스 안에 감추어진 것이다. 당신이 CD를 컴퓨터 속에 밀어 넣고 작업을 할 때에도, 이와 비슷한 경험을 할 것이다. 당신은 CD 드라이버가 어떤 원리로 작동하는지 알지 못하며, 또 알 필요도 없다. 당신은 그저 CD가 들어있는 컴퓨터를 사용할 줄만 알면 된다. 그러나 일단 CD 드라이버가 고장 나면 작동 원리를 반드시 알아야만 제대로 수리할 수가 있다. 아인슈타인은 수백 년 동안 진리로 여겨져 왔던 뉴턴의 중력법칙에서 심각한 오류를 발견하였다. 일단 오류가 발견되면, 책임을 추궁하기 전에 발 벗고 나서서 수리부터 하는 것이 과학자의 본분이다. 그런데, 중력이론을 제대로 수리하려면 뉴턴조차도 해결하지 못했던 '중력의 근본적인 성질'을 완전하게 규명해야 했다.

1907년의 어느 날, 스위스 베른에 있는 특허청 사무실에서 이 문제에 심취해 있던 아인슈타인은 머릿속에 갑자기 섬광과도 같은 아이디어가 스쳐 지나갔다. 그로부터 얼마 후, 뉴턴의 중력이론의 맹점을 깨끗하게 해결해주는 전혀 새로운 중력이론이 세상 빛을 보게 됐다. 아인슈타인이 제창한 새로운 중력이론은 기존의 문제를 해결했을 뿐만 아니라 과거의 중력관을 송두리째 뒤집어엎는 일대 혁명을 불러일으켰다. 그러나 무엇보다도 중요한 것은 그의 새로운 중력이론이 특수상대성이론과 조화롭게 어울린다는 점이었다.

아인슈타인이 떠올렸던 아이디어는 이 책의 2장에서 제기되었던 질문과 밀접한 관계가 있다. 거기서 우리는 서로 상대방에 대하여 등속운동을 하고 있는 관찰자들의 눈에, 상대방의 시간과 공간이 어떻게 변형되는지를 여러 가지 사례를 통해 살펴보았다. 그리고 이로부터 공간의 개념이 새롭게 수정되어야 하는 이유를 알게 되었다. 그러나, 관찰자 자신이 가속운동(속도가 변하는 운동)을 한다면 어찌될 것인가? 가속운동을 하는 관찰자의 눈에 보이는 현상은 등속운동의 경우보다 훨씬 더 복잡할 것이다. 그러나 이런 복잡한 경우에도 모든 것을 일관된 논리로 매끄럽게 포장하여 시공간에 대한 더욱 깊은 이해를 가져다 주는, 그런 멋진 이론이 과연 존재할 것인가?

아인슈타인의 '행복한 생각'이 드디어 그것을 찾아내고 말았다. 그의 영감어린 아이디어를 이해하기 위해, 또다시 가상의 세계로 들어가보자 — 때는 바야흐로 2050년, FBI의 폭발물 처리반을 진두지휘하고 있는 당신에게 한통의 괴전화가 걸려왔다. 워싱턴 시의 중심가에 고성능 폭탄을 숨겨두었으니, 재주껏 찾아서 해체시켜 보라는 날벼락 같은 전화였다. 당장 대원들을 데리고 출동하여 현장을 뒤지던 끝에 당신은 드디어 문제의 폭탄을 찾아내는데 성공했다. 그러나… 상황은 더욱 끔찍해졌다. 그것은 초대형 핵폭탄이었던 것이다. 게다가 잠금장치가 워낙 막강하여 작동을 멈출 수도 없었다. 이 폭탄을 땅 속이나 바다 속에서 터뜨린다 해도 지구 전체가 날아갈 판이었다. 당혹스런 마음으로 폭탄의 구석구석을 살펴보다가, 당신은 범인이 남겨둔 쪽지를 발견했다. 그 내용인 즉, 폭탄은 지금 저울 위에 놓여진 상태이며 저울의 눈금이 지금보다 50% 이상 증가하거나 감소하면 자동으로 폭파된다는 것이었다. 그리고 저울의 눈금과 관계없이 앞으로 1주일이 지나면 역시 자동 폭파되도록 타이머를 세팅해 놓았다는 내용이었다. 당신이 쪽지를 읽는 순간에도 타이머는 무심하게 작동되고 있었다…. 수십 억 인류의 목숨이 당신의 판단에 좌우될 판이다. 자, 어떻게 이 난관을 극복할 것인가?

지구상에는 이 끔찍한 핵폭탄을 안심하고 폭발시킬 장소가 없으므로, 남은 선택은 하나뿐이다. 지구로부터 멀리 떨어진 우주공간으로 폭탄을 운반한 뒤, 그곳에서 폭발시키는 것이다. 당신은 팀원들을 한 자리에 모아놓고 계획을 설명했다. 그런데 아이작이라는 젊은 대원이 당신의 말을 가로막으며 외쳤다. "팀장님, 그 계획에는 치명적인 문제가 있습니다! 폭탄을 우주공간으로 가져가려면 우주선에 실어서 할 텐데, 우주선이 지구에서 멀어지면 중력이 감소할 거 아닙니까? 그러면 폭탄을 지고 있는 저울의 눈금도 줄어들 거라구요! 무게가 절반으로 감소하는 지점에서 핵폭탄이 폭발한다면, 가만있자… 제 계산으로는 결코 안전하지 않습니다. 안전거리 밖으로 탈출하기 전에 폭발할 겁니다!" 당신이 아이작의 반론을 깊이 생각해 보기도 전에, 또 다른 대원 알버트가 입을 열었다. "그것뿐만이 아닙니다. 다른 문제가 또 있어요. 이건 아이작이 지적한 내용보다 더욱 심각한 문제입니다. 그러니 지금부터 제 이야기를 잘 들어보세요." 당신은 아이작의 반론을 먼저 이해하고 싶었기에, 알버트에게 잠시 조용히 좀 하라고 타일렀다. 그러나 늘 그래왔듯이, 알버트라는 친구는 한번 입을 열면 누구도 말릴 수가 없었다.

"우주공간으로 핵폭탄을 옮기려면 우선 로켓에 실어야 하겠지요? 처음에 로켓이 지상에서 가속될 때에도 저울의 눈금은 변할 겁니다. 당연히 지금보다 증가하겠지요. 왜 이런 현상이 생길까요? 그건 바로 '가속도' 때문이라고요. 차를 타고 처음 출발할 때 등이 의자에 들러붙는 듯한 느낌이 든다는 것, 모두들 잘 알고 계시지요? 저 골칫덩이 핵폭탄도 가속이 되면 아래에 있는 저울을 짓누를 거란 말입니다. 그 힘이 원래 무게의 50%를 초과한다면 모든 게 끝장나는 거예요. 안 그래요?"

당신은 알버트에게 지적해줘서 고맙다고 치하해 주었다. 그러나 내심으로는 말 많은 알버트보다 평소 과묵했던 아이작의 의견에 생각을 집중하고 있었다. 이 계획은 단 하나의 착오만 있어도 모든 것이 물거품… 아니, 잿더미가 된다. 그런데 아이작의 반론을 곰곰이 생각해 보니 아무래도 그의 지적이 옳은 것 같았다. 당신은 허탈한 마음으로 다른 의견이 나오기를 기다렸다. 그런데 알버트가 또다시 입을 열었다. "제 이야기를 계속 해도 되겠지요? 제 생각으로는 팀장님의 계획에 일리가 있어요. 아이작은 로켓이 지구에서 멀어지면 폭탄을 싣고 있는 저울의 눈금이 줄어든다고 했는데요, 로켓이 계속해서 가속된다면 그건 폭탄의 무게를 증가시키는 효과가 있잖아요? 그 이유는 아까 설명 드렸으니 알고 계시겠죠? 그러니까 로켓의 가속도를 매 순간마다 적절하게 조절해서 줄어드는 중력이 보충되도록 한다면 저울의 눈금을 항상 정상 상태로 유지할 수 있잖아요! 그런데 여기서 한 가지 주의할 점이 있어요. 처음에 로켓이 이륙할 때 가속도가 너무 크면 저울의 눈금이 정상 상태의 50%를 초과할 수도 있으니까, 천천히 가속시켜야 합니다. 그리고 로켓이 지구로부터 멀어지면서 줄어든 무게가 정확하게 상쇄되도록 매 순간마다 가속도를 조금씩 증가시킨다면, 저울의 눈금은 항상 지상에서의 상태를 유지할 수 있다, 이겁니다. 어때요? 완벽하지 않습니까?"

어느 순간부턴가, 알버트의 주장이 그럴 듯하게 들리기 시작했다. "그러니까, 모자라는 중력을 보충하기 위해 가속운동으로부터 생기는 관성력을 이용하자는 말이지? 내가 제대로 이해한건가?"

"맞습니다. 바로 그거예요." 알버트가 대답했다.

"정말 그렇군. 완벽해! 저 망할 놈의 핵폭탄을 로켓에 실어서 발사시킨 뒤에 저울의 눈금이 변하지 않도록 가속도의 속도를 조절하다가, 충분히 멀리 날아갔을 때 추진 장치를 꺼버리면 지구를 구할 수 있겠어! 자, 당장 실천에 옮기자구." 다행이도 21세기의 로켓 과학은 눈부신 발전을 이루어 매 순간마다 가속도를 조절하는 장치는 이미 개발되어 있었다. 그래서 당신은 독수리 5형제의 도움도 없이 지구를 구할 수 있었다….

중력과 가속운동이 서로 깊게 연관되어 있다는 생각 — 이것이 바로 베른의 특허청 사무실에서 아인슈타인이 떠올렸던 '행복한 생각'이었다. 방금 전에 예로 들었던 가상 스토리에 이 아이디어가 이미 언급되었지만, 이 책의 2장에서 세웠던 논리에 입각하여 아인슈타인의 생각을 다시 한 번 정리해보자. 당신은 지금 창문도 없이 외부와 완전하게 차단된 캡슐 안에 갇혀 있다. 그리고 캡슐은 현재 등속운동을 하고 있다. 이런 상황이라면, 당신은 온갖 수단을 동원한다고 해도 캡슐의 이동 속도는 결코 알아낼 수 없다. 캡슐이 어떤 속도로 이동하건 간에, 그 안에서 행해진 모든 실험은 항상 동일한 결과를 보일 것이다. 즉, 캡슐이 광속의 1/2로 이동하는 경우나 아예 정지한 경우나, 당신이 행한 실험의 결과는 항상 똑같다는 것이다. 좀더 본질적으로 표현하자면, 외부에 있는 비교 대상이 차단되어 있는 상태에서는 당신의 이동 속도를 결정할 만한 수단이 이 세상에는 존재하지 않는다. 그런데, 만일 당신을 싣고 이동 중인 캡슐이 가속운동을 한다면, 외부와 완전하게 차단된 상태에서도 당신의 몸에는 어떤 '힘'이 느껴질 것이다. 예를 들어, 캡슐의 바닥에 단단하게 고정되어 있는 의자가 있어서 당신이 그곳에 앉아있었다면, 캡슐이 앞쪽으로 가속될 때 당신의 등은 의자의 등받이를 세게 누를 것이다. (앞에서 알버트도 이미 언급한 바 있다) 이와 마찬가지로, 캡슐이 위로 가속될 때에는 당신의 궁둥이가 의자를 평소보다 세게 누를 것이다. 그러나, 외부와 완전히 차단된 상태에서, 중력에 의한 효과와 가속운동에 의한 효과를 과연 구분할 수 있을까? 아인슈타인은 모든 상황을 신중하게 검토한 끝에, 이 두 가지 효과를 구별할 만한 방법은 어디에도 존재하지 않는다는 결론에 도달하였다. 위로 가속되는 캡슐의 가속도를 적당하게 조절한다면, 그 안에 타고 있는 당신은 이 캡슐이 지금 지구의 표면 위에 안착된 상태인지, 아니면 우주공간 속에서 위로 가속되고 있는지를 판별할 수 없다. 두 경우 모두 당신의 발바닥에는 평소에 익숙하던 체중이 느껴질 것이며, 물건을 떨어뜨렸을 때 가속되는 정도도 정확하게 같을 것이다. 테러범들이 설치한 폭탄을 처리하기 위해 알버트가 제안했던 아이디어 역시 이와 동일한 원리에 기초를 둔 것이다. 아인슈타인은 '중력과 가속운동은 완전하게 동일하다'는 이 새로운 발견에 '등가 원리 equivalence principle'라는 이름을 붙였으며, 이 원리는 일반상대성이론을 떠받치는 주춧돌이 되었다.[*2]

특수상대성이론에서 제기된 문제들은 등가원리가 발견됨으로써 일반상대성이론으로 말끔하게 해결되었다. 여기서, '상대성'이라는 이름은 두 개의 이론을 패키지화하기 위해 억지로 갖다 붙인 것이 결코 아니다. 특수상대성이론에서의 상대성이란, 관찰자들 사이에 존재하는 '관점의 평등성'을 뜻한다. 즉, 서로에 대하여 등속운동을 하고 있는 관찰자들에게는 모든 물리법칙들이 동일한 형태로 나타난다는 것이다(만일, 이들 중 어느 한 사람이 '유별난' 법칙을 얻었다면, 그것은 곧 관찰자들의 관점이 불평등하다는 뜻이 된다. 그렇다면 당장에 '누구의 관점이 진실에 더 가까운가?'라는 문제가 발생할 것이다. 그러나, 서로에 대하여 등속운동을 하고 있는 관찰자들에게는 자신이 '진정으로' 어떤 속도로 움직이고 있는지 알아낼 방법이 없다. 다시 말해서 진정한 의미의 절대운동은 인간의 지적 능력을 넘어서 있는 것이다. 그러므로 동등한 입장에 있는 관찰자들에게는 동일한 결론이 얻어져야만 한다 : 옮긴이). 그러나, 이 평등성에는 한계가 있다. 등속운동이 아닌 가속운동을 하고 있는 관찰자들에게는 분명히 다른 관점이 형성되기 때문이다. 그런데 아인슈타인은 1907년에 떠올린 실마리로부터 시작하여, 등속운동을 하는 관찰자뿐만 아니라, 가속운동을 하는 관찰자의 관점까지도 한데 합쳐서 '모두' 동등한 관점으로 취급할 수 있는 가장 일반적인 상대성이론을 완성시켰다. 앞서 말한 대로, 중력이 전혀 없는 상태에서 가속운동을 하고 있는 관찰자의 관점과, 가속운동이 전혀 없는 상태(등속운동을 하고 있는 상태)에서 중력의 영향을 받고 있는 관찰자의 관점은 완전하게 동일하기 때문에, 우리는 이 두 가지의 경우를 후자의 경우로 통합시켜서 다음과 같이 자신 있게 선언할 수 있다 — "모든 관찰자들은 자신의 운동 상태(등속 및 가속운동)에 상관없이, 자신은 완전하게 정지해 있고 자신을 제외한 모든 우주가 움직인다는 관점을 가질 수가 있다. 가속운동을 하는 경우, 자신의 주변에 적절한 질량을 배치하여 가속운동의 효과를 중력에 의한 효과로 전환시킬 수 있기 때문에, 결국 모든 관찰자는 자신의 운동 상태를 고려할 필요가 없다." — 이 얼마나 행복하고도 멋들어진 생각인가! 일반상대성이론은 모든, 그야말로 '모든' 관찰자들에게 완벽한 평등을 제공한 것이다. (앞으로 보게 되겠지만, 조지와 그레이시가 가속운동을 하는 경우에도, 복잡한 운동을 고려할 필요 없이 그들의 주변에 질량을 적절하게 배치해 놓으면 두 사람의 진술은 정확하게 같아진다.)

중력과 가속운동 사이의 깊은 상호관계를 알아낸 것은 분명 대단한 발견임에 틀림없다. 그러나, 아인슈타인이 그토록 행복에 겨웠던 이유는 조금 다른 데 있었다. 그것은 한마디로 말해서 중력이라는 힘 자체가 너무도 다루기 힘든, 베일에 둘러싸인 현상이었기 때문이다. 중력은 방대한 영역에 걸쳐서 우주의 일생을 좌우하는 대단한 힘이었지만, 물리적으로 다루기에는 너무도 비현실적이고 애매모호한 대상이었다. 그러나 이와는 정 반대로, 가속운동은 비록 등속운동보다 훨씬 복잡하기는 하지만 매우 구체적으로 눈에 보이는 현상이기 때문에 다루기가 훨씬 수월하다. 그래서 아인슈타인은 그 다루기 힘든 중력을 가속운동의 개념으로 바꾸어서 이해한다면 중력을 싸고 있는 베일을 벗겨낼 수 있다고 생각한 것이다. 물론, 이 연구를 수행하는 것은 불세출의 천재인 아인슈타인에게도 결코 만만한 작업이 아니었다. 그러나, 우리 모두가 익히 알고 있듯이 그는 결국 이 세계적인 연구를 성공리에 마쳤으며, 거기에는 일반상대성이론이라는 아름다운 이름이 명명되었다. 그리고 그는 등가원리의 후속타인 '휘어진 시공간'을 찾아서 꾸준히 전진을 계속했다.

가속운동과 휘어진 시공간

아인슈타인은 중력의 실체를 규명하기 위해 거의 광적으로 연구에 몰입했다. 베른의 특허청에서 행복한 생각을 떠올린 지 5년쯤 지난 어느 날, 그는 동료 물리학자인 좀머펠트 Arnold Sommerfeld에게 보낸 편지 속에서 다음과 같이 자신의 심정을 피력하였다 ― "저는 지금 중력 문제를 집중적으로 연구하고 있습니다…. 아직 분명한 결론은 없지만, 한 가지 확실한 사실은 난생 처음으로 지독한 고생을 겪고 있다는 것이지요. 이 문제에 비하면 특수상대성이론은 거의 어린애 장난 수준이었습니다."[*3]

그의 어투로 미루어볼 때, 무언가 천지가 개벽할 대발견이 코앞에 다가오고 있음을 짐작할 수 있을 것이다. 1912년, 드디어 그는 중력과 가속운동의 관계를 특수상대성이론에 접목시키는 작업을 끝냈다. 아인슈타인의 논리를 이해하기 위해, 특별한 가속운동의 예를 하나 들어보자.[*4] 가속운동이란, 속도의 크기나 진행 방향(또는 둘 다)이 변하는 운동을 말한다. 문제를 좀더 단순화시키기 위해, 여기서는 속도의 크기가 일정하게 유지되고 진행 방향만 수시로 변하는 가속운동을 다루기로 한다. 그 중에서도 물체의 궤적이 정확하게 원을 그리는 경우가 가장 간단할 것 같다. 놀이공원에 있는 '토네이도 Tornado(여기서는 미국의 놀이공원에 있는 놀이기구의 이름을 뜻한다. 그림 3.1과 비슷한 형태로 추정됨 : 옮긴이)'를 타보면, 바로 이러한 가속운동을 경험할 수 있다. 토네이도를 처음 타보는 사람들은 대부분 회전하는 원형 아크릴 유리면에 자신의 등을 기댄 자세로 서게 된다. 다른 모든 가속운동의 경우와 마찬가지로, 원판이 회전하기 시작하면 그곳에 서 있는 당신은 운동을 '느낄 수' 있다. 무언가가 당신을 바깥쪽으로 떠미는 듯한 힘이 느껴지면서, 당신의 등은 회전하는 아크릴 유리판에 밀착된다. 만일 토네이도의 회전 운동이 아주 부드럽고, 또 당신이 눈을 감고 있다면, 당신은 마치 편안한 침대 위에 누워 있는 듯한 느낌을 받을 것이다. 단, 이 경우에는 수직 방향으로 중력이 작용하고 있기 때문에 발바닥에도 당신의 체중이 느껴진다. 그러나, 중력이 작용하지 않는 우주공간에서 토네이도를 타고 있다면, 당신은 마치 편안한 침대 위에 누워 있는 것과 똑같은 느낌이 들것이다. 게다가, 당신은 자리에서 일어나 (사실은 일어난 것이 아니라, 벽면에 수직으로 서 있는 자세일 것이다 : 옮긴이) 회전하는 아크릴 유리판을 복도 바닥 삼아서 아주 편안하게 걸어 다닐 수도 있다. 실제로, 우주정거장은 이러한 원리를 이용하여 인공적인 중력을 만들어내고 있다.

지금, 우리의 토네이도는 우주공간 속에서 부드럽게 회전하면서 중력과 똑같은 힘을 당신에게 행사하고 있다. 그러면 지금부터 아인슈타인의 논리를 따라 토네이도 내부의 시간과 공간이 내부 관찰자의 눈에 어떻게 보이는지를 차근차근 따져 보도록 하자. 회전하는 토네이도의 외부에 있는 관찰자가 원형 유리의 둘레(원주)와 반지름을 알고자 한다면, 이는 아주 간단하게 측정될 수 있다. 가느다란 줄자로 원형 유리를 한 번 감아서 얻어진 값이 원주의 길이가 되고, 이 값을 원주율 (π)의 두 배로 나누면 반지름이 된다. 우리는 중·고등학교를 다닐 때 '2×반지름×원주율 = 원의 둘레'라는 법칙을 이미 배워서 잘 알고 있다. 그러나, 내부에서 토네이도와 함께 회전하고 있는 관찰자에게도 과연 이 법칙이 통할 것인가?

사실 여부를 확인하기 위해, 토네이도의 내부에서 열심히 측정에

그림 3.1 슬림의 자는 놓여있는 방향과 진행 방향이 일치하기 때문에 길이가 단축된다. 그러나 짐의 자는 놓여있는 방향과 진행 방향이 서로 수직을 이루어, 길이에는 아무런 변화가 생기지 않는다.

몰두하고 있는 슬림과 짐에게 눈길을 돌려보자. 이들은 중력과 시공간 사이의 관계를 우리에게 보여주기 위해 지금 토네이도 안에서 자원 봉사자로 활동 중이다. 우리는 회전 원판의 둘레를 측정하고 있는 슬림과 반지름을 측정하고 있는 짐에게 보통의 평범한 자를 하나씩 던져주었다. 그림 3.1에는 이 상황이 조감도의 형식으로 그려져 있다. 바닥에 그려진 화살표는 토네이도의 회전 방향을 나타낸다. 그런데 슬림이 원주 측정을 막 시작하려는 순간, 이 광경을 위에서 내려다보고 있던 우리는 그의 측정 결과가 실제의 값(원판이 정지해 있을 때 측정한 값)과 다르게 나올 거라는 사실을 이미 알아버렸다. 왜 그럴까? 그 이유는 자명하다. 슬림이 사용하고 있는 자의 길이가 줄어들었기 때문이다! 이것은 2장에서 비교적 자세하게 다룬 내용이다. 움직이는 물체는 진행 방향으로 길이가 줄어든다. 실제보다 짧아진 자로 원주의 길이를 잰다면, 그 결과는 당연히 실제의 길이보다 길게 나올 것이다. (슬림과 자는 서로에 대하여 정지 상태이므로, 슬림은 자가 짧아졌다는 사실을 인식하지 못한다. 좀더 자세한 설명을 원하는 독자들은 이 책의 후미에 수록된 주 *5를 참조하기를 바란다.)

반지름의 측정 결과는 어떻게 될까? 짐은 원판의 중심에서 출발하여 테두리 쪽으로 기어가면서 느긋하게 작업을 수행하고 있다. 그리고 이 광경을 위에서 보고 있는 우리들은 그의 측정 결과가 실제 값과 동일할 것이라는 사실을 미리 알 수 있다. 왜냐하면, 자가 향하고 있는 방향과 원판의 회전 방향이 항상 수직을 이루기 때문에 짐의 자는 굵기만 가늘어질 뿐, 눈금에는 아무런 변화가 없기 때문이다.

이제, 슬림과 짐의 측정 결과로부터 원주의 길이와 반지름 사이의 비율을 계산한다면 그 값은 우리가 익히 알고 있는 2π보다 크게 나올 것이다. 짐이 측정한 반지름은 정상적인 값인 반면에, 슬림이 측정한 원주의 길이는 실제보다 길기 때문이다. 이것은 기존의 유클리드 Euclid 기하학에 정면으로 상치되는 결과이다. 원주와 반지름의 비율이 어떻게 2π보다 커질 수 있다는 말인가?

아인슈타인의 설명은 다음과 같다 — 고대 그리스식 기하학(유클리드 기하학)의 법칙은 평면에서만 성립한다. 즉, 완전한 평면 위에 그려진 원에 한하여 원주와 반지름의 비율은 2π라는 값을 갖게 되는 것이다. 그러나 구부러진 곡면 위에 원을 그렸다면 사정은 달라진다. 놀이공원에 있는 요술거울(표면이 구불구불하게 처리되어 원래의 상을 다양하게 왜곡시키는 거울 : 옮긴이)에 비춰진 당신의 모습이 실제와 전혀 다르게 보이는 것과 마찬가지로, 휘거나 구부려진 곡면 위에 그려진 원은 평면 기하학의 법칙을 만족하지 않는다. 원주와 반지름의 비율이 2π에서 벗어나는 것도 바로 이러한 이유 때문이다.

그림 3.2에는 동일한 반지름을 가진 원들이 3종류의 면에 그려져

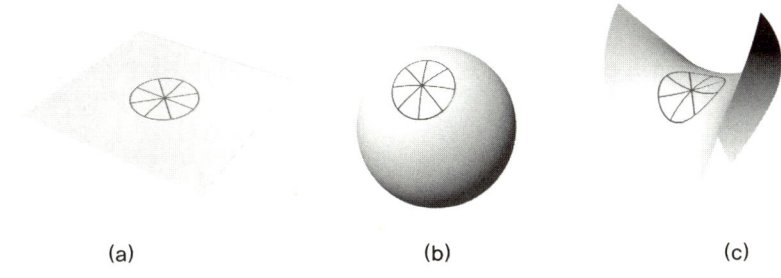

(a)　　　　　　　　(b)　　　　　　　　(c)

그림 3.2 반지름이 모두 같은 원이라 해도 구면(b)에 그려진 원의 둘레는 평면(a)에 그려진 원의 둘레보다 짧다. 반면에 (c)에 그려진 원의 둘레는 (a)에 그려진 원의 둘레보다 길다.

있다. 이제 독자들도 짐작을 하겠지만, 이 3개의 원들은 원주의 길이가 모두 다르다. 구면 위에 그려진 원(b)의 둘레는 평면 위에 그려진 원(a)의 둘레보다 짧다(이들은 모두 반지름이 같은 원임을 기억하라). 구면 위에 그려진 원의 중심으로부터 출발한 여러 가닥의 선들(반지름)은 중심에서 멀어질수록 서로 접근하려는 성질을 갖고 있기 때문에, 이들의 끝점을 이어서 만든 원주의 길이는 평면 위에 그려진 원주의 길이보다 짧을 수밖에 없다. 이와는 반대로, 말안장처럼 생긴 곡면 위에 그려진 원(c)의 둘레는 원(a)의 경우보다 길다. 말안장형 곡면에서는 원의 중심으로부터 퍼져나가는 각 방향의 직선들이 평면의 경우보다 더욱 빨리 멀어지기 때문에, 이 직선들의 끝점들을 이어서 만든 원주의 길이도 그만큼 길어지는 것이다. 이것은 매우 중대한 변화다 — 평면 기하학의 기본 상수인 π, 즉 원주율의 값이 변했다는 뜻이다. (b)의 경우에는 원주와 반지름의 비율이 2π보다 작아지며, (c)에서는 2π보다 커진다. 그런데 (c)의 경우는 앞에서 우리가 회전하는 토네이도의 내부에서 경험했던 바와 정확하게 일치한다. 아인슈타인은 이러한 사실로부터 하나의 아이디어를 떠올렸다. 즉, 정상상태의 공간은 유클리드 기하학으로 서술되지만, 가속운동을 겪고 있는 공간은 유클리드식의 '평평함'을 잃어버리고 휘어진다는, 실로 획기적인 발상이었다. 초등학교 과정에서 수천 년 동안 교육해왔던 고대 그리스의 기하학은, 회전하는 공간 내부에서는 전혀 써먹을 수가 없다. 이런 경우에는 그림 3.2의 (c)와 같이 휘어진 공간에서의 기하학이 적용되어야 한다.[*5]

아인슈타인은 평평한 공간을 대상으로 하는 고대 그리스의 기하학으로는 가속운동을 하고 있는 관측자의 관점을 올바르게 서술할 수 없다는 결론을 내렸다. 우리가 앞에서 예로 든 것은 원운동을 하고 있는 특별한 경우뿐이었지만, 아인슈타인은 '모든' 종류의 가속운동에 대하여 공간이 휘어진다는 사실을 알아냈다.

실제로 가속운동은 공간뿐만 아니라 시간까지도 왜곡시킨다(여기서 '왜곡 warp'이라는 말은 '의미를 매도한다'는 뜻이 아니라, 본래의 '평평한 flatness' 구조를 휘어지게 만든다는 의미다 : 옮긴이). 사실, 발견의 순서를 엄밀하게 따져볼 때, 아인슈타인은 공간이 아닌 '시간의 왜곡' 현상을 먼저 떠올렸다.[*6] 그러나 이 책의 2장에서 이미 언급된 바와 같이, 시간과 공간은 특수상대성이론에 의해 이미 하나의 개념으로 통합되었으므로, 시간과 공간이 가속운동에 의해 같이 왜곡된다는 것은 그다지 놀라운 일이 아니다. 민코프스키 Minkovsky는 1908년에 특수상대성이론을 강의하면서 이런 말을 했다. "이제, 시간과 공간의 독자적인 개념은 별다른 의미가 없다. 그 대신, 시간과 공간이 하나로 통합된 시공간의 개념이 그 자리를 대신할 것이다."[*7] — 이것을 좀더 실제적인 언어로 표현한다면 다음과 같다 — "특수상대성이론은 시간과 공간을 시공간이라는 하나의 개념 속에 통합시켰다. 따라서 어떤 하나의 사실이 공간 속에서 성립된다면, 그것은 시간상에서도 성립된다." 그러나 이런 주장은 또 다른 질문을 야기시킨다 — "공간은 가속운동에 의해 휘어지는 성질을 갖고 있다. 그렇다면 '휘어진 시간'은 어떻게 이해되어야 하는가?"

   이 질문에 대답하기 위해, 슬림과 짐이 타고 있는 원형 토네이도로 되돌아가서, 다음과 같은 실험을 실행해보자. 슬림은 회전하는 원판의 바깥쪽 가장자리에 서 있고, 짐은 원판의 중심에서 출발하여 슬림이 있는 쪽으로 기어가고 있다고 가정해보자. 짐이 한 걸음씩 기어갈 때마다 이 두 사람은 손목시계를 보면서 서로의 시간을 비교하고 있다. 결과는 어찌 될 것인가? 외부에서 토네이도를 내려다보고 있는 우리의 관점에서 볼 때, 두 사람의 시계는 일치할 수가 없다. 왜냐하면, 슬림과 짐의 이동속도가 서로 다르기 때문이다. 지금 원판은 원래의 모양을 유지한 채로 돌아가고 있으므로, 중심에서 멀리 떨어져 있을수록 이동속도가 빠르다. 그리고 특수상대성이론에 의하면 빨리 움직일수록 시간은 느리게 진행된다. 따라서 우리의 눈에는 슬림의 시계가 짐의 시계보다 더 느리게 가는 것처럼 보일 것이다. 또 한 가지 짚고 넘어갈 사실은 짐이 슬림에게 가까이 접근할수록 짐의 시계가 점점 더 느려져서 두 사람의 시계가 거의 같은 속도로 가게 된다는 것이다.

   짐과 슬림처럼 회전원판 위에 서있는 관찰자의 입장에서 볼 때, 시간이 흐르는 속도는 관찰자의 현재 위치(이 경우에는 원판 중심으로부터의 거리)에 따라 달라진다. 이것이 바로 '휘어진 시간'을 보여주는 대표적인 사례이다. 위치가 변할 때마다 시간이 다른 속도로 흘러간다면, 그것은 곧 시간이 휘어져 있음을 의미하는 것이다. 그리고 지금 이 경우에 회전원판의 가장자리 쪽으로 기어가고 있는 짐은 또 하나의 새로운 사실을 발견하게 된다. 즉, 자신의 위치가 중심에서 멀어질수록 회전속도가 빨라질 뿐만 아니라, 가속도도 따라서 증가하기 때문에, 자신의 몸을 바깥쪽으로 밀어내는 힘이 점점 더 크게 느껴지는 것이다. 그러므로 회전하는 토네이도의 내부에서는 증가하는 가속도와 느려지는 시간 사이에 모종의 관계가 성립한다고 볼 수 있다. 좀더 정확하게 표현하자면, 가속도가 커졌기 때문에 시간의 휘어진 정도, 즉 '시간의 곡률'이 커진 것이다.

아이슈타인은 이러한 일련의 결과들을 종합하여 최후의 결정타를 날렸다. 그는 중력과 가속운동이 완전히 동일하다는 사실을 이미 알고 있었고, 또 가속운동에 의해 시간과 공간이 왜곡된다는 것을 이미 증명한 뒤였으므로 결국 '시공간은 중력에 의해 왜곡된다(휘어진다)'는 마지막 결론을 얻어낼 수 있었다. 다시 말해서, 휘어진 시공간 자체가 곧 중력의 존재를 의미한다는 것이다. 지금부터 이 말의 의미를 찬찬히 음미해보자.

일반상대성이론의 기본개념

아인슈타인의 새로운 중력관을 이해하기 위해, 태양의 주변궤도를 공전하고 있는 지구를 예로 들어보자. 뉴턴의 중력이론에 의하면, 태양은 매순간 '즉각적으로' 지구에 중력을 행사하고, 이 중력이 일종의 끈 역할을 하며 그 끈에 매달린 지구는 일정한 궤도를 따라 태양의 주위를 공전하게 된다(지구 역시 태양에게 동일한 크기의 중력을 행사하고 있다). 그런데 아인슈타인은 이 상황을 더욱 자세하게 설명해주는 새로운 개념을 도입하였다. 우선, 두 가지의 방법으로 문제를 단순화시켜보자. 첫째로, 당분간은 시간문제를 전혀 고려하지 않고 오로지 공간에만 초점을 맞추기로 한다. 시간에 관련된 사항들은 잠시 뒤에 따

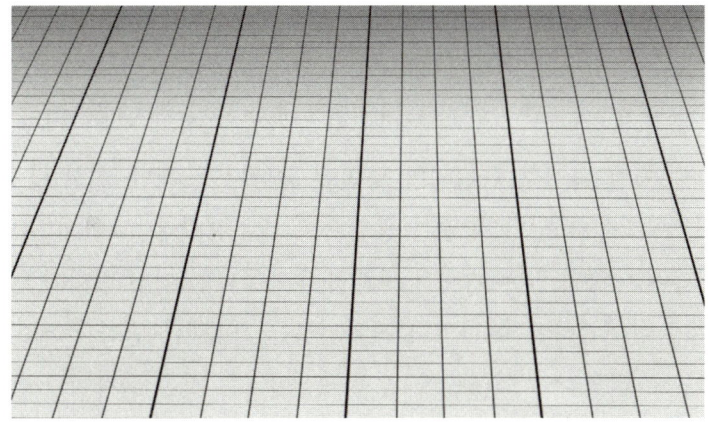

그림 3.3 평평한 공간을 나타내는 개념도

로 고려하여 추가시킬 것이다. 그리고 두 번째로, 3차원 공간은 지면상에 그림으로 표현하기가 쉽지 않기 때문에 우리가 속해있는 공간을 2차원으로 단순화시켜서 표현하기로 하겠다. 2차원 공간에서 얻어진 결론들은 곧바로 3차원 공간으로 확장하여 적용될 수 있기 때문에, 가능한 한 단순한 차원에서 문제를 다루는 것이 훨씬 수월하다.

    그림 3.3에는 우리가 살고 있는 우주의 2차원 모형(2차원으로 단순화시킨 모형)이 그려있다. 평면 위에 그려진 격자선(바둑판 모양의 직선들)은 도시를 가로지르는 도로들처럼 특정 위치를 표현하기 위한 일종의 좌표계로 생각하면 된다. 도시 속의 특정 사무실을 주소로 표현할 때, 우리는 흔히 번지수와 층수를 사용한다. 그러므로 그림 3.3의 가로선은 번지수를 나타내고 세로선이 층수(높이)를 나타낸다고 생각하면 편리할 것이다. (물론, 번지수를 나타낼 때에는 street와 avenue, 두 개의 정보가 필요하다. 그러나 우리는 지금 공간을 2차원으로 단순화시켰기 때문

에 이 두 개의 정보가 하나의 차원 속에 함축되어 있다고 보아야한다)

아인슈타인은 질량이나 에너지가 전혀 존재하지 않는 공간을 '평평한 공간 flat space'으로 간주하였다. 2차원 모형의 경우, 이것은 곧 그림 3.3처럼 완전하게 평평한 평면에 해당된다. 지난 수천 년 동안, 우리는 우주를 이렇게 평평한 공간으로 간주해왔다. 그런데 만일 이 공간 속에 태양과 같은 거대한 물체가 존재한다면 어떤 변화가 일어날 것인가? 아인슈타인 이전의 물리학자들은 '아무런 변화도 일어나지 않는다'고 하늘같이 믿어왔다. 우주공간이라는 것은 질량이나 에너지의 존재 여부를 감지할 능력이 없는 무생물체이므로, 그 속에 물체가 있다고 해서 공간(또는 시간)의 특성이 달라질 이유가 없다고 생각했던 것이다. 그러나 아인슈타인은 전혀 다른 생각을 갖고 있었다.

태양과 같이 질량이 큰 물체는 주변의 다른 물체들에게 커다란 중력을 행사한다. 앞에서 언급했던 '테러범의 폭탄' 문제로부터, 우리는 중력과 가속운동이 완전하게 동일한 현상임을 이미 알고 있다. 그리고 회전하는 토네이도 문제에서는 가속운동을 수학적으로 기술하려면 '휘어진 공간'이 도입되어야 한다는 사실도 확인한 바 있다. 중력과 가속운동의 등가성, 그리고 여기에 휘어진 공간의 개념을 도입하여, 아인슈타인은 다음과 같이 창의적이고 혁명적인 주장을 하기에 이르렀다— "태양처럼 질량을 가진 물체가 우주공간에 존재하면, 그 일대의 공간은 질량의 존재로 인해 왜곡된다(휘어진다)." 이 결과는 그림 3.4에 표현되어 있다. 이것은 마치 고무판 위에 무거운 볼링공을 올려놓았을 때, 공의 무게 때문에 고무판이 움푹 파이는 현상과도 비슷하다. 이 혁명적인 주장에 의하면, 우리가 사는 우주공간은 '일련의 사건들이 벌어지는 죽은 공간'이 아니라, 질량의 분포상태에 따라 그 형태가 변하는 매우 능동적인 공간인 셈이다.

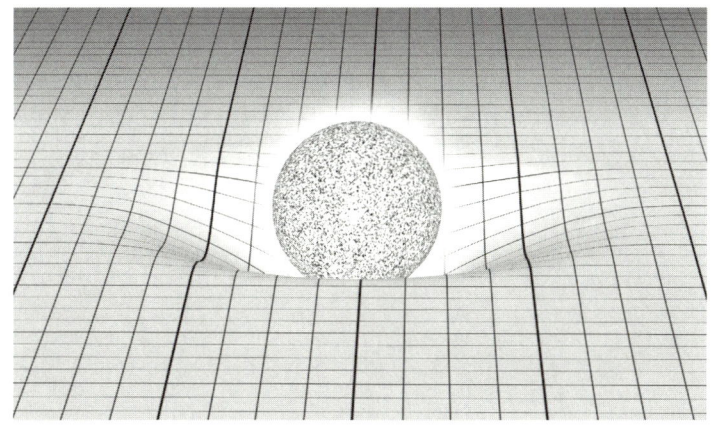

그림 3.4 고무판 위에 볼링공을 놓으면 아래로 움푹 파이는 것처럼, 태양과 같이 질량이 큰 물체가 존재하는 공간은 평평한 성질을 잃고 왜곡된다(휘어진다).

    그리고 공간이 휘어지면 구 주변(태양의 주변)을 움직이고 있는 다른 물체들도 휘어진 공간 속을 여행하면서 왜곡된 영향을 받게 된다. 고무판 위에 볼링공이 놓여 있는 경우, 볼링공의 근처에 조그만 쇠구슬을 굴리면 그 운동 궤적은 휘어진 고무판의 곡률(휘어진 정도)에 따라 달라진다. 만일 그곳에 볼링공이 없었다면, 고무판 위로 굴려진 쇠구슬은 아무런 방해도 받지 않고 직선 궤적을 그리며 굴러갈 것이다. 그러나 볼링공이 있는 경우에는 그 일대가 심하게 왜곡되어 조그만 쇠구슬은 곡선 궤적을 그리게 될 것이다. 적당한 속도로 이동 중인 쇠구슬이 적절한 방향으로 볼링공 근처에 접근한다면, 볼링공 주변을 공전하는 궤도운동을 하게 된다(물론, 이것은 마찰이 없을 때의 이야기다). 이 논리는 휘어진 공간의 경우에도 비슷하게 적용될 수 있다.
    태양은 고무판 위에 놓여진 볼링공처럼 주변의 공간을 왜곡시킨다. 그리고 조그만 쇠구슬이 볼링공의 주변에서 궤도운동을 하는 것처

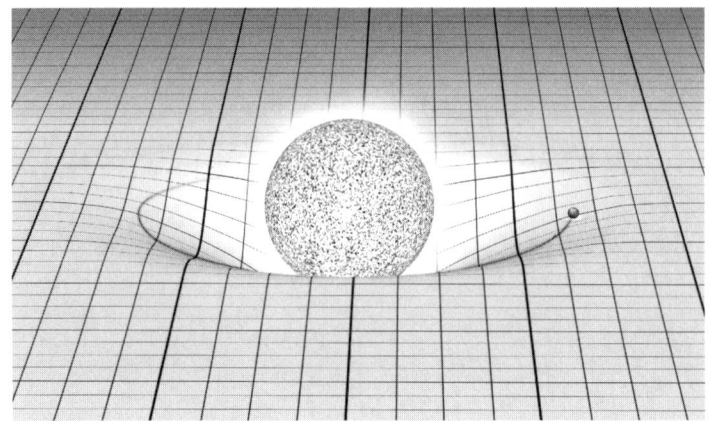

그림 3.5 지구는 태양의 주변에 형성된 '움푹 파인 공간'을 따라 원운동을 한다. 좀더 정확하게 표현하자면, 지구는 태양 주위의 왜곡된 공간 속에서 '가장 저항력이 작은' 경로를 따라 운동하고 있다.

럼, 지구와 같은 태양 주위의 행성들은 공간의 휘어진 정도에 따라 거기에 맞는 궤도운동을 하게 되는 것이다. 지구가 태양 주위를 공전하는 것은 바로 이러한 이유 때문이다. 즉, 태양의 질량에 의해 그 일대의 공간이 크게 휘어져 있기 때문에 그 곳으로 유입된 행성들이 왜곡된 공간의 영향을 받아서 원운동(또는 타원운동)을 하고 있는 것이다. 이 상황은 그림 3.5에 개략적으로 표현되어 있다. 아인슈타인의 새로운 개념은 뉴턴의 중력이론과 달리, '중력이 전달되는 과정'까지 규명함으로써 중력에 숨어있던 최대의 미스터리를 해결하였다. 즉, 질량의 존재가 공간을 왜곡시킴으로써 중력이 전달된다는 것이다. 과거에는 행성들이 태양의 주위를 공전하는 이유가 그저 '중력' 때문이라는, 다소 모호한 이론으로 만족해야 했지만, 아인슈타인은 혁명적인 사고를 통해 중력이라는 것이 '질량으로부터 공간이 왜곡되면서 나타나는 현상' 임을 천명하였다.

이런 식으로 생각한다면, 우리는 중력에 관하여 두 가지의 중요한 성질을 새롭게 간파할 수 있다. 첫째로, 볼링공의 질량이 클수록 고무판은 더욱 깊숙하게 파인다는 것이다. 다시 말해서, 물체의 질량이 클수록 그 주변의 공간이 더욱 심하게 왜곡된다는 뜻이다. 이것은 '물체의 질량이 클수록 자신의 주변 물체에 행사하는 중력이 커진다'는 기존의 중력법칙과 정확하게 일치한다. 둘째로, 볼링공에 의해 만들어진 고무판의 굴곡이 볼링공이 놓인 곳에서 가장 크고, 볼링공에서 멀어질수록 작아진다는 점이다. 따라서 태양으로 인해 휘어진 공간은 태양으로부터 먼 곳일수록 곡률(휘어진 정도)이 작아져서, 거의 '평평한' 공간을 형성하게 되는데, 이 역시 '두 물체 사이의 거리가 멀어질수록 중력의 크기가 작아진다'는 기존의 법칙과 잘 맞아 떨어진다.

여기서 한 가지 짚고 넘어갈 것은, 비록 그 효과가 미미하긴 하지만 조그만 쇠구슬에 의해서도 공간이 휘어진다는 사실이다. 따라서 지구 역시 나름대로 제법 큰 질량을 갖고 있으므로(태양보다는 훨씬 작지만) 주변의 공간을 삭게나마 왜곡시키고 있다. 일반상대성이론의 언어로 설명하자면, 바로 이렇게 왜곡된 공간 때문에 달이 지구 주변을 공전하고 있으며 지구상의 물체들이 지구를 이탈하지 않고 표면에 붙어 있을 수 있는 것이다. 높은 상공에서 지면으로 떨어지고 있는 스카이다이버는, 지구의 질량에 의해 주변의 공간이 휘어져 있기 때문에 그 안으로 빨려 들어오고 있는 셈이다. 뿐만 아니라, 우리 인간을 포함해서 질량을 가진 모든 물체들은 주변의 공간을 왜곡시키고 있다. 질량이 작은 경우에는 왜곡의 정도가 지극히 미미하며 그 주변에 별다른 영향을 미치지 못할 뿐이다.

아인슈타인은 "중력은 그것을 전달하는 매개체에 의해 발생한다"는 뉴턴의 주장과 완전하게 일치되는 결과를 얻었다. 뉴턴은 "그 매개체의 정체에 대해서는 독자들의 상상에 맡긴다"고 다소 모호하게 얼버무려 놓았지만, 아인슈타인의 일반상대성이론은 그 정체를 적나라하게 드러냈다 ― '휘어진 우주공간'이 바로 그 매개체였던 것이다.

잘못 생각하기 쉬운 몇 가지 문제들

중력 현상을 고무판 위의 볼링공에 비유하여 설명하면, 휘어진 우주공간을 머릿속에 쉽게 떠올릴 수 있기 때문에 여러 가지로 좋은 점이 많다. 그래서 물리학자들은 중력과 곡률 등의 개념을 다룰 때 흔히 이 비유를 머릿속에 떠올리곤 한다. 그러나 고무판 위에 얹혀진 볼링공만으로는 중력 문제를 완전하게 이해할 수 없다. 즉, 이것은 썩 적절한 비유가 아니라는 것이다. 왜 그럴까? ― 지금부터 그 이유를 찬찬히 따져보자.

우선 첫째로, 태양 근처의 공간이 휘어지는 것은 볼링공에 의해 고무판이 휘어지는 것과 분명히 그 이유가 다르다. 고무판이 휘어지는 이유는 지구의 중력이 볼링공을 '잡아당기기' 때문인데, 태양의 주변에는 태양을 강력하게 잡아당길 만한 그 어떤 천체도 존재하지 않는다 (물론, 행성들이 태양에게 중력을 행사하고 있지만, 행성의 질량은 태양보다 형편없이 작기 때문에 태양에 미치는 영향은 거의 무시된다 : 옮긴이). 아인슈타인의 표현에 의하면, 왜곡된 공간 자체가 바로 중력을 의미한다. '물체의 존재'에 대한 결과가 곧 '공간의 왜곡'이라는 형태로 나타난다는 뜻이다. 이와 마찬가지로, 지구 역시 볼링공 근처를 맴도는 쇠구슬처럼 태양 근처에 어떤 홈이 패어 있어서 그 지점을 따라 공전한다는 의미가 아니다. 아인슈타인의 설명에 의하면, 모든 물체는 공간상에서 (더욱 정확하게는 '시공간' 상에서) 최단거리 shortest possible path를 따라 운동하려는 성질이 있다 — 이를 가리켜 '최소저항경로 paths of least resistance' 라 부르기도 한다. 공간이 휘어져 있는 경우, 최소저항경로는 대개 곡선의 형태를 띠고 있다. 그러므로 고무판 위의 볼링공으로 중력을 설명한다면 그 상황을 쉽게 머릿속에 그려볼 수는 있겠지만, 휘어지는 원인이 전혀 다르기 때문에 혼란을 야기하기가 쉽다. 이것은 어디까지나 휘어진 공간을 직관적으로 이해하기 위해 다소 부적절하게 도입된 하나의 비유에 지나지 않는다. 다시 한 번 강조하거니와 중력은 휘어진 공간, 그 자체로서 볼링공의 무게에 의해 짓눌려진 고무판과는 그 성질이 근본적으로 다르다.

이 비유의 또 한 가지 결점은, 고무판이 2차원적 대상이라는 점이다. 실제로 태양을 비롯한 모든 물체들이 왜곡시키고 있는 것은 2차원 평면이 아니라 3차원적 공간이다. '왜곡된 3차원'을 그림으로 표현하는 것은 물론 쉬운 일이 아니지만, 그림 3.6에는 이 상황이 개략적으로 묘사되어 있다. 일단 태양이 우주공간 어딘가에 존재하기만 하면 위, 아래, 옆 등등… 태양 주변의 '모든' 공간들이 동일한 정도로 휘어지게 된다(이것은 태양이 구형이기 때문에 나타나는 현상이다. 만일 태양이 기다란 원통형이었다면 그 주변의 공간 곡률은 위치에 따라 달라질 것이다 : 옮긴이). 지구와 같은 행성들은 태양에 의해 휘어진 3차원 공간 속에서 자신의 경로를 찾아가고 있다. 이쯤에서 독자들은 한 가지 의문을 떠올릴 것이다. "그렇다면 지구는 그림 3.6에 그려진 수직 벽에 충돌할 수도 있지 않은가? 그런 일은 왜 발생하지 않는가?" — 대답은 간단하다. 우주공간은 고무판처럼 물체의 진행을 막는 장애물이 아니다. 그림 3.6에 나타나 있는 휘어진 격자선들은 휘어진 3차원 공간의 한

'단면'을 뜻한다. 이 하나의 단면 속에서도 당신을 비롯한 모든 만물들은 어디로든 자유롭게 이동할 수 있다. 독자들은 또 이런 의문을 떠올릴지도 모른다 — "우리가 공간 속에 살고 있다면, 왜 우리는 공간의 존재를 느끼지 못하는가?" 아니다. 우리는 공간을 느끼면서 살고 있다. 우리는 매순간 중력을 느끼고 있는데, 이 중력을 매개하는 것이 바로 공간이기 때문에 우리는 매 순간 공간을 느끼면서 살아가는 셈이다. 저명한 물리학자인 존 휠러 John Wheeler는 중력을 설명할 때 다음과 같은 표현을 즐겨 사용했다 — "질량은 공간에게 어떻게 휘어져야 할지를 말해주고, 공간은 질량에게 어떤 경로로 움직여야 할지를 말해준다."*8

고무판과 볼링공의 비유에서 우리가 특히 조심해야 할 세 번째 사항은, 그것이 시간을 전혀 고려하고 있지 않다는 점이다. 특수상대성이론에 의하면, 시간은 공간의 3차원과 함께 동등한 자격으로 다루어

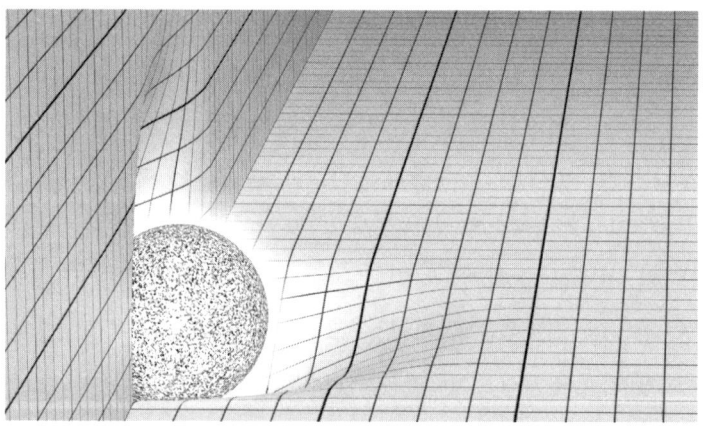

그림 3.6 태양에 의해 왜곡된 3차원 공간의 예

져야 할 엄연한 하나의 차원이다. 그러나 우리의 눈은 공간을 지각하는 데에만 익숙해져 있기 때문에 시간을 시각화하기가 결코 쉽지 않다. 그래서 지금은 편의상 시간 차원을 생략한 채로 논리를 이끌어 나가는 중이다. 회전하는 토네이도에서 우리가 확인했던 바와 같이, 가속운동(또는 중력)은 분명히 시간과 공간을 '함께' 왜곡시킨다(일반상대성이론의 수학으로 계산한 결과에 의하면, 지구의 공전속도는 상대적으로 매우 느리기 때문에 시간의 왜곡효과는 공간 왜곡효과보다 훨씬 작게 나타난다). '휘어진 시간'에 관한 문제는 다음 절에서 다루기로 하겠다.

지금까지 언급한 세 가지 사항들을 마음속 깊이 새겨둔다면, 고무판 위의 볼링공을 머릿속에 그리면서 아인슈타인의 중력이론을 마주 대한다 해도 그다지 큰 오류는 발생하지 않을 것이다.

모순점의 해결

아인슈타인은 시간과 공간을 주인공으로 내세움으로써 자신이 생각했던 중력의 개념을 훌륭하게 설명해냈다. 그러나 이것만으로 모든 문제가 해결된 것은 아니다. 새롭게 탄생한 중력이론은 특수상대성이론과 서로 모순 없이 조화를 이루어야 한다. 결과는 어떠했을까? — 너무나도 성공적이었다. 그 속사정을 이해하기 위해, 볼링공이 얹혀진 고무판으로 다시 돌아가 보자. 이제, 볼링공을 제거하여 고무판을 평평하게 만들고, 그 위에서 조그만 쇠구슬을 굴리면, 그것은 직선 궤적을 따라 이동하게 될 것이다. 그리고 쇠구슬이 굴러가는 도중에 갑자기 볼링공을 고무판 위에 얹어 놓는다면, 쇠구슬의 운동은 당연히 볼링공의 영향을 받아 변화를 겪게 될 것이다. 그런데 이 영향이라는 것이 얼마나 빨리 전달될 것인가? 볼링공을 고무판 위에 올려놓자마자 곧바로 쇠구슬의 경로가 바뀔 것인가? — 아니다. 그렇지 않다. 볼링공의 존재가 쇠구슬에게 영향을 미칠 때까지는, 짧긴 하지만 분명히 시간이 소요된다. 다시 말해서, '볼링공의 존재'와 '쇠구슬 경로의 변형'은 결코 동시에 일어나지 않는다는 뜻이다. 이 과정을 카메라로 촬영해서 느린 화면으로 재생해보면, 볼링공에 의한 영향은 마치 연못에 돌을 던졌을 때 동심원의 형태로 퍼져나가는 물결처럼 사방으로 전달되어, 일정 시간이 지난 후에 비로소 쇠구슬이 있는 곳에 도달하게 될 것이다. 볼링공이 얹혀진 고무판은 한동안 출렁이다가 잠시 후면 왜곡된 상태로 평정을 되찾을 것이다.

질량에 의한 공간의 변형도 이와 비슷한 과정으로 진행된다. 질량이 전혀 존재하지 않을 때 공간은 평평하며, 그 속에 있는 조그만 물체는 정지상태에 있거나 일정한 속력으로 진행할 것이다(질량이 전혀 없다고 해놓고 웬 물체? — 이런 질문을 제기할 수도 있다. 여기서 말하는 조그만 물체란, 질량이 상대적으로 매우 작아서 그 자체에 의한 공간의 왜곡이 거의 무시될 수 있을 정도로 미미한, 그런 물체를 말한다 : 옮긴이). 그러다가 어느 순간에, 갑자기 거대한 질량을 가진 물체가 나타났다고 가정해보자. 이 괴물의 등장으로 인해, 그 주변의 공간은 크게 왜곡될 것이다. 그러나 고무판의 경우와 마찬가지로 이 왜곡 과정은 한순간에 끝나지 않고 어떤 유한한 속도로 사방에 전파되어, 다른 물체에 도달했을 때 비로소 중력이 적용되기 시작한다. 고무판의 경우, 볼링공에 의한 왜곡이 전달되는 속도를 계산하였는데, 그 결과는 놀랍게도 빛의 속도와 정확하게 일치했다. 이는 곧 중력이 빛의 속도로 전달된다는 것을 의미한다. 그러므로 만일 어느 날 갑자기 태양이 폭발하여 사라진다 해도 지구는 그 즉시 '태양의 부재'를 감지할 수 없을 것이다. 태양으로부터 방출된 빛이 지구에 도달할 때까지 걸리는 시간, 즉 8분 20초 정도가 지난 후에야 비로소 지구는 주인을 잃은 행성이 되어 기존의 궤도를 이탈하게 될 것이다(그러나 태양이 사라졌다는 사실을 지구에서 눈으로 확인하는 데에도 이와 동일한 시간이 소요되기 때문에, 결국 우리의 눈에는 태양이 사라지자마자 그 즉시 지구가 영향을 받는 것처럼 보일 것이다 : 옮긴이). 자, 이제 문제는 해결되었다. 특수상대성이론은 이 우주의 어떠한 물체나 신호도 빛보다 빠를 수 없다고 했는데, 중력의 전달 속도가 빛의 속도와 동일하다니, 이보다 다행스런 일이 어디 있겠는가? 중력은 결코 광자 photon, 빛의 구성입자를 앞지르지 않았다.

시간의 왜곡

그림 3.2와 3.4, 그리고 3.6은 휘어진 공간의 본질을 도식적으로 보여주고 있다. 물리학자들은 '휘어진 시간'을 도식적으로 보여주는 그림도 만들어내긴 했지만, 일반인들이 알아보기에는 난해한 구석이 너무 많아서, 아예 소개하지 않는 편이 더 나을 것 같다. 그 대신, 회전하는 토네이도에 아직도 갇혀 있는 슬림과 짐에게 다시 되돌아가서 중력에 의해 왜곡된 시간을 살펴보기로 하자.

그 전에, 먼저 조지와 그레이시의 근황부터 알아보는 것이 좋겠다. 이 두 사람은 그동안 부지런히 여행을 계속하여 태양계 안으로 진입하는데 성공했다. 이들은 예전에 서로 맞추어놓은 디지털시계를 아직도 손목에 차고 있다. 상황을 좀더 단순화시키기 위해, 태양을 제외한 다른 행성들의 중력효과는 무시하기로 하자. 이 근처에는 우주선 한 대가 이들을 호위하면서 기다란 케이블 한 가닥을 태양의 표면 쪽으로 늘어뜨리고 있다. 조지는 지금 이 케이블에 몸을 의지한 채로 서서히 태양에 접근하는 중이며, 태양 쪽으로 진행을 주기적으로 잠시 멈추면서 그레이시와 서로 시간을 확인하고 있다. 아인슈타인의 일반상대성이론에 의하면 조지는 태양에 가깝게 접근할수록 더욱 강한 중력장을 느끼기 때문에 조지의 시계는 그레이시의 시계보다 늦게 가게 된다. 즉, 태양과의 거리가 가까워질수록 조지의 시계는 더욱 느려지는 것이다. '중력이 시간을 왜곡시킨다'는 것은 바로 이러한 의미이다.

이 책의 2장에서, 조지와 그레이시는 아무 것도 없는 텅 빈 공간 속에서 서로에 대하여 등속운동을 했다. 그래서 두 사람의 관점을 서로 바꾸어도 달라지는 것이 없었다. 그러나 지금은 전혀 다른 상황이다. 두 사람 사이에 대칭성 같은 것은 이미 존재하지 않는다. 조지는 그레이시와 달리, 분명히 중력의 존재를 '느끼고' 있다. 태양과 거리가 가까워질수록, 조지는 케이블을 더욱 세게 잡아야 목숨을 부지할 수 있다. 이런 상황에서, 조지와 그레이시는 모두 '조지의 시계가 늦게 가고 있다'는 데 동의할 것이다. 2장에서 두 사람이 등속운동을 할 때처럼 입장을 뒤바꿨을 때 정반대의 결과가 얻어지는, 그런 관점은 이제 더 이상 존재하지 않는 것이다. 2장에서 조지는 그레이시를 붙잡기 위해 U턴을 시도한 적이 있었다. 이는 명백한 가속운동이므로 힘을 느낀 사람은 그레이시가 아닌 조지이다. 이 상황을 그레이시의 입장에서 서술한다 해도, 그레이시가 힘을 느낄 이유는 어디에도 없다. 따라서 이 경우에는 조지의 시계가 그레이시의 시계보다 늦게 간다는 사실에 둘 다 동의할 것이다. 그리고 지금 벌어지고 있는 상황은 조지가 U턴을 시도할 때와 완전히 동일하다. 왜냐하면 중력과 가속운동이 완전하게 등가이기 때문이다. 즉, 태양의 중력에 의해 힘을 '느끼고' 있는 조지(그리고 조지가 착용하고 있는 모든 물건들)에게는 시간이 더디게 흐르는 것이다.

태양과 같이 평범한 별의 표면 근처에서는 시간 지연 효과가 매우 작게 나타난다. 만일 그레이시가 태양으로부터 수십억 킬로미터 떨어져 있고, 조지는 태양 표면에 수킬로미터 이내로 접근한 상태라 해도, 조지의 시계가 느려지는 정도는 그레이시의 시계를 기준으로 삼았을 때 0.0002%밖에 되지 않는다. 다시 말해서, 두 사람의 시계는 '거의' 차이가 없다는 뜻이다.*9 그러나 만일 조지가 태양과 거의 같은 질량을 가지면서 밀도가 태양의 1천 조 배(10^{15}배)나 되는 중성자별 neutron star의 표면 근처에 있었다면, 그의 시계는 그레이시의 시계에 비해 76%의 속도로 가게 될 것이다(태양과 질량이 거의 같으면서 밀도가 10^{15}배라면, 그것은 중성자별의 크기가 그만큼 작다는 뜻이다. 따라서 조지는 태양의 경우보다 훨씬 가깝게 접근할 수 있으며, 그 결과 조지가 느끼는 중력은 상상을 초월할 만큼 커진다. 물론, 이런 상황에서 조지가 목숨을 부지한다는 보장은 어디에도 없다 : 옮긴이). 블랙홀의 주변에서는 중력이 훨씬 더 크기 때문에, 시간은 더욱 느리게 진행된다. 중력이 크면 클수록, 시간은 더욱 크게 왜곡되는 것이다.

일반상대성이론의 실험적 증거

일반상대성이론을 공부한 사람들은 대부분 그 속에 담겨 있는 아름다운 수학적 체계에 흠뻑 도취된다. 무미건조하고 기계적이었던 뉴턴의 시공간 개념을 떨쳐버리고, 그 자리에 '하나로 통합된 기하학적 시공간'을 도입함으로서, 아인슈타인은 중력의 개념을 우주의 속성으로 격상시켰다. 그 어떤 부가적인 요소들을 전혀 덧붙이지 않았는데도, 200여 년의 학술적 역사를 가졌던 중력이라는 다소 낡은 개념이 가장 근본적인 단계에서 우주의 한 부분으로 통합된 것이다.

그러나 아름다움과 우아함이 물리학의 전부가 될 수는 없다. 제대로 된 물리학 이론이라면 실제로 나타나는 자연과 우주 현상들을 정확하게 설명하고 또 예견할 수 있어야 한다. 뉴턴의 중력이론은 17세기 말부터 20세기 초까지, 수많은 검증절차를 완벽하게 소화해내면서 절대적인 권위를 누려왔다. 공중으로 던져진 공이나 기울어진 건물에서 낙하시킨 물체의 운동에서부터, 태양 주변을 선회하는 혜성의 운동에 이르기까지, 뉴턴의 중력이론은 모든 것을 너무나도 정확하게 설명해주었으며 그동안 무수하게 얻어진 실험결과와도 완벽하게 일치하여 어느 누구도 이론의 진위 여부를 의심하지 않았다. 이 이론이 갖고 있었던 단 하나의 문제점은 '중력이 전달되는 데 전혀 시간이 소요되지 않는다'는 것이었다. 특수상대성이론에 의하면, 어떤 물체도, 어떤 신호도 빛보다 빨리 이동할 수 없기 때문이다.

특수상대성이론은 시간과 공간, 그리고 운동의 진정한 성질을 가장 근본적인 단계에서 설명해주는 훌륭한 이론이지만, 우리가 일상적으로 겪고 있는 거북이 같은 속도(빛의 속도와 비교할 때)에서는 그 효과가 거의 나타나지 않는다. 이와 마찬가지로, 일반상대성이론(특수상대성이론에 부합되는 중력이론)과 뉴턴의 중력이론 사이의 차이점 역시 일상적인 상황에서는 거의 감지되지 않는다. 실험실에서 이 두 이론의 차이점을 확인하려면 극도로 정밀한 관측장비를 동원해야 한다. 지상에서 던져진 평범한 야구공의 착지점을 알고 싶을 때, 우리는 뉴턴의 중력이론으로 계산할 수도 있고 아인슈타인의 일반상대성이론으로 계산할 수도 있다. 물론 이들의 계산결과에는 분명한 차이가 있다. 그러나 그 차이라는 것이 너무나도 미미하여 현존하는 관측장비로는 확인할 수 없는 딱한 상황인 것이다. 그래서 아인슈타인은 자신의 중력이론을 입증해줄 수 있는 기발한 실험방법을 제안하였다.[*10]

밤이 되면 하늘에는 수많은 별들이 영롱하게 반짝인다. 그러나 그 별들은 낮에도 하늘을 지키고 있다. 다만 별에서 방출되는 희미한 빛이 태양 빛에 압도되어 우리의 눈에 보이지 않는 것뿐이다. 어쩌다가 달의 그림자가 태양을 가리는 일식 때가 되면, 낮에도 별들이 존재한다는 사실을 눈으로 확인할 수 있다. 그렇다고 해서, 태양의 존재가 별들에게 전혀 영향을 주지 못한다는 뜻은 아니다. 어떤 특정 위치에 있는 별들로부터 방출된 빛은 지구로 도달하기 전에 태양 근처를 지나치게 되는데, 앞서 말한 대로 태양 근처의 시공간이 휘어져 있기 때문에 이 지역을 통과하는 빛은 왜곡된 시공간을 통과하면서 진행 경로에 변화를 일으킨다. 빛이 태양에 가깝게 스쳐 지나길수록 경로의 변화는 크게 나타난다. 이런 별들은 육안으로 볼 때 태양에 너무 가깝기 때문에 평상시에는 관측되지 않지만, 일식 때가 되면 그 존재가 선명하게 드러난다.

빛의 경로가 휘어진 정도(각도)를 측정하는 방법은 매우 간단하다. 별로부터 방출된 빛이 지구로 도달하는 도중에 휘어졌다면, 그 결과는 '별의 위치 이동' 으로 나타난다. 즉, 지구에 있는 관측자의 입장에서 볼 때 별의 겉보기 위치 apparent position가 천구의 좌표상에서 특정 방향으로 조금 이동한 것처럼 보이는 것이다(이것은 물속에 막대를 반쯤 담갔을 때 막대가 구부러진 듯이 보이는 것과 비슷한 현상이다 : 옮긴이). 그러므로 우선 이 겉보기 위치를 측정한 후 별의 실제 위치(별빛이 태양의 중력에 영향을 받지 않을 때 관측한 별의 원래 위치로서, 6개월 전이나 후에 측정하면 된다)와 비교하면 별빛이 구부러진 정도를 정확하게 알아낼 수 있다. 1915년 11월에 아인슈타인은 자신이 제창한 새로운 중력이론을 이용하여, 태양 근처를 스쳐 지나가는 빛의 경로가 약 $0.00049°$ (1.75초, 1초=$1/3600°$)가량 구부러진다는 것을 이론적으로 예견하였다. 그러나 당시의 관측기술로는 이렇게 작은 변화를 알아낼 만한 방법이 없었다. 1919년 5월 29일, 그리니치 천문대의 소장이었던 프랭크 다이슨 경 Sir Frank Dyson의 권고로 당대의 저명한 천문학자이자 영국 왕립 천문학회 총무이사였던 아서 에딩턴 경 Sir Arthur Eddington은 일식 관측 팀을 조직하여 서아프리카 해안의 프린시피 Principe 섬으로 날아갔다. 이들의 목적은 아인슈타인의 예견을 실제로 확인하는 것이었다.

프린시피 섬에서 촬영된 사진들(찰스 데이빗슨 Charles Davidson 이 이끄는 또 한 무리의 영국 관측 팀과 앤드류 크롬엘린 Andrew Crommelin 이 이끄는 브라질 관측 팀이 촬영한 사진도 포함되었다)을 5개월에 걸쳐 분석한 뒤에, 1919년 11월 6일 영국 왕립 학술원과 왕립 천문학회의 연합 학술회의에서 일반상대성이론에 근거를 둔 아인슈타인의 예견이 사실로 입증되었음을 공식적으로 천명하였다 — **이것은 시공간에 대한 기존의 개념에 작별을 고하는, 실로 역사적인 사건이었다.** 그리고 이 발표로 인해 아인슈타인은 일약 세계적인 물리학자로 명성을 날리게 되었다. 바로 그 다음날인 1919년 11월 7일에 런던 타임스 신문에는 '과학의 혁명 — 새로운 우주론이 뉴턴의 물리학을 전복시키다' 라는 제목이 머리기사를 장식했다.[*11]

그 후로 몇 년 동안, 일반상대성이론의 타당성을 입증했던 에딩턴의 논리는 여러 차례 위기에 직면하게 되었다. 그가 실행했던 관측은 극도로 세밀하고 예민한 작업이었기 때문에, 두 번 다시 반복하기가 거의 불가능했던 것이다. 일부 물리학자들은 당시 관측 결과의 신뢰도에 의문을 제기하기도 했다. 그러나 지난 40년 동안 관측 기술이 혁신적으로 발전하면서 이러한 의문은 깨끗하게 불식되었다. 다양한 상황에서 실행된 수많은 실험들은 한결같이 일반상대성이론의 타당성을 입증해줄 뿐이었다. 오늘날, 일반상대성이론은 특수상대성이론에 부합되는 중력이론으로서의 입지를 확고하게 굳혔을 뿐만 아니라, 뉴턴의 이론보다 한층 더 정확하게 실험결과를 재현시켜 주는 이론으로 인정되고 있다.

블랙홀과 빅뱅, 그리고 팽창하는 우주

특수상대성이론의 효과는 운동하는 물체의 속도가 빠를수록 크게 나타나는 반면에, 일반상대론적 효과는 물체의 질량이 커서 시공간의 왜곡이 심할수록 크게 나타난다. 이 점을 좀더 깊이 이해하기 위해 두 가지 사례를 들어보자.

첫 번째 사례를 맨 처음 발견한 사람은 독일의 천문학자인 칼 슈바르츠쉴트 Karl Schwarzschild였다. 1916년, 그는 제1차 세계대전에 동원되어 러시아 전선에서 탄두의 궤적을 계산하던 와중에 틈틈이 아인슈타인의 중력이론을 연구하였다. 아인슈타인이 새로운 중력이론을 발표한 지 불과 몇 달 만에 슈바르츠쉴트는 구형 球形의 별 근방에서 일어나는 시공간의 왜곡 패턴을 정확하게 계산할 수 있을 정도로 일반상대론에 대하여 깊은 이해를 갖고 있었다. 그는 포탄이 난무하는 러시아 전선에서 자신의 논문을 아인슈타인에게 보내왔고, 아인슈타인은 프러시아 학회에서 슈바르츠쉴트의 이름으로 그의 계산결과를 발표하였다.

　슈바르츠쉴트는 그림 3.5에 그려진 시공간의 왜곡 형태를 수학적으로 규명했을 뿐만 아니라, 일반상대성이론의 백미라 할 수 있는 '슈바르츠쉴트해 Schwarzschild's solution'를 찾아냈다. 그가 새롭게 발견한 사실은 다음과 같이 요약된다 — 만일 어떤 별의 질량이 매우 좁은 영역 안에 밀집되어 있어서 질량을 반지름으로 나눈 값이 어떤 임계값보다 커지면, 시공간의 왜곡이 급격하게 커져서, 그 근처에 존재하는 (또는 그 근방을 지나치는) 물체들을 하나도 남김없이 그 별의 중력에 빨려 들어가게 된다. 물론 여기에는 빛도 예외가 될 수 없다. 이런 식으로 '응축된' 별에서는 빛조차도 중력권을 탈출하지 못한다. 이 별은 과학자들에게 '어두운 별 dark star', 또는 '동결된 별 frozen star'이라고 불려지다가 존 휠러 John Wheeler에 의해 '블랙홀 black holes'이라는 멋진 이름을 갖게 되었다. '블랙'이란, 그곳으로부터 빛이 탈출하지 못하여 검게 보인다는 뜻이며, '홀'은 일단 한번 그곳으로 빨려 들어가면 영원히 빠져나오지 못한다는 의미다. 이 얼마나 적절한 이름인가!

　그림 3.7에는 슈바르츠쉴트의 해가 도식적으로 표현되어 있다. 블랙홀은 인근에 있는 만물을 닥치는 대로 잡아먹는 괴물 같은 존재로 알려져 있지만, 안전거리를 유지한 채로 접근하면 보통의 별 근처를 지나듯이 '쾌적한' 여행을 즐길 수 있다. 그러나 어떤 물체건 간에 '사건지평선 event horizon'이라 불리는 블랙홀의 중력 사정거리 안으로 들어오면 모든 것이 끝장나고 만다. 블랙홀의 중력권에 걸려든 물체는 블랙홀의 중심 쪽으로 무자비하게 끌려가면서 상상을 초월하는 중력에 의해 산산이 분해될 것이다. 예를 들어, 만일 당신이 블랙홀의 사건

지평선에 한쪽 발을 내디뎠다면 그 때부터 블랙홀의 중심으로 온몸이 빨려들면서 끔찍한 일을 겪게 된다. 블랙홀의 중력은 중심에 가까울수록 급격하게 증가하기 때문에, 당신의 다리를 잡아끄는 중력은 머리쪽을 잡아당기는 중력보다 훨씬 크다(다리가 머리보다 중심에 더 가깝기 때문이다. 물론, 머리부터 추락할 때에는 상황이 정반대가 되겠지만, 처참한 결과는 피할 길이 없다). 그 결과, 당신의 몸은 순식간에 산산이 분해되어 블랙홀의 일부가 될 것이다.

그러나 만일 당신이 최상의 신중함을 발휘하여 사건지평선을 결코 넘지 않으면서 그 주변을 여행한다면, 당신은 블랙홀을 이용하여 교묘한 마술을 부릴 수 있다. 다음과 같은 상황을 상상해보라 — 당신은 지금 질량이 태양의 1,000배에 달하는 블랙홀 주변을 여행하고 있다. 지난번에 태양 근처에서 조지가 시도했던 것처럼, 당신은 우주선에서 내

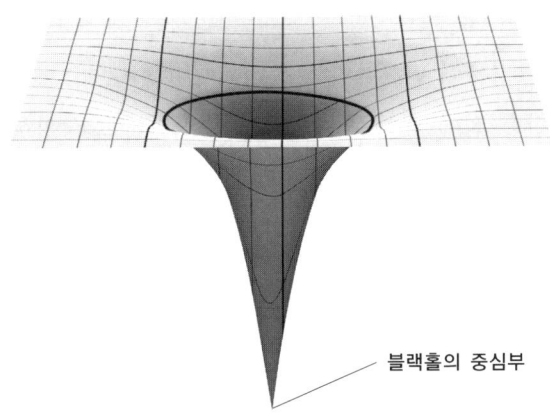

블랙홀의 중심부

그림 3.7 블랙홀 주변의 시공간은 심하게 왜곡되어, '사건지평선 event horizon, 그림에서 검은 선으로 둘러진 영역' 안에 들어온 모든 물체는 블랙홀의 중력을 벗어날 수 없다. 블랙홀의 중심부에서 정확하게 어떤 일이 벌어지고 있는지는 아직도 미지로 남아 있다.

려진 생명줄에 매달린 채로 블랙홀의 사건지평선에 불과 몇 인치 거리까지 접근하는 데 성공했다. 앞에서 이미 언급한 대로, 중력은 공간뿐만 아니라 시간도 왜곡시킨다. 즉, 당신이 차고 있는 시계가 늦게 간다는 뜻이다. 블랙홀의 중력은 엄청나게 크기 때문에, 당신의 시계 역시 엄청나게 느려질 것이다. 대충 계산해보면, 이런 경우 당신의 시계는 지구에 있는 시계보다 1만 배 정도 느려진다(물론, 시계만 느려지는 것이 아니라 당신이 느끼는 '시간' 자체가 느려진다는 뜻이다. 느려진 시계와 함께 당신의 행동과 사고, 신진대사 등 모든 것이 같이 느려지기 때문에 당신은 시간이 늦게 가는 것을 전혀 느끼지 못할 것이다 : 옮긴이) 이렇게 매달린 채로 1년쯤 살다가 우주선으로 귀환하여 지구로 돌아온다면 지구의 달력은 서기 2002년이 아니라 12,002년쯤 되어 있을 것이다. 한마디로, 당신은 블랙홀을 타임머신 삼아 머나먼 미래로 시간여행을 하는데 성공한 셈이다.

아무 별이나 블랙홀이 될 수 있는 건 아니다. 우리의 태양이 블랙홀로 변신하려면 지금의 질량을 그대로 유지한 채, 450,000마일에 달하는 현재의 반지름이 단 2마일로 축소되어야 한다. 그토록 거대한 태양이 여의도만한 섬에 얹혀질 정도로 압축되었다고 상상해보라. 여기서 티스푼으로 한술만 떠내도 그 무게는 에베레스트 산과 맞먹을 것이다. 이왕 욕심을 부린 김에, 지구도 블랙홀로 만들어보자. 어느 정도로 압축되어야 할까? — 현재 지구의 반지름인 4,000마일(약 6,400km)을 반지름이 0.5인치(약 1.27cm)가 될 때까지 모든 방향으로 꽉꽉 눌러야 한다. 물질이 이 정도로 압축되는 것이 과연 가능한 일일까? 오랜 기간 동안 물리학자들은 이에 대하여 회의적인 시각을 가져왔다. 그리고 많은 수의 학자들은 블랙홀이라는 것이 이론물리학자들의 지나친 상상이 만들어낸 허구라고 믿었다.

이런 부정적인 시각에도 불구하고, 지난 10여 년 사이에 블랙홀의 존재를 입증해주는 관측결과들이 사방에서 쏟아져 나왔다. 물론, 블랙홀은 외관상으로 완전하게 검기 때문에 빛을 감지하는 광학망원경으로 직접 관측이 불가능하다. 그래서 천문학자들은 블랙홀의 사건지평선 근처에서 비정상적으로 움직이는 별들을 찾아냄으로써, 블랙홀의 존재를 간접적으로 추적하고 있다. 예를 들어, 어떤 별의 외곽을 둘러싸고 있는 먼지나 가스층이 블랙홀의 사건지평선 쪽으로 빨려 들어가는 경우, 그 속도는 거의 광속에 가깝다. 이런 속도에서는 거대한 소용돌이가 형성되면서 물질들 사이의 마찰에 의해 초고온의 열이 발생하며, 그 결과 먼지와 가스의 혼합물 내부에서는 X선을 비롯한 다양한 파장의 빛이 방출된다. 이 빛은 사건지평선의 바로 외곽에서 방출되기 때문에 블랙홀로 빨려 들어가지 않고 우주공간을 통과하여 지구에 있는 망원경에 도달할 수 있다. 그리고 일반상대성이론은 블랙홀 근방에서 날아온 X선의 특성을 이론적으로 세세하게 규명해놓았다. 따라서 이런 X선 신호가 감지되면, 이것은 그 근저에 블랙홀이 존재한나는 강력한 증거가 되는 것이다. 현재 우리가 속해 있는 은하계의 중심부에는 태양 질량의 250만 배나 되는 블랙홀이 존재하는 것으로 추정되고 있는데, 이 역시 그곳으로부터 날아온 X선 신호를 분석하여 내려진 결론이다. 이 정도면 거대한 우주의 괴물로써 손색이 없지만, 퀘이사 quasar, 준항성체라 불리는 어마어마한 천체의 중심부에 자리 잡고 있는 블랙홀에 비하면 한 점에 불과하다. 엄청나게 밝은 빛을 발하는 퀘이사는 우주 전역에 골고루 흩어져 있으며, 그 중심에 있을 것으로 추정되는 블랙홀은 태양의 수십억 배에 달하는 질량을 갖고 있다.

슈바르츠쉴트는 자신의 해를 찾아낸 지 몇 달 만에 러시아 전선에서 악성 피부병을 얻어 42세의 젊은 나이로 세상을 뜨고 말았다. 그는 비록 아인슈타인의 일반상대성이론과 잠시 조우했을 뿐이었지만, 그 짧은 기간 동안에 이 우주의 가장 놀랍고도 신비스러운 단면을 우리에게 보여주었다.

일반상대성이론이 이루어낸 또 하나의 개가는 이 우주의 근원과 진화과정을 상당 부분 규명했다는 점이다. 앞에서 말했던 것처럼, 아인슈타인은 질량과 에너지의 분포에 따라 시공간이 변형된다는 사실을 알아내었다. 이렇게 왜곡된 시공간은 그 근처를 지나는 천체의 운동에 영향을 주게 되고, 그 근방에 있는 시공간의 왜곡상태도 변할 수밖에 없다. 다시 말해서, 시공간의 왜곡 → 질량(에너지)의 변화 → 시공간의 재왜곡 → 질량(에너지)의 변화 → …와 같은 식으로 영향을 주고받으면서 우주의 거대한 춤이 진행되어 가는 것이다. 아인슈타인은 19세기의 위대한 수학자였던 게오르그 베른하르트 리만 Georg Bernhard Riemann(리만에 관해서는 나중에 자세히 다룰 예정이다)의 곡면 기하학을 이용하여 시간과 공간, 그리고 물질의 진화과정을 정량적으로 서술할 수 있었다. 그리고 일반상대성이론의 방정식을 행성이나 혜성 등과 같이 별 주위를 공전하는 고립된 행성계에 적용시켰다가, 다음과 같이 놀라운 사실을 발견하였다 — 우주의 크기가 시간이 흘러감에 따라 변한다는 것이다. 다시 말하자면, 이 우주는 일정한 크기로 머물러 있는 것이 아니라 팽창하거나 아니면 수축한다는 뜻이다. 일반상대성이론의 방정식은 이 놀라운 사실을 분명하게 보여주었다.

이것은 아인슈타인조차도 받아들이기 어려운, 그야말로 파격적인 발견이었다. 그는 지난 수천 년 동안 일상적인 경험을 통해 형성되어 왔던 시간과 공간의 직관적인 개념을 완전히 뒤집어엎은 장본인이었지만, '항상 그 자리에 존재하면서 형태가 변하지 않는 우주'라는 관념만큼은 그에게도 너무나 친숙하여 쉽게 포기할 수 없었던 것이다.

그래서 아인슈타인은 자신의 방정식을 일부 수정하여 '우주상수 cosmological constant'가 포함된 항을 첨부시켰다. 이렇게 하면 방정식상에서 이 우주는 안정된 모습을 유지할 수 있기 때문이다. 그러나 12년이 지난 후에 미국의 천문학자 에드윈 허블 Edwin Hubble은 멀리 있는 은하를 관측하여 다각도로 분석한 결과, 현재 우주가 팽창하고 있다는 결론을 내렸다. 그리고 아인슈타인은 그 즉시 방정식에 끼워 넣었던 우주상수항을 철회하면서 '일생일대의 실수'였음을 고백하였다.[*12] 비록 아인슈타인이 팽창하는 우주를 거부했던 것은 사실이지만, 어쨌거나 우주가 팽창하고 있음을 처음으로 예언한 것은 분명히 일반상대성이론이었다. 실제로, 허블이 천체관측을 하기 전인 1920년대 초반에 러시아의 기상학자였던 알렉산더 프리드만 Alexander Friedmann은 우주상수가 포함되지 않은 원래의 아인슈타인 방정식을 이용하여 은하들이 매우 빠른 속도로 서로 멀어져가고 있음을 증명하였다. 여기에 허블을 비롯한 여러 사람들의 관측결과가 첨부되면서, 일반상대성이론으로부터 야기된 우주팽창설이 확고한 입지를 굳히게 된 것이다. '팽창하는 우주' — 이 충격적인 현상을 규명함으로써, 아인슈타인은 인류 최고 지성의 반열에 오를 수 있었다.

    우주는 팽창하고 있으므로, 은하들 사이의 간격도 점차 멀어지고 있다. 따라서 이 과정을 역으로 추적한다면 우주 탄생의 비밀도 유추해낼 수 있을 것이다. 우주의 시계를 거꾸로 돌리면 우주가 수축하면서 모든 은하들은 한곳으로 모여들게 된다. 별을 비롯한 수많은 물질들이 좁은 영역 안에 응축되면, 물질의 기본구조가 분해되어, 기본입자들은 플라즈마 plasma 상태(원자핵과 전자가 분리된 가스 상태 : 옮긴이)로 존재하며 온도가 급격히 상승한다. 여기서 수축이 계속 진행되어 우주 초기의 플라즈마 상태가 되면, 우리의 머리로는 도저히 상상할 수 없는 초고온에 이르게 된다. 우주의 시계를 지금으로부터 150억 년 전까지 거꾸로 돌려보면, 이 광활한 우주는 지극히 작은 공간(엄밀하게 말하면 시공간) 속에 엄청난 밀도로 응축된다. 우주 내에 존재하는 모든 만물들 — 지구상에 있는 모든 자동차와 집, 건물, 산들은 물론이고, 지구 자체를 포함한 목성, 토성 등 여러 행성들, 그리고 태양을 비롯한 수천억 개의 별들로 이루어진 모든 은하들이 상상을 초월하는 밀도로 압축되어 있는 상태 — 이것이 바로 초기 우주의 모습이다. 모든 우주만물이 한데 뭉쳐져 있는 이 공간은 오렌지나 완두콩, 또는 그보다 더욱 작은 크기였을 것으로 추정된다. 우주가 막 탄생하던 순간에는 모든 것이 하나의 '점' 안에 거의 무한대의 밀도로 응축되어 있었을 것으로 학자들은 추정하고 있다. 그러다가 어느 순간에 대폭발 big bang이 일어나 그 내용물이 산지사방으로 흩어지면서 우주의 진화가 시작되었다는 것이 현재 학계에서 통용되고 있는 정설이다.

우주의 씨가 대폭발을 일으키면서 마치 폭탄의 파편처럼 모든 물질들이 쏟아져 나왔다는 주장은 사실 좀 믿기 어렵긴 하지만 그 상황은 머릿속에 쉽게 그려볼 수 있다. 그러나 여기에는 한 가지 주의해야 할 점이 있다. 폭탄이 폭발하는 것은 공간 속의 한 '특정 장소'에서, 그리고 시간상의 한 '특정 순간'에 발생하는 사건이다. 그래서 폭탄의 파편들은 주변에 '이미 존재하고 있었던' 공간 속으로 퍼져나갈 수 있다. 그러나 빅뱅(대폭발)이 일어나던 시점에는 주변에 '공간'이라는 것이 아예 존재하지 않았다. 초기의 우주는 모든 물질들뿐만 아니라 공간까지도 좁은 영역 안에 응축되어 있었던 것이다. 그것은 오렌지, 또는 완두콩만한 영역 안에 모든 만물의 근원과 시공간이 몽땅 담겨 있는 상황이었다. 이미 존재하고 있었던 우주공간의 어딘가에서 빅뱅이 일어난 것이 결코 아니다. 초창기의 우주가 고스란히 담겨 있었던 그 작은 점의 바깥에는 시간도, 공간도 존재하지 않았다. 빅뱅이 일어난 후에 비로소 공간이 사방으로 퍼져나가면서 지금의 우주가 형성된 것이다. 빅뱅과 함께 시작된 공간의 팽창은 지금도 계속 진행되고 있다.

일반상대성이론은 과연 옳은 이론인가?

일반상대성이론에 위배되는 관측결과는 지금까지 단 한 번도 얻어진 적이 없다. 앞으로 시간이 더 흘러서 지금보다 더욱 정밀한 관측기술이 개발된다면, 그 진위 여부가 정확하게 드러날 것이다. 단언할 수 없지만 '일반상대성이론은 우주의 참모습을 근사적으로 서술한 이론에 지나지 않는다'라는 충격적인 사실이 밝혀질지도 모를 일이다. 이렇게 관측장비의 정밀도를 높여가면서 이론의 진위 여부를 검증해 나가는 것이 바로 과학의 진보 방식이다. 그러나 과학은 나른 길을 동해 진보할 수도 있다. 우리는 앞에서 이미 그러한 사례를 목격했다 — 새로운 중력이론(일반상대성이론)은 애초부터 뉴턴의 중력이론을 수정 보완하기 위한 것이 아니었다. 그것은 뉴턴의 중력이론과 특수상대성이론 사이의 충돌을 해소시키려는 노력의 와중에 탄생된, 전혀 새로운 개념의 이론이었다. 뉴턴의 중력이론이 갖고 있는 문제점은 일반상대성이론이 알려진 후에야 비로소 발견되었다(비유를 들자면, 자동차 영업사원인 삼촌을 돕기 위해 차가 이미 있음에도 불구하고, 신형 자동차를 구입했다가, 비로소 구형 자동차의 단점을 깨달은 셈이다 : 옮긴이). 과학은 관측장비의 정밀도와 함께 진보하지만, 순수한 이론상의 불일치가 극적인 발견을 유도하는 경우도 있다.

지난 반세기 동안 물리학자들은 특수상대성이론과 뉴턴의 중력이론 사이의 충돌에 못지않게 심각한 또 하나의 문제를 해결하기 위해 혼신의 노력을 기울여왔다. 그 문제란, 바로 일반상대성이론과 양자역학 quantum mechanics(이 분야 역시 온갖 종류의 검증을 거쳐 확고한 입지를 굳힌 상태이다) 사이의 불협화음을 해소시키는 일이다. 이 문제가 해결되지 않으면 시간과 공간, 그리고 물질들이 응축되어 있는 초기 우주와, 블랙홀의 중심부에서 일어나고 있는 물리적 과정들은 영원히 미지로 남을 수밖에 없다. 그동안 세계적인 이론물리학자들이 이 문제를 해결하기 위해 많은 노력을 해왔지만, 일반상대성이론과 양자역학을 조화롭게 섞는 일은 여전히 '현대 이론물리학의 최대 난제'로 군림하고 있다. 대체 어떤 충돌이기에 그렇게들 야단법석일까? — 그 내용을 이해하려면 우선 양자역학의 기본개념들과 친숙해져야 한다. 자, 그럼 다음 장부터는 양자역학의 세계로 자리를 옮겨서 이야기를 풀어나가기로 하자.

제4장
불가사의한 미시세계

조지와 그레이시는 기나긴 우주여행을 끝내고 드디어 지구로 귀환하여 오랜만에 휴식을 즐겼다. 이들은 술집에서 만나 우주여행에 관한 대화를 나누면서 지구의 포근함을 한껏 누릴 수 있었다. 조지는 바텐더에게 자신이 늘 마시던 파파야주스를 달라고 하면서 그레이시를 위해 토닉워터를 탄 보드카를 추가로 주문했다. 그리고는 의자에 편히 기댄 채로 손깍지를 낀 양팔을 머리 뒤로 올리면서 부드러운 시가를 음미했다. 그런데 조지가 막 시가를 한 모금 빨아들이던 순간, 그는 갑자기 귀신에게 홀린 듯한 기분이 들었다. 이빨 사이에 물고 있던 시가가 갑자기 사라진 것이다! 조지는 자신이 실수로 시가를 떨어뜨렸다고 생각하여 황급히 셔츠와 바지를 훑어보았다. 그러나 시가는커녕 떨어진 흔적조차 없었다. 바닥을 이리저리 살펴보아도 시가는 찾을 수 없었다. 조지의 당황하는 모습에 놀란 그레이시는 주변을 둘러보았다. 그랬더니, 조지가 앉아 있던 의자 뒤편의 카운터에 바로 그 문제의 시가가 놓여 있는 것이 아닌가! 조지가 입을 열었다. "그거 정말 이상하네. 방금 전까지 내가 물고 있던 시가가 대체 왜 저기 있는 거야? 내

뒷머리를 뚫고 지나간 건가? 하지만 난 담뱃불에 혀를 데지도 않았고… 이것 봐, 뒤통수에 구멍이 나지도 않았다구!" 그레이시는 별로 내키지 않는 표정으로 조지의 혀와 뒷머리를 살펴보았다. 조지의 말대로 모든 것이 정상이었다. 잠시 후에 주문했던 음료가 나오자, 두 사람은 어깨를 으쓱해 보이며 참 별일도 다 있다고 생각했다. 그러나 불가사의한 사건은 이것뿐이 아니었다.

조지는 유리잔에 담겨나온 파파야주스를 물끄러미 바라보았다. 그런데 거기에 떠 있는 얼음조각들이 마구 출렁대면서 마치 과충전된 범퍼카(놀이동산이나 유원지 등에서 서로 맞부딪치며 달리는 소형전기자동차 : 옮긴이)처럼 서로 정신없이 부딪치고 있는 게 아닌가! 이번에는 그레이시에게도 이상한 일이 벌어졌다. 그녀의 보드카 잔은 조지가 들고 있던 잔의 반 정도 크기였는데, 거기에 떠 있는 얼음조각들은 훨씬 더 격렬하게 난리를 치고 있었다. 그러나 그 다음에 벌어진 일에 비교하면 이 정도는 아무 것도 아니었다. 조지와 그레이시가 두 눈을 동그랗게 뜬 채로 잔을 바라보는 사이에, 얼음조각 하나가 유리잔의 옆면을 '빠져나와' 바닥에 떨어진 것이다. 그들은 깜짝 놀라면서 들고 있던 유리잔을 이리저리 살펴보았다. 그러나 유리잔은 너무나도 멀쩡했다. 얼음조각이 어떻게 유리잔을 깨지 않고 옆으로 빠져나올 수 있다는 말인가? 조지가 다시 입을 열었다. "아무래도 우리가 우주공간에 너무 오래 있었나봐. 이런 말도 안 되는 환상이 보이다니…" 조지와 그레이시는 이 모든 상황을 잊고 편하게 쉬어야겠다고 생각했다. 그래서 그들은 술집에서 나와 집으로 돌아갔다. 그런데 그들이 술집에서 나올 때 통과했던 문은 사실 진짜 문이 아니라 견고한 벽에 문처럼 그려놓은 그림이었다. 조지와 그레이시는 이런 사실을 전혀 눈치 채지 못했지만, 그 술집의 단골손님들은 벽을 뚫고 드나드는 사람들을 수시로 보아왔다. 그래서 벽 속으로 사라지는 조지와 그레이시를 이상하게 생각하는 사람은 아무도 없었다.

지금으로부터 1세기 전, 그러니까 콘래드 Conrad와 프로이트 Freud가 인간의 마음과, 무의식의 연구에 한창 몰두하고 있던 무렵, 독일의 물리학자 막스 플랑크 Max Planck는 양자역학의 서막을 열었다. 그것은 원자적 규모의 미시세계에서 일어나는 현상을 설명해주는 이론으로서, 조지와 그레이시가 겪었던 일들은 미시세계에서 수시로 일어나고 있는 '일상사' 중의 하나에 불과했다. 극소 단위의 우주는 이렇게 기이하고도 신비로운 방식으로 운영되고 있었던 것이다.

양자역학의 이론적 구조

양자역학은 극미세계에서 일어나는 현상을 이해하기 위해 탄생한 학문이다. 특수상대성이론과 일반상대성이론이 기존의 우주관에 일대 혁명을 불러일으킨 것처럼, 양자역학은 원자적 규모의 미시세계에 대한 우리의 기존 관념을 완전히 바꾸어 놓았다. 양자역학의 거장 중 한 사람인 리처드 파인만 Richard P. Feynman은 1965년에 다음과 같은 글을 남겼다.

상대성이론을 제대로 이해하는 사람이 전 세계에 12명뿐이라는 기사가 뉴스로 보도되던 시절이 있었다. 나는 그 보도가 사실과 다르다고 믿는다. 아인슈타인이 자신의 논문을 세상에 발표하기 전에, 그 내용을 이해하는 사람이 전 세계에 단 한 명뿐이었던 시절은 있었을 것이다. 그러나 논문이 공개되고 난 후에는 많은 사람들이 다양한 방식으로 상대성 이론을 이해하고 있었다. 모르긴 몰라도 12명은 분명 과소평가된 수치이다. 하지만 양자역학은 사정이 전혀 다르다. 나는 현재 이 세상에 양자역학을 제대로 이해하고 있는 사람이 단 한 명도 없다고 자신 있게 말할 수 있다.[*1]

파인만이 이 글을 쓴 지 37년이 지났지만, 그 내용은 지금도 여전히 사실로 남아 있다. 특수 및 일반상대성이론은 우리에게 기존의 세계관을 완전히 바꿀 것을 요구하지만, 일단 시키는 대로 바꾼 뒤에 요리조리 논리를 따라가다 보면 새롭게 변형된 시공간의 개념에 별 어려움 없이 다다를 수 있다. 이 책의 2~3장에서 다루어진 아인슈타인의 업적을 주의 깊게 읽는다면 당신은 아인슈타인과 동일한 결론을 내릴 수밖에 없을 것이다. 그러나 애석하게도 양자역학은 이런 식으로 간단하게 정복되지 않는다. 1928년경 양자역학의 여러 법칙들과 수학공식들이 발표되면서, 양자역학은 과학역사상 실험결과를 가장 정확하게 재현시켜주는 이름으로 알려지게 되었다. 그러나 양자역학을 연구하는 학자들은 그것이 왜 그렇게 정확한지, 그리고 그 속에 담긴 의미가 무엇인지를 전혀 알지 못한 채로 법칙에 따른 계산만 수행할 수밖에 없었다. '옳은 방법은 알고 있지만, 그것이 왜 옳은지를 알 수 없는' 딱한 상황이 도래한 것이다.

이 상황을 어떻게 받아들여야 하는가? 미시세계에 적용되는 법칙들이 워낙 해괴망측하여, 장구한 세월 동안 거시적 스케일에서 진화해온 우리 인간의 능력으로는 애초부터 이해할 수 없었던 것일까? 아니면 지난 세월 동안 물리학자들이 사용해오던 수학이라는 언어가 미시세계를 서술하는 데 적절하지 않아서 '결과는 맞지만 영문을 알 수 없는' 이론밖에 얻을 수 없었던 것일까? — 답을 아는 사람은 어디에도 없다. 미래의 어느 날, 어떤 현자가 출현하여 양자역학이 왜 그렇게 정확한 결과를 줄 수 있었는지, 그리고 그 실체가 무엇인지 밝혀주기를 바랄 뿐이다. 물론, 이런 현자가 반드시 나타난다는 보장은 없다. 현재 우리가 알고 있는 유일한 사실은 세계에 관하여 우리가 갖고 있는 확고부동한 개념들이 미시세계에서 전혀 통하지 않는다는 것이다. 그러므로 원자 이하의 미세구조를 이해하려면 우리는 자연을 서술하는 언어와 논리체계를 대폭 수정해야 한다.

다음 절에서 우리는 미시세계를 서술하는데 적절한 기초적 언어를 개발하고, 그로부터 파생되는 놀라운 결과들을 살펴볼 것이다. 독자들은 책을 읽으면서 기이하고 엉뚱한 양자역학에 혀를 내두를지도 모른다. 그러나 머릿속이 아무리 혼란스럽더라도 다음의 두 가지 사실만은 마음속 깊이 새겨주길 바란다. 첫째, 우리가 양자역학을 그토록 신뢰하는 이유는 수학적 체계가 아름답기 때문이 아니라, 그로부터 계산된 결과가 실험값과 너무나도 정확하게 일치하기 때문이라는 것이다(사실, 양자역학은 수학으로 완전 무장한 난공불락의 요새와도 같다. 물리학을 전공하는 대학원생들은 이 요새를 점령하기 위해 거의 수학 속에 파묻혀서 살고 있다. 양자역학이 수학적으로 아름다운 것은 사실이지만, 그것이 이론 자체의 당위성을 입증할 수는 없다. 오히려 수학적 아름다움이 양자역학을 이해하는데 방해가 될 수도 있다 : 옮긴이). 만일 누군가가 당신의 어린 시절을 낱낱이 들추어내면서 자신이 옛날에 헤어졌던 형제라고 주장한다면 믿을 수밖에 없을 것이다. 둘째, 양자역학에 거부감을 느끼는 사람은 당신 혼자만이 아니라는 사실을 명심해주기 바란다. 지난 한 세기를 풍미했던 물리학의 대가들도(다소 정도의 차이는 있었겠지만) 당신과 비슷한 생각을 갖고 있었다. 심지어 아인슈타인은 끝까지 양자역학을 받아들이지 않았다. 그리고 양자역학의 원조격이자 가장 강력한 지지자였던 닐스 보어 Niels Bohr조차도 "만일 당신이 양자역학을 공부하면서 머릿속이 혼란스럽지 않다면 그것은 당신이 양자역학을 제대로 이해하지 못했다는 뜻이다."라고 말했을 정도다.

부엌이 너무 더워요!

양자역학으로 가는 길은 시작부터 몹시 헷갈린다. 우선 가장 기초적인 문제부터 시작해보자. 당신의 부엌에는 주변과 완전하게 차단된 오븐이 하나 있다. 당신은 오븐의 온도 조절장치를 화씨 400도(섭씨 204도)로 맞추어 놓았고, 이 온도가 될 때까지 기다릴 수 있을 만큼 시간도 충분하다. 오븐 속의 공기를 모두 빨아내어 진공상태로 만든다 해도 일단 스위치를 켜면 오븐의 안쪽 벽이 달구어지면서 복사파가 발생된다. 이 복사파는 태양의 표면이나 뜨겁게 달궈진 쇠막대에서 방출되는 복사(전자기파의 형태로 전달되는 빛이나 열)와 동일한 형태이다.

그런데 바로 여기에 문제가 있다. 전자기파는 에너지를 운반하는 능력이 있다(지구의 모든 생명들은 태양에서 방출된 전자기파와 그것이 실어다주는 에너지 덕분에 목숨을 부지하고 있다). 20세기가 시작되던 무렵에, 물리학자들은 특정 온도의 오븐 속에서 발생된 전자기파의 에너지를 계산했다가, 난감한 사태에 직면하게 되었다. 오븐의 온도에 상관없이, 전자기파가 실어 나르는 에너지의 총량이 항상 무한대라는 황당한 결과가 얻어진 것이다.

어느 누가 보더라도 이것은 넌센스가 분명했다. 뜨겁게 달구어진 오븐에서 에너지가 방출되는 것은 당연한 일이지만, 그 양이 무한대라니, 이건 무언가가 잘못돼도 한참 잘못된 결과였다. 바로 그때, 플랑크가 이 문제를 해결하면서, 수면 속에 잠겨 있던 거대한 빙산의 실체가 드러나기 시작했다. 맥스웰 James Clerk Maxwell의 전자기이론에 의하면, 오븐의 뜨거운 내벽에서 발생된 전자기파는 반드시 정수개의 마루 peak(파동의 최정점)나 골 trough(파동의 최저점, 파곡)을 가져야 하며, 하나의 전자기파는 내벽의 양쪽 끝에서 매끄럽게 연결되어야 한다. 이것은 그림 4.1에 개략적으로 표현되어 있다. 물리학자들은 파동을 서술할 때 파장 wavelength과 진동수 frequency, 그리고 진폭 amplitude이라는 세 개의 용어를 주로 사용한다. 파장은 그림 4.2에서 보는 바와 같이 하나의 마루(골)에서 그 다음 마루(골)까지의 거리를 뜻한다. 그러므로 주어진 오븐 속에서 발생된 파동(전자기파)은 마루와 골의 개수가 많을수록 파장이 짧다. 진동수는 1초 동안에 마루-골의 주기가 반

그림 4.1 맥스웰의 전자기이론에 의하면, 오븐 속에서 방출된 파동들은 반드시 정수 개의 마루 peak 나 골 trough을 가져야 한다. 그리고 파동의 양쪽 끝이 서로 매끄럽게 연결되어야 한다.

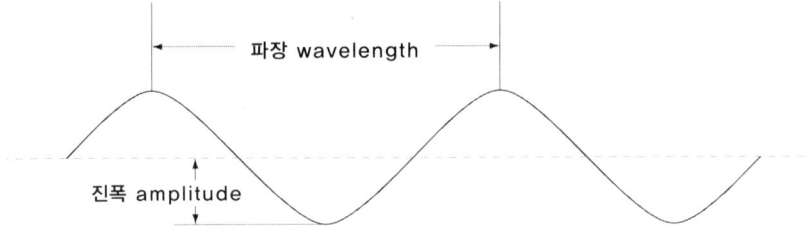

그림 4.2 파장 wavelength은 하나의 마루(또는 골)와 그 다음 마루(골) 사이의 거리를 뜻한다. 진폭 amplitude은 마루의 높이(또는 골의 깊이)를 나타내는 용어이다.

복되는 횟수이며, 이 값은 파장에 의해서 결정되는 것으로 알려져 있다(또는 이와 반대로 진동수에 의해서 파장이 결정되기도 한다). 파장이 길면 진동수가 줄어들고, 파장이 짧으면 진동수는 커진다. 왜 그럴까? 한쪽 끝이 벽에 고정되어 있는 기다란 밧줄을 상상해보자. 당신은 밧줄의 반대쪽 끝을 손으로 잡고, 위아래로 흔들면서 파동을 만들어내고 있다. 이때 긴 파장을 만들려면 흔드는 템포를 줄여야 한다. 이 경우, 생성된 파동의 진동수는 1초당 손을 흔드는 횟수와 일치한다. 그러나 짧은 파장의 파동을 만들기 위해서는 손을 매우 바쁘게 움직여야 하며, 이것은 곧 '1초당 손을 흔든 횟수', 즉 진동수가 증가했음을 의미한다. 끝으로, 진폭은 그림 4.2와 같이 마루의 높이(또는 골의 깊이)를 나타내는 용어이다.

전자기파의 개념이 머릿속에 구체적으로 떠오르지 않는 독자들은, 바이올린 현을 손으로 퉁겼을 때 나타나는 현상을 상상해보면 도움이 될 것이다. 이 경우, 현의 진동수에 따라 음의 높낮이가 달라지는데, 진동수가 클수록 높은 소리가 난다. 그리고 현의 진폭은 퉁기는 손가락 힘의 세기에 의해 좌우된다. 손가락에 힘을 주어 줄을 세게 퉁겼다는 것은, 그만큼 파동에 많은 양의 에너지가 전달되었다는 뜻이다. 따라서 세게 퉁길수록 현의 진폭이 커지면서 큰소리가 생성된다. 반대로 전달된 에너지의 양이 적으면 진폭이 작아지고 이에 따라 음량도 그만큼 작아진다.

물리학자들은 19세기에 개발된 열역학이론을 이용하여 뜨겁게 달구어진 오븐의 내벽에서 방출되는 전자기파의 세기(에너지)를 각 주파수대별로 계산하였다 — 오븐의 내벽이 전자기파를 얼마나 세게 '퉁기는지'를 계산한 것이다 그들이 얻은 결과는 매우 간단명료했다. '오븐의 내벽에서 발생한 다양한 종류의 전자기파들은 주파수에 상관없이 모두 동일한 양의 에너지를 실어 나르고 있다(에너지의 양은 오븐 내벽의 온도에 따라 달라진다).' 다시 말해서, 오븐 속의 주어진 온도에서 발생 가능한 전자기파들은 에너지의 측면에서 볼 때 모두가 동등한 관계라는 결론이 얻어진 것이다.

언뜻 보기에 이것은 조금 흥미롭긴 하지만 '파격'과는 거리가 먼, 그저 그런 결론처럼 보인다. 그러나 실제 사정은 전혀 그렇지가 않았다. 바로 이 썰렁한 결론 하나 때문에, 지난 수천 년 동안 맥을 이어오며 기고만장했던 고전물리학은 드디어 최후를 맞이하게 되었다. 모든 파장의 전자기파들이 동일한 에너지를 갖고 있다는 것이 뭐가 그리도 잘못 되었기에, 고전물리학이 통째로 붕괴된다는 말인가? 그 이유는 다음과 같다. 오븐 속에서 발생하는 전자기파들이 정수개의 마루와 골을 가져야 한다는 조건을 부과하면, 조건을 만족시키지 못하는 상당수의 파동들이 제외되지만, 그래도 오븐 속에는 여전히 '무한개'의 파동이 존재할 수 있다(마루와 골의 개수가 정수라는 조건만 있을 뿐, 구체적인 개수에는 아무런 제한이 없기 때문이다 : 옮긴이). 그렇다면 개개의 전자기파가 아무리 작은 양의 에너지를 실어 나른다 해도, 이들을 모두

불가사의한 미시세계 | 151

합한 에너지의 총량은 항상 무한대라는 말이 아닌가! 20세기가 막 시작되던 그 무렵에, 물리학은 사상 최대의 위기를 맞이하게 되었다.

20세기로의 전환기에 나타난 '양자 덩어리'

1900년, 플랑크는 이 난감한 문제를 해결할 수 있는 하나의 가설을 제안하여 1918년에 노벨물리학상을 받았다.[*2] 그가 떠올렸던 아이디어를 이해하기 위해, 다음과 같은 상황을 가정해보자. 어떤 욕심 많은 여관주인이 숙박료를 한 푼이라도 더 받으려고, 당신을 포함한 '무한히' 많은 사람들을 추운 창고 안에 억지로 밀어 넣었다. 창고의 벽에는 깜찍하게 생긴 디지털 온도 조절장치가 달려 있었는데, 지독한 주인은 그 열악한 상황에서도 난방비를 별도로 지급할 것을 요구하여 사람들을 경악케 했다. 난방비 내역서를 보니, 온도 조절장치를 화씨 50도에 맞추어 놓으면 모든 숙박객들이 1인당 50달러를 내야하며, 55도에 맞추면 55달러, 60도에 맞추면 60달러… 이런 식으로 요금을 부과하고 있었다. 지금 창고 같은 방안에는 무한대의 숙박객들이 들어 차 있으므로, 일단 온도 조절장치를 작동시키기만 하면 희망 온도가 몇 도이건 간에 악덕 업주는 무한대의 돈을 벌어들일 판이다.

그런데 내역서를 주의 깊게 읽어 내려가던 당신은 갑자기 회심의 미소를 지었다. 주인이 제멋대로 정해놓은 난방비 계산법에서 하나의 허점을 찾아낸 것이다. 여관주인은 매우 바쁜 사람이었으므로, 무한히 많은 사람들에게 일일이 거스름돈을 나누어 줄 수가 없었다. 그래서 그는 모금함을 만들어놓을 테니 자기가 보는 앞에서 그곳에다 난방비를 지불하라고 했다. 자, 숙박객들은 이런 상황에서 어떻게 하면 지출을 최대한으로 줄일 수 있을까? 우선, 자신이 갖고 있는 잔돈들로 해당 요금을 맞추어 낼 수 있는 사람들은 그냥 정해진 요금을 지불한다. 그리고 요금을 딱 맞춰서 낼 수 없는 나머지 사람들은 '거스름돈을 되돌려 받을 필요가 없는 한도 내에서' 최대의 금액을 지불하는 것이다 (아무리 악덕 업주라지만, 자신이 정해놓은 터무니없는 요금보다 더 많이 받고도 거스름돈을 안 준다면 그건 날강도에 가깝다. 그러므로 어차피 거스름돈을 못 받을 바에야 금액을 초과하지 않는 한도 내에서 낼 수 있는 만큼 내는 것이 숙박객들의 최선일 것이다 : 옮긴이) 그래서 주인의 횡포에 불만을 품은 당신은 사람들을 설득하여 갖고 있는 돈을 액면가 별로 재분배시켰다. 즉, 사람들이 갖고 있는 1센트짜리 동전을 모두 모아서 한 사람에게 몰아주고, 5센트짜리 동전도 모두 모아서 다른 한사람에게 몰아주고… 10센트 동전, 25센트 동전, 1달러짜리 지폐, 5달러 지폐, 10달러 지폐, 20달러 지폐, 50달러 지폐, 100달러 지폐, 1,000달러짜리 수표, 5,000달러짜리 어음 등등…의 모든 돈들 역시 '한 사람은 한 가지 종류의 동전(또는 지폐)만 갖는다'는 원칙 하에 재분배시킨 것이다. 이런 식으로 분배를 시킨 후에 당신은 과감하게도 온도조절기의 눈금을 화씨 80도에 맞추어놓고 사람들에게 지시했다. "자, 이제 주인이 돌아오면 모금함에 각자 난방비를 지불하세요. 단, 거스름돈을 받을 수 없는 상황이니 결코 80달러 이상을 내실 필요는 없습니다!" 잠시 후 주인이 모금함을 들고 나타나자, 사람들은 그 앞에 일렬로 서서 순차적으로 돈을 내기 시작했다. 제일 먼저 1센트짜리 동전만 잔뜩 지니고 있던 사람이 동전 8,000개를 모금함에 와르르 쏟아 부었고, 그 다음으로 5센트짜리 동전만 갖고 있던 사람은 동전 1,600개를 쏟아 부었다. 여관주인은 다소 당황한 기색을 보였지만, '단일 액면가 납부 운동'은 차분하게 진행되었다. 그 다음 사람은 10센트짜리 동전 800개를 모금함에 넣었고, 계속해서 25센트짜리 동전만 가진 사람이 와서는 동전 320개를 당당하게 지불했다. 다음에는 돈이 지폐로 바뀌어서, 1달러 지폐만 가진 사람은 80장을 지불했고, 5달러 지폐만 가진 사람이 와서는 지폐 16장을 내고 갔다. 그 다음으로 10달러 지폐는 8장, 20달러 지폐는 4장이 지불되었다. 여관주인은 잔돈이 자꾸 들어와서 약간 짜증이 났지만, 그래도 여기까지는 액수에 하자가 없었기에 아무런 말도 할 수 없었다. 그런데 50달러짜리 지폐만 갖고 있는 사람의 순서가 되자, 그는 달랑 한 장만 내고 돌아서는 것이 아닌가! 여관주인은 그에게 모자란다고 따졌다. 그러나 어쩔 수가 없는 상황이었다. 그가 가진 것은 50달러짜리 지폐뿐이었으므로, 거스름돈을 못 받는 상황에서 2장(100달러)을 낼 수는 없는 노릇이었다. 그리고 난방비 납부 행렬은 거기서 종치고 말았다. 100달러 이상의 고액권을 소지하고 있는 사람들은, 자신의 납부액이 80달러를 초과하지 않으려면 아예 내지 않고 버티는 수밖에 없었기 때문이다. 이리하여 무한대의 수입을 기대했던 욕심 많은 여관주인은 거스름돈을 주지 않는다는 조건을 내거는 바람에 겨우 690달러의 수입으로 만족해야 했다.

플랑크는 바로 이러한 논리를 이용하여, 오븐에서 발생되는 무한대의 에너지를 현실에 맞게 유한한 양으로 줄일 수 있었다. 그는 전자기파에 의해 운반되는 에너지가 동전이나 지폐처럼 다양한 크기의 '덩어리'로 되어있다는, 다소 황당한 가설을 내세웠다. 만일 그렇다면, 에너지는 이 덩어리의 정수배(1배, 2배, 3배…)에 해당하는 값만 가질 수 있으며, 기본 덩어리의 21.3배나 0.7배와 같은 값은 이 세상에 존재하지 않게 된다. 이것은 기존의 동전이나 지폐로는 0.7센트나 1.32달러를 지불할 수 없는 것과 같은 이치이다. 플랑크는 이 과감한 가설을 바탕으로, '에너지 기본 액면가'를 더 잘게 쪼개는 것은 불가능하다고 주장했다. 오늘날, 각 화폐의 액면가는 재무부(우리나라는 재경부)에서 결정하고 있다. 그렇다면, 플랑크가 말했던 에너지의 덩어리, 즉 에너지의 최소단위는 무엇에 의해 결정될까? — 바로 에너지를 실어 나르는 파동(전자기파)의 진동수 frequency에 의해 결정된다. 플랑크의 가설에 의하면, 에너지의 최소단위인 '덩어리'의 크기는 파동의 진동수에 비례한다. 즉, 진동수가 큰 빛(짧은 파장)은 에너지의 최소단위가 크고, 반대로 진동수가 작은 빛(긴 파장)은 에너지의 최소단위가 작다는 뜻이다. 바다를 항해할 때, 파장이 긴 파도는 배에 큰 영향을 안 주지만 파장이 짧은 파도는 보기에도 거칠고 실제로 배에도 심각한 영향을 미친다. 이와 마찬가지로, 긴 파장의 복사보다는 짧은 파장의 복사가 더 많은 에너지를 실어 나르고 있는 것이다.

드디어 플랑크가 해내고야 말았다 — 그는 약간의 계산 과정을 거친 뒤에, 에너지가 기본 덩어리의 다발이라는 가설을 바탕으로 오븐 속에 존재하는 에너지가 결국 유한한 양임을 증명할 수 있었다. 어떤 논리였을까? 19세기의 열역학이론에 의하면 특정 온도로 달구어진 오븐 속에서는 모든 진동수의 전자기파들이 각기 동일한 양의 에너지를 실어 나르고 있다. 즉, 모든 진동수의 전자기파들에게 일종의 '책임량'이 일괄적으로 할당되어 있는 상태이다. 그러나 진동수가 커서 에너지의 최소단위가 이 책임량을 초과해버린 전자기파는 전체 에너지에 기여하지 못한 채로 숨을 죽이고 있을 수밖에 없다. 이것은 앞에서 100달러 이상의 고액권을 가진 숙박객들이 난방비를 지불하지 않은(사실은 지불하지 못한) 것과 같은 이치이다. 플랑크의 가설에 의하면 전자기파가 운반할 수 있는 에너지의 최소단위는 진동수에 비례한다고 했으므로, 진동수가 어느 한계를 넘어선 전자기파(짧은 파장)들은 최소

단위의 에너지, 즉 덩어리가 자신에게 부과된 할당량을 이미 초과했기 때문에, 결국 이런 전자기파들은 오븐 안에 존재할 수 없게 된다. 앞의 예제에서, 난방비를 지불한 사람 수가 유한했기 때문에 난방비의 총액도 유한할 수밖에 없었다. 이와 마찬가지로, 오븐 내부의 에너지에 기여할 수 있는 전자기파의 개수가 유한하기 때문에 결국 전체 에너지의 양도 유한한 값이 되는 것이다. 돈이건 에너지건 간에 최소의 기본단위가 존재하는 한, 그리고 진동수가 증가함에 따라 최소단위(또는 돈의 액면가)도 증가하는 한, 그 총량은 항상 유한할 수밖에 없다.[*3]

'무한대의 에너지' 라는 말도 안 되는 모순점을 해결함으로써, 플랑크는 물리학에 중요한 진보를 가져왔다. 그러나 당시 사람들이 플랑크의 가설을 전폭적으로 지지했던 이유는 당장 눈앞에 놓여 있는 뜨거운 감자 — '무한대의 에너지' 문제를 해결해 주었기 때문이었다. 게다가 플랑크의 계산결과는 믿기 어려울 정도로 실험치와 정확하게 일치하고 있었다. 그리고 플랑크는 자신이 도입한 상수의 값을 잘 조절하여, 임의의 온도에서 생성되는 오븐 속의 에너지양을 모두 계산할 수 있었다. 이 상수는 에너지의 최소단위와 전자기파의 진동수 사이의 비례관계를 연결시켜 주는 일종의 비례상수였는데, 플랑크가 찾아낸 수치는 보통 일상적으로 통용되는 상수의 10억×10억×10억 분의 1(10^{-27}) 정도밖에 안 되는, 너무나도 작은 값이었다.[*4] 이 상수는 발견자의 이름을 따서 '플랑크상수 Planck's constant' 라는 이름으로 불리고 있으며, 기호로는 $\hbar$ ('h-bar' 라고 읽는다)로 표기하고 있다(원래 플랑크는 이 상수를 $\hbar$가 아닌 h로 표기했다. $\hbar$는 h를 원주율의 두 배, 즉 2π로 나눈 값을 뜻하는데, 그 의미는 앞으로 저자가 설명해주리라 믿는다 : 옮긴이) 플랑크상수가 이렇게 작다는 것은 곧 에너지의 덩어리(최소단위)가 엄청나게 작은 양임을 의미한다. 우리가 바이올린 현을 튕겨서 소리를 낼 때, 소리의 크기를 '연속적으로' 크거나 작게 조절할 수 있다고 믿어왔던 이유가 바로 이것이었다. 그러나 실제로 에너지는 연속적인 양이 아니라 최소단위로부터 그 정수배로 형성된 불연속적인 양이기 때문에, 파동의 에너지는 '단계적으로' 증가하거나 감소한다. 단지 그 최소단위라는 것이 너무나 작아서 소리 크기(에너지)의 단계적인 변화가 우리의 엉성한 귀에 감지되지 않고 연속적으로 변화하는 것처럼 느껴졌던 것뿐이다. 플랑크의 가설에 의하면 단계적으로 변하는 양, 즉 에너지의 최소단위는 파동의 주파수가 증가할수록(또는 파장이 짧아질수록) 커진다. 앞에서 살펴본 바와 같이, 이러한 사실은 '무한대의 에너지'라는 역설을 해결하는 데 결정적인 역할을 했다.

앞으로 보게 되겠지만, 플랑크의 양자가설은 오븐 속의 에너지뿐만 아니라 엄청나게 많은 양의 정보를 담고 있다. 그것은 직관과 경험으로 형성되어온, 우리의 거시적 세계관을 완전히 뒤바꿔놓았으며, 물리학자들은 기존의 고전물리학을 포기하고 완전히 새로운 물리학을 새롭게 개발해야 했다. $\hbar$의 값이 워낙 작기 때문에, 우리가 일상적으로 겪고 있는 거시세계와 원자 단위의 미시세계 사이에는 물리적으로 현격한 차이가 있다. 그러나 만일 $\hbar$의 값이 우리 인간에게 인지될 수 있을 정도로 컸다면, 조지와 그레이시가 술집에서 겪었던 이상한 일들은 아마도 우리 주변에서 매일같이 벌어지는 일상사가 되었을 것이다.

덩어리의 정체는 과연 무엇인가?

에너지가 왜 최소단위의 덩어리들로 이루어져 있는지는 플랑크 자신도 알 길이 없었다. 그 가설을 받아들이면 모든 것이 사실과 잘 들어 맞긴 했지만, 플랑크를 포함한 어느 누구도 에너지가 불연속적인 값으로 존재하는 이유를 시원하게 설명하지 못하고 있었다. 옛 소련의 물리학자였던 조지 가모브 George Gamow의 말대로, 그것은 마치 자연이 우리에게 시원한 맥주 한잔을 주면서 "자, 이것을 한번에 들이키든지, 아니면 입도 대지 말고 그대로 두든지, 둘 중 하나를 택하라. 마시다가 도중에 남기는 건 반칙이다"라고 엄명을 내린 것과 비슷한 상황이었다.[*5] 1905년에 아인슈타인은 머릿속에 불현듯 떠오른 영감으로 이 현상을 설명하여 1921년에 노벨물리학상을 받았다.(그렇다. 아인슈타인에게 노벨상을 안겨준 것은 상대성이론이 아니었다! : 옮긴이)

아인슈타인이 에너지의 최소단위를 설명할 만한 아이디어를 얻은 것은 '광전효과 photoelectric effect' 라는 현상을 통해서였다. 1887년에 독일의 물리학자였던 하인리히 헤르쯔 Heinrich Hertz는 금속에 전자기파(빛)를 쪼였을 때 금속의 표면에서 전자가 튀어나오는 현상을 처음으로 발견하였다. 그러나 이것은 기존의 물리학으로도 얼마든지 이해할 수 있는 평범한 사실이었다. 금속성 물질들은 구성 원자가 주변의 전자를 쉽게 잃어버리는 성질을 갖고 있다(금속이 전기를 잘 통하는 이유가 바로 이것이다). 빛이 당신의 피부를 때리면 조금 따뜻한 기운을 느낄 뿐이지만, 그것이 금속의 표면을 때리는 경우에는 대부분의 에너지가 표면의 전자에게 전달되어, 원자의 약한 구속을 뿌리치고 표면 밖으로 얼마든지 튀어나올 수 있는 것이다.

그러나 광전효과에서 밖으로 튀어나오는 전자들을 자세히 관찰해 보면, 이런 단순한 논리만으로는 설명할 수 없는 이상한 현상이 발견된다. 언뜻 보기에 빛의 세기를 키우면(빛을 더 밝게 쪼이면) 그만큼 더 많은 양의 에너지가 전자에게 전달되어, 표면을 튀어나오는 전자들은 이전보다 더 빠른 속도로 움직일 것 같다(모든 물체의 운동에너지는 속도의 제곱에 비례한다 : 옮긴이). 그러나 실제로는 전혀 그렇지가 않았다. 빛을 강하게 쪼여주면 표면에서 튀어나오는 전자의 개수만 많아질 뿐, 전자의 속도는 조금도 빨라지지 않았던 것이다. 그런데 빛의 진동수를 바꾸어서 금속 표면에 쪼였더니, 그제야 전자의 속도가 변하기 시작했다. 정밀한 실험 결과, 진동수가 큰 빛을 쪼일수록 튀어나오는 전자의 속도가 빨라지고, 진동수가 작은 빛을 쪼이면 전자의 속도도 느려진다는 사실을 알게 되었다(전자기파에는 다양한 진동수의 단색광들이 섞여있다. 이들 중 가시광선은 사람의 눈이 감지할 수 있는 빛을 뜻하는데, 가장 진동수가 작은 적색광부터 시작하여 진동수가 증가할수록 주황색 → 노란색 → 녹색 → 청색 → 남색 → 보라색으로 이동한다. 보라색 빛보다 진동수가 큰 빛은 사람의 눈에 보이지 않는 자외선으로서, X선과 감마선등이 여기에 속한다. 반대로 적색 빛보다 진동수가 작은 빛은 적외선에 해당되며, 역시 사람의 눈에 보이지 않는다). 그리고 입사광의 진동수가 어느 임계값보다 작아지면, 아무리 강하게 쪼여도 전자는 금속 표면을 이딜하지 않았다. 이것은 무엇을 의미하는가? 무슨 이유인지는 모르지만, 입사광의 강도가 아닌 입사광의 진동수가, 전자의 표면 탈출 여부를 좌우하고 있음이 분명하다. 그리고 입사광의 진동수는 튀어나온 전자의 에너지(속도)도 좌우하고 있음을 알 수 있다.

이제, 아인슈타인의 설명을 이해하기 위해 화씨 80도로 덥혀진 그 여관으로 다시 돌아가보자. 지독한 여관주인은 어린아이들을 별로 좋아하지 않는 사람이었다. 그래서 창고 안에 있는 투숙객들 중 15세 이하의 아이들은 창고 맞은편 건물의 반지하실로 모두 이동하라는, 마치 히틀러 같은 명령을 내렸다. 이제 창고에 남은 어른들은 커다란 발코니에 서서 지하실에 갇힌 아이들을 바라볼 수밖에 없는, 딱한 처지가 되고 말았다. 엄청난 수의 아이들을 반지하실에 가둔 여관주인은, 어른들에게 또 하나의 제안을 했다. 아이들 중 누구든지 지하실의 경비에게 85센트를 지불하면 밖으로 내보내준다는 것이다. 참다못한 당신은 주인에게 따져 물었다. "아이들에게 무슨 돈이 있겠어요? 그건 불가능합니다!" 그랬더니 여관주인은 무슨 커다란 선심을 쓰는 듯이 "아, 그거야. 당신들이 발코니에 서서 아이들에게 돈을 던져주면 되지 않겠습니까?"라고 대답했다. 과연 그럴까? 지금 반지하실에는 거의 무한대에 가까운 수의 아이들이 북적대고 있다. 누군가가 그곳을 향해 엄청난 양의 동전을 던진다 해도, 운 좋게 동전을 손에 넣는 아이들은 그들 중 극소수에 불과할 것이다. 그리고 이런 행운이 한 아이에게 계속 반복되어 85센트를 모두 모은다는 것은 거의 불가능한 일이다. 그러나 1달러짜리 지폐만 갖고 있는 사람이 반지하실을 향해 돈을 던진다면, 누구든지 그 지폐를 손에 넣은 어린이는 곧바로 풀려날 수 있다. 1달러짜리 지폐를 많이 던져질수록, 그만큼 많은 수의 아이들이 지하실을 빠져나올 수 있게 된다. 이렇게 빠져나온 아이들은 한결같이 수중에 15센트의 거스름돈을 쥐고 있다. 1달러 지폐를 아무리 많이 던져준다 해도, 밖으로 나온 아이들 중 15센트 이상의 거스름돈을 가진 아이는 단 한 명도 없다.(지하실의 경비원은 악독한 주인과 달리, 일일이 거스름돈을 줄 수 있을 정도로 한가하고 성실한 사람이었나 보다. 이야기의 상황이 다소 부자연스럽긴 하지만, 옮긴이는 지금 저자의 탁월한 비유 능력에 감탄을 금할 길이 없다. 반지하실을 금속 표면으로, 갇힌 어린이들을 전자로, 그리고 던져진 돈의 액면가를 빛의 에너지로 바꿔서 다시 읽어보면, 광전효과의 특성과 너무나도 잘 일치하고 있다 : 옮긴이)

 이것이 바로 광전효과이다. 아인슈타인은 앞에서 서술한 기존의 실험 데이터에 근거하여, 플랑크가 제창했던 '파동 에너지 덩어리'가설로부터 빛에 대한 새로운 해석을 이끌어냈다. 그의 논리에 의하면 빛은 조그만 덩어리들로 구성되어 있으며, 단일 진동수의 빛, 즉 단색광의 경우에는 이 모든 덩어리들이 한결같이 동일한 양의 에너지를 갖고 있다. 후에 이 조그만 빛의 덩어리는 길버트 루이스 Gilbert Lewis라는 화학자에 의해 '광자 photon'라는 멋진 이름을 갖게 된다(2장에서 언급되었던 '광자시계' 역시 이 성질을 이용한 것이었다). 그렇다면, 하나의 광자는 어느 정도의 에너지를 갖고 있을까? 100와트짜리 전구를 켰을 때, 여기서 방출되는 광자의 수는 1초당 1,000억×10억(10^{20}) 개에 달한다. 아인슈타인은 이렇게 새로운 개념을 도입하여 광전효과의 저변에 숨어있는 미시세계의 세부구조를 훌륭하게 설명할 수 있었다. 충분한 양의 에너지를 가진 광자가 금속 표면의 전자를 때리면, 전자는 구속에서 풀려나 표면을 이탈한다. 이때, 튀어나온 전자의 에너지는 무엇에 의해 결정되는가? 바로 이 점을 설명하기 위해, 아인슈타인은 개개의 광자가 갖고 있는 에너지의 양이 빛의 진동수에 비례한다는 플랑크의 가설을 도입했던 것이다(광자의 에너지 - E, 빛의 진동수 - ν 플랑크 상수 - h로 표기했을 때, 하나의 광자가 갖는 에너지는 $E=h\nu$로 주어진다 : 옮긴이).

    어린아이들이 반지하실을 빠져나오기 위해 85센트 이상의 돈이 필요했던 것처럼, 금속 표면의 전자들이 튕겨 나오려면 어떤 임계값 이상의 에너지를 가진 광자가 전자를 때려주어야 한다(지하실 앞으로 돈이 날아왔을 때, 그곳에 있던 수많은 아이들은 그 돈을 잡기 위해 치열한 쟁탈전을 벌일 것이다. 이런 극심한 경쟁 속에서 한 아이가 지폐 두 장을 연달아 쟁취하는 일은 발생할 가능성이 거의 없다. 이와 마찬가지로, 하나의 전자가 두 개의 광자와 연달아 충돌하는 일도 거의 일어나지 않는다. 금속 표면에 강한 빛을 쪼인다 해도, 대부분의 전자들은 광자를 구경조차 하지 못한다). 그런데 만일 입사광의 진동수가 아주 작았다면 광자의 에너지 함량이 미달되어 금속 표면에 구속되어 있는 전자들을 밖으로 튕겨내지 못할 것이다. 1달러 미만의 잔챙이 동전을 아이들에게 대대적으로 살포한다 해도, 밖으로 나올 수 있을 만큼 돈을 획득한 아이가 단 한 명도 없는 것처럼, 진동수가 낮은 빛을 쪼이면 빛의 세기가 아무리 강하다 해도 금속 표면의 전자들은 단 하나도 밖으로 탈출할 수 없다.

그러나 높은 액면가의 지폐(1달러 이상)를 던져주면 드디어 아이들이 밖으로 나오기 시작한다. 이것은 전자의 경우에도 마찬가지다. 입사광의 진동수가 충분히 크다면, 전자들은 금속 표면을 탈출하기 시작한다. 1달러 이상의 고액권을 가진 어른의 경우, 지폐를 많이 던져줄수록 그만큼 많은 아이들이 풀려나듯이, 진동수가 충분히 큰 빛을 강하게 쪼여줄수록, 그만큼 많은 수의 전자들이 표면을 탈출하게 된다. 그러나 밖으로 탈출한 전자들이 가질 수 있는 에너지의 양은 빛의 세기가 아니라 빛의 진동수에 의해 전적으로 좌우된다. 왜냐하면, 하나의 전자는 '하나의 광자'와 충돌하면서 에너지를 전달받기 때문이다. 1달러짜리 지폐를 운 좋게 집어 들고 밖으로 탈출한 아이들은 모두가 15센트의 거스름돈을 소지하고 있다. 이 거스름돈의 액수는 '1달러 지폐의 살포량'과는 아무런 관계가 없다. 이와 마찬가지로 동일한 단색광에 의해 표면 밖으로 탈출한 전자들은 빛의 세기와 관계없이 모두 동일한 에너지(또는 동일한 속도)를 갖고 있다. 1달러 지폐를 많이 던져줄수록 그만큼 많은 아이들이 지하실에서 풀려나지만 거스름돈의 양은 증가하지 않는 것처럼, 빛의 세기를 증가시키면 더욱 많은 전자들이 튀어나올 뿐, 전자의 속도는 결코 증가하지 않는다. 만일 지하실을 빠져나온 아이들이 더 많은 거스름돈을 지니도록 배려하고 싶다면 더 높은 액면가의 지폐를 던지면 된다. 마찬가지로, 표면을 튀어나오는 전자들의 속도를 증가시키려면 더 높은 진동수의 빛을 쪼이면 된다. 즉, 금속 표면을 때리는 광자의 에너지 함유량을 증가시키는 것이다.

이렇게 해석하면 광전효과의 실험결과를 완벽하게 설명할 수 있다. 금속 표면을 탈출하는 전자의 속도(에너지)는 빛의 진동수(또는 색깔)에 의해 좌우되며, 빛의 세기는 탈출하는 전자의 총 개수에만 영향을 준다. 아인슈타인은 이러한 논리를 통해 플랑크의 에너지 덩어리 가설이 전자기파의 근본적인 성질임을 입증할 수 있었다 — 빛은 분명히 입자로 이루어져 있었다. 광자라고 불리는 기본입자는 바로 빛에너지의 최소단위, 즉 '광양자 quantum of light'였던 것이다. 전자기파의 에너지가 어떤 최소단위 덩어리의 다발로 이루어진 이유는, 바로 빛 자체가 광자라는 아주 작은 에너지 덩어리로 이루어져 있기 때문이었다.

아인슈타인의 영감 어린 분석은 당시의 물리학계에 획기적인 진보를 가져왔다. 그러나 지금부터 보게 되겠지만 그 진보 과정은 결코 순탄한 길이 아니었다.(양자 quantum라는 용어가 갑자기 튀어나와서 조금 당혹한 독자들이 있을지도 모르겠다. 양자란, 지금까지 줄곧 말해왔던 '에너지의 최소단위 덩어리'를 통칭하는 단어이다. 빛 에너지 뿐만 아니라, 이 세상에 존재하는 모든 에너지는 예외 없이 최소단위의 양자로 이루어져 있다. 물론, 최소단위를 갖는 것은 에너지뿐만이 아니다. 이 점에 관해서는 앞으로 저자가 충분한 설명을 해주리라 믿는다 : 옮긴이)

파동인가, 입자인가?

물(그리고 물이 일으키는 파동)이 엄청나게 많은 양의 분자들로 이루어져 있다는 것은 누구나 알고 있는 평범한 사실이다. 그렇다면, 빛이 광자라는 입자들로 이루어져 있다는 것도 별로 새로운 사실이 아닌 것 같은데… 왜 노벨상이 오락가락하며 그 난리를 쳤던 것일까? 자세한 속사정을 알아야 이해가 가겠지만, 거기에는 난리를 치고도 남을 만한 이유가 분명히 있었다. 지금부터 300여 년 전에, 뉴턴은 빛이 입자의 흐름이라고 주장한 적이 있었다. 따라서 빛의 입자설은 완전히 새로운 이론은 아니었다. 그러나 뉴턴의 동료 중 한 사람이었던 네덜란드 출신의 물리학자 호이겐스 Christian Huygens가 뉴턴의 의견에 동의하지 않고, 빛의 실체가 파동임을 주장하여 격렬한 논쟁이 벌어졌다. 이들의 논쟁은 대를 이어 계속되다가, 1800년대 초반에 영국의 물리학자인 영 Thomas Young의 실험에 의해 결론을 보게 되었다. 그의 실험은 빛이 분명히 파동임을 보여주었고, 그 결과 인류 최대의 물리학자로 추앙받던 뉴턴의 명성에는 약간의 흠집이 생기는 듯했다.

그림 4.3에는 당시 영이 사용했던 실험 장치가 그려져 있다(이것이 바로 그 유명한 '2중 슬릿 실험'이다). 파인만 Feynman은 양자역학의 모든 것이 이 실험 속에 함축되어 있다고 습관처럼 말하곤 했다. 다른 사람도 아닌 파인만이 그렇게 말했으니, 한 번쯤은 자세히 살펴볼 필요가 있을 것 같다. 그림 4.3에서 보는 바와 같이, 광원에서 출발한 빛은 세로로 길게 나있는 두 개의 틈새(슬릿)를 통과한 후 맨 뒤에 있는 감광판을 때리도록 되어 있다. 감광판에 밝은 부분이 나타나면, 그 부분

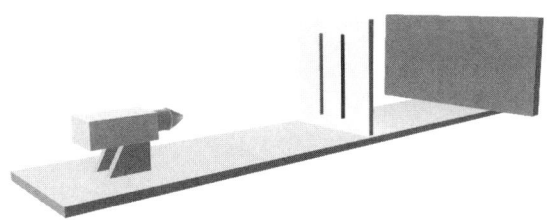

그림 4.3 이중 슬릿 실험의 개요도. 광원에서 출발한 빛은 두 개의 슬릿을 통과한 후 뒤에 있는 감광판에 도달한다. 이 실험은 슬릿의 개폐 상태를 바꾸어가며 진행하도록 되어있다.

에 많은 양의 빛이 도달했다는 뜻이다. 이제, 영이 실시한 대로 두 개의 슬릿을 모두 열어놓은 경우와, 둘 중 하나만 열어놓은 경우에 대하여 광원에서 출발한 빛이 감광판에 그리는 무늬를 서로 비교해보자.(슬릿을 둘 다 막아놓은 경우는 왜 빠졌을까…라고 고민하지 말자 : 옮긴이)

왼쪽 슬릿을 막아놓고 오른쪽 슬릿만 열어놓은 경우, 감광판에는 그림 4.4와 같은 형태의 무늬가 나타난다. 이것은 물론 예상했던 결과이다. 왜냐하면 오른쪽 슬릿을 통과한 빛만이 감광판에 도달할 수 있기 때문이다. 따라서 감광판에 형성되는 무늬는 원래 슬릿의 형태와 닮아 있을 수밖에 없다. 이제 반대로, 오른쪽 슬릿을 닫고 왼쪽 슬릿을

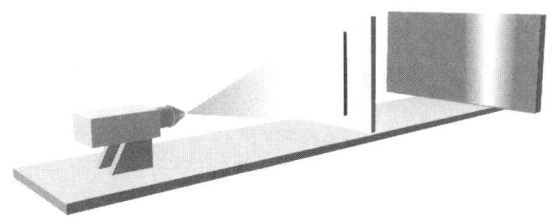

그림 4.4 오른쪽 슬릿만 열어놓으면 감광판에 그림과 같은 무늬가 생긴다.

불가사의한 미시세계 | **165**

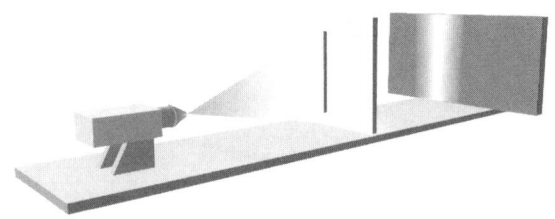

그림 4.5 왼쪽 슬릿을 열어놓으면 무늬의 위치만 바뀔 뿐, 생긴 모양은 그림 4.4와 동일하다.

열어놓으면 그림 4.5와 같이 무늬의 위치만 왼쪽으로 이동되었을 뿐, 이전과 동일한 결과를 얻는다. 그렇다면 두 개의 슬릿을 모두 열어놓았을 때 감광판에는 과연 어떤 무늬가 나타날 것인가? 뉴턴의 주장대로 빛이 입자로 되어 있다면, 그 결과는 그림 4.4와 4.5를 합쳐놓은 형태, 즉 그림 4.6처럼 나타날 것이다. 뉴턴이 생각했던 빛의 미립자를 조그만 공이라 하고, 당신이 벽을 향해 여러 개의 공을 던진다고 상상해보라(물론 벽과 당신 사이에는 이중 슬릿이 놓여있다). 이 경우, 공의 도달 지점은 슬릿의 형태와 비슷한 두 개의 세로선 상에 집중되어 있을 것이 분명하다. 그러나 만일 빛이 입자가 아닌 파동이라면 결과는 사뭇 달라진다. 과연 어떻게 달라질 것인가?

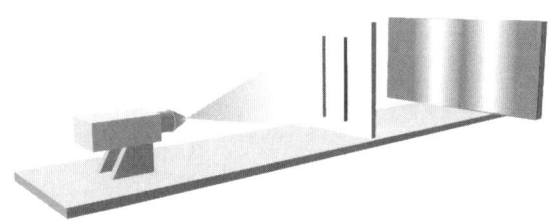

그림 4.6 뉴턴의 주장대로 빛이 입자로 구성되어 있다면, 두 개의 슬릿을 모두 열어놓고 빛을 쪼인 경우에는 그림 4.4와 4.5를 합쳐놓은 형태의 무늬가 생성될 것이다.

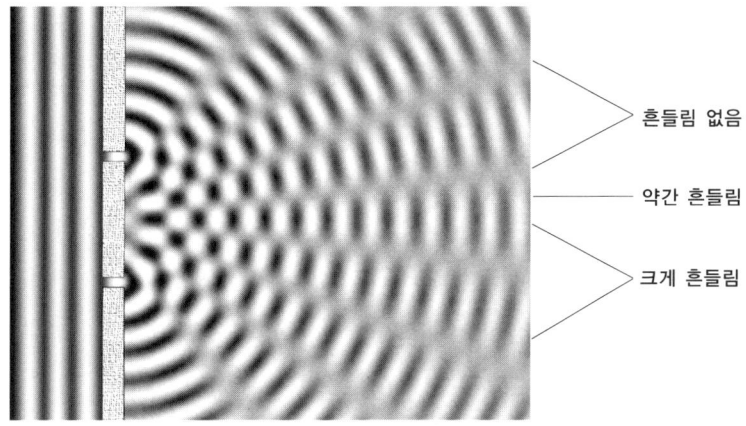

그림 4.7 두 개의 구멍에서 생성된 원형 물결파가 서로 겹쳐지면서, 파고는 더욱 높아질 수도 있고 아예 사라질 수도 있다.

    빛에 대해서는 잠시 동안 잊어버리고, 물결파를 이용하여 실험을 한다고 상상해보자. 그 편이 머릿속에 훨씬 더 쉽게 그려질 것이다. 물론, 결과는 달라질 것이 없다. 구멍(슬릿)이 뚫려있는 장벽에 물결파가 도달하면, 두 개의 구멍에서는 마치 그 곳에 조약돌이 떨어진 것처럼 새로운 원형 물결파가 생성되어 퍼져 나가게 된다(그림 4.7 참고. 물이 담긴 큰 그릇에 구멍 뚫린 판지를 담가놓고 실험을 해보면 쉽게 확인할 수 있다). 그런데 이 두 개의 물결파가 서로 겹쳐지면서 매우 흥미로운 현상이 나타나기 시작한다. 만일 두 물결파의 마루끼리 겹쳐졌다면, 물결의 파고는 개개의 파고(마루의 높이, 앞에서는 이를 '진폭'이라고 정의했다)를 더한 값이 된다. 다시 말해서, 물결의 파고가 높아지는 것이다. 반대로, 두 물결의 골끼리 겹쳐진 경우에는 골이 더욱 깊어진다(이 경우 역시 합쳐진 골의 깊이는 각각의 골의 깊이를 더한 값이 된다). 그리고 마지막으로, 한 구멍에서 출발한 물결의 마루와 다른 한 구멍에서 출발한 물결의 골이 서로 겹쳐지면, 파동이 상쇄되어 사라져 버린다 (헤드폰의 잡음제거 기능은 바로 이 원리를 이용하고 있다. 즉, 입력된 음파들 중에서 음량이 비교적 작은 잡음을 골라낸 뒤에, 마루와 골의 위치가 이 잡음과 정반대인 음파를 생성시켜서 잡음을 상쇄시키는 것이다). 이렇게 마루와 마루, 골과 골, 또는 마루와 골이 서로 겹쳐지면서 파고가 높아지거나 깊어지고, 또는 아예 사라지기도 한다. 만일 당신을 포함한 여러 사람들이 여러 개의 작은 배에 나누어 타고 구멍 뚫린 장벽과 나란하게 일렬로 도열해 있다면, 물결이 지나갈 때마다 각자 자기의 배가 얼마나 흔들리는지를 알려줌으로써 파고의 분포 상황을 알아낼 수 있을 것이다. 그 결과는 그림 4.7과 같이 나타난다. 배가 가장 심하게 흔들리는 곳은 물결의 마루와 마루, 또는 골과 골이 서로 겹쳐진 지점일 것이다. 그리고 마루와 골이 만나는 지점에 떠 있는 배는 아무런 동요도 느끼지 못할 것이다.

감광판에는 강한 빛이 도달할수록 밝은 부분이 형성되는데, 이것은 물결파의 경우에 '파고가 높은 물결'이 그림 4.7의 오른쪽 끝에 도달한 경우와 동일하다. 그러므로 이 실험을 빛으로 실시한 경우에도 우리는 똑같은 결과를 얻게 될 것이다. 그림 4.8에는 빛이 파동인 경우에 예상되는 결과가 제시되어 있다. 감광판의 밝은 부분은 두 파동의 마루와 마루(또는 골과 골)가 서로 겹쳐진 곳이며, 어두운 부분은 마루와 골이 겹쳐져서 상쇄된 곳을 나타낸다. 어두운 띠와 밝은 띠가 이렇게 연속해서 나타나는 것을 가리켜 '간섭무늬 interference pattern'라 부른다. 이 그림은 그림 4.6과 완전히 딴판이다. 따라서 이 실험을 통해 우리는 빛이 입자인지, 아니면 파동인지를 판별할 수 있다. 토마스 영은 바로 이 실험을 실시한 결과, 빛이 파동이라는 결론을 내렸다. 그는 정확하게 그림 4.8과 같은 간섭무늬를 얻었던 것이다. 뉴턴이 제창

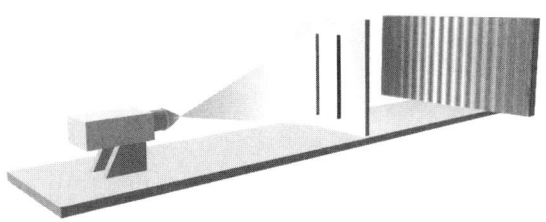

그림 4.8 두 개의 구멍에서 생성된 원형 물결파가 서로 겹쳐지면서, 파고는 더욱 높아질 수도 있고 아예 사라질 수도 있다.

했던 빛의 입자설은 영의 실험이 세상에 알려지면서 잘못된 이론으로 치부되었다(그러나 학자들이 뉴턴의 가설을 포기하는 데에는 상당한 시간이 걸렸다). 그리고 승리를 거둔 '빛의 파동설'은 맥스웰에 의해 더욱 확고한 수학적 기반을 갖추게 되었다.

그러나 뉴턴의 중력이론을 뒤집어엎은 장본인이었던 아인슈타인이, 이번에는 '광자'라는 개념을 도입하면서 뉴턴의 '빛의 입자설'을 부활시켰다. 물론, 우리에게는 아직 질문이 남아있다 ─ "빛이 정말로 입자라면, 그림 4.8에 나타난 간섭무늬는 어떻게 설명할 것인가?" 정말로 난감한 질문이다. 급한 마음에 우선 다음과 같은 답을 떠올릴 수도 있다 ─ "물은 H_2O라는 물분자로 이루어져 있다. 분자는 분명히 입자이다. 그러나 다량의 물분자들이 한데 모이면 파동을 일으키면서 그림 4.7과 같은 간섭무늬를 만들지 않는가?" 언뜻 듣기에는 꽤 그럴듯한 설명인 것 같다. 입자로 이루어진 물이 간섭무늬를 만들 듯이 광자로 이루어진 빛이 간섭무늬를 만드는 것은 별로 이상한 일이 아닌 것 같기도 하다.

그러나 미시세계에서 벌어지는 일은 우리의 일상적인 생각보다 훨씬 더 복잡 미묘하다. 그림 4.8에서 빛을 발사하는 광원의 세기를 점차 줄여나가다가 마침내 '1초당 광자 하나씩' 발사하는 수준으로 줄인 경우에도, 그림 4.8과 같은 간섭무늬가 '여전히' 나타나는 것이다! 시간이 좀 걸리긴 하겠지만, 2중 슬릿을 통과한 전자들이 감광판에 어떤 무늬를 만들 정도로 충분한 시간 동안 기다린다면 영락없이 그림 4.8과 같은 간섭무늬를 보게 될 것이다. 이건 그야말로 귀신이 곡할 노릇이다. 1초당 1개씩 발사되어 순차적으로 스크린(감광판)에 도달한 광자들이, 대체 무슨 수로 간섭무늬를 만들 수 있다는 말인가? 정상적인 사고력을 가진 사람이라면, '모든 광자는 왼쪽 아니면 오른쪽 슬릿을 통과할 것이므로 그림 4.6과 같은 무늬가 얻어져야 한다'고 생각할 것이다. 그러나 현실은 그렇지가 않았다.

만일, 당신이 전술한 글을 읽고도 별로 놀라지 않고 있다면, 그것은 이미 전에 들은 적이 있어서 이 문제에 식상해진 상태이거나, 아니면 지금까지의 설명이 별로 신통치 않았기 때문일 것이다(또는 신통치 않은 번역 때문일 수도 있다 : 옮긴이). 원인이 후자에 있다고 생각하는 독자들을 위해, 조금 다른 방법으로 이 문제를 다시 한 번 다루어 보기로 한다. 당신은 왼쪽 슬릿을 막아놓은 상태에서 스크린을 향해 광자를 '한 번에 하나씩' 발사시켰다. 당연히 이들 중 어떤 광자는 슬릿을 통과하지 못하고, 운 좋은 광자들은 좁은 슬릿을 통과하여 스크린에 도달할 것이다. 그리고 스크린에 도달한 광자들은 도착 순서에 따라 하나씩 밝은 점을 찍으면서 결국에는 그림 4.4와 같은 무늬를 만들어 낼 것이다. 이제 당신은 스크린을 새것으로 바꾼 뒤에 두 개의 슬릿을 모두 열어놓은 상태에서 이전과 동일한 실험을 실시했다. 이번에는 광자가 통과할 수 있는 관문이 아까보다 두 배나 넓어졌으므로 스크린에 도달하는 광자의 수도 당연히 많아질 것이다. 그런데 막상 실험을 해보니, 이전 실험에서 어두운 채로 남아있었던 부분이 밝게 나타난 곳도 있었지만, 이전 실험에서 밝게 나타났던 부분이 오히려 어두운 채로 남아있는 지점도 있었다. 즉, 당신은 그림 4.8의 결과를 얻은 것이다. 스크린에 도달한 광자의 수는 분명히 증가했는데, 스크린의 특정 부위(A지점이라고 하자)는 오히려 아까보다 더 어두워졌다. 개개의 광자들이 서로 간섭을 일으켜서 상쇄된 것일까? 자 다시 한번 찬찬히 따져보자. 왼쪽 슬릿을 막아 놓았을 때, 오른쪽 슬릿을 통과한 광자는 분명히 A지점에 도달했다. 그런데, 두 개의 슬릿을 모두 열어 놓았더니 오른쪽 슬릿을 통과한 광자가 A지점에 하나도 도달하지 못했다는 뜻이 아닌가! (첫 번째 실험에서 밝게 나타났다가 두 번째 실험에서 어두운 채로 남아있는 지점이 바로 A지점임을 상기하자) 이건 도대체가 말이 안 된다. 눈도 없고 귀도 없는 미물에 불과한 광자가 슬릿을 통과하면서, 다른 슬릿의 개폐 상태를 무슨 수로 알 수 있다는 말인가? 파인만의 표현을 빌자면, 이것은 마치 2중 슬릿을 향해 자동 소총을 발사했을 때 시간차를 두고 발사된 총알들이 서로 간섭을 일으켜서 일부가 상쇄되어 표적의 특정 지점에 도달하지 못하는 것과 동일한 상황이다. (물론 이 특정 지점은 2중 슬릿 중 하나를 막아놓고 총알을 발사했을 때 분명히 탄착점이 형성된 지점이었다)

　이 실험으로 미루어볼 때, 아인슈타인이 말한 빛의 입자설은 뉴턴이 제창했던 것과 근본적으로 다른 이론임을 알 수 있다. 광자는 입자임이 분명하지만, 파동의 성질도 함께 갖고 있는 것 같다. 이 광자들이 실어 나르는 에너지, 즉 빛의 에너지는 진동수에 의해서 결정된다고 했는데, 진동수란 바로 파동의 성질이 아니었던가! 광전효과는 빛이 입자임을 보여주었고, 2중 슬릿 실험은 빛이 파동처럼 서로 간섭한다는 사실을 입증했다. 이 두 가지를 한데 묶으면, '빛은 파동적 성질과 입자적 성질을 갖고 있다'는 해괴한 결론을 내릴 수밖에 없다. 모든 물체는 입자이거나 아니면 파동이라는 식의 직관적 사고방식은 미시세계에서 더 이상 통용될 수 없게 되었다. 입자성과 파동성이 한 물체에 공존하고 있었던 것이다. "양자역학을 이해하는 사람은 이 세상에 아무도 없다"는 파인만의 극단적인 발언은 바로 이러한 사실에 뿌리를 두고 있다. 우리는 '파동 – 입자의 이중성 wave – particle duality'이라는 용어를 사용하면서 그것을 수학적으로 서술하여 실험결과를 놀라울 정도로 재현시킬 수 있다. 그러나 왜 미시세계의 모든 존재들이 파동성과 입자성을 동시에 갖고 있는지, 그 이유를 설명할 수 있는 사람은 어디에도 없다.

물질파도 파동이다

20세기가 밝은 후 수십 년 동안, 이론물리학의 수많은 대가들은 그동안 미지로 남아있었던 미시세계의 실체를 규명하기 위해 혼신의 노력을 기울였다. 그리고 그 와중에서 수학적으로 모순이 없고 물리적으로 수용 가능한 새로운 이론들이 세상 빛을 보게 되었다. 일례로서, 닐스 보어 Niels Bohr가 이끌던 코펜하겐의 물리학자들은 수소원자에서 방출되는 빛의 스펙트럼을 새로운 이론으로 설명하였는데, 이를 포함하여 1920년대 중반 이전에 탄생한 이론들은 우주 내의 물리적 현상들을 일괄된 논리로 설명했다기보다는, 양자라는 새로운 개념을 도입하여 19세기식 물리학을 재서술하는 수준에 머무르고 있었다. 이미 완벽한 체계를 갖추고 있는 뉴턴의 운동법칙이나 맥스웰의 전자기이론과 비교할 때, 당시의 양자이론은 뚜렷한 중심체계 없이 혼돈의 상태를 겪고 있었던 것이다.

　1923년, 프랑스의 젊은 귀족이었던 드 브로이 Louis de Broglie 왕자는 이 '양자적 혼란'의 와중에서 양자역학의 수학적 기초를 다지는 획기적인 발상을 제안하여 1929년에 노벨물리학상을 받았다. 드 브로이는 아인슈타인이 특수상대성이론에서 펼쳤던 연쇄적 논리 방식으로부터 영감을 얻어, 파동 – 입자의 이중성이 빛의 경우에만 적용되는 특성이 아니라, 모든 물질들이 원래부터 갖고 있는 본성이라고 주장했다. 그의 논리를 대충 설명하자면 다음과 같다 — 아인슈타인은 $E=mc^2$라는 공식으로 질량과 에너지가 불가분의 관계임을 보였고, 또 플랑크와 아인슈타인은 파동의 진동수와 에너지 사이의 관계를 규명했다. 따라서 이 두 가지 결과를 결합시키면 질량이 파동적 성질을 갖고 있다는 새로운 결론이 얻어진다. 드 브로이는 자신의 아이디어를 충분히 검토한 뒤에 "양자이론은 빛을 입자로 간주하여 기존의 현상들을 훌륭하게 설명했으므로, 그 동안 우리가 입자로 간주해왔던 전자를 파동의 관점에서 서술한다 해도 양자역학은 올바른 답을 줄 수 있을 것이다"라고 천명했다. 그러자 아인슈타인은 드 브로이의 아이디어를 곧바로 수용했다. 왜냐하면 이것은 자신이 제창했던 상대성이론과 빛의 입자설로부터 자연스럽게 유도된 결과이기 때문이었다. 그러나 입자가 파동적인 성격을 갖고 있다는 사실을 입증할 만한 실험결과는 그때까지 단 한 건도 발표된 적이 없었다. 그러다가 데이비슨 Clinton Davisson과 거머 Lester H. Germer에 의해, 이 놀라운 가설은 결국 사실임이 만천하에 드러나게 되었다.

　1920년대 중반 무렵, 벨 전화 회사의 연구원이자 실험물리학자였던 데이비슨과 거머는 전자빔을 니켈 금속의 표면에 쪼였을 때 일어나는 현상을 연구하고 있었다. 이것은 앞에서 말했던 2중 슬릿 실험과 비슷한 방식으로 진행되었는데, 다른 점이 있다면 2중 슬릿이 뚫린 판을 니켈로 만들었다는 것과, 빛 대신 전자빔을 사용했다는 것뿐이었다. 슬릿을 향해 발사된 수많은 전자들 중 운 좋게 슬릿을 통과한 전자는 그 뒤에 놓여있는 인광성 스크린에 도달하여 조그만 점을 흔적으로 남긴다(텔레비전의 브라운관도 이러한 원리로 영상을 만들어내고 있다). 그런데 데이비슨과 거머는 실험 도중 놀라운 사실을 발견했다. 그림 4.8과 비슷한 간섭무늬가 그들의 스크린에 나타났던 것이다. 이것은 전자라는 입자가 파동의 특성을 갖고 있다는 기존의 가설을 입증하는, 실로 놀라운 발견이었다. 마치 물결의 마루와 마루, 혹은 골과 골이 서로 겹쳐져서 상쇄되듯이, 그들의 스크린에는 전자가 전혀 도달하지 않은 검은 영역이 규칙적으로 배열되어 있었다. 발사되는 전자의 양을 급격히 줄여서 10초에 한 개씩 내보내는 경우에도, 스크린에는 여전히 간섭무늬가 형성되는 것이었다. 그렇다면, 개개의 전자도 광자와 마찬가지로 자기 자신과 간섭현상을 일으킨다는 것을 사실로 받아들일 수밖에 없다. 다시 말해서, 입자가 파동성을 갖고 있다는 뜻이다.

데이비슨과 거머의 실험은 전자 electron의 경우로 한정되어 있었지만, 이와 유사한 다른 실험들이 속속 진행되면서 결국 물리학자들은 모든 물질들이 파동성을 갖고 있다는 다소 황당한 가설을 인정할 수밖에 없었다. 그러나 우리가 경험하고 있는 실제 세계의 견고한 물질들은 아무리 심증을 갖고 살펴봐도 파동을 닮은 구석이 전혀 없다. 이 난처한 상황을 어떻게 설명할 것인가? — 드 브로이의 업적이 바로 이것이다. 그는 모든 물질이 파동적 성질을 갖고 있으며, 그 파장은 플랑크상수 h에 비례한다고 주장했었다(좀더 정확하게 표현하자면, 물질파의 파장은 플랑크상수 h를 그 물체의 운동량으로 나눈 값이다). 그런데 h가 너무 작은 상수인데다가, 일상적인 크기의 물질들은 운동량이 매우 크기 때문에 물질파의 파장이 관측될 수 없을 정도로 작았던 것이다. 또한 이것은 미시적 스케일에서 물질의 파동적 성질이 두드러지게 나타나는 이유이기도 하다. 물체의 운동량(질량×속도)이 h와 비슷한 수준으로 작아지면, 물질파의 파장이 상대적으로 커지기 때문이다. 빛의 속도 c가 너무 빨라서 시공간의 실체가 오랜 세월동안 가려져왔던 것처럼, 플랑크상수 h가 너무도 작은 값이었기 때문에 일상적인 물질들의 파동성이 우리의 눈에(또는 실험장치에) 감지되지 않았던 것뿐이다.

물질파의 정체는 무엇인가?

데이비슨과 거머의 실험으로 인해, 전자가 파동성을 갖고 있음이 분명하게 입증되었다. 그러나 이 파동의 정체가 대체 무엇이란 말인가? 오스트리아의 물리학자였던 슈뢰딩거 Erwin Schrödinger는 물질파의 존재가 처음으로 입증되었을 무렵에 "전자의 파동은 전자가 뭉개지면서 나타난다"고 나름대로의 해석을 붙였다. 이것은 물질파에 대한 어떤 '느낌'을 가져다주긴 했지만, 물리적으로 이해하기에는 너무나 추상적인 설명이었다. 어떤 물체를 뭉개면 일부는 여기로, 또 일부분은 저기로 흩어지기 마련이다. 그러나 전자는 최소단위의 소립자이기 때문에 1/2 또는 1/3로 쪼개진 전자는 결코 존재하지 않으며, 실험실에서 발견된 적도 없다. 물질파의 개념이 한창 미궁으로 빠져들고 있을 무렵인 1926년에, 독일의 물리학자였던 막스 본 Max Born은 전자의 파동에 대한 슈뢰딩거의 설명을 수정 보완하여 독창적인 해석을 내렸는데, 이는 보어 학파에 의해 더욱 구체화되면서 오늘날까지 정설로 받

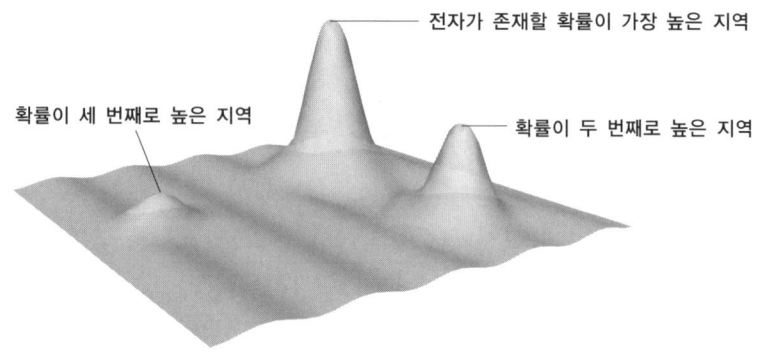

그림 4.9 전자가 발견될 확률이 가장 높은 곳에서 파동의 진폭은 최대값을 가지며, 진폭이 작을수록 그곳에서 전자가 발견될 확률은 작아진다.

아들여지고 있다. 본의 해석은 양자역학이 갖고 있는 가장 기이한 특성 중 하나이지만, 지금까지 실행된 수많은 실험들로 미루어볼 때, 그의 해석이 옳다는 데에는 이견의 여지가 없다. 막스 본은 전자의 파동을 '확률'이라는 관점에서 바라보아야 한다고 주장했다. 파동의 진폭이 큰 곳은 전자가 발견될 확률이 큰 곳임을 의미하고, 반대로 진폭이 작은 곳은 전자가 그곳에서 발견될 확률이 작다는 것이 본의 해석이었다(좀더 정확하게 말하자면, 전자가 특정지역에서 발견될 확률은 그곳에 존재하는 파동 진폭의 제곱에 비례한다). 그림 4.9에는 파동과 확률의 관계를 보여주고 있다.

이것은 정말로 받아들이기 어려운 결과이다. 물리학의 기본체계가 도대체 확률과 무슨 상관이 있다는 말인가? 경마장이나 동전 던지기, 또는 도박장의 룰렛게임 등에서는 확률에 의존할 수밖에 없지만, 그것은 결과를 예측하는 데 필요한 우리의 지식이 부족하기 때문이다. 만일 우리가 룰렛의 돌아가는 속도와 구슬의 무게, 단단한 정도, 구슬이 룰렛에 굴러 떨어질 때의 위치와 속도, 룰렛 각 부위의 구성성분 등을 정확하게 알아낼 수만 있다면, 그리고 고전물리학의 원리에 따라 모든 움직임을 계산할 수 있는 대형 컴퓨터를 갖고 있다면, 우리는 구슬이 최종적으로 도달하게 될 번호를 미리 예측할 수 있다. 도박장을 운영하는 사람들은 방문객들이 이러한 능력을 전혀 갖고 있지 않다는 전제 하에 모든 게임을 진행시키고 있는 것이다. 그러므로 룰렛에서 발생하는 확률적 상황들은 실제 세계의 물리적 속성과 직접적인 관련이 없다. 그러나 양자역학에 의하면 이 우주는 가장 근본적인 단계에서 확률이라는 개념에 의해 그 운명이 전적으로 좌우되고 있다. 물질파에 대한 본의 해석과, 그 후 50여 년 동안 얻어진 방대한 양의 실험결과들로 미루어볼 때, 모든 물질을 가장 근본적인 단계에서 확률적인 방법으로 서술하는 것 외에는 아직 별다른 방법이 없다. 커피 잔이나 룰렛처럼 거시적 크기를 가진 물체들에 대하여 드 브로이의 법칙을 적용해보면, 파동적 성질이 너무도 미미하여 확률에 입각한 양자역학적 서술은 별다른 의미를 갖지 못한다(거시적 세계에 양자역학을 적용했을 때 잘못된 결과가 얻어진다는 뜻은 물론 아니다. 이런 경우에는 양자역학과 고전역학이 동일한 결과를 주게 된다. 따라서 거시적 세계의 물리현상은 기존의 고전역학만으로도 정확한 답을 얻을 수 있다 : 옮긴이). 그러나 미시적 스케일로 들어가면 사정이 전혀 달라진다. 우리는 '전자가 이곳에 있다'는 확신에 찬 표현을 포기하고, '전자가 이곳에 존재할 확률은 XX%이다' 라는 확률적 서술을 택할 수밖에 없다. 그것이 우리가 알아낼 수 있는 전부이기 때문이다.

전자가 파동적 성질을 갖는다고 해서, 그것이 공간상에 이리저리 흩어진 채로 존재한다는 뜻은 아니다. 전자의 파동이 진정으로 의미하는 것은 하나의 전자가 특정 시간에 발견될 가능성이 있는 장소가 동시에 여러 개 존재한다는 뜻이다(그렇다면 하나의 전자를 두 사람이 각각 다른 곳에서 '동시에' 발견할 수도 있다는 말일까? 물론 그런 뜻은 아니다. 이 문제는 물리적 관측에 의한 파동함수의 붕괴 현상과 밀접하게 관련되어 있는데, 나중에 자세히 다루어질 것이다 : 옮긴이). 따라서 하나의 전자를 대상으로 같은 실험을 여러 번 반복했을 때, 실험 조건이 완벽하게 동일하다 해도 결과(예를 들어, 전자의 위치)는 얼마든지 달라질 수 있다. 이 경우에 특정 지역에서 전자가 발견된 횟수를 위치에 따른 그래프로 그려보면, 그 형태는 전자의 파동과 닮은꼴이 된다. 만일 A지점에서의 확률파동(보다 정확하게는 확률파동의 제곱)값이 B지점의 두 배였다면, 그것은 실험을 여러 차례 반복했을 때 전자가 A에서 발견되는 횟수가 B에서 발견되는 횟수의 두 배라는 뜻이다. 그러나 어떤 하나의 실험에서 전자가 발견될 위치를 예측하는 방법은 없다. 우리가 할 수 있는 최선은 각 위치에서 전자가 발견될 '확률'을 예측하는 것뿐이다.

그렇다 해도, 확률파동은 수학적으로 정확하게 계산할 수만 있다면 반복 실험을 통하여 계산의 신뢰도를 검증할 수 있고, 나아가서는 어떤 특정 결과가 얻어질 가능성을 미리 예측할 수 있다. 드 브로이의 물질파이론이 발표된 지 불과 몇 개월 뒤에, 슈뢰딩거는 확률파동의 구체적 형태와 진행과정을 결정하는 방정식을 유도해 냄으로써, 양자역학의 새로운 장을 열었다(이때부터 확률파동은 '파동함수 wave function'라는 좀더 폼 나는 이름으로 불리게 되었다). 그리고 얼마 지나지 않아 슈뢰딩거의 파동방정식과 확률적 해석법은 여러 차례의 실험을 통해 '기가 막힐 정도로 잘 들어맞는' 이론임이 입증되었다. 시기로는 1927년 — 드디어 고전역학의 시대가 막을 내린 것이다. 태엽을 감아놓은 시계처럼 자신의 정해진 운명을 따라 진행되어 가는 우주와, 역시 그 속에서 거스를 수 없는 운명을 따라 오만 가지 운동을 하고 있는 모든 만물들…. 이 모든 것들은 양자역학의 탄생과 함께 구시대의 유물이 되고 말았다. 양자역학에 의하면 이 우주는 엄격한 수학적 법칙에 따라 운영되긴 하지만, 이 법칙들은 어떤 특정 사건이 발생할 확률만을 알려줄 뿐, 미래에 실제로 어떤 사건이 발생할지를 알아낼 수는 없다.

많은 학자들은 이러한 사실에 무척 혼란을 느꼈으며 심지어는 양자역학을 전면으로 거부하는 학자들도 있었다. 그 대표적인 인물이 바로 아인슈타인이었다. 그는 양자역학의 신봉자들에게 "신은 이 우주를 대상으로 주사위 노름 따위는 하지 않는다"라는 유명한 말을 남겼다. 그의 머릿속에는 '결정론적 우주관'이 확고하게 자리를 잡고 있었던 것이다. 다시 말해서, 룰렛의 경우처럼 우리가 결과를 정확하게 예측하지 못하는 것은 관련 정보가 부족하기 때문이라는 것이 아인슈타인의 기본 입장이었다. 그의 관념 속에는 우주의 운영방식을 정확하게 서술해주는 물리학만이 존재할 뿐, 여러 가지의 가능성이 발생할 확률만을 제시해주는 물리학은 아인슈타인의 이상향이 아니었다. 그러나 수도 없이 반복되는 다양한 실험들은 아인슈타인이 가고 없는 오늘날까지도 한결같이 그가 틀렸음을 입증해주고 있다. 영국의 이론물리학자인 스티븐 호킹 Stephen Hawking은 이를 두고 "당혹스러운 것은 양자역학이 아니라 아인슈타인이다"라고 했다.[*6] (그러나 광전효과를 설명하면서 양자이론의 산파 역할을 했던 아인슈타인이 양자역학을 반대한 데에는 그럴 만한 논리적 이유가 있었다. 그 논리는 EPR역설 속에 잘 표현되어 있는데, 이 책의 주제와는 다소 거리가 있기 때문에 저자도 언급을 피했다. 스티븐 호킹 같은 양자역학의 신봉자들은 아인슈타인이 그것을 반대했다는 이유만으로 그를 폄하하려는 경향이 있는데, 나는 그런 광경을 볼

때마다 컴맹인 어른을 우습게 여기는 요즈음 아이들의 모습이 떠오른다 : 옮긴이)

그럼에도 불구하고, 양자역학의 실체에 관한 논쟁은 지금도 계속되고 있다. 양자이론의 방정식을 사용하는 방법은 누구나 알고 있지만, 확률파동(파동함수)의 실체를 진정으로 이해하는 사람은 아직 아무도 없다. 입자가 자신 앞에 펼쳐진 '여러 가지 가능한 미래'들 중 하나를 선택하는 방법에 대해서도 알려진 바가 전혀 없다. 일단 하나의 결과가 선택되면, 선택에서 탈락한 여러 종류의 결과들이 다른 여러 우주에서 이곳과 비슷한 형태로 '동시상영' 되고 있을지도 모를 일이다. 도대체가 제대로 알려진 것이 없다. 방금 언급한 문제들은 각각을 주제로 하여 두툼한 책 한 권을 쓰고도 남을 정도로 중요한 물리학적 이슈이며, 실제로 자신만의 독특한 해석법을 제시해놓은 훌륭한 책들도 여러 권 출판되고 있다. 그러나 양자역학에 관하여 어떤 해석을 내리건 간에, 일상적인 관점에서 볼 때 양자역학이 기이하고 비정상적이라는 것은 부동의 사실이다.

상대성이론과 양자역학을 깊이 알게 될수록, 우리는 이 우주가 우리의 예상과는 전혀 다른 방식으로 운영되고 있음을 더욱 실감하게 된다. 이에 대하여 의미심장한 질문을 던지고 싶다면, 우선 어떤 대답에도 놀라지 않고, 있는 그대로 수용할 수 있는 유연한 사고를 가져야 할 것이다.

파인만의 관점

리처드 파인만은 아인슈타인의 시대 이래로 가장 뛰어난 물리학자였다. 그는 확률로 대변하는 양자역학을 완전히 받아들였을 뿐만 아니라, 제 2차 세계대전이 끝나고 몇 년이 지난 후에 양자역학을 이해하는 전혀 새로운 방식을 도입하여 물리학계에 일대 파란을 일으켰다. 계산 결과만 놓고 본다면, 파인만의 관점은 과거에 이미 알려져 있던 결과들과 정확하게 일치했지만, 그가 이루어놓은 체계는 기존의 양자역학과 사뭇 다른 것이었다. 파인만의 관점을 이해하기 위해, 전자를 이용한 2중 슬릿 실험으로 다시 돌아가 보자.

아무리 들여다봐도, 그림 4.8의 결과는 여전히 이해가 가지 않는다. 전자는 분명히 입자이므로 두 개의 슬릿 중 어느 '하나'를 통과했을 것이고, 따라서 스크린에는 그림 4.4와 그림 4.5가 혼합된 그림 4.6과 같은 무늬가 나타나야 할 것만 같다. 전자가 오른쪽 슬릿을 통과했다면, 왼쪽에 또 하나의 슬릿이 있었다고 하여 달라질 게 무엇이란 말인가? 그러나 결과는 분명히 달라졌다. 전자를 하나씩 차례로 발사한 경우에도, 스크린에는 기적과도 같이 간섭무늬가 나타났다. 이것은 2개의 슬릿에 민감하게 반응하는 '어떤 것'들 사이에 모종의 뒤섞임 현상이 일어났음을 의미한다. 슈뢰딩거와 드 브로이, 그리고 막스 본은 개개의 전자에 확률파동이라는 성질을 부여함으로써, 이 난해한 현상을 설명하였다. 그들은 그림 4.7에 나타난 물결파처럼, 전자의 확률파동이 두 개의 슬릿을 모두 보았기 때문에, 파동이 두 개로 갈라지면서 간섭을 일으킨 것으로 생각했다. 그림 4.7에서 물결이 크게 일어나는 지역이 따로 있었던 것처럼, 확률파동 값이 증대된 지역에서는 전자가 발견될 확률이 높고, 확률파동이 작은 지역에서는 전자가 발견될 확률이 낮다. 그래서 한 번에 한 개씩 발사된 전자들도 충분한 시간이 지나면 스크린에 그림 4.8과 같은 간섭무늬를 만들게 된다는 것이 이들의 설명이었다.

그러나 파인만의 생각은 달랐다. 그는 전자가 오른쪽 슬릿 아니면 왼쪽 슬릿 중 한 곳을 통과한다는 고전적인 관념에 의심을 품었다. 독자들은 파인만의 발상이 어리석다고 생각할지도 모른다. "슬릿과 스크린 사이의 지역을 잘 들여다보면, 개개의 전자가 어느 쪽 슬릿을 통과했는지 알 수 있지 않은가?" 물론 알 수 있다. 이제, 실험 방식을 조금 바꾸어보자. 전자를 눈으로(혹은 관측장비로) '보기' 위해서는 무엇인가를 해야만 한다. 예를 들어, 전자에 빛을 쪼이면 전자에서 반사된 광자로부터 전자의 존재를 확인할 수 있다. 사실, 우리가 나무와 그림, 그리고 친구들의 모습을 볼 수 있는 것도 광자가 이들의 몸체에서 반사되어 우리의 눈에 들어오기 때문이다. 그리고 광자는 너무나 작기 때문에, 길을 걸어가는 당신 친구의 몸을 광자가 때렸다고 해도, 당신의 친구는 운동상태에 아무런 영향을 받지 않을 것이다. 그러나 광자가 전자를 때렸다면 사정은 전혀 달라진다. 전자가 두 개의 슬릿 중 어느 쪽을 통과했는지를 알아내기 위해 아무리 세심한 관찰을 시도한다 해도, 일단 그곳에 빛을 쪼이면 광자에 얻어맞은 전자는 운동에 심각한 변화를 겪게 된다. 그리고는 희한하게도 그림 4.8이 아닌, 그림 4.6의 결과가 얻어지는 것이다! 전자가 어느 쪽 슬릿을 통과해 왔는지를 알게 되면, 그때부터 2중 슬릿에 의한 간섭현상이 사라진다. 이것이 바로 양자세계의 실체이다.

파인만의 도전적인 생각은 사람들의 호응을 얻었다. 1920년대 후

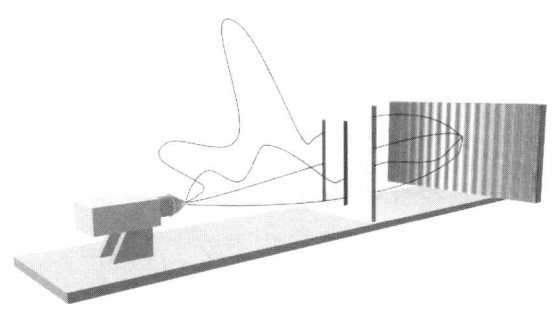

그림 4.10 파인만이 새로 개척한 양자역학의 체계에 따르면, 입자는 출발점에서 도착점 사이에 놓여 있는 모든 가능한 경로들을 따라 이동한다. 그림에는 하나의 전자가 동시에 갈 수 있는 무한히 많은 경로들 중 몇 개가 그려있다. 이 설명을 따른다면, 하나의 전자는 두 개의 슬릿을 동시에 통과하지 않을 수가 없다.

반의 물리학자들은 전자에 빛을 쪼였을 때 스크린에 간섭무늬가 생기지 않는다는 사실을 알고 있었으며, 입자가 '두 개의 슬릿 중 하나'를 통과해야만 한다는 고전적인 관념은 더 이상 설 자리를 잃어가고 있었다.

파인만의 주장은 이렇게 요약된다 ― "개개의 전자들은 두 개의 슬릿을 '모두' 통과한다." 무슨 뚱딴지 같은 소리냐고 당장 반박하고 싶겠지만, 조금만 참아주기 바란다. 앞으로 나올 이야기들은 훨씬 더 황당하다. 파인만의 설명은 계속된다 ― "총에서 발사된 전자는 스크린에 도달할 때까지 '모든 가능한 경로'들을 '동시에' 지나간다." (이쯤 되면, 독자들은 황당하다 못해 어이가 없어서 이 책을 덮고 싶을지도 모르겠다. 그러나 어쩌겠는가? 이렇게 이해해야만 실험결과가 설명되는 것을…. 듣는 사람이 이 지경이니, 이 말을 처음으로 해야 했던 파인만의 심정은 과연 어떠했을지 궁금하다 : 옮긴이). 그림 4.10에는 모든 가능한 경로들 중 몇 개가 그려있다. 그림에서 보다시피, 전자는 왼쪽 슬릿을 통과하면서, 동시에 오른쪽 슬릿을 통과하기도 한다. 그런가 하면, 처음에는 왼쪽 슬릿을 향해 가다가 도중에 갑자기 방향을 바꿔서 오른쪽 슬릿을 통과하는 경우도 있다. 그리고 발사된 뒤에 머나먼 안드로메다 성운을 한바퀴 돌고 와서 왼쪽 슬릿을 통과하는 경로도 있을 수 있다. 물론 이보다 더 먼 경로도 얼마든지 가능하다. 파인만의 설명에 의하면, 전자는 출발→도착지점 사이에 놓여있는 모든 가능한 경로들을 동시에 다 지나간다.

이런 논리를 이용하면, 파인만은 확률파동을 전자에 일일이 대응시킬 필요가 없음을 강조했다. 그렇다면, 우리는 무언가 그럴듯한 대용품을 찾아야한다. 어떻게 설명해야 할까? — 하나의 전자가 스크린 상의 특정 지점에 도달할 확률은, 중간에 있는 '모든 가능한 경로'의 확률을 더하여 구해진다고 이해하면 된다. 이것이 바로 그 유명한 파인만의 "경로합 sum-over-path(또는 경로 적분 integration-over-path)"이론이다.[*7]

아무리 양자역학이 기이하다 해도, 이건 너무 심한 것 같다. 어떻게 단 하나의 전자가 무한히 많은 경로들을 '동시에' 지나갈 수 있단 말인가? 물론 일리 있는 항변이다. 그리고 독자들을 납득시킬 만한 논리도 있기는 있다. 그러나 이 세계를 지배하고 있는 양자역학은 이런 질문자들에게 함구령을 내리고 있다. 파인만 식의 계산은 파동함수를 이용한 계산과 마찬가지로 실험결과와 너무나도 정확하게 일치하고 있다. 여기서, 파인만의 말을 들어보자 — "양자역학은 우리의 상식적 관점에서 볼 때, 그야말로 터무니없는 방법으로 자연을 서술하고 있다. 그리고 그 모든 결과들은 실험치와 잘 일치하고 있다. 따라서 우리는 자연 자체가 원래 터무니없는 존재였다는 사실을 받아들일 수밖에 없는 것이다."[*8]

그러나 양자역학이 제아무리 터무니없는 체계를 갖고 있다 하더라도, 우리가 살고 있는 거시적 세계에 적용되었을 때에는 우리의 기존 상식과 동일한 결과를 줄 수 있어야 한다. — 파인만은 이것도 증명해 냈다. 즉, 야구공이나 비행기, 행성 등 원자보다 큰 거시적 물체들에 파인만의 양자역학을 적용하면, 모든 가능한 경로들 중 대부분이 서로 상쇄되어 없어지고 단 하나의 경로만이 남는다는 것이다. 그리고 살아남은 단 하나의 경로는 뉴턴의 운동법칙에서 얻어진 경로와 정확하게 일치한다. 바로 이러한 이유 때문에 우리는 허공에 던져진 야구공이 단 하나의 경로를 따라간다고 하늘같이 믿어왔던 것이다. 그러나 미시적 스케일에서는 이 경로들이 서로 상쇄되지 않고 물체(전자)의 운동에 기여하게 된다. 예를 들어 2중 슬릿 실험의 경우, 전자가 취할 수 있는 경로들은 오른쪽 슬릿과 왼쪽 슬릿에 공평하게 분포되어 있기 때문에 간섭무늬가 나타났다. 그러므로 미시적 스케일에서는 전자가 '오른쪽 아니면 왼쪽 슬릿 중 하나' 만을 통과한다고 말할 수 없다. 2중 슬릿 실험의 간섭무늬와, 파인만이 구축한 양자역학의 체계는 이 사실을 분명하게 입증하고 있다.

책이나 영화를 다양한 관점에서 논평하면 그만큼 이해가 깊어지는 것처럼, 양자역학도 다양한 방법으로 접근할수록 자연에 대한 우리의 이해도 그만큼 깊어질 것이다. 파동함수에 기초한 기존의 양자역학과 파인만의 '경로합이론' 은 우리에게 자연을 바라보는 서로 다른 시각을 제공하였다. 계산결과는 정확하게 일치하면서도 기본체계가 다른 이 두 가지의 접근법은, 미시적 세계를 설명하는 이론으로서 무한의 가치를 지니고 있다.

불가사의한 양자역학

이제 독자들은 이 우주가 양자역학이라는 기이한 체계하에 운영되고 있다는 현실에 어느 정도 적응되었을 것이다. 만일 아직도 적응이 덜 되었다면, 지금부터 하는 이야기는 당신을 더욱 혼란스럽게 만들지도 모른다.

분명히 양자역학은 상대성이론보다 받아들이기가 힘들다. 그러나 여기 당신의 이해를 도와줄 만한 또 하나의 원리가 있다. 이것은 당신에게 양자역학과 고전역학 사이의 근본적인 차이점을 극명하게 보여줄 것이다. 1927년에 독일의 물리학자였던 하이젠베르크 Werner Heisenberg에 의해 발견된 '불확정성원리'가 바로 그것이다.

이 원리는 앞에서 독자들이 품었던, 바로 그 의문으로부터 탄생되었다. 2중 슬릿 실험에서 전자가 어느 쪽 슬릿을 통과했는지를 알기 위해(위치결정) 무언가 측정장비를 동원하면, 그로 인해 전자의 운동(속도)이 교란되었다. 그러나 우리가 어둠 속에서 누군가가 옆에 있는지를 확인할 때, 옆 사람을 사정없이 후려칠 수도 있지만, 아주 조심스럽게 살짝만 만져봐도 그 존재를 느낄 수 있다. 그렇다면, 빛을 아주 약하게 쪼여서 전자를 교란시키지 않고도 전자의 위치를 파악할 수 있지 않을까? 19세기 물리학의 관점에서 본다면, 불가능할 이유가 전혀 없다. 아주 희미한 빛을 쪼여준다면(그리고 초고감도의 빛 감지기를 사용한다면) 전자가 교란되는 정도를 거의 무시할 수 있을 만큼 줄일 수 있을 것 같다. 그러나 양자역학적 관점에서 볼 때, 이것은 절대로 불가능한 일이다. 빛의 강도를 줄인다는 것은, 광원에서 방출되는 광자의 개수가 줄어들었음을 의미한다. 빛의 강도를 점차 줄여서, 한 번에 하나의 광자를 발사하는 정도까지 줄였다면, 우리는 더 이상 밝기를 줄일 수가 없다. 여기서 더 줄이려면 아예 광원을 꺼야한다. 바로 이것이 전자를 '조심스럽게' 만지는 양자적 한계이다. 즉, 우리가 전자의 위치를 확인하기 위해서는 빛을 쪼여야하고, 그 빛의 세기를 아무리 줄인다 해도 어쨌든 광자를 쏘아야하기 때문에, 필연적으로 전자를 교란시킬 수밖에 없는 것이다.

여기까지는 별다른 문제가 없는 것 같다. 플랑크의 법칙에 의하면 광자 하나의 에너지는 진동수(파장에 반비례함)에 비례한다. 따라서 전자를 쪼이는 빛의 진동수를 점점 작게 가져가면(파장을 점점 늘이면) 전자의 교란을 얼마든지 줄일 수 있다. 그러나 진짜 문제는 지금부터 발생한다. 빛이 물체에 반사되어 우리의 눈이나 정교한 특정 장치에 들어왔을 때, 우리가 알아낼 수 있는 위치의 정확도는 사용된 빛의 파장만큼 오차의 범위를 갖는다. 다시 말해서, 물체의 위치를 측정할 때에는 측정기기가 아무리 완벽하다 해도 사용된 빛의 파장만큼의 오차가 반드시 수반된다는 뜻이다. 왜 그럴까? 이해를 돕기 위해, 덩치가 큰 물체로 예를 들어보자. 파도가 출렁이는 바다에 바위섬이 하나 있다. 당신은 지금 파도를 이용하여 바위섬의 위치측정을 시도하고 있다. 파도가 바위섬으로 접근할 때에는 아주 정확하고 주기적인 파형을 유지하다가, 일단 바위섬에 부딪히면 파도의 모양에 변형이 일어난다. 그러나 자에 그려진 눈금처럼, 개개의 파도는 전체 파도를 형성하는 일종의 눈금 역할을 한다. 따라서 파도에 일어난 변형을 관찰하면 파도의 한 파장에 해당하는 오차의 한계 이내에서 바위섬의 위치를 측정할 수 있다. 빛의 경우에도, 개개의 광자들은 개개의 파도와 비슷하다(파도의 크기, 즉 진폭은 광자의 개수에 대응된다). 따라서 빛으로 어떤 물체의 위치를 측정할 때에는, 빛의 파장에 해당되는 오차가 필연적으로 수반되는 것이다.

이렇게 해서 우리는 양자적 양팔저울이 뒤뚱거리는 듯한 상황에 처하게 되었다. 전자를 향해 높은 진동수(짧은 파장)의 빛을 쪼이면 위치는 매우 정확하게 측정될 수 있다. 그러나 높은 진동수를 가진 광자는 에너지 함유량도 크기 때문에, 전자의 속도를 많이 바꾸어 놓는다. 이와 반대로, 낮은 진동수의 빛을 쪼이면 광자의 에너지가 작아서 전자와 충돌했을 때 전자가 교란되는 정도를 최소한으로 줄일 수 있지만, 이번에는 전자의 정확한 위치측정을 포기해야 한다.

하이젠베르크는 이렇게 발생하는 오차의 크기를 정량화하여, 위치측정과 속도측정의 오차 값 사이에 성립하는 하나의 관계식을 유도해 냈다. 그가 찾아낸 공식에 의하면, "이 두 가지는 서로 반비례하는 관계에 있다. 즉, 위치의 측정오차를 줄이면 상대적으로 속도의 오차가 커지고, 속도의 측정오차를 줄이면 위치의 오차가 커진다. 지금까지 우리는 전자의 2중 슬릿 실험에 국한하여 논리를 진행시켜 왔지만, 하이젠베르크는 위치와 속도의 상보적 관계가 관측장비나 관측방법에 상관없이 모든 물체에 대하여 항상 성립한다는 놀라운 사실을 증명해 냈다. 뉴턴이나 아인슈타인의 물리학에서는 한 입자의 상태를 서술할 때 위치와 속도를 단번에 규명하였지만, 양자역학은 미시적 영역에서 물체의 위치와 속도를 동시에 정확하게 측정할 수 없음을 증명한 것이다. 게다가 둘 중 하나를 정확하게 측정할수록, 나머지 하나의 측정오차는 더욱 커진다고 했다. 이것은 전자뿐만 아니라, 이 우주에 존재하는 모든 물체들에게 한결같이 적용되는 원리이다.

아인슈타인은 고전물리학과 양자역학의 괴리를 막기 위해, 다음과 같은 주장을 펼쳤다 — "불확정성원리는 우리가 전자의 위치와 속도를 동시에 정확하게 알 수 없는 것처럼 말하고 있지만, 그렇다고 해서 전자가 정확한 위치와 정확한 속도를 갖지 않는다는 뜻은 아니다. 비록 우리가 그 값을 알아내지 못한다 해도, 속도와 위치의 정확한 값은 분명히 존재하고 있다." 그러나 지난 수십 년 동안 아일랜드 출신의 존 벨 John Bell을 선두로 한 이론물리학자들과 앨라이언 애스펙트 Alain Aspect가 이끄는 실험물리 팀의 학자들은 한결같이 아인슈타인이 틀렸음을 역설하고 있다. 전자를 비롯한 모든 물체들은 정확한 위치와 정확한 속도를 결코 동시에 가질 수 없다. 이 두 가지 물리량은 실험실에서도 동시에 정확하게 측정된 적이 단 한 번도 없다. 뿐만 아니라, 만일 불확정성원리가 사실이 아니라면 최근에 얻어진 여러 종의 실험결과들에 정면으로 위배된다.

실제로, 만일 당신이 크고 견고한 상자 안에 전자 하나를 가두어놓고, 초강력 압축기를 사용하여 상자의 부피가 거의 한 점 크기로 줄어들 때까지 압축시킨다면, 그 속에 갇힌 전자는 요란하게 난동을 부릴 것이다. 마치 폐쇄공포증 환자처럼, 전자는 공간이 쥐어짜일수록 더욱 격렬하게 움직이면서 예측할 수 없는 속도로 상자의 내벽에 부딪힐 것이다. 자연은 그 구성물질들에게 '죽은 듯이 한자리에 조용히 있는' 상태를 허락하지 않은 것이다. 이 장의 서두에서 조지와 그레이시가 들어갔던 술집은 $\hbar$의 값이 실제보다 훨씬 큰 세계였다. 그래서 유리잔 속에 떠있는 얼음조각들이 폐쇄공포증 환자처럼 격렬하게 움직였던 것이다. 물론 그 술집은 가상의 세계였지만(실제 세계에서는 $\hbar$의 값이 너무나도 작다), 미시세계에서 이런 종류의 폐쇄공포증 현상은 시도 때도 없이 사방에서 일어나는 다반사이다. 미시적 스케일의 입자들은 좁은 영역에 갇힐수록 더욱 운동이 과격해진다.(저자는 지금 가능한 한 수식을 사용하지 않으려고 매우 노력하고 있다. 그리고 그의 설명은 매우 훌륭하다. 그러나 불확정성원리와 플랑크상수 $\hbar$ 사이의 관계가 누락된 듯하여, 여기 불확정성원리의 수학 버전을 소개한다. $\Delta x \cdot \Delta P \rangle \hbar$, 여기서 Δx는 위치를 측정할 때 생기는 오차이며, ΔP는 운동량, 즉 질량(m) ×속도(v)를 측정할 때 수반되는 오차 값이다. 따라서 이 식은 다음과 같이 쓸 수도 있다. $\Delta x \cdot \Delta v \rangle \hbar/m$, 여기서 Δv는 속도의 오차를 뜻한다 : 옮긴이)

불확정성원리는 또 하나의 놀라운 현상을 가능하게 해주었다. '양자터널 quantum tunneling'이라 불리는 현상이 그것이다. 만일 당신이 10피트 두께의 콘크리트 벽에 조그만 플라스틱 구슬을 던진다면 고전적 관점에서 볼 때 공은 당연히 당신을 향해 되튈 것이다. 조그만 공은 두꺼운 벽을 뚫고 지나갈 만큼 충분한 에너지를 갖고 있지 않기 때문이다. 그러나 이 문제를 소립자의 영역으로 축소시키면 공의 파동함수(확률파동)중 일부가 벽을 뚫고 지나간다는 것을 수학적으로 증명할 수 있다. 다시 말해서, 조그만 공이 두꺼운 벽을 뚫고 지나갈 확률이 존재한다는 뜻이다(확률이 작긴 하지만, 분명히 0은 아니다. 그리고 '뚫고' 지나간다는 것은 벽에 구멍이 난다는 뜻이 아니라, 그냥 벽을 통과한다는 뜻에 더 가깝다). 어떻게 이런 일이 가능하다는 말인가? 이것도 역시 하이젠베르크의 불확정성원리에서 답을 찾을 수 있다.

독자들의 이해를 돕기 위해, 또 하나의 예를 들어보자. 당신은 완전히 파산한 상태에서 먼 곳에 사는 먼 친척으로부터 거액의 유산을 상속받았다. 한마디로 횡재를 한 것이다. 그런데 주머니에 땡전 한 푼도 가진 게 없어서 그곳으로 가는 비행기표조차 구입할 수가 없었다. 그래서 당신은 평소 알고 지내던 친구들을 찾아다니며 통사정을 했다. 당신과 횡재 사이를 가로막고 있는 장애(친구에게 돈을 빌리는 것)만 극복된다면, 당신은 거금을 갖고 돌아와서 빌린 돈을 여유 있게 갚을 수 있다. 그러나 애석하게도 돈을 빌려주는 친구가 없었다. 그때, 당신의 머릿속에는 항공사에서 일하고 있는 옛 친구가 떠올랐다. 당장 그 친구에게 달려가 사정을 이야기했더니, 그는 돈을 빌려주지는 못하지만 한 가지 방법이 있다고 귀띔하면서 항공사의 요금결재 시스템에 약간의 허점이 있으니 그것을 이용하라고 권했다. 즉, 일단 무조건 비행기를 타고 목적지에 도착한 후 24시간 이내에 요금을 송금하기만 하면, 직원들은 당신이 요금을 늦게 지불했다는 사실을 전혀 눈치 채지 못한다는 것이었다. 이렇게 해서 당신은 아무런 문제없이 유산을 상속받을 수 있었다.

양자역학의 요금결재 시스템도 이와 매우 비슷하다. 하이젠베르크는 위치와 속도의 정확한 측정이 서로 상보적인 관계에 있다는 것 이외에, '에너지'와 '에너지를 측정하는 데 소요되는 시간'도 상보적인 관계임을 증명하였다. 양자역학은 어떤 정확한 양의 에너지가 어떤 정확한 시간에 존재하는 상황을 허락하지 않은 것이다. 에너지를 정확하게 측징하려고 노력하면 할수록, 측정에 소요되는 시간은 필연적으로 길어진다. 또 이와는 반대로 아주 짧은 시간 내에 에너지를 측정하면 그 값이 마치 널을 뛰듯 요동을 치게 된다. 항공사의 엉성한 결재 시스템이 당신으로 하여금 돈을 '구해서' 한정된 시간 안에 갚을 수 있도록 '허락'했던 것처럼. 양자역학은 한 입자가 에너지를 잠시 '빌렸다가' 하이젠베르크의 불확정성원리에 명시된 시간 내에 다시 되돌리는 것을 허락하고 있다.

양자역학의 수학체계에 의하면, 입자의 앞길을 가로막고 있는 에너지 장벽이 높을수록 '초단기 에너지 대여 시스템'이 가동될 확률은 더욱 작아진다. 그러나 콘크리트 장벽에 직면한 미시세계의 입자들은 종종 충분한 양의 에너지를 빌려서 자신의 관통 능력을 극대화시킨 후

불가사의한 미시세계 | 191

에, 장벽을 통과하는 기적을 발휘하고 있다. 고전적으로는 도저히 불가능했던 일이 미시세계에서 실제로 일어나고 있는 것이다. 여러 개의 입자가 한데 뭉쳐 있는 원자나 분자의 경우에도 이러한 양자터널 현상은 일어날 수 있다. 그러나 이 경우에는 모든 구성입자들이 터널을 통과하는 행운을 '동시에' 누려야하기 때문에 그만큼 확률이 떨어진다. 술집에서 조지의 시가 담배가 사라지고, 얼음이 유리잔의 옆구리를 관통하고, 또 조지와 그레이시가 술집의 벽을 마음대로 통과할 수 있었던 것은, 그곳의 플랑크상수 h가 매우 컸기 때문이다. 이런 세상이라면 양자터널 효과는 하나도 신기할 것 없는 일상사로 간주될 것이다. 그러나 h가 너무나도 작은 실제 세계에서는 결코 흔한 일이 아니다. 만일 당신이 1초에 한 번씩 벽에 부딪히면서 무사통과를 시도한다면, 현재 우주의 나이(150억~200억 년)에 맞먹는 장고한 세월동안 꾸준히 부딪쳐야 단 한 번 정도 성공할 수 있을 것이다.

    불확정성원리는 양자역학의 핵심을 보여주는 범 우주적 진리이다. '모든 물체들이 정확한 위치와 속도를 동시에 가질 수 있으며, 또 정확한 시간에 정확한 에너지를 갖는다는 고전적인 가설은 그 작고 작은 플랑크상수 때문에 이제 구시대의 유물이 되고 말았다. 그러나 천하를 통일한 듯한 이 양자역학을 중력 문제에 적용시키면서, 물리학자들은 헤어날 수 없는 딜레마에 또 다시 빠지고 말았다. 뉴턴의 중력과 일반상대성이론, 그리고 고전역학과 양자역학의 충돌에 이어, 일반상대성이론과 양자역학이 또 한 번의 대충돌을 일으킨 것이다.

제5장
새로운 이론의 필요성이 대두되다 :
일반상대성이론 대 양자역학

지난 한 세기 동안, 물리적 우주에 대한 우리의 이해는 매우 깊어지고 구체화되었다. 양자역학과 일반상대성이론은 원자적 규모의 미시세계에서부터 은하와 성단, 심지어는 우주 전체에 이르는 모든 자연현상들을 설명해 수었고, 우리는 이 이론체계들을 이용하여 앞으로 빌생할 사건들을 예측할 수도 있게 되었다. 이것은 실로 위대한 성과이다. 은하계의 한쪽 구석에서 평범한 별의 주위를 하릴없이 공전하고 있는, 별 볼일 없는 행성의 생명체들이 그들의 생각과 실험을 통하여 물리적 우주의 신비를 탐구하고 이해했다는 것은 정말로 대단한 쾌거가 아닐 수 없다. 그러나 그 별 볼일 없는 행성의 물리학자들은 이 우주의 가장 깊은 곳에 숨어 있는 가장 심오한 원리를 규명해낼 때까지, 결코 만족을 모르며 살아갈 것이다. 이것은 스티븐 호킹이 '신의 섭리 the mind of God'를 알아내기 위한 첫발을 내딛으면서 언급했던 말이기도 하다.[*1]

양자역학과 일반상대성이론이 우리에게 가장 근본적인 이해를 가져다주지 못한다는 증거는 도처에 널려 있다. 이 두 개의 이론은 적용되는 영역이 전혀 다르기 때문에 대부분의 현상들은 둘 중 하나만 갖고도 충분히 설명될 수 있었다. 그러나 질량이 엄청나게 크면서 크기는 매우 작은 물체의 경우(블랙홀의 중심부, 또는 빅뱅 직전의 우주), 우리는 일반상대성이론과 양자역학을 모두 동원해야 한다. 그런데 물리학자들이 막상 두 개의 이론을 한데 합쳐놓고 보니, 마치 불과 화약을 섞어놓은 것처럼 일대 재난이 발생하고 말았다. 양자역학과 일반상대성이론의 방정식들을 섞어놓고, 여기에 물리 문제를 적용시키면 항상 말도 안 되는 답이 튀어나왔다. 어떤 물리적 사건이 발생할 확률을 이 연합체계에서 계산하면, 그 결과는 20%도, 73%도, 91%도 아닌 '무한대'였던 것이다! 확률에 대한 기초지식이 있는 사람이라면, 모든 확률은 0보다 크거나 같고 1보다 작거나 같은 실수라는 사실을 잘 알고 있을 것이다. 그런데 확률이 무한대라니, 도대체 이 무슨 날벼락이란 말인가? 이건 무언가가 잘못돼도 단단히 잘못된 결과이다. 대체 뭐가 잘못된 것일까? 지금부터 그 내막을 자세히 들여다보기로 하자.

양자역학의 핵심

하이젠베르크가 불확정성원리를 발견하면서, 물리학은 일대 전환기를 맞이하게 되었다. 확률과 파동함수, 간섭, 양자 등등…. 이 모든 것들은 우리에게 진실을 바라보는 새로운 관점을 제시해 주었다. 그 당시 기존의 고전적 관점을 쉽게 포기하지 못했던 물리학자들은 '양자역학이 비록 실험결과를 잘 재현하고는 있지만, 앞으로 모든 진실이 밝혀지면 양자역학 역시 고전물리학의 기틀 속에 통합될 것이다'라고 생각했다. 그러나 불확정성원리가 세상에 알려지면서 과거를 향한 이들의 희망은 일순간에 물거품이 되고 말았다.

불확정성원리에 의하면, 우리가 작은 스케일을 관측할수록, 그리고 짧은 시간 내에 관측할수록 이 우주는 더욱 광폭한 존재로 변한다. 하나의 전자를 한 장소에 고정시키려고 하면 전자가 미친 듯이 날뛴다는 사실은 이미 4장에서 언급한 바 있다. 또 전자를 향해 높은 진동수의 빛을 쪼이면 전자의 위치는 정확하게 측정할 수 있지만, 그 대가로 전자의 정확한 속도측정을 거의 포기해야 한다는 것도 알았다. 높은 진동수를 가진 광자는 에너지를 많이 함유하고 있어서, 전자의 운동상태를 크게 교란시키기 때문이다. 어린아이들로 가득 차 있는 방을 상상해보자. 지금 당장은 각 아이들의 위치를 정확하게 파악할 수 있지만, 이 아이들이 어느 방향으로 얼마나 빨리 움직여갈 것인지는 아무도 알 수 없다. 한마디로, 통제 불능의 상태인 것이다. 입자의 위치와 속도를 동시에 정확하게 알 수 없다는 것은 곧 미시세계가 원래부터 혼란스러운 세계였음을 의미한다.

불확정성원리와 혼란스러운 우주 사이에 밀접한 관계가 있다는 것은 물론 의미심장한 일이지만, 이 정도는 앞으로 펼쳐질 여정의 시작에 불과하다. 당신은 위치와 속도(또는 에너지와 시간)의 불확정성이 관측장비의 결함이나 관측하는 사람의 미숙함에서 비롯된 결과라고 생각할지도 모른다. 그러나 그건 틀린 생각이다. 조그만 상자 속에 전자를 가둔 채로 상자의 부피를 압축시킬 때 마치 폐쇄공포증 환자처럼 난리를 치는 전자를 상기해보자. 이 상황은 관측장비나 관측자의 숙련도와는 아무런 상관이 없다. 게다가 전자에게 광자를 쪼이지 않았는데도 전자는 전혀 예측할 수 없는 난동을 계속 한다. 그러나 이러한 사례조차도 불확정성원리에 입각한 미시세계의 기이함을 충분히 보여주지는 못한다. 완전히 텅 비어 있는 공간까지도 불확정성원리에 의하면 끔찍할 정도의 난장판이 진행되고 있다. 그리고 이 난장판은 좁은 간격, 짧은 시간일수록 더욱 격렬해진다.

이러한 현상을 이해하려면 양자적 개념이 반드시 도입되어야 한다. 제 4장에서 재정적 장애를 극복하기 위해 잠시 동안 돈을 빌려썼던 것처럼, 전자와 같은 입자들은 물리적 장애를 극복하기 위해 아주 잠시 동안 에너지를 빌려올 수 있다. 이것은 분명한 사실이다. 그러나 양자역학은 여기서 한 걸음 더 나아간다. 상습적으로 돈을 빌려다 쓰는 사람이 친구들을 번갈아 만나면서 돈을 꿔달라고 사정하는 경우를 상상해보자. 그런데 이 사람은 돈을 빌려쓰는 기간이 짧을수록 더 많은 돈을 빌려달라고 요구하고 있다. 이런 식으로 빌렸다가 갚고, 또 빌렸다가 갚고…, 갚을 날이 다가오면 또 꾸어서 갚고…. 그의 채무 행진은 끝없이 계속 된다. 이 경우, 그의 수중에 있는 돈의 액수는 마치 증권시세처럼 널을 뛰겠지만, 이 모든 상황이 끝난 뒤 그의 재정상태를 살펴보면 채무 인생을 처음 시작했을 때보다 별로 나아진 게 없다.

하이젠베르크의 불확정성원리에 의하면, 미시세계에서는 좁은 간격, 짧은 시간 내에서 이와 비슷한 에너지 '대란' 이 끝도 없이 벌어지고 있다. 텅 빈 공간(예를 들어, 빈 상자의 내부) 속에서조차 에너지와 운동량(질량×속도)은 정해진 값이 없다. 상자의 크기가 작아질수록, 그리고 측정 소요시간이 짧을수록 운동량과 에너지의 값은 큰 폭으로 오락가락하게 된다. 이것은 작은 상자 속에 갇힌 전자가 우주로부터 에너지와 운동량을 잠시 빌려서 난동을 부리는 것과 동일한 원리이다. 물론 빌려 온 에너지는 다시 우주로 되돌려준다. 그러나 텅 빈 공간에서 대체 어떤 존재가 이런 난해한 거래를 주관하고 있단 말인가? 놀랍게도, '모든 것'들이 이 난동에 관계되어 있다. 에너지는 언제든지 다른 형태로 전환될 수 있는 물리량이다. 그 유명한 방정식 $E=mc^2$에 의하면 에너지는 물질(질량)로 바뀔 수 있고 반대로 물질이 에너지로 전환될 수도 있다. 그러므로 에너지의 격동이 심해지면, 아무것도 없는 진공 속에서 전자와 양전자 positron(전자의 반물질에 해당되는 입자)가 갑자기 생겨날 수도 있다! 물론 빌려 온 에너지는 빠른 시간 내에 되돌려줘야 하기 때문에 진공 중에서 느닷없이 탄생한 전자와 양전자는 곧바로 합쳐지면서 소멸된다. 이런 현상은 에너지와 운동량이 취할 수 있는 모든 형태의 물리량에 대하여 언제든지 발생할 수 있다. 입자의 생성과 소멸, 전자기장의 격렬한 진동, 강력 strong force과 약력 weak force의 요동현상 등 미시세계의 우주는 그야말로 혼돈과 광란의 도가니 그 자체다. 그리고 이 모든 현상은 불확정성원리에 그 뿌리를 두고 있다. 이를 두고 파인만은 이런 농담을 한 적이 있다. "창조되었다가 사라지고, 또 창조되었다가 사라지고…. 이 얼마나 낭비적인가?"[2] 무언가를 빌렸나가 되갚는 일이 계속 반복되면, 평균적으로 볼 때 아무런 일이 일어나지 않은 것과 다를 바가 없다. 거시적인 관점에서 볼 때 텅 빈 공간이 쥐 죽은 듯 고요한 세계처럼 보이는 것은 바로 이러한 이유 때문이다. 그러나 불확정성원리는 미시세계에서 광란의 춤이 비밀스럽게 진행되고 있음을 우리에게 일깨워 주었다.[3] 이제 곧 알게 되겠지만 일반상대성이론과 양자역학의 통합을 가로막는 최대의 걸림돌이 바로 이 '광란의 춤'이다.

양자장이론 Quantum Field Theory(QFT)

1930년대~1940년대에 걸쳐서, 폴 디랙 Paul Dirac과 볼프강 파울리 Wolfgang Pauli, 줄리안 슈윙거 Julian Schwinger, 프리먼 다이슨 Freeman Dyson, 신이치로 도모나가 朝永振一郎, 그리고 파인만 등으로 대표되는 이론물리학자들은 미시세계의 혼돈을 설명해주는 수학적 체계를 찾기 위해 필사의 노력을 기울였다. 결국 이들은 슈뢰딩거의 파동방정식(4장에서 언급되었음)이 미시세계에 대한 근사적 서술에 지나지 않는다는 사실을 알아냈다. 미시세계의 혼돈을 깊이 파고들어 가지 않는다면, 파동방정식만으로도 양자적 세계를 훌륭하게 설명할 수 있었지만, 혼돈의 세계에 이 방정식을 적용하면 올바른 결과를 얻을 수가 없었던 것이다.

슈뢰딩거는 양자역학의 체계를 세울 때 특수상대성이론을 고려하지 않았다. 사실 처음에는 상대론을 고려한 양자적 방정식을 유도했지만, 수소원자에 적용시켰을 때 실험결과를 재현시키지 못했다. 그래서 슈뢰딩거는 물리학의 전통적 연구방식인 '각개격파'를 시도하기로 했다. 모든 사항이 고려된 새로운 이론을 한번에 개발하는 것보다는, 한 분야를 집중적으로 연구한 뒤에 새로운 사항을 차례로 첨가해 나가는 방식이 더 유리하다고 판단했던 것이다(실제로 물리학의 중요 이론들은 대부분 이런 과정을 거쳐서 탄생되었다. 최종적으로 완성된 이론을 보면 물리학의 대가들이 처음부터 모든 것을 꿰뚫어보면서 일사천리로 만들어나간 듯이 보이지만, 그 내막을 들여다보면 평범한 사람들에게나 있을 법한 오류와 실수들로 점철되어 있다. 지금 공부를 하고 있는 학생들은 이 사실을 마음속 깊이 새겨주기 바란다 : 옮긴이). 슈뢰딩거는 실험을 통해 입증된 파동-입자의 이중성을 수학적으로 표현하는 데에는 성공했지만, 그 당시에 이미 정설로 인증되고 있었던 특수상대성이론만은 자신의 이론체계에 포함시키지 않았다.*4

그러나 물리학자들은 양자역학이 제대로 완성되려면 특수상대성이론이 반드시 고려되어야 한다는 사실을 곧 인식하게 되었다. 미시세계의 혼돈스런 상태를 이해하려면 에너지가 $E=mc^2$에 의해 다양한 형태로 나타난다는 것을 고려해야 했기 때문이다. 슈뢰딩거가 특수상대성이론을 무시한 것은, 곧 물질과 에너지, 그리고 운동의 특성을 무시한 것과 마찬가지였다.

물리학자들은 우선 전자기력 자체와 전자기력-물질 사이의 상호작용에 대하여 특수상대성이론과 양자적 개념이 혼합된 이론을 개발하는 데 전력을 기울였다. 그리고 몇 사람의 영감 어린 노력에 힘입어 마침내 양자전기역학 Quantum Electrodynamics(QED)이 탄생하였다. 이 이론은 훗날 상대론적 양자장론 Relativistic Quantum Field Theory(또는 줄여서 Quantum Field Theory라고도 함)의 모체가 되었다. '양자quantum'라는 단어가 붙은 이유는 애초부터 확률적 개념과 불확정성원리가 모두 고려되었기 때문이며, '장론 field theory'이라 불리는 이유는 '역장 force field'이라는 고전적 개념에 양자역학적 원리가 적용되었기 때문이다. 양자전기역학은 맥스웰의 전자기장 electromagnetic field을 양자화시킨 이론이다. 그리고 맨 앞에 '상대론적 relativistic'이라는 수식어가 붙은 이유는 물론 특수상대성이론이 고려되었기 때문이다.(양자장을 머릿속에 그려보고 싶다면 전기장과 같은 보이지 않는 선이 공간에 분포되어 있는 상황을 떠올린 후, 다음의 두 가지 항목을 추가하면 된다. 첫째로, 양자장은 입자들로 구성되어 있다. 전기장의 경우, 구성입자는 광자이다. 둘째로, 양자장 속에서 에너지는 질량과 운동의 형태로 존재하며, 이들은 시공간 속에서 꾸준하게 진동하면서 장과 장 사이를 끊임없이 오락가락하고 있다)

양자전기역학은 자연을 대상으로 지금까지 개발된 모든 이론들 중에서 가장 정확한 이론이다. 그 정확성을 보여주는 한 예로서, 코넬 Cornell 대학의 입자물리학자인 토이치로 키노시타 Toichiro Kinoshita 의 업적을 들 수 있다. 그는 전자의 특성을 나타내는 어떤 물리량을 양자전기역학적 논리로 계산하는데 장장 30년의 세월을 보낸 사람이다. 그의 계산과정은 연구 노트로 수천 페이지에 달했으며, 최종결과를 얻기 위해 세계에서 가장 강력한 컴퓨터가 동원되었을 정도로 복잡하고 지루했지만, 그 정도의 시간과 노력을 투자할 만한 가치가 충분히 있는 계산이었다. 키노시티가 얻은 계산 결과는 실험적으로 알려진 값과 비교할 때 1/10억(10^{-9})의 오차 이내로 기가 막히게 맞아떨어진다. 추상적 논리로 이루어진 이론과 실재하는 세계를 대상으로 한 실험이 이 정도로 정확하게 일치한다는 것은 정말로 놀라운 일이다. 물리학자들은 양자전기역학을 이용하여 빛이 광자라는 미립자로 이루어져 있음을 재확인했을 뿐만 아니라, 광자가 전자와 같은 하전입자(전하를 띤 입자 : 옮긴이)들과 상호작용을 한다는 사실을 수학적으로 완벽하게 규명할 수 있었다.

양자전기역학에 용기를 얻은 1960~1970년대의 물리학자들은 약력과 강력, 그리고 중력까지도 이와 비슷한 방법으로 양자화시키는데 총력을 기울였다. 수많은 시도 끝에 결국 물리학자들은 강력의 양자장론에 해당되는 '양자색역학 Quantum Chromodynamics(QCD)' 과 약력의 양자장론인 '약전자이론 Electroweak Theory' 을 만들어내는 데 성공하였다. 양자색역학은 사실 '양자강력학' 이라는 이름으로 불려야 더 어울리겠지만, 별것도 아닌 이유 때문에 이런 원색적인 이름을 얻게 되었다. 그러나 '약전자'라는 말 속에는 힘의 성질에 관한 매우 중요한 의미가 함축되어 있다.

셸던 글래쇼 Sheldon Glashow와 앱더스 살람 Abdus Salam, 그리고 스티븐 와인버그 Steven Weinberg는 겉으로 보기에 전혀 다른 약력과 전자기력이 양자장론의 이론적 체계 속에서 하나의 현상으로 '통일'될 수 있음을 증명하여 1979년에 노벨상을 받았다(이들 세 사람은 공동 연구를 한 것이 아니라 거의 비슷한 시기에 동일한 결과의 논문을 발표하여 노벨상을 나누어 가졌다. 물론 노벨상 심사위원회는 이들의 연구가 독자적으로 이루어졌음을 입증하기 위해 철저한 검증과정을 거쳤다 : 옮긴이). 전자기력은 가시광선이나 라디오 - TV 전파, X선 등 거시적 세계에서도 그 존재가 감지되지만, 약력은 원자 이하의 미시세계에서만 영향력을 행사할 뿐, 일상적인 스케일에서는 거의 감지되지 않을 정도로 약한 힘이다. 그러나 글래쇼와 살람, 그리고 와인버그는 초고에너지와 초고온의 상태에서(빅뱅이 일어난 뒤 1초도 채 지나지 않은 상태) 전자기장과 약력장이 서로 구별할 수 없는 '하나의' 역장이었음을 입증하였고, 거기에는 '약전자장 electroweak field'이라는 이름이 붙여졌다. 빅뱅 이후에 우주가 점차 식으면서 전자기력과 약력이 분리되어 각자 고유의 성질을 갖게 되었는데, 학자들은 이 과정을 가리켜 '대칭성 붕괴 symmetry breaking'라 부르고 있으며(이에 관해서는 나중에 구체적으로 설명할 예정이다), 차디차게 식어버린 지금의 우주에는 이 두 개의 힘이 별개로 존재하고 있다.

1970년대의 물리학자들은 자연계에 존재하는 4종류의 힘 중에서 중력을 제외한 세 가지의 힘(강력, 약력, 전자기력)을 양자역학적으로 설명하는 데 성공하였고, 이들 중 2개(약력과 전자기력)는 동일한 원리

(약전자력)에서 파생된 것임을 입증하였다. 그리고 지난 20여 년 동안 물리학자들은 중력을 제외한 세 가지 힘의 양자역학적 버전을 검증하기 위해 엄청난 양의 실험을 실시해왔다. 실험물리학자들은 이와 관련된 19가지의 물리량(입자의 질량 — 표 1.1, 입자의 힘전하 — 1장의 후주에 제시된 표 참고, 중력을 제외한 세 가지 힘의 세기 — 표 1.2 등)들을 측정하였으며, 이론물리학자들은 이 값을 양자장론에 대입하여 약력과 강력, 전자기력, 그리고 물질을 이루는 여러 입자들의 특성을 이론적으로 예견하였다. 다행히도, 결과는 매우 성공적이었다. 양자장론은 10억×10억 분의 1(10^{-18})미터에 이르는 미세 영역까지 감당할 수 있는 정확한 이론임이 입증된 것이다. 이런 이유 때문에 물리학자들은 중력을 제외한 세 종류의 힘과 3가지 족의 입자들에 관한 이론을 가리켜 입자물리학의 표준이론 standard theory, 또는 표준모델 standard model 이라 부르고 있다.

전령입자 Messenger Particle

표준모델에 의하면, 전자기장을 이루는 최소단위의 입자가 광자인 것처럼 강력과 약력장 역시 최소단위의 입자들로 이루어져 있다. 1장에서 간략하게 살펴본 바와 같이 강력장의 최소단위는 글루온 gluon이며, 약력장의 최소단위 입자는 위크 게이지 보존 weak gauge bosons(정확하게 표현하면 W보존과 Z보존이다)으로 알려져 있다. 이 매개입자들은 더 이상의 세부구조를 갖고 있지 않다. 표준모델의 관점에서 볼 때, 힘을 전달하는 매개입자는 물질을 이루는 소립자들처럼 더 이상 분해될 수 없는 최소단위의 존재인 것이다.

광자와 글루온, 그리고 위크 게이지 보존은 힘이 전달되는 미시적 과정을 우리에게 보여주고 있다. 예를 들어, 전하를 띤 입자가 자신과 같은 종류의 전하를 띤 다른 입자에게 척력(미는 힘 또는 밀어내는 힘)을 행사하는 경우를 상상해보자. 이 상황을 쉽게 이해하려면 개개의 하전입자들이 전기장('전기의 본질'이 구름이나 안개처럼 드리워져 있는 상태)에 둘러싸여 있다고 생각하면 된다. 그리고 이 입자들이 느끼는 척력은, 각 입자의 전기장들이 서로 밀어내려는 힘을 행사하면서 발생하는 것으로 이해할 수 있다. 그러나 이들이 서로 상대방을 밀어내는 과정을 미시적 단계에서 세밀하게 추적해보면, 전혀 다른 스토리가 펼쳐진다. 전자기장은 수없이 많은 광자들로 이루어져 있다. 그리고 두 개의 하전입자들이 상호작용을 주고받는 것은 이들이 서로 상대방을 향하여 광자를 '발사하고 있기' 때문이다. 얼음 위에서 스케이트를 타고 있는 사람에게 한 다발의 볼링공을 내던지면 운동상태에 영향을 받는 것처럼, 두 개의 하전입자들은 수많은 광자를 서로 상대방에게 내던지면서 전기력을 행사하고 있는 것이다.

스케이트를 타고 있는 두 사람이 서로 볼링공을 주고받는다면, 둘 사이에는 항상 척력만이 작용한다. 즉, 두 사람 사이의 거리는 계속해서 멀어지기만 할 것이다. 그러나 서로 반대부호의 전하를 띠고 있는 두 개의 입자들은 광자를 주고받으면서 상대방을 자기 쪽으로 끌어당기는 '인력(끌어당기는 힘)'을 행사한다. 따라서 이들이 주고받는 광자는 힘을 직접 전달하는 것이 아니라, 광자를 받는 측에 '어떤 반응을 보여야할지'를 알려주는 일종의 '전령사'로 이해되어야 한다. 같은 부호의 하전입자들 사이를 매개하는 광자는 상대방으로부터 멀어지라는 메시지를 전달하고, 서로 다른 부호의 하전입자들을 매개하는 광자는 서로 가까이 오라는 뜻의 메시지를 전달하는 것이다. 이런 이유 때문에 광자는 때때로 전자기력의 '전령입자 messenger particle'라 불리기도 한다. 이와 비슷하게, 글루온과 위크 게이지 보존은 각각 강력과 약력의 전령입자로 불린다. 양성자와 중성자의 내부에서 쿼크 quark들을 단단하게 결속시키고 있는 강력은 개개의 쿼크들이 글루온을 교환하면서 발생한다. 그리고 방사능 붕괴현상의 원천인 약력은 위크 게이지 보존에 의해 매개되고 있다.

게이지 대칭성 Gauge Symmetry

지금쯤 독자들은 "양자장이론을 거론하면서 왜 양자중력이론을 언급하지 않는가?"라고 묻고 싶을 것이다. 앞에서 언급한 세 가지 힘이 양자장을 통해 이해되었다면, 당연히 이와 유사한 논리를 중력에 적용시킨 양자중력이론이 나와야할 것이다. 그리고 이 이론에는 중력을 매개하는 전령입자, 이른바 '중력자 graviton'가 등장해야할 것 같다. 이미 해결된 세 가지 힘이 이론적으로 상당히 닮아있기 때문에, 중력도 이와 비슷한 체계를 따를 것만 같다. 그러나… 그랬다면 얼마나 좋았을까?

3장에서 언급된 일반상대성이론에 의하면, 모든 관찰자들은 자신의 고유한 운동상태에 상관없이 모두 '한결같이 옳은' 동등한 관점을 갖는다. 우리가 볼 때 가속운동을 하고 있는 사람도 자신이 완전하게 정지해 있다고 얼마든지 주장할 수 있다. 왜냐하면 그가 느끼는 힘의 원천은 관성력이 아니라 중력일 수도 있기 때문이다. 이 점에서 볼 때,

중력은 분명한 대칭성 symmetry을 갖고 있다 — 수없이 많은 사람들이 서로 다른 방향으로 제 각각의 운동을 하고 있다 해도, 이들 모두는 자신이 정지해 있다는 관점하에 주변의 물리적 상황을 설명할 수 있으며, 이들 모두의 관점은 한결같이 옳다. 그리고 중력의 경우만큼 분명하진 않지만, 전자기력과 약력, 강력 사이의 유사성으로 미루어볼 때, 이들도 어떤 물리적 대칭성을 갖고 있다고 볼 수 있다.

이 미묘한 대칭성의 원리를 좀더 쉽게 이해하기 위해, 한 가지 중요한 예를 들어보자. 제1장의 후주 1에 제시된 표에서 보는 바와 같이 개개의 쿼크는 세 가지의 '색 color'들 중 하나를 갖는다(모든 쿼크는 적색, 녹색, 청색 중 한 가지 색을 띠고 있다. 그러나 이것은 쿼크를 구별하기 위한 이름일 뿐, 정말로 쿼크들이 이런 색으로 보인다는 뜻은 아니다). 쿼크의 색에 따라 강력의 세기가 달라지는데, 이것은 입자의 전하량에 따라 전자기력의 세기가 달라지는 것과 같은 원리다. 지금까지 수집된 실험 데이터에 의하면, 쿼크들 사이에 작용하는 힘에는 어떤 대칭성이 존재하는 것으로 알려져 있다. 즉, 색이 같은 두 개의 쿼크(적-적, 녹-녹, 청-청)끼리 주고받는 힘들은 모두 동일하며, 또 색이 다른 두 개의 쿼크(적-녹, 녹-청, 청-적)끼리 주고받는 힘들도 모두 동일하다. 이보다 더욱 신기한 현상도 있다 — 강력의 '전하'에 해당되는 세 종류의 색을 어떤 특정한 방향으로 변환시키고(색의 개념으로 대충 설명하자면, 적색을 황색으로, 녹색을 남색으로, 그리고 청색을 보라색으로 변환시키는 것과 비슷하다), 상호작용이 일어나는 시간이나 장소를 임의로 변환시켜도 쿼크들 사이에 작용하는 힘은 조금도 변하지 않는다. 바로 이러한 성질 때문에, 강력이 모종의 대칭성을 갖고 있다고 간주되는 것이다. 완전한 구 sphere형이 회전 대칭성을 갖는 이유는 그것을 손에 들고 임의의 방향으로 돌리거나 바라보는 각도를 바꿔도 생긴 모습이 전혀 변하지 않기 때문이다(흔히 '대칭성' 하면 우리들은 거울에 비쳐진 상이나 좌우가 똑같이 생긴 물체를 떠올린다. 물론 이것도 대칭의 사례임에는 분명하지만, 일반적으로 대칭성은 이보다 더욱 포괄적인 의미를 갖고 있다. 대칭성의 일반적 정의는 '임의의 변환에 대하여 무언가가 보존되는 성질 — invariance under certain transformation' 이다 : 옮긴이). 이 점에서 볼 때, 강력은 분명한 대칭성을 갖고 있다. 쿼크의 색을 변환시켜도 물리학은 변하지 않는다. 물리학자들은 어떤 역사적인 이유 때문에 강력이 갖고 있는 대칭성을 '게이지 대칭 guage symmetry'이라 부르기도 한다.[*5]

그 다음, 정말로 중요한 부분을 짚고 넘어가자. 일반상대성이론에서 모든 관찰자들이 동일한 관점으로 취급될 수 있었던 것은 중력이라는 힘이 존재했기 때문이다. 따라서 게이지 대칭이 성립하는 것도 거기에 따른 힘이 존재하기 때문이라고 생각할 수 있다. 이것은 1920년대의 헤르만 바일 Herman Weyl과 1950년대의 첸닝양 Chen-Ning Yang, 로버트 밀스 Robert Mills에 의해 입증된 사실이다. 특정 지역의 온도와 기압, 그리고 습도를 외부의 기후조건에 상관없이 항상 일정하게 유지시키려면 항온-항압-항습기라는 물리적인 기계장치가 필요한 것처럼, 힘전하를 변형시켜도 입자들 사이에 작용하는 힘이 전혀 달라지지 않으려면, 모종의 역장 force field이 존재해야 한다. 쿼크의 색을 변환시켰을 때 나타나는 게이지 대칭의 경우, 이 힘은 바로 강력 그 자체이다. 다시 말해서, 만일 강력이 존재하지 않는다면 색의 변환과 함께 물리학도 변했을 거라는 이야기다. 이러한 사실로 미루어볼 때, 중력이 강력과 여러 면에서 판이한 성질을 갖고 있긴 하지만(예를 들어, 중력은 강력보다 훨씬 약하면서 무한히 먼 곳까지 영향력을 행사하고 있다), 무언가 동일한 근원에 뿌리를 두고 있다고 볼 수 있다. 즉, 이들은 모두 어떤 '대칭성'을 유지하는 데 반드시 필요한 힘이라는 것이다. 게다가 이 논리는 약력과 전자기력에도 동일하게 적용될 수 있다. 약력은 '약력 게이지 대칭'을 유지하기 위해, 그리고 전자기력은 '전자기 게이지 대칭'을 유지하기 위해 반드시 요구되는 힘이다. 자연계에 존재하는 4종류의 힘들은 이런 식으로 대칭성의 원리와 밀접하게 연관되어 있다.

4가지의 상호작용이 이렇게 공통점을 갖고 있기 때문에, 기존의 양자장이론(전자기력, 약력, 강력)을 그대로 확장하여 일반상대성이론과 양자역학이 혼합된 '양자중력이론'의 탄생을 기대하는 것은 어찌 보면 당연한 귀결이다. 지난 세월 동안 전 세계의 이론물리학자들은 이 이론을 찾기 위해 혼신의 힘을 기울여왔다. 그러나 지금까지 어느 누구도 양자중력이론을 완성시키기 못했다. 몇 걸음만 나가다보면 항상 괴물 같은 장애물이 앞을 가로 막았기 때문이었다. 대체 얼마나 대단한 장애물이었기에 세계적인 석학들이 그 앞에서 줄줄이 무릎을 꿇었단 말인가? 지금부터 상애물의 정체를 파헤쳐 보기로 하자.

일반상대성이론 대 양자역학

일반상대성이론은 천문학적으로 방대한 스케일에 주로 적용되는 이론이다. 이렇게 큰 스케일에서 볼 때, '질량의 부재'는 곧 공간이 왜곡되지 않고 그림 3.3처럼 평평하다는 것을 의미한다. 그러나 일반상대성이론과 양자역학을 한데 합치려면 아주 작은 스케일에서 나타나는 공간의 특성을 고려해야 한다. 이 점을 강조하기 위해, 그림 5.1에

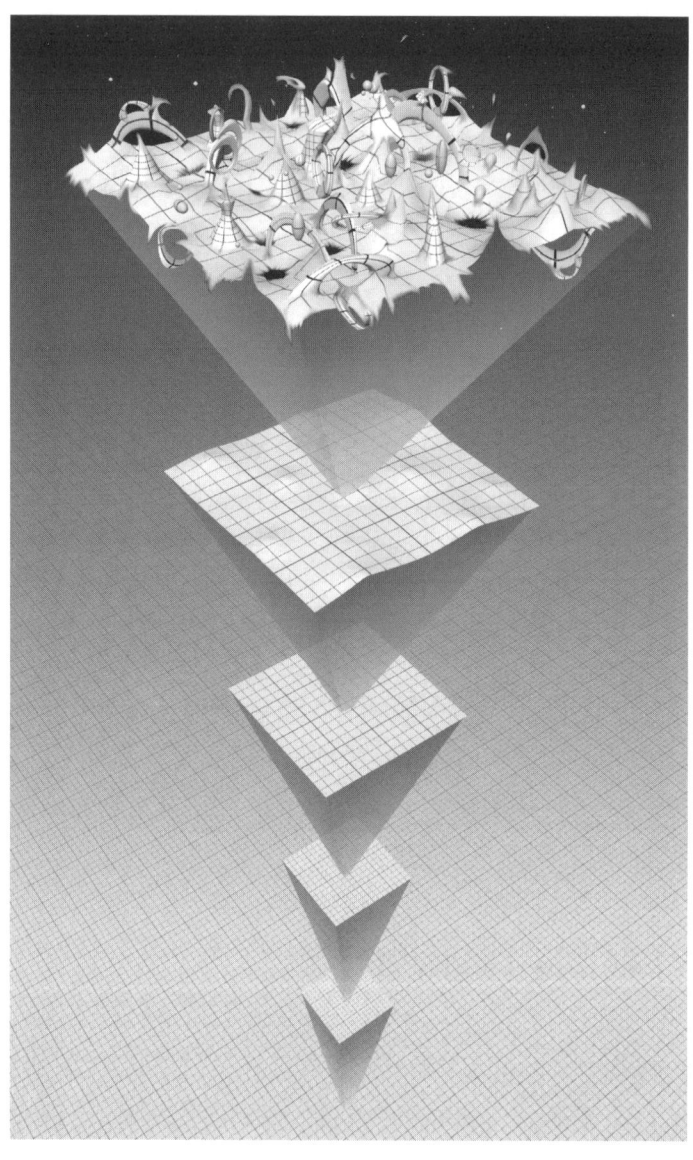

그림 5.1 공간의 한 지역을 연속적으로 확대시키면, 초미세 영역의 특징이 나타난다. 이 그림의 최상위 레벨, 즉 초미세 영역에서 일어나는 양자적 요동(양자거품) 때문에, 일반상대성이론과 양자역학은 조화롭게 합쳐질 수 없다.

는 공간의 일부를 순차적으로 확대시킨 모습이 제시되어 있다. 처음 1단계로 확대된 공간은 원래의 공간과 별로 달라진 것이 없다. 고전적인 관점에서 본다면 아무리 확대를 반복해도 크게 달라지지 않을 것 같다. 그러나 양자역학은 이러한 예상을 여지없이 부숴버렸다. 모든 만물, 모든 공간에는 불확정성원리에 의해 '양자적 요동 quantum fluctuation'이 존재하기 때문이다. 여기에는 중력도 예외가 될 수 없다. 고전적으로 볼 때 텅 빈 공간에는 중력장이 전혀 존재하지 않지만 (여기서 말하는 텅 빈 공간이란, 그 일대에 질량이 전혀 없는 이상적인 공간을 말한다. 물론 우주에는 이런 공간이 존재하지 않는다. '거의 텅 빈' 공간만이 존재할 뿐이다 : 옮긴이), 실제로는 양자적 요동에 의해 중력장이 정신없이 물결치고 있다. 이 값들을 모두 합하여 평균을 내면, 그때 비로소 중력장은 0이 된다. 뿐만 아니라, 불확정성원리에 의하면 중력장이 물결치는 크기는 작은 스케일로 갈수록 더욱 크게 나타난다. 우리의 관심을 작은 스케일로 옮겨갈수록, 중력장의 요동이 더욱 요란스러워지는 것이다.

중력은 공간(시공간)의 곡률로 표현된다. 따라서 중력장의 요동 역시 시공간을 변형시킬 것이다. 그림 5.1에서 네 번째 단계로 확대시킨 그림에는 휘어진 공간이 서서히 그 모습을 드러내기 시작하고 있다. 여기서 한 단계 더 확대시킨 맨 위쪽(다섯 번째 단계) 그림을 보면, 공간이 너무 심하게 변형되어 바로 전 단계의 완만한 곡면과는 아무런 유사성도 찾아볼 수 없다. 네 번째 단계의 곡면을 고무판으로 재현시켰을 때, 이 고무판을 제 3장에서 말했던 식으로 부드럽게 구부려서는 최종단계의 요란스런 곡면을 만들어낼 수 없다. 초미세 스케일의 영역에서는 중력장이 이렇게 심한 양자적 요동을 겪고 있는 것이다. 존 휠러는 초미세 공간(시공간)에서 일어나고 있는 이러한 난동사태를 가리켜 '양자거품 quantum foam'이라고 불렀다. 이 지역에 왼쪽과 오른쪽, 앞과 뒤, 위와 아래(심지어는 과거와 미래까지도) 등의 단어들은 더 이상 의미를 갖지 못한다. 그리고 일반상대성이론과 양자역학의 충돌은 바로 이 초미세 지역에서 발생한다 — "일반상대성이론의 핵심원리인 곡면기하학의 개념은, 초미세 스케일에서의 격렬한 양자요동 때문에 설자리를 잃었다." 초미세 영역에서, 불확정성원리로 대표되는 양자역학과, 매끄러운 곡면 형태의 시공간으로 대변되는 일반상대성이론이 정면충돌을 일으킨 것이다.

이 충돌은 매우 구체적인 형태의 후유증을 낳았다. 일반상대성이론과 양자역학의 방정식들을 하나로 합치는 과정에서, 말도 안 되는 계산 결과가 얻어진 것이다. 그 결과란, 바로 '무한대'였다. 옛날에 선생님들이 학생의 잘못을 바로 잡을 때 회초리로 손목을 때렸던 것처럼, 무한대는 우리가 무언가를 잘못 이해하고 있을 때 자연으로부터 날아오는 일종의 회초리이다.[*6] 일반상대성이론의 방정식으로는 난장판과도 같은 양자거품을 도저히 다룰 수가 없었다.

그러나 초미세 영역으로부터 우리의 시야를 점차 넓혀가서 일상적인 거시세계에 이르면(그림 5.1의 확대과정을 거꾸로 밟아간다고 생각해보라), 초미세 영역에서의 격렬한 요동은 평균적으로 모두 상쇄되어 사라진다. 이것은 반 강제로 사방에 돈을 꾸고 다니는 사람이 이런 짓을 오랫동안 했을 때 은행계좌에 거의 변화가 없는 것과 같은 이치이다(물론, 이 사람은 돈을 꾸기만 할 뿐, 생활비나 유흥비로 탕진하지 않는다는 전제가 깔려있다. 이 책을 읽는 어린 학생들은 이 점을 유념해주기 바란다 : 옮긴이). 그래서 우리의 눈에 보이는 거시적 세계는 곡면기하학으로 정확하게 서술되는 것이다. 이 상황을 잘 설명해주는 또 하나의 예로는 점 dot으로 이루어진 그림을 들 수 있다. 컴퓨터에서 사용되는 사진이나 그림들이 대표적인 사례이다. 이런 그림들을 먼 거리에서 바라보면, 개개의 점들이 주변의 점들과 적당히 섞여서 전체적으로 부드럽고 매끄러운 영상을 만들어낸다. 그러나 그림을 좀더 세밀한 스케일에서 들여다보면, 아까와는 전혀 다른 모습이 나타난다. 그것은 그림이 아니라 그저 점들의 집합에 불과하며, 개개의 점들은 서로 멀리 떨어져 있다(물론 컴퓨터 영상의 점들은 표현 기법에 따라 사각형이나 원 등으로 변형되어 점들 사이의 간격이 없을 수도 있지만, 지금은 그것을 따지는 게 아니다 : 옮긴이). 이와 마찬가지로 시공간의 구조는 초미세 영역에서 굴곡이 매우 심하지만 일상적인 스케일에서 볼 때는 부드러운 곡면(또는 평면)처럼 보인다. 천문학적 스케일에서 일반상대성이론이 성공을 거둘 수 있었던 것은 바로 이런 이유 때문이다. 그러나 아주 작은 공간(또는 아주 짧은 시간) 내에서 일반상대성이론은 옳은 답을 주지 못했다. 부드럽고 연속적인 곡면의 기하학은 거시적 스케일에서 잘 먹혀 들어 갔지만, 양자적 요동이 극심한 초미세 영역에서는 도저히 써먹을 수가 없었다.

일반상대성이론과 양자역학의 기본원리들을 이용하면 그림 5.1과 같이 양자적 요동이 나타나기 시작하는 영역의 스케일을 계산할 수 있다. 양자역학적 영향의 크기를 좌우하는 플랑크상수가 너무 작은데다가, 중력이라는 힘 자체가 워낙 약하기 때문에, 양자적 요동은 상상하기조차 힘들 정도로 지극히 작은 스케일에서만 나타난다. '플랑크길이 Planck length'라고도 불리는 이 스케일은 대략 10억×10억×10억×100만분의 1cm(10^{-33}cm)정도이다. 그림 5.1의 맨 꼭대기에 있는 그림은 플랑크길이보다 짧은 초미세 영역의 특성을 잘 보여주고 있다. 만일 우리가 원자 하나를 우주의 크기만큼 확대한다 해도 플랑크길이는 겨우 나무 한 그루 크기를 넘지 못한다.

일반상대성이론과 양자역학의 충돌은 이렇게 작은 영역에서 발생하였다. 독자들은 묻고 싶을 것이다. "그 정도로 작은 영역이라면 별로 문제될 일이 없지 않은가?" — 물리학자들조차도 이 문제에 관해서는 의견을 통일시키지 못하고 있다. 자신의 연구대상을 플랑크길이보다 훨씬 큰 영역에 한정시켜서 양자역학과 일반상대성이론을 아무런 문제없이 활용하고 있는 행복한 물리학자가 있는가 하면, 현대 물리학의 양대 산맥을 이루고 있는 이 두 개의 이론을 어떻게 해서든지 하나로 통일시켜서 '궁극적인 이해'를 도모하려는 물리학자들도 있다. 이들은 우주를 이해하는 지금의 방식에 무언가 커다란 오류가 숨어있다고 주장하고 있다. 가장 근본적인 단계에서 이 우주가 제대로 이해된다면, 모든 이론들은 조화롭게 하나로 묶어질 수 있어야 한다는 게 이들의 생각이다(물론 이들의 주장이 사실이라는 증거는 없다). 그리고 일반상대성이론과 양자역학의 통합에 관심이 있건 없건 간에, 대부분의 물리학자들은 수학적으로 융화되지 않는 이 두 개의 이론으로 우주의 근본을 이해할 수는 없다고 믿고 있다.

물리학자들은 그동안 일반상대성이론과 양자역학의 충돌을 무마시키기 위해 거의 모든 방법을 동원해왔다. 일반상대성이론을 뜯어고쳐 보기도 하고, 또는 양자역학의 일부를 수정하여 결합을 시도하기도 했지만 결과는 항상 실망이었다. 그러던 와중에 혜성과도 같이 나타난 해결사가 있었으니…. 그것이 바로 초끈이론 superstring theory이었다.

3부

우주의 교향곡

the elegant universe

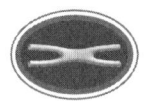

끈이론은 20세기에 우연히 발견된,
21세기형 물리학이다.
— **에드워드 위튼** *Edward Witten*

제 6 장
그것은 그냥 음악일 뿐이다 :
초끈이론 Superstring Theory의 본질

오랜 옛날부터 음악은 우주의 신비를 풀어내는 실마리로서 과학자들의 관심을 끌어왔다. 고대 피타고라스 학파의 '구형음악 music of the spheres'을 비롯하여, 오늘날 우리의 연구방향을 이끌고 있는 '자연의 조화 harmonies of nature'에 이르기까지, 우리는 천문학적 거시세계와 난리 북새통을 겪고 있는 미시세계 속에서 어떤 조화로운 음악적 특성들을 발견해왔다. 그런데 최근에 초끈이론이 탄생하면서, 음악은 우주의 속성을 대변하는 실체로서 더욱 확고한 입지를 굳히게 되었다. 초끈이론에 의하면, 미시세계의 만물들은 모두가 조그만 끈으로 이루어져 있으며, 이들이 진동하는 패턴에 따라 우주의 운명이 결정된다. 기존의 이론과 전혀 닮은 구석이 없는 새로운 이론이 또 한 차례 변화의 바람을 불러일으키고 있는 것이다.

표준모델에 의하면 우주를 구성하는 최소단위는 '점'처럼 생긴 입자들이며, 이들은 더 이상의 내부구조를 갖고 있지 않다. 지금까지 알려진 여러 사실들로 미루어볼 때, 표준모델은 강력한 이론임에 틀림없지만(앞에서 언급했던 대로, 표준모델에 의한 계산결과는 오늘날 측정기술의 한계인 10억×10억 분의 1(10^{-18})cm 영역까지 정확하게 들어맞고 있다), 중력을 포함하고 있지 않기 때문에 궁극적인 이론이 될 수는 없다. 게다가, 중력을 양자역학적 기초에서 이해하려는 시도가 실패로 돌아간 것은, 플랑크길이보다도 작은 초미세 공간에서 일어나고 있는 양자적 요동 때문이었다. 이 충돌을 무마시키기 위해서는 더욱 깊은 단계에서 자연을 바라보고 이해하는 새로운 이론이 개발되어야만 했다. 그러던 중 1984년에 퀸메리 대학의 물리학자인 마이클 그린 Michael Green과 캘리포니아 공과대학 Caltech의 존 슈바르츠 John Schwarz는 초끈이론(줄여서 '끈이론'이라 부르기도 한다)이 그 문제를 해결해줄 수 있다는 사실을 처음으로 발견하였다.

끈이론은 초미세계를 서술하는 기존의 이론들과 화끈하게 다른 체계를 갖고 있다. 이 이론에 의하면 우주를 구성하고 있는 최소단위는 점같이 생긴 입자가 아니다. 끊임없이 진동하는, 매우 가느다란 끈이 모든 만물의 최소단위를 이루고 있다. 그러나 여기서 개념상 주의해야 할 점이 있다. 우리가 흔히 보는 일상적인 끈들은 원자와 분자들로 이루어진 집합체이지만, 끈이론에 등장하는 끈은 더 이상의 세부구조를 갖고 있지 않다. 다시 말해서, 끈이론이 말하는 끈이란 물질을 이루는 가장 궁극의 최소단위인 것이다. 하지만 이 끈은 길이가 너무도 짧기 때문에(플랑크길이와 비슷하다) 최첨단의 관측장비를 동원한다 해도 마치 점입자처럼 보인다.

끈이론은 만물의 최소단위를 점입자에서 끈으로 대치시켰을 뿐이지만, 그 여파는 상상을 초월할 정도이다. 끈이론의 가장 뛰어난 특징은, 그것이 일반상대성이론과 양자역학의 충돌을 무마시킬 수 있는 가능성을 지녔다는 점이다. 앞으로 차차 보게 되겠지만, 끈이라는 것은 점입자와 달리 공간상에서 어떤 특정 길이를 갖고 있다 — 바로 이러한 사실이 두 이론을 조화롭게 묶는 데 결정적인 장점으로 작용한다. 끈이론의 두 번째 특징은 모든 물질과 힘들을 하나의 근본적인 단위, 즉 진동하는 끈으로부터 설명하기 때문에, 통일된 물리법칙을 이끌어내는 데 매우 적절한 이론이라는 점이다. 그리고 마지막으로, 끈이론은 시공간에 대한 우리의 개념에 또 한 번의 혁명적인 변화를 가져왔다.[*1] 이 점에 관해서는 앞으로 자세하게 언급될 것이다.

끈이론의 간략한 역사

1968년에 가브리엘레 베네치아노 Gabriele Veneziano라는 젊은 물리학자는 핵자들(양성자와 중성자) 사이에 작용하는 강력을 연구하면서, 실험적으로 얻어진 결과들을 논리적으로 설명하기 위해 안간힘을 쓰고 있었다. 당시 CERN(스위스 제네바에 있는 유럽 입자가속기 연구소)의 연구원이었던 그는 지난 수년 동안 이 문제에 몰두해오던 끝에, 마침내 놀라운 사실을 발견해냈다. 강력을 주고받는 입자들의 성질을 수학적으로 기술하다 보니, 그것이 200여 년 전에 레온하르트 오일러 Leonhard Euler라는 스위스의 수학자가 이미 찾아냈던 '오일러 베타함수 Euler beta-function'와 너무나도 정확하게 일치했던 것이다. 베네치아노는 이 획기적인 발견으로 강력을 서술하는 수학적 체계를 세울 수 있었으며, 학계에서는 전 세계에서 수집된 실험(입자가속기를 이용한 실험) 데이터를 오일러 베타 함수로 설명하려는 연구가 유행처럼 퍼지기 시작했다. 그러나 당시 베네치아노의 발견에는 무언가 석연치 않은 점이 있었다. 학생들이 수학공부를 할 때 그 속에 담겨있는 의미나 증명과정을 무시하고 무작정 공식을 외워버리는 것처럼, 오일러의 베타 함수는 실험 데이터와 잘 들어맞긴 했지만 그 이유가 오리무중이었던 것이다. 그것은 마치 사태를 수습하기 위해 억지로 만들어놓은 함수처럼 보였다. 그러던 중 1970년에 시카고 대학의 요이치로 남부 Yoichiro Nambu와 닐스 보어 연구소의 홀거 닐센 Holger Nielsen, 그리고 스탠포드 대학의 레너드 서스킨드 Leonard Susskind에 의해, 오일러 베타 함수에 숨어 있는 물리학적 의미가 만 천하에 드러나게 되었다. 소립자의 형태를 극소형의 '진동하는 1차원 끈'으로 간주했을 때, 핵자들 사이의 상호작용을 수학적으로 표현한 것이 바로 오일러의 베타 함수였던 것이다(그렇다고 해서, 200년 전의 오일러가 끈이론을 이미 알고 있었다는 뜻은 아니다. 자연현상이 기존의 수학으로 서술되는 예는 일일이 나열하기가 어려울 정도로 무수히 많다. 물리학이 수학을 언어로 채택한 이유가 바로 이것이다 : 옮긴이). 이 세 사람은 "끈의 길이가 매우 짧다면 점입자처럼 보일 것이기 때문에, 소립자를 끈으로 간주해도 실험결과에 위배되지 않는다"고 주장하였다.

언뜻 보기에 매우 단순하고 재미있어 보이긴 하지만, 강력을 진동하는 끈으로 설명하려는 노력은 곧 실패로 끝나고 말았다. 입자가 끈의 형태를 띠고 있다는 가정하에 유도된 결론들이, 1970년대 초반에 실행된 실험(입자가속기를 이용하여 원자보다 작은 규모의 미시세계를 탐구하는 실험)결과들과 일치하지 않았기 때문이다. 그리고 이맘 때, 점입자론을 기초로 한 양자색역학 quantum chromodynamics이 개발되어 강력을 성공적으로 설명해내는 바람에 끈이론은 더 이상 설자리를 잃고 말았다.

대부분의 입자물리학자들은 끈이론이 완전 폐기처분 되었다고 생각했다. 그러나 일부 학자들은 포기하지 않고 끈이론의 연구를 계속 진행시켰다. 그 중 한사람인 슈바르츠는 "끈이론의 수학적 체계가 너무나도 아름답기 때문에, 이로부터 유도된 결과들은 무언가 의미심장한 뜻을 담고 있을 것이다"라고 생각했다.*2 끈이론에서 물리학자들이 지적했던 문제점들 중 하나는, 그것이 지나치게 많은 내용물을 담고 있다는 것이었다. 끈이론에는 글루온 gluon과 비슷한 성질을 가진 '진동하는 끈'이 등장하는데, 이것은 기존의 강력이론과 잘 부합되기 때문에 별 문제가 없다. 그러나 끈이론에는 강력과 관련된 실험에서 단 한 번도 발견된 적이 없는 또 다른 매개입자(끈)가 포함되어 있다. 이것을 어떻게 설명할 것인가?

1974년에 슈바르츠와 조엘 셔크 Joel Sherk는 이 난처한 상황을 오히려 장점으로 변화시키면서 끈이론에 새로운 생명력을 불어넣었다. 이들은 매개입자의 형태로 진동하는 끈들을 집중적으로 연구한 끝에, 필요 없이 존재하는 것처럼 보였던 그 끈의 정체가 그 동안 가설 속에서만 존재하던 중력의 매개입자, 즉 중력자 graviton라는 사실을 알아냈다. 물론, 중력을 매개한다는 이 '최소다발 smallest bundles'은 실험실에서 단 한 번도 발견된 적이 없지만, 그 성질을 이론상으로 예견한다고 해서 해가 될 것은 없다. 그래서 슈바르츠와 셔크는 중력자에 해당되는 끈의 진동패턴을 수학적으로 규명하고, 한 걸음 더 나아가서 다음과 같은 파격적인 주장을 하기에 이르렀다 ― "끈이론이 초기에 실패한 것은 물리학자들의 선입견 때문이었다. 끈이론은 강력만을 설명하는 이론이 아니다. 그것은 중력까지도 포함하는 양자이론이다!"*3

이들의 주장에 물리학계는 크게 술렁거렸지만, 그의 말을 곧이곧대로 믿는 사람은 거의 없었다. 실제로 슈바르츠는 자신들의 업적이 "범 우주적으로 무시되었다"고 말하기까지 했다.*4 사실, 이 분야는 그

동안 일반상대성이론과 양자역학을 한데 묶으려는 수많은 시도들이 하나같이 실패로 끝나면서 거의 난장판이 되어 있었다. 끈이론 역시 처음에는 강력을 서술하는 도구로 채택되었다가 문제점이 드러났기 때문에, 이 이론을 더욱 넓은 분야에 적용시킨다는 것은 누가 봐도 어리석은 짓이었다. 게다가, 1970년대 말~1980년대 초반에 걸쳐 끈이론과 양자역학 사이의 논리적 불일치가 발견되면서, 끈이론의 입지는 더욱 좁아지게 되었다. 미시세계의 우주를 물리학으로 이해하는 데 있어서, 중력은 여전히 천덕꾸러기로 남겨질 수밖에 없었다.

그러나 1984년, 드디어 이 혼란스러운 상황에 종지부를 찍는 역사적인 발견이 이루어졌다. 그린과 슈바르츠가 끈이론에 내재되어 있던 양자역학적 모순점을 12년의 연구 끝에 해결한 것이다. 뿐만 아니라, 그들은 끈이론 속에 4가지의 힘(전자기력, 약력, 강력, 중력)과 모든 물질들이 포함된다는, 매우 고무적인 사실도 발견하였다. 이들의 연구결과는 곧 전 세계 물리학계에 알려졌으며, 대다수의 입자물리학자들은 그동안 진행해오던 연구를 던져버리고, 가장 심오한 단계에서 우주의 원리를 밝혀주는 '최후의 이론'을 찾기 위해 야심에 찬 걸음을 내딛기 시작했다.

나는 개인적으로 1984년 10월에 옥스퍼드에서 대학원 과정을 시작했다. 그 당시 나는 양자장이론과 게이지이론, 그리고 일반상대성이론 등을 배우면서 물리학의 매력에 흠뻑 도취되어 있었으나, 대학원 선배들 사이에는 입자물리학의 미래가 얼마 남지 않았다는 의견이 지배적이었다. 기존의 표준모델이 실험결과를 너무나 잘 설명해주고 있었기 때문에, 모든 것이 밝혀지는 건 오로지 시간문제라고 생각했던 것이다. 물론, 중력을 양자화시키는 문제와 표준모델로 기존의 실험결과들(소립자의 질량, 힘전하, 힘의 상대적 크기 등)을 설명해내는 것은 그다지

만만한 작업이 아니었지만, 혈기왕성한 물리학자들은 오히려 이 문제에 강한 정복욕을 느끼고 있었다. 그러나 그로부터 6개월이 지나자 상황은 전혀 딴판이 되었다. 그린과 슈바르츠의 발견이 알려지자, 대학원 1년생들까지도 물리학의 일대 전환기에 자신이 속해 있음을 기뻐하면서, 새로운 물리학을 향한 열정을 불태우기 시작했다. 그 때 우리는 스터디 그룹을 만들어 끈이론에 필요한 수학과 이론물리학을 공부하면서 상습적으로 날밤을 새우곤 했다.

1984~1986년은 '**초끈이론의 1차 혁명기**' 였다. 이 기간 동안 끈이론에 관한 논문들이 1,000편 이상 발표되었는데, 그 내용은 한결같이 '기존의 표준모델은 끈이론이 거대한 체계 속에서 자연스럽게 유도되는 단편적인 결론에 불과하다' 는 것이었다. 마이클 그린이 말했던 것처럼, "지난 한 세기 동안 이루어졌던 물리학의 대발견들이 이토록 간단한 출발점에서 모두 유도된다는 것은 정말로 경이로운 일이다. 끈이론은 기존의 어떤 이론보다도 아름다우며, 완벽한 체계를 갖고 있다. 물리학 역사상 이렇게 빼어난 이론은 시금껏 존재하지 않았다."[*5] 게다가, 여러 가지 면에서 볼 때 끈이론은 기존의 표준모델보다 더욱 만족스러운 결론을 내려주고 있었다. 그리하여 수많은 물리학자들은 끈이론이야말로 이 우주의 모든 현상들을 하나의 통일된 체계로 설명해주는 궁극의 이론이라는, 희망에 찬 신념을 품게 된 것이다.

그러나 체계를 세워나가면서 끈이론 역시 중대한 장애에 부딪히게 되었다. 이론물리학을 연구하는 학자들은 이해할 수 없고 분석하기도 어려운 괴상망측한 방정식과 종종 마주치곤 한다. 이런 경우에 이론물리학자들은 쉽게 포기하지 않고 근사적인 방법으로라도 해를 구하기 위해 안간힘을 쓴다. 끈이론의 연구과정에서 나타난 방정식들은 기존의 방정식들보다 훨씬 더 다루기가 어려웠다. 방정식 자체를 결정하는 것만도 너무 난해하여, 그들 중 일부만이 근사적인 방법으로 간신히 해결되었을 정도였다. 초끈이론의 1차 혁명기가 격동 속에 지나가고 몇 년이 흐른 뒤에, 물리학자들은 근사적인 방법만으로는 근본적인 문제를 해결할 수 없음을 깨닫게 되었다. 그러나 어떻게? 근사적 접근법 이외에 달리 방법을 찾지 못한 물리학자들은 이전의 연구 분야로 하나 둘씩 되돌아가기 시작했다. 그리고 끈이론에 미련을 버리지 못한 학자들은 1980년대 말~1990년대 초까지 거의 아무런 소득 없이 시간만 보내고 있었다(옮긴이도 이 시기에 끈이론을 공부하면서 참으로 지루한 시간을 보냈다. 문제의 해결을 위한 곁다리 꼼수들이 사방에 난무하는 광경을 지켜보며, 하루에도 수십 번씩 끈이론에 회의를 느끼곤 했다 : 옮긴이) 마치 보물이 가득 들어있는 보물상자를 눈앞에 두고도 뚜껑을 열지 못하여 조그만 열쇠구멍으로 감질나게 들여다보듯이, 물리학자들은 끈이론의 아름다움과 무한한 가능성을 굳게 잠겨진 보물상자 안에 그대로 방치시켜둔 채, 열쇠의 행방을 몰라 발만 동동구르고 있었다. 가끔씩 누군가가 부분적인 해결책을 제시하여 약간의 진보를 이루기도 했지만, 보물상자를 열기 위해서는 근사적 접근법을 훨씬 능가하는 강력한 이론체계가 개발되어야만 했다.

1995년, 남부 캘리포니아 대학에서 개최된 끈이론 학회에서 당대 최고의 물리학자인 에드워드 위튼 Edward Witten은 청중들의 넋을 완전히 뺏어가는 역사적인 강연을 함으로써 '**초끈이론의 2차 혁명기**'에 불을 댕겼다. 드디어 보물상자의 뚜껑이 열리는 순간이었다. 그 후로 지금까지 끈이론을 연구하는 학자들은 이론상의 장애를 극복하는 새로운 방법을 꾸준히 모색해오고 있다. 앞으로도 해결되어야 할 난점이 많이 남아 있기는 하지만, 대다수의 이론물리학자들은 끈이론이 곧 물리학의 천하통일을 이루리라는 전망에 별다른 이견을 달지 않고 있다.

앞으로 몇 개의 장에 걸쳐서, 우리는 끈이론의 1차 혁명기에 제시되었던 핵심적인 아이디어들과 발전과정을 살펴볼 것이다. 그리고 당시에 대두되었던 문제점들도 가능한 한 자세히 다룰 예정이다. 끈이론의 2차 혁명기와 그 이후의 양상은 12~13장에서 다루기로 하겠다.

고대 그리스의 원자론으로 다시 돌아가다?

이 장의 서두에서 언급했던 바와 같이, 끈이론은 모든 만물의 최소단위가 아주 미세한 끈으로 이루어져 있다고 주장하고 있다. 즉, 표준모델에서 말하는 점입자들의 세부구조를 현대물리학이 다룰 수 없는 미세영역까지 추적해보면, 궁극적인 최소단위는 '진동하는 고리형 끈 oscillating loop of string'이라는 것이다.

앞으로 그 이유는 차차 분명해지겠지만, 선형적인 고리형 끈의 길이는 대략 플랑크길이 정도로서, 원자핵의 100×10억$\times 10$억 분의 $1(1/10^{20})$밖에 되지 않는다. 물론, 현대의 실험기술로는 이렇게 미세한 영역을 직접 탐사할 수 없다. 만물의 최소단위인 끈은 원자의 규모보다도 훨씬 작은 초미세 영역에서 존재하는 것이다. 끈이 점입자의 형태가 아니라는 사실을 실험적으로 입증하려면, 현재 사용 중인 입자가속기보다 무려 100만$\times 10$억(10^{15}) 배나 파워가 큰 가속기로 탐사입자를 가속시켜서 물질에 입사시켜야 한다.

물질의 최소단위가 점입자가 아니라 고리형 끈이라면, 이로부터 어떤 새로운 사실들이 유도될 것인가? 지금부터 이점에 대해 설명하고자 한다. 그러나 우선 당장은 가장 기본적인 문제를 짚고 넘어가기로 하자 — 끈은 과연 무엇으로 이루어져 있는가?

이 질문에는 두 가지의 답변이 가능하다. 첫 번째 답변은 "끈 자체가 궁극적인 최소단위이기 때문에 그것의 구성 성분을 더 따지고 드는 것은 아무런 의미가 없다"는 것이다. 이런 관점에서 본다면 끈은 고대 그리스인들이 상상했던 진정한 의미의 원자, 즉 '더 이상 세분화 될 수 없는 최소단위의 존재'이다. 만물의 궁극적 최소단위인 끈은 미시세계에 여러 층으로 존재하는 미세구조의 마지막 종착점이라 할 수 있다. 그러므로 더 이상의 세부구조를 논하는 것은 의미가 없다. 만일 끈이 어떤(더 작은) 구성성분으로 이루어져 있다면 그것은 궁극적 최소단위라 할 수 없을 것이다. 우리가 늘 사용하는 언어를 예로 들어보자. 한 단락은 여러 개의 문장으로 이루어져 있고, 하나의 문장은 여러 개의 단어로 이루어져 있으며, 한 단어는 여러 개의 문자로 구성되어 있다. 그렇다면, 하나의 문자(알파벳)는 무엇으로 이루어져 있는가? 언어학적 관점에서 볼 때, 알파벳은 그냥 알파벳일 뿐이다. 거기에는 더 이상의 세부구조가 존재하지 않는다. 그러므로 알파벳의 구성성분을 묻는 질문에는 마땅한 대답이 있을 수 없다. 이와 마찬가지로, 끈은 그저 끈으로 존재할 뿐, 그것의 구성성분을 더 이상 추적하는 것은 아무런 의미가 없다.

이상이 끈의 속성에 대한 첫 번째 대답이다. 두 번째 대답은 끈이론 자체가 '궁극의 이론'이 아닐 수도 있다는 가정 하에서 제시될 수 있다. 즉, 끈이 물질의 최소단위가 아니라면 우리는 끈을 가지고 더 이상 고민할 필요가 없다. 그보다 더 작은 최소단위로 관심을 옮기면 그만이다. 그러나 1980년대 중반부터 지금까지 발표된 수많은 연구결과들로 미루어볼 때, 끈보다 더 작은 최소단위의 구성물질이 존재할 가능성은 거의 없다. 그런데, 물리학의 역사를 더듬어보면 우주에 대한 우리의 이해가 한 단계 더 깊어질 때마다 더욱 미세한 최소단위의 물질들이 새롭게 발견되었다. 그러므로 만물은 끈으로 이루어져 있으되 끈보다 더 작은 미세구조가 플랑크길이의 영역에서 존재할 가능성은 얼마든지 있다. 이렇게 되면 끈이론은 더 이상 '궁극적 이론'이 아니며, 우리는 끈을 넘어서 존재하는 또 하나의 세부구조를 탐구해야 한다. 끈이론을 연구하는 학자들은 이러한 가능성을 항상 염두에 두고는 있지만, 아직까지 그럴 만한 증거는 구체적으로 제시된 적이 없다.

끈의 세부구조에 관한 이야기는 이 책의 12장과 15장에서 구체적으로 다룰 예정이며, 여기서는 일단 끈이라는 것이 물질의 최소단위를 이루는 궁극적 존재라는 가정 하에 논리를 전개해 나가기로 한다.

끈이론에 의한 물리학의 통일

표준모델은 중력을 다룰 수 없다는 것 외에도 또 하나의 결정적인 결함을 갖고 있다. 즉, 이 우주가 왜 지금과 같은 모습으로 존재하는지를 설명하지 못한다는 것이다. 왜 자연은 표 1.1과 표 1.2에 나타난 특정 입자들과 4종류의 힘만을 허락했는가? 소립자와 관련된 19개의 숫자들은 왜 하필 그런 값을 가져야 했는가? 이 숫자들은 외관상 아무런 규칙성이 없다. 그 속에 무언가 감춰진 규칙이 존재하는 것일까? 아니면 순전히 '우연'에 의해 이런 값들이 선택된 것일까?

표준모델은 실험적으로 관측된 소립자와 관련 데이터들을 무작정 받아들인 이론이기 때문에, 이런 질문에 만족할 만한 답을 줄 수 없다. 한 개인의 초기 투자금액을 모르는 상태에서 주식시장의 동향만으로

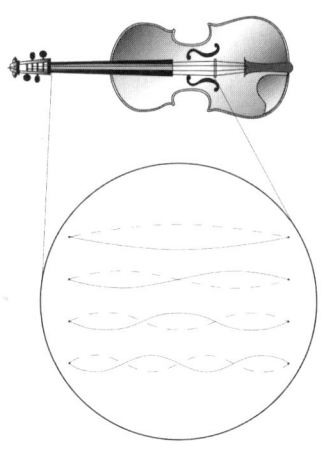

그림 6.1 바이올린의 줄은 전체의 길이가 반파장의 정수배가 된다는 조건을 유지하면서 다양한 형태로 진동한다.

는 그 사람의 현재 재산을 추정할 수 없는 것처럼, 표준모델은 소립자에 관한 입력 데이터가 없으면 아무 것도 예측할 수 없다.[6] 일단 실험물리학자들이 이런 데이터들을 세심하게 수집해 놓으면, 그때 비로소 이론물리학자들이 그 값을 분석하여 특정입자가 가속기를 통해 서로 충돌했을 때 일어나는 상황을 예견한다. 그러나 이런 식으로 개발된

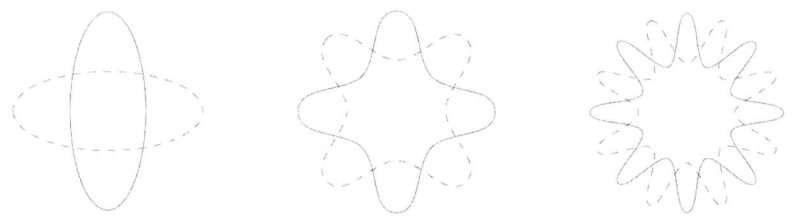

그림 6.2 끈이론에 등장하는 고리형 끈은 바이올린의 줄과 비슷한 형태로 진동한다 — 진동에 의해 발생하는 마루와 골은 고리의 둘레를 따라 과부족 없이 정확하게 맞아떨어진다.

표준모델은 표 1.1과 표 1.2에 나타나있는 소립자들이 왜 그와 같은 특성을 갖고 있는지에 대해서는 함구할 수밖에 없다.

기존의 입자명단에 없는 새로운 입자와 새로운 종류의 힘이 발견되는 초유의 사건이 터졌다 해도, 표준이론은 전혀 당혹스러울 것이 없다. 그저 기존의 명단에 새로운 요소들을 첨가시키고, 이론의 폭을 조금 넓히면 그만이다. 이런 점에서 볼 때 표준모델은 입자의 특성을 설명하는 데 있어서 매우 유연하고 포괄적인 이론이라 할 수 있다.

그러나 끈이론의 경우에는 사정이 전혀 다르다. 끈이론은 단 하나의 고정된 체계를 갖고 있다. 여기에는 관측범위를 결정해주는 스케일의 범위를 제외한, 그 어떤 데이터도 필요 없다. 미시세계의 모든 성질들이 끈이론의 이론체계 안에 자연적으로 포함되어 있는 것이다. 이 점을 좀더 구체적으로 이해하기 위해, 현실적 끈 — 바이올린의 줄을 예로 들어보자. 그림 6.1과 같이, 바이올린에 매어져 있는 4개의 줄(끈)들은 매우 다양한(이론적으로는 무한대의) 진동패턴을 갖고 있으며, 이 모든 진동들은 '전체 현의 길이가 반파장(파장의 반)의 정수배가 되도록' 마루와 골이 배치된다는 공통점을 갖고 있다. 이 진동패턴이 달라지면 우리의 귀에는 다른 음색의 소리가 들리게 된다. 끈이론에 등장하는 끈 역시, 이와 비슷한 성질을 갖고 있다. 즉, 끈은 미세한 공간상

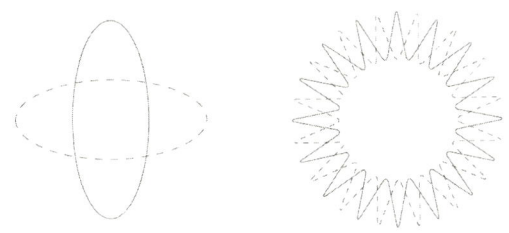

그림 6.3 진동이 격렬한 끈일수록 더욱 큰 질량을 갖는다.

에서 마루와 골이 정수개로 딱 맞아떨어지는 파형을 유지하면서 공명진동을 하고 있는 것이다. 이들 중 몇 가지 사례가 그림 6.2에 제시되어 있다. 여기서, 끈이론의 핵심적인 개념을 짚고 넘어가자 — 바이올린 줄의 진동패턴이 달라지면 음색이 달라지듯이, 만물의 근원인 끈의 진동패턴이 달라지면, 그것은 '다른 질량과 다른 힘전하를 가진 입자'의 모습으로 나타난다는 것이다. 이것은 끈이론을 이해하는 데 매우 중요한 개념이므로, 좀더 구체적인 설명이 필요할 것 같다. 끈이론에 의하면 소립자의 특성(질량과 힘전하)들은 끈의 진동패턴에 의해 전적으로 좌우된다.

입자의 질량을 예로 들어보자. 어떤 특정한 진동패턴을 갖고 있는 끈의 에너지는 진폭(마루와 골의 높이 차)과 파장(마루와 마루 사이의 간격)에 의해 결정된다. 진폭이 클수록, 그리고 파장이 짧을수록 끈의 에너지는 커지게 되는데, 이것은 우리의 직관과 거의 일치한다 — 진동이 격렬한 끈일수록 에너지가 크고, 진동이 줄어들면 에너지도 작아진다(그림 6.3 참고). 바이올린의 경우에도, 세게 퉁겨진 줄은 격렬하게 진동하는 반면에, 약하게 퉁겨진 줄은 작고 부드럽게 진동한다. 이제, 여기에 특수상대성이론을 적용해보자. 이 이론에 의하면 질량과 에너지는 동전의 양면처럼 서로 밀접한 관계에 있다. 즉, 소립자의 질량은 끈의 진동패턴에 따른 에너지에 의해 그 값이 좌우된다. 무거운 입자는 그 입자를 이루는 끈이 격렬하게 진동하고 있으며, 가벼운 입자들은 끈이 상대적으로 부드럽게 진동한다는 뜻이다.

한 입자의 질량은 그 입자가 행사할 수 있는 중력의 크기를 결정한다. 그러므로 끈의 진동패턴과 입자의 중력 사이에는 직접적인 상호관계가 존재할 것이다. 아직 분명한 이유는 밝혀지지 않았지만, 물리학자들은 질량 이외의 다른 성질들도 끈의 진동방식에 의해 결정되며,

이로부터 힘의 종류와 세기가 결정된다는 강한 심증을 갖고 있다. 예를 들어, 하나의 끈이 갖고 있는 전기전하와 약전하, 강전하 등은 진동패턴에 의해 결정된다. 또한 이것은 매개입자의 경우에도 똑같이 적용된다. 즉, 광자와 위크 게이지 보존, 그리고 글루온 역시 끈의 진동패턴에 따라 나타나는 다양한 모습들 중 하나라는 것이다. 그리고 무엇보다 중요한 것은 끈의 다양한 진동패턴들 중 하나가 중력의 매개입자인 중력자에 정확하게 대응된다는 사실이다. 그러므로 끈이론은 표준모델이 다루지 못했던 중력까지 하나의 통일된 체계 속에 담고 있는 만물의 이론이라 할 수 있다.*7

끈이론에 의하면, 소립자들의 다양한 특성은 끈의 특정한 진동패턴 때문에 나타나는 결과라고 했다. 이러한 관점은 끈이론이 등장하기 전에 물리학자들이 갖고 있던 생각과 커다란 차이가 있다. 과거의 물리학자들은 개개의 소립자들이 '서로 다른 구조'를 갖고 있기 때문에 각기 다른 성질을 갖는다고 생각했다. 그들이 상상했던 소립자는 물질의 최소단위이긴 했지민 그 내부에는 각자의 개성을 나타내는 모종의 '물성 stuff'이 내재되어 있었다. 예를 들어, 전자의 '물성'은 음전하이며, 뉴트리노 neutrino(양성자가 붕괴될 때 방출되는 입자)의 물성은 무無전하라는 식이었다. 그러나 끈이론은 이런 추상적인 관념을 완전히 뒤집어엎었다 — '모든 물질과 힘의 물성은 단 하나의 근원, 즉 끈의 진동으로부터 비롯된다'는 것이 끈이론의 핵심이다. 모든 소립자들은 진동하는 끈의 현현 顯現이며, 모든 끈들은 완전하게 동일한 존재다. 입자들이 서로 다른 성질을 갖는 듯이 보이는 이유는 끈의 진동패턴이 서로 다르기 때문이다. 다시 말해서, 끈의 '음색'이 다르기 때문에 우리 눈에는 그들이 서로 다른 입자로 보인다는 것이다. 만일 이것이 사실이라면, 수없이 많은 끈들이 각자 나름대로의 방식으로 진동하고 있는 이 우주는, 하나의 웅장한 '우주 교향곡'이 연주되고 있는 거대한 무대인 셈이다.

바로 이런 이유 때문에, 끈이론은 자연의 법칙을 하나로 통일시켜 줄 유력한 후보로 각광받고 있다. 물질을 이루는 모든 소립자들과 힘을 전달하는 모든 매개입자들은 특정한 진동패턴을 자신의 신분증처럼 간직하고 있다. 우주 내에서 일어나는 모든 사건들과 물리적 과정들은 가장 궁극적인 단계에서 '입자들 사이에 작용하는 힘'으로 설명될 수 있으므로, 끈이론은 물리적 우주를 통일된 관점에서 서술하는 만물의 이론 theory of everything(T.O.E.)의 자질을 충분히 갖고 있다.

끈이론 속의 음악

끈이론이 기존의 입자론을 뒤집어엎긴 했지만, 그렇다고 구식 이론을 당장 폐기처분할 수는 없다. 현재의 기술로 관측 가능한 미시세계에서, 표준모델은 실험결과를 너무도 잘 설명해주고 있기 때문이다. 만일 내가 지금부터 모든 소립자들을 '끈'이라는 용어로 대체시킨다면 독자들은 약간의 혼란을 느낄지도 모른다. 그래서 소립자(또는 입자)라는 단어만큼은 계속 사용하기로 하겠다. 단, 내가 '소립자'라고 말할 때, 그것은 '겉으로는 소립자처럼 보이지만 실제로는 다양한 진동을 겪고 있는 미세한 끈'을 의미한다. 바로 앞 절에서, 우리는 소립자의 질량과 힘전하가 끈의 진동패턴에 의해 결정되는 물리량임을 알게 되었다. 따라서 우리가 끈의 가능한 진동방식을 모두 알고 있다면, 모든 소립자들의 특성을 설명할 수 있게 된다. 그래서 끈이론이 처음 등장했을 때, 사람들은 '자연계에서 발견된 입자들이 왜 그러한 성질을 갖고 있는지'를 설명할 수 있는 유일한 이론으로 끈이론을 지목했다.

자, 이쯤 되었으면 우리는 만물의 근원인 끈을 '퉁겨서' 나타낼 수 있는 모든 진동패턴들을 분류할 수 있어야 한다. 만일 끈이론이 옳다면 여기서 나타나는 진동패턴들은 표 1.1과 1.2에 나열되어 있는 입자들의 성질과 정확하게 맞아떨어질 것이다. 물론, 끈은 너무나 작기 때문에 어떠한 도구를 동원한다 해도 직접 퉁길 수는 없다. 우리는 그저 수학적인 서술을 통해 '이론적으로' 끈을 퉁겨볼 수 있을 뿐이다. 1980년대 중반에, 끈이론을 신봉하던 많은 물리학자들은 끈의 수학적 서술이 완성되면 초미시세계 우주의 모든 성질들을 설명할 수 있다고 믿었다. 일부 열광적인 물리학자들은 "마침내 만물의 이론 T.O.E.가 발견되었다"며 다소 성급한 주장을 펼치기도 했다. 그러나 향후 10여 년간 연구가 계속되면서 이런 주장들은 시기상조였음이 밝혀지게 되었다. 끈이론은 T.O.E.의 구성요소임이 분명하지만, 끈의 진동패턴으로부터 기존의 실험결과들을 설명하기 위해서는 아직 넘어야 할 산이 여러 개 남아있다. 지금의 상황으로 볼 때, 표 1.1과 1.2에 나열되어 있는 우주의 궁극적 특성들이 끈이론으로 반드시 설명된다는 보장은 없다. 앞으로 9장에서 논의되겠지만, 어떤 가정 하나를 내세우면 끈이론은 입자와 힘에 관한 기존의 실험결과와 정성적 定性的으로 잘 일치한다. 그러나 끈이론으로부터 구체적인 물리량을 계산해내는 것은 아직도 희망사항일 뿐이다. 그리고, 끈이론은 표준모델과 달리 '입자와 힘들이 왜 지금과 같은 성질을 갖고 있는지'를 설명해줄 가능성을 갖고 있지만, 이것도 아직 실현되지는 못했다. 이렇듯 별 실적이 없어 보이는 이론에, 물리학자들은 왜 그토록 열광하는 것일까? 그것은 끈이론에 담겨있는 무한한 가능성 때문이다. 앞으로 차차 보게 되겠지만, 끈이론으로부터 유도되는 새로운 현상들은 마치 핑크빛 연서처럼 물리학자들의 영감을 자극하고 있다.

다음 장에서 우리는 끈이론이 직면하고 있는 장애에 대해서도 자세히 살펴볼 것이다. 그러나 우선 당장은 좀더 일반적인 사실들을 알고 넘어가는 것이 좋을 것 같다. 우리가 주변에서 흔히 보는 끈들은 매우 다양한 장력을 갖고 있다. 예를 들어 바이올린 줄은 신발 끈보다 훨씬 더 팽팽하며, 피아노 줄은 한술 더 뜬다. 끈이론의 전체적인 규모를 가늠하는 요인들 중 하나가 바로 이 장력이다. 그렇다면, 끈의 장력은 어떻게 결정되는가? 만일 우리가 끈을 직접 퉁겨볼 수만 있다면, 악기에 매여져 있는 일상적인 끈의 경우처럼 강도를 손끝으로 느끼면서 장력을 측정할 수 있을 것이다. 그러나 실제로 끈은 너무나도 작기 때문에 이런 방법은 현실성이 없다 — 무언가 간접적으로 퉁기는 방법이 동원되어야 한다. 1974년에 셔크와 슈바르츠가 "끈의 어떤 특정한 진동패턴이 중력자에 대응된다"는 주장을 펼칠 때, 그들은 간접적인 접근방식을 통해 끈의 장력을 예견하였다. 그리고 몇 단계의 구체적인 계산을 수행한 후에, '중력자로 간주되는 끈'에 의해 전달되는 힘의 크기가 끈의 장력에 반비례한다는 결론을 얻었다. 중력자는 중력(다른 세 가지 힘에 비해 상대적으로 매우 약한 힘이다)을 전달하는 입자이므로, 그들이 얻은 장력은 실로 엄청난 값이었다. 오늘날 '플랑크장력 Planck tension'이라 불리는 이 값은 $1,000 \times 10$억 $\times 10$억 $\times 10$억 $\times 10$억 톤(10^{39}톤)이나 된다. 이 계산 결과가 말해주듯이, 끈이론에 등장하는 끈의 강도는 일상적인 끈의 강도와 비교조차 할 수 없을 정도로 크다. 이러한 끈의 성질로부터 세 가지 중요한 결과가 유도된다.

'초강력 끈'으로부터 유도되는 세 가지 결과

첫째로, 이렇게 엄청난 장력이 가해지는 끈이라면 길이가 짧을 수밖에 없다. 바이올린이나 피아노 줄은 양쪽 끝이 고정되어 있는 상태에서 길이가 정해져 있지만, 만물의 근원인 끈의 경우에는 사정이 다르다. 자세한 계산을 해보면 플랑크 장력을 견뎌낼 수 있는 끈은 길이가 10^{-33}cm(플랑크길이) 이하라는 사실을 알 수 있는데, 이것은 앞에서 언급했던 끈의 길이와 거의 일치한다.*8

둘째로, 끈의 장력이 엄청나게 크다는 것은 곧 고리형 끈의 진동에 너지가 엄청나게 크다는 것을 의미한다. 이 점을 이해하기 위해, 팽팽하게 당겨진 보통의 끈을 상상해보자. 장력이 클수록 끈을 퉁겨서 진동시키기가 더욱 어려워진다. 바이올린 줄을 퉁겨서 소리를 내기는 쉽지만, 피아노 줄을 대상으로 이런 연주를 한다면 손가락이 아파서 견뎌내지 못할 것이다. 그러므로 각기 장력이 다르면서 정확하게 동일한 패턴으로 진동하고 있는 두 개의 끈이 있다면, 이들이 품고 있는 에너지는 다를 수밖에 없다. 이 경우에는 장력이 강한 끈의 에너지가 당연히 클 것이다.

이로부터 미루어볼 때, 진동하는 끈의 에너지는 두 가지 요인에 의해 좌우된다는 것을 알 수 있다 ─ 끈의 진동방식(진동이 격렬할수록 에너지가 크다)과 장력(장력이 클수록 에너지가 크다)이 그것이다. 그렇다면, 끈의 진동이 잠잠해질수록(진폭이 작고 마루와 골의 개수도 작은 진동) 에너지도 점점 작아져서, 결국에는 거의 0에 가까운 에너지까지 줄어들 수 있다는 뜻일까? 물론 그렇지 않다. 양자역학이 그것을 허락할리가 없다. 에너지가 불연속의 다발로 존재한다는 것이 바로 양자역학의 핵심이 아니었던가! 창고에 갇힌 사람들이 수중에 지니고 있는 돈의 액수가 항상 최소단위 화폐의 '정수배'였던 것처럼, 진동하는 끈이 머금고 있는 에너지 역시 항상 '최소단위 에너지'의 정수배에 해당되는 값만을 가질 수 있다. 그리고 전체적인 에너지의 규모는 진폭에 의해 결정되는 반면에, 에너지의 최소단위는 끈의 장력에 비례한다(또한 이것은 특정 진동패턴에 들어있는 마루와 골의 개수에도 비례한다).

지금 하고 있는 말의 핵심은 이것이다 — 에너지의 최소단위는 끈의 장력에 비례하는데, 장력 자체가 엄청나게 크기 때문에 소립자 스케일에서 존재하는 에너지의 최소값도 역시 엄청나게 크다. 이 값은 '플랑크에너지 Planck energy'라 불리는 에너지량의 정수배에 해당된다. $E=mc^2$를 이용하여 플랑크에너지를 질량으로 환산하면, 양성자 질량의 10×10억$\times 10$억 배(10^{19}배)에 이른다. 이 엄청난 질량은 '플랑크 질량 Planck mass'이라 불리며, 먼지 한줌 또는 박테리아 100만 마리의 질량과 비슷하다. 따라서 진동하는 고리의 질량은 이 엄청난 질량의 정수배가 된다는 뜻이다. 물리학자들은 이 상황을 가리켜 '끈의 에너지(또는 질량)는 플랑크 스케일의 값을 갖는다'라고 표현하는데, 이는 결코 끈의 에너지(질량)가 작다는 뜻이 아니다.

그렇다면 당장 한 가지 의문이 떠오른다. 만물의 근원이자 최소단위라는 끈의 질량이 양성자보다 10×10억$\times 10$억 배(10^{19}배)나 큰 것이 사실이라면, 이 세상은 왜 그렇게 가벼운 입자들(전자, 쿼크, 양성자 등)로 이루어져 있단 말인가?

이 질문의 해답은 양자역학에서 찾을 수 있다. 불확정성원리에 의하면 이 우주 내의 어떤 것도 완전한 정지상태에서 있을 수 없다. 모든 만물들은 항상 '양자적 요동상태'를 겪고 있는 것이다. 만일 그렇지 않다면 우리는 어떤 물체의 위치와 속도를 동시에 정확하게 측정할 수 있게 되고, 이는 하이젠베르크의 선언에 위배된다. 끈이라고 해서 예외일 수는 없다. 외관상으로 아무리 조용한 끈이라고 해도, 그 속에서는 양자적 진동이 일어나고 있다. 그런데 한 가지 놀라운 사실은 그림 6.2와 6.3에 예시된 끈의 진동과, 불확정성원리에 의한 양자적 요동이 얽히면서 서로 상쇄된다는 것이다(이것은 1970년대에 이미 알려져 있었다). 마술사의 마법 지팡이와도 같은 양자역학에 의하면, 끈의 양자적 요동에 의한 에너지는 음(마이너스)의 값을 가지며, 이것이 끈 자체의 진동에 의한 에너지를 상쇄시키는데, 상쇄되는 양이 거의 플랑크에너지와 비슷하다. 그래서 최저 에너지 상태로 진동하는 끈은 원래 플랑크에너지 스케일의 에너지를 갖고 있지만, 대부분이 상쇄되어 표 1.1과 1.2에 열거된 입자들(매우 작은 에너지)의 형태로 나타난다는 것이다. 따라서 최저 에너지의 진동패턴은 이론과 실험을 접목시켜줄 해결사인 셈이다. 셔크와 슈바르츠는 중력을 매개하는 입자에 이 계산을 적용했다가 에너지가 하나도 남김없이 몽땅 상쇄된다는 놀라운 사실을 발견하였다. 다시 말해서, 중력을 전달하는 입자의 질량이 정확하게 0이라는 뜻이다 — 이것은 우리가 예상하고 있는 중력자의 성질과 잘 맞아떨어진다. 중력은 빛의 속도로 전달되는데, 질량을 조금이라도 가진 입자는 이 속도를 낼 수가 없기 때문이다. 그러나 저에너지 상태로 진동하는 끈들은 아직도 문제가 많다. 평범하게 진동하는 끈의 질량을 끈이론에 입각하여 계산해보면 양성자 질량의 10억×10억배(10^{18}배)나 된다.

이로부터 미루어볼 때, 표 1.1과 1.2에 열거된 가벼운 입자들은 엄청난 에너지로 진동하고 있는 '끈의 바다' 속에 교묘한 형태로 숨어있는 듯하다. 양성자 질량의 189배나 되는 탑 쿼크 top quark조차도, 끈이 갖고 있는 진동에너지 대부분이 양자적 요동으로 상쇄되고 1억×10억 분의 1(10^{-17})만이 남아야 존재할 수 있다. 이것은 마치 어떤 재벌이 당신에게 10×10억×10억 원을 주면서 정확하게 189원만 남기고 나머지를 몽땅 소비하라고 강요하는 것과 비슷한 상황이다. 그 재벌은 왜 당신에게 과소비를 부추기는가? 그리고 왜 하필이면 189원을 남기라고 하는가? — 이런 의문은 끈이론에서도 제기된다. 단, 돈이 아니라 에너지가 소비(상쇄)된다는 점이 다를 뿐이다. 어떻게 해서 이토록 정밀한 상쇄가 일어날 수 있는 것일까? (10×10억×10억과 비교할 때, 189라는 숫자는 거의 없는 거나 마찬가지다. 그런데도 항상 189만 남고 나머지가 모두 상쇄된다면, 이것은 우리의 상상을 초월하는 '초정밀 상쇄과정'이 어딘가에서 은밀하게 진행되고 있다는 뜻이다 : 옮긴이) 현재의 끈이론은 아직 그 비밀을 밝혀내지 못했다. 물론, 끈이론이 갖고 있는 여러 가지 성질들 중에서 이보다 덜 정교한 부분들은 대체로 분명하게 알려져 있다.

끈이 보유하고 있는 엄청난 장력의 세 번째 결과는 바로 여기서 비롯된다. 끈이 취할 수 있는 진동패턴의 종류는 무수히 많다. 예를 들어, 그림 6.2에 제시된 끈의 진동패턴은 마루와 골의 수가 증가하는 쪽으로 끝도 없이 나열될 수 있다. 그렇다면 이것은 자연계에는 무수히 많은 종류의 소립자들이 존재한다는 뜻일까? 표 1.1과 1.2에 나열된 입자목록은 과연 이들 중 극히 일부에 불과한 것일까?

해답은 '그렇다'이다. 만일 끈이론이 옳다면 무수히 많은 끈의 진동패턴들은 각기 하나의 입자에 대응되어야 한다. 그러나 여기서 한 가지 주목할 것은 끈의 장력이 너무나 크기 때문에 대부분의 진동패턴들은 엄청나게 무거운 입자에 대응된다는 사실이다(최저 에너지 상태로 진동하면서 양자적 요동에 의해 에너지가 거의 상쇄되는 끈은 극히 일부에 불과하다). 여기서, '무겁다'는 말의 뜻은 플랑크질량보다 몇 배나 더 무겁다는 뜻이다. 현재 사용 중인 최대 규모의 입자가속기로는 양성자 질량의 수천 배에 해당되는 에너지를 얻을 수 있는데, 이는 플랑크에너지의 100만×10억 분의 1밖에 되지 않는다. 그러므로 끈이론에서 예견된 입자들을 실험적으로 확인한다는 것은 지금으로서는 꿈도 못 꿀 일이다.

그러나 포기할 필요는 없다. 끈이론의 진위 여부를 간접적으로 검증할 수 있는 방법이 있기 때문이다. 예를 들어, 우주가 탄생하던 무렵에 그 안에 들어 있던 에너지는 이 모든 입자들을 만들어낼 정도로 풍부했을 것이다. 이때 생성된 초중량 입자들은 상태가 불안정하기 때문에 오랜 세월을 거치는 동안 점차 붕괴되어, 대부분 지금 우리 주변에서 흔히 보는 초경량 입자들로 분해되었을 것이다. 그러나 빅뱅 big bang 때 생성된 초중량 입자들 중 극히 일부는 지금도 남아 있을 가능성이 있다. 만일 이런 입자가 발견된다면 물리학은 또 한 번의 전환점을 맞이하게 될 것이다.(이점에 관해서는 9장에서 좀더 자세히 다루기로 한다)

끈이론에 등장하는 중력과 양자역학

끈이론이 제시하는 '통일장이론'의 체계는 매우 유혹적이다. 그러나 끈이론의 가장 큰 매력은 그것이 중력과 양자역학의 충돌을 화해시켰다는 것이다. 일반상대성이론은 중력에 의해 시공간이 '부드럽게' 휘어진다고 주장한 반면, 양자역학은 초미세 영역에서 일어나는 양자적 요동 때문에 시공간이 도저히 부드럽게 휘어질 수 없음을 천명하였다. 플랑크길이의 영역에서 일어난 이 충돌 때문에 중력과 양자역학이 서로 대립되었다는 것은 앞에서도 이미 언급한 바 있다.

그러나 끈이론은 초미세 시공간을 '문질러 폄으로써' 양자적 요동 문제를 해결하였다. 문질러 펴다니, 이건 또 무슨 의미일까? 여기에는 대략적인 답과 구체적인 답이 모두 제시될 수 있다. 그럼, 이 두 가지 답을 차례로 살펴보자.

대략적인 답

지나치게 단순한 방법 같긴 하지만, 어떤 물체의 내부구조를 알고 싶을 때 무언가 다른 물건을 그 물체에 던져서 튕겨나가는 방향과 속도를 측정할 수도 있다. 이 경우에, 우리의 눈은 일부 과정을 직접 볼 수 있고, 우리의 두뇌는 수집된 정보를 분석하여 물질의 내부구조를 추정해낼 수도 있다 — 바로 이것이 입자가속기의 원리이다. 전자나 양성자 같은 입자들을 초고속(아무리 빨라도 광속을 초과하지는 못한다 : 옮긴이)으로 가속시켜서 표적(연구대상 물질)에 입사시킨 뒤에, 튀어나오는 파편들을 감지기로 잡아내어 물질의 내부구조를 추정하는 것이 지금 할 수 있는 최선의 실험이다.

이 실험으로 알아낼 수 있는 세부구조의 한계는 탐사입자(가속기에서 발사된 입자)의 크기에 좌우된다. 이 말의 의미를 좀더 쉽게 이해하기 위해, 다시 슬림과 짐 형제에게로 돌아가보자. 이들은 약간의 문화생활을 누리기 위해 미술학원에 등록하고 그림을 배우기 시작했다. 그

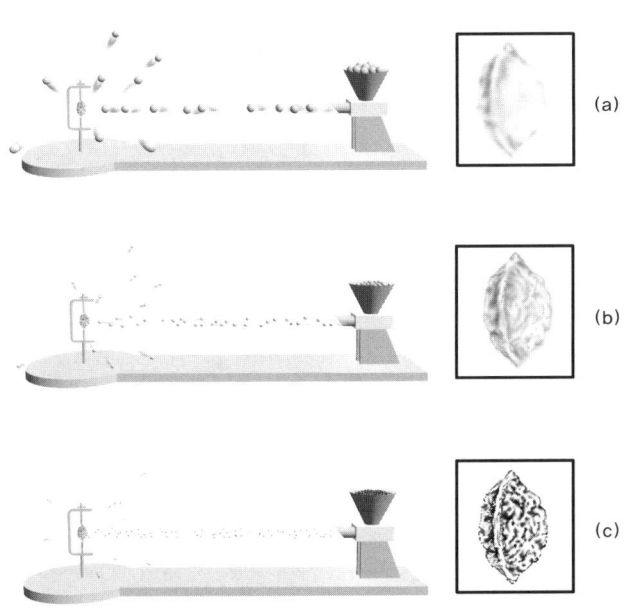

그림 6.4 복숭아씨앗을 조임쇠로 단단하게 고정시켜 놓고, 조그만 알갱이들을 발사하여 튕겨나가는 패턴으로부터 원래의 모습을 추정하여 그림을 그린다면, 알갱이의 크기가 작을수록 더욱 세밀하게 그릴 수 있다. (a)보통 알갱이, (b)5mm짜리 소형 알갱이, (c)0.5mm짜리 초소형 알갱이를 발사하여 얻어진 최종 결과가 이 사실을 증명해주고 있다.

런데 시간이 지날수록 슬림의 그림 솜씨가 날로 일취월장하여, 이를 시기한 짐은 한 가지 시합을 제안했다. 복숭아 씨앗을 조임쇠로 단단히 고정시켜 놓고, 그것을 누가 더 자세하게 정밀묘사를 해내는지 내기를 건 것이다. 그런데, 짐이 제시한 내기 방법은 참으로 비정상적이었다. 즉, 복숭아씨를 직접 보면서 그리는 것이 아니라, 무언가 조그만 알갱이들을 복숭아씨에 발사하여, 그들이 튕겨 나오는 형태를 관측함으로써 원래의 모습을 추정하여 그리자는 것이었다(그림 6.4 참고). 영문을 모르는 슬림은 얼떨결에 내기를 승낙했고, 짐은 '알갱이 발사장치'에 구슬을 채워 넣었는데, 슬림이 사용할 발사장치에는 커다란 알갱이들을 채워놓고(그림6.4(a)), 자기 것에는 슬림 몰래 훨씬 작은 알갱이(직경 5mm짜리 플라스틱 구슬)를 채워 넣었다(그림 6.4(b)). 그리고 발사장치의 스위치가 켜지면서 그리기 시합이 시작되었다.

얼마의 시간이 지난 후, 슬림은 그림 6.4(a)와 같은 작품을 완성시켰다. 알갱이가 튕겨나가는 모양으로부터, 슬림은 자기가 그리고자 하는 물건(복숭아씨)이 단단한 표면을 가진 조그만 물체임을 알 수 있었다. 그러나 슬림이 알아낸 사실은 이것이 전부였다. 슬림이 사용한 알갱이가 너무나 컸기 때문에, 복숭아씨의 표면에 나있는 세세한 주름의 형태를 알아내지 못한 것이다. 그런데 슬림이 짐의 그림을 힐끗 보니(그림 6.4(b)), 거기에는 복숭아씨가 너무도 자세하게 묘사되어 있었다. 슬림은 놀라움과 함께 짐의 그림 솜씨에 기가 죽었겠지만, 우리는 짐이 사용한 속임수를 이미 알고 있다. 그는 슬림이 사용했던 것보다 훨씬 작은 알갱이를 복숭아씨를 향해 쏘았기 때문에 더욱 세세한 그림을 그릴 수 있었던 것이다. 이런 사실을 뒤늦게 알아챈 슬림은 발사장치에 0.5mm짜리 초미세 알갱이를 채워 넣고 처음부터 다시 시작했다. 그리고 복숭아씨와 충돌하여 산란되는 알갱이들을 관찰함으로써 그림 6.4(c)와 같이 훌륭한 그림을 완성할 수 있었다.

여기서 우리는 한 가지 사실을 분명하게 알 수 있다 — 탐사입자는 우리가 알고자 하는 탐사대상 물질의 물리적 성질보다 스케일이 더 작아야 한다. 그렇지 않으면 탐사입자는 미세 정보에 둔감하기 때문에 원하는 정보를 우리에게 알려줄 수가 없다.

복숭아씨의 심층구조(원자 이하의 미세구조)를 알고자 할 때에도 이와 동일한 논리가 적용된다. 이 경우에는 0.5mm짜리 알갱이도 아무런 쓸모가 없다. 이들은 원자와 비교할 때 덩치가 너무나 크기 때문이다.

바로 이러한 이유 때문에 입자가속기에서는 전자나 양성자와 같은 소립자들을 탐사입자로 사용하고 있다. 원자 이하의 미세 영역에서는 양자역학적 효과가 두드러지게 나타나기 때문에, 입자의 탐사능력은 '위치의 불확정성을 간접적으로 보여주는' 양자적 파장 quantum wavelength에 의해 좌우된다. 이는 제 4장에서 언급했던 불확정성원리와도 밀접한 관계가 있다. 만일 우리가 탐사입자로 점입자를 사용했다면(앞에서는 광자를 사용했지만, 이 논리는 모든 입자에 똑같이 적용된다), 이때 발생하는 오차의 범위는 대략 점입자의 양자적 파장 정도이다. 다시 말해서, 점입자의 탐사능력이 양자적 요동에 의해 반감된다는 뜻이다. 이것은 마치 외과의사가 매우 날카로운 해부용 칼을 들고 손을 부들부들 떨면서 수술의 정확도를 떨어뜨리는 상황과 비슷하다. 그러나 4장에서 말한 바와 같이 입자의 양자적 파장(물질파의 파장)은 그 입자의 운동량(대충 말하자면 에너지)에 반비례한다. 따라서 점입자의 에너지를 점차 증가시키면 양자적 파장이 더욱 짧아지면서 초미세구조를 탐사할 수 있게 되는 것이다. 직관적으로 생각해봐도, 큰 에너지를 가진 입자는 관통력이 크기 때문에 미세한 구조를 탐사하는 데 유리할 것이다.

이런 관점에서 볼 때 점입자와 끈 사이에는 분명한 차이가 있다. 복숭아씨의 표면구조를 탐사하는 플라스틱 알갱이의 경우처럼, 끈 역시 공간상에서 유한한 길이를 갖고 있기 때문에 자신의 길이(플랑크길이 정도)보다 더 작은 영역을 탐사할 수는 없다. 1988년에 프린스턴 대학의 데이빗 그로스 David Gross와 그의 학생이었던 폴 멘데 Paul Mende는 '양자역학적 효과를 고려한다면, 끈의 에너지를 계속 올린다 해도 미세구조를 탐사하는 능력은 마냥 증가하지 않는다'는 사실을 발견하였다. 끈의 에너지를 증가시키면 처음에는 마치 점입자처럼 탐사능력이 향상되지만, 플랑크길이의 영역 이하(더욱 세밀한 부분)를 탐사할 수 있을 정도로 에너지가 커지면 이 여분의 에너지는 탐사용 끈(탐사입자)의 탐사능력을 향상시키는 데 사용되는 것이 아니라, 끈의 크기가 커지는 결과만을 초래한다는 것이다. 그리고 크기가 커진 끈은 오히려 탐사능력이 떨어져서 플랑크길이 영역을 탐사할 수 없게 된다. 구체적인 계산결과에 의하면, 플랑크길이 정도의 크기를 가진 보통의 끈에 '우리가 상상할 수 있는 최대의 에너지(빅뱅에 연루된 모든 에너지)' 를 투입했을 때 끈의 크기는 거시적 스케일(우리의 눈에 직접 보이는 정도)로 커진다. 이런 거대한 덩치가 무슨 수로 초미세 영역을 탐사한다는 말인가! 점입자와 달리, 끈은 탐사용으로 사용되는 데 있어서 두 가지의 장애요소를 가지고 있다. '양자적 요동' 과 '유한한 크기' 가 바로 그것이다. 끈의 에너지를 증가시키면 첫 번째 장애는 감소하지만, 궁극적으로 두 번째 장애가 두드러지게 나타난다. 우리가 어떤 방법을 동원한다 해도, 끈을 이용하여 플랑크길이 이하의 초미세 영역을 탐사하는 것은 결국 불가능하다는 뜻이다.

그러나 일반상대성이론과 양자역학이 충돌을 일으킨 곳은 바로 이 '플랑크길이 이하' 의 영역이었다. 그렇다면 우리는 다음과 같은 결론을 내릴 수 있다 ─「우주를 이루는 최소단위의 구성물질로 플랑크길이 이하의 미세 영역을 탐사하는 것이 불가능하다면, 이로부터 만들어진 모든 물질들은 초미세 영역에서 일어나는 양자적 요동에 전혀 영향을 받지 않는다」 왜 그럴까? 원리적으로 관측될 수 없는 것은 아예 존재하지 않는 것으로 간주해도 하등의 문제가 없기 때문이다. 이것은 아주 매끈하게 다듬어진 화강암 표면을 손으로 문지르는 것과 비슷한 상황이다. 화강암의 표면은 미시적 스케일에서 볼 때 매우 거칠고 울퉁불퉁하지만, 우리의 손바닥은 그렇게 작은 영역의 변이를 감지할 수 없기 때문에 매끈하게 느껴지는 것이다. 다시 말해서, '거시적 손바닥의 둔감함'에 의해 미시적 변이는 완전하게 무시된다. 이와 마찬가지로, 끈 역시 공간상에서 유한한 크기를 갖고 있으므로 이보다 더 작은 영역의 정보를 얻어낼 수는 없다. 즉, 끈으로는 플랑크길이보다 작은 영역의 구조를 탐사할 수 없는 것이다. 마치 화강암 표면에 얹혀진 손바닥처럼, 끈은 초미세 영역에서 일어나고 있는 중력장의 요동을 감지해내지 못한다. 중력장의 양자적 요동은 분명히 존재하는 현상이지만, 이것을 확인할 방법이 원리적으로 존재하지 않기 때문에 일반상대성이론과 양자역학사이의 불일치도 문제삼을 필요가 없다. 아니, 그것은 애초부터 전혀 문젯거리가 아니었던 것이다. 뿐만 아니라, 중력을 양자역학적으로 이해할 때 점입자로부터 항상 야기되었던 그 골치 아픈 '무한대' 문제도 끈이론의 출현과 함께 산뜻하게 해결되었다.

화강암의 경우, 손으로 느낄 수 없는 미세구조는 다른 미세한 관측기구를 사용하여 얼마든지 확인할 수 있다. 100만 분의 1cm까지 육안으로 볼 수 있게 해주는 전자현미경을 농원하면 화상암 표면의 굴곡은 금방 드러난다. 그러나 플랑크길이 이하의 초미세 영역에 존재하는 공간의 굴곡은 어떤 방법을 동원해도 확인할 길이 없다. 끈이론의 지배를 받는 이 우주에서, '관측장비의 성능이 꾸준히 향상되면 우리는 무한히 작은 영역까지 탐구할 수 있다'는 논리는 더 이상 성립하지 않는다. 우리가 탐구할 수 있는 영역에는 분명한 한계가 있으며, 그림 5.1의 최상단에 제시된 시공간의 격렬한 요동은 이 한계를 넘어선 초미세 영역에서 일어나고 있다. 따라서 플랑크길이 이하의 초미세 영역에서 진행되고 있는 양자적 요동을 '존재하지 않는 것'으로 간주한다 해도 전혀 문제될 것이 없다. 낙관적인 견해를 가진 사람은 '존재하려면 관측되어야 한다'고 주장할 수도 있다. 끈은 이 우주를 구성하는 최소단위의 존재인데, 이것으로 플랑크길이 이하의 영역을 탐사할 수 없다면, 이곳에서 일어나고 있는 양자적 요동은 실제로 없는 것과 똑같다. 시공간의 양자적 요동은 관측될 수 없으므로 존재하지 않는다 — 이것이 끈이론으로부터 내려진 결론이다.

교묘한 손재주?

독자들은 지금까지의 설명이 그다지 만족스럽지 않을 것이다. 끈이론이 문제를 해결했다고는 하지만, 실제로는 플랑크길이 이하에서 일어나는 양자적 요동을 진정시킨 것이 아니라, 끈이 유한한 길이를 갖고 있다는 이유로 골치 아픈 문제를 대충 피해간 듯한 인상을 주기 때문이다. 과연 이런 식으로 문제가 해결될 수 있을까? — 그렇다. 우리는 문제점을 완전하게 해결했다. 다음의 두 가지 논지를 잘 읽어보면 독자들도 이해가 갈 것이다.

첫째로, 플랑크길이 이하의 영역에서 일어나는 공간의 요동은 점입자를 최소단위로 간주한 상태에서 일반상대성이론과 양자역학을 통합하려다가 야기된, 일종의 인공적 결과물이라는 점이다. 그러므로 그동안 현대 이론물리학이 직면해왔던 충돌 문제는 사실 따지고 보면 물리학 스스로가 야기시킨 셈이다. 그동안 우리는 물질을 이루는 최소단위 입자와 힘을 매개하는 입자들을 '점입자'로 간주해왔기 때문에 무한히 작은 영역의 성질까지 모두 밝혀야 한다는, 일종의 의무감을 갖고 있었다. 그리고 초미세 영역에서 도저히 해결할 수 없는 문제에 직면하게 되었다. 그러나 끈이론은 우리가 난관에 처한 것이 게임의 규칙을 잘 몰랐기 때문이라고 가르쳐 주었다. '우리가 탐구할 수 있는 영역은 아래로 한계가 있다.' 이것이 바로 끈이론이 제시한 새로운 게임의 규칙이었다. 공간의 요동이 문제점으로 부각된 것은 우리가 이 한계를 모르는 상태에서 점입자에 기초를 둔 이론으로 궁극적인 미시세계를 추적했기 때문이었다.

일반상대성이론과 양자역학의 충돌 문제는 이렇듯 간단하게 해결되었다. 그렇다면 독자들은 이런 의문을 떠올릴 수도 있을 것이다 — '그렇게 간단하게 해결될 문제가 왜 그토록 오랫동안 풀리지 않은 채로 남아 있었는가? 반드시 끈이 아니라 하더라도 점입자가 유한한 크기를 가진다는 생각쯤은 누구나 떠올릴 수 있지 않았을까?' 다음의 두 번째 논지를 읽고 나면 이 의문이 풀릴 것이다. 오래 전에 파울리나 하이젠베르크, 디랙, 파인만 등 이론물리학의 거장들도 만물의 최소단위는 점이 아니라 유한한 크기를 가진 아주 작은 덩어리일 것이라고 생각했다. 그러나 점이 아닌 '아주 작은' 입자가 최소단위를 이룬다는 가정 하에서 하나의 이론체계를 만들어내는 것은 너무나도 어려운 일이었다. 이 이론은 양자역학의 확률보존법칙, 즉 입자는 갑자기 사라지지 않는다는 기본법칙에 부합되어야 할 뿐만 아니라, 모든 물체와 정보의 이동속도는 빛보다 빠를 수 없다는 특수상대성이론과도 맞아떨어져야 했다. 당대의 거장들은 백방으로 연구를 거듭한 끝에, 만물의 최소단위가 점입자가 아니라는(즉, 공간상에 일정 부피를 차지한다는) 가정 하에서는 위의 두 가지 조건 중 적어도 하나 이상이 위배될 수밖에 없다는 결론을 얻었다. 끈이론이 갖고 있는 가장 큰 장점은 모든 물리학 관련 이론들이 요구하는 까다로운 조건들을 하나도 빠짐없이 포용할 수 있다는 점이다. 게다가 끈이론은 현대물리학의 천덕꾸러기였던 중력을 양자화시켜 줄 해결사의 자질도 충분히 갖고 있다.

더욱 정확한 답

지금까지 열거한 대략적인 답의 주제는 점입자에 기초한 이론의 결함을 극복했다는 것이었다. 만일 독자들이 원한다면 이 부분을 읽지 않고 다음 절로 넘어가도 논리상 아무런 문제가 없다. 그러나 우리는 2장에서 특수상대성이론의 핵심을 다루었기 때문에, 끈이론이 양자적 요동을 잠재운 사연을 좀더 자세하고 정확하게 이해할 수 있는 여지가 아직 남아있다.

지금부터 하는 이야기는 앞에서 언급한 '대략적인 답'과 동일한 내용이지만, '끈'의 레벨에서 직접 서술할 것이기 때문에 더욱 깊은 이해를 도모할 수 있을 것이다. 우선 점입자와 끈을 비교하는 것으로 실마리를 풀어보자. 앞으로 우리는 '크기를 가진' 끈이 어떻게 점입자의 문제를 해결하며, 초미세 영역에서 나타나는 딜레마를 어떻게 해소시켜 주는지 분명하게 알게 될 것이다.

제일 먼저, 점입자의 경우부터 살펴보자. 점입자가 만일 실제로 존재한다면, 이들은 어떤 식으로 상호작용을 주고받으며, 탐사입자로 사용될 때에는 어떻게 정보를 추출해 내는가? 가장 기본적인 상호작용은 그림 6.5처럼 두 개의 점입자가 서로 충돌하여 궤적이 변하는 경우이다. 만일 이 입자들이 당구공이었다면, 두 개의 공은 충돌 후에 각기 새로운 궤적을 따라 굴러가게 될 것이다. 점입자에 기초한 양자장이론에 의하면, 두 개의 소립자가 충돌한 경우에도 이와 거의 비슷한 현상이 일어난다 — 입자들이 충돌 후에 산란되면서 이전과는 다른 궤적을 따라 진행한다는 것이다. 그러나 그 속사정을 살펴보면 당구공의 충돌

그림 6.5 두 개의 입자들이 상호작용을 하면(서로 부딪치면) 이전과 다른 새로운 경로를 따라 진행하게 된다.

과는 다른 점이 있다.

문제를 좀더 특화시키면 이해가 쉬울 것이다. 서로 충돌을 일으킨 두 개의 입자들 중 하나는 전자이고, 다른 하나는 전자의 반입자인 양전자 positron(전자와 모든 성질이 동일하고 전기 전하만 반대 부호인 입자 : 옮긴이)라고 가정해보자. 물질과 반물질이 서로 충돌하면 광자와 같은 순수 에너지를 생성시키면서 자신들은 소멸된다.*9 이때 생성된 광자의 궤적과 입자(전자와 양전자)의 궤적을 구별하기 위해, 앞으로 광자의 궤적은 구불구불한 물결선으로 표현하기로 한다(이것은 현재 모든 물리학자들이 사용하는 표기법이다). 이런 경우에 보통 광자는 잠시 동안 진행하다가 자신의 에너지로부터 다시 전자와 양전자를 만들어내고, 새로 태어난 전자와 양전자는 그림 6.6의 오른쪽과 같이 새로운 경로를 따라 이동한다. 두 개의 입자가 (전자기적) 상호작용을 주고받

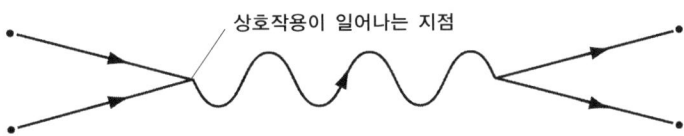

그림 6.6 양자장이론에 의하면 입자와 반입자가 서로 충돌하면 광자가 생성되면서 순간적으로 소멸되었다가, 다시 새로운 입자와 반입자가 생성되어 변경된 경로를 따라 이동한다.

그것은 그냥 음악일 뿐이다: 초끈이론의 본질 | 247

은 후에 변경된 경로를 따라 이동한다는 점에서는 당구공의 충돌과 거의 동일하다고 볼 수 있다.

여기서 우리의 주된 관심사는 상호작용의 구체적인 과정 — 특히 전자와 양전자가 소멸되면서 광자가 생성되는 지점이다. 앞으로 차차 분명해지겠지만, 이런 사건이 일어나는 시간과 장소는 그림 6.6에서처럼 아무런 모호함 없이 분명하게 정의될 수 있다.

그렇다면 점입자를 끈으로 대치하여 지금까지의 논리를 처음부터 다시 펼친다면 어떤 결과가 얻어질 것인가? 이 경우, 상호작용이 일어나는 기본적인 과정은 비슷하지만 충돌하는 대상이 점입자에서 진동하는 고리형 끈으로 바뀌었으므로, 그 과정을 그림으로 표현한다면 그림 6.7처럼 될 것이다. 만일 이 끈들이 적당한 진동패턴을 갖고 있다면 그림 6.7은 전자와 양전자(점입자)가 충돌하는 그림 6.6의 '끈 버전'에 해당된다. 이 그림을 세밀하게 분석해보면(물론 현재의 관측장비로는 이 정도로 미세한 영역을 들여다볼 수 없다) 점입자의 경우에는 볼 수 없었던 놀라운 사실이 드러나게 될 것이다. 점입자의 경우와 마찬가지로, 두 개의 끈이 서로 충돌하면 섬광과 같은 빛을 방출하면서 둘 다 소멸된다. 섬광이란 광자의 생성을 의미하는데, 이 역시 특정한 진동패턴을 가진 또 하나의 끈에 해당되므로, 입사된 두 개의 끈들은 상호작용을 주고받으면서 그림 6.7처럼 '제 3의 끈(광자)'으로 합쳐졌다고 볼 수 있다. 점입자의 경우와 같이 새롭게 생성된 끈은 아주 잠시 동안 진행하다가 다시 두 개의 끈으로 분리되어 진행을 계속한다. 이 과정을 초미세 영역에서 관찰하지 않는다면, 겉보기로는 그림 6.6과 거의 동일하게 보일 것이다.

그러나 이 두 가지(점입자와 끈)의 관점 사이에는 매우 중요한 차이가 있다. 점입자들끼리 충돌하는 경우에는 전술한 바와 같이 상호작용

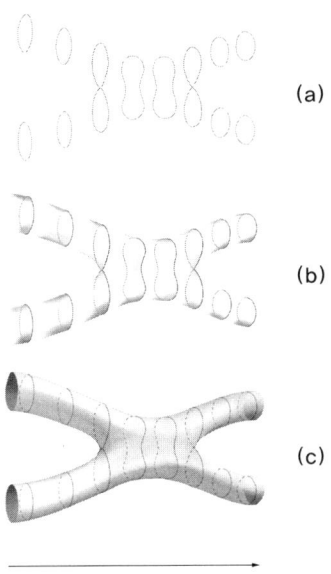

그림 6.7 (a)두 개의 끈이 충돌하여 하나의 끈(제 3의 끈)으로 합체되었다가, 다시 두 개로 분리되어 새로운 경로를 따라 진행하는 과정을 보여주고 있다. (b)a와 동일한 과정을 역동적으로 표현한 그림. (c)매 순간 찍어놓은 사진들을 시간 순으로 이어놓으면 끈의 '월드시트 world-sheet'가 만들어진다.

이 일어난 시점과 장소가 정확하게 정의될 수 있지만, 끈의 경우에는 이런 식의 정의가 불가능하다는 것이다. 왜 그럴까? 2장에서 서로에 대해 상대운동을 하던 조지와 그레이시의 관점으로 되돌아가서 끈의 상호작용을 다시 한 번 관찰해보자. 두 개의 끈이 처음으로 접촉하는 시간을 두 사람이 측정했다면, 이들의 결과는 같을 수가 없다. 그 이유를 지금부터 찬찬히 따져보자.

두 개의 끈이 상호작용을 주고받는 전 과정을 초고성능 카메라로 연속 촬영하여 필름에 담았다고 가정해보자.[*10] 재생된 필름을 연속적으로 늘어놓으면 그림 6.7(c)와 같이 될 것이다. 물리학자들은 이것을

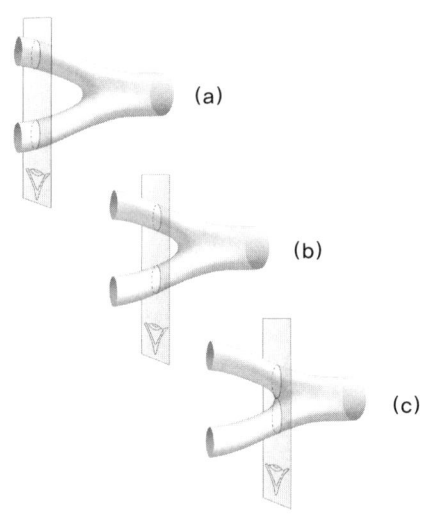

그림 6.8 서로 다가오는 두 개의 끈을 조지의 관점에서 묘사한 그림. a와 b의 순간에는 끈들이 서로 접근하고 있으며, c의 순간에 두 개의 끈이 처음으로 접촉하기 시작한다.

가리켜 '끈의 월드시트 world-sheet'라고 부른다. 이 월드시트를 식빵 자르듯이 여러 조각으로 잘라내면 매 순간 벌어지는 끈의 상호작용을 매 순간 별로 재생시킬 수 있을 것이다. 이들 중 하나의 단면이 그림 6.8에 예시되어 있다. 특히 그림 6.8(a)는 어느 특정 순간에 조지의 눈에 보이는 두 개의 끈을 묘사한 것인데, 그림이 복잡해지는 것을 피하기 위해 하나의 차원을 생략시켰다. 그림에는 조지의 눈이 2차원 평면에 놓여 있는 것처럼 보이지만, 실제로는 '연속되는 3차원 단면'에 나열되어야 한다. 그림 6.8(b)와 6.8(c)는 그 후로 연속되는 사건들 중 일부이며, 이 과정에서 두 개의 끈은 서로 접근하고 있음을 알 수 있다. 여기서 가장 중요한 단면은 바로 그림 6.8(c)이다 — 조지의 관점에서 볼 때, 이 순간은 바로 두 개의 끈이 하나로 합쳐지기 시작하는

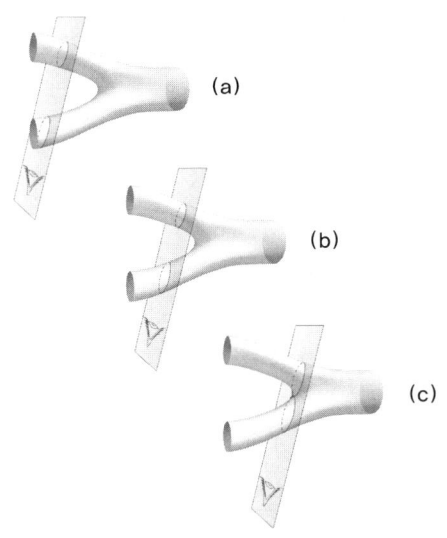

그림 6.9 서로 다가오는 두 개의 끈을 그레이시의 관점에서 묘사한 그림. a와 b의 순간에는 끈들이 서로 접근하고 있으며, c의 순간에는 두 개의 끈이 처음으로 접촉하기 시작한다.

순간에 해당된다.

이제, 그레이시의 시점에서 이 모든 상황을 다시 서술해보자. 앞의 2장에서 언급했던 것처럼, 조지와 그레이시는 상대방에 대하여 등속도로 움직이고 있기 때문에 동일한 사건이라 해도 이들이 측정한 '사건 발생 시간'은 일치하지 않는다. 따라서 그레이시의 입장에서 볼 때 '동시에 존재하는' 두 개의 끈은 수직단면상에 있는 것이 아니라 그림 6.9와 같이 약간 기울어진 단면 위에 놓이게 될 것이다(물론, 그레이시의 운동상태에 따라 이 단면은 더 기울어질 수도 있고, 반대쪽으로 기울 수도 있다. 독자들이 그림 6.7~6.10을 볼 때 한 가지 주의할 것은, 이 그림들이 '왼쪽에서 오른쪽으로' 진행하는 끈의 궤적을 의미하지 않는다는 점이다. 수평방향의 이동은 공간 속에서의 이동을 뜻하는 것이 아니라, 시간의

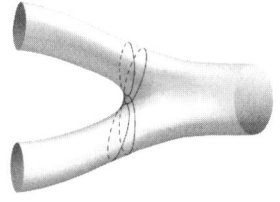

그림 6.10 조지와 그레이시는 상호작용이 시작되는 순간에 대하여 의견일치를 볼 수 없다.

경과를 의미한다 : 옮긴이).

그림 6.9(b)와 6.9(c)는 그레이시의 눈에 비친 끈의 진행과정을 계속해서 보여주고 있다. 특히 그림 6.9(c)는 그레이시의 관점에서 볼 때 두 개의 끈이 처음으로 접촉하는 순간에 해당된다.

이제 그림 6.8(c)와 6.9(c)를 비교해보면(그림 6.10 참고), 조지와 그레이시가 측정한 '두 개의 끈이 처음으로 접촉한 시간'이 서로 일치하지 않음을 알 수 있다. 끈은 점입자와 달리 유한한 크기를 갖고 있기 때문에 '상호작용이 처음으로 일어나기 시작하는 정확한 위치와 시

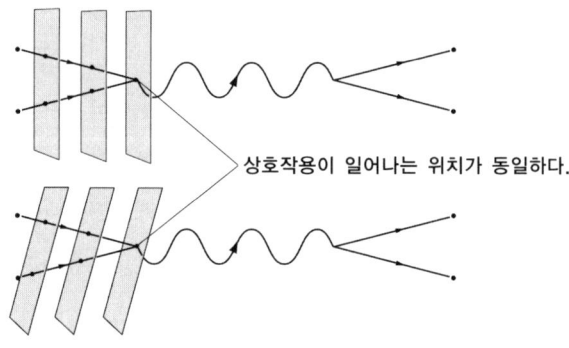

그림 6.11 상대운동을 하고 있는 두 사람의 관측자는 점입자의 상호작용이 일어나는 위치와 시간에 대하여 정확한 의견일치를 볼 수 있다.

간'이 유일하게 정의될 수 없는 것이다. 이것은 관측자의 운동상태에 따라 얼마든지 달라질 수 있다.

지금까지의 논리를 점입자의 경우에 적용한다면, 두 개의 점입자가 상호작용을 시작하는 시점과 장소는 관측자의 운동상태에 상관없이 정확하게 정의될 수 있다. 점입자의 상호작용은 한 점(그리고 한 순간)에서 시작되기 때문이다. 그런데 만일 이 상호작용이 중력이었다면 (이 경우, 매개입자는 광자가 아닌 중력자가 된다), 모든 과정이 '한 점 안에서' 이루어진다는 제한 때문에 수학적으로 계산된 값들이 무한대가 되어 더 이상 논리를 진행시킬 여지가 없어진다. 그러나 끈이론에서는 상호작용이 일어나는 지점이 '하나의 점'으로 국한되어 있지 않다. 운동상태가 각기 다른 여러 명의 관측자들이 볼 때 끈의 상호작용이 시작되는 위치와 시간은 관측자마다 천차만별이고, 이 모든 사람들의 관점은 동등해야 하기 때문에, 결국 끈의 상호작용이 시작되는 시공간은 점입자보다 훨씬 넓게 퍼져있는 셈이다. 중력의 경우, 이 퍼짐 효과는 초미세 영역의 특성을 이는 성노 희석시기는 덕할을 한다. 즉, 무한대로 나왔던 기존의 계산결과들이 끈이론 덕분에 비로소 유한한 값을 갖게 된다는 것이다. 지금까지 말한 내용이, 앞 절에서 언급했던 '대략적인 답'의 더욱 정확한 버전이다. 그리고 이 퍼짐효과는 플랑크길이 단위의 초미세 영역에서 일어나는 양자적 요동까지도 조용하게 잠재워준다.

두꺼운 유리를 통해 사물을 볼 때 원래의 모습이 불분명한 것처럼, 플랑크길이 이하의 초미세 영역을 끈이론이라는 유리를 통해서 들여다보면 그 특징이 희미해지면서 골치 아픈 문제들이 자연스럽게 사라진다. 물론 이것은 문제를 잠시 옆으로 치워놓은 식의 미봉책이 전혀 아니다. 만일 끈이론이 진정으로 우주의 최소단위를 서술하는 궁극의 이론이라면, 초미세 영역의 요동현상을 감지할 만한 방법은 이 우주 내의 어디에도 존재하지 않을 것이다. 그러므로 이 영역에서 일어났던 일반상대성이론과 양자역학의 대충돌 역시 존재하지 않는 것으로 치부해도 전혀 문제될 것이 없다(만일 누군가가 "그래도 충돌은 엄연히 존재한다"고 주장한다면 끈이론은 "그래, 네 말이 옳다"고 대답하면서 여전히 제 갈 길을 갈 것이다. 이 우주 안에 존재하는 모든 수단과 방법을 다 동원해도 감지할 수 없는 현상이라면 그것은 애초부터 존재하지 않는 것과 다를 바가 없다. 아인슈타인의 상대성이론도 바로 이러한 논리에 바탕을 두고 있지 않았던가? : 옮긴이). 이것이 바로 끈이론이 말하는 우주다. 끈이론 속에서 거시적 법칙과 미시적 법칙은 기존의 불협화음을 멋지게 종식시키고 조화롭게 하나로 합쳐질 수 있었다.

끈 이상의 무엇?

끈은 두 가지의 매우 특별한 성질을 갖고 있다. 첫째로, 끈은 특정 크기를 갖고 있음에도 불구하고 양자역학의 범주 안에서 성공적으로 기술될 수 있다. 그리고 둘째로, 수많은 진동패턴들 중 하나가 중력자(중력의 매개입자)와 정확하게 일치하기 때문에, 끈이론은 중력까지도 자연스럽게 포함하는 '만물의 이론'으로서 다분한 가능성을 갖고 있다. 그러나 여기에는 아직 한 가지 의문이 남아있다. 점입자의 개념은 만물의 최소단위를 수학적으로 이상화시킨 것으로서, 끈이론의 출현과 더불어 그 입지를 상실하였다. 그렇다면 '두께는 없고 오로지 길이만 있는' 끈이라는 개념 역시 수학적으로 이상화된 것은 아닐까? 끈의 실체는 1차원적 선이 아니라, 자전거 타이어나 도너츠처럼 부피를 가진 존재일 수도 있지 않을까? 그 옛날 하이젠베르크와 디랙 등의 거장들이 3차원 알갱이에 대한 양자이론을 개발하면서 어려움을 겪었던 것처럼, 지금의 이론물리학자들도 이 문제를 놓고 엄청난 어려움을 겪고 있다.

그러나 1990년대 중반에 이르러, 끈이론을 연구하던 학자들은 간접적이면서도 치밀한 논리를 통해 '2차원 이상의 고차원적 물질들도 끈이론의 중요한 구성요소가 될 수 있다'는 사실을 알아냈다. 그 후로 이 분야의 학자들은 끈이론이 오로지 끈만으로 이루어진 체계가 아니라는 것을 점차 인식하게 되었으며, 급기야 끈이론의 2차 혁명기에 불을 댕긴 위튼과 몇 명의 물리학자들은 끈이론의 기본적인 구성요소로써 고차원적 대상(2차원 원반형과 3차원 구슬형, 그리고 4차원 이상의 더욱 복잡한 형태들)이 함께 고려되어야 한다고 주장하기에 이르렀다. 이에 관한 자세한 내용은 이 책의 12~13장에서 다룰 예정이며, 지금은 0차원적 점입자를 대신하여 이론물리학의 선두에 우뚝 선 1차원적 끈이론이 그 동안 겪어왔던 진보과정과, 그 놀라운 특성에 관한 무용담을 계속 풀어나가기로 한다.

제7장
초끈 superstring의 '초 super'란 과연 무슨 뜻인가?

1919년에 에딩턴 경이 태양의 중력에 의해 빛의 경로가 구부러진다는 아인슈타인의 예견을 실험적으로 입증했을 때, 네덜란드 물리학자였던 헨드릭 로렌츠 Hendrick Lorentz는 곧바로 아인슈타인에게 전보를 쳐서 이 기쁜 소식을 알렸다. 일반상대성이론이 결국 옳았다는 낭보를 접한 한 학생은 아인슈타인에게 이런 질문을 던졌다. "만일 에딩턴 경이 빛의 구부러짐 현상을 관측하는 데 실패했다면 교수님은 어떤 심정이셨을까요?" 아인슈타인은 대답했다. "그랬다면 나는 에딩턴 경을 위로했겠지. 어쨌거나 내 이론은 맞을 수밖에 없었으니까." *1 물론, 에딩턴이 관측에 실패했다면 일반상대성이론은 틀린 이론으로 간주되어 결코 현대물리학의 주춧돌이 되지 못했을 것이다. 그러나 아인슈타인은 자신의 이론이 너무도 심오하고 아름다웠기 때문에 도저히 틀릴 수가 없다는 확신을 갖고 있었다. 한마디로 말해서, 일반상대성이론은 '틀렸다고 보기에는 너무나도 아름답고 우아한' 이론이었던 것이다.

그러나 미적 감각만으로 과학의 가치를 판별할 수는 없다. 과학은 오로지 엄밀하고 공정한 실험에 의해 그 진위 여부가 가려질 뿐이다. 그럼에도 불구하고, 이론의 '아름다움' 은 그 가치를 평가하는 데 지대한 영향을 주는 것이 사실이다. 하나의 과학이론이 개발되는 도중에는 '미완성 상태' 라는 그 자체가 실험결과를 평가하는 데 종종 장애요인으로 작용하기도 한다. 그러나 물리학자들은 이런 와중에서도 무언가 한 가지 길을 선택하여 그곳으로 논리를 밀고 나가야 한다. 확실한 것이 거의 없는 상황에서, 이들은 과연 무엇을 기준 삼아 갈 길을 정하는 것일까? 항상 그런 것은 아니지만, 정 판단 기준이 모호할 때에는 '논리가 아름다운 쪽' 을 선택하는 것도 방법이 될 수 있다. 우리 모두는 '이치에 맞는 이론이라면 논리가 깨끗하고 보기 좋아야 한다' 고 믿고 있기 때문이다. 물론, 이론이 논리적으로 타당해야 함은 두 말할 필요도 없다. 그러나 논리상 하자가 없다 하더라도 우리 주변의 일상사와 전혀 닮은 구석이 없는 이론은 우리의 관심을 끌지 못한다. 이론의 타당성을 입증해주는 최상의 보증수표는 실험을 통한 증거이지만, 이것이 여의치 않을 때 과학자들은 종종 논리의 아름다움을 쫓아 길 길을 정하곤 한다. 물론, 이런 식으로 선택된 길이 반드시 진리로 연결된다는 보장은 없다. 이 우주는 우리가 기대하는 것보다 덜 우아하고 다소 어설픈 구조를 갖고 있을지도 모르며, 생소한 이론의 경우에는 우리가 갖고 있는 기존의 미적 감각이 아예 먹혀들지 않을 수도 있다. 그러나 실험적 탐구가 불가능한 영역에서 이론체계를 구축할 때에는 미적인 판단 기준으로 논리의 진행방향을 결정한다고 해서 크게 해가 될 것은 없다. 그리고 지금까지 과학자들은 이런 식으로 상당한 재미를 보았다.

물리학을 예술적 관점에서 바라볼 때 미의 핵심이란, 바로 대칭성 symmetry이다. 그러나 예술과는 달리 물리학의 대칭성은 매우 구체적이고 정확한 의미를 갖고 있다. 실제로 지난 수십 년 동안 물리학자들은 수학적으로 정의된 대칭성의 논리를 물리학에 적용하여 물질입자(물질의 최소단위로 여겨지던 입자)와 매개입자가 과거 사람들의 생각보다 훨씬 더 긴밀한 관계에 있음을 알아냈다. 자연계에 존재하는 힘들뿐만 아니라 그 힘을 기술하는 수학체계까지 통일시키고자 하는 이런 이론들은 가장 커다란 스케일의 대칭성을 갖고 있으며, 이를 간단히 줄여서 부르는 말이 바로 '초대칭성 supersymmetric'이다. 앞으로 보게 되겠지만, 초끈이론 superstring theory은 초대칭성을 가진 이론의 원조격이자 최고봉을 이루는, 이 분야의 독보적인 존재라 할 수 있다.

물리학 법칙의 성질

물리학의 법칙들이 마치 유행처럼 수시로 바뀐다고 상상해보자. 매년, 매주, 심지어는 매 순간 덧없이 변해가는 법칙들…. 이런 세상이라면 일단 심심하지는 않을 것 같다. 그리고 과거의 경험으로부터 미래를 짐작하는 것이 불가능하기 때문에, 무슨 일을 하건 모험을 감수해야 할 것이다.

물리학자들에게 이런 우주란 그야말로 악몽과도 같다. 물리학자들(그리고 대다수의 사람들)은 이 우주가 안정된 상태에 있음을 기본적으로 가정하고 있다. 오늘 성립한 법칙은 어제도, 내일도 여전히 성립하며, 이것은 너무나도 당연한 사실이기 때문에 매번 확인할 필요조차 없다. 만일 어느 순간에 갑자기 바뀔 수도 있는 법칙이 있다면, 우리의 기존 관념으로 미루어볼 때 그것은 더 이상 법칙일 수가 없다. 법칙이 변한다는 것은 이 우주가 정적 static 상태에 있지 않음을 뜻하기 때문이다. 우리가 사는 우주는 매 순간 다양한 방식으로 변화하고 있지만, 변하는 원리 즉 '법칙'만큼은 항상 동일한 형태를 유지하고 있다. '법칙이 변하지 않는다는 것을 어떻게 알 수 있는가?'— 독자들은 이런 의문을 떠올릴지도 모른다. 사실, 그것을 확인할 방법은 어디에도 없다. 그러나 우주가 탄생하던 빅뱅 big bang 때부터 지금까지 발생해온 그 많은 사건들이 공통된 법칙으로 설명되는 것을 보면, 우주의 법칙은 불변이거나 혹시 변한다 하더라도 아주 서서히 변하는 것 같다. 현재 우리의 지식수준으로 미루어볼 때, 물리학의 법칙은 불변이라고 가정하는 것이 가장 속 편한 선택일 것이다.

이제, 이 우주가 철저한 지방자치제로 운영되고 있다고 가정해보자. 즉, 물리학의 법칙이 지역마다 달라서 특정 법칙의 지배를 받는 각 지역은 외부의 영향을 강하게 배척하는, 그런 우주를 상상해보자. '걸리버 여행기'라는 소설에서 걸리버가 그러했듯이, 이런 세계를 탐험하다보면 예기치 못한 상황에 시도 때도 없이 부딪히게 될 것이다. 물리학자의 입장에서 볼 때, 이런 세상은 또 하나의 악몽이다. 예를 들어, 한 나라(또는 주)에서 합법적인 어떤 행동이 다른 나라에서 불법으로 간주된다면, 정상적인 여행이 불가능해질 것이다. 그러나 자연의 법칙이 이런 식으로 중구난방이라면, 그 파급효과는 상상을 초월한다. 이런 세상에서는 누군가가 실험을 통해 중요한 결론을 내렸다 해도, 다른 지역으로 가면 전혀 먹혀들지 않을 것이다. 그리고 물리학자들은 지역이 바뀔 때마다 실험을 다시 실시하여 그 지역에서만 성립하는 특유의 법칙들을 일일이 찾아내야 한다. 이 얼마나 끔찍한 일인가? 다행스럽게도, 지금까지 우리가 알고 있는 모든 법칙들은 우주 어디서나 동일한 것으로 알려져 있다. 실험이 행해진 장소가 어느 곳이든 간에,

동일한 법칙으로 그 결과를 설명할 수 있다는 뜻이다. 게다가, 광활한 우주 전역에 걸쳐 수집된 자료들로 미루어볼 때, 우리가 사용하고 있는 물리법칙들은 우주 어디에서나 한결같이 성립한다고 믿어도 아직까지는 별 문제가 없다. 물론 우리는 아직 우주의 끝을 탐험해보지 못했기 때문에, 우주의 반대편에서 어떤 기이한 법칙들이 적용되고 있을지는 누구도 알 수 없다. 그저 '우리가 지금 알고 있는 우주에 동일한 법칙이 적용되고 있다'는 사실에 안도의 한숨을 내쉬면서, 이 법칙이 우주 전역에 적용될 수 있기를 간절히 바랄 뿐이다.

그렇다고 해서, 이 우주가 모든 곳에서 동일한 특성을 갖고 있다는 뜻은 아니다. 달 표면에 우주선의 승무원들은 마치 산토끼처럼 이리저리 뛰어다니면서 지구에서는 할 수 없는 여러 가지 일을 실행에 옮길 수 있다. 그러나 이것은 단지 달의 질량이 지구보다 작기 때문에 나타나는 현상일 뿐이지, 중력법칙 자체가 달라진 것은 결코 아니다. 뉴턴(더욱 정확하게는 아인슈타인)의 중력법칙은 지구에서나 달에서나, 여전히 성립한다. 승무원들이 달에서 색다른 경험을 하는 것은 중력을 좌우하는 구체적인 환경이 변했기 때문이다. 물리법칙은 달에서도 여전히 불변인 것이다.

물리학자들은 물리학법칙들이 갖고 있는 이 두 가지 성질('시간'과 '장소'에 따라 변하지 않는 성질)을 서술할 때 '대칭'의 개념을 사용한다. 다시 말해서, 물리학자들은 '시간과 장소가 변해도 물리법칙은 변하지 않는다'는 사실을, '시간과 장소의 변환에 대한 물리법칙의 대칭성(불변성)'으로 이해하고 있는 것이다. 음악이나 미술과 같은 예술 분야에도 대칭성은 중요한 미적 요소로 자리 잡고 있다. 대칭성은 자연에 조화와 질서를 부여하는 필수요소이다. 물리학자들이 '아름답다'는 표현을 사용할 때, 이 말의 의미는 '수많은 현상들이 몇 개의 단순한 법칙을 통해 우아하게 통합된다'는 뜻이다.

앞에서 특수 및 일반상대성이론을 다룰 때에도, 우리는 그곳에서 자연의 대칭성을 이미 목격했다. 특수상대성이론의 기본원리에 의하면, 서로에 대하여 등속운동을 하고 있는 모든 관측자들은 한결같이 동일한 물리법칙을 얻는다고 했다. 이는 자연이 모든 관측자들의 관점을 동일하게 대접해준다는 뜻이며, 따라서 이것도 자연에 내재되어 있는 대칭성의 일례라고 볼 수 있다. 개개의 관찰자들은 자신이 정지해 있다는 가정 하에 눈앞에서 일어나고 있는 현상을 관측하여 나름대로의 물리법칙을 유도해낼 것이다. 세세한 관측결과는 물론 관측자마다 서로 다르겠지만, 이 값들을 토대로 만들어진 물리법칙만큼은 항상 동일하다 — 이 얼마나 심오한 대칭성인가! 달에서 뛰고 있는 사람(관측자)과 지구에서 뛰고 있는 육상선수는 전혀 다른 현상을 경험하겠지만, 이것은 구체적인 환경상태가 다르기 때문이며, 이들의 행동을 지배하는 중력법칙은 완전하게 동일하다.

아인슈타인은 일반상대성이론의 등가원리 equivalence principle(중력과 가속운동이 동일하다는 원리)를 통해 임의의 가속운동을 하고 있는 모든 관찰자들에게도 물리법칙이 동일하다는 사실을 천명함으로써 대칭의 범위를 크게 확장시켰다. 여기서 등가원리의 내용을 잠시 복습해보자 — 등속운동이 아닌, 가속운동을 하고 있는 관측자라 할지라도, 자신이 완전하게 정지해 있다는 관점에서 올바른 물리법칙을 이끌어 낼 수 있다. 단, 이 경우에는 자신이 느끼는 힘을 중력으로 간주해야 한다. 일단 중력이 도입되면, 오만 가지의 복잡한 운동을 하고 있는 모든 관측자들은 동등한 입장에 놓이게 된다. 모든 운동상태가 동일한 관점을 갖는다는 것도 논리적으로 아름답지만, 아인슈타인의 중력이론을 정말로 아름답게 만드는 것은 이론 전반에 깔려 있는 대칭성의 원리다.

    시간과 공간, 그리고 운동과 관련된 대칭성 이외에, 자연계에 내재되어 있는 다른 대칭성은 없을까? 잠시만 생각해보면 또 하나의 대칭성을 발견할 수 있을 것이다 — 우리가 어떤 현상을 바라보는 '각도 angle'를 변화시켜도 물리법칙은 변하지 않는다. 예를 들어, 하나의 실험을 실행한 후에 모든 실험장비의 위치를 일정 각도만큼 돌려놓고 다시 실험을 한다면, 두 개의 결과는 동일한 법칙으로 설명될 것이다. 이것이 이른 바 '회전대칭성 rotational symmetry'으로서, '물리학의 법칙은 어떠한 각도에서 보아도 항상 동일하다'는 의미가 내포되어 있다.

    또 다른 대칭성은 없을까? 혹시 우리가 간과해버린 것은 아닐까? 5장에서 논했던 게이지 대칭(중력을 제외한 세 가지 힘들 사이의 대칭)도 분명 대칭성 중 하나다. 그러나 여기에는 다소 모호한 구석이 있다. 지금 우리가 논하고 있는 것은 시간이나 공간, 혹은 운동과 직접적으로 관련되어 있는 대칭성이다. 이런 전제 하에서는 더 이상 떠올릴 만한 대칭성은 없는 것 같다. 실제로 1967년에 시드니 콜맨 Sidney Coleman과 제프리 맨둘라 Jeffrey Mandula는 시간과 공간, 그리고 운동에 대하여 지금까지 논한 것 이외에 더 이상의 대칭이 존재하지 않는다는 것을 이론적으로 입증하였다.

    그러나 일부 물리학자들은 콜맨과 맨둘라의 증명을 검증하던 중에 하나의 탈출구를 발견하였다. 과거의 물리학자들이 한 번도 생각해보지 않았던 또 하나의 대칭 — 그것은 바로 스핀 spin에 대한 대칭이었다.

스핀 spin

전자와 같은 소립자는 지구가 태양의 주변을 공전하듯이 원자핵의 주변에서 궤도운동을 하고 있다. 그러나 전통적인 점입자이론의 관점에서 볼 때, 이 입자들은 스스로 회전하는 자전운동을 하지 않는 것처럼 보였다. 임의의 물체가 어떤 축을 중심으로 회전할 때, 회전 중심축상에 있는 점들은 전혀 움직이지 않는다. 그런데 점입자란 문자 그대로 '하나의 점'으로 이루어진 존재이기 때문에 자신을 통과하는 어떤 축을 중심으로 회전한다는 말 자체가 성립하지 않는다. 이 문제는 오래 전부터 양자역학의 골칫거리로 대두되었다.

1925년, 네덜란드의 물리학자였던 조지 울렌벡 George Uhlenbeck과 사무엘 구드스미트 Samuel Goudsmit는 원자에 의해 흡수되거나 방출되는 빛의 특성을 연구하던 중, 그동안 수십년 보는 데이터들을 성공적으로 설명하려면 전자가 어떤 특정한 '자기적 magnetic' 성질을 가져야 한다는 결론에 이르게 되었다. 이보다 100여 년 앞서서, 프랑스의 암페어 André-Marie Ampère는 전하를 가진 물체가 움직일 때 자기적 성질이 나타난다는 사실을 발견하였다. 울렌벡과 구드스미트는 암페어의 논리를 따라 연구를 거듭한 끝에, 자신들이 얻은 데이터가 이론과 부합되려면 전자는 반드시 자전운동(스핀)을 하고 있어야 한다고 결론지었다. 지구와 마찬가지로 전자는 공전과 자전운동을 모두 겪고 있다는, 당시로서는 참으로 충격적인 주장이었다.

울렌벡과 구드스미트는 전자가 문자 그대로 '자전'한다고 주장했던 것일까? — 그렇기도 하고 일견 그렇지 않기도 하다. 그들이 알아낸 것은 '양자역학적 스핀'이라는 성질이 돌아가는 팽이의 성질과 비슷하긴 하지만 어디까지나 양자역학의 체계 속에서 다루어져야 한다는 것이었다. 양자역학으로 예견되는 미시적 성질들은 고전적인 개념과 닮은 점도 있지만, 거기에 양자적 특성이 부과되면 사뭇 다른 형태를 보이게 된다. 예를 들어, 제자리에서 회전하고 있는 피겨스케이팅 선수를 생각해보자. 그녀(선수)가 양팔을 가슴 쪽으로 모으면 회전속도가 빨라지고, 반대로 양팔을 뻗으면 회전속도는 느려진다. 그리고 어느 정도 시간이 지나면 회전운동은 멈추게 된다. 그러나 울렌벡과 구드스미트가 발견한 전자의 스핀은 이런 종류의 회전운동이 전혀 아니었다. 그들의 연구결과에 의하면 이 우주 안에 존재하는 모든 전자들은 '항상 동일한 회전속도를 유지하면서 영원히 돌아간다.' 전자의 스핀이란, 우리가 일상적으로 접하는 '한시적 회전운동'이 아닌 것이다. 전자는 질량이나 전기 전하를 갖고 있듯이, 스핀이라는 고유의 성질을 원래부터 갖고 있다. 그러므로 스핀이 없는 전자는 더 이상 전자로 간주될 수 없다.

스핀에 관한 초기의 연구는 주로 전자에 집중되어 있었지만, 시간이 흐르면서 물리학자들은 스핀이라는 성질이 표 1.1에 나열되어 있는 모든 물질입자들에게도 적용된다는 사실을 알게 되었다. 모든 물질입자들(그리고 이들의 파트너인 반입자들)은 전자와 동일한 스핀을 갖고 있다. 물리학자들이 사용하는 용어를 써서 표현하자면, '전자의 스핀은 1/2이다.' 여기서 1/2이란, 양자역학적 관점에서 본 입자의 자전속도를 나타내는 숫자다.[*2] 물리학자들은 여기서 그치지 않고 중력을 제외한 세 가지 힘의 매개입자들(광자, 위크 게이지 보존, 글루온)의 스핀까지도 규명해 냈는데, 이들의 스핀은 물질입자의 두 배, 즉 1로 알려져 있다.

중력의 경우는 어떨까? 끈이론이 등장하기 전에도, 물리학자들은 중력의 매개입자로 추정되는 중력자의 스핀을 이미 계산해놓고 있었다. 그들이 얻은 답은 다른 매개입자 스핀의 두 배였다. 즉, 중력자의 스핀은 2다.

끈이론의 관점에서 볼 때, 스핀은 질량이나 힘전하처럼 끈의 진동패턴에 따라 결정되는 특성이다. 그런데 점입자의 회전을 생각할 수 없었던 것처럼, '회전하는 끈'도 무언가 논리적으로 문제가 있는 듯이 보이기도 한다. 하지만 끈은 어디까지나 '점'이 아니기 때문에 대충 머릿속에 그려볼 수 있다. 어쨌거나, 이제 우리는 앞에서 언급했던 중요한 문제를 이해할 수 있는 단계에 이르렀다. 1974년, 셔크와 슈바르츠가 끈이론의 태동을 알리면서 '끈이론이 양자중력이론을 가능하게 해줄 것이다'라고 주장했을 때, 그들은 나름대로 믿는 구석이 있었다. 그들이 분류한 끈의 진동패턴들 중에, 질량이 0이고 스핀이 2인 패턴이 들어있었던 것이다. 중력자 말고 또 어떤 입자가 이런 성질을 가질 수 있겠는가? 누가 뭐래도 그것은 중력자가 분명했다. 그리고 중력자가 있는 곳에는 반드시 중력도 개입되어 있을 것이다.

스핀과 관련된 이 정도의 기본지식을 바탕으로, 지금부터 콜맨과 맨둘라가 간과했던 대칭성에 대하여 본격적인 이야기를 시작해보자.

초대칭 supersymmetry과 초대칭짝 superpartner

앞서 강조했던 바와 같이, 스핀이라는 개념은 표면적으로 볼 때 회전하는 팽이의 속성과 비슷한 점도 있지만, 양자역학적 관점으로 가면 전혀 다른 개념이 된다. 1925년에 울렌벡과 구드스미트는 고전적 우주에서 전혀 볼 수 없었던 새로운 종류의 회전운동이 존재한다는 사실을 발견하였고, 이로부터 스핀은 입자의 새로운 속성으로 부각되기 시작했다.

그렇다면 스핀이라는 새로운 현상에도 모종의 대칭성이 존재할 것인가? 일상적인 회전운동이 회전대칭성(동일한 현상을 다양한 각도에서 바라보아도 동일한 결과가 얻어진다는 원리)의 모태가 되었던 것처럼, 스핀으로부터 또 하나의 새로운 대칭성이 자연스럽게 유도될 수 있을까? 1971년경에 물리학자들은 이 질문의 대답이 '그렇다'임을 알게 되었다. 여기에는 엄청나게 복잡한 속사정이 숨어있지만, 대충 이야기하자면 다음과 같다 ─ "스핀을 고려한다면 자연계에는 수학적으로 정의될 수 있는 또 하나의 대칭성이 존재한다. 이것이 바로 초대칭 supersymmetry이다."[*3]

초대칭은 사물을 바라보는 각도나 위치, 또는 시간이나 속도 등을 바꾸는 식의 직관적이고 단순한 변환에 대하여 나타나는 대칭성이 아니다. 애초부터 스핀이란 '양자역학적 요소가 가미된 회전운동'이었으므로, 초대칭 역시 '양자역학적으로 정의된 시공간상에서 사물을 바라보는 시점을 바꾸었을 때' 나타나는 대칭성으로 이해되어야 한다. 독자들은 여기 인용부호 속에 들어있는 문장을 잘 기억하기 바란다. 초대칭을 기존의 대칭성과 동일한 맥락에서 이해하려면 이 말(인용부호 속의 문장)을 잘 이해해야 할 것이다.[*4] 사실, 초대칭성의 근원과 수학적 체계를 제대로 이해하는 것은 그리 만만한 일이 아니다. 이 책에서는 초대칭의 의미와 이로부터 얻어지는 결과들에 대하여 주로 이야기하고자 한다. 독자들에게는 이런 식의 접근이 훨씬 수월할 것이다.

1970년대 초반에, 물리학자들은 만일 이 우주가 초대칭성을 갖고 있다면, 자연계에 존재하는 모든 입자들은 '자신과 스핀값이 1/2만큼 차이 나는' 파트너를 갖고 있어야 한다는 사실을 알게 되었으며, 그 파트너가 점입자이건, 끈이건 상관없이 거기에는 초대칭짝 superpartner 이라는 이름이 붙여졌다. 물질입자의 스핀은 1/2이고, 매개입자들 중 일부는 스핀이 1이기 때문에, 학자들은 초대칭이라는 체계 안에서 이들이 하나의 그룹으로 통일될 수도 있다는 희망을 품게 되었다.

그러나 1970년대 중반 무렵에 초대칭을 표준모델에 적용해보니 다소 실망스런 결과가 나왔다. 표 1.1과 1.2에 열거되어 있는 입자들은 서로에 대하여 초대칭짝이 될 수 없었던 것이다. 학자들은 치밀한 계산을 수행한 끝에 '만일 이 우주에 초대칭이 정말로 존재한다면, 자연계에 존재하는 모든 입자들은 아직 그 존재가 확인되지 않은 초대칭짝을 따로 갖고 있어야 한다'는 결론을 내렸다. 예를 들어, 전자의 스핀은 1/2이므로 스핀이 0인 전자의 초대칭짝이 어딘가에 반드시 존재해야 한다 — 물리학자들은 아직 이론상으로만 존재하는 이 입자에 '셀렉트론 selectron(선사의 초대칭짝이라는 뜻)'이라는 이름을 붙여주었다. 그리고 뉴트리노 neutrino와 쿼크quark의 초대칭짝에는 각각 '스뉴트리노 sneutrino'와 '스쿼크 squark'라는 이름이 명명되었다. 이와 비슷하게, 스핀이 1인 매개입자들도 나름대로의 초대칭짝(스핀 1/2)을 갖고 있는데, 광자 photon의 초대칭짝은 '포티노 photino'이며 글루온 gluon의 짝은 '글루이노 gluino', 그리고 W보존 W-boson과 Z보존의 초대칭짝은 각각 '위노 wino'와 '지노 zino'다.

얼핏 보기에는 초대칭이라는 것이 엄청나게 비경제적인 특성인 것 같다. 기존의 입자 목록이 초대칭 때문에 고스란히 두 배로 늘어났으니, 그렇게 생각할 만도 하다. 하긴, 지금까지 초대칭짝에 해당하는 입자들은 발견된 사례가 단 한 번도 없으므로, '초대칭 같은 것은 애초부터 존재하지 않는다'고 주장하면서 간단하게 무시해버릴 수도 있다. 그러나 많은 수의 물리학자들은 초대칭이론에 아직도 강한 집착을 보이면서 연구를 계속하고 있다. 바보도 아닌 그들이 전혀 증거가 없는 이론에 왜 그토록 매달리고 있는 것일까? 지금부터 그 이유를 찬찬히 살펴보도록 하자.

초대칭의 사례 : 끈이론의 탄생 이전

우선 첫째로 미학적 관점에서 볼 때, 수학적으로 가능한 대칭성들 중에 일부만이 우주에 존재한다는 것은 선뜻 받아들이기가 어렵다. 이 우주가 완전한 존재라면, 대칭적 구조도 부족함이 없어야 한다. 가능한 대칭성 중 일부가 빠졌다는 것은 음악의 아버지 바흐 Johan S. Bach 가 독창적인 다성부 성악곡을 작곡한 후에 소프라노 테너를 뺀 채로 공연하는 것과 다를 바가 없다.

둘째로, 중력이 빠져있는 표준모델에서도 초대칭이론을 도입하면 양자적 과정과 관련된 난해한 문제들이 자연스럽게 해결된다는 것이다. 모든 입자들이 미시세계의 양자적 요동에 저마다 기여하고 있는 것이 표준모델의 문제인데, 양자적 요동의 와중에서도 표준모델의 특정 매개변수를 $100만 \times 10억$ 분의 1 이내의 오차로 잘 조절하면 혼돈과도 같은 양자적 효과들이 대부분 상쇄되어 입자 간의 상호작용을 성공적으로 기술할 수 있게 된다. 방금 전술한 오차가 어느 정도로 작은 것인지를 실감나게 이해하기 위한, 한 가지 비유를 들어보자 — 엄청난 파워를 가진 총으로 달에 설치된 과녁을 맞힌다고 했을 때, 원래 의도했던 탄착점에서 아메바의 두께 이상 벗어나지 않을 만큼 정확도를 유지해야 오차의 범위를 100만×10억 분의 1 이내의 수준으로 줄일 수 있다. 표준모델이론에서 매개변수를 이 정도로 정확하게 산출하는 것이 불가능한 일은 아니지만, 소수점 이하 15번째 자리에서 숫자 하나가 틀렸다고 해서 모든 것이 한꺼번에 와해되는 이론을 신뢰하는 물리학자는 그리 많지 않을 것이다.[*5]

그러나 초대칭을 도입하면 상황은 몰라보게 달라진다. 초대칭이론에 의하면, 보존 boson(정수의 스핀을 갖는 입자들. 인도의 물리학자인 사티엔드라 보스 Satyendra Bose의 이름을 따서 이렇게 명명되었다)과 페르미온 fermion(1/2, 3/2, 5/2…와 같이 반정수의 스핀을 갖는 입자들. 이 이름은 이탈리아의 물리학자인 엔리코 페르미 Enrico Fermi에서 따온 것이다)은 양자역학적 효과를 상쇄시키는 성질을 갖고 있기 때문이다. 마치 놀이터에 있는 시소의 양끝처럼, 보존의 양자적 효과가 양(+)이면 페르미온의 양자적 효과는 음(−)이 되어 서로 말끔하게 상쇄되는 것이다(반대의 경우도 가능하다). 초대칭 속에서 보존과 페르미온은 항상 짝을 이룬 채로 나타나기 때문에, 양자적 요동이 상쇄되지 않은 채로 남는 경우는 결코 발생하지 않는다. 따라서 초대칭표준모델 supersymmetric standard model이론(각 입자마다 초대칭짝의 존재를 허용하는 표준모델이론)은 매개변수의 정밀도에 아슬아슬하게 의지하지 않고서도 논리적 타당성을 유지할 수 있다. 많은 물리학자들이 초대칭에 매력을 느끼는 이유가 바로 이것이다.

초대칭이 물리학자에게 환영을 받고 있는 세 번째 이유는, 그것이 대통일이론 Grand Unified Theory(GUT)을 실현시켜줄 강력한 후보이기 때문이다. 자연계에 존재하는 4종류의 힘들은 영향을 미치는 거리가 매우 멀다 — 물리학자들은 이것 때문에 그동안 많은 어려움을 겪어왔다. 전자기력의 세기는 강력의 1%정도이며, 약력은 강력보다 수천 배나 약하다. 그리고 중력은 강력의 1억×10억×10억×10억 분의 1(10^{-35})배밖에 되지 않는다. 이 분야의 개척자이자 1979년에 노벨상을 수상했던 글래쇼와 살람, 그리고 와인버그는 전자기력과 약력 사이에 긴밀한 상호관계가 있음을 증명하였다. 글래쇼는 1974년에 하버드 대학의 연구 동료였던 하워드 조지 Howard Georgi와 함께 강력에도 이와 비슷한 공통점이 있다고 주장하였는데, 4가지 힘 중에서 3개를 통일시키려는 이들의 연구는 전자기력과 약력을 통합한 기존의 이론 electroweak theory과 근본적으로 다른 점이 있다. 전자기력과 약력은 100만×10억 도(절대온도 $10^{15}\,°K$) 이상의 온도에서 하나의 힘으로 통합되어 있다가 온도가 그 이하로 내려가면 별개의 힘으로 분리되어 나타난다. 그러나 여기에 강력까지 첨부되어 하나의 힘으로 통합되려면, 온도가 자그마치 100억×10억×10억 도(절대온도 $10^{28}\,°K$)가 되어야 한다. 에너지의 관점에서 볼 때, 이 온도는 양성자 100만×10억(10^{15})개의 질량에 해당되며 플랑크 질량의 1/10,000정도다. 조지와 글래쇼는 지금까지 어느 누구도 가본 적이 없는 엄청난 에너지의 영역으로 이론물리학을 끌고 간 장본인인 셈이다.

하버드 대학의 조지와 헬렌 퀸 Helen Quinn, 그리고 와인버그는 연구를 거듭한 끝에 중력을 제외한 3개의 힘을 하나로 통일시키는 대통일이론의 청사진을 더욱 구체화시켰다. 이들의 업적은 대통일이론의 핵심일 뿐만 아니라 초대칭을 이해하는 데에도 커다란 도움이 되기 때문에, 좀더 자세히 설명하는 게 좋을 것 같다.

서로 반대 부호의 전기 전하를 가진 두 입자 사이에 작용하는 인력(전기력)과, 질량을 가진 두 물체 사이에 작용하는 인력(중력)의 크기는 두 물체 사이의 거리가 가까워질수록 증가한다. 이것은 고전역학에서도 이미 잘 알려진 사실이다. 그런데 이 힘의 크기를 좌우하는 데 양자역학은 아무런 역할도 하지 않는다. 대체 왜 그럴까? 그 해답은 바로 '양자적 요동' 속에 숨어있다. 예를 들어, 하나의 전자에 의해 생성된 전기장 electric field은 그 주변에서 수시로 나타났다가 사라지는 입자-반입자 쌍의 '안개' 때문에 그 영향력이 가려지게 된다. 마치 옅은 안개가 등대 불빛을 희미하게 만드는 것처럼, 전자의 힘도 이러한 양자적 요동에 가려서 강도가 줄어드는 것이다. 만일 우리가 전자에 아주 가깝게 접근한다면 그것은 전자와 관찰자 사이에 입자-반입자 쌍의 안개가 그만큼 얇아졌다는 뜻이며, 이것은 전자의 영향력이 커지는 결과로 나타난다. 다시 말해서, 전자가 만드는 전기장은 전자에 가까운 곳일수록 강해진다는 뜻이다.

물리학자들은 전기력의 세기가 두 하전입자 사이의 거리의 제곱에 반비례한다는 고전적인 도그마를 맹신하지 않고, 기어이 그 이유를 밝혀내고야 말았다 — 하나의 전자에 의해 생성되는 전기장은 원래 거리에 상관없이 '고유의 intrinsic' 크기를 갖고 있는데, 이것이 입자-반입자 쌍의 안개에 가려져서 거리가 멀어질수록 약하게 나타난다는 것이다. 다시 말해서, 전기력이 커지는 이유는 단순히 전자에 가까이 접근했기 때문이 아니라, 가깝게 접근함으로써 전자와 관찰자 사이의 입자 안개가 얇아졌기 때문이다. 지금 여기서는 전자를 예로 들었지만, 이 논리는 전하를 띠고 있는 모든 입자들에게 적용되며, '모든 하전입자들은 양자적 효과에 의해 거리가 가까울수록 강한 전기력을 행사한다'는 말로 요약된다.

다른 힘의 경우는 어떨까? 약력과 강력, 그리고 중력도 양자적 효과 때문에 거리에 따라 힘의 크기가 달라지는 것일까? 1973년, 프린스턴 대학교의 그로스 Gross와 윌첵 Frank Wilczek, 그리고 이들과는 독립적으로 연구했던 하버드 대학교의 폴리처 David Politzer는 이 문제를 집중적으로 탐구하던 중 놀라운 답을 얻어냈다. 강력과 약력의 경우에는 입자-반입자의 안개가 힘을 약하게 만드는 것이 아니라, 오히려 이것 때문에 힘이 강해진다는 것이었다. 따라서 우리가 입자로부터 가까운 거리에서 힘의 크기를 측정한다면, 입자-반입자의 양자적 효과에 의한 힘의 증폭효과가 그만큼 적게 나타나기 때문에 힘의 세기가 상대적으로 작아지는 것이다.

조지와 퀸, 그리고 와인버그는 이러한 사실을 바탕으로 연구를 거듭한 끝에, 더욱 놀라운 결과를 유도해냈다. 입자-반입자의 쌍이 수시로 생성되었다가 소멸되는 양자적 효과를 치밀하게 고려하면 전자기력과 약력, 그리고 강력의 세기는 한 가지 공통된 논리로 이해될 수 있다는 것이 그들의 결론이었다. 오늘날의 관측기술로 접근 가능한 영역에서는 이 세 가지 힘의 크기가 매우 다르게 나타나지만, 이것은 양자적 효과에 의한 '안개' 때문에 나타나는 현상이며, 100×10억$\times 10$억$\times 10$억 분의 $1cm(10^{-29}cm$. 플랑크길이의 10,000배 정도) 거리에서 관측한다면 세 힘의 크기가 동일해진다는 것이었다.

우리의 일상적인 경험과 매우 동떨어진 말이긴 하지만, 입자들 사이의 간격이 이 정도로 가까워지려면 $10^{28}\,°K$정도의 온도가 유지되어야 한다. 우리의 우주가 이 정도로 뜨거웠던 적이 있었을까? 물론 있다. 빅뱅이 일어난 직후, 좀더 정확하게 말하자면 $1,000 \times 1$조$\times 1$조$\times 1$조 분의 1초(10^{-39}초) 후에 이 우주는 $10^{28}\,°K$의 초고온 상태였다. 지금은 전혀 공통점이 없어 보이는 금속과 나무, 바위, 광물질 등이 이때에는 한데 녹아 플라즈마 plasma 상태(원자핵과 전자가 분리된 채로 존재하는 상태 : 옮긴이)로 존재했다. 그리고 이론에 의하면 전자기력과 약력, 강력도 이때에는 서로 다른 힘이 아니라 하나의 거대한 힘 속에 통일

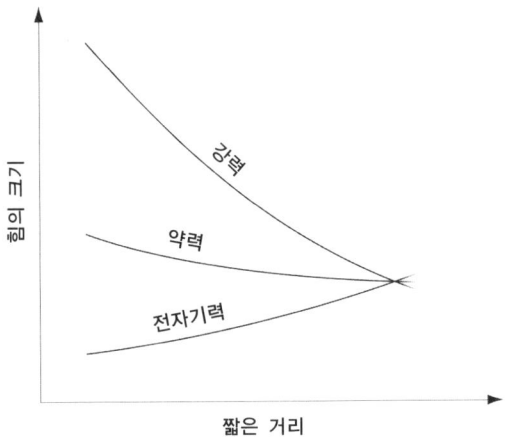

그림 7.1 전자기력과 약력, 강력의 거리에 따른 변화를 나타낸 그래프. 오른쪽으로 갈수록 '가까운 거리'에 해당되며, 이는 '오른쪽으로 갈수록 온도가 높아진다'고 말하는 것과 동일하다.

된 상태로 존재하고 있었다. 이 상황은 그림 7.1에 그래프로 표현되어 있나.[*6]

아직 현대의 기술로는 이 정도로 가까운 거리를 탐색할 수 없고, 온도를 $10^{28}\,°K$까지 올릴 수도 없지만, 실험물리학자들은 1974년부터 일상적인 환경에서 세 힘의 크기를 꾸준하게 측정하여 그림 7.1과 같은 그래프를 얻어냈다. 조지와 퀸, 그리고 와인버그는 이 그래프를 출발점으로 삼아 양자세계로 탐험을 시작하였으며, 1991년에 CERN(유럽입자가속기 연구소)의 아말디 Ugo Amaldi와 독일 칼스루헤 Karlsruhe 대학의 퓌르스테나우 Hermann Fürstenau는 이로부터 두 가지 놀라운 사실을 발견하기에 이르렀다. 첫째로, 전자기력과 약력, 그리고 강력은 아주 짧은 영역에서 크기가 매우 비슷하긴 하지만 정확하게 일치하지는 않는다는 것이었고(그림 7.2 참고), 둘째로 이 차이는 초대칭을 도입

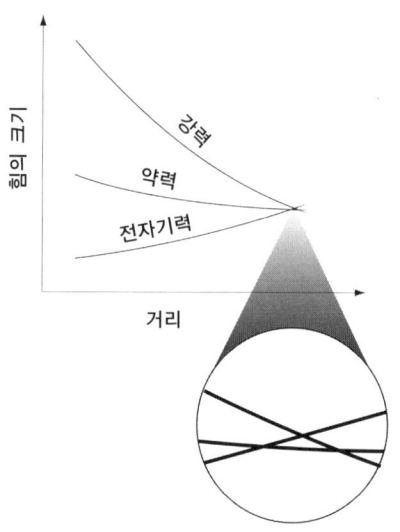

그림 7.2 힘의 크기를 정밀하게 계산해보면, 아주 좁은 영역에서 세 힘의 크기는 정확하게 일치하지 않는다. 이 차이를 상쇄시키려면 초대칭의 개념이 필연적으로 도입되어야 한다.

했을 때 완전하게 사라진다는 것이었다. 왜 그럴까? — 초대칭을 가정하면 초대칭짝에 해당되는 입자들이 자연스럽게 도입되는데, 이 입자들에 의한 양자적 요동효과가 그림 7.2에 나타난 차이를 정확하게 상쇄시켜 주기 때문이다.

이 우주가 과연 '힘의 크기가 아주 조금씩 다른' 힘들을 선택했을까? 대부분의 물리학자들은 그렇게 생각하지 않는다. 이것은 마치 퍼즐을 거의 다 맞추어놓고 마지막 퍼즐 조각을 끼워넣었을 때 딱 맞아 들어가지 않는 경우와 비슷하다. 그런데 초대칭이 도입되면 마지막 퍼즐 조각이 약간 변형되어 빈자리에 정확하게 맞아 떨어진다는 것이다.

그렇다면 또 하나의 질문이 떠오른다. 우리는 왜 지금까지 초대칭짝에 해당되는 입자들을 단 하나도 발견하지 못했는가? 아직 정확한 답변을 할 수는 없지만, 학자들은 초대칭짝의 질량이 양성자보다 1,000배 정도 클 것으로 예상하고 있다. 그런데 지금은 세계에서 가장 큰 입자가속기를 동원한다 해도 이 정도의 에너지에 이를 수 없기 때문에 초대칭짝이 아직 발견되지 않았다고(다소 변명같이 들리긴 하지만) 설명할 수 있다. 현재 진행되고 있는 실험들과 앞으로의 전망에 대해서는 9장에서 자세히 다룰 예정이다.

물론, 지금까지 제시한 증거들만으로는 초대칭이론이 절대적으로 옳다고 주장하기 어렵다. 앞에서 우리는 초대칭이론이 이론물리학에 끼친 지대한 영향에 대해 이야기했다. 그러나 독자들은 여전히 만족스럽지 못할 줄로 안다. 이 우주가 수학적으로 가능한 최대한의 대칭성을 갖고 있다는 것을 어떻게 확신할 수 있다는 말인가? 매개변수의 미세한 값에 좌지우지되는 표준모델의 딱한 상황을 초대칭이 해결해주긴 했지만, 독자들은 '자연을 서술하는 진정한 이론은 옳음과 그름 사이에 아슬아슬하게 놓여 있다' 고 생각할 수도 있다. 초대칭이론은 아주 미세한 영역에서 전자기력과 약력, 강력의 크기가 동일함을 증명하여 이 세 가지 힘이 같은 근원에서 탄생되었다고 주장하고 있지만, '초미세 영역에서 세 힘의 크기가 왜 굳이 같아야 하는가?' 라고 반론을 제기할 수도 있다. 그리고 '초대칭짝에 해당되는 입자들이 아직 한 번도 발견되지 않은 이유는 그런 것이 애초부터 존재하지 않기 때문이다' 라고 간단하게 치부해버릴 수도 있다.

이런 반론에 이의를 달 수 있는 사람은 어디에도 없다. 그러나 일단 끈이론이 도입되면 초대칭의 타당성은 한층 더 설득력을 갖게 된다.

끈이론 속의 초대칭

1960년대에 베네치아노에 의해 처음으로 탄생했던 원래의 끈이론은 이 장의 서두에서 언급했던 모든 대칭성을 갖고 있지만, 초대칭만은 그 성질에서 배제되어 있다(사실 그 무렵에는 초대칭이라는 개념조차 없었다). 끈이라는 개념 하에서 처음으로 탄생한 이론은, 정확하게 말하자면 '보존 끈이론 bosonic string theory'이었다. 여기서 '보존 bosonic'이라는 말은 이 이론에 등장하는 모든 끈들이 오로지 정수값의 스핀(0, 1, 2, …)만을 갖는다는 의미다. 따라서 보존 끈이론에는 반정수(1/2, 3/2, …)의 스핀을 갖는 페르미온이 빠져 있었으며, 이것은 두 가지의 중요한 문제를 필연적으로 야기시켰다.

첫째로, 만일 끈이론이 모든 힘과 물질의 성질을 설명해주는 이론이라면, 거기에는 페르미온에 해당하는 끈이 반드시 포함되어 있어야 한다. 왜냐하면, 지금까지 알려진 모든 물질입자들은 1/2의 스핀을 갖고 있기 때문이다. 두 번째 문제점은 더욱 심각한데, 보존 끈이론에는 음수의 질량을 갖는(좀더 정확하게 표현하자면 질량의 제곱이 음수인) '타키온 tachyon'이라는 유령 같은 입자가 존재한다는 것이다. 끈이론이 알려지기 전에도 물리학자들은 질량이 양수인 일반입자들 이외에 타키온이 존재한다는 것을 이론적으로 알고는 있었지만, 이 현상을 논리적으로 설명하는 데에는 꽤 많은 어려움을 겪고 있었다. 끈이론에서도 사정은 비슷하여, 타키온의 진동패턴에 해당하는 끈이 존재한다는 것을 논리적으로 설명하기란 결코 쉬운 일이 아니었다. 이런 사실들로 미루어볼 때, 보존 끈이론은 흥미진진한 이론임이 분명하지만 무언가 근본적인 요소가 누락되어 있다는 느낌을 지울 수가 없다.

    1971년, 플로리다 대학의 라몽 Pierre de Ramond은 기존의 보존 끈 이론에 페르미온의 진동패턴을 첨가시키는 작업에 착수했다. 라몽의 연구결과는 후에 슈바르츠와 느뵈 André Neveu에 의해 더욱 보강되어, 마침내 새로운 버전의 끈이론이 탄생하게 되었다. 더욱 놀라운 것은, 새로운 끈이론 속의 보존형 끈 bosonic string은 페르미온형 끈 fermionic string과 항상 짝을 이루어 등장한다는 점이었다. 개개의 보존형 진동패턴에는 페르미온형 진동패턴이 하나씩 대응되었으며, 그 반대도 마찬가지였다. 그 후 1977년에는 튜린 대학의 글리오치 Gliozzi, 왕립 대학의 셔크 Joel Sherk, 그리고 올리브 David Olive가 초대칭의 개념이 도입된 끈이론을 완성하여 세상에 발표하였다. 초대칭 끈이론, 즉 초끈이론 superstring theory이 드디어 세상 빛을 보게 된 것이다. 게다가 글리오치와 셔크, 그리고 올리브는 또 하나의 중요한 업적을 남겼다. 그동안 물리학자들을 꾸준히도 괴롭혀왔던 타키온 문제를 이들이 해결한 것이다. 초끈이론은 더 이상 타키온 때문에 골머리를 앓을 필요가 없는, 참으로 우아한 이론이었다. 이렇게 해서 끈이론의 퍼즐 조각은 서서히 제자리를 찾아가기 시작했다.

    그러나 라몽과 느뵈 및 슈바르츠의 원래 의도는 다소 엉뚱한 방향으로 흐르고 있었다. 1973년에 베스 Julius Wess와 주미노 Bruno Zumino는 점입자에도 초대칭이론이 적용될 수 있음을 증명하여 입자론의 추종자들에게 새로운 희망을 불어넣었다. 이들은 자신의 이론을 곧바로 확장하여 점입자에 기초한 양자장이론에 초대칭을 도입하였다. 당시 입자물리학계의 주류는 어디까지나 양자장론이었으므로(끈 이론은 변두리 이론 취급을 받았다) 베스와 주미노의 아이디어는 '초대칭 양자장론 supersymmetric quantum field theory' 분야에서 엄청나게 많은 논문을 양산시켰다. 6장에서 언급했던 초대칭 표준모델은 이때 폭발적인 인기를 누리면서 장족의 발전을 이루었는데, 이제 와서 돌이켜 보면 점입자이론의 눈부신 발전 뒤에는 끈이론의 지대한 공로가 숨어 있었던 셈이다.

1980년대 중반에 초끈이론이 다시 부활하면서, 학자들은 또 다시 초대칭에 지대한 관심을 갖게 되었다. 초끈이론의 체계 속에서, 초대칭은 앞 절에서 말한 바와 같이 매우 아름답게 조화를 이루었다. 우리가 아는 한, 끈이론은 일반상대성이론과 양자역학을 화해시킬 수 있는 유일한 이론이다. 그러나 이것은 끈이론에 초대칭을 도입하여 악명 높은 타키온 문제를 해결하고 페르미온의 진동패턴을 포함시켜야만 가능한 일이다. 그러므로 초대칭은 끈이론이 약속했던 양자중력이론을 완성하기 위해, 그리고 한 걸음 더 나아가서 자연계에 존재하는 4가지 힘들을 하나의 체계 속에서 통일시키기 위해 반드시 필요한 개념이다. '끈이론이 맞다면 초대칭도 맞는다' ─ 물리학자들은 이 말을 대체로 신봉하고 있다.

그러나 1990년대 중반에 접어들면서 초끈이론에 또 다시 어두운 그림자가 드리워지기 시작했다.

너무나 많은 가능성들이 '초' 당혹감을 유발하다.

지독하게 어려운 수수께끼가 하나 있다고 하자. 만일 누군가가 이 수수께끼를 풀었다고 주장한다면, 당신은 처음에는 다소 회의적인 반응을 보이겠지만 일단 차분하게 설명을 듣고 곰곰이 생각해보면 고개를 끄덕일 수도 있을 것이다. 그러나 잠시 후, 이 수수께끼에 또 다른 답이 있다고 주장하는 사람이 나타난다면 당신은 어떤 반응을 보일 것인가? 일단 두 번째 설명을 참을성 있게 들은 뒤에 그 답도 일리가 있다고 끄덕이면서 속으로는 약간 혼란스러움을 느낄 것이다. 그런데 세 번째, 네 번째, 심지어는 다섯 번째 답들이 쏟아져나오면서 한결같이 설득력을 갖고 있다면, 당신은 이들 중 어떤 답도 신뢰하지 못하게 될 것이다. '근본적인 설명방법'이란, 많으면 많을수록 신뢰도가 떨어지는 법이다.

1985년에 끈이론이 바로 이런 딱한 상황에 놓이게 되었다. 끈이론에 초대칭을 도입하는 방법이 하나가 아니라 무려 다섯 가지가 있었기 때문이다. 각각의 방법들은 보존과 페르미온의 진동패턴을 짝짓는다는 공통점을 갖고 있긴 했지만, 구체적인 '짝짓기 방식'이 전혀 달랐으므로 도저히 같은 이론으로 간주될 수 없었다. 이름 자체에는 아무런 의미도 없으나, 독자들의 궁금증을 해결하는 차원에서 다섯 가지 초끈이론의 이름을 나열해보면 'I형이론 the Type I theory', 'IIA형이론 the Type IIA theory', 'IIB형이론 the Type IIB theory', '이형$O(32)$이론 the Heterotic type $O(32)$ theory', 그리고 '이형 $E_8 \times E_8$이론 the Heterotic type $E_8 \times E_8$ theory'이다. 이 다섯 개의 이론들은 지금까지 우리가 이야기했던 끈이론의 조건들을 모두 갖추고 있다 — 단지 세부사항들이 조금 다를 뿐이다.

끈이론을 연구하는 학자들은 다섯 개의 이론을 놓고 당황하지 않을 수 없었다. 가장 근본적인 단계에서 우주를 서술하는 이론이 다섯 종류라니, 이건 아무리 생각해도 너무 많다. 우리는 단 하나뿐인 우주에 살고 있으므로, 설명도 단 하나뿐이어야 하지 않겠는가.

해결 방법이 전혀 없는 것은 아니다. 비록 지금은 다섯 개의 이론이 난립하고 있지만 앞으로 실험을 열심히 하면 이들 중 4개가 떨어져 나가고 단 하나의 올바른 이론이 남을 수도 있다. 그러나 이렇게 된다 하더라도 의문은 사라지지 않을 것이다. "그렇다면 나머지 4개의 이론은 왜 존재하는가?" 위튼은 약간 비꼬는 투로 이런 말을 한 적이 있다. "다섯 개의 이론들 중 하나가 우리의 우주를 설명해 준다면, 나머지 4개의 우주에는 대체 누가 살고 있다는 말인가?"[*7] 물리학자들은 '도저히 그럴 수밖에 없기 때문에 필연적으로 유도되는' 단 하나의 답을 원한다. 진정한 궁극의 이론이라면 다른 가능성이 모두 배제된 상태에서 유아독존해야 할 것 같다(그것이 반드시 끈이론이라는 보장은 물론 없다). 일반상대성이론과 양자역학을 조화롭게 합쳐주는 진짜 이론은 우주가 왜 지금과 같은 모습으로 존재할 수밖에 없었는지를 가장 깊은 영역에서 설명할 수 있어야한다. 이것이 바로 대통일이론의 이상향이다.[*8]

앞으로 12장에서 보게 되겠지만, 최근의 연구결과에 의하면 다섯 개의 이론은 하나의 이론을 다섯 가지의 방법으로 설명한 것에 불과하다 — 역시 끈이론은 유일한 혈통을 가진 이론이었다.

이제 어느 정도 그림이 되어가는 것 같다. 그러나 다음 장에 설명한 바와 같이 끈이론을 이용하여 물리학의 법칙들을 통일하려면 기존의 관념들을 송두리째 포기하는 커다란 희생을 감수해야만 한다.

제8장
눈에 보이는 것 이상의 차원을 찾아서

아인슈타인은 특수상대성이론과 일반상대성이론을 창시함으로써 지난 100여 년 동안 풀지 못했던 두 가지의 문제를 해결하였다. 물론 처음에는 아인슈타인 자신도 이런 파격적인 결과가 얻어지리라고는 상상도 못 했겠지만, 어쨌거나 그의 상대성이론은 시간과 공간에 대한 기존의 관념들을 송두리째 바꿔놓았다. 그리고 끈이론 역시 지난 20세기에 해결하지 못했던 또 하나의 중요한 문제를 해결해 주었다. 상대성이론에 의해 대대적으로 수정된 시공간의 개념은 끈이론의 출현과 함께 훨씬 더 커다란 변화를 겪게 된 것이다(아마 아인슈타인이 아직도 살아 있다면 누구 못지않게 지대한 관심을 기울였을 것이다). 끈이론은 그동안 우리가 하늘같이 믿어왔던 시공간의 차원(4차원 시공간)이 실제로 존재하는 차원의 일부에 지나지 않는다는 파격적인 주장을 함으로써 현대 물리학의 기초를 뒤흔들어 놓았다.

너무나도 친숙한 우주 — 그것은 환상이었다.

경험은 직관을 낳는다. 그러나 경험의 역할은 단지 이것뿐만이 아니다. 경험은 우리에게 인지되는 모든 대상들을 분석하고 해석하는 기반을 마련해 준다. 예를 들어, 어린 시절부터 늑대의 무리들 틈에서 자란 사람이 있다면, 그는 우리와는 전혀 다른 관점에서 이 세상을 보고 이해할 것이다. 이렇게 극단적인 예가 아니라 해도, 서로 다른 문화와 전통 속에서 살던 사람들을 비교해보면, 경험이라는 것이 우리의 세계관에 얼마나 지대한 영향을 미치고 있는지 이해할 수 있을 것이다.

그러나, 모든 사람들이 판이한 경험을 하는 것은 아니다. 개중에는 누구나 똑같이 겪을 수밖에 없는 경험도 있다. 그리고 이렇게 보편적인 경험들은 그 내용을 정확하게 규명하거나 반론을 제기하기가 쉽지 않다는 공통점을 갖고 있다. 한 가지 매우 간단한(그러면서도 심오한) 예를 하나 들어보자. 당신이 지금 독서를 중단하고 자리에서 일어나 어디론가 가려고 한다면, 당신은 세가지의 독립적인 방향(공간을 이루고 있는 3개의 차원)으로 움직일 수 있다. 당신이 아무리 구불구불하고 복잡한 경로를 따라간다 해도, 그 궤적은 '좌-우 방향'과 '전-후 방향', 그리고 '상-하 방향'의 적절한 조합으로 표현될 수 있다. 당신이 매 걸음을 내디딜 때마다, 3차원 공간 속에서 이 세 가지의 방향들이 매번 새롭게 선택되고 있는 것이다.

동일한 상황을 특수상대성이론의 언어로 표현한다면 다음과 같다 — 이 우주 내의 모든 지점들은 3개의 자료(좌표)를 지정함으로써 유일하게 결정될 수 있다. 3개의 자료들이란, 앞서 말했던 전-후와 좌-

우, 그리고 상 - 하 방향을 나타내는 구체적인 값들을 말한다. 도시 내에 위치하고 있는 특정 사무실의 주소를 언급할 때, 우리는 '로(路, street)'와 '가(街, avenue)', 그리고 '층수'를 지정함으로써 이 3가지 방향의 좌표를 결정하고 있다. 아인슈타인은 여기에 '시간'이라는 차원을 하나 더 붙여서 (과거→미래로 진행하는 방향) 4차원 시공간이라는 개념을 확립시켰다. 결국, 우주 내에서 하나의 사건이 정확하게 정의되려면, 사건이 일어나는 장소(3차원)와 시간(1차원)이 결정되어야 하는 것이다.

차원과 관련된 우주의 이러한 성질은 너무도 당연한 사실이기 때문에 반론의 여지가 전혀 없을 것 같다. 그러나 1919년에 폴란드의 무명 수학자였던 테오도르 칼루자 Theodor Kaluza는 무모하게도 4차원 우주론에 반기를 들고나섰다. 이 우주 공간은 3차원이 아니라 더 '많은' 차원으로 구성되어 있을 지도 모른다는 것이 그의 주장이었다. 대부분의 경우, 허황된 주장은 그저 허황된 결론으로 끝나버리지만, 아주 가끔씩은 물리학의 기반을 뒤흔들기도 한다. 칼루자의 '고차원 공간이론'은 세인들의 관심을 끌 때까지 오랜 시간을 기다려야 했지만, 일단 유명세를 타고 난 후부터는 물리법칙에 일대 혁명을 가져올 새로운 이론으로 엄청난 관심을 끌었다. 80여 년이 지난 지금도, 과학자들은 칼루자의 선견지명에 감탄을 금치 못하고 있다.

칼루자 Kaluza의 아이디어를 클라인 Klein이 보강하다.

우주 공간이 3차원 이상의 차원으로 이루어져 있다는 주장은 독자들에게 말도 안 되는 헛소리처럼 들릴지도 모른다. 그러나 실제로 그 내용은 매우 구체적이며 논리적으로도 아무런 하자가 없다. 고차원 우주론은 물론 우주 전체에 적용되는 이론이지만, 여기서는 내용을 좀더 쉽게 이해하기 위해 가늘고 길다란 호스를 예로 들어 이야기를 풀어나가기로 하자.

폭이 수백 미터쯤 되는 계곡을 가로질러 수도용 호스가 그림 8.1(a)처럼 이어져 있다고 상상해보자. 당신은 약 500m가량 떨어진 곳에서 연결된 호스를 바라보고 있다(그림의 좌측에 그려진 인물은 당신이 아니다 : 옮긴이). 이 정도 거리라면 길게 연결된 호스가 보이겠지만 당신의 눈에는 그것이 수도용 호스가 아니라 가느다란 끈처럼 보일 것이다.

그림 8.1 (a) 멀리서 바라본 수도용 호스는 1차원적 물체, 즉 끈처럼 보인다. 그러나 (b) 호스를 확대해서 보면 거기에는 또 하나의 차원이 숨어 있음을 알 수 있다 — 두툼한 호스의 둘레를 따라 원을 그리며 돌아가는 방향이 바로 또 하나의 차원에 해당한다.

다시 말해서, 호스의 '굵기'가 인식되지 않는다는 뜻이다. 만일 개미 한 마리가 이 호스 위를 기어가고 있다면, 먼발치에서 바라보는 당신의 관점에서 볼 때 개미가 이동할 수 있는 방향은 호스를 따라 나 있는 좌-우 방향뿐이다. 당신에게는 호스의 굵기가 인식되지 않기 때문이다 — 당신의 눈에 보이는 호스는 '1차원적 물체'인 것이다. 따라서 누군가가 당신에게 개미의 현재 위치를 정확하게 알려달라고 했다면, 당신은 오로지 한 개의 좌표만을 명시하면 그만이다. 즉, 호스의 왼쪽 (또는 오른쪽)끝에서 개미가 있는 곳까지의 거리를 알려주면, 개미의 위치는 유일하게 결정된다. 그러나 이것은 당신이 호스로부터 멀리 떨어져 있을 때의 이야기다. 멀리서 바라본 호스는 1차원적 물체로 보이기 때문에 좌표 하나만으로도 정확한 위치를 정의할 수 있다.

사실 우리는 수도용 호스가 일정한 '굵기'를 갖고 있다는 것을 잘 알고 있다. 당신은 이 사실을 눈으로 확인하기 위해 성능 좋은 망원경으로 호스 위를 기어가는 개미를 다시 찾아보았다. 그랬더니 그림 8.1(b)와 같은 광경이 망원경의 시야에 들어왔다. 확대된 시야로 보니 개미가 기어가고 있는 호스는 1차원의 끈이 아니라 '2차원의 면'임이 분명해졌다. 다시 말해서, 개미는 호스의 길이 방향을 따라 좌-우 (개미의 입장에서 보면 전-후)로 이동할 수도 있고, 두툼한 호스의 둘레를 따라 원을 그리며 시계-반시계 방향으로 진행할 수도 있는 것이다.

이렇게 되면 단 하나의 좌표만으로는 개미의 정확한 위치를 표현할 수가 없다. 호스의 방향을 따라 현재 개미가 놓여 있는 위치와 함께, 호스의 둘레를 따라 돌아가는 원주 상에서의 위치까지 규명해야만 개미의 정확한 위치를 유일하게 정의할 수 있다. 왜 두 개의 좌표가 필요한가? — 호스의 표면이 '2차원적 면(곡면)'이기 때문이다![*1]

그런데, 이 두 개의 차원들 사이에는 명백하게 다른 점이 있다. 호스의 길이 방향으로 나 있는 차원은 충분히 길기 때문에 멀리서도 쉽게 감지 될 수 있지만, 호스의 굵기에 의해 생성된 차원은 아주 작은 공간 내에 '감겨져' 있기 때문에 가까이 접근하지 않으면 그 존재가 쉽게 감지되지 않는다는 것이다. 호스의 표면에 존재하는 감겨진 차원을 인식하려면 망원경과 같은 정밀한 관측 장비가 동원되어야 한다.

위에서 들었던 사례는 공간 차원의 매우 중요한 속성을 잘 보여주고 있다. 공간 차원은 스케일 면에서 두 가지로 구별될 수 있는데, 넓은 영역으로 뻗어 있어서 쉽게 감지되는 차원과, 좁은 영역 속에 감겨져 있어서 쉽게 감지되지 않는 차원이 바로 그것이다. 물론, 위의 경우에는 별다른 어려움 없이 감춰진 차원을 찾아낼 수 있다. 그저 호스를 향해 망원경을 들이대기만 하면 곧바로 굵기가 감지된다. 그러나 호스보다 훨씬 가느다란 끈을 사용했다면 감춰진 차원을 찾아내기란 결코 쉬운 일이 아닐 것이다.

1919년, 칼루자는 자신의 혁명적인 아이디어로 한 편의 논문을 작성하여 아인슈타인에게 보냈다. 이 논문에서 그는 우주 공간이 3차원 이상의 차원으로 이루어져 있을 수도 있다고 주장하였다. 앞으로 다루게 되겠지만, 칼루자가 이렇게 파격적인 주장을 들고 나온 데에는 그럴 만한 이유가 있었다 — 아인슈타인의 일반상대성이론과 맥스웰의 전자기학이론을 하나의 통일된 체계 속으로 통일시키려면 고차원 우주의 개념이 반드시 필요했던 것이다. 그러나 누가 봐도 3차원이 명백한 지금의 공간에 무슨 수로 차원을 추가시킨다는 말인가?

칼루자의 아이디어를 이어받은 스웨덴의 수학자 오스카 클라인 Oscar Klein은 이 아이디어를 한층 더 구체화시킨 끝에 "우리가 살고 있는 우주 공간은 스케일이 큰 차원과 좁은 영역 속에 감추어진 차원이 함께 공존하고 있다"는 결론을 내렸다. 즉, 수도용 호스의 경우처럼 우주 공간은 쉽게 눈에 띄는 3개의 차원(전 - 후, 좌 - 우, 상 - 하 방향) 이외에, 아주 작은 영역 속에 감겨져 있는 또 다른 차원들이 추가로 존재한다는 것이다. 그리고 여분의 차원이 숨어 있는 공간은 너무도 미세하여 현재의 관측 장비로는 감지될 수 없다고 했다.

이 놀라운 주장을 좀더 분명하게 이해하기 위해, 수도용 호스로 다시 돌아가 보자. 그리고 이 호스의 표면에는 검은색 펜으로 그림 8.2와 같이 둘레를 따라 원이 촘촘하게 그려져 있다고 가정해보자. 멀리서 바라보면 호스는 가느다란 1차원의 끈처럼 보이지만, 망원경을 통해서 보면 검은 원이 시야에 들어오면서 감춰져 있던 또 하나의 차원이 쉽게 감지될 수 있다. 그림 8.2에 그려진 것처럼, 호스의 표면에는 길이 방향으로 나 있는 커다란 차원(좌 - 우 방향)과 호스의 둘레를 따라 돌아가는 방향으로 또 하나의 차원이 존재한다. 다시 말해서, 호스의 표면은 1+1=2차원적 공간인 것이다. 칼루자와 클라인이 제안했던 우주

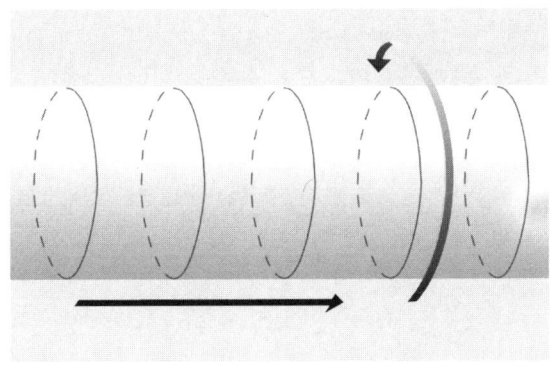

그림 8.2 수도용 호스의 표면은 2차원 공간(곡면)이다. 이들 중 하나의 차원은 호스의 길이 방향으로 나 있는 대형 차원이며(직선 화살표 방향), 다른 하나의 차원은 좁은 영역(호스의 둘레) 속에 감겨져 있다.

그림 8.3 그림 5.1 과 같은 방법으로 공간을 여러 차례에 걸쳐 확대시킨 모습. 우리의 우주는 눈에 보이는 차원 이외에 좁은 영역 속에 감추어져 있는 여분의 차원을 갖고 있을 수도 있다. 그림의 맨 위쪽에 이 여분의 차원이 도식적으로 표현되어 있다.

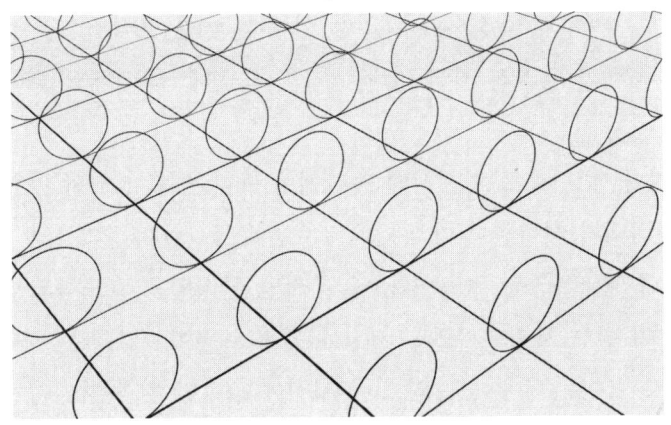

그림 8.4 직선으로 된 격자선은 우리에게 친숙한 기존의 공간 차원을 나타내며, 원은 작은 영역 속에 감겨진 채로 존재하는 숨겨진 차원에 해당된다. 마치 카페트의 표면 위에 동그란 모양의 실밥이 촘촘히 박혀 있는 것처럼, 이 원형 차원은 공간상의 '모든' 점마다 별도로 존재한다. 이 그림에서는 시각적인 이해를 돕기 위해 격자선이 교차하는 지점에만 원형 차원을 그려 넣었다.

의 차원은 바로 이러한 성질을 갖고 있다. 단, 그들이 주장했던 우주는 3개의 대형 차원과 1개의 극소형 차원으로 이루어신 4차원의 공산을 갖고 있었다. 그런데, 이렇게 높은 차원을 2차원의 지면에 그리기가 어렵기 때문에, 앞으로 당분간은 3개의 대형 차원을 2개로 줄여서 표현하기로 하겠다. 그림 8.3은 칼루자와 클라인이 생각했던 공간의 차원을 단계별로 확대시킨 그림이다. 여러 차례에 걸쳐 확대를 반복하다 보면, 원래의 3차원(그림에는 2차원)이외에 좁은 영역 속에 감겨져 있던 또 하나의 차원이 드디어 모습을 드러내게 된다.

그림 8.3 의 제일 아래 부분에는 우리가 일상적으로 느끼고 있는 공간의 구조가 표현되어 있다. 여기에 존재하는 차원들은 전-후, 좌-우 등 커다란 스케일로 존재하는 차원으로서, 그림에는 각 차원의 방향이 격자 눈금으로 표시되어 있다. 그리고 공간의 일부를 확대한

모습이 그 위에 순차적으로 그려져 있는데, 처음 확대한 단계에서는 원래의 공간과 달라진 것이 없다. 두 번, 세 번을 확대해도 별다른 변화는 보이지 않는다.

그러나 네 번째로 확대시킨 공간에서 드디어 숨어 있던 차원이 모습을 드러내기 시작한다(마치 카페트 표면에 동그란 모양의 실밥들이 촘촘하게 나있는 현상을 하고 있다). 칼루자와 클라인은 수도꼭지용 호스에서 길이 방향 차원의 '모든' 지점에 원형 차원이 존재하는 것처럼, 3차원으로 보이는 우주 공간의 모든 지점에 조그만 원형 차원이 추가로 존재한다고 주장하였다(그림에서는 독자들의 이해를 돕기 위해 두 개의 격자선이 교차하는 지점에만 원형 차원을 그려 넣었다). 그림 8.4는 더욱 크게 확대된 칼루자-클라인 공간을 보여주고 있다.

그림 8.4에 표현된 공간은 앞에서 예로 들었던 수도용 호스와 매우 중요한 차이가 있다. 우선, 이 우주에 존재하는 3개의 공간 차원은 호스와는 비교가 안 될 정도로 그 스케일이 크다. 그리고 호스는 공간 '안'에 존재하는 하나의 물체이지만, 그림 8.4에 나타난 공간은 바로 우주 그 자체이다. 그러나 하나의 차원이 조그만 영역 속에 숨어 있다는 점에서는 분명한 공통점을 갖고 있다. 호스의 둘레를 따라 또 하나 차원이 존재하는 것처럼, 우리의 우주 공간에 여분의 차원이 지극히 작은 영역 속에 감추어져 있다면, 그것은 분명 기존의 스케일 큰 차원들보다 감지되기가 어려울 것이다. 현재의 관측기술로는 도저히 찾아낼 수 없는 초미세 영역 속에 여분의 차원이 숨어 있을 수도 있다. 그리고, 무엇보다 중요한 것은 숨겨진 차원이 그저 3차원(그림에서는 2차원) 공간상에서 위로 불쑥 튀어나온 원형의 돌기가 아니라는 사실이다. 독자들은 그림 8.4를 보고 오해를 하기 쉽다. 다시 한 번 강조하지만, 숨겨진 원형 차원은 공간상의 '모든' 점에 존재하는 전혀 새로운

차원이다.

　이것은 전-후와 좌-우, 그리고 상-하 방향이 공간상의 모든 점에 존재하는 것과 같은 이치이다. 만일 몸집이 지극히 작은 개미가 있다면, 그 개미가 매 순간마다 선택할 수 있는 방향이 3개가 아니라 그 이상이라는 뜻이다. 그러므로 어느 특정 순간에 개미가 있는 위치를 정확하게 표현하려면, 우리에게 친숙한 기존의 3개 좌표 이외에, 원형 차원상의 위치를 나타내는 또 하나의 좌표가 필요하다. 다시 말해서, 공간이 4차원이라는 뜻이다. 여기에 시간을 별도의 좌표로 도입하면, 결국 우리가 사는 시공간은 5차원 시공간이 된다 ─ 아인슈타인의 예상보다 하나가 더 많다.

　지금까지 우리는 우주 공간이 3차원이라고 믿어 왔지만, 칼루자와 클라인의 논리에 의하면 아주 작은 영역 속에 숨겨져 있는 여분의 차원이 얼마든지 존재할 수 있다. 이 우주는 우리의 눈에 보이는 것보다 더 많은 차원을 갖고 있을 수도 있는 것이다.

　그렇다면, 차원이 숨어 있는 공간은 얼마나 작을까? 현재의 관측기술로 측정할 수 있는 한계는 10억×10억 분의 $1m(10^{-18}m)$ 정도이다. 그러므로 이보다 작은 영역 안에 여분의 차원이 숨어 있다면 지금으로선 확인할 길이 없다. 1926년에 클라인은 칼루자의 아이디어에 양자역학적 요소를 결합하여 이 영역의 크기를 계산하였는데, 그의 계산 결과에 의하면 숨겨진 차원은 거의 플랑크 길이의 영역 이내에 존재하고 있다. 이 정도의 스케일이라면 지금의 관측기술로는 결코 측정이 불가능하다. 물리학자들은 '좁은 공간 속에 또 하나의 차원이 존재할 수도 있다'고 주장하는 이 이론을 가리켜 '칼루자-클라인이론 Kaluza-Klein theory'이라고 불러왔다.[*2]

수도용 호스 위에서 오고 가는 것들

앞에서 들었던 수도용 호스의 예와, 그림 8.3은 우주 공간 속에 여분의 차원이 어떻게 숨어 있을 수 있는 지를 우리에게 보여 주고 있다. 그러나 3차원 이상의 고차원적 공간을 시각화해서 보여주는 것은 이 분야의 전문가들에게도 결코 쉬운 일이 아니다. 그래서 물리학자들은 기존의 3차원 공간을 1차원이나 2차원으로 줄인 뒤에 이 여분의 차원을 시각화시킴으로써 직관적인 이해를 도모하고 있다.

이런 방식을 처음으로 도입했던 사람은 에드윈 애벗 Edwin Abbott 으로서, 1884년에 발표된 그의 소설 '평평한 세계 Flatland'에는 당장 눈앞에 보이는 차원보다 더 높은 차원을 서서히 발견해 가는 과정이 흥미롭게 묘사되어 있다.[3] 우리도 이런 방식을 도입하여, 이 우주가 수도용 호스처럼 2차원적 구조를 갖고 있다고 상상해보자. 그리고 우리 모두는 이러한 2차원 우주 속에서 살고 있다고 하자. 다시 말해서, 우리는 호스를 먼발치에서 바라보는 시각을 결코 가질 수 없다는 뜻이다. 이런 가정 하에서는 호스처럼 생긴 2차원의 곡면이 우리가 느낄 수 있는 공간의 전부이다(호스의 길이는 무한히 길다고 가정한다). 이제, 당신이 이 호스형 우주에 살고 있는 아주 작은 생명체라고 상상해보자.

여기에 한 가지 가정을 더 추가해보자. 호스형 우주의 굵기가 너무 가늘어서, 이곳에 사는 어느 누구도 굵기를 감지할 수 없다는 가정이 그것이다. 만일 그렇다면, 이곳에 사는 모든 생명체들은 이 우주가 1차원이라고 하늘같이 믿고 있을 것이다(그곳에 아인슈타인이라는 개미가 살았다면, 그는 우주가 1차원 공간과 1차원의 시간 즉, 2차원 시공간을 갖고 있다고 주장했을 것이다). 그리고 자신들의 눈에는 무한히 길게 뻗어 있는 하나의 차원밖에 보이지 않기 때문에 이 우주를 '선형세계 Lineland'라고 부르며 살고 있을 것이다.

선형세계에서의 삶은 지금 우리가 느끼는 삶과 엄청난 차이가 있다. 예를 들어, 지금 우리의 뚱뚱한 몸으로는 도저히 선형세계에 들어갈 수가 없다. 오만 가지 방법을 동원하여 몸의 형상을 변형시킨다 해도, 우리의 몸은 길이와 폭, 그리고 두께를 갖는 3차원적 존재이기 때문이다. 선형세계에는 이렇게 고차원의 몸집이 들어갈 자리가 없다. 다시 한 번 강조하건대, 선형세계를 떠올릴 때 독자들은 3차원 공간 속에 놓여 있는 선을 상상하겠지만, 우리는 이미 선형세계에 살고 있다고 가정했으므로 우리가 보고 느낄 수 있는 우주란 선, 그 차제일 뿐이라는 점을 명심하기 바란다. 따라서 그런 세계에 거주하려면 우리의 몸도 1차원적 형상(선형)이 되어야 하는 것이다. 지금 당신의 방바닥을 기어가는 개미를 그곳에 갖다놓아도 들어갈 자리가 없다. 개미를 그곳에서 살게 하려면 개미의 몸을 쥐어싸서 시렁이처럼 만든 후에 더욱 더 압축하여 두께가 전혀 없는 형상으로 만들어야 한다(간단히 말해서, 불가능하다는 이야기다. 부피가 있는 물체를 어떻게 선형으로 만들 수 있겠는가? : 옮긴이). 오직 '길이'만을 가진 물체들만이 선형세계에 들어갈 수 있다.

이제, 당신이 선형세계에 사는 생명체라고 상상해보자. 당신은 몸의 맨 앞쪽과 맨 뒤쪽에 한 개씩의 눈을 가지고 있다. 3차원 세계에서의 눈은 이리저리 돌아가면서 모든 차원의 방향들을 둘러볼 수 있지만, 선형세계에 살고 있는 당신의 눈은 한 방향으로 고정되어 오로지 앞 또는 뒤만을 바라볼 수 있을 뿐이다. 물론 이것은 진화가 잘못되거나 눈에 이상이 있기 때문이 아니다. 앞쪽이나 뒤쪽 말고는 바라볼 수 있는 방향이 전혀 없기 때문이다. 선형세계에 존재하는 공간이란, '앞'과 '뒤'가 전부이다.

선형세계에서의 삶을 좀더 구체적으로 논하고 싶어도, 더 이상 말할 것이 없다. 이것이 전부이다. 예를 들어, 다른 생명체가 당신의 앞쪽이나 뒤쪽에 자리잡고 있다고 하자. 과연 어떤 모습으로 보일 것인가? 당신이 볼 수 있는 것은 그 생명체의 눈(그것도 당신이 있는 쪽을 바라보는 단 하나의 눈)뿐이다. 게다가 이곳은 오로지 길이만이 존재하는 세계이므로, 그 눈은 하나의 점처럼 보일 것이다.

그러므로 선형세계의 생명체들은 개성 있는 눈을 가질 수 없고 눈으로 어떤 감정을 전달할 수도 없다. 게다가, 당신은 이 생명체가 있는 곳을 '지나갈' 수도 없다. 앞에 있는 생명체를 추월하려면 그 생명체를 피해가야 하는데, 당신은 그 선상에서 살 수 밖에 없는 1차원 생물이기 때문에 도저히 불가능하다. 즉, 선형세계에서 일단 다른 생명체의 뒤에 놓이면, 영원히 앞에 있는 녀석을 추월할 수 없다는 이야기다. 이 얼마나 답답한 세상인가? 앞에 있는 생명체는 당신의 입장에서 볼 때 '영원히 넘을 수 없는 장벽'인 셈이다. 그것을 우회해서 추월할 만한 경로가 존재하지 않기 때문이다. 선형세계에서 일단 한번 정해진 위치의 순서는 영원히 바뀌지 않는다.

이런 식으로 수천년을 살아오던 어느 날, 선형세계의 종교적 지도자를 자처하는 칼루자 K. 라인 Kaluza-K. Line이라는 생명체가 무언가 대단한 진리를 깨달아, 수많은 선형생명체들에게 복음을 전파하기 시작했다.

그는 자신의 앞-뒤에 있는 이웃 생명체들의 눈을 수년 동안 관찰하던 끝에, 선형세계가 1차원이 아닐 수도 있다고 주장하기에 이른 것이다. 그의 논리는 다음과 같았다 —"선형세계가 사실은 2차원인데 하나의 차원이 너무나도 작은 공간 속에 숨겨져 있다면, 우리는 그런 세계를 1차원으로 착각하고 살아왔을 수도 있다. 내 말이 맞다면 지금부터 우리의 삶은 상상조차 할 수 없을 정도로 풍요로워질 것이다.

숨어 있는 하나의 차원을 크게 부풀릴 수만 있다면 우리의 세계는 2차원이 된다! 그러면 우리는 일렬종대의 지루한 삶에서 벗어나 앞사람을 마음대로 추월하여 새로운 세상을 경험할 수 있다. 다행히도 작은 차원을 크게 부풀리는 기술은 나의 연구 동료인 라인슈타인 Linestein이 이미 개발해 놓았다. 선형세계의 동포들이여! 이제 지루한 삶은 끝났다. 우리의 세계는 2차원이었다!" 칼루자 K.라인은 두께를 가진 호스형의 우주를 발견한 것이다.

실제로, 가느다란 호스형 우주의 원형 차원을 확대시키면 그곳에 사는 생명체들의 삶은 엄청나게 달라진다. 우선, 생명체의 몸부터 생각해보자. 선형 생명체의 경우에는 앞쪽과 뒤쪽에 각각 한 개씩의 눈이 있고, 눈과 눈 사이가 그냥 몸뚱이었다. 따라서 당신의 눈은 앞과 뒤를 보는 기능 이외에 몸을 둘러싸는 '피부'의 역할도 하고 있었다. 이것은 3차원의 몸뚱이를 피부가 둘러싸고 있는 것과 정확하게 같은 이치이다. 두 개의 눈은 당신 몸의 내부와 바깥을 구별하는 경계선이었던 것이다. 선형세계에서 환자를 돌보는 의사들은 수술을 할 때 눈에 구멍을 뚫는 수밖에 없었을 것이다. 그곳이 몸의 내부로 들어가는 유일한 통로였기 때문이다.

그러나, 칼루자 K.라인이 새로운 차원을 발견하고 라인슈타인이 그것을 크게 확대시킨 뒤에는 모든 상황이 너무도 많이 달라졌다. 그림 8.5처럼 보는 각도를 조금만 변형시키면, 하나의 생명체는 다른 생명체의 옆구리를 쉽게 볼 수 있다. 그런데, 이 생명체들은 원래 1차원적 선형 생명체가 아니었던가! 이들의 몸에는 '옆구리'라는 것이 애초부터 없었다. 그렇다면 이 각도에서 보이는 것은 무엇일까? — 그렇다. 바로 몸의 내부(내장)이다! 그러므로 갑자기 2차원의 호스형 세계에서 살게 된 1차원 생명체들은 밖으로 드러난 내장을 보호하기 위하여, 하루라도 빨리 피부를 만들어 덮어써야 할 것이다. 뿐만 아니라, 이 생명체들은 그림 8.6처럼 길이와 폭을 모두 갖는 몸뚱이로 진화할 것이다. 새로 나타난 원형 차원의 스케일이 매우 커지면, 이들이 사는 2차원 세계는 애벗이 말했던 평평한 세계(이 책에 나오는 2차원 평면세계에는 나름대로의 문화가 존재하며, 생명체의 생김새에 따른 신분제도까지 운영되고 있다)와 비슷해진다. 1차원 세계에서는 그토록 단조롭고 썰렁했던 삶이, 2차원으로 옮겨오면서 엄청나게 풍부해지는 것이다.

그렇다면 2차원에서 만족할 것인가? 그럴 필요가 없다. 위의 논리를 한번 더 확장해보자. 2차원의 세계에도 하나의 차원이 숨어 있어서 실제로는 3차원이 될 수도 있다. 이 상황은 그림 8.4에 표현되어 있다.(원래 이 그림에 나타난 2차원 평면은 3차원을 단순화시킨 것이지만, 지

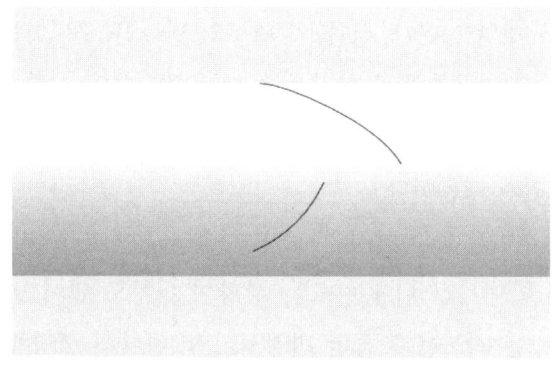

그림 8.5 수도용 호스처럼 생긴 2차원 곡면 위에 살고 있는 1차원 생명체는 보는 각도를 변형시킴으로써 다른 생명체의 옆구리, 즉 '내장'을 들여다 볼 수 있다.

금은 그냥 2차원으로 간주해도 무방하다)

이제, 숨어 있는 원형차원을 크게 부풀리면, 그 위에 살던 2차원 생명체들은 전-후, 좌-우 방향 이외에 그들이 진행할 수 있는 또 하나의 방향(위-아래)을 발견하게 된다. 이것은 부풀려진 원형차원에 의해 생겨난 또 하나의 독립적인 방향이며, 이로 인해 세상은 또 한 번 드라마틱하게 변한다.(2차원 → 3차원의 전환으로 야기되는 변화는 1차원 → 2차원 전환의 경우와 비교할 수 없을 정도로 막대하다 : 옮긴이)

원형차원의 스케일을 더욱 크게 늘리면, 이제 비로소 우리가 지금 살고 있는 3차원의 세계가 된다. 과학자들은 지금도 우리가 느끼는 3개의 차원들이 무한히 뻗어 있는지, 아니면 한참 뻗어 가는 듯이 보이다가 원을 그리면서 원점으로 되돌아오는 원형인지를 규명하지 못하고 있다. 분명한 것은 "적어도 지금의 천체망원경이 관측할 수 있는 거리까지는 차원이 곧게 뻗어나가고 있다"는 것뿐이다. 그림 8.4에 나타난 원형차원이 수십억 광년 정도의 크기를 갖는다면, 그 형태는 지금의 우주와 거의 비슷힐 것이다.

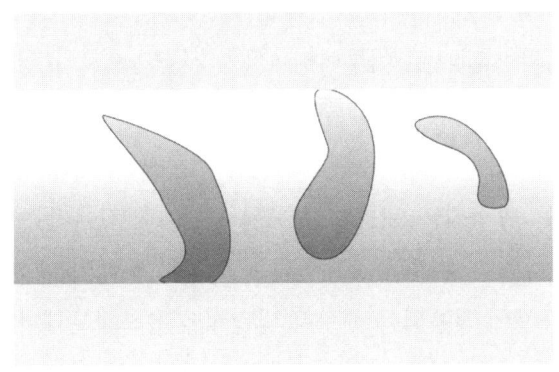

그림 8.6 호스 표면에서 살고 있는 2차원 생명체들의 모습.

3차원에서 이 논리를 끝낼 것인가? 물론 그럴 이유가 없다. 칼루자와 클라인의 생각이 바로 이것이었다. 우리가 살고 있는 3차원 세계에는 또 하나의 차원이 좁은 영역 속에 감겨져 있을지도 모른다. 만일 이것이 사실이라면, 그리고 이 숨겨진 차원이 크게 부풀려진다면 우리의 삶은 이전의 사례들(1차원 → 2차원, 2차원 → 3차원)보다 훨씬 더 격렬하게 변할 것이다.

여분의 차원(들)이 아주 작은 영역 내에 숨겨져 있다면, 우리의 삶은 별로 달라질 것이 없다. 그러나, 여분의 차원이 존재한다는 사실만으로도 이 우주는 전혀 다른 의미를 갖게 된다.

높은 차원에서의 통일이론

1919년에 칼루자가 제안했던 고차원 우주이론은 그 자체만으로도 매우 그럴듯했지만, 무언가 다른 요인에 의해 훨씬 더 강한 설득력을 갖게 되었다. 앞서 지적한 바와 같이, 아인슈타인은 이 우주를 3차원 공간과 1차원의 시간으로 이루어진 4차원 시공간으로 규정하였고, 이를 기초로 하여 일반상대성이론을 탄생시켰다. 그러나 아인슈타인의 이론은 4차원 이상의 고차원 우주에 관한 이론으로 확장될 수 있으며, 이에 해당되는 방정식도 새롭게 유도될 수 있다. 칼루자는 우주 공간에 '하나'의 차원이 추가로 존재한다는 가정하에서 이 계산을 수행하여 5차원 시공간에 적용되는 새로운 방정식을 유도하는데 성공했다.

그가 유도한 방정식은 기존의 3차원 공간에 적용시켰을 때 아인슈타인의 방정식과 정확하게 일치했다. 그러나 여분의 차원을 도입함으로써 새롭게 얻어진 방정식은 원래의 아인슈타인 방정식을 훨씬 능가하는 무언가가 있었다. 이 방정식을 열심히 연구하던 끝에, 칼루자는 정말로 놀라운 사실을 발견하게 되었다 — 추가로 얻어진 방정식은 1880년대에 맥스웰 J. C. Maxwell이 전자기력을 설명하기 위해 유도했던, 바로 그 방정식이었다! 칼루자는 하나의 공간 차원을 추가시킴으로써, 아인슈타인의 중력이론과 맥스웰의 빛이론(전자기학)을 하나로 통합했던 것이다.

칼루자의 이론이 나오기 전까지만 해도, 중력과 전자기력은 아무런 상관관계가 없는 별개의 힘으로 간주되었다. 그런데 공간에 하나의 차원을 추가시켰더니 이들 둘 사이에 깊은 관계가 모습을 드러낸 것이다. 칼루자는 중력과 전자기력이 모두 공간의 진동과 관련되어 있다고 주장하였다. 즉, 중력은 기존 3차원 공간의 진동에 의해 전달되고, 전자기력은 새롭게 도입된 '숨겨진 차원'의 진동에 의해 전달된다는 것이었다.

칼루자는 자신의 논문을 아인슈타인에게 보냈고, 처음에는 아인슈타인도 대단한 흥미를 느꼈다. 1919년 4월 21일, 그는 칼루자에게 다음과 같은 내용의 답장을 보냈다 — "5차원(4차원 공간 + 1차원 시간)의 실린더형(소방호스형) 우주에서 중력과 전자기력이 통일된다는 생각은 미처 떠올리지 못했습니다. 당신의 아이디어는 정말로 훌륭합니다."[*4]

그러나 이로부터 일주일이 지난 후에, 아인슈타인은 다소 회의적인 편지를 보냈다 — "당신의 논문을 자세히 읽어보았습니다. 매우 흥미 있는 내용이더군요. 적어도 지금까지는 틀린 점을 발견할 수 없었습니다. 그러나 논리의 설득력이 다소 떨어지는 듯 합니다."[*5] 그 후로 아인슈타인은 칼루자의 논리와 계산과정을 일일이 검토하면서 2년 이상의 세월을 보냈다.

그리고 1921년 10월 14일에 칼루자에게 또 한 장의 편지가 보내졌다 — "저는 중력과 전자기력을 통일하는 당신의 아이디어에 반론을 제기할 수 있는 또 하나의 논리를 갖고 있습니다. 그러나, 원하신다면 당신의 논문을 학회에 공개하도록 하겠습니다."[*6] 결국, 칼루자의 논문은 작성 된지 2년 여만에 거장의 인증을 받을 수 있었다.

칼루자의 아이디어는 매우 아름다웠고 클라인은 이를 더욱 발전시켰지만, 이들의 이론은 실험결과와 심각한 충돌을 일으킨다는 사실이 뒤늦게 밝혀졌다. 다른 것들은 고사하고, 칼루자-클라인 이론으로 계산된 전자의 질량과 전하 사이의 관계조차도 실제의 측정값과 너무나 커다란 차이를 보였던 것이다. 이 심각한 오류를 수정할 만한 별다른 아이디어가 없었기 때문에, 이때부터 칼루자의 아이디어는 물리학자들에게 외면 당하기 시작했다. 아인슈타인을 비롯한 몇몇 학자들은 여분의 차원이 존재할 가능성에 대하여 간간이 심심풀이로 연구를 하긴 했지만, 그것은 곧 이론물리학의 변방으로 좌천되고 말았다.

지금의 시간에서 본다면, 칼루자는 시대를 지나치게 앞서나간 물리학자였다. 1920년대의 이론물리학과 실험물리학은 기껏해야 미시세계의 기본법칙들을 이제 막 이해하기 시작했던 시절이었다. 이 시대의 이론물리학자들은 양자역학과 양자장이론의 기반을 다지는 데 여념이 없었고, 실험물리학자들은 원자를 비롯한 여러 소립자의 성질들을 한창 발견해 나가는 중이었다. 이론은 실험의 갈 길을 유도하고, 실험은 이론을 더욱 정교하게 다듬어 나가면서 이때부터 장장 50년이 지난 후에야 비로소 표준모델이 탄생되었다.

그러니 이러한 격동기에 '여분의 차원'을 주장하는 이론은 당연히 뒷전일 수밖에 없었다. 당시의 물리학자들의 관심은 대부분 양자역학에 있었으며, 이들이 내놓는 결과는 한결같이 실험을 통해 검증될 수 있는 것들이었다. 이런 분위기 속에서 '최첨단의 측정 장비로도 관측되지 않을 만큼 미세한 영역 속에 우주의 또 다른 모습이 숨어 있다'는 주장은 학자들의 관심을 끌기에 역부족이었던 것이다.

그러나, 양자역학의 상승세가 진정국면을 맞이하면서 1960년대 후반부터 1970년대 초반까지는 표준모델의 이론적 구조가 최대의 관심사로 부각되었다. 그리고 1970년대 후반부터 1980년대 초반에 걸쳐서 대부분의 이론들이 실험적으로 검증되었으며, 이에 자신감을 얻은 입자물리학자들은 '나머지 이론들이 검증되는 것은 오로지 시간문제' 라고 여기게 되었다. 물론, 그때까지도 해결되지 않은 중요한 문제들이 몇 개 남아 있긴 했지만, 많은 사람들은 강력과 약력, 그리고 전자기력에 관한 중요한 문제들이 모두 해결되었다고 믿었다.

그러다가 마침내 일반상대성이론과 양자역학이 정면 충돌을 일으켰다. 전자기력과 약력, 강력을 양자역학적 체계 속에서 하나로 통일시키는데 성공한 물리학자들이, 중력까지도 유사한 방법으로 통일시키려고 덤볐다가 지독한 딜레마에 빠진 것이다. 오만 가지 방법이 모두 실패로 돌아가자, 물리학자들은 점차 비정상적인 방법을 동원하기 시작하였으며, 그런 와중에 1920년대에 이미 사장되었던 칼루자 - 클라인이론이 부활하게 된 것이다.

현대판 칼루자 - 클라인 이론

칼루자가 자신의 아이디어를 처음 발표한 이후로 60여 년이 흐르는 동안 물리학은 실로 엄청난 발전을 이루었다. 양자역학은 그동안 완전한 이론체계를 갖추었을 뿐만 아니라, 실험적으로도 완벽하게 검증되었다. 1920년대에는 발견조차 되지 않았던 약력과 강력에 대해서도 많은 사실을 알게 되었다. 일부 물리학자들은 당시 칼루자가 여분의 차원을 하나밖에 도입하지 않았기 때문에 실패했다고 주장하기도 했다. 힘의 종류가 많아지면 그만큼 차원이 높아질 지도 모른다. 칼루자가 도입한 원형차원은 일반상대성이론과 전자기학의 긴밀한 상호관계를 보여주었지만, 이것만으로는 불충분하다는 주장이 서서히 설득력을 갖게 되었다.

1970년대 중반 무렵에는 여러 개의 차원이 숨겨져 있는 고차원 우주론에 관한 연구가 집중적으로 이루어졌다. 그림 8.7은 구형의 2차원 공간이 추가로 존재하는 4차원(2차원 평면 + 2차원 구형) 공간을 기하학적으로 표현한 것이다. 하나의 원형차원이 추가되었던 그림 8.4의 경우처럼, 여분의 2차원은 기존 공간(그림에서는 2차원 평면)의 '모든 점'에 존재한다(그러나 시각적인 이해를 도모하기 위해 그림 8.7에는 여분의

그림 8.7 여분의 2차원이 구형 sphere으로 감겨져 있는 상태

그림 8.8 여분의 2차원이 도넛 모양의 토러스 torus형으로 감겨져 있는 상태

구형차원을 격자선이 교차하는 지점에만 그려넣었다). 물론 추가된 2차원이 반드시 구형일 필요는 없다. 예를 들어, 그림 8.8처럼 여분의 2차원이 도넛 모양의 토러스 torus형일 수도 있다. 그리고 그림으로 표현 할 방법은 없지만 3, 4, 5, …… 등의 고차원이 기존의 차원 속에 숨어 있을 가능성도 결코 배제할 수 없다. 그리고 숨겨진 차원이 정말로 존재한다면, 이들은 현재의 기술로는 관측할 수 없는 초미세 영역 속에 숨어 있어야 한다. 아직까지 실험을 통해 발견된 적이 단 한 번도 없기 때문이다.

고차원 우주론은 초대칭에도 적용될 수 있다. 물리학자들은 초대칭 짝들을 서로 연결 지음으로써 양자적 요동이 부분적으로 상쇄되어 중력과 양자역학의 적대적인 대립관계가 무마될 수 있기를 기대했다. 그래서 중력과 여분의 차원, 그리고 초대칭을 한데 엮은 '고차원 초중력 이론 higher-dimensional supergravity'이 탄생하게 되었다.

칼루자이론의 경우처럼, 다양한 형태의 고차원-초중력 이론들은 초창기에 대단한 관심을 끌었다. 여분의 차원으로부터 유도된 새로운 방정식들은 전자기력과 약력 및 강력을 서술하는 방정식과 놀라울 정도로 비슷한 모양새를 띠고 있었다. 그러나 자세히 파고 들어가다 보면 과거부터 물리학자들을 괴롭혀왔던 문제들과 여지없이 마주치곤 했다. 특히, 초단거리 내에서 일어나는 양자적 요동은 초대칭이론으로 어느 정도 줄일 수는 있었지만, 그것만으로 이론이 완성될 수는 없었다. 그래서 물리학자들은 우주에 존재하는 모든 힘과 물질들을 통합하는 '하나의 이론'을 구축하는 것이 거의 불가능하다고 여겼다.[*7]

통일장이론의 일부가 모습을 드러낸 것만은 분명했지만, 모든 것을 양자역학의 체계 속에서 논리적으로 통합시킬 수는 없었다. 거기에는 분명 무언가 아주 중요한 요소가 빠져 있는 듯 했다. 그러던 중 1984년에 끈이론이 재등장하면서 드디어 빠진 부분이 제대로 채워지게 되었다. 끈이론이 물리학의 중심에 서게 된 것이다.

더욱 많은 차원들 … 그리고 끈이론

이제 독자들은 우리가 살고 있는 3차원 공간 속에 여분의 차원이 숨어 있을 수도 있다는 것을 충분히 납득했을 것이다. 숨어 있는 영역이 아주 작기만 하다면 불가능할 이유가 없다. 그러나 한편으로 생각해보면 무슨 야바위 노름 같기도 하다. 10억×10억 분의 $1m(10^{-18}m)$이내의 초미세 영역에 또 다른 차원이 숨어있다는 논리가 가능하다면, 다른 황당한 논리도 얼마든지 가능하다. 누가 아는가? 그 작은 영역 속에 아주 작은 푸른색 인간들이 바글거리며 살아가고 있을지도 모를 일이다. 물론 후자보다는 전자의 경우가 더욱 합리적이긴 하지만, 실험으로 확인할 수 없는 한 가능성은 똑같이 남아 있다고 보아야 한다.

그러나 끈이론이 출현하면서 이런 주장은 설득력을 잃게 되었다. 끈이론은 양자역학과 일반상대성이론 사이의 대립을 무마시키고, 모든 만물의 구성 요소와 힘을 하나의 체계 속에 통합하여, 우주에 대한 우리의 이해를 더욱 심화시켜 주었다. 그러나 끈이론의 업적이 제대로 인정받으려면, 이 우주는 여분의 차원을 갖고 있어야만 한다. 왜 그럴까?

양자역학의 이론에 의하면, 우리는 정확하게(신뢰도 100%) 예측할 수 없다. 그저 어떤 결과가 나타날 확률이 얼마라고 말할 수 있을 뿐이다. 아인슈타인은 이를 끝까지 수용하지 않았고 독자들도 같은 생각이겠지만, 여러 가지 정황으로 판단해보건대 이것은 어쩔 수 없는 사실인 것 같다. 그러니 우리 모두 양자역학을 겸허한 마음으로 받아들이고 계속 진도를 나가보자. 모두가 알다시피, 확률은 반드시 0과 1 사이의 실수값을 가져야 한다(퍼센트% 단위로 환산하면 0과 100사이다). 그런데 양자역학으로 계산된 확률값이 이 범위를 벗어난다면 어찌되겠는가? 정말로 끔찍한 일이다. 점입자 이론을 바탕으로 양자역학과 일반상대성이론을 하나로 합쳤을 때에도 무한대라는 확률이 얻어졌다. 그리고 앞서 말한 바와 같이, 이 문제는 끈이론의 도움으로 해결되었다. 그러나 여기에는 아직 언급되지 않은 미묘한 문제가 여전히 남아 있다. 끈이론이 처음으로 등장했을 때, 이 이론으로 계산된 확률이 음수로 나타나 물리학자들을 난처하게 만든 적이 있었다. 이런 사례들을 놓고 보면, 끈이론은 양자역학이라는 뜨거운 물이 펄펄 끓고 있는 냄비처럼 보이기도 한다.

그러나 물리학자들은 고집스럽다고 할 정도로 끈질기게 연구를 거듭한 결과, 드디어 그 원인을 찾아내고야 말았다. 원인은 아주 단순한 곳에 있었다. 만일 끈이 수도용 호스처럼 생긴 2차원 곡면 위에서 진동하고 있다면, 진동할 수 있는 방향(독립적인 방향)은 전-후 방향과 좌-우 방향 두 가지뿐이다. 그 외의 다른 진동방향들은 이 두 가지 방향의 적절한 조합으로 표현될 수 있다. 호스뿐만 아니라 2차원 평면이나 구형, 도넛형 토러스 등의 다른 2차원 면 위에서 진동하는 끈들도 진동할 수 있는 기본 방향은 모두 2가지이다. 그러나 만일 끈이 면을 이탈할 수 있다면 위-아래 방향으로도 진동이 가능해지기 때문에 기본 진동방향은 3개로 늘어난다. 이 우주가 3차원 공간만으로 이루어져 있다면, 끈이 진동할 수 있는 기본 방향은 3개일 것이다. 우주 공간이 3차원 이상의 고차원이라면 기본 진동방향도 그만큼 많아진다.

이것은 매우 중요한 사실이다. 왜냐하면 끈이론에서 행해지는 복잡한 계산들이 기본 진동방향의 개수에 따라 엄청나게 다른 결과를 가져오기 때문이다. 과거에 확률이 음수로 나왔던 것은 바로 이 개수에 문제가 있었기 때문이었다. 끈의 진동 가능한 기본 방향을 9개로 가정하면, 음수의 확률문제는 말끔하게 해결된다. 자, 이제 끈이론이 완성되었다 ─ 정말로 그럴까? 아무리 눈을 씻고 봐도 우주 공간은 3차원인 것 같은데, 끈이 9차원 공간에 살고있다니, 선뜻 납득이 가질 않는다. 이 문제를 어떻게 해결해야 하는가?

그 해답은 이미 오래 전에 칼루자가 제시해 놓았다. 끈은 아주 작기 때문에, 커다란 차원의 방향으로 진동할 뿐만 아니라 좁은 영역 속에 숨어 있는 차원의 방향으로 진동할 수도 있다. 그러므로 우리의 우주에 6개의 차원이 숨어 있다고 가정하면 끈이론에서 말하는 9차원 공간(10차원 시공간)을 충족시킬 수 있다. 칼루자는 별다른 근거 없이 이 우주가 여분의 차원을 '갖고 있을 수도 있다'고 주장했지만, 끈이론은 여분의 차원이 '반드시 존재해야 한다'는 논리를 펴고 있으므로, 이 점에서는 한층 더 설득력을 갖고 있다. 끈이론이 맞으려면, 이 우주는 1차원의 시간과 9차원의 공간으로 이루어져 있어야 한다.

몇 가지 질문들

정말로 이 우주가 9차원 공간을 갖고 있을까? 여기에는 몇 가지 의문이 제기될 수 있다. 첫째로, 왜 하필이면 9차원 공간이어야 하는가? 8차원이나 10차원이면 왜 안 되는가? 수학적인 설명을 배제한다면, 아마도 이것은 가장 대답하기 어려운 질문일 것이다. 끈이론의 논리에 따라 계산을 수행하다보면 9차원 공간이 자연스럽게 유도되지만, 일상적인 용어로 9차원의 개연성을 설명할 수 있는 사람은 어디에도 없다. 물리학자인 어니스트 러더포드 Ernest Rutherford는 "무언가를 신문용어 없이 일상적인 언어로 설명할 수 없다면, 그것은 당신이 그 문제를 제대로 이해하지 못했다는 증거다"라고 했다. 당신이 유도해낸 결과가 틀렸다는 말이 아니라, 문제의 근원과 그 속에 함축된 의미를 파악하지 못했다는 뜻이다. 숨어 있는 차원이 무려 6개나 있다고 주장하는 끈이론 학자들이야말로 이러한 경우의 대표적인 사례일 것이다. (끈이론의 2차 혁명기에, 우주공간이 9차원이 아니라 10차원, 즉 11차원 시공간으로 되어 있다는 주장이 제기되었다. 이 문제는 12장에서 자세히 다룰 예정이다)

두 번째 질문은 다음과 같다 ─ "끈이론의 주장대로 이 우주가 9차원의 공간과 1차원의 시간으로 이루어져있다면, 왜 그들 중 3개 차원의 공간만이 우리의 눈에 보이는 것인가? 나머지는 왜 좁은 영역에 숨어 있는가? 그리고, 숨어 있는 차원은 왜 하필 6개이어야 하는가?" 이 질문 역시 지금으로서는 대답할 길이 없다. 끈이론이 옳다면 앞으로 언젠가는 해답을 찾게 되겠지만, 지금의 상황에서는 너무나도 어려운 질문이다. 물론, 이 질문의 해답을 찾기 위해 그동안 많은 사람들이 사투를 벌여왔다. 약간 궁색해 보이긴 하지만 나름대로 답을 제시해 보자면 대충 다음과 같다 ― "빅뱅이 일어나기 전에는 9개의 공간 차원들이 모두 좁은 영역 속에 갇혀 있었다. 그러다가 빅뱅이 일어나면서 3개의 공간 차원과 1개의 시간 차원이 커다란 스케일로 확장되었고, 나머지는 아직도 그대로 남아 있다." 14장에 가면 9개의 공간차원들 중 3개만이 확장된 이유가 대략적으로 제시되어 있다. 그러나 솔직히 말해서 그 논리에 설득될 독자는 별로 없을 것 같다. 아직은 모든 것이 초보적인 단계이기 때문에 모든 의문을 시원하게 풀어주지는 못할 것이다. 앞으로 우리는 6개의 공간 차원이 초미세 영역 속에 숨어 있다는 것을 가정한 상태에서 논리를 풀어나가기로 한다. 여기에 이의를 제기하면 더 할 이야기가 없기 때문이다. 현대 이론 물리학의 최대 목표는 9차원 공간의 필연성을 끈이론의 이론 체계 속에서 입증해보이는 것이다.

그 다음으로, 세 번째 질문이 있다 ― "여분의 차원이 왜 반드시 공간 차원이어야 하는가? 시간에도 여러 개의 차원이 존재할 수 있지 않은가?" 이것도 참으로 난처한 질문이다. 사실 우리는 3개의 공간차원에 이미 익숙해져 있기 때문에, 그것이 몇 개 더 있다고 해서 세상이 뒤집어질 것 같지는 않다. 그러나 시간이 다중차원이라면 이야기가 심각해진다. 그렇다면 시간이 여러 개의 방향으로 흐르고 있다는 말인가? 지금 우리 모두가 공통적으로 느끼는 시간 이외에, 또 다른 시간이 어디선가 흘러가고 있다는 뜻인가?

이것은 공간 속에 여러 차원이 숨어 있다는 것 보다 훨씬 충격적이다. 예를 들어, 조그만 개미 한 마리가 원형으로 감겨져 있는 조그만 차원을 따라 기어간다고 생각해보자. 이 개미는 잠시 후면 출발점으로 다시 되돌아올 것이다. 차원의 방향이 원래 동그랗게 생겼으므로, 이것은 당연한 결과이다. 호스의 원형 둘레를 따라 기어가는 개미는 체력이 허락하는 한 몇 번이고 출발점을 다시 지나칠 수 있다. 그러나, 이런 형태로 감춰져 있는 여분의 시간차원이 존재한다면, 그것은 과거로 되돌아갈 수 있음을 뜻한다. 우리의 일상적인 경험과 너무나도 다르지 않은가! 우리가 아는 한, 시간은 누구에게나 오로지 한쪽 방향으로만 흐르고 있으며, 그것을 되돌리기란 절대로 불가능하다. 물론, 숨어 있는 시간은 우리가 알고 있는 기존의 시간과 전혀 다른 성질을 갖고 있을 수도 있다. 그러나 새로운 시간차원을 도입하여 이론을 세우고자 한다면 공간차원을 늘이는 것보다 훨씬 큰 대가를 치러야 한다. 아마 기존의 물리학은 송두리째 뜯어고치는 대대적인 혁명을 겪어야 할지도 모른다. 일부 이론물리학자들은 끈이론에 여분의 시간차원이 도입될 수 있는 가능성을 신중하게 검토하고 있지만, 아직 이렇다 할 결과를 얻어내지는 못한 상태이다. 앞으로 이 책에서는 여분의 차원이 '공간차원'이라는 가정 하에 논리를 진행시킬 것이다. 그러나 시간차원이 숨어 있을 가능성도 수학적으로는 아무런 하자가 없기 때문에 완전히 배제시킬 수는 없다. 이 문제는 당분간 전문가들에게 맡겨두기로 하자.

'여분의 차원'이 갖는 물리학적 의미

여분의 차원은 실제로 존재하는가? — 아직 실험적으로 이를 확인할 수는 없다. 현재의 관측장비로는 도저히 감지할 수 없을 만큼 좁은 영역 속에 여분의 차원들이 숨어 있기 때문이다. 그러나 이로부터 초래되는 간접적인 결과들을 관측할 수는 있다. 끈이론에서 공간의 미시적 특성과 관측 가능한 물리학 사이의 관계는 매우 명확하게 명시되어 있다.

이점을 이해하기 위해, 입자의 질량과 전하를 떠올려보자. 끈이론에 의하면, 입자의 질량이나 전하는 끈의 특정한 진동 패턴에 의해 결정된다. 진동하면서 움직여가는 끈의 진동 패턴은 주변 공간의 환경에 많은 영향을 받는다. 예를 들어, 망망대해에서 형성된 파도는 아무런 방해 없이 먼 길을 진행할 수가 있다. 이와 마찬가지로, 넓은 공간 속에서 움직이고 있는 끈은 주변의 영향을 받지 않고 자신의 진동 패턴을 유지할 것이다. 6장에서 본 바와 같이 이런 끈은 임의의 순간에 임의의 방향으로 자유롭게 진동할 수 있다. 그러나, 바다의 수심이 얕아지거나 바위섬이 길을 막고 있을 때, 파도의 형태는 달라질 수밖에 없다. 또 다른 예를 들어보자. 파이프 오르간이나 프렌치 호른과 같은 악기들은 관 내부에 있는 공기의 진동 패턴에 따라 각기 다른 소리를 낸다. 즉, 주변 환경(관의 굵기와 길이)에 따라 공기의 진동방식이 크게 달라지는 것이다. 공간 속에 숨겨진 차원들도 이런 식으로 끈의 진동 패턴에 영향을 주고 있다. 조그만 끈은 모든 방향으로 진동할 수 있기 때문에, 좁은 영역 속에 차원이 감겨진 방식에 따라 끈의 진동패턴도

달라질 것이다. 좀더 정확하게 말하자면, 특별하게 얽혀 있는 6개의 차원들에 의해 끈의 진동패턴이 커다란 제약을 받는다는 뜻이다. 여섯 개 차원의 기하학적 특성에 의해, 끈은 지극히 제한된 형태의 진동만을 가질 수 있으며, 그 진동이 바로 질량이나 전하와 같은 입자의 성질로 나타나게 된다. 다시 말해서, "숨어 있는 여섯 개 차원의 기하학적 특성은 우리가 3차원 공간에서 관측을 통해 얻은 입자의 특성들(질량, 전하 등)을 좌우하고 있다."

이것은 매우 중요한 문제이기 때문에 다시 한 번 강조하고 싶다. 끈이론에 의하면 이 우주를 이루고 있는 최소단위는 끈이며, 끈의 진동패턴은 입자의 질량과 힘전하를 결정하는 가장 원초적 요인으로 작용하고 있다. 또한 끈이론은 아주 작은 영역 속에 여섯 개의 차원들이 똘똘 감겨져 있다고 주장하고 있다. 이 영역은 너무나 작아서 지금까지 단 한 번도 관측된 적이 없지만, 끈 역시 만만치 않게 작기 때문에 숨겨진 차원으로부터 커다란 영향을 받는다. 진동하면서 앞으로 이동하고 있는 끈의 입장에서 볼 때, 숨겨신 차원들의 기하학적 특성은 끈의 진동패틴을 좌우하는 결정적인 요인으로 작용하고 있다. 끈의 진동패턴은 소립자의 질량이나 전하를 나타내기 때문에, 결국 이 우주의 가장 근본적인 특성은 숨겨진 차원의 기하학적 특성(크기나 모양 등)에 의해 좌우되고 있는 셈이다.

여분의 차원들이 우주의 가장 기본적인 성질을 좌우한다면, 지금부터 우리가 할 일은 그들의 구체적인 생김새를 추적하여 소립자의 질량과 전하가 왜 지금과 같은 값이어야 하는지를 알아내는 것이다.

숨겨진 여분의 차원들은 어떤 모습을 하고 있을까?

끈이론이 주장하는 6개의 숨겨진 차원들은 공간 속에 제멋대로 구겨져 있는 것이 아니다. 끈이론의 방정식은 이들의 기하학적 형태에 상당히 많은 제한을 가하고 있다. 1984년, 텍사스 대학교의 필립 칸델라스 Philip Candelas와 캘리포니아 대학교의 게리 호로비츠 Gary Horowitz, 앤드류 스트로밍거 Andrew Strominger, 그리고 에드워드 위튼은 방정식의 조건을 만족하는 6차원 도형의 집합을 구하는데 성공하였으며, 여기에는 '칼라비 – 야우 공간 Calabi – Yau Space' 이라는 이름이 붙여졌다. 칼라비 Eugenio Calabi와 야우 shing – Tung Yau는 각각 펜실바니아 대학교와 하버드 대학교의 수학자로서, 끈이론이 탄생하기 전부터 이 분야의 연구를 계속 해왔으며, 이들의 연구 결과가 숨어

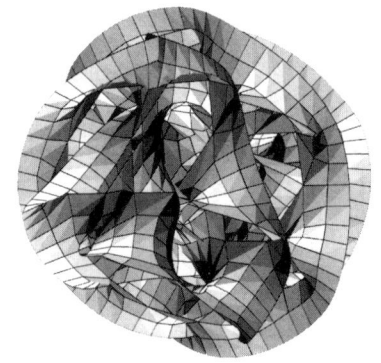

그림 8.9 : 칼라비-야우 공간 Calabi-Yau Space의 한 예.

그림 8.10 끈이론에 의하면, 이 우주에는 칼라비-야우 공간의 형태로 좁은 영역 속에 감추어져 있는 여분의 차원들이 존재하고 있다.

있는 6차원 도형을 찾는데 결정적인 실마리를 제공하여 이렇게 물리학사에 이름을 남기게 되었다. 칼라비-야우 공간을 수학적으로 설명하자면 엄청나게 복잡하기 때문에, 무리한 시도는 피하기로 하겠다. 그러나 그림으로 표현된 모습만으로도 대략적인 형태를 짐작할 수는 있다.[*8]

그림 8.9에는 칼라비-야우 공간의 한 예가 그려져 있다.[*9] 물론 이 그림은 실제를 엄청나게 단순화시킨 그림이다. 6차원적 대상을 2차원의 지면에 그리자니 사실과 달라질 수밖에 없지 않겠는가. 그러나 이 그림은 칼라비-야우 공간의 모습을 짐작하는 데 많은 도움을 준다.[*10] 여기 제시된 도형은 끈이론의 엄격한 논리에 따라 얻어진 수만 개의 가능한 칼라비-야우 공간들 중 하나의 사례일 뿐이다. 수만 개 중 하나라고 하면 독자들은 별로 특별하지 않은 것으로 생각할지 모르겠으나, 수학적으로 가능한 '무한히' 많은 6차원 도형들 중에서 수만

개가 선택되었다면, 이것은 옥석이 거의 가려진 것이나 다름없다.

지금까지 얻어진 결과를 종합하여, 9차원 공간(10차원 시공간)의 모습을 시각화 해보자. 그림 8.7에 그려진 2차원의 구를 6차원의 칼라비-야우 공간으로 대치시키면 그림 8.10과 같은 형상이 얻어진다. 여기서 6차원 공간은 아주 작은 영역 속에 숨어 있으면서, 기존의 3차원 공간(그림에서는 2차원 평면)상의 모든 점에 존재한다. 예를 들어, 만일 당신이 손을 휘젓는다면 당신의 손은 이미 익숙한 3차원 공간뿐만 아니라 숨어 있는 6차원 공간까지 모두 통과해간 것이다. 물론, 숨겨진 6차원은 너무나도 작은 공간 속에 감겨져 있기 때문에, 당신의 손은 6차원 공간을 엄청나게 많이 통과해온 셈이다. 차원의 스케일이 워낙 작기 때문에, 당신의 손같이 커다란 대상은 결코 그 속에 들어갈 수 없다. 그래서 손을 휘저은 후에도 칼라비-야우 공간을 지나왔다는 사실을 느끼지 못하는 것이다. (이해가 잘 안가는 독자들은 가느다란 호스 위에서 기어가는 개미를 떠올려보기 바란다. 개미가 호스의 직선방향으로 10cm 이동하는 동안 몇 개의 원형차원을 지나쳤을까? 즉, 개미는 호스의 둘레를 따라 원형궤적을 그릴 수 있는 기회를 몇 번이나 놓쳤을까? 답은 당연히 '무한대' 이다!)

이것은 끈이론 만이 갖고 있는 놀라운 특징이다. 그러나 실용적인 사고방식을 가진 독자들은 아직도 끈이론의 기본 가정에 설득되지 않았을 줄로 안다. 숨어 있는 6차원의 정체는 무엇인가? 끈의 진동에 의해 나타나는 물리적 성질에는 어떤 것들이 있는가? 그리고 이 성질들은 어떻게 실험으로 확인될 수 있는가? — 어느 정도 감은 잡았겠지만 여전히 오리무중일 것이다. 이 질문들은 끈이론에 관한 64,000달러짜리 질문이다!

제9장
실험적 증거들

끈이론 학자들의 최대 희망은 실험적으로 검증 가능한 모종의 계산 결과를 학계에 발표하는 것이다. 실험적 검증을 거치지 않고서도 인정받을 수 있는 물리 이론은 지금까지 단 한 번도 존재한 적이 없다. 끈이론이 제아무리 논리적으로 그럴듯한 체계를 가졌다 해도 실험결과와 이론이 일치하지 않는다면, 잘나가는 SF소설만도 못한 허황된 이야기에 머물고 말 것이다.

에드워드 위튼은 끈이론이 실험적으로 확인할 수 있는 중요한 사실을 이미 예견했다고 주장했다 ─ "끈이론은 중력이 존재한다는 사실을 이론적으로 증명했다."는 것이다.*[1] 위튼의 주장은 분명 일리가 있다. 뉴턴과 아인슈타인도 중력이론을 만들어내긴 했지만, 이들은 중력이라는 현상이 존재한다는 사실을 이미 알고 있는 상태에서 이론을 구축했기 때문에, 현실과 잘 맞아떨어지는 중력이론을 만들기가 비교적 쉬웠을 것이다. 그러나 끈이론을 연구하는 학자들은 일반상대성이론에 대해 전혀 알지 못하더라도 끈이론의 논리만으로 중력의 존재를 유도해낼 수 있다. 끈의 가능한 진동패턴들 중에는 '질량이 없고 스핀

값이 2인' 중력자가 엄연히 존재하기 때문에, 중력은 자연스럽게 끈이론의 일부로 등장하게 되는 것이다. 위튼의 말대로, 끈이론으로부터 중력이 유도된 것은 이론물리학 역사상 가장 심오한 소득이라 할 수 있다.*² 사실 물리학자들은 끈이론이 탄생하기 전부터 중력의 존재를 익히 알고 있었으므로 끈이론이 중력을 '예언' 했다고는 볼 수 없다. 그것은 이미 알려져 있는 사실을 재확인한 것뿐이다. 그러나 위튼은 이것이 지구라는 행성에서 우연히 발생한 일이라고 말한다. 외계의 다른 행성에서는 끈이론이 먼저 탄생하여 중력의 존재를 예언하고, 나중에 실험을 통해 중력이 발견되었을 수도 있다는 뜻이다.

우리가 사는 지구에서는 어찌어찌 하다보니 중력이 먼저 발견되었다. 그래서 한참 뒤에 끈이론으로부터 중력의 존재를 재확인하고는 "중력이 정말로 존재한다"며 뒷북을 치는 물리학자들이 양산된 것이다. 그렇다고 해서 할 일이 전혀 없는 것은 아니다. 끈이론을 이용하여 실험으로 확인할 수 있는 무언가(아직 관측되지 않은 물리량이나 물리적 현상 등)를 예견하거나, 이미 알려져 있는 사실들(전자의 질량이나 소립자 족보의 구조 등)을 끈이론으로 재확인할 수만 있다면, 물리학자들은 삶의 보람을 느낄 것이다. 이 장에서는 끈이론 학자들이 현재 보람을 얼마나 느끼며 살고 있는지 알아보기로 하자.

끈이론은 물리학 역사상 가장 많은 가능성을 지닌 이론이다. 만물의 궁극적인 구조는 물론이고, 이로부터 우주의 모든 삼라만상을 하나의 체계 속에 통일시킬 수 있는 무소불위의 능력을 갖고 있다. 그러나 아이러니컬하게도 이렇게 훌륭한 이론이 '실험으로 진위여부를 확인할 수 있는' 결과를 단 하나도 생산하지 못하고 있다. 꿈에도 그리던 장난감을 크리스마스 선물로 받았는데, 사용설명서가 없어서 갖고 놀 수가 없다면 이 얼마나 안타까운 상황이겠는가? 요즈음의 물리학자들이 바로 이런 처지에 놓여있다. 그들은 현대물리학의 성배 聖杯를 찾긴 했지만 아직 사용설명서가 작성되지 않아서 성배의 막강한 위력을 구경조차 못 하고 있는 것이다. 그러나, 앞으로 보게 되겠지만 약간의 행운이 따라준다면 앞으로 10년 이내에 끈이론의 가장 중요한 성질이 실험으로 확인될 전망이다. 그리고 행운이 겹친다면 끈이론의 간접적인 증거들이 당장 오늘밤에 발견될 수도 있다.

쏟아지는 비난들

과연 끈이론은 옳은 이론인가? 아무도 모른다. 그러나 거시세계를 지배하는 물리법칙과 미시세계의 물리법칙이 서로 다르지 않다면, 그리고 적용범위에 한계가 없는 '만물의 이론'이 정말로 존재한다면, 끈이론은 이 조건들을 모두 만족시킬 수 있는 유일한 후보이다. 물론 독자들은 이것이 물리학자들의 편견이라고 생각할 수도 있다. 또는 한 걸음 더 나아가서 "물리학자들이 끈이론의 주변에 모여드는 것은 과거의 지식으로 쌓아올려진 등대가 그쪽 방향으로만 빛을 비추고 있기 때문이다"라고 주장할 수도 있다. 그럴지도 모른다. 더욱 보수적이고 비판적인 시각을 가진 사람이라면 "물리학자들은 직접 관측할 수 있는 한계의 1억×10억 분의 $1(10^{-17})$밖에 안 되는 초미세 영역에서 검증할 수 없는 가정을 늘어놓으며 시간을 낭비하는 사람"이라고 비난할 수도 있을 것이다.

끈이론이 본격적으로 등장했던 1980년대에는 당대의 석학들도 이런 생각을 갖고 있었다. 노벨상을 수상했던 하버드 대학교의 셸던 글래쇼 Sheldon Glashow와, 역시 하버드 대학교의 폴 진스팍 Paul Ginsparg은 공식적인 자리에서 끈이론에 대하여 불편한 심기를 다음과 같이 드러내었다.

전통적인 물리학은 이론과 실험의 변증법적 순환과정을 거치면서 발전해 왔다. 그러나 끈이론은 우아하고 유일하며 아름답게 정의된 진리만을 추구하고 있다. 끈이론은 마술과도 같은 일치성과 기적같은 상쇄, 그리고 전혀 상관없어 보이는 수학으로 점철되어 있다. 과연 이런 것들만으로 끈이론이 설득력을 가질 수 있을까? 수학과 미학이 실험적 증거들보다 더 중요하다는 말인가?[3]

글래쇼는 다른 자리에서 이런 말도 했다.

초끈이론은 완전히 맞거나 완전히 틀릴 수밖에 없는 이론이다. 단 한 가지 문제는 끈이론의 수학이 너무나 생소하고 어려워서 언제쯤 판가름 날지 예측할 수가 없다는 점이다.[4]

그리고 그는 "과연 대학교는 끈이론에 몰두하고 있는 교수들에게 월급을 계속 주어야 하는가? 그들이 감수성 예민한 학생들에게 악영향을 끼치고 있는 것을 그대로 방치해야 하는가? 끈이론은 중세의 신학처럼 과학의 기초를 위협하고 있다"면서 심각한 우려를 표명하기도 했다.[5] (1980년대 중반에는 우리나라의 물리학계도 사정이 크게 다르지 않았었다. 옮긴이는 글래쇼가 걱정했던, 바로 그런 부류의 지도교수 밑에서 난데없이 나타난 끈이론을 습득하느라 다른 공부를 거의 하지 못했다. 일부 물리학자들은 끈이론을 '지적인 사치'로 치부했으며, 검증이 불가능하다는

이유로 매우 냉소적인 반응을 보였었다 : 옮긴이)

리차드 파인만 Richard Feynman은 세상을 떠나기 직전에, 끈이론을 완전하게 신봉하지 않는 자신의 입장을 분명하게 밝혔다. 중력과 양자역학의 충돌로 발생한 '무한대 확률'의 문제를 해결하기 위해, 반드시 끈이론에 의존할 필요는 없다는 것이 그의 생각이었다.

내 생각이 반드시 옳다는 보장은 없지만, 사나운 고양이를 피해 가는 길은 대체로 여러 갈래가 있다. 무한대를 피해 가는 길도 단 하나만 존재하지는 않을 것이다. 무한대가 제거되었다고 해서, 그 이론의 타당성이 검증되었다고 볼 수는 없다. 다시 말해서, 무한대의 제거는 올바른 이론이 갖춰야 할 필요조건일 뿐, 충분조건이 될 수 없는 것이다.[*6]

그리고, 글래쇼의 연구 동료였던 하버드 대학교의 하워드 조지 Howard Georgi 역시 1980년대 후반에 끈이론을 맹렬하게 비난했었다.

만일 우리가 실험으로 도저히 확인할 수 없는 초미세 영역에서 물리학의 법칙들을 하나로 통일시킨다면, 물리학은 곧바로 곤경에 빠질 것이다. 물리학이 일상적인 생활사와 다르게 취급되는 이유는, 주변의 불필요한 아이디어들이 모두 제거된 상태에서 반드시 필요한 최소한의 구성요소만으로 자연을 서술하고 있기 때문이다. 그런데 끈이론은 실험적 검증이 불가능하기 때문에 무엇이 필요하고 무엇이 쓸모 없는지를 판단할 수가 없다. 이런 것을 어떻게 물리학이라 부를 수 있겠는가?[*7]

이들과는 반대로, 끈이론을 열광적으로 지지하는 학자들도 있었다. 에드워드 위튼은 끈이론으로 중력과 양자역학이 극적인 화해를 이루던 순간을 가리켜 "내 일생에서 가장 강렬했던 지적 충격*8"이라고 표현했다. 끈이론의 선두주자인 하버드 대학교의 바파 Cumrun Vafa는 "끈이론이야말로 우주의 속성을 가장 깊은 단계까지 보여주는 역대 최상의 이론*9"이라고 극찬하였으며, 노벨상을 수상했던 겔만 Murray Gell-Mann은 끈이론이 우주의 삼라만상을 모두 설명해주는 날이 반드시 올 거라고 예견하였다. *10

끈이론에 관한 공방은 물리학자들뿐만 아니라 물리학의 본분을 따지고 드는 철학자들 사이에서도 치열하게 전개되었다. 소위 '전통주의자' 들은 지난 몇 세기에 걸친 경험에 의해, 이론물리학은 반드시 실험으로 검증되어야 의미를 갖는다고 주장한 반면, 일부 학자들은 현재의 기술수준으로 검증될 수 없다 해서 추구할 가치가 상실되지는 않는다며 반론을 제기했다.

이렇듯 상반된 견해들이 줄곧 대립해오다가, 지난 10년 사이에 끈이론에 대한 비평은 서서히 사그라 들었다. 글래쇼는 그 원인을 두 가지로 꼽는다. 첫째 이유는 그가 1980년대를 회고하며 쓴 글에서 찾아볼 수 있다.

> 끈이론 학자들은 머지않아 물리학에 관한 '모든' 질문의 해답을 찾을 수 있다고 호언장담했었다. 그리고 그들의 열광적인 믿음은 요즘 들어 더욱 설득력을 갖게 되었다. 1980년대에 끈이론에 관하여 내가 갖고 있던 생각은 이제 더 이상 옳다고 주장할 수가 없다.*11

두 번째 이유는 다음과 같다.

> 우리처럼 끈이론을 연구하지 않는 물리학자들은 지난 10년간 물리

학에 별다른 기여를 하지 못했다. 현재 물리학계에서 논쟁의 대상이 되고있는 것은 끈이론뿐이다. 그리고 기존의 양자장 이론으로 설명할 수 없는 문제들이 아직도 많이 남아 있다. 이 문제들은 무언가 다른 방식으로 설명되어야 하며, 가장 그럴듯한 후보는 바로 끈이론이다.[12]

조지 역시 1980년대를 비슷한 시각에서 회고하고 있다.

초창기에 끈이론은 과대 평가되어 있었다. 그동안 나는 내 분야의 연구를 계속하면서 끈이론으로부터 흥미로운 아이디어를 얻을 수 있었다. 나는 지금 끈이론에 빠져 있는 학자들을 볼 때 흐뭇함을 느낀다. 그로부터 무언가 유용한 결과가 나오리라는 것을 이제는 알기 때문이다.[13]

전통 물리학과 끈이론을 모두 연구하는 데이빗 그로스 David Gross 는 이 모든 상황을 다음과 같이 설득력 있는 언변으로 요약하였다.

과학을 등산에 비유한다면, 선두에서 길을 개척하는 사람들은 실험가들이라 할 수 있을 것이다. 우리처럼 게으른 이론가들은 항상 뒤에 처진 채로 뒤를 따르고 있다. 앞서가는 실험가들의 발에 채인 실험용의 돌은 수시로 굴러 떨어지면서 뒤따라오르는 사람들의 머리를 위협하고 있다. 그러나 결국은 실험가들이 개척한 길을 따라 과학의 진보가 이루어진다. 우리는 친구들에게 우리의 여정과 우리가 보았던 풍경을 장황하게 설명하곤 한다. 이것은(적어도 이론가의 입장에서 볼 때) 가장 전통적이면서도 쉬운 등반 법이다. 그래서 우리 같은 이론가들은 이런 좋은 시절이 다시 돌아오기를 갈망하고 있다. 그러나 지금은 이론가들이 외롭게 선두를 이끌어야 하는 상황이다.[14]

끈이론 학자들은 자연이라는 산의 정상에 홀로 오르는 것을 결코 원치 않는다 — 그들은 실험가들과 짐을 나누어 진 채로 정상에 함께 오르기를 바라고 있다. 지금처럼 이론과 실험이 같이 진행되지 못하는 것은 우연일 뿐이다. 이론가들을 위한 등산장비는 그런대로 갖추어져 있는데, 실험가용 등산장비가 아직 개발되지 않은 것이다. 그러나 이런 이유로 끈이론이 실험과 결별할 수는 없다. 끈이론 학자들은 엄청난 고에너지의 산을 오르면서 저 아래 베이스 캠프에서 대기 중인 실험가들을 위해 '실험용의 돌'을 굴러보내려고 무진 애를 쓰고 있다. 이것이 바로 오늘날 끈이론이 추구하는 지상 최대의 목표이다. 실험가들의 관심을 끌만한 커다란 바위는 아직 한 번도 굴러 내려오지 않았지만, 산 중턱에서 조그만 조약돌이 몇 개 떨어져서 이론가들이 아직 살아있음을 알려주고 있다. 지금부터 그 조약돌을 자세히 살펴보자.

실험으로 가는 길

관측 기술에 일대 혁신이 일어나지 않는 한, 미세한 끈을 직접 눈으로 확인할 수는 없다. 오늘날 물리학자들은 직경이 수 마일이나 되는 입자 가속기를 이용하여 10억×10억 분의 $1\mathrm{m}(10^{-18}\mathrm{m})$ 영역까지 탐사할 수 있게 되었다. 여기서 관측 범위를 더욱 작게 가져가려면 더 큰 에너지가 필요하고, 이는 곧 하나의 탐사입자에 더욱 많은 에너지를 실을 수 있는 초대형 가속기가 필요하다는 뜻이다. 플랑크 길이 Planck's length가 현재 관측 가능한 길이보다 10^{17}배나 더 작다는 점을 고려할 때, 개개의 끈을 관측하기 위해서는 직경이 거의 은하계 크기

만한 가속기가 필요하다. 심지어 텔아비브 대학교의 쉬무엘 누시노프 Shmuel Nussinov는 이 정도의 가속기로도 어림없다고 했다. 그는 자세한 계산을 수행한 후에 끈을 탐사할 수 있는 가속기는 '우주 전체의 크기'와 비슷해야 한다는 결론을 내렸다(플랑크 길이 영역을 탐사하기 위해 필요한 에너지는 시간당 수천 킬로와트 정도로서, 이는 보통 크기의 에어컨을 100시간 가량 운전할 수 있는 에너지에 해당된다. 이 정도면 그다지 큰 양은 아닌 것 같다. 그러나 문제는 이 에너지를 하나의 입자에 몽땅 집중시켜야 한다는 것이다). 미국 국회는 직경이 '겨우' 54마일밖에 안 되는 초전도 입자가속기의 건설을 백지화시킨 적이 있다. 물론 엄청난 비용이 들기 때문인데, 사실 끈이론을 확인하기 위한 가속기의 규모에 비하면 이 정도는 어린아이들 장난감에 불과하다. 사정이 이렇기 때문에, 우리가 끈이론을 실험하고자 한다면 다소 간접적인 방법을 동원해야 한다. 즉, 끈 자체의 길이보다 훨씬 큰 영역에서 관측된 값으로부터 끈의 존재여부를 판단해야 하는 것이다.*[15]

간델라스 Candelas와 호로비츠 Horowitz, 스트로밍거 Strominger, 그리고 위튼 Witten은 이것을 실현하기 위한 첫 번째 걸음을 내딛는데 성공하였다. 이들은 끈이론에 등장하는 여분의 차원들이 칼라비-야우 공간 속에 감추어져 있음을 밝혔을 뿐만 아니라, 이러한 사실로부터 끈이 취할 수 있는 진동 패턴들을 규명해낼 수 있었다. 그리고 이들이 얻어낸 결과는 지난 오랜 세월 동안 입자물리학의 걸림돌이 되어왔던 문제에 예상 밖의 해답을 제시해주었다.

이 책의 서두에서 언급했던 대로, 물리학자들이 자연계에서 발견한 입자들은 세 개의 그룹으로 나뉘어져 있으며, 그룹 1에서 그룹 3쪽으로 갈수록 입자의 질량이 증가한다. 그렇다면, 왜 하필 그룹이 3개이어야만 하는가? 기존의 입자물리학은 이 질문에 전혀 대답을 할 수 없었다. 그러나 끈이론은 나름대로의 해답을 갖고 있다 — 전형적인 칼라비-야우 도형은 그림 9.1과 같이 레코드판이나 도넛, 또는 구멍이 여러 개 뚫린 도넛 multidoughnut의 형태를 갖고 있다. 물론, 이보다 높은 차원의 칼라비-야우 도형은 다양한 차원의 구멍 multidimensional holes을 갖고 있지만 그 기본적인 아이디어는 그림 9.1에 모두 함축되어 있다. 칸델라스와 호로비츠, 스트로밍거, 그리고 위튼은 이 구멍들이 끈의 진동패턴에 주는 영향을 면밀하게 분석한 뒤에, 다음과 같은 결론을 얻었다.

우선, 칼라비-야우 공간에서 개개의 구멍과 관련하여 '최저 에너지' 상태로 진동하는 하나의 그룹이 존재한다. 우리에게 친숙한 소립자들은 바로 이 최저에너지 진동에 해당되어야 하기 때문에, 다중구멍 도넛의 존재는 곧 여러 개의 입자 그룹이 존재함을 뜻한다. 만일 좁은 공간 속에 구겨져 있는 칼라비-야우 공간에 3개의 구멍이 나 있다면, 그 결과 우리의 눈에는 3종류의 입자족이 존재하는 것처럼 보일 것이다.[*16] 다시 말해서, 여분의 차원들이 숨어 있는 칼라비-야우 공간의 기하학적 특성(더욱 정확하게 말하지만 구멍의 개수)에 의해 입자족(그

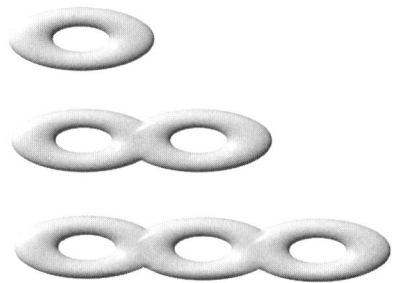

그림 9.1 도넛(토러스) 형태의 도형과 다중구멍 도넛의 예

류)의 수가 결정된다는 뜻이다! 진정으로 물리학자들의 가슴을 설레게 하는 결과가 아닐 수 없다.

이쯤에서 독자들은 "드디어 앞서가던 이론물리학자들이 실험으로 검증 가능한 바위를 아래로 굴리는데 성공했다"고 생각할지도 모른다. 어쨌거나 실험물리학자들은 입자족이 3종류라는 사실을 알아냈으니까 말이다. 그러나, 수만 개나 되는 칼라비-야우 도형들이 한결같이 3개의 구멍을 갖고 있지 않다는 게 문제다. 일부는 구멍이 3개지만 어떤 도형은 4개, 5개, 25개 등의 구멍을 갖고 있으며, 심지어는 구멍이 480개인 칼라비-야우 도형도 있다. 물론 수만 개의 후보들 중에는 우리의 우주 공간을 올바르게 서술하고 있는 하나의 정답이 존재할 것이다. 그러나 지금으로서는 정답을 가려낼 만한 방법이 없다. 이 작업을 수행할 수 있는 모종의 원리를 누군가가 찾아낸다면, 그는 분명 산꼭대기에서 거대한 바위돌을 실험물리학자들을 향해 굴려내린 영웅이 될 것이다. 게다가 이 원리를 통해 찾아낸 단 하나의 칼라비-야우 공간이 3개의 구멍을 갖고 있다면, 끈이론은 입자물리학의 미스테리를 해결한 일등 공신으로 확고한 입지를 구축하게 될 것이다. 옥석을 가려낼 만한 방정식은 아직 알려지지 않았지만, 지금의 끈이론은 이 일을 해낼 수 있는 충분한 잠재력을 갖고 있다.

여분의 차원이 갖고 있는 기하학적 성질로부터 유추해낼 수 있는 것은 입자족의 개수뿐만이 아니다. 이로부터 결정된 끈의 진동패턴을 분석하면 힘입자와 물질입자의 여러 가지 성질들을 유추해낼 수 있다. 대표적인 일례로서 스트로밍거와 위튼의 연구결과에 의하면 입자의 질량은 여러 개의 구멍을 가진 칼라비-야우 도형들이 서로 교차하거나 겹쳐지면서 형성되는 경계선(또는 면, 또는 공간, 또는…)에 의해 좌우된다. 이것은 매우 복잡 미묘한 개념이기 때문에 자세히 설명하기가 좀 곤란하다. 그림으로 설명하는 것도 만만치 않아서 그냥 넘어가기로 하겠다. 그러나 기본 아이디어는 간단하다 — 여분의 차원 속에서 끈이 진동하고 있을 때, 칼라비-야우 공간의 기하학적 형태와 구멍의 개수가 끈의 진동패턴에 결정적인 영향을 미친다는 것이다. 이와 관련된 자세한 내용은 너무나 수학적인데다가 어떤 심오한 원리를 담고 있는 것도 아니기 때문에 독자들이 굳이 알 필요는 없다. 중요한 것은 끈이론이 입자족의 개수뿐만 아니라 각 입자의 질량에 대해서도 '왜 그런 값을 가질 수밖에 없었는지'를 설명해줄 수 있다는 사실이다. 기존의 입자론은 이런 질문에 철저하게 침묵으로 일관해왔지만 끈이론은 대답할 수 있다. 단, 그 이전에 수만 개의 칼라비-야우 공간들 중에서 어느 것이 정답인지를 먼저 알아내야 한다.

이 정도면 끈이론의 가능성은 독자들에게 충분히 이해되었을 것이다. 끈이론은 표 1.1에 나열된 물질입자들의 성질을 설명해줄 수 있는 유일한 후보이다. 끈이론 학자들은 이와 비슷한 과정을 거쳐 표 1.2에 나열된 힘입자(매개입자)의 성질도 설명할 수 있을 것으로 믿고 있다. 즉, 눈에 보이는 4차원과 숨겨진 6차원 공간을 이리저리 헤쳐나가면서 진동하는 끈들 중 일부가 1 또는 2의 스핀 값을 갖는다면, 이들은 힘을 전달하는 매개입자로 간주될 수 있다. 칼라비-야우 공간의 기하학적 형태와는 상관없이 질량=0, 스핀=2 에 해당되는 진동패턴은 항상 존재하는데, 우리는 이것을 중력자(중력의 매개입자)로 간주하고 있다. 그리고 이와는 반대로 스핀 1인 매개입자들의 성질(힘의 크기, 게이지 대칭성 등)은 감춰진 차원의 기하학적 형태에 따라 크게 좌우된다. 그리고 물질입자의 경우와 마찬가지로 매개입자의 종류 역시 끈이론으로부터 유도될 수 있다. 다시 말해서, 이 우주에 왜 '4종류'의 힘이 존재하는지를 끈이론으로 설명할 수 있는 것이다.

그러나 이 역시 수만 개의 칼라비-야우 도형들 중에서 하나의 정답이 가려진 후에나 가능한 일이기 때문에, 지금은 별로 할 말이 없다.(적어도 중력 하나만은 위튼에 의해 그 존재의 필연성이 증명되었다)

우리는 왜 '올바른' 칼라비-야우 도형을 찾지 못하는 것일까? 대다수의 끈이론 학자들은 '불완전한 끈이론 체계'에 그 탓을 돌리고 있다. 앞으로 12장에서 자세히 다루게 되겠지만, 끈이론의 수학체계가 너무 복잡하기 때문에 물리학자들은 '섭동이론 (攝動, perturbation theory)'이라는 근사적인 계산법을 사용하고 있다. 이런 근사적인 접근방식 하에서는 모든 칼라비-야우 도형들이 동등한 자격으로 등장하기 때문에, 끈이론의 방정식으로 이들 중 하나만을 걸러낼 수가 없다. 그리고 끈이론은 숨겨진 차원들의 기하학적 형태에 따라 그 결과가 크게 달라지기 때문에 올바른 칼라비-야우 도형을 찾아내기 전에는 실험적으로 검증 가능한 결론을 내릴 수 없다. 지금 끈이론 학자들은 근사적 접근을 초월한 방법으로 단 하나의 칼라비-야우 도형을 골라내기 위해 안간힘을 쓰고 있다. 현재의 진척상황은 13장에서 소개할 예정이다.

모든 가능성을 찾아서

독자들은 묻고 싶을 것이다. "후보로 올라온 칼라비-야우 공간이 많다고는 하지만 무한히 많은 건 아니지 않은가? 그러니 이들을 일일이 검토하여 거대한 차트를 만들면, 그 중에서 현재의 우주와 정확하게 맞아떨어지는 하나의 정답을 찾아낼 수 있지 않을까?" ― 물론 맞는 말이다. 그러나 대답하기가 매우 곤란한 질문이기도 하다. 그 이유는 두 가지로 요약될 수 있다.

일일이 각개격파를 한다면, 우선 3개의 입자족을 줄 수 있는 칼라비-야우 도형들부터 도마 위에 올리는 것이 올바른 순서일 것이다. 여기에 해당되는 도형들을 추려내면 수만 개의 도형들 중 상당수가 제거되긴 하지만, 그래도 결코 작은 양이라 볼 수 없다. 하나의 칼라비-야우 도형은 구멍의 개수를 그대로 유지한 채 무한히 많은 방법으로 변형시킬 수 있다. 그림 9.2는 그림 9.1의 맨 아래에 예시된 도형을 변형시킨 것이다. 이런식의 변형까지 고려한다면 3개의 구멍을 갖는 칼라비-야우 도형만도 무한 개가 된다(앞에서 칼라비-야우 도형이 '수만 개'라고 한 것은 이러한 변형을 전혀 고려하지 않은 수치이다. 즉, 구멍의 개수가 같고 모양이 다른 도형들을 '하나'로 간주했을 때, 가능한 도형의 개수가 수만 개라는 뜻이다). 그러나 끈의 진동패턴과 질량, 힘에 대한 반응정도 등은 칼라비-야우 도형의 구체적인 생김새에 크게 좌우되기 때문에, 구멍이 3개인 도형만을 선별한다 해도 상황은 전혀 나아지지 않는다. 무한히 많은 '구멍 3개짜리 변형 도형들' 중에서 어느 것이 정답인지, 여전히 알 길이 없다. 전 세계의 모든 학자들과 대학원생들을 총동원한다해도, 무한히 많은 경우들을 일일이 확인한다면 무한

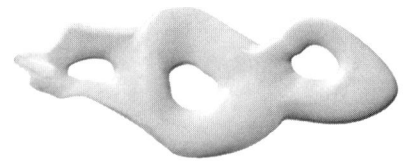

그림 9.2 여러 개의 구멍이 뚫린 도넛 모양의 도형은 구멍의 개수를 유지한 채로 다양하게 변형될 수 있다.

대의 시간이 걸릴 것이다.

    이 점을 인식한 끈이론 학자들은 가능한 칼라비-야우 도형들 중 몇 개를 샘플로 추려내어 그로부터 얻어지는 물리적 결과를 집중적으로 연구하고 있다. 그러나 이것도 결코 만만한 작업은 아니다. 현재 끈이론 학자들이 사용하고 있는 근사적 방정식으로는 만족할 만한 결과를 얻을 수 없다. 이런 방식으로는 우리가 원하는 해답의 근처만을 맴돌 뿐이다. 전자의 질량이나 약력의 크기 등을 끈이론으로 정밀하게 계산해내려면 지금보다 훨씬 정확한 방정식이 있어야 한다. 6장에서 이미 언급했던 바와 같이, 끈이론은 '플랑크 에너지' 스케일의 고에너지 레벨을 다루는 분야이며, 이 엄청난 에너지가 마치 곡예와도 같은 미묘한 과정을 거쳐서 상쇄되어야 일상적인 입자의 질량값을 줄 수 있다. 이 과정에서는 아주 작은 오차라 해도 결과에 미치는 파급효과가 엄청나기 때문에 아주 세심한 주의가 필요하다. 앞으로 12장에서 다시 언급되겠지만, 1990년대 중반을 거치면서 방정식의 정확도는 많이 개신되있다. 물론, 앞으로노 살 길은 멀다.

    자, 그렇다면 지금의 상황은 어떠한가? 현실과 부합되는 단 하나의 칼라비-야우 공간을 찾아낼 방법도 아직 개발되지도, 실험적으로 확인할 수 있는 결과를 내놓지도 못했지만, 해답에 근접한 칼라비-야우 공간이 운 좋게 발견될 가능성은 여전히 남아 있다. 수많은 칼라비-야우 도형들 중 대다수는 현실과 매우 동떨어진 답을 주겠지만(입자족의 수, 상호작용의 종류 등), 이들 중에는 관측 결과와 유사한 결과를 주는 도형도 있을 것이다. 다시 말해서, 특정한 형태로 숨겨져 있는 차원을 가정하면 그 결과로 얻어진 끈의 진동패턴이 기존의 입자들과 매우 비슷하게 맞아떨어질 수도 있다는 뜻이다. 그리고 독자들이 혹시 잊었을까봐 다시 한 번 강조하거니와, 끈이론은 중력을 양자역학적 체계 속에 합류시킨 일등 공신임을 마음속에 깊이 새겨야 할 것이다.

현재의 상황으로는 이것이 우리가 바랄 수 있는 최선이다. 만일 실험결과와 비슷하게 맞아떨어지는 칼라비-야우 도형이 여러 개 존재한다면, 그것은 우리가 과녁의 범위를 충분히 좁히지 못했음을 의미한다. 조건을 만족시키는 후보들이 많아지면 실험결과를 참고한다 해도 하나를 골라내는 일이 결코 쉽지 않다. 그리고 이와는 반대로 후보에 오른 칼라비-야우 도형들 중에서 현실에 부합되는 것이 하나도 없다면, 끈이론은, 아름다운 수학체계가 아깝긴 하지만, 어쩔 수 없이 폐기처분 되어야 할 것이다. 현재 우리가 갖고 있는 보잘것없는 수단으로 몇 개 안 되는 칼라비-야우 공간을 추려낼 수만 있다면, 그리고 그 결과가 실험과 대충 맞아떨어진다면, 끈이론 학자들은 너무나 흥분하여 숨조차 제대로 쉬지 못할 것이다.

물질입자와 매개입자의 성질과 존재의 필연성을 설명할 수 있다면, 그것은 과학 역사상 가장 위대한 발견(적어도 가장 위대한 발견중의 하나)이 될 것이다. 그러나, 그럼에도 불구하고 독자들은 여전히 묻고 싶을 것이다 — "끈이론은 실험물리학자들이 검증할 수 있는 결과를 정녕 앞으로도 내놓을 수 없다는 말인가?" 아니다. 내놓을 수 있다. 다음을 주의 깊게 읽어보기 바란다.

초대칭입자 Superparticles

우리는 끈이론으로부터 구체적이고 현실적인 계산 결과를 이끌어내지 못하고 있기 때문에, 끈이론으로 예견되는 우주의 특성 역시 일반적인 사실에 한정되어 있다. 여기서 '일반적'이라 함은 그 내용이 너무 기초적이어서 앞으로 끈이론이 새로운 사실을 발견한다 해도 별로 달라질 것이 없는, 그런 것을 뜻한다. 이러한 특성들은 이론 전체를 완전하게 이해하고 있지 않은 상태에서도 얼마든지 논의의 대상이 될 수 있다. 앞으로 우리는 이들을 순차적으로 살펴보게 될 것이며, 지금 당장은 하나의 토픽 – 초대칭 supersymmetry에 초점을 맞추기로 한다.

앞서 말한 바와 같이, 끈이론이 지닌 기본적 특징은 이론 자체가 매우 높은 대칭성을 갖고 있다는 점이다. 여기에는 직관적으로 쉽게 이해될 수 있는 일반적인 대칭뿐만 아니라, 대칭의 개념을 수학적으로 크게 확장시킨 초대칭까지 포함된다. 초대칭이란, 7장에서 설명한 대로 정수의 스핀(0, 1, 2, 3…)과 반정수 스핀(1/2, 3/2 …)을 갖는 끈들 사이에 존재하는 대칭성을 뜻한다(이들은 항상 짝을 이루어 나타나기 때문에 '초대칭 짝'이라고 불린다). 만일 끈이론이 정말로 옳다면 끈의 진동 패턴 중 일부는 이미 알려진 소립자와 동일한 성질을 갖고 있어야 한다. 그리고 기존 입자의 초대칭짝에 해당되는 초대칭입자들 superparticles도 존재해야 한다. 초대칭 입자들이 가져야 할 힘전하 force charge는 이론적으로 계산이 가능하지만, 이들의 질량을 계산할 수 있는 이론적 근거는 아직 알려지지 않고 있다. 그러나 초대칭입자가 존재한다는 것은 끈이론이 예견한 '일반적인' 사실이므로, 아직 해결되지 않은 문제들의 결과에 상관없이 끈이론과 그 운명을 같이 할 수밖에 없다.

기존 입자의 초대칭짝에 해당되는 초대칭 입자들은 아직 발견된 적이 없다. 이 사실만 놓고 본다면 초대칭짝은 존재하지 않으며, 따라서 끈이론도 애초부터 틀린 이론이라고 반박할 수도 있다. 그러나 대다수의 입자물리학자들은 초대칭 입자들의 질량이 너무 커서 현재의 실험장비로는 관측할 수 없을 것으로 예측하고 있다. 지금 물리학자들은 스위스의 제네바에 Large Hadron Collider(LHC) 라고 불리는 초대형 입자가속기를 건설하고 있다. "이 기계가 완성되면 초대형 입자를 발견하게 될지도 모른다."는 희망도 그곳에서 함께 싹트고 있다. 2005년경에 초대형 가속기가 완성되면 초대칭이론의 진위여부는 곧바로 판가름날 것이다. 슈바르츠가 말한 대로, "초대칭이론은 머지않아 실험적으로 확인될 것이다. 그 역사적인 순간을 한 편의 드라마처럼 물리학에 강렬한 충격을 안겨줄 것이다."[*17]

여기서, 독자들은 두 가지 사실을 깊이 새겨주기 바란다. 우선 첫째로, 초대칭입자가 발견된다 해도 그것이 끈이론의 당위성을 입증하지는 못한다는 것이다. 초대칭은 끈이론을 연구하는 과정에서 탄생된 개념이긴 하지만, 점입자이론의 체계 속에도 얼마든지 도입될 수 있다. 따라서, 초대칭은 끈이론만이 갖는 고유의 특성이라 할 수 없다. 둘째로 독자들이 염두에 두어야 할 점은 초대칭 가속기조차 초대칭입자를 발견하지 못했다 하더라도, 끈이론이 사장되지는 않는다는 것이다. 초대칭입자의 질량이 예상치보다 훨씬 크다면 이 또한 얼마든지 있을 수 있는 일이기 때문이다.

어쨌거나 초대칭입자가 실제로 발견된다면, 그것은 끈이론의 당위성을 입증하는 강력한 증거가 될 것임에 틀림없다.

분수 전하를 갖는 입자들

실험으로 확인 가능한 끈이론의 또 다른 특성으로, 전기전하를 들 수 있다. 이것은 초대칭입자의 경우보다 일반성이 다소 떨어지지만 그에 못지않게 흥미를 끄는 문제이다. 표준모델에 등장하는 입자들은 전하량이 몇 종류의 값으로 한정되어 있다. 예를 들어, 쿼크의 전하는 1/3, 또는 2/3이며, 반쿼크 antiquark(쿼크의 반입자)의 전하는 −1/3 또는 −2/3 이다. 그 밖의 다른 입자들은 0과 1, 또는 −1의 전하를 갖고 있다(여기서 말하는 전하는 전자의 전하를 −1로 규격화 시켰을 때의 값이다. 전자의 전하는 흔히 e로 표기하며, 그 값은 1.60×10^{-19} 쿨롱이다 : 옮긴이). 우주 내에 존재하는 모든 물질의 전하량은 이 값들을 적당히 엮어서 만들어낼 수 있다. 그러나 끈이론에 등장하는 전하량은 끈의 진동 패턴에 따라 1/5, 1/11, 1/13, 1/53 등 전혀 다른 값을 갖는 경우가 있다. 이런 특이한 전하 값들은 숨겨진 차원의 기하학적 특성에 의해 나타난다 — 구멍을 감고 있는 끈을 풀어헤치고자 할 때, 감아 돌려야 할 횟수가 어떤 특정 값을 가지면 위와 같은 전하 값이 나타나는 것이다.[*18] 자세한 내용은 별로 중요하지 않으므로 그냥 넘어가기로 한다. 다만 한 가지 짚고 넘어갈 것은 끈을 풀어헤치기 위해 감아 놀려야 하는 횟수가 분수 전하의 분모 값을 결정한다는 사실이다.

이것은 칼라비−야우 도형들 중 일부만이 갖는 특징이므로 '초대칭 입자의 존재'만큼 일반적인 성질이라 할 수 없다. 그러나 지난 수십 년간의 연구결과로 미루어 볼 때, 점입자 이론에 1/5, 1/11, 1/53 등의 전하 값이 등장할 만한 여지는 거의 없다. 물론 마음만 먹는다면 강제로라도 이런 이상한 전하 값을 점입자에 부여할 수도 있지만, 그것은 마치 그릇가게의 진열장에 황소 한 마리를 얹어놓는 것처럼 부자연스러운 발상이다. 여분의 차원이 갖고 있는 기하학적 특성으로부터 발생하는 비정상적 전하량은 끈이론을 실험으로 확인하는 또 하나의 방법이 될 수 있다.

초대칭 입자의 경우와 마찬가지로, 이런 비정상적인 전하를 갖는 입자들 역시 아직 한 번도 발견된 적이 없으며, 이들의 질량을 계산하는 방법도 알려지지 않고 있다. 발견되지 않는 이유는 아마도 이들의 질량이 거의 플랑크 질량과 맞먹을 정도로 크기 때문일 것이다(물론, 끈이론이 맞다는 전제 하에 이야기다). 그러나, 미래의 어느 날 비정상적인 분수전하를 갖는 입자가 발견된다면, 끈이론은 한층 더 강한 설득력을 갖게 될 것이다.

다른 가능성들

끈이론이 입증될 가능성은 다른 곳에서도 찾아볼 수 있다. 예를 들어, 위튼은 천문학자들이 어느 날 하늘을 관측하다가 느닷없이 끈이론의 증거를 발견할 수도 있다고 지적하였다. 6장에서 언급했던 것처럼, 전형적인 끈은 플랑크 길이 정도의 크기를 갖고 있다. 그러나 더욱 많은 에너지를 품고 있는 끈은 훨씬 더 커질 수 있다. 실제로 빅뱅 무렵에는 너무도 막대한 양의 에너지가 발생했으므로 이때 거시적 크기의 끈이 생성되었을 가능성이 있다. 만일 이것이 사실이라면 그동안 우주가 팽창함에 따라 끈의 크기도 천문학적 스케일로 자라났을 것이다. 엄청난 크기의 끈이 밤하늘을 가로질러 날아가는 광경을 상상해보라. 이 광경 하나로 끈이론에 관한 모든 논쟁은 종지부를 찍게 될 것이다 (이것은 서울 상공에 UFO가 느긋하게 날아가는 것만큼 충격적인 사건이 될 것이다). 위튼이 말했던 대로, "다소 황당한 가설이긴 하지만, 망원경으로 끈을 직접 관측하는 것보다 확실한 증거는 없다."[*19]

우주 공간을 뒤지는 것도 좋지만, 끈이론의 증거는 가까운 곳에서 발견될 수도 있다. 현재 거론되고 있는 여러 가지 가능성 중에서 다섯 가지만 짚고 넘어가보자. 첫째로, 표 1.1에 나타난 바와 같이 뉴트리노의 질량은 아직 정확하게 알려져 있지 않다. 아주 가볍거나, 아니면 질량이 아예 없거나, 둘 중 하나라는 정도로만 알려져 있다. 표준모델에 의하면 뉴트리노의 질량은 0이지만, 반드시 그래야만 하는 이유가 속 시원하게 제시되어 있지 않다. 미래의 어느 날, '뉴트리노는 질량이 매우 작긴 하지만 0은 아니다' 라는 사실이 실험적으로 발견된다면, 아마도 끈이론은 그 이유를 설명할 수 있을 것이다. 둘째로, 표준모델에서는 불가능하지만 끈이론에서는 발생할 수 있는 현상들이 몇 개 있다. 양성자를 비롯하여 쿼크로 이루어진 특정 입자들의 붕괴현상이 바로 이것이다(양성자의 붕괴는 곧 우주 만물의 붕괴를 뜻한다. 그러나 걱정할 필요는 없다. 양성자 붕괴가 사실이라 해도, 붕괴되는 속도가 매우 느리기 때문에 당장 큰일이 벌어지지는 않을 것이다). 물론 이 현상은 점입자를 가정한 양자장이론에 정면으로 위배된다.[20] 따라서 만일 양성자 붕괴 현상이 실제로 관측된다면 이 과정을 이론적으로 설명할 만한 후보는 현재로서는 끈이론뿐이다. 셋째로, 어떤 특정한 칼라비-야우 도형을 선택하면 '먼 곳까지 힘이 전달되는 long-range' 전혀 새로운 형태의 힘이 필연적으로 도입된다. 만일 이런 힘이 실험적으로 발견된다면 끈이론에 의한 새로운 물리학이 탄생할 것이다. 네 번째로, 다음장에서 다시 언급되겠지만 천문학자들은 우리의 은하계(또는 우주전체)가 '암흑물질 dark matter' 이라는 정체 불명의 물질로 가득 채워져 있음을 보여주는 몇 가지 증거를 수집하였다. 그리고 끈이론은 끈의 다양한 진동패턴들 중에서 암흑물질에 해당하는 몇 개의 후보를 제시해놓고 있다. 앞으로 암흑물질의 정체가 더욱 정확하게 알려지면 끈이론의 신빙

성도 함께 검증될 수 있을 것이다.

    마지막으로, 끈이론을 실험적으로 확인하는 일은 '우주상수 cosmological constant'하고도 밀접한 관계가 있다. 3장에서 이미 언급했던 대로, 이것은 아인슈타인이 정적인 우주 static universe를 일반상대성이론에 포함시키기 위해, 이미 만들어진 방정식 속에 새롭게 끼워 넣었던 상수이다. 나중에 우주 팽창론이 설득력을 얻으면서 아인슈타인 자신은 우주상수의 도입을 취소했지만, 다른 물리학자들은 우주상수의 값이 0이어야하는 이유(철회되어야 하는 이유)를 아직도 밝혀내지 못하고 있다. 사실 우주상수는 우주공간에 저장되어 있는 에너지의 총량을 나타내기 때문에, 이론적으로 계산될 수 있고 또 실험으로도 관측될 수 있는 상수이다. 그런데 현재 알려진 우주상수의 이론값과 실험값 사이에는 너무나도 커다란 차이가 있다. 관측 결과에 의하면 우주상수의 값은 아인슈타인의 처방대로 0이거나, 아니면 아주 작은 값을 가져야 하지만 진공중에 일어나고 있는 양자적 요동으로부터 이론적으로 계산된 값은 실험 값보다 무려 10^{120}배나 크다! 그리고 이것은 끈이론이 해결할 수 있는 아주 훌륭한 사냥감이다. 끈이론은 과연 우주상수의 값이 0임을 증명하여 이 엄청난 불일치를 해결해줄 것인가? 만일 우주상수의 값이 작긴 하지만 0은 아니라는 사실이 실험적으로 확인된다면, 끈이론은 그 이유를 설명할 수 있을 것인가? 아직 만족할만한 결과는 나오지 않았지만 이 역시 끈이론의 진위여부를 검증하는 중요한 분수령이 될 것이다.

끈이론 감정 보고서

　물리학의 역사를 살펴보면, 처음 등장할 당시에는 도저히 검증 불가능했던 이론들이 차후 개발된 실험방법에 의해 결국 그 진위여부가 판별되는 과정을 수도 없이 반복하고 있다. 모든 물질들이 원자로 이루어져 있다는 원자론이 그러했고, 파울리가 제창했던 뉴트리노의 존재가 그러했으며, 중성자별과 블랙홀 이론 역시 당시의 실험수준을 훨씬 넘어선 이론이었다. 물론 지금의 우리는 이 이론들이 모두 사실임을 잘 알고 있지만, 처음 제기되었을 무렵에는 공상과학소설처럼 허무맹랑한 가설로 간주했었다.

　끈이론이 등장하게 된 동기는 위에 열거한 사례들 못지않게 강력한 필연성을 갖고 있다. 실제로 끈이론은 양자역학 이후에 가장 중요하고도 흥미로운 물리학으로 평가받고 있다. 양자역학은 완전한 물리학으로 자리잡을 때까지 수십 년의 성숙기를 거쳐야 했다. 아마 끈이론도 이와 비슷한 과정을 겪게 될 것이다. 그런데 끈이론 학자의 입장에서 본다면 양자역학은 그런 대로 순탄한 길을 걸어왔다고 말할 수 있다. 양자이론이 채 완성되기 전에도, 거의 모든 결과들은 실험으로 검증될 수 있었기 때문이다. 그런데도 양자역학은 이론체계를 세우는 데 30년이 걸렸으며 특수상대성이론과 조화를 이루는 데에는 추가로 20년이 더 소요되었다. 그리고 지금 우리는 일반상대성이론과 양자역학을 조화롭게 합치려는 더욱 어려운 시도를 하고 있다. 물론, 이 결과를 실험으로 확인하는 것은 한층 더 어려운 작업이 될 것이다. 양자역학을 연구하던 학자들과는 달리, 오늘날의 끈이론 학자들은 그들을 이끌어줄 만한 등대(실험적 결과)가 전혀 없는 상태에서 올바른 길을 찾아가야 한다.

지금까지의 정황으로 미루어 볼 때, 끈이론 학자들은 실험적 증거가 전혀 없는 이론을 연구하면서 앞으로 몇 세대를 더 보내게 될 것이다. 끈이론에 열중하고 있는 물리학자들 대부분은 자신이 죽기 전에 이렇다 할 결론이 나오지 않으리라는 사실을 잘 알고 있다. 물론, 이론적 체계는 꾸준히 진보하겠지만 빠른 시일내에 실험적으로 검증 가능한 결과가 나올 것 같지는 않다. 혹시, 어느 날 획기적인 관측법이 개발되어 끈이론 심판의 날이 예상보다 빨리 오지는 않을까? 앞에서 언급했던 간접적 검증방법들이 정말로 실현되어 이 모든 의문들을 풀어줄 수 있을 것인가? 이런 질문들은 끈이론 학자들을 자극하기에 충분하지만, 누구도 답할 수 없는 공허한 질문이기도 하다. 오로지 시간만이 모든 의문을 풀어줄 것이다. 그러나 끈이론은 분명히 추구할 만한 가치가 있는 이론이다. 양자역학과 중력을 조화롭게 결합시키고 자연계의 모든 현상들을 하나의 체계 속에 통일시키는 이토록 막강한 이론을 어디서 또 찾을 수 있겠는가?

앞으로 끈이론은 우주의 숨겨진 질서를 계속 밝혀가면서 더욱 강력한 힘을 발휘할 것이다. 그리고 이와 함께 우주에 대한 우리의 이해도 더욱 깊고 넓어질 것이다. 끈이론으로부터 새롭게 알게 된 우주의 특성들 중 상당수는 현재 미지로 남아 있는 문제들의 진위여부에 상관없이 항상 성립하는 일반적인 사실들이다. 특히, 감춰진 공간에 관한 문제는 상대론으로 한차례 혁명을 겪었던 시공간의 개념에 또 한 번의 대 변혁을 불러일으키고 있다.

끈이론과 시공간의 구조

the elegant universe

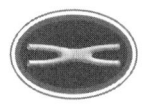

끈이론으로 중력과 양자역학이 극적인 화해를 이루던 순간은
"내 일생에서 가장 강렬했던 지적 충격"이었다.

— **에드워드 위튼** *Edward Witten*

제10장
양자기하학 Quantum Geometry

아인슈타인은 수백 년 동안 정설로 받아들여져 왔던 뉴턴 물리학을 불과 10년 사이에 완전히 새것으로 대치시켰으며, 이로부터 중력에 대한 새로운 이해의 기틀을 마련하였다. 굳이 이 분야의 전문가가 아니라 해도, 아인슈타인의 천재성과 일반상대성이론의 독창적 논리를 장황히게 늘어놓는 것은 그다지 이려운 일이 아니다. 그러나, 우리는 아인슈타인의 사고에 결정적 영향을 주었던 당시의 역사적 배경을 주의 깊게 살펴볼 필요가 있다. 여러 가지 요인들 중에서도 단연 첫 번째로 꼽을 수 있는 것은 아마도 리만 Georg Bernhard Riemann이 19세기에 창시했던 곡면 기하학일 것이다. 1854년, 리만은 괴팅겐 대학교에 부임하면서 가졌던 첫 강의에서, 기존의 유클리드식 평면기하학을 벗어나 임의의 곡면에 적용될 수 있는 곡면기하학의 지평을 열었으며, 그 후로 계속되는 연구과정을 거치면서 그림 3.4나 3.6과 같은 곡면을 수학적으로 완벽하게 다룰 수 있는, 그 유명한 '리만 기하학'을 완성하였다. 그리고 아인슈타인은 자신의 새로운 중력이론을 수학적으로 서술하는데 리만 기하학이 그야말로 안성마춤임을 간파하여, 일반상대성이론을 리만 기하학의 언어로 말끔하게 완성시킬 수 있었다.

그러나 아인슈타인의 금자탑이 세워진 지 거의 한 세기가 지난 지금, 중력은 양자역학적 체계 안에서 이해하려면 무언가 수정이 불가피하다는 사실을 우리는 이미 알고 있다. 즉, 플랑크 길이 이내의 초미세 영역에서 중력현상을 설명하려면, 그 대단했던 일반상대성이론을 어쩔 수 없이 수정, 보완해야 하는 상황인 것이다. 그런데 리만 기하학은 일반상대성이론의 핵심을 이루는 수학이기 때문에, 초미세 영역의 끈이론에 부합되려면 결국 우리는 리만 기하학을 뜯어고치는 수밖에 없다. 일반상대성이론은 휘어진 우주공간이 리만 기하학으로 서술된다고 주장하지만, 끈이론에 의하면 이것은 우주를 플랑크 길이보다 큰 스케일에서 바라볼 때에만 성립하는 말이다. 플랑크 길이 이하의 초미세 영역에서는 끈이론에 부합되는 전혀 새로운 기하학이 도입되어야 한다. 이것이 바로 '양자 기하학 quantum geometry'이다.

리만 기하학과는 달리, 양자 기하학에는 끈이론에 안성마춤인 수학이 미리 마련되어 있지 않다. 그래서 끈이론학자들은 수학자들과 함께 필요한 수학을 조금씩 만들어가고 있는 형편이다. 아직 완성되지는 못했지만, 이 새로운 수학은 끈이론에서 말하는 시공간의 기하학적 특성들을 매우 분명하게 보여주고 있다. 아인슈타인이 아직도 살아있다면 그 역시 끈이론의 수학에 흠뻑 매료되었을 것이다.

리만 기하학의 기본 개념

트램폴린 위에서 점프를 할 때, 트램폴린의 바닥면은 당신의 몸무

그림 10.1 모나리자의 얼굴이 그려진 트램폴린 위에 올라서면 발 근처에 있는 부분이 가장 심하게 왜곡된다.

게에 의해 다양한 형태로 일그러진다. 이러한 일그러짐(왜곡) 현상은 당신이 서 있는 근처에서 가장 크게 나타나며, 바닥면의 가장자리로 갈수록 그 정도가 감소한다. 트램폴린의 바닥면에 모나리자 같은 그림을 그려 넣고 점프를 해보면 왜곡 현상을 더욱 실감나게 관측할 수 있다. 바닥면에 하중이 전혀 걸리지 않은 상태에서는 모나리자의 얼굴이 정상적으로 보일 것이다. 그러나 당신이 그 위에 올라서면 모나리자의 얼굴이 일그러지게 되는데, 당신의 발 근처에서 그 정도가 가장 심하게 나타날 것이다.(그림 10.1 참조)

이것이 바로 곡면의 특성을 수학적으로 서술하는 리만 기하학의 기본 개념이다. 리만은 다양한 차원의 곡면도형들을 면밀하게 살핀 뒤에, '도형의 표면(또는 내부)에서 측정한 두 점 사이의 거리를 종합하면 도형의 곡률 curvature을 결정할 수 있다'는 사실을 알았다(곡률에 관한 개념은 가우스 Carl Friedich Gauss와 로바체프스키 Lobachevsky, 그리고 보얄리 Janos Boyali 등의 수학자들에 의해 이미 정립되어 있었다). 그 내용을 대충 서술하자면, 한 도형의 곡률은 평면상태에서 벗어난 정도(왜곡된 정도)에 비례하여 커진다는 것이다. 예를 들어, 트램폴린의 바닥면은 당신의 발 아래에서 가장 많이 늘어나기 때문에, 그 일대에서는 점과 점 사이의 거리도 가장 크게 변한다. 따라서 바닥면의 곡률은 당신의 발 아래에서 가장 큰 값을 갖게 된다. 이것은 우리의 직관과도 잘 맞아떨어지는 결과이다. 당신의 발에 짓눌린 모나리자는 신비한 미소를 잃은 채 고통으로 일그러진 듯한 표정을 짓고 있을 것이다.

아인슈타인은 리만이 발견한 기하학에 물리적 의미를 부여함으로써, 이론 물리학의 가장 강력한 도구로 승격시켰다. 3장에서 언급했던 것처럼, 중력에 의한 효과는 '시공간의 곡률' 이라는 결과로 나타난다. 여기서, 이 말의 의미를 좀더 자세히 음미해보기로 하자. 수학적으로 시공간의 곡률은(트램폴린의 곡률처럼) 점과 점들 사이의 '변형된 거리' 에 의해 정의된다. 그리고 물리적으로 볼 때 임의의 물체가 느끼는 중력은 바로 이러한 변형의 결과로 나타나는 현상이다. 이제, 물체의 크기를 점점 줄여서 수학적 개념의 '점' 에 접근시킬수록, 물리학과 수학은 더욱 정확하게 일치하게 된다. 그러나 끈이론은 리만 기하학을 중력에 적용하는데 어떤 한계가 있음을 지적하고 있다. 물체를 작게 만드는 데 한계가 있기 때문이다. 물체의 크기를 줄여나가다가 끈의 크기에 이르면, 더 이상은 줄일 방법이 없다. 끈이론은 전통적인 점입자 point particle의 개념을 허용하지 않는다. 따라서, 두 '점' 사이의 거리에 기초를 둔 리만 기하학을 초미세 영역에 적용하려면, 끈이론의 논리에 따라 약간 수정을 해야 한다.

물론 거시적 스케일에서 중력을 서술할 때에는 이런 문제를 고려할 필요가 없다. 그 효과가 너무도 미미하여 결과에 거의 영향을 주지 않기 때문이다. 천문학자들은 심지어 은하의 크기까지도 점으로 간주하는 경우가 있다. 우주 전체의 크기와 비교할 때 은하의 크기는 거의 무시해도 좋을 정도로 작기 때문이다. 따라서 거시적 스케일에서는 기존의 리만 기하학을 그대로 적용해도 매우 정확한 결과를 얻을 수 있다. 범우주적 스케일에 적용된 일반상대성이론이 그동안 줄곧 올바른 답을 준 것도 이러한 사실을 입증하고 있다. 그러나, 만물의 최소단위인 끈이 존재하는 초미세 영역에서는 리만 기하학을 그대로 적용할 수가 없다. 그 곳에는 '점'이라는 물리적 대상이 존재하지 않기 때문이다. 여기서는 그 대단했던 리만 기하학도 수정되어야 한다 — 이것이 바로 양자 기하학이다. 앞으로 보게 되겠지만, 양자 기하학은 여러 가지 새롭고 기이한 특성들을 갖고 있다.

우주 마당

우주론 cosmology에서 말하는 빅뱅 big bang 이론에 의하면, 지금 존재하는 우주는 지금으로부터 150억 년쯤 전에 엄청난 폭발이 일어나면서 생성되었다. 이때 폭발과 함께 분출된 파편들은 수십억 개의 은하가 되었으며, 허블의 주장대로 지금도 서로 멀어지고 있다. 다시 말해서, 우주가 팽창하고 있다는 뜻이다. 앞으로 이 팽창이 영원히 계속될 것인지, 아니면 팽창하는 속도가 서서히 느려지면서 어느 날 팽창을 완전히 멈춘 후에 다시 수축될 것인지, 아직 자신 있게 말할 수는 없다. 천문학자들과 천체물리학자들은 우주의 팽창 여부를 판단할 수 있는 실험적 증거를 찾기 위해 노력하고 있으며, 이들 중 가장 신뢰할 만한 자료는 바로 '우주의 평균밀도'이다.

만일 우주의 평균밀도가 소위 말하는 '임계 밀도 critical density (100×10억×10억×10억 분의 $1g/cm^3$=$10^{-29}g/cm^3$, $1m^3$당 수소원자 5개가 존재하는 정도의 밀도)'보다 크다면, 우주는 물질들 사이의 중력에 의해 어느 날 팽창을 멈추고 수축하게 될 것이다. 반면에, 평균밀도가 임계밀도보다 작으면 중력이 팽창을 저지시키지 못하여 이 우주는 영원히 팽창할 것이다. (우리의 주변을 관찰해보면, 우주의 밀도는 이보다 훨씬 큰 것처럼 보일 것이다. 그러나 한 가지 명심해야 할 것이 있다. 모든 물질은 한곳에 집중되려는 성질을 갖고 있다. 이것은 마치 돈이 소수의 갑부들에게 집중되는 것과 비슷하다. 지구의 밀도나 태양계의 밀도, 또는 은하계의 밀도로부터 전체 우주의 밀도를 짐작하는 것은 빌게이츠의 소득으로부터 다른 60억 인구의 소득을 짐작하는 것과 다를 바가 없다. 빌게이츠와는 비교조차 할 수 없을 정도로 가난한 사람들이 세상에 많이 있는 것처럼, 은하와 은하 사이의 방대한 공간은 거의 아무런 물질도 존재하지 않는 진공 상태에 가깝다. 이러한 공간들까지 모두 고려한 것이 우주의 평균밀도이므로, 우리의 직관보다 작게 나오는 것은 그다지 놀라운 일이 아니다)

천문학자들은 전 우주공간에 걸친 은하의 분포 상태를 분석하여, 우주에 존재하는 물질의 평균밀도를 계산해냈다. 그런데 그 결과가 임계밀도보다 훨씬 작게 나왔기 때문에 이것만 놓고보면 우리의 우주는 영원히 팽창해야 할 것 같다. 그러나 그동안 얻어진 실험 결과들을 분석해보면, 이 우주에 암흑물질 dark matter이 골고루 퍼져 있다는 강력한 증거가 도처에서 발견된다. 물론 여기에는 이론적 근거도 있다. 암흑물질은 별(항성)의 내부에서 일어나고 있는 핵융합반응에 관여하지 않기 때문에 스스로 빛을 발하지 않는다. 따라서 천문학자의 망원경에 관측될 수도 없다. 암흑물질의 정체가 무엇이며, 그것이 얼마나 많이 존재하는지는 아직 알려진 바가 없다. 그러므로 비록 우주의 평균밀도를 알아냈다 해도, 지금의 관측자료 만으로는 우주의 앞날을 정확하게 예견하기 어렵다.

그렇다고 모든 것을 미지로 남겨두면 더 이상 할 이야기가 없어진다. 그러니 지금 당장은 우주의 평균밀도가 임계밀도를 초과하여 미래의 어느 날부터는 우주가 수축된다고 가정해보자. 이때가 되면 모든 은하들은 서서히 모여들 것이며, 거리가 가까워질수록 접근 속도가 증가하여 결국에는 상상을 초월하는 속도로 대대적인 충돌을 일으키게 될 것이다. 우주 전체가 아주 작은 영역 속에 응축되는 광경을 상상해보라. 3장에서 말했던 것처럼, 수십억 광년이나 떨어져 있던 은하들이 일제히 모여들기 시작하여 얼마 후에는 거리가 수백만 광년으로 줄어들고, 거리가 가까워짐에 따라 모여드는 속도가 증가하여 어느 날에는 우주 전체가 하나의 은하 크기 만한 영역 속에 집중될 것이다. 그리고 집중될수록 중력이 증가하여 우주의 규모는 은하에서 별, 행성, … 오렌지, 땅콩, 모래알 등의 크기로 점차 수축될 것이다. 일반상대성이론에 의하면 이 과정은 분자, 원자의 크기까지 진행되어, 결국에는 크기가 전혀 없는 하나의 점 속에 모든 우주가 응축된다. 빅뱅이론에 의하면 이 우주는 처음에 크기가 없는 하나의 점 속에 엄청난 질량이 응축된 상태로 시작되었으므로, 먼 훗날에 태초의 모습으로 다시 되돌아간다는 것은 논리를 떠나 철학적으로도 그럴듯하게 들린다.

그러나, 우리의 관심을 플랑크 길이 이하의 초미세 영역으로 돌려보면, 그곳에서 양자역학과 일반상대성이론은 더 이상 양립할 수 없게 된다. 이 영역에서 우리는 끈이론에 의존하는 수밖에 없다. 아인슈타인의 일반상대성이론은 이 우주가 점으로 수축되는 것을 허용하고 있지만(이는 리만 기하학에서 임의의 도형이 점으로 변형될 수 있는 것과 같은 맥락이다), 끈이론에서는 점이라는 형태의 물질이 허용되지 않기 때문에 어쩔 수 없이 수정 작업을 거쳐야 한다. 이제 앞으로 보게 되겠지만, 끈이론은 물리적으로 인지될 수 있는 스케일의 한계를 지정해 놓았으며, 한 걸음 더 나아가서 이 우주는 결코 플랑크 길이 이하로 수축될 수 없다는 것을 경이로운 방법으로 증명하는데 성공하였다.

이제 독자들은 끈이론에 어느 정도 익숙해졌을 것이므로, 이런 결론들이 어떻게 유도되었는지 궁금할 것이다. 사실, 물질이 점으로 이루어져 있다는 것은 수학적으로 납득이 가지 않는다. 점은 크기가 없기 때문에 아무리 많이 쌓아 올려도 그 집합체는 여전히 점일 뿐이다. 그러나 점을 끈으로 대치시켜서 이들을 쌓아올리면 무언가 크기를 가진 물질이 형성될 수 있다(대충 말하자면, 직경이 플랑크 길이쯤 되는 공이 만들어질 것이다). 만일 독자들이 이 말에 수긍이 간다면 끈이론의 원리를 제대로 이해하고 있는 것이다. 그러나 여기에는 아직도 미묘한 논리가 숨어있다. 왜 이 우주는 어느 길이(또는 부피) 이상으로 수축될 수 없는가? 끈이론은 이 문제를 해결하면서 시공간의 기하학적 개념에 커다란 변화를 가져왔다.

이 원리를 이해하기 위해, 우선 새로운 물리적 개념에 손상이 가지 않는 범위에서 문제를 단순하게 할 필요가 있다. 그래서 앞으로는 끈이론에서 말하는 10차원 시공간 대신 수도용 호스의 표면, 즉 2차원 곡면에서 논리를 진행시키기로 하겠다. 8장에서 칼루자-클라인의 아이디어를 도입할 때에도 호스의 표면을 예로 들었다. 이제, 이 호스를 우주마당으로 삼아, 끈이론의 특징을 찬찬히 살펴보기로 하자. 우선 처음에는 두툼한 호스에서 시작하여, 호스의 굵기를 점차 줄여나감으로써 우주의 팽창과 수축에 담긴 의미를 이해하는 것이 우리의 목적이다.

우리의 가장 큰 관심사는 점입자 이론과 끈이론에서 말하는 우주의 수축현상이 서로 얼마나 다른 결과를 주는지 확인하는 것이다.

새로운 사실들

그렇다고 해서 끈이론에 관한 세부 사항들을 일일이 들출 필요는 없다. 2차원 곡면 위에서 움직이는 점입자들은 그림 10.2와 같이 여러 방향을 취할 수 있다. 즉, 호스의 길이와 나란한 방향과 호스의 둘레를 감아도는 방향, 그리고 이 두 개의 방향이 다양하게 조합된 사선 방향 등이 그것이다. 호스 위에서 움직이는 물체가 점이 아니라 고리형 끈이라면, 이들은 스스로 진동한다는 것 말고는 그림 10.3(a)처럼 점입자와 거의 비슷한 운동을 하게 될 것이다. 점입자와 끈의 차이는 이미 앞에서 자세하게 다룬 바 있다 — 끈은 진동패턴에 따라 질량과 힘전하가 결정된다. 이것은 물론 중요한 사실이지만, 지금 당장은 우리의 관심사가 아니다.

지금 우리의 관심사는 공간의 기하학적 형태로부터 기인하는 점입자와 끈 사이의 차이점이다. 끈은 공간상에서 특정 길이를 갖고 있기 때문에, 위에서 말한 것 이외에도 다른 형태의 배열이 가능하다. 즉, 그림 10.3(b)처럼 고리형 끈은 호스형 우주의 둘레를 감은 형태로 진행할 수도 있다.[*1] 그리고 여기서 한 걸음 더 나아가 호스의 둘레를 여러

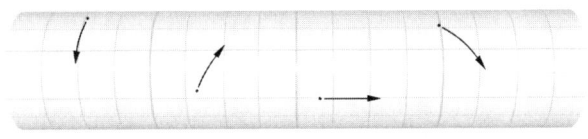

그림 10.2 실린더(호스형 우주)의 표면 위를 움직이는 점입자들

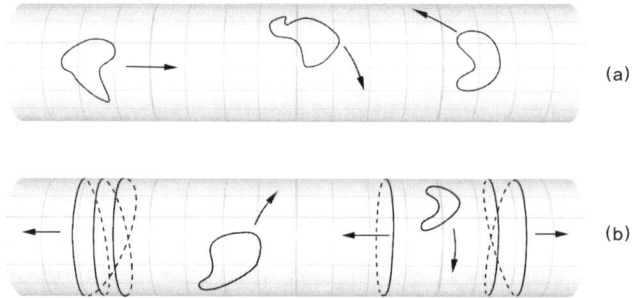

그림 10.3 실린더 표면 위의 끈은 '감긴 형태 wrapped'와 '감기지 않은 형태 unwrapped'의 두 가지 스타일로 존재할 수 있다.

번 감은 끈도 존재할 수 있다. 물론 이런 끈들도 고유의 진동 상태를 유지하면서 모든 가능한 방향(그림에서는 좌우 방향)으로 운동하고 있다. 물리학자들은 이런 형태의 끈을 가리켜 '감김 모드 winding mode'에 있다고 표현하고 있다. 구조적으로 볼 때, 감김 모드는 끈의 원초적 성질에 해당된다. 다시 말해서, 감긴 끈이 도중에 풀릴 수 없고 그 반대도 불가능하다는 뜻이다. 지금부터, 이 새로운 형태의 끈이 갖고 있는 고유의 성질을 공간의 특성과 연관지어 이해해보자.

감겨진 끈의 물리학

지금까지 우리는 감기지 않은 끈의 성질에 대하여 주로 이야기해 왔다. 공간의 일부를 감고 있는 끈은 기하학적으로 기존의 끈들과 사뭇 다른 형태를 띠고 있지만, 물리적 성질은 거의 비슷하다. 감겨진 끈의 성질은 여타의 끈들과 마찬가지로 진동패턴에 의해 좌우된다. 그러나 감겨진 끈은 보통의 끈과 달리 '최소질량(끈이 가질 수 있는 질량의 최소 값)'이라는 제한조건을 가지며, 이 값은 끈이 감고 있는 원형차원의 크기와 감김수에 의해 결정된다. 감겨진 끈의 진동에 의해 생성되는 질량은 이 최소질량의 초과분에 해당된다.

최소질량의 물리적 의미를 이해하는 것은 그리 어렵지 않다. 감겨진 끈들은 그들이 감고 있는 원형차원의 둘레 길이와 감김수에 따라 어떤 '최소한의' 길이를 갖고 있다. 그리고 끈의 길이가 길수록 질량도 커진다. 둘레의 길이는 반지름에 비례하므로, 감긴 끈의 최소 질량은 원형차원의 반지름에 비례한다고 볼 수 있다. 또, 아인슈타인의 $E=mc^2$를 이용하면 감긴 끈의 에너지 역시 원형차원의 반지름에 비례함을 알 수 있다.(감기지 않은 평범한 끈들도 나름대로의 최소길이를 갖고 있다. 만일 이런 제한이 없다면 끈이론은 점입자이론으로 되돌아가게 된다. 따라서 감기지 않은 끈 역시 아주 작기는 하지만, '최소 질량'을 갖는다. 그러나 6장에서 언급했던 양자적 효과들이 이 최소질량을 상쇄시키기 때문에 광자나 중력자 등과 같은 질량이 0인 입자들이 존재할 수 있는 것이다. 감겨진 끈의 경우에는 사정이 조금 다르다)

감겨진 끈이 존재한다는 사실은 공간의 기하학적 성질에 어떤 영향을 주는가? 1984년에 일본인 물리학자인 케이지 키카와와 마사미 야마사키는 이 문제에 관하여 매우 기괴하고 놀라운 사실을 알아냈다.

이들이 얻은 답을 이해하기 위해, 다시 수도용 호스의 표면으로 돌아가 보자. 호스의 굵기가 플랑크 길이를 거쳐서 점차 가늘어지는 경우, 끈이론은 이 상황을 전혀 다르게 재해석 할 수도 있다. 즉, "굵기가 플랑크 길이보다 가는 상태에서 계속 가늘어지고 있는 원형차원"이 있다면, 이곳에서 일어나는 모든 물리적 과정들은 "굵기가 플랑크 길이보다 굵으면서 계속 굵어져가고 있는 원형차원"에서 일어나는 물리적 과정들과 완전하게 동일하다는 것이다! 다시 말해서, 원형차원이 점차 가늘어져서 그 굵기가 플랑크 길이에 이른 후에 계속해서 더욱 가늘어지는 현상은 "원형 차원이 플랑크 길이만큼 가늘어진 후에 다시 점차 굵어지는" 현상과 물리적으로 동일하다는 뜻이다. 이 주장에 의하면, 수축하는 우주는 팽창하는 우주와 동일하게 취급될 수 있다. 물론, 원형차원은 플랑크 길이의 영역까지 수축될 수 있다. 그러나 더 이상의 수축은 팽창과 동일한 결과를 낳는다. 대체 왜 그럴까? 지금부터 그 이유를 알아보기로 하자.

끈이 가질 수 있는 여러 가지 상태론

감겨진 끈이 존재한다는 것은, 호스형 우주에 존재하는 끈이 두 가지 유형의 에너지를 가질 수 있음을 뜻한다. 즉, 진동에너지 vibrational energy와 감김에너지 winding energy가 그것이다. 칼루자-클라인 이론에 의하면 이 두 종류의 에너지는 호스의 기하학적 특성, 즉 호스의 반지름에 의해 결정된다. 그러나 에너지는 끈의 감긴 상태에 의해서도 달라져야 한다. 왜냐하면 감겨진 끈이야말로 점입자이론과 끈이론을 구별짓는 결정적 요인이기 때문이다(점입자는 절대로 호스 주변을 감을 수 없다). 우리가 우선해야 할 일은 끈의 진동에너지와 감김에너지의 크기가 원형차원의 굵기에 따라 어떻게 달라지는지를 알아내는 것이다. 이를 위해, 끈의 진동을 '균일진동 uniform vibration'과 '일반진동 ordinary vibration'으로 나누어 생각해보자. 일반진동은 그림 6.2에 제시된 것처럼 보통의 일상적인 진동을 말하며, 균일진동은 이보다 더욱 단순한 진동으로서, 끈의 전체적인 모양이 변하지 않은 채로 이동하는 경우를 뜻한다. 끈이 겪고 있는 모든 진동은 일반진동과 균일진동이 섞인 형태로 나타나지만, 지금 여기서는 문제의 단순화를 위해 이 두 가지를 분리시켜서 다루기로 하겠다. 그리고 앞으로 전개될 논리에서 일반진동은 별로 중요한 역할을 하지 않으므로, 이것에 의한 효과는 논리의 요점이 분명해진 뒤에 고려하기로 한다.

우리가 눈여겨보아야 할 점은 다음의 두 가지이다 — 첫째로, 균일진동에 의한 끈의 에너지는 원형차원의 반지름에 반비례한다는 사실이다. 이것은 양자역학의 불확정성원리 uncertainty principle로부터 곧바로 유도되는 결과이다. 원형차원의 굵기가 가늘수록 끈은 더욱 좁은 지역 안에 갇혀 있게 되고, 양자적 폐쇄공포증에 시달리는 끈은 운동이 더욱 격렬해지면서 에너지가 증가한다. 즉, 원형차원의 반지름이 작아지면 필연적으로 끈의 에너지가 증가하는 것이다 — 그러므로 끈의 에너지는 원형차원의 반지름에 반비례한다. 둘째로, 바로 앞의 절에서 언급했던 것처럼 끈의 감김에너지는 원형차원의 반지름에 비례한다. 이것은 감겨진 끈이 최소 길이를 갖기 때문이며, 따라서 끈의 최소 감김에너지는 원형차원의 반지름에 비례한다고 말할 수 있다. 이상의 두 가지 사실로부터, 원형차원의 반지름이 커지면 감김에너지는 증가하는 반면, 균일진동에 의한 에너지는 작아진다는 사실을 알 수 있다. 그리고 이와 반대로 원형차원의 반지름이 작아지면 감김에너지는 감소하지만 진동에너지는 증가한다.

이제, 중요한 결론을 내릴 수 있게 되었다 — 반지름이 큰 임의의 호스형 우주(A라 하자)가 하나 있다면, 거기에는 이와 동일한 에너지를 갖는 가느다란 우주(B라 하자)가 존재한다. 즉, A의 진동에너지와 B의 감김에너지가 같고, B의 진동에너지와 A의 감김에너지가 같다면 이는 곧 전체에너지가 동일한 두 개의 우주가 존재한다는 뜻이다. 그런데, 우리는 진동에너지와 감김에너지를 구별할 수 없고 오로지 전체에너지만이 물리적 특성을 좌우하므로, 기하학적으로 분명히 다른 이 두 개의 호스형 우주는 물리적으로 동일하게 취급될 수밖에 없는 것이다. 독자들에게 여전히 이상하게 들리겠지만, 이러한 이유로 끈이론은 뚱뚱한 우주와 날씬한 우주가 동일하다고 주장하고 있다.

이것은 현명한 투자자가 다음과 같은 상황에서 취해야 할 행동에 비유될 수 있다. 월스트리트에서 거래되고 있는 두 종류의 주식(A사, B사) 가치가 서로 상반되게 움직인다고 상상해보자. 오늘 이 주식들을 둘다 1달러의 액면값에 마감되었는데, 믿을만한 투자 상담원에게 물어보니 "A, B중 하나의 주식 값이 오르면 다른 하나는 반드시 떨어진다"고 자신 있게 대답하는 것이었다. 게다가 이 상담원은 "내일 장이 마감될 때에 알겠지만, 두 주식 값은 반드시 반비례 관계를 유지할 것"이라고 했다. 즉, 둘 중 하나가 2달러로 오르면 다른 하나는 1/2달러(50센트)로 떨어지고, 또 둘 중 하나가 10달러로 오르면 다른 하나는 1/10달러(10센트)로 폭락한다는 것이다. 하지만, A, B중 어느 주식이 오를지는 자신도 예측할 수 없다고 했다. 이 상담원의 예측은 지금까지 한 번도 틀린 적이 없었다. 자, 당신이라면 어떻게 투자 할 것인가?

길게 생각할 것도 없다. 일단 가진 돈을 다 털어서 A사와 B사의 주식을 똑같은 양만큼 구입하면 된다. 몇 가지 사례를 들어 계산해보면 금방 알게 되겠지만, 이런 식으로 매입을 해 두면 절대로 손해나는 일은 없을 것이다. 최악의 경우는 두 주식의 액면가가 전혀 변동이 없을 때(1달러) 발생하는데, 그래도 본전은 건질 수 있다. 그리고 어떤 식으로든 가격에 변동이 생기면(상담원의 예상대로) 당신은 무조건 돈을 벌게 된다. 예를 들어, A사 주식이 다음날 4달러로 오르고 B사 주식이 1/4달러(25센트)로 내렸다면, 두 개의 주식을 한 장씩 합한 결과는 4.25달러가 되어, 매입가인 2달러보다 분명히 많다. 게다가 이 결과는 '어느 회사 주식이 올랐는가'와 전혀 무관하다. 당신의 관심은 오로지 주식 총액이므로, 두 개의 판이한 상황이 당신에게 경제적으로 동일한 결과를 가져다 줄 것이다.

끈이론에서도 상황은 비슷하다. 끈의 에너지는 두 개의 다른 근원(진동에너지와 감김에너지)에서 나오는데, 각각의 양은 경우마다 다르겠지만 이들 중 어떤 특별한 관계에 있는 두 가지의 판이한 경우('높은 감김에너지/낮은 진동에너지'의 경우와 '낮은 감김에너지/높은 진동에너지'의 경우)는 물리적으로 완전히 동일하다. 그리고 앞에서 예로 들었던 주식의 경우에는 주가 총액 이외의 다른 상황까지 고려한다면 두 가지의 상반된 상황을 어떻게든 구별할 수 있지만, 끈의 경우에는 이것조차 불가능하다.

사실, 끈이론에 제대로 부합되려면 두 회사의 주식을 똑같이 매입하는 경우 이외에, 차등매입의 경우까지 고려해야 한다. 예를 들어, 당신이 A사 주식 1,000주와 B사 주식 3,000주를 매입했다고 가정해보자. 이렇게 되면 A, B중 어느 쪽 주식이 올랐느냐에 따라 결과가 달라지게 된다. 만일 A사 주식이 10달러로 오르고 B사 주식이 1/10달러(10센트)로 떨어졌다면 애초에 투자했던 4,000달러는 10,300달러가 되어 당신은 행복해질 것이다. 그리고 이와는 반대로 A사 주식이 10센트로 폭락하고 B사 주식이 10달러로 오른다면 당신의 주가 총액은 무려 30,100달러로 치솟아 덩실덩실 춤이라도 추고 싶어질 것이다.

애초에 투자를 달리 했다면 그 결과는 어떻게 될 것인가? 당신의 친구가 A사 주식 3,000주와 B사 주식 1,000주를 매입했다고 가정해보

자. 이 경우, 만일 A사 주식=10센트, B사 주식=10달러가 되면 친구의 재산은 10,300달러로 증가하며(A사 주식=10달러, B사 주식=10센트일 때 당신의 재산과 동일하다), 이와 반대로 A사 주식=10달러, B사 주식=10센트가 되면 친구의 재산은 30,100달러가 된다(A사 주식=10센트, B사 주식=10달러일 때 당신의 재산과 동일하다). 다시 말해서, 주가의 높고 낮음이 뒤바뀌는 것은 A, B사의 주식 매입량을 뒤바꾸는 것과 동일한 결과를 낳는다는 것이다.

이 점을 염두에 두고, 다시 끈이론으로 돌아가서 몇 가지 사례에 대한 끈의 에너지를 계산해보자. 반지름이 플랑크 길이의 10배인 호스형 우주가 있다. 앞으로 이 우주를 'R=10'으로 표기하기로 하자. 이 우주에 살고 있는 끈은 우주의 원형둘레를 한 번 감을 수도 있고 두 번, 세 번, … 등등 임의의 횟수만큼 감은 채로 존재할 수도 있다. 하나의 끈이 원형차원을 감은 횟수는 흔히 '감김수 winding number' 라고 부른다. 이 감김 효과에 의해 생성되는 에너지는 끈의 전체 길이에 의해 결정되며, 따라서 원형우주의 반지름과 감김수를 곱한 값에 비례한다. 또한, 감긴 끈들은 다른 보통의 끈들과 마찬가지로 고유의 진동 패턴을 갖고 있다. 특히, 우리가 가끔 관심을 갖고 있는 균일 진동에 의한 에너지는 원형 차원의 반지름에 반비례한다. 즉, 균일 진동에너지는 1/R의 정수배에 비례한다고 볼 수 있다(앞에서 R은 플랑크 길이의 10배라고 가정했으므로, 1/R의 값은 플랑크 길이의 1/10이 된다). 물리학자들은 이 정수를 가리켜 '진동수 vibration number'라 부른다.[*2](여기서 말하는 진동수는 1초당 진동횟수를 뜻하는 진동수 frequency와 의미가 다르다 : 옮긴이)

감김수와 진동수를 A, B 두 회사의 주식 수에 대응시키고, R과 1/R을 두 회사의 주가에 대응시키면 이 상황은 바로 월스트리트의 투자

현황과 동일해진다. 이 경우, 각 주식 매입량과 액면가로부터 당신의 주식 총액을 계산할 수 있는 것처럼, 끈의 진동수와 감김수, 그리고 원형우주의 반지름이 주어지면 하나의 끈이 갖고 있는 에너지를 계산할 수 있다. 표 10.1에는 R=10인 호스형 우주에서 진동수와 감김수에 따른 에너지의 양이 제시되어 있다.

사실, 진동수와 감김수에는 정수라는 제한만 있을 뿐, 그 크기에는 아무런 제한이 없기 때문에 아래 제시된 표는 무한정 길어질 수 있다. 그러나 지금 전개 중인 논리는 표 10.1 정도만으로도 충분히 설명될 수 있다. 지금 우리는 감김에너지가 크고 진동에너지가 작은 경우를 고려하고 있다 — 감김에너지는 10의 정수배이며, 진동에너지는 1/10의 정수배로 주어진다.

이제, 원형우주의 반지름은 10에서 9.2, 7.1, ⋯ 3.4, 2.2, ⋯ 0.7 ⋯ 0.1(1/10)까지 줄여나가 보자. 이렇게 가늘어진 우주에 대해서도 동일한 계산을 수행할 수 있다. 단, 지금은 감김에너지가 1/10의 정수배이고 진동에너지는 10의 정수배로 나타난다. 결과는 표 10.2에 제시되어 있다.

언뜻 보기에 표 10.1과 10.2는 서로 다른 것처럼 보인다. 그러나 자세히 들여다보면 전체 에너지의 순서만 달라졌을 뿐, 내용 자체에는 아무런 변화가 없음을 알 수 있다. 표 10.1에 나타난 특정 에너지 값을 표 10.2에서 찾으려면, 진동수와 감김수를 서로 바꾸면 된다. 즉, 원형우주의 반지름이 역수로 바뀌면(10 → 1/10) 진동에너지와 감김에너지의 기여도가 맞바뀐다는 뜻이다. 그러므로 전체에너지를 판단의 기준으로 삼는다면 이들은 크기가 다름에도 불구하고 물리적으로 완전히 동등한 우주가 된다. 월스트리트에서 'A사 주가가 오르고 B사 주가가 내린' 상황을 'A사 주가가 내리고 B사 주가가 오른' 상황으로 대치시

진동수	감김수	전체 에너지
1	1	1/10 + 10 = 10.1
1	2	1/10 + 20 = 20.1
1	3	1/10 + 30 = 30.1
1	4	1/10 + 40 = 40.1
2	1	2/10 + 10 = 10.2
2	2	2/10 + 20 = 20.2
2	3	2/10 + 30 = 30.2
2	4	2/10 + 40 = 40.2
3	1	3/10 + 10 = 10.3
3	2	3/10 + 20 = 20.3
3	3	3/10 + 30 = 30.3
3	4	3/10 + 40 = 40.3
4	1	4/10 + 10 = 10.4
4	2	4/10 + 20 = 20.4
4	3	4/10 + 30 = 30.4
4	4	4/10 + 40 = 40.4

표 10.1 반지름 R=10인 호스형 우주(그림 10.3 참조)에서 운동하고 있는 끈의 진동수와 감김수에 따른 에너지. 진동에너지는 1/10의 정수배이고 감김에너지는 10의 정수배로서, 전체 에너지는 이들의 합으로 나타난다. 여기 나타난 에너지의 단위는 플랑크에너지이다. 예를 들어, 첫 줄에서 에너지가 10.1 이라 함은 플랑크에너지의 10.1배라는 뜻이다.

키고 각 사의 주식 수를 맞바꾸면 전체 자산에 아무런 변화가 없었던 것처럼, 반지름 10인 우주를 반지름 1/10의 우주로 대치시키고 진동수

진동수	감김 수	전체 에너지
1	1	10 + 1/10 = 10.1
1	2	10 + 2/10 = 10.2
1	3	10 + 3/10 = 10.3
1	4	10 + 4/10 = 10.4
2	1	20 + 1/10 = 20.1
2	2	20 + 2/10 = 20.2
2	3	20 + 3/10 = 20.3
2	4	20 + 4/10 = 20.4
3	1	30 + 1/10 = 30.1
3	2	30 + 2/10 = 30.2
3	3	30 + 3/10 = 30.3
3	4	30 + 4/10 = 30.4
4	1	40 + 1/10 = 40.1
4	2	40 + 2/10 = 40.2
4	3	40 + 3/10 = 40.3
4	4	40 + 4/10 = 40.4

표 10.2 R=1/10인 원형 우주에서 운동하고 있는 끈의 에너지

와 감김수를 맞바꿔도 전체 에너지는 변하지 않는다. 물론 이것은 R=10과 1/10인 경우뿐만 아니라, 역수관계에 있는 모든(R, 1/R) 쌍에 대하여 성립하는 논리이다.[3]

표 10.1과 10.2는 두 가지 면에서 완전한 명단이라 할 수 없다. 첫째로, 앞서 말한 바와 같이 이 표에는 무수히 많은 진동수와 감김수들 중에서 극히 일부만이 제시되어 있다. 그러나 이것은 그다지 큰 문제가 되지 않는다. 마음만 먹으면 우리의 인내심이 허용하는 한도 내에서 표의 내용을 얼마든지 늘일 수 있으며, 표의 길이에 상관없이 항상 같은 결론이 내려질 것이다. 둘째로, 이 표에는 두 종류의 진동에너지 중에서 균일진동에 의한 에너지만이 고려되어 있다. 따라서 표에 제시된 전체에너지는 사실 진정한 의미의 전체에너지라 할 수 없다. 그런데, 끈의 힘전하는 전체에너지에 의해 결정되므로 더욱 정확한 결과를 얻기 위해서는 일반진동에너지까지 함께 고려해야 한다. 그동안 발표된 연구 결과에 의하면, 일반 진동에너지는 원형차원의 반지름과 무관한 것으로 알려져 있다. 따라서 이것은 표 10.1과 10.2에 추가시킨다 해도 그 영향이 동일하게 나타나기 때문에 지금까지의 논리에 아무런 영향도 주지 않는다. 그러므로, 반지름 R인 호스형 우주에 존재하는 입자의 질량과 힘전하는 반지름 1/R인 우주의 입자와 완전하게 동일하다. 또한, 질량과 힘전하는 가장 기본적인 물리량이므로 기하학적 형태가 전혀 다른 이 두 개의 우주를 구별할 방법은 없다. 한 우주에서 실험을 하여 어떤 결과를 얻었다면, 이에 대응되는 다른 우주에서도 완전하게 동일한 결과를 얻을 것이다.

논란의 여지

조지와 그레이시는 2차원 곡면에서 살 수 있게끔 자신의 몸을 납작하게 만든 후에 둘 다 호스형 우주로 이주하여 그곳에서 교수직을 얻었다. 이들은 서로 선의의 경쟁 속에서 꾸준히 연구활동을 계속한 끝에, 드디어 자신이 호스형 우주의 반지름을 알아냈다고 주장하기에 이르렀다. 그런데, 이미 학계에서도 정확하기로 소문난 이 두 사람의 계산결과가 서로 일치하지 않았다. 조지는 우주의 반지름이 플랑크 길이의 10배, 즉 R=10이라고 주장한 반면, 그레이시는 플랑크 길이의 0.1배인 R=1/10을 주장하고 나선 것이다.

조지가 말했다. "이봐요. 그레이시 박사. 끈이론의 계산에 의하면 말예요, 만일 R=10이 맞다면 끈의 에너지는 표 10.1처럼 나올겁니다. 그래서 플랑크 에너지 가속기를 사용해서 실험을 해봤지요. 정말로 끈들이 표 10.1과 같은 에너지를 갖고 있는지 확인하려구요. 그런데 결과가 어땠는지 아세요? 마치 거짓말처럼 완벽하게 일치했다 이겁니다! 그러니, 이 문제로 더 이상 싸울 필요가 없어요. 누가 뭐라 해도 이 원통형 우주의 반지름은 R=10입니다." 그레이시도 전혀 물러서지 않았다. "그래요? 그렇다면 저의 실험 결과는 이렇게 설명해야 하나요? 저는 R=1/10이라는 가정하에서 당신과 똑같은 실험을 했는데, 표 10.2와 동일한 결과가 나왔다구요. 그러니까 저의 가정도 맞는 거예요. 당신만 똑똑한 줄 아세요?"

그레이시는 조지에게 두 개의 표를 보여주었다. 조지는 이들을 자세히 살펴본 후에 정말로 동일한 결과임을 확인할 수 있었다. "아니… 어떻게 이럴수가 있지? 양자역학의 원리와 감긴 끈의 성질로 미루어 볼 때, 원형 우주의 반지름이 다르면 끈의 에너지와 힘전하도 다르게 나와야 하는데… 에너지랑 힘전하가 같으면 반지름도 같아야 하는 거 아니오?"

그레이시는 무언가를 간파한 듯한 표정으로 여유 있게 웃으며 말했다. "당신의 논리는 거의 맞긴 하지만 정확하게 맞는건 아니예요. 대부분의 경우, 원형차원의 반지름이 다르면 끈의 에너지도 다른 값을 갖게 되지요. 그러나 아주 특별한 경우, 그러니까 두 우주의 반지름이 10과 1/10처럼 서로 역수 관계에 있을 때에는 에너지와 힘전하가 똑같아진다구요. 자, 보세요. 당신이 얻은 표에서 진동모드와 감김모드를 맞바꾸면 제것과 일치하잖아요? 하지만 이 우주는 우리가 사용하는 용어에는 아무런 관심도 없다구요. 중요한건 용어가 아니라 질량(에너지)이나 힘전하와 같은 기본적 물리량이지요. 그러니까 반지름이 R이건, 1/R이건 상관없이 끈이론에서 예견되는 기본입자의 특성은 같을 수밖에 없는 거라구요. 이제 아시겠어요?"

조지는 잠시 생각에 잠겼다가 입을 열었다. "그래요… 이제 알 것 같군요. 끈의 진동수와 감김수가 서로 다르다 해도 결과로 나타나는 물리적 성질은 완전히 동일할 수도 있겠네요. 그런데 우리가 관측할 수 있는 것은 이런 물리적 성질들뿐이니까, 원형 우주의 반지름이 10인지, 1/10인지는 알 길이 없겠군요." — 그렇다. 알 길이 없다.

세 가지 질문

이쯤에서 독자들은 묻고 싶을 것이다. "내가 만일 호스형 우주에 살고 있는 조그만 생명체라면, 나는 끈이나 줄자를 이용하여 반지름을 측정할 수 있지 않은가? 그런데 내가 사는 우주의 반지름이 10인지, 1/10인지를 알 수 없다니, 이 무슨 말도 안 되는 소리인가" 게다가, 끈이론은 플랑크 길이보다 작은 영역을 볼 수 없다고 해놓고, 왜 이제와서 그렇게 작은 영역을 문제삼는 이유는 무엇인가? 그리고, 지금까지의 논리는 2차원의 호스형 우주에 국한된 논리일 수도 있지 않은가? 모든 차원들을 함께 고려한다면 사정은 달라질 수도 있지 않은가?"

우선, 마지막 질문부터 해결해보자. 앞의 두 질문은 해결과정에서 자연스럽게 제기될 것이다.

지금까지 우리는 문제를 단순화시키기 위해 하나의 대형차원과 하나의 원형차원으로 이루어진 2차원 호스형 우주를 예로 들어왔다. 그러나, 3개의 대형 공간차원과 6개의 감겨진 차원으로 이루어진 9차원 공간(10차원 시공간)에 지금까지의 논리를 적용해도, 여전히 같은 결론이 얻어진다. 각각의 조그만 원형차원들을 초대형 원형차원($R \rightarrow 1/R$)으로 대치시켜도, 물리적으로는 아무런 변화가 없다.

이 결론을 좀더 넓은 의미로 확장할 수 있다. 우리의 우주는 3가지의 방향으로 약 150억 광년(1광년은 약 9조 5천만 km이니까, 무려 1,400억×1조 km나 된다)까지 뻗어 있다. 그리고 이보다 더 먼 곳에 무엇이 있는지는 아무도 모른다. 이 대형 차원들은 한 방향으로 무한정 뻗어나갈 수도 있지만, 거대한 원을 그리면서 출발점으로 되돌아올 수도 있다. 지금의 망원경 수준으로는 어느 쪽이 사실인지 확인이 불가능하다. 만일 후자가 맞는다면 우주 공간을 한 방향으로 계속 진행하고 있는 우주선은(지구를 한바퀴 돌았던 마젤란처럼) 언젠가 출발점으로 되돌아 올 것이다.

따라서, 우리에게 친숙한 3개의 대형 차원들이 원형구조를 갖고 있다면, 그것은 끈이론이 말하는 R과 1/R의 동일성 법칙을 따를 것이다. 원의 반지름을 대략 150억 광년으로 잡는다면, 이것은 플랑크 길이의 10^{61}배(10조×1조×1조×1조×1조 배)에 해당되며, 팽창하는 우주와 함께 지금도 계속해서 커지고 있다. 그런데, 만일 끈이론이 맞는다면 이것은 반지름이 플랑크 길이의 10^{-61}배($1/R=1/10^{61}=10^{-61}$)인 초미세 우주와 완전히 동일하게 취급될 수 있다! 이것이 바로 끈이론이 말하는 '우리의 우주와 동일한 또 하나의 우주'이다. 우주가 팽창할수록 $1/R$은 작아지기 때문에, 이 미세한 '파트너 우주'는 시간이 흐를수록 더욱 작아지고 있다. 아마 지금쯤 독자들의 머릿속에는 더욱 난해한 질문들이 떠오르고 있을 것이다 ─ "그런 일이 어떻게 가능하다는 말인가? 키가 170cm나 되는 인간들이 그토록 미세한 영역 속에 어떻게 거주한단 말인가? 플랑크 길이의 10^{-61}배밖에 되지 않는 초소형 우주가 지금의 우주와 무슨 수로 같을 수 있단 말인가?" 뿐만 아니라, 이제 우리는 앞서 제기했던 두 번째 질문을 해결해야 한다 ─ 끈이론은 플랑크 길이 이하의 초미세 영역을 다룰 수 없다고 이미 천명한 바 있다. 그런데 원형차원의 반지름 R이 플랑크 길이보다 크면, 그 역수인 $1/R$은 당연히 플랑크 길이보다 작아진다. 대체 뭐가 어떻게 돌아가고 있는 걸까? 이 질문에 대한 올바른 대답은 '공간'과 '거리'의 중요한 특성을 우리에게 보여주며, 첫 번째 질문도 자연스럽게 해결해 줄 것이다.

끈이론이 말하는 '상호 연관된' 거리의 개념

'거리'란 너무나도 기본적인 개념이어서, 자칫 잘못하면 그 속에 숨어 있는 미묘한 성질을 간과하기 쉽다. 시공간의 개념은 특수 및 일반상대성이론에 의해 이미 커다란 변화를 겪었고, 끈이론 역시 전혀 새로운 시공간을 말하고 있으므로, 우리는 공간상의 거리를 논할 때 더욱 세심한 주의를 기울여야 한다. 일반적으로, 어떤 물리량에 대한 가장 의미 있는 정의는 그 물리량의 측정방법을(적어도 원리적으로) 명확하게 제시하는 것이다. 개념이 아무리 모호하다 해도, 측정하는 방법이 구체적으로 정의되어 있으면 그것은 나름대로의 의미가 있다.

그렇다면, 거리의 측정방법은 어떻게 정의되어야 하는가? 끈이론이 제시하는 해답은 놀랍다 못 해 황당하기까지 하다. 1988년, 브라운 대학교의 브란덴버거 Robert Brandenberger와 하버드 대학교의 바파 Cumrun Vafa는 차원의 형태가 원형인 경우에, 그 안에서 측정되는 거리는 상호 연관된 두 가지 방법으로 정의될 수 있다고 주장하였다. 이들이 제안한 두 가지 정의는 서로 다른 측정법에 기초를 두고 있으며, 대충 말하자면 다음과 같은 간단한 원리에서 출발한다 — "하나의 탐색자를 지정된 구간 내에서 일정한 속도로 움직이게 하고, 구간을 주파하는 데 소요된 시간을 측정하여 속도와 소요시간을 곱하면, 거리를 구할 수 있다." 그렇다면, 어떤 탐색자를 사용해야 하는가? 바로 탐색자의 종류에 따라 거리가 두 가지로 정의된다. 첫 번째 정의는 거리 측정용 탐색자로 '감기지 않은' 끈을 사용하며, 두 번째 정의는 '감겨진' 끈을 사용한다. 끈이론에서 이렇게 거리가 두 가지 방식으로 정의되는 이유는, 측정용 탐색자가 점이 아니라 유한한 크기를 갖고 있기 때문이다. 점입자 이론에서는 '감겨진 점'이라는 개념이 없으므로 거리에 관한 정의는 하나만으로 충분하다.

이 두 가지 방법으로 거리를 측정한다면, 결과는 어떻게 달라질 것인가? 브란덴버거와 바파가 제시한 답은 참으로 놀랍고도 교묘하다. 이들의 아이디어는 양자역학의 불확정성원리를 이용하여 대략적으로 이해될 수 있다. 감기지 않은 끈은 원형차원에서 이동할 때 반지름 R에 비례하는 원주상의 모든 지점들을 자유롭게 지나갈 수 있다. 그리고 불확정성원리에 의해, 끈의 에너지는 $1/R$에 비례한다(6장에서 언급했던 대로, 탐색자의 에너지(속도)와 탐색자가 인지할 수 있는 거리는 서로 반비례 관계에 있다). 반면에, 원형차원을 감고 있는 끈은 반지름 R에 비례하는 최소에너지를 갖고 있다. 그리고 이 경우에 불확정성원리를 적용하면 거리 측정용 탐색자는 1/R 스케일의 거리를 인지할 수 있다. 따라서, 감기지 않은 끈을 탐색자로 사용하여 원형차원의 반지름을 측정했을 때 R이라는 결과가 나왔다면, 감겨진 끈을 사용하여 측정한 결과는 1/R이 되는 것이다. 그리고 이들 중 어느 것도 틀렸다고 말할 수 없다. 끈이론에 의하면, 다른 종류의 탐색자로 거리를 측정했을 때 얼마든지 다른 결과가 나올 수 있다. 사실, 이런 현상은 원형차원의 반지름을 측정할 때뿐만 아니라, 길이나 거리에 관한 모든 측정행위에 공통적으로 적용된다. 감겨진 끈과 감기지 않은 끈을 사용하여 측정한 결과는 이렇게 서로 역수의 관계로 나타난다.*4

그렇다면 이 시점에서 하나의 질문이 떠오른다 — 만일 끈이론이 맞다면 왜 우리는 그토록 다양한 길이를 수시로 측정하고 있음에도 불구하고, 두 가지의 상반된 결과를 모두 얻지 못하는가? 우리가 길이에 대해 논할 때, 거기에는 모호한 구석이 전혀 없지 않았던가? 왜 우리의 측정 장치로는 다른 하나의 결과를 얻을 수 없는 것인가? 대답은 다음과 같다 — 지금까지의 논리 속에는 모종의 대칭성이 존재하긴 하지만, R의 값이(1/R도 마찬가지) 1(플랑크 길이의 1배라는 뜻)에서 크게 벗어나 있으면 두 가지 측정방법 중 하나는 실행하기가 너무 어렵고 다른 하나는 너무나 쉬워진다. 그리고 우리는 말할 것도 없이 줄곧 쉬운 방법으로 거리를 측정해왔기 때문에 또 다른 측정법이 존재한다는 사실을 까맣게 모르고 있었던 것이다.

두 가지 측정법이 난이도가 이렇게 엄청난 차이를 보이는 이유는 측정용 탐색자의 질량이 엄청나게 다르기 때문이다. 원형차원의 반지름 R(또는 1/R)이 플랑크 길이(R=1)에서 크게 벗어날수록, 큰 감김에너지/작은 진동에너지를 갖는 탐색자와 그 반대의 탐색자로 측정한 결과는 더욱 커다란 차이를 보이게 된다. 여기서, 에너지가 크다는 것은 곧 탐색자의 질량이 엄청나게 큰 경우를 뜻하며(예를 들자면 양성자의 10억×10억 배 정도), 작은 에너지는 탐색자의 질량이 거의 0에 가까운 경우에 해당된다. 이런 상황에서는 두 가지 측정법의 난이도가 현격한 차이를 보이게 된다. 지금의 기술로는 거대한 원형차원을 감고 있는 끈을 관측할 수도 없다. 그런 상태의 끈을 생성해낼 수도 없다. 현실세계에서는 오로지 한 가지 방법(감겨진 끈과 감기지 않은 끈 중에서 가벼운 쪽을 탐색자로 사용하는 방법)만이 가능하다. 우리는 거리를 측정할 때, 은연중에 항상 이 방법을 택하고 있는 것이다. 그리고 거리에 관한 우리의 직관 역시 이 방법을 토대로 형성되어 왔다.

그러나 실용성을 문제삼지 않는다면(그리고 끈이론이 옳다면) 거리를 측정할 때 둘 중 어떤 방법을 사용하건 아무런 상관이 없다. 지상의 천문학자가 우주의 크기를 측정할 때, 그는 우주를 가로질러 망원경 렌즈에 도달하는 광자를 사용한다. 이 경우에 광자는 말할 것도 없이 '가벼운' 끈에 해당된다. 그리고 그가 얻은 우주의 크기는 앞서 말한 대로 플랑크 길이의 10^{61}배쯤 될 것이다. 그러나 공간의 3차원이 모두 거대한 원형구조를 갖고 있다면(그리고 끈이론이 옳다면), 천문학자는 차원을 감고 있는 거대한 끈을 이용하여 우주의 크기를 측정할 수도 있을 것이다. 이 경우에 그가 얻은 값은 10^{61}의 역수, 즉 플랑크 길이의 10^{-61}배가 될 것이다(이런 측정을 하려면 기존의 측정장치와 전혀 다른 새로운 장비가 필요하다. 물론, 현재로서는 어림도 없는 이야기다). 이런 식으로 생각하면, 우주는 지금 우리가 인식하고 있는 것처럼 매우 클 수도 있고, 또는 엄청나게 작을 수도 있다. 가벼운 끈으로 측정한 우주는 매우 거대하며 지금도 팽창하고 있다. 반면에, 무거운 끈으로 측정한 우주는 엄청나게 작은데다가 계속 수축하고 있다 — 결과는 상반된 듯이 보이지만, 여기에는 아무런 모순도 없다. 그저 '거리'라는 물리량이 두 가지 방법으로 정의될 수 있다는 것뿐이다. 지금 우리는 관측방법상의 한계 때문에 전자의 개념에 훨씬 더 익숙해져 있지만, 원리적으로 볼 때 두 개의 개념은 똑같이 옳다.

이제, 앞절에서 제기했던 세 가지 질문들 중 첫 번째 질문에 답할 차례이다. 우주가 그렇게 작을 수도 있다면 덩치 큰 인간들이 그 안에서 어떻게 살아갈 수 있는가? — 사람의 키가 170㎝라고 말할 때, 그 것은 가벼운 끈을 탐색자로 이용하여 측정된 결과가 그렇다는 뜻이다. 그런데 사람의 키와 우주의 크기를 비교하려면 우주 역시 동일한 방법으로 측정되어야 한다. 앞서 말한 대로, 가벼운 끈을 이용하여 관측한 우주의 크기는 약 150억 광년이며, 이 정도면 키가 170㎝인 인간이 들어가 살아도 별로 거치적거리지 않을 것이다. 따라서 "조그만 우주에 인간이 어떻게 존재할 수 있는가?"라는 질문은 더 이상 의미가 없다. 그것은 애초부터 비교 대상이 될 수 없기 때문이다. '거리'라는 물리량은 두 가지 개념으로 이해될 수 있기 때문에, 무언가의 크기를 비교하려면 측정 자체가 동일한 방법으로 이루어져야 하는 것이다.

최소한의 크기

이제 우리는 문제의 핵심에 거의 도달했다. 만일 우리가 거리를 측정할 때 오로지 '쉬운' 방법만을 고집한다면(다시 말해서, 무거운 끈이 아닌 가벼운 끈을 탐색자로 사용한다면), 그 결과는 항상 플랑크 길이보다 길게 나올 것이다. 이 점을 이해하기 위해 우리가 살고 있는 초대형 3차원 공간이 거대한 원형구조로 되어 있다고 가정해보자. 그리고 우리는 이미 '감기지 않은' 가벼운 끈으로 우주의 크기를 측정하여, '이 우주는 어마어마하게 크며, 지금 수축되고 있다'는 결과를 얻었다고 가정하자. 우주가 축소될수록 감기지 않은 끈의 질량은 증가하고, 감긴 끈의 질량은 감소한다. 세월이 흘러 우주의 반지름이 플랑크 길이 (R=1)까지 수축되면, 감김에너지와 진동에너지는 거의 비슷한 크기가 된다. 그리고 길이를 측정하는 두 가지 방법도 거의 비슷한 난이도를 갖게되며, 그 결과 역시 거의 동일한 값으로 나타날 것이다. 1의 역수는 1/1=1, 즉 자기 자신이기 때문이다.

그런데 여기서 수축이 더 진행되면 감겨진 끈의 에너지가 감기지 않은 끈의 에너지보다 더 작아지기 때문에, 항상 '쉬운' 측정 방법을 선호하는 우리들은 이때부터 감겨진 끈을 탐색자로 삼아 거리를 측정할 것이다. 그리고 앞서 말한 논리에 의해 그 결과는 '반지름이 플랑크 길이보다 크면서 팽창하고 있는 우주'로 나타날 것이다. 즉, '감기지 않은 끈으로 측정했을 때 우주의 반지름은 R이며 수축하고 있다'라는 주장은 '감겨진 끈으로 측정했을 때 우주의 반지름은 1/R이며 팽창하고 있다'는 주장과 완전히 동일하다. 따라서, 항상 가벼운 끈을 사용하여 우주의 크기를 측정한다면 그 결과는 항상 플랑크 길이보다 작게 나올 수가 없다. 다시 말해서, 플랑크 길이가 바로 우주 크기의 최소값인 셈이다.

가벼운 끈으로 거리를 측정한 결과는 우리들이 거리에 대해 갖고 있는 통상적인 개념과 일치한다. 이 개념은 끈이론이 등장하기 훨씬 전부터 이미 통용되고 있었다. 플랑크 '길이' 이하의 초미세 영역에서 격렬한 양자적 요동이 발생한다는 사실을 독자들은 기억할 것이다. 여기서 말하는 '길이' 역시 우리의 통상적인 거리개념으로 측정한 길이를 뜻한다. 그러므로 끈이론에서는 플랑크 길이 이하의 초미세 영역에서 무슨 일이 벌어지고 있건, 걱정할 필요가 없다. 일반상대성이론과 리만 기하학에서는 거리라는 개념이 단 한 가지로 정의되어 있었으며, 그것은 임의의 작은 값을 가질 수 있었다. 그러나 끈이론과 양자 기하학의 체계 속에는 두 가지의 거리 개념이 존재한다. 그리고 우리는 둘 중 하나를 잘 선택하여 기존의 거리 개념과 일반상대성이론에 잘 부합되는 결과를 얻을 수 있다. 어떠한 경우에도 플랑크 길이 이하로 내려갈 필요가 없는 것이다.

이야기가 자꾸 반복되는 감이 있지만, 이것은 끈이론의 본질을 이해하는데 매우 중요한 개념이기 때문에 다시 한 번 강조하고자 한다. 만일 우리가 측정방법의 난이도를 따지지 않고 플랑크 길이 이하의 영역을 감기지 않은 끈으로 측정하려고 한다면, 그 영역을 볼 수 있을 것이다.

그러나 앞에서 여러 번 강조한 바와 같이 길이는 두 가지 의미를 갖고 있기 때문에 논리를 전개할 때 항상 신중을 기해야 한다. 이 경우, R이 플랑크 길이보다 작아졌는데도 계속해서 감기지 않은 끈으로 거리를 측정한다면(감긴 끈보다 질량이 더 큼에도 불구하고), 우리는 '어려운' 측정법을 시도하고 있는 셈이며 따라서 이렇게 얻어진 거리는 우리의 기존 개념과 전혀 부합되지 않을 것이다. 그러나 지금 중요한 것은 용어의 의미나 관측의 난이도가 아니다. 일상적인 통념에서 벗어난 거리의 개념으로 플랑크 길이보다 짧은 반지름을 갖는 우주를 서술한다 해도, 이로부터 유도된 '물리적' 사실들은 반지름이 플랑크 길이보다 큰 우주와 여전히 일치할 것이다. 중요한 것은 물리학을 전달하는 언어가 아니라, 물리학 그 자체인 것이다.

브란덴버거와 바파를 비롯한 여러 물리학자들은 이 아이디어를 이용하여 기존의 우주론을 수정한 새로운 우주론을 만들어낼 수 있었다. 여기에는 빅뱅을 비롯하여 먼 훗날 수축으로 다시 작아진 우주의 모습까지 망라되어 있으며, 우주의 최소크기가 0이 아니라 플랑크 길이(모든 차원의 방향으로)라고 주장함으로써 기존의 수학적 어려움을 해결하였다.(유한한 질량에 부피가 0이면 밀도는 무한대가 되어 수학적으로 다룰 수 없다)

이 우주가 플랑크 길이까지 수축된다는 것은 개념적으로 상상하기 어려운 일이지만, 하나의 점으로 수축된다는 주장보다는 훨씬 설득력이 있다. 앞으로 14장에서 다시 언급되겠지만, 끈 우주론 string cosmology은 아직 태동기임에도 불구하고 기존의 빅뱅이론보다 훨씬 더 논리적으로 우주의 일생을 서술하고 있다.

지금까지 유도된 결론은 어느 정도의 일반성을 갖는가?

만일 공간차원이 원형구조를 갖고 있지 않다면 어떻게 될 것인가? 그래도 공간이 최소한의 크기를 갖는다는 끈이론의 주장이 여전히 타당성을 가질 수 있을까? 아직은 아무도 알 수 없다. 원형차원의 특징은 그곳에 감겨진 끈이 존재할 수 있다는 점이다. 구체적인 형태야 어찌 되었건 간에, 끈이 감겨진 형태로 존재할 수 있는 차원에서는 지금까지 내려진 결론들이 그대로 적용될 수 있다. 그러나, 만일 두 개의 차원이 원형으로 결합하여 구형 sphere을 이루고 있다면 이곳을 감고 있는 끈은 그 형태를 영원히 유지할 수 없다. 마치 농구공에 감겨진 고무줄처럼. 조금만 움직여도 구면을 이탈할 것이기 때문이다. 이런 경우에도 '최소한의 크기'가 보장될 수 있을 것인가?

지금까지 연구된 바에 의하면 그 대답은 공간 전체가 수축되는지, 아니면 공간의 한 부분만이 수축되는지의 여부에 따라 달라진다. 끈이론 학자들은 공간 전체가 수축되는 한 구체적인 모양에 상관없이 최소한의 크기가 항상 존재한다고 믿고 있다. 끈우주론의 앞날을 생각할 때, 이 문제는 하루속히 규명되어야 할 것이다.

거울 대칭

아인슈타인은 일반상대성이론을 통하여 시공간의 기하학과 중력 사이의 관계를 규명하였다. 그런데 끈이론에서도 끈의 진동패턴(질량과 힘전하)이 공간의 구조에 의해 결정되고 있으므로, 언뜻 보기에는 끈이론이 물리학과 기하학의 상호관계를 더욱 폭 넓게 규명한 것처럼 보일 것이다. 그러나 앞에서 확인했듯이 양자 기하학(끈이론과 관련된 기하-물리학)은 매우 유별난 특징을 갖고 있다. 일반상대성이론이 채택했던 기하학에서 반지름 R인 원은 반지름 $1/R$인 원과 분명히 다르게 취급되었었다. 그런데 끈이론에서는 이들이 서로 구별될 수 없는 동치로 취급되고 있다. 그렇다면 좀 더 과감하고 황당한 질문을 던져보자. 크기가 다른 두 우주가 동일하다면, 크기뿐만 아니라 기하학적 형태까지 다른 두 개의 우주가 물리적으로 동일해질 수 있을까?

1988년에 스텐포드 선형가속기센터의 딕슨 Lance Dixon은 이 문제에 관하여 획기적인 아이디어를 제기하였다. 딕슨의 아이디어는 후에 CERN의 레르케 Wolfgang Lerche와 하버드 대학교의 바파, MIT의 워너 Nicolas Warner등에 의하여 더욱 구체화 되었다. 이들의 논리는 대칭성의 미학에 뿌리를 둔 대담한 가설에서 출발한다 — 끈이론이 말하는 숨겨진 차원의 후보, 즉 칼라비–야우 도형들 중 서로 다른 두 개가 동일한 물리학을 줄 수도 있다는 가설이었다.

이들의 주장을 이해하기 위해, 다음의 사실을 상기해보자. 칼라비–야우 차원에 나 있는 구멍의 수는 그곳에 거주할 수 있는 끈의 종류를 결정한다. 이 구멍은 그림 9.1처럼 도넛이나 다중구멍 도넛에 나 있는 구멍을 의미한다. 그림에는 2차원 곡면을 갖는 도넛만 제시되어 있지만(사실, 그 이상은 지면에 그릴 수가 없다), 6차원 짜리 칼라비–야우 공간에는 여러 차원의 구멍들이 존재할 수 있다. 이들은 그림 대신 잘 정의된 수학으로 표현될 수 있다. 한 가지 중요한 것은, 끈의 진동에 의해 생성되는 입자족의 수는 특정한 차원에 나있는 구멍의 수가 아니라 '전체 구멍의 수'에 의해 결정된다는 점이다(이런 이유 때문에, 9장에서 여러 가지 다양한 형태의 구멍들을 일일이 구별하여 그리지 않았던 것이다). 이제, 각 차원에 나 있는 구멍의 수는 서로 다르지만 전체 구멍의 수가 동일한 두 개의 칼라비–야우 공간을 상상해보자. 각 차원의 구멍 수가 다르기 때문에, 이들의 전체적인 형태는 같을 수가 없다. 그러나 이들은 전체 구멍 수가 같으므로, '입자족의 수가 동일한' 우주를 표현하고 있다. 물론 이것은 이들이 갖는 다양한 물리적 성질 중 하나에 불과하다. '모든' 물리적 성질들이 일치하려면 훨씬 많은 제한조건들이 부과되어야 한다. 그러나 이 정도만 해도 딕슨–레르케–바파–워너의 추론이 맞을 수도 있다는 심증을 갖기에 충분할 것이다.

1987년 가을, 나는 하버드 대학교에서 박사 후 과정 postdoctoral

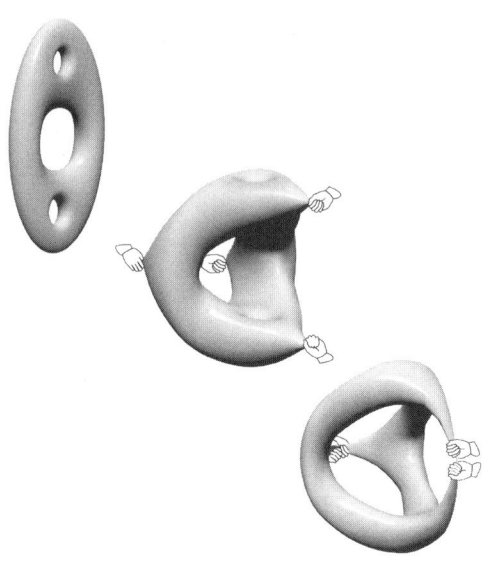

그림 10.4 오비폴딩 orbifolding이란, 하나의 칼라비-야우 도형을 변형시켜서 다른 칼라비-야우 도형을 만들어내는 수학적 테크닉이다.

fellow을 시작하였는데, 내 연구실은 바파교수의 연구실 바로 아래층이었다. 당시 나는 칼라비-야우 도형의 물리, 수학적 성질을 주로 연구하고 있었으므로 바파교수는 자신의 연구 결과를 수시로 내게 알려주었다. 그러던 중 1988년 가을의 어느 날, 바파교수가 복도를 거닐다가 내 연구실 앞에서 걸음을 멈추고는 나에게 자신의 추론을 설명한 적이 있었다. 나는 그의 대담한 아이디어에 흥미를 느끼긴 했지만, 가능성은 희박하다고 생각했다. 만일 그들(바파, 레르케, 워너)의 추론이 옳다면 끈이론의 연구에 새로운 지평이 열리겠지만, 과감한 추측이 항상 말끔한 이론으로 연결되지는 않는다는 것이 나의 생각이었다.

그 후로 거의 한 달 동안 나는 그들의 추론을 곰곰 생각해보았다.

솔직히 말하자면 나의 신뢰도는 50%를 넘지 않았다. 그런데 로젠 플리서 Rosen Plesser (당시에는 하버드 대학원생이었고, 지금은 듀크 대학교의 교수로 재직중이다)와 공동 연구를 하면서 나의 생각은 180도 바뀌게 되었다. 플리서와 나는 하나의 칼라비-야우 도형으로부터 모종의 수학적 과정을 거쳐서 기존의 모든 칼라비-야우 도형들을 유도해내는 방법을 연구하고 있었는데, 특히 우리가 관심을 가졌던 부분은 1980년대 중반에 딕슨과 하비 Jeffery Harvey(시카고 대학교 교수), 바파, 그리고 위튼 등이 개발했던 '오비폴딩 orbifolding'이라는 수학적 테크닉이었다. 대충 설명하자면, 이것은 칼라비-야우 도형상의 여러 점들을 수학적 규칙에 따라 한데 붙임으로써 새로운 칼라비-야우 도형을 만들어내는 방법이다. 이 과정은 그림 10.4에 도식적으로 표현되어있다. 그런데, 오비폴딩에 사용되는 수학이 너무나도 복잡하기 때문에, 끈이론 학자들은 흔히 그림 9.1과 같이 비교적 단순한 도형에 이 방법을 적용하고 있다. 플리서와 나는 프린스턴 대학교의 게프너 Doron Gepner가 제안했던 멋진 아이디어에 힘입어, 그림 8.9와 같이 복잡한 형태의 칼라비-야우 도형까지 만들어낼 수 있는 오비폴딩 테크닉을 개발하는데 전력을 기울였다.

이렇게 몇 달을 또 보낸 뒤에, 우리는 놀라운 사실을 깨달았다. 어떤 특정한 점들을 정상적인 방법으로 한데 붙였더니, 우리의 예상과는 사뭇 다른 칼라비-야우 도형이 만들어졌던 것이다. 새로 만들어진 칼라비-야우 도형에서 '홀수' 차원을 갖는 구멍의 수는 원래의 도형에서 '짝수' 차원을 갖는 구멍의 수와 일치했으며, 그 반대(홀수 ↔ 짝수)도 마찬가지였다. 일단 각 차원의 구멍의 수가 다르면, 이 두 개의 칼라비-야우 도형은 기하학적으로 전혀 다른 형태를 띠고 있는게 분명하다. 그러나 구멍의 개수가 서로 맞바뀐 형태이므로 전체 구멍의 수

는 똑같다. 따라서 이 두 개의 도형으로 서술되는 각각의 우주에는 동일한 수의 입자족들이 존재한다.*5

딕슨-레르케-바파-워너의 추론이 사실임을 확인한 우리는 흥분을 가누지 못하고 곧바로 다음 단계의 연구에 착수했다. 이 두 개의 칼라비-야우 도형들은 입자족의 수 이외에 다른 물리적 성질들도 일치할 것인가? 우리는 그 후로 몇 달 동안 바파교수와 나의 지도교수였던 옥스퍼드 대학교의 로스 Graham Ross교수의 격려를 받으면서 이 문제를 집중적으로 파고들었고, 결국 우리의 짐작이 전적으로 옳았음을 입증할 수 있었다. 짝수-홀수가 맞바뀌는 변환을 수학자들이 '거울변환 mirror-transformation'이라고 불렀던 사례가 있었기 때문에, 플리서와 나는 '기하학적으로 다른 형태이면서 물리적 성질이 동일한' 칼라비-야우 도형들을 칭하는 단어로 '거울 다양체 mirror manifolds'라는 신조어를 창안하였다.*6 거울 다양체를 이루는 칼라비-야우 도형쌍들은 서로 거울에 비친 것 같은 일상적인 대칭성을 갖고 있지 않다. 그러나 이들은 서로 다른 기하학적 구조를 갖고 있음에도 불구하고, 끈이론에 적용되었을 때 동일한 우주를 서술하고 있었다.

이 결과를 얻은 후 몇 주 동안 플리서와 나는 매우 걱정스런 나날을 보내야 했다. 어느새 우리는 끈이론 물리학의 새로운 분야를 개척하는 첨병이 되어 있었던 것이다. 아인슈타인이 처음으로 제안하고 끈이론이 더욱 발전시켰던 '기하학과 물리학의 상호관계'는 우리의 연구결과에 의해 한층 더 구체적으로 드러나기 시작했다. 일반상대성이론에서는 공간의 구조가 다르면 물리적 성질도 달랐지만, 끈이론에서는 완전하게 같을 수도 있었다. 정말로 놀라운 발견이었다. 그러나, 만일 우리의 계산에 오류가 숨어 있다면 어찌될 것인가? 서로 다른 칼라비-야우 공간에서 명확하게 구분되는 물리적 성질이 있음에도 불구하고, 우리가 그것을 간과해버린 건 아닌가? 야우는 우리의 연구결과를 읽고 난 후에 솔직하면서도 단호한 어조로 말했다. "분명히 어딘가에 계산이 잘못되었을 겁니다. 수학적 관점에서 볼 때, 당신들의 결과는 너무나 예상을 벗어나 있거든요." 야우의 조언을 들은 후로, 우리의 연구는 잠시 중단되었다. 그러나 우리의 연구는 당시 커다란 반향을 불러일으켰다. 많은 사람들이 우리의 논문을 읽었을 것이므로, 만일 오류가 있다면 분명히 누군가가 이미 찾아냈을 거라고 생각했다.

몇 번이나 확인을 거듭한 끝에, 마침내 우리의 논문은 학회지에 게재되었다(일반적으로, 하나의 연구결과가 나오면 학회지에 실리기 전에 preprint 형태로 인쇄되어 동일분야의 학자들에게 보내진다. 물론 이들 중 일부는 학회지에 실리지 못하고 그대로 사장되기도 한다. 학자들은 하루에도 여러편의 preprint를 읽어야 학계의 최신 동향을 제대로 파악할 수 있다 : 옮긴이). 그리고 며칠 후에 하버드 대학교의 내 연구실로 전화 한 통이 걸려왔다. 텍사스 대학교의 칸델라스 Philip Candelas였다. 그는 다짜고짜 내가 지금 자리에 앉아 있느냐고 물었다. 그렇다고 했더니, 자기가 지금 링커 Monica Lynker와 심리크 Rolf Shimmrigk라는 대학원생과 함께 무언가 새로운 사실을 발견했는데, 내가 들으면 뒤로 자빠질지도 모르니 의자를 단단히 잡고 있으라고 했다. 그의 설명인즉, 컴퓨터를 이용하여 몇 개의 칼라비-야우 도형들을 샘플로 추출한 후에 오비폴딩을 적용했더니, 거의 모든 도형들이 짝-홀수 구멍이 맞바뀐 '쌍'으로 나타나더라는 것이었다. 나는 그에게 '아직도 의자에 편안하게 앉아 있다'고 말해주었다. 플리서와 나는 그 사실을 이미 알고 있었기 때문이다. 후에 칸델라스와 우리의 결과는 서로 상호 보완적임이 알려지게 되었다. 우리가 알아낸 사실은 '거울대칭을 이루는 모든 칼라비-야우 쌍들은 물리적 성질이 동일하다'는 것이었고, 칸델라스와 그의 제자들은 '상당수의 칼라비 – 야우 도형들은 거울대칭 짝을 갖는다'는 사실을 알아낸 것이었다. 이 두 편의 논문으로부터, 끈이론의 '거울대칭 mirror symmetry'이 비로소 세상에 알려지게 되었다.

거울대칭에 담겨 있는 수학과 물리학

끈이론이 몰고 온 가장 큰 변화는 기하학과 시공간 사이의 관계를 정의했던 아인슈타인의 경직된 듯한 교리에 어느 정도의 자유가 허락되었다는 것이다. 특히, 거울대칭이론은 끈이론의 물리학과 칼라비 – 야우 도형을 다루는 수학분야에 매우 강력한 도구를 제공해 주었다.

대수기하학 algebraic geometry을 연구하는 수학자들은 끈이론이 나오기 전부터 순전히 수학적인 측면에서 칼라비 – 야우 공간에 관심을 가져왔다. 그들은 미래의 물리학에 전혀 관심을 두지 않고, 칼라비 – 야우 도형의 다양한 성질을 수학이라는 테두리 안에서 차근차근 규명해왔다. 그러나, 이 도형들 중에는 수학적으로 성질을 규명하기가 거의 불가능한 것도 섞여 있었다. 그런데 거울대칭이라는 개념이 등장하면서 상황은 돌변하기 시작했다. 원리적으로 거울대칭은, 전혀 상관이 없을 것 같았던 한 쌍의 칼라비 – 야우 공간이 끈이론의 체계 안에서 동일해질 수 있음을 보여주고 있다. 숨어 있는 6차원 공간에 대한 칼라비 – 야우 공간들 중에서 서로 거울대칭관계에 있는 쌍들은 동일한 우주를 서술하고 있는 것이다.

예를 들어, 당신이 칼라비 – 야우 도형들 중에서 하나를 선택하여, 그것으로 서술되는 우주의 물리적 특성(입자의 질량, 힘전하 등)을 계산한다고 상상해보자. 계산이 성공적으로 끝났다 해도, 당신이 얻은 결과는 실험적으로 검증될 수 없다. 앞에서 누차 지적했듯이, 현재의 실험 기술로는 끈이론의 진위여부를 판별할 수 없기 때문이다. 그래서 당신은 특정한 칼라비-야우 공간을 선택했을 때 그로부터 예견되는 모습을 사고실험 thought experiment을 통해 검증하기로 했다.… 한동안은 그런대로 작업이 진행되어 갔다. 그러나 중간쯤 갔을 때 당신은 도저히 극복할 수 없는 수학적 난관에 부딪히게 되었다. 세계에서 가장 뛰어난 수학자도 해결할 수 없는, 지독하게 어려운 문제였다. 당신의 사고실험은 한동안 답보상태에 빠졌다.… 그러던 어느 날, 당신은 칼라비-야우 공간들이 거울대칭 짝을 갖고 있다는 사실을 떠올렸다. 거울대칭 쌍을 이루는 공간들은 물리적 성질이 동일하기 때문에, 계산이 난관에 봉착하면 다른 짝을 대상으로 계산을 진행하면 된다. 처음에는 다른 짝을 골라서 계산하는 것이 더 어렵게 느껴질 수도 있다. 그러나 일단 계산에 착수해보면 매우 놀라운 사실을 알게 된다. 두 종류의 계산이 같은 결과를 주긴 하지만, 그 구체적인 과정이 판이하게 다른 것이다. 어떤 경우에는 거의 불가능했던 계산이 거울대칭 짝에 대해서는 단 몇 줄에 해결되기도 한다. 이런 일이 왜 발생하는지는 아직 명쾌하게 설명할 수 없지만, 적어도 계산에 관한 한 난이도가 현저하게 떨어지는 것은 분명한 사실이다. 이것은 무엇을 의미하는가? — 당신의 연구가 다시 진행될 수 있음을 의미한다.

이것은 마치 거대한 상자(가로, 세로 50피트에 깊이 10피트 짜리)속에 마구잡이로 쌓여 있는 오렌지를 세는 것과 비슷하다. 처음에 당신은 하나씩 차근차근 세어나가겠지만, 얼마 가지 않아 한숨을 길게 내쉬며 주저앉고 말 것이다. 그런데 때마침 오렌지가 배달되는 현장을 목격했던 당신의 친구가 나타나서, 당시의 상황을 설명해주었다. 원래 오렌지는 조그만 상자에 담겨져 있었는데, 배달 트럭에는 그 조그만 상자가 가로 20개, 세로 20개, 그리고 높이도 20개로 쌓여 있었다는 것이다. 당신은 재빨리 머리를 굴려서 배달된 상자가 $20 \times 20 \times 20 = 8,000$개라는 사실을 알아냈다. 그리고는 벌떡 일어나 친구의 멱살을 잡으며 외쳤다. "이봐! 그 조그만 상자 아직 안 버렸지? 그거 어디 있어? 어디 있냐구!" 당신의 친구는 이런 일이 있을 것 같아 자기가 보관해 두었다고 했다. 이 얼마나 멋진 친구인가! 이제 당신은 문제의 조그만 상자 하나를 친구에게 빌려서, 그 안에 오렌지를 가득 채워넣고 개수를 세기만 하면 된다. 그 결과에 8,000을 곱한 것이 전체 오렌지의 개수이기 때문이다. 처음에 한숨을 내쉴 때와 비교하면, 거의 공짜로 일을 마친 거나 다름없다. 대부분의 경우에, 계산의 내용을 잘 숙지하고 있으면 지름길을 찾아가기가 그만큼 쉬워진다.

끈이론에서도 사정은 비슷하다. 칼라비 – 야우 공간에 관한 계산은 대개 엄청나게 복잡하고 까다롭지만, 이럴 때 대상을 거울대칭 짝으로 바꾸면 훨씬 효율적이고 수월하게 계산을 수행할 수 있다. 플리서와 내가 이러한 사실을 알아낸 후에, 칸델라스와 오사 Xenia de la Ossa, 그리고 텍사스 대학교의 파키스 Linda Parkes와 메릴랜드 대학교의 그린 Paul Green등은 이 방법을 자신의 계산에 적용하여 사실임을 확인하였다. 이들은 거울대칭을 이용하여 거의 불가능했던 계산을 단 몇 페이지에 걸친 수작업과 PC로 해결하였다.

거울대칭은 특히 수학자들에게 비상한 관심을 끌었다. 수학분야에서 수년 동안 해결되지 않고 있던 어떤 문제가 이 방법으로 해결되었기 때문이다. 이 방법에서는 끈이론(혹은 물리학자)이 수학자를 앞서간 셈이다. (끈이론의 수학은 물리학뿐만 아니라 수학계에도 많은 영향을 주었다 : 옮긴이)

제11장
공간 찢기 Tearing the Fabric of Space

고무판을 사정없이 잡아당기면 언젠가는 찢어지고 만다. 지난 세월 동안 수많은 물리학자들은 우주 공간도 이러한 성질을 갖고 있는지, 항상 궁금하게 여겨왔다. 공간을 찢는 것이 과연 가능할까? 아니면 우리가 고무판의 비유에 너무 집착한 나머지 착각을 일으키고 있는 것일까?

아인슈타인의 일반상대성이론은 공간을 찢는 것이 불가능하다고 단호하게 주장하고 있다.*1 일반상대성이론의 방정식들은 리만 기하학에 그 뿌리를 두고 있으며, 이것은 공간상의 두 점 사이에 거리관계를 정의하는 기본원리로 통용되고 있다. 거리가 엄밀하게 정의되려면, 우선 공간이 '매끄럽게 smooth' 휘어져 있어야 한다(물론, 완전히 평평해도 상관없다). 여기서 말하는 'smooth'는 수학용어지만, 일상적인 의미로 이해해도 별 무리는 없을 듯 하다. 즉, 접혀진 주름이 없고, 구멍은 없으며, 두 개의 조각이 붙여진 흔적은 없고, 찢어진 곳도 없으면 그 공간(도형)은 매끄러운 공간으로 간주될 수 있다. 만일 우리가 살고 있는 공간이 이러한 불규칙한 구조를 갖고 있다면 일반상대성이론의 방정식들은 당장 붕괴될 것이며, 이 우주는 무언가 대단한 혼돈에 빠져들게 될 것이다.

그러나 물리학자들의 상상력도 결코 만만치가 않았다. 그들은 아인슈타인의 고전적 이론을 초월하면서 양자역학과 조화를 이루는 이론을 찾기 위해 온갖 상상력을 동원하였고, 심지어는 찢어지거나 누덕누덕 기워진 우주까지도 연구대상으로 삼았다. 사실, 초단거리 영역에서 일어나는 양자적 요동현상이 알려진 이후로, 찢어진 공간의 개념은 물리학에서 거의 상식적으로 통용되어왔다. 그 대표적인 예가 웜홀 wormhole(스타트렉 시리즈 중 'Deep Space Nine'을 본 독자들은 이 단어에 익숙할 것이다)인데, 아이디어는 매우 간단하다 — 당신이 어떤 무역

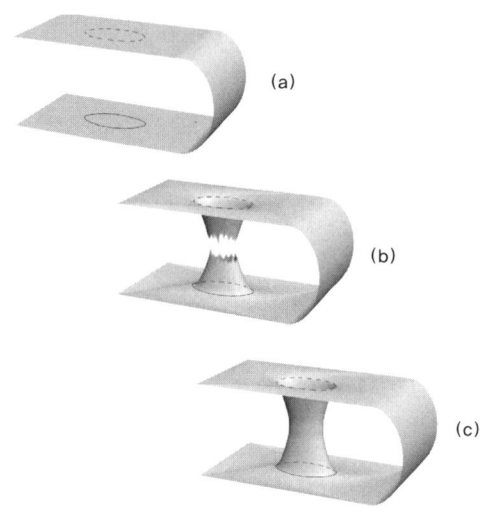

그림 11.1 (a) U자형 우주의 한쪽 끝에서 반대쪽 끝으로 이동하려면, U자형 길을 따라 우주 전체를 가로지르는 수밖에 없다. (b) 공간이 찢어지면서 두 지점을 잇는 웜홀이 자라나기 시작한다. (c) 두 개의 웜홀이 만나서 하나가 되면, 우주공간에는 지름길이 생기게 된다.

회사 사장이라고 가정해보자. 당신의 사무실은 뉴욕에 있는 트윈타워(세계무역센터)의 90층에 자리잡고 있다.(지금은 사라졌지만 웜홀을 설명하기에 가장 적합한 건물이므로 예로든다 : 옮긴이) 그리고 여러 가지 복잡한 사정으로 인해, 회사의 비밀서류들은 맞은편 빌딩(이 빌딩은 쌍둥이처럼 두 개가 마주보고 있다) 90층에 보관되어 있다. 그러던 어느 날, 비밀서류를 급하게 참고해야 할 일이 생겼다. 당신이라면 90층을 내려갔다가 올라갔다가, 다시 내려와서 또 다시 올라가고 싶겠는가? 물론 눈앞이 캄캄할 것이다. 그래서 당신은 두 건물 사이를 이어주는 비상 연결통로를 건설하라고 지시를 내렸다. 건물주의 반대가 심했지만, 결국 통로는 완성되었고 그 덕분에 사원들은 90층을 오르락내리락하지 않고서도 비밀문서를 가져 올 수 있게 되었다.…

웜홀의 역할이란 바로 이것이다 — 웜홀은 우주의 한 지점에서 다른 지점으로 이동하는 지름길의 역할을 한다. 문제의 단순화를 위해, 우리는 그림 11.1과 같은 2차원 우주에서 웜홀의 예를 들어보자. 만일 당신이 다니는 회사의 사장실이 그림 11.1(a)의 아래 부분에 그려진 원 내에 있고, 당신의 사무실이 위쪽 원내에 있다면, 사장의 호출을 받은 당신은 U자로 휘어진 경로를 따라 한쪽 끝에서 반대쪽 끝까지 이동해야 할 것이다. 그러나 2차원 우주 공간을 찢어서 그림 11.1(b)처럼 구멍을 뚫고 이 구멍을 그림 11.1(c)와 같이 연결시킨다면, 멀리 떨어져 있던 두 개의 지점들 사이에 지름길 하나가 생겨나게 된다. 이것이 바로 '웜홀' 이다. 이렇게 만들어진 웜홀은 트윈타워 사이에 건설된 연결통로와 비슷한 역할을 하지만, 이것과는 근본적으로 다른 성질을 갖고 있다 — 트윈타워 사이를 연결하는 다리는 원래 건물이 놓여 있던 공간 속에 같이 존재하지만, 웜홀은 새롭게 창조된 다른 공간에 존재한다. 왜냐하면, 원래 존재하던 공간은 그림 11.1(a)가 전부였기 때문이다. 따라서 이 U자형 곡면을 이탈하면 그것은 곧 기존의 우주 공간에서 벗어남을 의미하며, 이렇게 만들어진 웜홀은 새로운 영역의 공간에 속하게 되는 것이다.

그렇다면, 우주공간에는 이러한 웜홀이 정말로 존재하는가? ― 아무도 모른다. 만일 웜홀이 있다고 해도, 그것이 미시적 스케일에 존재하는지, 아니면 우주를 가로지를 만큼 방대한 크기를 갖고 있는지는 여전히 미지로 남을 수밖에 없다. 웜홀의 존재여부를 판단하기 위해서는, 우선 공간을 찢는 것이 가능한 일인지를 확인해야 한다.

공간을 한계점까지 잡아늘이는 것은 블랙홀의 예제를 통해 3장에서 이미 언급한 바 있다. 그림 3.7과 같이 블랙홀의 엄청난 질량은 공간을 극도로 왜곡시켜, 블랙홀의 중심부에 해당되는 공간에 마치 구멍이 뚫린 듯한 비정상적 구조를 야기시킨다. 웜홀의 경우와는 달리, 블랙홀은 관측을 통해 그 존재가 확인되었으므로 블랙홀의 중심부에서 일어나고 있는 사건들은 단순한 추론이 아니라 과학적 논리로 해결되어야 한다. 이런 극한 상황에서 일반상대성이론은 아무런 답도 주지 못한다. 일부 물리학자들은 이렇게 주장하기도 한다 ― "공간에는 구멍이 뚫려 있을 수도 있다. 그러나 이러한 '우주적 특이점'은 블랙홀의 사건지평선 event horizon(블랙홀의 중력권으로부터 탈출할 수 있는 한계선으로, 사건지평선을 경계로 블랙홀에 가까운 지역에서는 빛을 비롯한 그 어떤 것도 외부로 탈출할 수 없다.) 내부에 존재하기 때문에 우리에게 직접적인 영향을 주지 않는다." 옥스퍼드 대학교의 로저 펜로즈 Roger Penrose는 이러한 논리로부터 "사건지평선을 경계로 하여 블랙홀에 가까운 지역은 우리의 시야를 벗어나 있으므로, 이런 지역에는 공간적 특이점이 존재할 수도 있다"고 주장하였다. 그리고 이와는 반대로 끈 이론 탄생 이전의 일부 물리학자들은 양자역학과 일반상대성이론을 적절하게 조화시키면 시공간의 구멍이 매끈하게 봉합되어 더 이상 문제가 되지 않을 것이라고 생각했다.

이제, 끈이론의 탄생과 함께 양자역학과 일반상대성이론이 조화롭게 통합되었으므로, 우리는 이 문제를 본격적으로 다룰 수 있게 되었다. 아직은 완전한 답을 얻어내지 못했지만, 시공간의 특이점과 밀접하게 관련되어 있는 문제들이 지난 몇 년 사이에 해결되었다. 이 장에서는 끈이론에 의해 시공간이 어떻게 찢어질 수 있는지를 살펴 보기로 한다.

희미한 가능성

1987년, 야우 Shing-Tung Yau와 그의 학생이었던 티안 Gang Tian(현재 MIT 교수)은 "이미 잘 알려진 수학적 과정을 거치면, 칼라비-야우 도형들 중 일부가 다른 칼라비-야우 도형으로 변환될 수 있다."는 사실을 발견하였다. 즉, 기존의 칼라비-야우 도형의 표면에 구멍을 뚫고 이것을 수학적 방법으로 꿰매놓으면 다른 도형과 일치한다는 것이다.[*2] 이 과정을 대략적으로 서술하자면 다음과 같다 ─ 야우와 티안이 첫 번째로 떠올린 것은 내부에 공처럼 생긴 2차원 구면을 포함하고 있는 칼라비-야우 도형이었다(물론, 모든 종류의 공은 3차원적 도형이다. 그러나 여기서는 구의 표면만을 고려할 것이기 때문에 2차원 물체로 취급한 것이다. 구의 두께나 내부 공간에 대해서는 전혀 생각할 필요가 없다. 구면상에 위치한 점의 정확한 위치를 표현할 때에는 경도와 위도, 즉 2개의 좌표가 필요하다. 지구 표면상의 한 지점을 나타낼 때에도 우리는 이 방법을 사용하고 있다. 따라서 수도용 호스나 구의 표면은 2차원적 대상임이 분명하다). 그리고 이들은 중심에 있는 구를 하나의 점이 될 때까지 압축시켰다. 이 과정은 그림 11.3에 단계적으로 표현되어 있는데, 이 그림을 비롯하여 11장에서 제시될 모든 그림들은 가장 중요한 부분에 초점을 맞춰 단순화시킨 것임을 기억하기 바란다. 이 모든 변환과정들은 그림 11.2처럼 구보다 훨씬 규모가 큰 칼라비-야우 도형의 내부에서 일어나는 과정이다. 마지막으로 티안과 야우는 가느다란 부분을 잘라내고(그림 11.4(a)) 그 사이에 또 하나의 구를 삽입시킨 뒤에(그림 11.4(b)) 구의 크기를 점차 부풀려 나갔다. (그림 11.4(c), 11.4(d))

    수학자들은 이러한 일련의 과정을 가리켜 '플립변환 flop-transition'이라고 부른다. 이 과정에서 중심부에 있던 원래의 구는 다른 형태로 변환된다. 야우와 티안, 그리고 몇몇 다른 수학자들은 어떤 특별한 상황에서 플립변환을 거쳐 생성된 새로운 칼라비-야우 도형

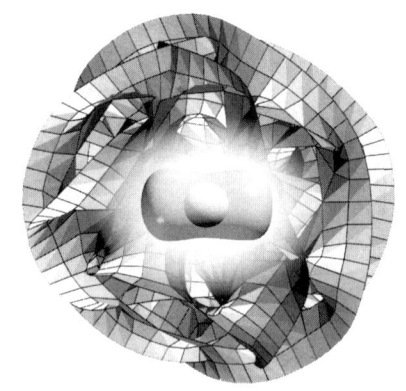

그림 11.2 내부에 구 sphere를 포함하고 있는 칼라비-야우 도형

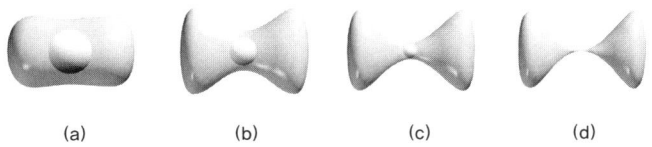

(a)　　　　(b)　　　　(c)　　　　(d)

그림 11.3 칼라비-야우 도형 내부의 구를 점이 될 때까지 축소시킨 뒤에 공간을 찢는다. 이 그림에는 칼라비-야우 도형 전체의 모습이 생략된 채, 중심부의 구 sphere만 표현되어 있다.

(그림11.4(d))이 원래의 칼라비 - 야우 도형(그림 11.3(a))과 위상 수학적으로 서로 다른 개체임을 발견하였다. 다시 말해서, 그림 11.3(a)의 도형을 찢지 않고 연속적인 변환만 가해서는 결코 그림 11.4(d)와 같은 도형을 얻을 수 없다는 뜻이다.

야우와 티안이 개발한 변형 방법은 하나의 칼라비 - 야우 도형으로부터 새로운 칼라비 - 야우 도형을 만들어 낼 수 있다는 점에서 수학자들의 관심을 끌기에 충분했지만, 물리학과 관련된 중요한 질문 하나가 이로부터 제기되었다. "수학적 과정은 자지하고, 그림 11.3(a)부터

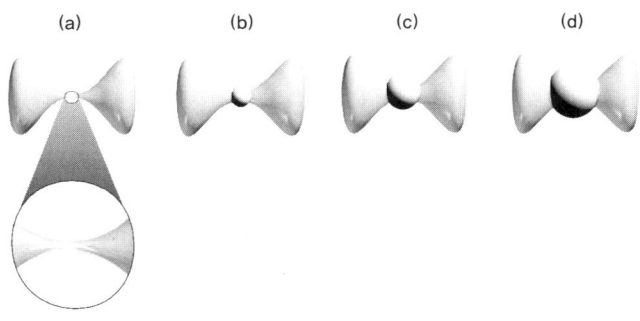

(a)　　　(b)　　　(c)　　　(d)

그림 11.4 가느다란 부분을 찢고 그 사이에 다른 구를 삽입시킨 뒤에 구의 크기를 키워나간다. 이렇게 하면 그림 11.3에 있는 원래의 구가 변형된 다른 형태의 구가 얻어진다.

11.4(d)에 이르는 모든 과정들이 자연계에서 실제로 일어날 수 있을까? 만일 그렇다면, 아인슈타인의 생각과 달리 우주의 공간은 찢었다가 다시 붙일 수 도 있는 것일까?"

대칭적 관점

　1987년에 이러한 사실을 발견한 후 몇 년 동안 야우는 내게 '플럽변환의 물리학적 현현'을 줄기차게 주장해 왔으나, 나는 그의 말을 거의 믿지 않았다. 내가 보기에 플럽변환은 끈이론과 아무런 관련 없이 존재하는 추상적, 수학적 테크닉에 불과한 것 같았다. 이미 10장에서 언급된 바와 같이, 원형차원은 어느 한계값 이상의 반지름을 가져야 하기 때문에, 그림 11.3과 같은 변형은 끈이론에서 용납되지 않는 것처럼 보인다. 그러나, 역시 10장에서 말했던 바와 같이, 공간 전체가 아니라 공간의 일부분(이 경우에는 칼라비 - 야우 도형 속의 구형)이 압축되는 경우에는 반지름의 크고 작음을 판단하는 기존의 논리를 직접 적용할 수 없다. 플럽변환이 물리적 공간에서 절대로 일어나지 않는다는 확실한 근거는 없지만, 공간을 찢는다는 것은 아무래도 불가능한 일인 것 같다.

　그러나, 1991년에 노르웨이의 물리학자 앤디 뤼트켄 Andy Lütken 과 폴 애스핀월 Paul Aspinwall(필자와 옥스퍼드 대학원을 같이 다녔으며, 지금은 듀크대학의 교수로 재직중임)은 다음과 같이 매우 흥미있는 또 하나의 질문을 제기하였다. "만일 칼라비 - 야우 시공간에 플럽변환을 가하는 것이 가능하다면, 이와 거울대칭 관계에 있는 칼라비 - 야우 도형에서는 플럽변환이 어떤 형태로 나타날 것인가?" 이 질문의 참뜻을 이해하려면, 우선 다음의 사실을 떠올려야 한다. — 두 개의 칼라비-야우 도형들이 서로 거울대칭 관계에 있다면, 이들로부터 유도된 물리학은 완전하게 동일하다. 그러나, 물리적 의미를 추론해낼 때 동원되는 수학은 전혀 딴판일 수도 있다. 애스핀월과 뤼트켄은 그림 11.3과 11.4의 플럽변환을 서술하는 수학이 서로 거울대칭적인 관계를 가질 수도 있다고 생각했다. 즉, 한쪽에서 수학이 복잡하게 나타나면, 다른 쪽에서는 매우 단순해질 수도 있다는 뜻이다.

이들의 연구에 몰입하고 있을 당시에는 거울대칭의 의미가 다소 불분명한 상태였다. 그러나, 애스핀월과 뤼트켄은 공간을 찢는 플럽변환을 거울대칭 관계에 있는 도형에 적용해도, 물리적으로 아무런 하자가 없다는 사실을 발견하였다. 그리고 이와 비슷한 시기에 플리서와 나는 칼라비-야우 도형의 거울대칭 짝을 찾는 연구에 몰두하고 있었는데(10장 참조), 우리도 플럽변환에 많은 관심을 갖고 있었다. 그림 10.4처럼 도형성의 여러 점들을 한 곳에 합치면 그림 11.3과 11.4의 도형처럼 새로운 구멍이나 가느다란 목이 생겨나게 된다 — 이것은 수학적으로 이미 잘 알려져 있는 사실이다. 그런데, 플리서와 나는 이러한 일련의 변환을 거쳐도 물리적으로 아무런 문제점이 발생하지 않는다는 것을 알 수 있었다. 게다가 우리는 애스핀월과 뤼트켄의 연구 결과로부터 '가느다란 목 pinch'의 난점을 두 가지의 수학적 방법으로 해결할 수 있었다. 이 중 하나로는 그림 11.3(a)의 결과를 얻었고, 다른 방법으로는 그림 11.4(d)의 결과를 얻었는데, 이는 곧 그림 11.3(a)로부터 11.4(d)로의 변환이 자연계에서 실제로 일어날 수도 있음을 말해주는 것이다.

1991년 말경에, 몇 명의 끈이론 학자들은 공간이 정말로 찢어질 수 있다는 강한 심증을 갖고 있었다. 그러나 이 놀라운 가능성을 논리적으로 반박할 수 있는 사람은 어디에도 없었다.

조금씩 진보를 보이다

1992년에 플리서와 나는 이따금씩 공간의 플럽변환(찢기)에 관한 연구를 계속 해오고 있었다. 우리의 계산 결과는 여러 가지 면에서 긍정적이었지만, 실제로 공간이 찢어질 수 있다는 엄밀한 증명은 여전히 미지로 남아 있었다. 그 해 봄에 플리서는 프린스턴 대학을 방문하여 강연을 한 적이 있었는데, 이때 그는 위튼을 만나 끈이론의 범주 안에서 공간을 찢는 플럽변환에 대하여 의견을 교환하였다. 플리서는 그동안 진행되었던 우리의 계산 결과를 설명한 후에 위튼의 대답을 기다리고 있었다. 위튼은 칠판에 적힌 수식을 바라보다가 창가로 걸어 나가 바깥을 멍하니 응시했다. 그렇게 1~2분간 미동도 없이 서 있던 위튼은 다시 칠판 앞으로 다가와 플리서를 향해 입을 열었다. "만일 당신들의 아이디어가 맞는다면…그건 정말로 일대 사건입니다." 우리는 위튼의 말에 커다란 용기를 얻어 한동안 연구를 계속했다. 그러나 연구가 한계에 이르렀을 때 우리는 끈이론의 다른 테마로 연구 분야를 바꾸었다.

비록 끝 보지는 못했지만, 나는 공간의 플럽변환을 계속 염두에 두고 있었다. 그리고 시간이 갈수록 그것이 끈이론의 핵심이라는 심증을 더욱 굳히게 되었다. 플리서와 나, 그리고 듀크대학 수학과의 데이빗 모리슨 David Morrison이 수행했던 계산 결과에 의하면, 시공간의 플럽변환은 거울대칭으로부터 유도될 수 있는 유일한 결론이었다. 내가 듀크대학을 방문했을 때, 모리슨과 나는 때마침 그 곳을 방문 중이었던 오클라호마 주립대학의 셸던 카츠 Sheldon Katz와 함께 끈이론에서 플럽변환이 실제로 일어날 수 있음을 증명하는 일련의 논리들을 체계화시켰다. 그러나 막상 책상 앞에 앉아서 계산을 시작해보니, 계산량이 너무 많아서 도저히 실행할 엄두가 나지 않았다. 그것은 세계에서 가장 빠른 컴퓨터를 동원한다 해도, 100년 이상의 시간이 걸릴 정도로 방대한 계산이었다. 우리의 연구가 진일보 한 것은 분명했지만, 결과를 얻으려면 무언가 획기적인 계산법이 개발되어야 했다. 그런데 1992년 여름에 에센 Essen 대학의 빅토르 바티레프 Victor Batyrev가 우리의 연구와는 전혀 무관한 상태에서 바로 그 획기적인 아이디어를 발표하였다.

바티레프는 거울대칭에 깊은 관심을 가진 수학자로서, 특히 거울대칭을 이용하여 구의 개수를 계산한 칸델라스의 연구 결과에 주목하고 있었다. 그러나 수학직 논리에 충실한 바티레프는 플리서와 내가 칼라비-야우 도형의 거울대칭 짝을 찾을 때 사용했던 방법에 대하여 매우 불편한 심기를 갖고 있었다. 우리의 계산법은 끈이론 학자들에게 이미 친숙한 것이었지만, 바티레프는 이를 가리켜 '악마의 마법 black magic'이라고 불렀을 정도로 혼란스러워 했다. 이것은 수학자와 물리학자의 차이를 보여주는 단적인 사례이다. 특히 끈이론을 연구하는 물리학자들은 수학과 물리학의 경계를 흐려놓으면서 생소한 계산법을 개발하여 수학자들의 심기를 불편하게 하고 있다. 일반적으로 물리학자들은 전위 음악가에 비유될 수 있다. 그들은 해답을 찾기 위해서라면 기존의 법칙들은 기꺼이 변형시키거나 폐기 처분시킬 수 있는 사람들이다. 반면에 수학자들은 정통 고전음악가로서, 엄격한 기초 위에 논리를 쌓아나가며, 모든 논리가 완벽하게 증명되기 전에는 결코 다음 단계를 나가는 법이 없다. 이 두 가지 방법은 각자 고유의 장·단점을 갖고 있으며, 각자의 개성에 맞는 새로운 발견을 꾸준히 이루어내고 있다. 이것은 현대 음악과 고전 음악처럼, 어느 한쪽이 우월하다고 말할 수 없는 상호 보완적인 관계로서, 무엇을 선택하느냐 하는 것은 각 개인의 취향과 교육 과정에 따라 달라질 수 있다.

바티레프는 정통 수학에 입각하여 거울 다양체를 다시 계산하였고, 결과는 매우 성공적이었다. 그는 태국 출신의 수학자인 쉬-쉬르론 Shi-Shyr Roan의 계산 결과를 이용하여, 칼라비-야우 다양체의 거울대칭 짝을 유도해내는 일련의 수학적 과정을 개발하였다. 바티레프의 방법은 결국 플리서와 내가 개발했던 방법과 동일한 것이었지만, 수학자들에게 더욱 친숙한 언어로 표현되어 있었다.

바티레프의 논문이 발표된 이후로, 그동안 물리학자들에게 전혀 알려지지 않았던 수학 분야가 세간의 관심을 끌게 되었다. 나는 그 분야의 핵심 논리를 이해할 수는 있었지만, 자세한 내용을 습득할 때까지는 꽤 많은 노력을 기울여야 했다. 그러나, 한 가지 사실만은 분명했다 — 물리학자들이 바티레프의 논문을 제대로 이해한다면, 시공간을 찢는 플립변환의 가능성은 분명하게 규명될 것이다.

1992년 늦여름에, 나는 이러한 상황에 용기를 얻어 플립변환의 연구에 다시 몰두하기 시작했다. 그 무렵에 모리슨은 자신이 재직 중이던 듀크대학을 잠시 떠나 프린스턴 대학의 고등과학 연구소에서 1년간 머물기로 되어 있었고, 애스핀월은 그 곳에서 박사후 과정을 밟고 있었다. 나는 몇 번의 전화와 e-mail을 주고 받은 후에 그 곳에서 이들과 합류하기로 결정하였다.

프린스턴 대학의 고등과학원은 장시간 동안 집중적으로 연구를 수행하기에 더 없이 좋은 장소였다. 이 연구소는 1930년에 설립되었는데, 프린스턴 대학 캠퍼스로부터 몇 마일 떨어진 목가적인 숲의 언저리에 그림처럼 자리 잡고 있었다. 이 곳에는 연구에 방해가 될 만한 그 어떤 요인도 찾아볼 수가 없었다. 한마디로 말해서, 고등과학원은 연구원들의 천국이었다.

아인슈타인도 1933년에 독일을 떠난 이후로 이 곳에서 연구하면서 일생을 보냈다. 조용하고, 외롭고, 심지어는 수도원의 분위기가 느껴지는 고등과학원에서 그는 아무 방해 없이 통일장 이론을 연구했을 것이다.

고등과학원에 도착한 지 얼마 되지 않은 어느날, 애스핀월과 나는 나소거리 Nassau Street(프린스턴시에서 가장 번화한 상업가)를 걸으며 저녁 식사를 해결할 마땅한 식당을 찾고 있었다. 애스핀월은 고기라면 자다가도 일어나는 체질인 반면, 나는 채식주의자이기 때문에 둘이서 식당을 고르는 것은 결코 쉬운 일이 아니었다. 우리는 서로 합의점을 찾느라 한동안 길어다녀야 했는데, 그때 애스핀월이 내 연구의 진척 상황을 물어왔다. 나는 그에게 내 연구의 중요성을 설명하면서, 만일 이 우주가 끈이론으로 설명되는 것이 사실이라면 공간을 찢는 플럽변환도 실제로 가능하다고 힘주어 강조했다. 그러나 그것은 착각이었다. 그의 반응은 냉담하기 짝이 없었다. 지금 와서 생각해 보면, 그날 애스핀월이 그토록 과묵했던 것은 오랜 세월 동안 길들여진 학자들 특유의 습성 때문이었던 것 같다. 우리 같은 과학자들은 상대방의 논리에 쉽게 동조하지 않고 선의의 반론을 제기하는 것을 '지적인 미덕'으로 여기기 때문이다. 아무튼, 며칠 뒤에 애스핀월은 나를 찾아 왔고, 우리는 플럽변환과 본격적인 전쟁을 치르기 시작했다.

그 무렵에 모리슨이 도착했다. 우리 세 사람은 고등과학원의 휴게

실에 마주 앉아 구체적인 방법론에 대하여 열띤 토론을 벌였는데, 우리 모두는 그림 11.3(a)의 도형이 11.4(d)로 변환되는 일련의 과정이 이 우주 내에서 실제로 일어날 수 있는지를 확인해야 한다는 데 의견을 같이 했다. 그러나 이 문제에 직접적으로 접근하는 것은 도저히 불가능했다. 변환 과정을 서술하는 수학이 워낙 복잡한데다가, 공간을 찢는 과정이 추가되면 거의 다룰 수 없을 정도로 난해해지기 때문이었다. 그래서 우리는 상황이 좀 더 나아지기를 바라면서 거울대칭 짝에 대하여 똑같은 변환을 가해보기로 했다. 이 과정은 그림 11.5에 도식적으로 표현되어 있는데, 윗줄은 그림 11.3(a)에서 11.4(d)의 변환 과정을 나타내며, 아래줄은 거울대칭 짝에 대하여 동일한 변환을 보여주고 있다. 그 결과, 거울대칭 짝으로 계산을 하면 끈이론의 물리학이 아무런 문제없이 멋지게 성립한다는 사실을 증명할 수 있었다. 독자들도 보다시피, 그림 11.5의 아래줄에는 가늘게 늘이거나 찢는 과정이 전혀 들어 있지 않다. 그러나, 우리는 계산을 끝내놓고 또 하나의 질문에 봉착하였다 — "지금 우리가 거울대칭 짝을 지나치게 신뢰하고 있는 건 아닐까? 그림 11.5는 거울대칭 짝을 응용할 수 있는 한계에서 벗어난 결과일 수도 있지 않을까? 그림 11.5의 제일 왼쪽에 있는 위-아래 두

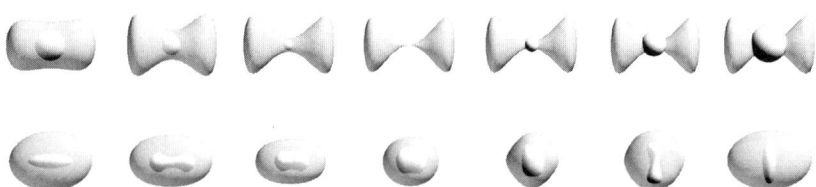

그림 11.5 공간을 찢는 플럽변환(flop-transition, 윗줄)과 동일한 과정을 거울대칭 짝에 적용한 그림(아래줄)

개의 도형은 물리적으로 완전히 동일하지만, 오른쪽으로 진행되는 그림들도 여전히 동일성을 유지하고 있을까?"

우리는 그림 11.5의 윗줄에 있는 도형들이 거울대칭 짝을 갖는다는 사실을 확신하고 있었지만, 일단 찢어진 후에도 아래줄의 도형과 거울대칭 짝을 이루는지는 확인할 수가 없었다. 우리뿐만 아니라 그 누구라도 마찬가지였을 것이다. 하지만 이것은 반드시 확인해야 할 문제였다. 만일 그것이 사실이라면(모두가 거울대칭 짝을 이룬다면) 그림 11.5의 아래줄에 나열된 도형을 대상으로 실행했던 우리의 계산에 아무런 문제가 없었으므로, 결국 우리는 끈이론의 체계 속에서 공간의 찢어짐 현상이 실제로 일어날 수 있다는 획기적인 사실을 증명한 셈이 되기 때문이었다. 우리는 질문을 좀더 단순화시켜서 문제에 접근하기로 했다. 즉, 그림 11.5의 윗줄에서 이미 찢어진 후의 도형들에 대하여 (오른쪽 도형들) 물리적 성질들을 유추해낸 뒤에 아래줄의 도형에서 유추된 결과와 비교하는 식이었다. 만일 이 두 개의 결과가 서로 일치한다면, 우리는 드디어 목적을 달성하는 것이다.

애스핀월과 모리슨, 그리고 나는 이 계산에 몰입하면서 1992년 가을을 보냈다.

고등과학원의 늦은 밤에 일어난 사건

에드워드 위튼 Edward Witten은 날카로운 지성을 가진 천재이지만, 그의 말투는 다소 부드럽고 어눌한 구석이 있다. 그는 전 세계적으로 '아인슈타인의 뒤를 이은 최고의 물리학자'라는 평판을 듣고 있으며, 심지어 어떤 이는 '인류 역사이래 최고의 물리학자' 라는 극찬을 아끼지 않을 정도이다. 그는 최첨단의 물리 지식을 습득하는 데 괴물 같은 식욕을 과시하면서, 전 세계적으로 끈이론의 연구 방향에 엄청난 영향을 미치고 있다.

그동안 위튼이 이루어낸 연구 업적은 가히 전설적이다. 그의 아내인 치아라 내피 Chiara Nappi도 역시 물리학자인데, 그녀는 위튼이 부엌 식탁에 앉아 그 전설적인 업적을 간간이 노트에 적어 내려가던 모습을 그림으로 남기기도 했다.[*3]

위튼의 연구실 바로 옆방에서 박사후 과정을 지냈던 한 연구원의 증언에 의하면, 위튼은 논문 계산을 연습장에 써내려 가지 않고 컴퓨터 단말기 앞에 앉아서 직접 입력했다고 한다.(물리학 논문은 수식이 많이 등장하기 때문에 일반적인 워드 프로그램을 사용할 수 없다. 그래서 보통 Latex라는 수식 입력용 software를 사용하는데, 1990년대 초반에는 입력 방식이 매우 복잡하여 머릿속에 떠오른 계산을 직접 입력한다는 것은 거의 신기에 가까운 기술이었다 : 옮긴이)

고등과학원에 도착한지 한 주 남짓 지나서, 나는 위튼과 함께 안마당에서 담소를 나눈 적이 있었는데, 그때 위튼은 나의 향후 연구계획에 관심을 보였다. 나는 공간찢기에 관한 우리의 접근 방식과 앞으로의 계획에 대하여 설명해주었다. 그는 내 이야기를 주의 깊게 들은 후에 계산이 아주 어려울 것이라는 충고를 해주었다. 그는 또 지금 우리가 추진 중인 방법이 몇 년 전에 바파와 워너, 그리고 내가 얻었던 결과와 무언가 연관이 있을 것이라고 추정했다. 위튼이 지적한 내용은 우리의 연구와 다소 거리가 있긴 했지만, 이날 이후로 위튼은 플럽변환에 대하여 지대한 관심을 갖기 시작했다.

애스핀월과 모리슨, 그리고 나는 우리의 계산을 크게 두 부분으로 나누어 실행하기로 했다. 우선 그림 11.5의 윗줄 오른쪽 끝에 그려진 칼라비-야우 도형으로부터 물리적 성질을 유추해낸 후에, 그림 11.5의 아래줄 오른쪽 끝에 있는 도형에 대하여 동일한 계산을 하는 것이다(이런 식으로 계산하면 '찢어지고 있는' 도형을 직접 다룰 필요가 없으므로 어려운 계산을 피해갈 수 있다). 실제로 계산을 해보니, 그림 11.5의 윗줄 오른쪽 끝에 있는 칼라비-야우 도형에 관한 계산은 매우 쉽게 끝낼 수 있었다(저자는 '쉽다'라는 표현을 쓰고 있지만, 사실은 이것도 그리 만만한 계산은 아니다. 끈이론 학자들은 계산이 아무리 어렵고 길어도 일단 맞는 결과가 나오면 쉽다는 표현을 남발하는 경향이 있다 : 옮긴이). 그러나 아래줄 끝에 있는 도형, 즉 위쪽 도형의 거울대칭 짝의 정확한 형태를 알아내기가 너무나도 어려웠다. 이것을 알아내고, 그로부터 물리적 성질을 유추해내야만 우리의 연구는 끝을 볼 수 있었다.

아래줄 오른쪽 끝에 있는 도형으로부터 물리적 성질을 얻어내는 작업은 이미 몇 년 전에 칸델라스에 의해 연구된 적이 있었다. 그러나 그의 논문은 계산량이 너무 많아서 우리의 목적에 맞게 사용하려면 컴퓨터 프로그램을 새로 짜야만 했다. 다행히도 애스핀월은 뛰어난 물리학자이면서 컴퓨터에도 일가견을 갖고 있었으므로, 그가 프로그램 짜는 일을 맡기로 했다. 그리고 모리슨과 나는 그 도형의 정확한 형태를 파악하는데 전력을 기울였다.

바티레프의 연구 결과가 우리에게 커다란 실마리를 제공한 것은 바로 이 시점이었다. 그런데 모리슨과 나는 각각 수학자와 물리학자의 특성을 그대로 갖고 있었기 때문에 핀트가 잘 맞지 않아 여러모로 애를 먹었다. 그러나 우리는 '수학적' 형태의 칼라비-야우 공간이 '물리적'인 우주를 서술하여, 그곳에서 플럽변환이 일어날 수 있음을 증명하려는 공동의 목표를 갖고 있었으므로, 어떻게든 화해를 이루어야 했다. 그래서 수학에 달통한 모리슨과 물리학에 익숙한 나는 한 가지 방법을 고안해냈다. 낮에는 늘상 하던 대로 계산을 하고, 밤에는 서로 번갈아 가며 자신의 주전공 분야를 상대방에게 강의하기로 한 것이다. 매일 밤 1시간은 강사가 되었다가 1시간을 학생으로 지내고 나면 시계는 거의 밤 11시를 가리키고 있었다.

우리는 밤낮을 가리지 않고 연구에 몰두했다. 진행 속도는 느렸지만, 길을 제대로 찾아가고 있다는 느낌만은 분명하게 들었다. 그러는 사이에 위튼은 지난 번에 내게 언급했던 연관 관계를 구체적으로 규명하는 등 대단한 업적을 쌓아가고 있었다. 그의 연구 결과는 끈이론의 물리학과 칼라비-야우 도형의 수학 사이의 관계를 새롭게 조명하여 이 분야에 대한 새로운 접근법을 제시해 주었다. 애스핀월과 모리슨, 그리고 나는 거의 매일 같이 위튼과 즉석 미팅을 가지면서 그가 제안한 새로운 방법을 익히기에 여념이 없었다. 이런 식으로 몇 주가 지난 뒤에, 우리는 위튼의 방식이 결국에는 플럽변환으로 귀결된다는 놀라운 사실을 알게 되었다. 우리 세 사람은 갑자기 위기 의식을 느끼기 시작했다. 계산을 빨리 끝내지 않으면 위튼이 우리보다 먼저 결과를 얻어낼 것만 같았기 때문이다.

캔맥주 여섯 개로 저당잡힌 주말

다른 분야도 마찬가지겠지만, 물리학자들을 가장 자극하는 것은 역시 경쟁심이다. 애스핀월과 모리슨, 그리고 나는 위튼의 추격을 의식하고 기어를 올렸다. 그런데 우리 세 사람 중 애스핀월은 나머지 두 사람과 사뭇 다른 스타일의 소유자였기 때문에 속도를 맞추기가 어려웠다. 애스핀월은 영국의 상류사회적 감각과 제멋대로의 장난기가 희한하게 조화를 이루는, 한마디로 괴짜 같은 친구였다(그는 옥스퍼드에서 학부와 대학원 과정을 마쳤다). 그리고 연구에 관한 한, 그는 내가 아는 물리학자들 중에서 가장 '문명적인' 사람이었다. 우리 같은 사람들은 보통 밤 늦게까지 일을 하는데 반해, 애스핀월은 오후 5시가 넘으면 물리의 '물' 자도 쳐다보지 않았다. 게다가 그는 주말에도 일을 하지 않았는데, 그의 지론에 의하면 자신이 '똑똑하고 효율적인 물리학자이기 때문'이라고 했다. 그러므로 애스핀월의 기어를 아무리 높여도 그의 연구 시간은 늘어나지 않았다. 단지 그가 말하는 '효율'만이 증가할 뿐이었다.

달력은 어느새 12월로 넘어가 있었다. 그동안 모리슨과 나는 몇 달간 서로 강의를 주고 받으면서 어느 정도 화합에 성공을 거두고 있었다. 이제 두 사람의 힘을 합하여 계산을 마무리할 시점이 다가온 것이니. 그동안 문제가 되었던 칼라비-야우 도형의 구체적인 형태도 거의 규명되기 일보 직전이었고, 애스핀월은 컴퓨터 프로그램을 이미 끝낸 상태에서 우리가 건네줄 데이터만을 기다리고 있었다. 목요일 밤에 모리슨과 나는 칼라비-야우 도형의 비밀을 풀어헤칠 수 있는 확신을 갖게 되었다. 그리고 다음날인 금요일에 하루 종일 계산을 하여 드디어 필요한 결과를 얻을 수 있었다.

그러나 시간은 이미 오후 5시가 넘어 있었으므로 당연히 애스핀월은 집에 가고 없었다. 게다가 그 날은 금요일이었기에 애스핀월을 다시 만나려면 월요일까지 꼼짝없이 기다려야 했다. 그의 컴퓨터 프로그램 없이 우리가 할 수 있는 일은 더 이상 아무 것도 없었다. 하지만 모리슨과 나는 도저히 월요일 아침까지 기다릴 수가 없었다. 지난 몇 달간의 땀방울이 응집된 최종 결과가 이제 단 몇 초의 컴퓨터 계산만을 남겨놓고 있는데, 어느 누가 태연하게 사흘을 기다릴 수 있겠는가? 우리는 당장 애스핀월에게 전화를 걸었다. 처음에 그는 펄펄 뛰면서 나오지 않겠다고 버텼지만, 우리의 끈질긴 설득에 몇 번의 한숨을 토해내더니, 결국 캔맥주 여섯 개들이 팩을 얻어먹는다는 조건으로 토요일 아침에 나오겠다는 약속을 해주었다.

진리가 밝혀지던 순간

토요일 아침에, 우리 셋은 약속했던 대로 연구실에 모여 앉았다. 그날따라 햇살이 눈부시게 빛났고, 공기도 아주 청명했다. 나는 애스핀월이 나온다는 말을 반신반의하고 있었는데, 막상 그가 나타나자 너무도 반가워서 한 15분 동안 입이 마르도록 칭찬을 해주었다. 물론, 그의 '첫 주말 출근'을 축하한다는 말도 빼먹지 않았다. 그러자 애스핀월은 "두 번 다시 이런 일은 없을 테니 그만 좀 해두라"며 너스레를 떨었다.

우리는 모리슨의 컴퓨터 앞에 모여 앉았다. 애스핀월은 자신이 짠 프로그램을 실행시키면서 필요한 입력 데이터의 형태를 설명해주었다. 그리고 곧바로 모리슨이 전날 밤에 만들어 놓은 데이터를 애스핀월의 요구대로 재배열시킴으로써 모든 준비가 완료되었다.

대충 말하자면, 그것은 어떤 특정 입자의 질량(끈의 특정한 진동패턴)을 계산하는 작업이었다. 즉, 하나의 끈이 문제의 칼라비-야우 공간 속을 이동할 때 가질 수 있는 질량을 이론적으로 예견하는 것이었는데, 이와 동일한 계산을 거울대칭 짝에 대하여 다시 실행한 후에 두 결과가 일치하면 우리의 희망사항이 현실로 이루어지는, 실로 운명적인 순간이었다. 공간을 찢어서 만든 칼라비-야우 도형의 경우에는 계산이 비교적 간단하여, 이미 몇 주 전에 결과를 얻어놓고 있었다 — 우리가 사용했던 단위로, 특정 입장의 질량은 정확하게 '3'이었다. 그러므로 우리의 예상이 맞는다면 거울대칭 짝의 경우에는 3.000001 이나 2.999999와 같은 답이 나올 것이다. (컴퓨터는 제멋대로 반올림을 하기 때문에 이 정도의 오차는 감수해야 한다)

   모리슨은 단말기 앞에 앉아 현란한 솜씨로 자판을 두드렸다. 그리고는 "자, 이제 시작합니다. 준비하시고…" 하면서 마지막 자판을 때렸다. 드디어 프로그램이 작동하고, 불과 몇 초 후에 숫자가 하나 나타났다. 우리가 그토록 기다렸던 결과였다. 그러나…그 값은 애석하게도 8.99999였다. 나는 그 자리에서 주저앉고만 싶었다. 공간을 찢는 것이 정녕 불가능 하다는 말인가? 그런데, 곰곰 생각해보니 무언가 심상치 않다는 느낌이 들기 시작했다. 만일 우리의 예상이 틀렸다면, 계산 결과는 제멋대로 생긴 숫자로 나와야 할 것이다. 그 쪽이 훨씬 더 가능성이 높다. 그런데, 지금 나온 결과는 거의 정확한 '정수(9)'가 아닌가! 비록 우리가 원하던 답은 아니었지만, 결과가 이렇게 나왔다면 계산도중 어디선가 실수를 했을 지도 모른다는 생각이 들었다. 애스핀월과 나는 그 즉시 칠판 앞으로 달려가 계산 과정을 재현해보았다. 그리고 몇 주 전에 실행했던 바로 그 계산 도중에 '곱하기 3'을 빠뜨렸다는 기적같은 사실을 발견해 냈다. 따라서 올바른 답은 3이 아니라 9였던 것이다! 컴퓨터는 우리의 희망사항을 현실로 확인해 주었다.

   물론, 이것 하나만으로는 충분한 설득력을 가질 수 없었다. 그래서 우리는 윗줄에 있는(그림 11.5) 칼라비-야우 도형에 대하여 다른 입자의 질량을 계산해보았다. 결과는 12였다. 그리고 다시 거울대칭 짝의 경우에 입자의 질량을 컴퓨터로 계산했더니 11.99999라는 결과가 모니터에 선명하게 찍히는 것이다. 우리는 공간을 찢는 플럽변환이 끈이론에서 실제로 일어날 수 있음을 입증한 것이다.

나는 의자에서 용수철처럼 튀어올라 환희의 괴성을 지르며 연구실 안을 이리저리 뛰어다녔다. 그리고 모리슨은 컴퓨터 앞에 앉은 채로 빙긋이 웃으며 나를 바라보았다. 그러나 애스핀월은 우리와 사뭇 다른 반응을 보였다. "대단하군, 하지만 난 이렇게 될 줄 이미 알고 있었다구. 자, 그건 그렇고…사준다던 맥주는 어디 있는거야?"

위튼식 해결법

바로 그날, 우리는 의기양양하게 위튼을 찾아가 성공적인 결과를 보여주었다. 위튼은 우리의 이야기를 듣고 매우 기뻐해주었다. 그런데 알고 보니, 그 역시 플럽변환이 가능하다는 증명을 막 끝낸 직후였다. 그의 증명법은 우리와 매우 다른 논리 체계를 갖고 있었는데, 그 논리는 공간의 찢어짐 현상이 물리적으로 왜 가능한지를 극명하게 보여주고 있었다.

위튼식 증명법은 공간이 찢어질 때 점입자이론과 끈이론 사이의 차이점에 중점을 두고 있다. 가장 중요한 차이점은 이것이다 — 공간이 찢어지는 순간에 끈은 두 가지 형태의 운동을 할 수 있지만, 점입자는 오직 한 가지 형태의 운동만이 가능하다는 것이다. 다시 말해서, 끈은 점입자처럼 찢어진 공간 근처를 움직여갈 수도 있지만, 그림 11.6

처럼 찢어진 공간을 '에워싼' 형태로 움직일 수도 있다는 뜻이다. 위튼의 분석에 의하면, 끈이 찢어진 공간을 에워싼 채로 운동을 하는 경우에(점입자는 이런 식의 운동이 불가능하다), 그것이 찢어진 공간으로부터 야기되는 물리적 혼돈을 가려준다는 것이다. 이것은 끈의 월드시트 world-sheet (6장에서 말한 바와 같이 1차원의 끈이 쓸고 지나가면서 생기는 2차원 곡면을 뜻함)가 공간의 변형으로부터 야기되는 모든 재난을 가려주는 일종의 장벽 역할을 하는 것으로 이해할 수 있다.

   독자들은 이렇게 물을 수도 있다 — "공간이 찢어질 때, 그것을 가려줄 만한 끈이 때마침 그 근처에 없을 수도 있지 않은가? 그리고, 끈은 아주 가느다란 실과 같은 존재인데, 순간적으로 일어나는 시공간의 찢어짐 현상을 그것이 얼마나 가려줄 수 있다는 말인가? 폭탄이 터질 때 훌라후프로 가린다고 해서 파편을 피할 수 있겠는가?" 이 두 가지 질문에 대한 해답은 4장에서 언급되었던 양자역학의 기본 원리로부터 찾을 수 있다. 파인만 R. Feynman의 해석에 의하면 하나의 물체는(그

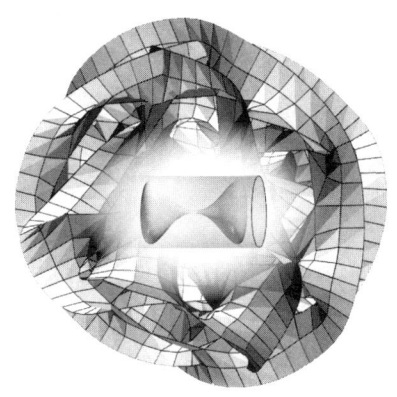

그림 11.6 끈이 쓸고 지나가는 월드시트가 찢어진 시공간을 가려줌으로써, 그로부터 발생하는 모든 문제점들이 상쇄된다.

것이 파동이건, 혹은 입자이건 간에) 한 지점에서 다른 지점으로 이동할 때 모든 가능한 경로들을 '동시에' 지나간다. 그리고 이 모든 경로들이 갖고 있는 고유의 확률 값들이 서로 중첩되어 얻어진 최종적 확률이 바로 우리의 눈에 보이는 물체의 운동을 말해준다 — 상식적으로는 이해가 되지 않지만, 이것이 바로 양자역학적 세계에서 물체가 운동하는 방식이다. 공간에 찢김 현상이 나타나는 경우, 끈이 취할 수 있는 운동경로는 그림 11.6처럼 찢어진 공간을 에워싸는 경로들로 한정된다. 찢어지는 공간 근처에 때마침 지나가는 끈이 없는 경우에는, 멀리 있는 끈들이 취할 수 있는 경로들 중에서 찢어진 공간을 에워싸는 경로(사실 경로의 개수는 거의 무한대이기 때문에 이런 경로는 반드시 존재한다)가 채택되어 역시 안전이 보장된다.

1993년 1월, 위튼과 우리 세 사람은 동시에 논문을 완성하여 인터넷상에 공개하였다. 이 두 편의 논문은 동일한 현상을 전혀 다른 관점에서 서술한 것으로써, 공간의 찢어짐 현상이 이론적으로 가능하다는 사실을 증명한 최초의 논문이었다.

결과

우리는 물리적으로 아무런 장애를 일으키지 않으면서 공간이 찢어질 수 있음을 증명하였다. 그러나 몇 가지의 의문은 아직도 남아 있었다 — 시공간이 찢어지면, 그 결과로 어떤 현상이 나타날 것인가? 그리고 이들 중 관측 가능한 현상은 무엇인가? 우리는 이 세계의 수많은 성질들 중 상당수가 감겨진 차원 curled-up dimension에 의해 결정된다는 사실을 이미 알고 있다. 따라서 그림 11.5와 같이 하나의 칼라비-야우 공간이 다른 공간으로 변환될 때, 우리가 살고 있는 공간에도 무언가 격렬한 변화가 수반될 것 같다. 지금까지 우리는 시각적인 이해를 도모하기 위해 낮은 차원의 그림으로 예를 들어왔지만, 공간의 실제 변형은 이보다 훨씬 더 복잡한 구조를 갖고 있다. 만일 6차원 도형을 시각화 할 수 있다면, 공간의 찢김 현상이 우리의 짐작만큼 무지막지하게 일어나지 않는다는 것을 알게 될 것이다.

우리 세 사람과 위튼은 하나의 칼라비-야우 공간이 다른 칼라비-야우 공간으로 변환될 때, 끈의 진동패턴에 따른 입자족 族의 명단이 변하지 않는다는 사실을 알아내었다. 칼라비-야우 공간이 찢어질 때 실제로 영향을 받는 것은 입자의 질량, 즉 끈의 진동패턴에 의해 결정되는 '에너지'다. 우리는 칼라비-야우 공간이 변형됨에 따라 이 에너지 양이 연속적으로 증가, 또는 감소한다는 것을 논문에서 증명하였다. 그러나 무엇보다도 중요한 사실은 공간이 찢어질 때에도 입자의 질량(에너지)은 갑작스럽게 변하지 않는다는 것이었다. 물리학적 관점에서 볼 때, 공간이 찢어지는 것은 그다지 특별한 사건이 아니었던 것이다.

이 점을 받아들인다면, 다음과 같은 두 가지의 질문이 자연스럽게 떠오른다. 첫째로, 우리는 지금까지 여분의 6차원 공간에서 일어나는 찢어짐 현상을 주로 다루어왔다. 그렇다면 이런 현상은 기존의 3차원 공간에서도 일어날 수 있는가? 그 대답은 거의 'yes'이다. 좁은 영역 속에 감겨져 있건, 혹은 넓디넓은 스케일에 걸쳐 방대하게 펼쳐져 있건 간에, 공간은 어디까지나 공간일 뿐이다. 따라서 어느 차원이 감겨져 있고 어느 차원이 길게 뻗어 있는지를 따지는 것은 별 의미가 없다. 위튼과 우리 세 사람의 논문은 칼라비-야우 공간의 수학적 특성을 다루고 있지만, 결론으로 얻어진 '공간의 찢김 현상'은 다양한 곳에 응용될 수 있다.

두 번째 질문 — "위상 topology이 변하는 찢김 현상은 당장 오늘이나 내일 일어날 수 있는가? 과거에도 이런 현상이 일어났었는가?" 대답은 역시 'yes'이다. 소립자의 질량을 실험실에서 측정했을 때, 시간에 따른 변동이 거의 없이 항상 일정한 값을 얻는다. 그러나 빅뱅이 일어났던 무렵에는 굳이 끈이론을 동원하지 않아도 소립자의 질량이 시간에 따라 빠르게 변했던 시기가 있었음을 알 수 있다. 이 시기는, 끈이론의 관점에서 볼 때 '공간이 찢어지면서 위상에 변화를 가져온' 시기에 해당된다. 따라서 우주공간이 찢어질 수도 있다는 점을 받아들인 상태에서 오늘날 입자들의 질량이 안정되어 있는 이유를 설명한다면, "현대의 관측 장비들이 감지할 수 없을 정도로 공간의 찢어짐 현상이 느리게 진행되고 있기 때문"이라고 말할 수 있다. 만일 이것이 사실이라면, 우주공간은 지금도 찢어지는 과정을 겪는 중일 수도 있다. 진행 속도가 아주 느리면 감지되지 않을 수도 있기 때문이다. 이것은 바로… '관측 자료가 부족한 것이 오히려 사람들의 관심을 끄는' 아주 희귀한 사례라고 할 수 있다. 그토록 기이한 기하학적 특성을 허용했는데도 아무런 재난이 일어나지 않는 것을 보면, 끈이론은 이미 아인슈타인의 예상을 뛰어넘은 세계에 도달한 듯하다.

제12장
끈이론 이상의 이론 :
M – 이론 M – Theory을 찾아서

아인슈타인은 통일장이론을 연구하면서 하나의 의문을 떠올렸다. "왜 신은 지금과 다른 형태로 우주를 창조하지 않았는가? 간단한 논리로 모든 것이 유일하게 결정되는, 그런 우주를 창조할 수도 있었을텐데…왜 지금과 같은 형태로 만들어 놓았는가? 그게 아니라면…우리가 아직 그 간단한 논리를 찾지 못한 것인가?"[*1] 통일장이론의 핵심을 함축하고 있는 이 질문은 그 후로 지금까지, 이론 물리학자들의 화두가 되어 통일장이론을 향한 성취 동기를 자극해 왔다. 만일 궁극의 이론 final theory이 정말로 존재한다면, 그 진위여부를 판단하는 가장 중요한 기준은 무엇일까? — "이 우주는…다른 선택의 여지가 없었기에 지금의 형태를 가질 수밖에 없었다."는 논리가 그 이론 속에 필연적으로 개입되어야만 설득력을 가질 수 있을 것이다. 궁극의 이론이라면, 다른 형태의 자유도를 전혀 허락하지 않으면서 논리적 불일치나 모순점 없이 이 우주를 유일하게 설명할 수 있어야 한다. 다시 말해서, "…이것은 이렇게 될 수밖에 없기 때문에 이래야만 한다."는 식의 논리가 가능해야 한다는 뜻이다. 거기에서 한 치라도 어긋나면 이론 전체가 와해되는, 그런 완벽한 구조를 갖고 있어야 한다.

이 우주는 왜 지금의 형태를 가질 수밖에 없었는가? — 지난 한 세기 동안 이론 물리학자들은 이 질문의 해답을 얻기 위해 엄청난 노력과 시간을 투자해왔다. 수없이 많은 가능성이 널려 있는데, 창조주는 왜 하필 지금의 모습으로 우주를 창조한 것일까? 거기에는 분명히 '그럴 수밖에 없는' 필연성이 존재할 것이다. 즉, 다른 선택의 여지가 없었기에 이 우주가 지금과 같은 모습으로 창조되었을 것이다. 필연성이 정말로 존재한다면, 이 우주는 지금과 다른 형태로 창조되는 것이 애초부터 불가능했을 것이다. 그러나 통일장이론을 향해 달려가는 현대 물리학은 자연법칙에 어떤 엄격한 대전제가 있음을 굳게 믿고 있다.

1980년대 말에 물리학자들은 끈이론이 이 모든 것을 곧 밝혀주리라고 굳게 믿었으나, 끈이론은 그들의 기대에 부응하지 못했다. 그 이유는 크게 두 가지로 생각해 볼 수 있다. 첫째로, 이미 7장에서 언급한 것처럼 물리학자들이 찾아낸 끈이론은 다섯 가지나 된다. Type I, Type IIA, Type IIB, Heterotic O(32) (줄여서 Heterotic-O라고 부른다)와 Heterotic $E_8 \times E_8$ 이론(줄여서 Heterotic-E라고 부른다)이 그것인데, 이들은 여러 가지 면에서 공통된 성질을 갖고 있기 때문에(끈의 진동패턴에 의해 입자의 질량과 힘전하가 결정되고, 10차원의 시공간에 끈이 살고 있으며, 미세한 영역 속에 감겨진 차원이 칼라비-야우 도형들 중 하나라는 점 등) 이 이론들 사이의 차이점에 대해서는 앞에서 별다른 언급을 하지 않았다. 그러나 실제로 이들은 매우 다른 형태의 이론이다. 1980년대의 물리학자들은 이 사실을 잘 알고 있었다. 이 책의 후주를 읽어보면 좀더 자세한 내용을 알 수 있지만, 지금 당장은 이 다섯 개의 이론에 초대칭이 적용되는 방식과 끈의 구체적인 진동패턴이 다르다는 사실을 아는 것만으로 충분할 것이다.*² (예를 들어, Type I 끈이론은 고리형 끈 이외에 일자형 끈, 즉 열린 끈 open string의 존재를 허용하고 있다) 통일장이론을 연구하는 물리학자들에게 모순 없는 끈이론이 주어진 것은 다행스런 일이지만, 그 후보가 다섯 개나 된다는 것은 어느 모로 보나 당혹스런 일이 아닐 수 없다.

실패의 두 번째 원인은 이보다 더욱 미묘한 곳에 있다. 이 점을 분명하게 이해하려면 물리학의 모든 이론들이 두 가지 부분으로 구성되어 있음을 먼저 알아야 한다 — 첫 번째 부분은 이론의 기틀을 이루는 기본적 아이디어의 집합인데, 이들은 보통 수학 방정식으로 표현된다. 그리고 두 번째 부분은 방정식의 해를 구하는 과정으로 이루어져 있다. 그런데 어떤 방정식은 단 하나의 해를 갖는 반면에, 어떤 방정식은 두 개 또는 그 이상의 해를 갖는 경우도 있다(예를 들어, '어떤 수에 2를 곱하면 10이 된다'는 방정식의 해는 '5'라는 단 하나의 해를 갖지만, '어떤 수에 0을 곱하면 0이 된다'는 방정식은 무수히 많은 해를 갖는다. 모든 수는 0을 곱하면 그 결과는 항상 0이기 때문이니). 그러므로 어떤 물리학자가 하나의 이론을 개발하여 단 하나의 방정식을 이끌어냈다 해도, 해가 여러 개 존재한다면 그 이론의 필연성은 상당한 타격을 받게 된다. 1980년대 말에 끈이론이 처했던 상황이 바로 이것이었다. 다섯 개의 끈이론들 중에서 애써 하나를 골라 거기에 제시된 방정식을 풀어봐도, 여전히 여러 개의 해가 얻어졌던 것이다(좀더 구체적으로 표현하자면, 여분의 차원을 좁은 영역 내에 감아넣는 방법이 여러 가지였다). 그리고 이 여러 개의 해들은 각기 다른 형태의 우주를 서술하고 있었다. 이 결과들은 모두가 끈이론의 방정식으로부터 정상적인 과정을 거쳐 얻어진 것이었지만, 우리의 눈에 보이는 우주와는 상당한 거리가 있었다.

이토록 실망스러운 결과가 나온 것은 끈이론 자체의 특성이 원래 그렇기 때문일 수도 있다. 그러나 1990년대 중반 이후에 발표된 일련의 연구 결과에 의하면, 이것은 끈이론 자체의 특성이라기보다는 끈이론 학자들의 접근 방식에서 기인된 문제점일 가능성이 높다. 끈이론에 등장하는 방정식은 그 구조가 너무 복잡하여 정확한 형태를 아는 사람은 아무도 없다. 물리학자들은 기껏해야 방정식의 대략적인 형태만 알고 있을 뿐이다. 그리고 끈이론이 여러 개 존재하는 이유는 바로 이 방정식을 근사적인 형태로 서술하는 방법이 유일하지 않기 때문이다. 즉, 지금까지 알려진 다섯 개의 끈이론들은 하나의 이론을 다섯 가지 측면에서 바라본 결과일 수도 있다는 것이다.

1995년(끈이론의 2차 혁명기) 이후로는 이와 관련된 증거들이 속속 발견되어, '방정식의 정확한 형태가 알려지면 유일무이한 끈이론으로 이 우주가 설명될 수 있다'는 주장이 더욱 큰 설득력을 갖게 되었다. 사실, '방정식의 정확한 형태를 알면 다섯 종류의 끈이론들은 하나로 통일된다'는 것은 그 이전부터 끈이론가들에게 잘 알려져 있었다. 다섯 개의 끈이론은 마치 불가사리의 끝자락처럼 하나의 몸통에서 파생된 지류에 불과할지도 모른다. 그렇다면 몸통의 정체는 무엇인가? — 지금 끈이론 학자들의 가장 큰 궁금증이 바로 이것이다. 그들은 다섯 개의 이론을 일일이 상대하는 것보다는 이들 모두를 포함하는 단 하나의 이론(만일 존재한다면)에 더욱 큰 관심을 쏟고 있다.(사실 이것은 너무나도 당연한 이야기다. 당신이 물리학자라 해도 그것을 원하지 않겠는가? : 옮긴이)

모든 것을 포함하는 단 하나의 끈이론이 발견된다면, 끈이론으로 우주를 서술하려는 시도는 실로 획기적인 전환점을 갖게 될 것이다.

다섯 개의 서로 다른 끈이론들의 공통된 '몸통'을 어떻게 찾을 수 있을까? 이것을 이해하려면 독자들은 우선 최첨단 끈이론의 매우 어려운 부분을 대략적으로나마 이해하고 넘어가야 한다 — 끈이론이 사용하고 있는 근사적 방법과 그로부터 야기되는 한계를 알아야 하며, 물리학자들이 말하는 '이중성 duality'이라는 용어의 뜻을 제대로 이해해야 한다. 그리고 이러한 지식들을 기반으로 하여 복잡다단한 논리를 끝까지 따라가야 한다…그러나 걱정할 필요는 없다. 정작 어려운 문제들은 끈이론 학자들이 이미 다 해결해놓았기 때문에, 우리는 가만히 앉아서 그들의 설명에 귀를 기울이기만 하면 된다.

하지만 아직도 설명해야 할 부분들이 많이 남아 있다. 그래서 독자들은 개개의 설명에 귀를 기울이다가 전체적인 흐름을 놓쳐버릴 수도 있다. 이 장(12장)을 읽다가 지나친 몰입에 지루함을 느끼거나, 블랙홀(13장) 또는 우주론(14장) 쪽으로 빨리 이동하고 싶은 독자들은 아래에 있는 소제목의 글만 대충 읽고 13장이나 14장으로 건너 뛰어도 큰 지장은 없을 듯하다. 여기에는 끈이론의 제 2 혁명기에 대두된 핵심적인 아이디어들이 요약되어 있다.

끈이론의 제2차 혁명기

끈이론의 2차 혁명기를 열었던 가장 핵심적인 아이디어는 그림 12.1과 12.2에 개괄적으로 요약되어 있다. 그림 12.1은 그동안 끈이론 학자들이 개발해온 근사적 이론들, 즉 다섯 개의 끈이론이 별개로 존재하는 상황을 묘사한 것이다. 그림에서 보는 바와 같이, 다섯 개의 이론은 상호관계가 전혀 없이 각각 별개의 이론인 것처럼 보였다. 그러나 최근에 이루어진 영감어린 연구 결과에 의하면 다섯 개의 이론들은 마치 불가사리의 다섯 가닥처럼 하나의 몸통에서 갈라져 나온 지류로 이해될 수 있다. 이 새로운 상황은 그림 12.2에 표현되어 있다(실제로는 다섯 개 뿐이 아니라, 하나의 지류가 더 있다. 그러나 이들 모두는 하나의 공통된 몸통을 공유하고 있는 것으로 판명 되었다. 이 장의 끝부분에 가면 그 이유를 알게 될 것이다). 여러 종의 끈이론들을 하나로 통합하는 새로운 이론은 'M - 이론 M - theory'이라 불리고 있는데, 그 이유 역시 이 글을 읽다보면 자연히 알게 될 것이다. 그림 12.2는 물리학자들이 생각하는 '궁극의 이론'의 이상적인 형태를 표현한 것이다. 서로 별개의 이론처럼 보였던 여러 개의 끈이론들이 그림처럼 하나로 통합된다면, 우주의 삼라만상을 설명해주는 만물의 이론 theory of everything은 비로소 완성될 것이다.

아직 해결되어야 할 문제점이 많이 남아 있긴 하지만, 지금까지 알려진 M - 이론은 근본적으로 두 가지의 특징을 갖고 있다. 우선 첫째

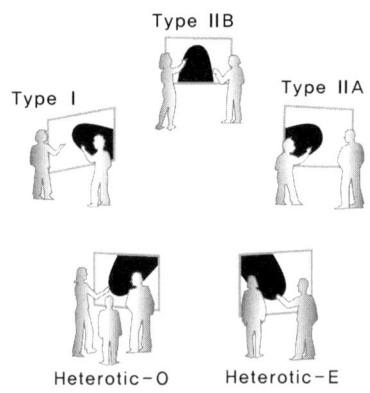

그림 12.1 지난 여러 해 동안 물리학자들은 서로 분리된 다섯 개의 끈이론을 독립적으로 연구해왔다.

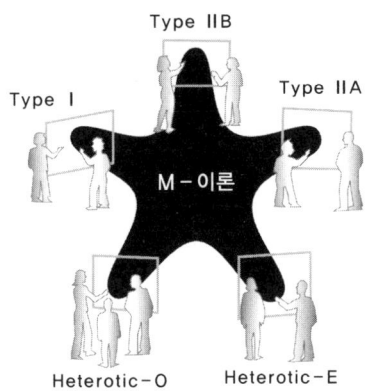

그림 12.2 끈이론의 2차 혁명기를 겪으면서, 다섯 개의 끈이론들은 'M-이론'이라는 새로운 이론의 지류임이 알려지게 되었다. 이제 모든 끈이론들은 M-이론으로의 통합을 눈앞에 두고 있다.

이론과 전자기학이 4차원 시공간에서 하나로 통합될 때, 칼루자가 또 하나의 공간 차원이 추가로 존재할 수 있음을 제시했던 것처럼, 끈이론 학자들도 9차원의 공간과 1차원의 시간 이외에 또 하나의 공간 차원을 추가시켰다. 이렇게 하면 기존의 다섯가지 끈이론들이 매우 우아하게 하나로 통합되기 때문이다. 물론 이 여분의 공간 차원은 논리상의 편의를 위해 억지로 도입된 것이 아니다. 끈이론 학자들은 지난 1970 – 1980년대에 통용되었던 9차원 공간 + 1차원 시간 개념이 '근사적인' 표현에 불과했다는 사실을 알아냈다. 정확한 계산을 해보면 근사적 방법을 도입하는 과정에서 하나의 공간 차원이 간과되었음을 알 수 있다.

M – 이론의 두 번째 특징은, 그것이 진동하는 끈뿐만 아니라 '진동하는 2차원 막 membrane'이나, '진동하는 3차원 막 three – brane' 등 여러 가지 다른 요소들을 포함하고 있다는 점이다. M – 이론이 갖고 있는 이 두 가지의 특징들은 1990년대 중반까지 사용되어 오던 근사적 방

법에서 벗어나 정확한 계산을 시도할 때 분명하게 나타난다. 지난 몇 해 동안 많은 사실들이 새롭게 밝혀졌지만, M-이론의 진정한 성질은 아직도 미지로 남아 있다. 전 세계의 이론 물리학자들은 지금 M-이론의 정체를 밝히기 위하여 부단한 노력을 기울이고 있으며, 이것은 21세기 물리학의 최고의 화두로 자리매김 하고 있다.

근사적 방법

물리학자들은 지난 세월 동안 '섭동이론 perturbation theory'이라는 도구를 사용하여 복잡한 시스템을 근사적으로 서술해왔다. 섭동이론이란, 일단 하나의 문제에 대략적인 답을 얻은 후에 이 단계에서 누락된 구체적인 정보들을 순차적으로 추가하여 점차 사실에 가까운 답을 만들어나가는 일련의 작업들을 통칭하는 용어다. 이것은 과학의 여러 분야에서 매우 중요한 도구로 사용되어 왔으며, 끈이론을 이해하는 데에도 결코 빼놓을 수 없는 핵심적인 요소이다. 뿐만 아니라, 우리는 일상생활 속에서도 섭동의 원리를 날마다 체험하면서 살고 있다.

어느 날 당신의 차가 말썽을 부려서 정비공에게 차를 맡겼다고 가정해보자. 정비공은 당신의 차를 대충 훑어보고는 날벼락 같은 진단을 내렸다. 엔진 블록을 새로 갈아야 하므로 부품비와 인건비를 합하면 900달러 정도의 견적이 나온다는 것이었다. 물론 이것은 대략적인 계산이므로, 본격적인 정비에 들어가면 세부적인 항목들이 구체화 되면서 더욱 정확한 가격이 결정될 것이다. 며칠 후, 정비공장을 찾아갔더니 정비공은 속도조절 장치의 부품도 갈아야 한다며 50달러가 추가된

950달러쯤 들어갈 것이라고 귀띔해주었다. 그리고 또 며칠이 지난 후에 차를 가지러 갔더니, 정비공은 987.93달러짜리 청구서를 제시했다. 엔진 블록과 속도조절 장치의 수리비가 950달러였고, 팬 벨트 덮개 값이 27달러, 배터리용 전선 값이 10달러, 그리고 절연 나사의 값이 93센트였다. 처음에 900달러로 예상했던 수리비가 실제 정비를 거치면서 더욱 구체화 된 것이다. 물리적 용어를 써서 표현한다면, 나중에 추가된 세부 항목들이 바로 '섭동(攝動 perturbation)'에 해당된다.

 섭동이론을 효율적으로 적절하게 적용시키면, 초기에 짐작했던 값은 한층 더 구체적인 값으로 수정되어 거의 사실과 일치하는 정확한 결과를 얻을 수 있다. 물론, 제대로 된 경우라면 처음의 값과 비교할 때 나중에 추가된 값의 크기는 매우 작다(초기 값=900달러, 나중에 추가된 값=87.93달러). 그러나 처음에 예상했던 수리비보다 엄청나게 비싼 청구서를 받는 경우도 종종 있다. 이런 불행한 사태는 흔히 '바가지 요금'이라 부르기도 하지만, 물리적으로는 '섭동이론의 실패'로 간주한다. 왜냐하면 나중에 추가된 양이 '부수적인 세부항목'에 의해 설성되었다고 볼 수 없기 때문이다.

 앞에서 간략하게 언급했던 바와 같이, 끈이론은 이러한 섭동이론적 방법을 채용하고 있다. 끈이론에 대한 이해가 아직도 명확하게 이루어지지 않았다고 말한 이유도, 바로 이런 섭동이론에 그 뿌리를 두고 있다(애초부터 완전하게 이해하고 있었다면, 섭동이론과 같이 복잡한 과정을 거칠 이유가 없다 : 옮긴이). 그러면 지금부터 자동차 수리보다 좀더 물리적인 사례를 들어 섭동이론의 원리를 알아보기로 하자.

섭동이론의 고전적 사례

태양계 안에서 진행되고 있는 지구의 운동은 고전적 섭동이론으로 알아낼 수 있는 대표적인 사례다. 이렇게 커다란 스케일에서는 중력 이외의 힘을 고려할 필요가 없다. 그런데 여기에 근사적인 방법을 쓰지 않으면, 중력으로부터 유도된 운동 방정식이 너무나도 복잡하여 도저히 손을 쓸 수 없게 된다. 뉴턴과 아인슈타인의 중력이론에 의하면, 질량을 가진 모든 물체는 자신을 제외한 다른 모든 물체들에게 중력을 행사하고 있으며, 이것을 태양과 지구, 달을 비롯한 태양계 내의 행성들에 적용시키면 그야말로 눈이 돌아갈 정도로 복잡한 방정식이 얻어진다. 독자들의 짐작대로 이렇게 얻은 방정식으로부터 지구의 운동을 계산하는 것은 거의 불가능에 가깝다. 중력을 주고받는 물체가 단 3개뿐인 경우에도, 이들의 운동궤적을 정확하게 산출해낼 수 있는 사람은 어디에도 없다.[*3]

그러나 섭동이론을 이용하면 태양계 내에서 지구의 궤적을 매우 정확하게 계산할 수 있다. 태양의 질량은 태양계 안에 있는 행성들보다 압도적으로 크고, 천문학적 스케일에서 볼 때 지구와의 거리가 매우 가깝기 때문에 지구의 운동에 가장 큰 영향력을 행사하고 있다. 따라서 우리는 태양과 지구, 단 두 개의 천체만을 고려하여 둘 사이의 중력에 의해 형성되는 지구의 궤적을 계산하고, 이것을 초기 근사값으로 간주할 수 있다. 대개 이 근사값만으로도 충분하다. 만일 더욱 정확한 궤적을 알아야 한다면, 우리는 태양 다음으로 지구의 운동에 영향을 미치는 달의 중력을 섭동 perturbation으로 도입하여 초기의 근사값에 수정을 가하면 된다. 달만으로 모자란다면, 지구 근처를 지나는 다른 행성들의 중력도 순차적으로 고려하여 정확도를 높일 수 있다. 이 모든 중력적 요인들을 처음부터 모두 고려한다면 계산이 너무나 어려워지지만, 섭동이론을 이용하면 이 난관을 가뿐하게 피해갈 수 있는 것이다. 태양과 지구 사이의 중력만을 고려하여 대략적인 궤적을 알아낸 후에, 다른 부수적 요인들을 첨가하여 초기 궤적을 조금씩 수정해 나가는 방법 — 이것이 바로 섭동이론의 전형이다.

이 경우에 섭동이론이 성공적으로 적용될 수 있는 이유는, 가장 커다란 영향을 미치는 요인(태양)을 1차적으로 고려할 때 수학적 계산이 간단하기 때문이다. 물론, 모든 경우가 다 이렇지는 않다. 예를 들어, 세 개의 항성(별)들이 근거리에서 서로 중력을 주고받는 삼성계(三星界, trinary)의 경우에는 압도적으로 크게 작용하는 중력이 따로 없이 모두가 거의 비슷하기 때문에 초기 근사값을 정할 수 없고, 따라서 섭동이론을 적용할 수 없다. 만일 누군가가 삼성계에서 하나의 중력을 임의로 선정하여, 그것을 초기 근사값으로 간주한 상태에서 섭동이론을 적용한다면 결코 올바른 답을 얻을 수 없다. 왜냐하면 처음에 고려하지 않은 다른 중력의 크기가 작기는커녕, 처음에 선정한 중력과 거의 비슷한 규모이기 때문이다. 이것은 일상생활 속에서도 흔히 볼 수 있는 현상이다. 세 사람이 모여서 호러춤(hora, 루마니아의 전통 원무 圓舞: 옮긴이)을 추는 광경은 두 사람이 탱고 춤을 추는 모습과 비슷한 점이 별로 없다. 보정되어야 할 양이 크다는 것은, 초기 근사값이 실제값에서 크게 벗어났다는 뜻이며, 이런 근사법은 기초가 부실한 모래성에 불과하다. "세 번째 별에 의한 중력효과를 나중에라도 제대로 고려하면 되지 않는가?" — 그렇지 않다. 거기에는 모종의 도미노 효과 같은 것이 작용하여 근사법 자체를 무용지물로 만들어버린다. 보정해야 할 양이 크다는 것은 처음에 근사적으로 얻었던 두 별의 운동 궤적이 사실에서 크게 벗어났다는 뜻이며, 따라서 이 궤적에 대대적인 보정을 가하면 이로 인해 세 번째 별의 운동 궤적도 크게 달라진다. 그리고 이 변화는 다시 처음의 두 별에 영향을 주며… 이런 식으로 끝도 없이 계속되어 섭동이론 자체가 의미를 잃게 되는 것이다. 삼성계에 작용하는 중력들은 그 크기가 모두 비슷하기 때문에, 처음부터 동등하게 다루어져야 한다. 이런 경우에 우리가 할 수 있는 최선은 컴퓨터의 빠른 계산 능력을 동원하여 수치제어적 방법으로 궤적을 그려내는 것뿐이다.

위에 제시된 사례에서 보았듯이, 섭동이론이 성공적으로 적용되려면 초기에 선정한 근사값이 실제 값에서 크게 벗어나지 않아야 한다. 그리고 좀더 정확한 결과를 얻으려면 그 시스템에 영향을 주는 여러 가지 부가적 요인들을 가능한 한 많이 고려해야 한다. 다루고자 하는 물리계가 작으면 작을수록, 이것은 이론의 성공 여부를 더욱 크게 좌우한다.

끈이론에 도입된 섭동이론

끈이론의 기본은 진동하는 끈들이 서로 주고받는 상호작용에서 시작된다. 6장의 끝부분에서 이미 언급한 바와 같이, 이 상호작용에는 두 개의 끈이 하나로 합쳐지거나 하나의 끈이 두 개로 분리되는 과정들도 포함되어 있다. 이 과정은 그림 6.7에 표현되어 있는데, 독자들의 편의를 위해 그림 12.3에 다시 한 번 그려 놓았다. 끈이론 학자들은 그림 12.3의 과정을 수학적으로 표현하는 데 성공하였으며 이 공식을 그대

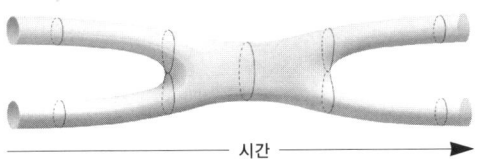

그림 12.3 하나로 합쳐졌다가 다시 둘로 분리되는 끈의 상호작용

로 따르면 서로 다가오는 두 개의 끈들이 상대방에게 주는 영향과, 결과적으로 나타나는 운동의 형태를 계산할 수 있다(공식의 세부적인 형태는 다섯 종류의 끈이론마다 조금씩 다르지만, 여기서는 당분간 그 차이를 무시하기로 한다). 만일 양자역학이 없었다면, 끈들 사이의 상호작용에 관한 이론은 이 공식으로 끝났을 것이다. 그러나 미시세계의 불확정성원리에 의하면 여기에는 더욱 많은 상황들이 존재할 수 있다. 즉, 끈/반끈(antistring, 정상적인 끈과 정반대의 진동패턴을 갖는 끈)의 쌍이 진공중에서 갑자기 나타났다가 아주 짧은 시간 내에 사라질 수 있는 것이나. 이 한 쌍의 끈은 양자석 혼돈 상태에서 우수의 에너지를 빌어 생성된 후 곧 하나의 끈으로 합쳐지며, 우리는 이것을 '가상의 끈 쌍 virtual string pair'이라고 부른다. 이들은 아주 짧은 시간 동안 존재하지만, 이들의 존재 여부는 끈의 상호작용에 결코 무시할 수 없는 영향을 미친다.

이 과정은 그림 12.4에 도식적으로 표현되어 있다. 두 개의 끈이 (a)지점에서 서로 충돌하여 하나로 합쳐진다. 이 상태로 잠시 이동하다가 (b)지점에 이르면 양자적 요동에 의해 가상의 끈 쌍이 탄생되고, 이들은 잠시 후 (c)지점에서 소멸되어 다시 하나의 끈으로 되돌아 간다. 그리고 (d)지점에서는 하나였던 끈이 두 개로 분리되어 각자의 길을 간다. 그림 12.4에 표현된 도식은 중앙에 구멍이 하나 뚫려 있기 때문

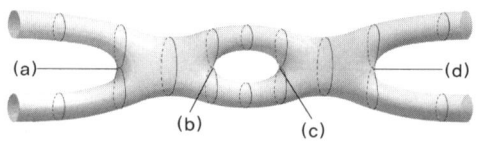

그림 12.4 양자적 요동에 의해, 끈/반끈 쌍이 생성될 수 있으며(b), 이들은 곧 소멸된다(c). 이 과정을 고려하면 끈의 상호작용은 더욱 복잡한 형태를 띠게 된다.

에, 물리학자들은 이를 가리켜 "one-loop" 과정이라고 부른다. 이 경우 역시 수학 공식으로 정확하게 서술될 수 있다.

이것으로 충분할까? — 아니다. 양자적 요동에 의해 가상의 끈 쌍이 탄생하는 사건은 얼마든지 반복해서 일어날 수 있다. 이런 사건이 두 번 이상 반복되는 경우는 그림 12.5에 표현되어 있는데, 각각의 다이아그램은 가상의 끈 쌍이 생성/소멸하는 횟수만큼의 구멍을 갖고 있다. 즉, 두개의 끈이 하나로 합쳐진 후에 가상의 끈 쌍이 생성될 때마다 둘로 갈라졌다가 소멸될 때 다시 하나로 합쳐지는 과정이 되풀이 되는 것이다. 물론, 이 모든 경우들은 수학 공식으로 표현되며, 개개의 다이아그램은 '두 개의 끈이 주고 받는 상호작용'의 일부로 간주될 수 있다.*4

처음에 예상했던 900달러의 자동차 수리비가 실제 수리 과정을 거치면서 900 → 950 → 977→ 987 → 987.93달러로 구체화 되었던 것처럼, 그리고 태양의 주변을 공전하고 있는 지구의 궤도가 달과 인근 행성의 영향을 고려하여 더욱 정확하게 얻어지는 것처럼, 두 개의 끈이 주고 받는 상호작용은 맨 먼저 구멍이 없는 다이아그램(그림 12.3)을 계산한 후에 원루프 다이아그램(그림 12.4)과 투루프 다이아그램(two-loop, 그림 12.5 상단), 쓰리루프 다이아그램(three-loop, 그림 12.5 중

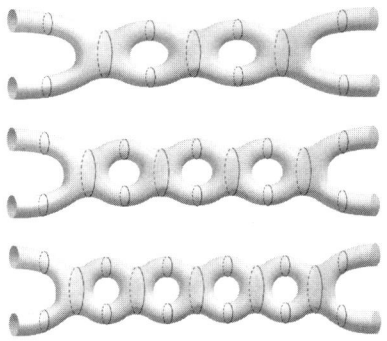

그림 12.5 양자적 요동현상에 의해, '가상의 끈 쌍 virtual string pair'의 생성/소멸 과정은 몇 번이고 반복될 수 있다.

앙)…등등을 모두 더하여 정확하게 얻어질 수 있다. 이 과정은 그림 12.6에 도식적으로 표현되어 있다.

정확한 계산 결과를 얻으려면, 수학적으로 표현된 각 단계의 다이아그램들을 가능한 한 많이 고려해야 한다. 그러나 구멍의 개수가 증가할수록 계산의 난이도가 엄청나게 증가하기 때문에, 무한히 많은 다이아그램들을 모두 계산하여 더해나가는 것은 도저히 불가능한 일이다. 그래서 끈이론 학자들은 섭동이론의 원리를 이용하여 이 계산을

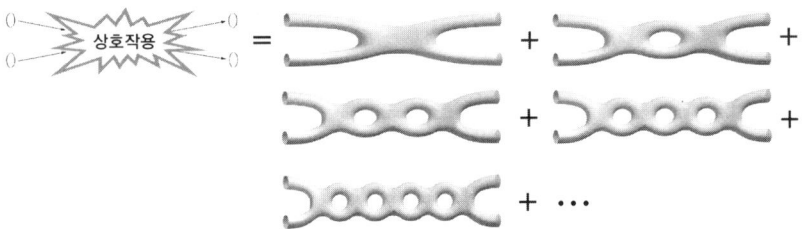

그림 12.6 두 개의 끈이 주고받는 상호작용은 발생 가능한 모든 경우들을 더하여 계산될 수 있다.

실행하고 있다. 즉 루프(구멍)가 없는 다이아그램을 초기 근사값으로 간주하고, 거기에 루프가 있는 다이아그램들을 섭동항으로 간주하여 더해 나가는 것이다. 이 방법이 성공을 거두려면, 나중에 더해지는 항들의 크기는 초기 근사값보다 훨씬 작아야 하며, 루프의 개수가 증가할수록 전체에 대한 기여도가 현저하게 작아져야 한다.

현재 우리가 끈이론에 대해 알고 있는 모든 것들은 이러한 계산 과정을 통해 얻어졌다. 끈이론 학자들의 주된 업무는 복잡하기 그지없는 이 계산을 끈기 있게 수행하는 것이다. 그러나 첫 번째 항(그림 12.3)을 초기 근사값으로 간주한 것이 과연 올바른 판단이었을까? 처음에 나타나는 몇 개의 항들만을 더한 결과가 과연 실제의 값을 대신할 수 있을까?

초기 근사값을 얼마나 신뢰할 수 있을까?

각 다이아그램 속에 존재하는 루프(구멍)의 수가 증가할수록, 그것을 표현하는 수학공식은 엄청나게 복잡해진다. 그러나 끈이론 학자들은 여기서 한 가지 매우 근본적이고 중요한 사실을 알아냈다. 밧줄의 강도가 클수록 인장 강도가 세고 두 토막으로 나누기가 어려운 것처럼, 양자요동에 의해 가상의 끈 쌍이 생성되어 하나의 끈이 두개로 분리될 가능성은 하나의 숫자로 표현될 수 있다. 물리학자들은 이 수를 '끈결합상수 string coupling constant' 라고 부른다(다섯 종류의 끈이론에 나타나는 끈결합상수들은 그 값이 모두 다르다. 이점에 대해서는 나중에 간략하게 언급할 예정이다). 끈결합상수의 물리적 의미는 그 이름 속에 다 들어있다

─ 끈결합상수는 세 개의 끈(초기에 존재했던 하나의 끈과 이것이 분리되면서 생성된 가상의 끈 쌍)들이 서로 얼마나 단단하게 연결되어 있는지를 나타내는 상수이다. 이미 알려진 공식에 의하면, 끈결합상수가 클수록 하나의 끈이 둘로 분리되기가 쉬우며, 따라서 가상의 끈 쌍이 생성될 가능성이 높아진다.

그러면 지금부터, 끈결합상수의 값이 어떻게 결정되는지 알아보기로 하자. 그런데 이 문제로 들어가기 전에, 한 가지 짚고 넘어갈 것이 있다 ─ '크다' 또는 '작다' 의 기준을 어디에 두어야 하는가? 끈이론을 서술하는 수학에 의하면, 결합상수의 크고 작음을 가늠하는 경계값은 '1' 이다. 그 이유는 다음과 같다. 만일 끈결합상수가 1보다 작다면 가상의 끈 쌍이 생겨날 확률은 점차 작아진다. 이것은 마치 한 지점에 번개가 떨어지면 같은 지점에 두 번 다시 떨어질 확률이 줄어드는 것과 비슷하다. 그러나 끈결합상수가 1보다 크면 가상의 끈 쌍이 많이 생겨날수록 생성될 확률도 커진다.[*5] 결론적으로 말해서, 끈결합상수가 1보다 작은 경우에는 다이아그램 속의 구멍이 많을수록 기여도가 점차 작아진다. 그리고 이런 경우에는 섭동이론이 성공적으로 적용될 수 있다. 앞에 나오는 몇 개의 다이아그램만 고려해도 거의 정확한 결과를 얻을 수 있기 때문이다. 그러나 끈결합상수가 1 이상이면 다이아그램의 구멍이 많을수록 기여도가 커져서 이런 식의 접근이 불가능해진다. 3개의 별들로 이루어진 연성계의 경우처럼, 섭동원리를 적용할 수가 없게 되는 것이다.(이 논리는 다섯 개의 끈이론에 공통적으로 적용된다. 각 이론에 등장하는 끈결합상수는 섭동이론의 적용 가능성에 결정적인 영향을 미친다.)

이 시점에서, 또 하나의 질문이 자연스럽게 떠오른다. "그렇다면 끈이론이 주장하는 끈결합상수의 값은 대체 얼마인가?" 지금으로서는 어느 누구도 속 시원한 답을 줄 수 없다. 이것은 앞으로 끈이론이 해결해야 할 가장 중요한 문제이다. 다만 한 가지 확실한 것은, 끈결합상수가 1보다 작아야만 섭동이론으로부터 유도된 결과들을 신뢰할 수 있다는 점이다. 게다가, 끈결합상수의 값은 끈이 진동패턴에 의해 결정되는 입자의 질량과 힘전하에 직접적인 영향을 미친다. 상당히 많은 물리적 사실들이 끈결합상수의 값에 의해 그 운명이 좌우될 형편인 것이다. 그러면 지금부터 끈결합상수의 값이 왜 아직도 오리무중인지, 그 이유를 자세히 살펴보기로 하자.

끈이론의 방정식

끈들 사이의 상호작용을 계산하는 섭동적 접근법은 끈이론의 기본을 이루는 방정식을 유도하는 데에도 사용된다. 원리적으로, 끈이론의 방정식은 끈들 사이에 일어나는 상호작용의 방식을 결정해주며, 반대로 말하면 끈의 상호작용에 의해 방정식의 형태가 결정된다고 볼 수도 있다.

대표적인 사례를 들어보자. 다섯 개의 끈이론들은 저마다 끈결합상수를 결정해주는 방정식을 갖고 있다. 그러나 지금 물리학자들은 방정식의 근사적인 형태밖에 알지 못하기 때문에 몇 개의 다이아그램만 갖고 섭동원리를 적용하고 있다. 한마디로 말해서, 정확한 형태의 방정식을 아직 알아내지 못하고 있는 것이다. 그런데 근사적으로 알고 있는 방정식은 다음과 같은 문제점을 갖고 있다 — 다섯 종류의 끈이론들이 모두 비슷한 상황인데, 방정식에 나타난 끈결합상수에 '0'이 곱해져서 그 항이 아예 사라져 버리는 것이다. 이것은 정말로 실망스런 결과가 아닐 수 없다. 어떤 수이건 간에, 거기에 0이 곱해지면 항상 0이 되기 때문에,

결국 끈결합상수가 어떤 값을 갖건 상관없이 방정식의 해가 얻어지게 된다. 따라서 다섯 개의 끈이론들이 나름대로 제시하고 있는 근사적인 방정식으로는 끈결합상수의 값을 결정할 수가 없다.

다섯 종류의 끈이론들은 이 방정식 외에도 시공간 차원의 형태를 결정해주는 또 하나의 방정식을 갖고 있다. 역시 근사적 형태만이 알려져 있는 이 방정식은 끈결합상수를 결정하는 방정식보다 제한조건이 많아서 무언가 유용한 정보를 얻어낼 수 있을 것 같지만, 실제로 풀어보면 여러 개의 해가 얻어져서 또 한 번 우리를 실망시키고 있다. 예를 들어, 우리의 눈에 보이는 4차원 시공간과 6차원의 숨은 공간을 합친 10차원 시공간이 실제 우주의 모습으로 추정되고 있지만, 이 방정식에 의하면 4−6차원 분배가 아닌 다른 식의 분배도 가능하다.*[6]

이 결과를 어떻게 받아들여야 하는가? — 세 가지의 가능성이 있다. 첫 번째는 가장 비관적인 경우로서, 각각의 끈이론들이 중요한 물리량(끈결합상수, 시공간의 차원과 기하학적 형태 등)을 결정할 만한 방정식을 갖고는 있지만 정확한 방정식이 얻어진다 해도 여전히 여러 개의 해가 존재할 가능성을 들 수 있다. 만일 이것이 사실이라면 끈이론은 더 이상의 입지를 유지하기 어렵게 된다. 왜냐하면 끈이론은 우주의 여러 가능성을 나열한다는 취지가 아니라, "이 우주가 지금의 모습을 띠고 있는 이유"를 설명한다는 취지로 개발되었기 때문이다. 여러 개의 가능성을 제시해놓고 그 중 맞는 것을 실험으로 찾아내야 하는 것이라면, 끈이론의 지금 주장은 설득력을 잃을 수밖에 없다. 이 가능성은 후에 15장에서 다시 논의될 것이다. 두 번째의 가능성으로는 "우리의 논리에 어딘가 허점이 있기 때문에 근사적인 방정식밖에 얻을 수 없고, 이로 인해 여러 가지 가능한 결과들이 양산되었."는 주장을 들 수 있다. 우리는 지금 끈결합상수의 값을 결정하기 위해 섭동적 방법을 사용하고 있지만,

앞서 지적한 대로 섭동적 방법은 끈결합상수가 1보다 작을 때에만 의미를 가질 수 있다. 따라서 지금의 계산 결과는 "끈결합상수의 값이 1보다 작다"는 아직 검증되지 않은 가정에 근거를 두고 있는 셈이다. 그런데…만일 이 가정이 틀렸다면 어찌될 것인가? 지금 현재 만족스런 결과가 나오지 않고 있는 것은 바로 이것 때문이 아닐까? 물론 가능한 이야기다. 다섯 개의 끈이론에 등장하는 다섯 종류의 끈결합상수가 모두 1보다 작다는 보장은 어디에도 없다. 세 번째로 가능한 시나리오는 여러 개의 해가 공존하는 지금의 상황이 '근사적인 방정식을 사용했기 때문에' 초래된 결과라고 보는 시각이다. 예를 들어, 주어진 끈이론의 끈결합상수가 1보다 작다 해도, 이론의 근간을 이루는 방정식의 정확한 형태는 '모든 가능한' 다이아그램을 고려해야만 제대로 알 수 있다. 다시 말해서, 여러 개의 구멍을 가진 다이아그램을 많이 고려할수록 방정식이 더욱 정확한 형태를 갖는다는 뜻이다.

1990년대 초반에 대다수의 끈이론 학자들은 섭동적 방법에 끈이론의 사활을 걸고 있었다. 그러나 끈이론의 제 2혁명기를 거치면서 근사적 계산에 의존하지 않는 '비섭동적 nonperturbative' 접근방법의 필요성이 대두되었다. 1994년만 해도 이것은 한갓 허황된 꿈처럼 보였다. 그러나 가끔씩은 꿈이 현실로 나타나기도 한다.

이중성 Duality

세계 각지에서 연구에 몰두하고 있는 수백 명의 끈이론 학자들은 1년에 한 번씩 학회에 모여 지난 1년 간의 연구 결과들을 서로 보고하고,

각자의 연구방법을 비교 평가하는 자리를 갖는다. 물론, 다른 학회와 마찬가지로 그 해의 연구 성과가 좋고 나쁨에 따라 회원들의 관심도 많이 달라진다. 끈이론의 1차 혁명기였던 1980년대 중반에는 학회에 참석한 학자들의 흥분이 지나쳐서, 이제 곧 끈이론이 완성되어 우주의 모든 것을 설명해주는 '궁극의 이론'이 탄생할 거라고 믿고 있었다(지금 생각해 보면, 참으로 희망사항이었다). 그러나 몇 해가 지나면서 끈이론에 숨어 있는 복잡 미묘한 성질들이 점차 모습을 드러내었고, 그것은 하루 이틀에 해결될 수 있는 문제가 전혀 아니었다. 그 후로 초창기의 기대는 실망으로 바뀌고, 의기양양하던 학자들은 점차 의기소침해지기 시작했다. 1980년대 말에 개최된 학회에서는 끈이론 자체에 회의적인 반응을 보이는 학자들도 있었다. 발표된 논문은 그런대로 흥미진진했지만, 이전의 열기는 전혀 찾아볼 수 없었다. 심지어는 끈이론 학회를 폐지하자는 의견까지 나올 정도였다. 그러나 이 모든 상황은 1990년대 초반에 이르러 극적인 반전을 이루었다. 그동안 해결되지 못했던 난제들이 부분적으로 해결되면서 끈이론은 다시 부활하였고, 학자들은 예전의 의욕과 낙천적 시각을 되찾을 수 있었다. 그러나 1995년 3월에 남부 캘리포니아 대학에서 개최된 학회에서 역사적 사건이 일어날 것을 예측한 사람은 아무도 없었다.

에드워드 위튼 Edward Witten은 자신이 발표할 차례가 되자 연단 위로 성큼성큼 걸어 올라갔다. 그리고는 그 자리에서 끈이론의 제 2차 혁명기에 불을 댕겼다. 더프 Duff와 헐 Hull, 타운젠드 Townsend, 슈바르쯔 Schwarz, 그리고 인디언 출신 물리학자인 아쇼크 센 Ashoke Sen 등의 연구결과에서 영감을 얻은 위튼은 섭동적 방법을 초월한 새로운 끈이론을 학계에 공표했던 것이다. 그가 주장했던 논리의 핵심은 바로 '이중성 duality'이었다.

물리학자들은 겉모양이 다른 두 개의 이론적 모델이 결국은 동일한 현상을 서술하고 있을 때 이중성 duality이라는 용어를 사용한다. 이것은 동일한 대상을 다른 방식으로 표현했을 때 흔히 나타나는 현상인데, 간단한 예는 도처에서 얼마든지 찾아볼 수 있다. 예를 들어, 영어만 할 줄 아는 사람에게 중국어로 일반상대성이론을 강의한다면, 그는 한마디도 알아듣지 못하겠지만, 두 개의 언어를 모두 할 줄 아는 사람이라면 곧바로 해석이 가능하여 영어로 된 일반상대성이론과 동일한 내용임을 알 수 있을 것이다. 물론 이 경우는 duality로부터 새롭게 알아 낸 물리적 사실이 전혀 없으므로, 아주 단순한 사례에 속한다. 영어와 중국어에 모두 능통한 물리학자가 일반상대성이론의 어려운 문제를 연구하고 있다면, 그 문제가 영어로 적혀있건, 중국어로 적혀 있건 상관없이 연구를 수행할 수는 있지만 번역과정을 거치면서 새롭게 얻어지는 물리적 사실은 하나도 없다.

　'단순하지 않은', 즉 무언가 새로운 정보를 주는 duality도 있다. 동일한 물리적 상황을 서로 다른 형태로 표현했을 때 이들이 상호 보완적인 이해를 가져다 주거나 새로운 수학적 분석법을 탄생시킨다면, 이것이 바로 '물리적으로 유용한' duality이다. 이 책의 10장에서, 우리는 반지름 R을 갖는 원형차원이 반지름 1/R인 원형차원과 동일하게 취급될 수 있음을 보았다. 이 두 가지 차원은 기하학적으로 분명하게 구별되지만, 끈이론의 특성에 의해 이들은 물리적으로 완전하게 동일하다. 거울대칭 mirror symmetry도 duality의 또 다른 사례이다. 여분의 6차원 구조를 나타내는 칼라비-야우 도형들이 거울대칭의 관계에 있으면, 이들로부터 유도되는 물리적 결과는 완전하게 동일한 성질을 갖는다. 다시 말해서, 이들은 '하나의' 우주를 서술하는 '두 가지' 방법인 것이다. 영어와 중국어의 경우와 달리, 이 경우에는 원형차원의 최소 값이나 위상 변환과정 등 매우 중요한 정보를 추가로 얻을 수 있다.

1995년의 끈이론 학회에서, 위튼은 매우 새롭고 의미심장한 duality를 지적하였다. 이 장의 첫머리에서 간략하게 말한 바와 같이, 다섯 종류의 끈이론들이 겉으로는 서로 다른 형태를 띠고 있지만 사실은 이들 모두가 동일한 물리학을 서술하고 있다는 것이 바로 위튼의 주장이었다. 즉, 다섯 개의 끈이론들이 각자 별개로 존재하는 것이 아니라, 하나의 동일한 이론적 체계를 '서로 다른 다섯 개의 창문'으로 들여다 보고 있다는 뜻이었다.

1990년대 중반의 이론적 도약이 이루어지지 전에는 이러한 초대형 duality가 막다른 길에 접어든 학자들에게 위안이 되어주긴 했지만, 현실적으로는 너무나 막연한 이야기였다. 다섯 개의 끈이론들은 매우 상이한 이론적 체계를 갖고 있었기 때문에, 이들이 동일한 물리적 대상을 서술한다는 주장은 설득력을 갖기가 어려웠다. 위튼은 이러한 상황에서 모든 것을 하나의 체계로 통일하는 초대형 duality를 실현시켰던 것이다.

이 비약적 발전은 앞 절에서 논의한 '섭동적 방법의 적용 가능성' 과 매우 밀접하게 연관되어 있다. 이미 나와 있는 다섯 종류의 끈이론들은 끈결합상수가 1보다 작을 때(물리학자들은 이 경우를 가리켜 '약결합 weakly coupled' 이라 부른다) 서로 상당히 다른 형태의 이론이 된다. 끈이론 학자들은 이런 상황이 되어야 섭동적 방법을 적용할 수 있기 때문에 끈결합상수가 1보다 큰 경우('강결합 strongly coupled' 이라고도 한다)에 대해서는 심각한 고려를 애써 피하고 있었다. 그러나 위튼의 새로운 발견에 의해, 강결합에 대한 의문이 비로소 풀리게 되었다. 그가 얻어낸 결과에 의하면, (아직 이 책에는 언급되지 않은) 여섯 번째 끈이론을 함께 고려했을 때, 이 여섯 개의 끈이론 중 어느 하나의 강결합적 성질(끈결합상수가 1보다 큰 경우에 이론이 갖는 성질)은 다른 한 이론의 약결합적 성질과 이중성 duality의 관계에 있다.

    이 말의 의미를 좀더 쉽게 이해하기 위해, 다음과 같은 예를 들어보자. 나 홀로 여행객 두 사람이 우연히 같은 숙소에 묵게 되었다. 둘 중 한 사람은 얼음을 아주 좋아하는데 희한하게도 그는 물이라는 것을 한 번도 본 적이 없는 사람이었다. 그리고 다른 한 사람은 물을 좋아하는데, 이 사람은 얼음을 한 번도 본적이 없었다. 둘은 숙소에서 만나 대화를 나누다가 의기투합하여 함께 사막횡단 여행을 하기로 했다. 그런데 다음날 아침이 되어 출발 준비를 하던 두 사람은 서로 상대방의 소지품을 보고 놀라지 않을 수 없었다. 얼음나라 여행객이 물나라 여행객의 가방을 보니, 거기에는 제멋대로 출렁이면서 투명한 액체(물)가 가득 들어 있는 것이 아닌가. 놀랍기는 물나라 여행객도 마찬가지였다. 얼음나라 여행객의 가방 속에는 차갑고 딱딱한 고형물질(얼음)이 가득 들어있었던 것이다. "저 친구, 참으로 이상한 물건을 갖고 다니는 군…" 둘은 이런 생각을 하면서 함께 여행을 시작했다. 그런데 사막의 폭염 속으로 접어들자마자 두 사람은 눈이 휘둥그레졌다. 얼음이 물로 변하고 있는 것이 아닌가! 놀란 가슴을 추스르며 여행을 계속 하다가 밤이 되었는데, 기온이 급격하게 떨어지면서 이번에는 물이 얼음으로 변하고 있었다. 두 사람은 그제야 물과 얼음 사이의 관계를 이해할 수 있었다. 겉으로 볼 때 전혀 달랐던 두 종류의 물질은 알고 보니 온도에 따른 변형이었을 뿐, 실제로는 동일한 물질이었던 것이다.

    다섯 개의 끈이론들 사이에 존재하는 이중성도 이와 비슷하다. 대략적으로 말하자면, 끈결합상수의 역할은 위의 사례에서 온도가 했던 역할과 비슷하다. 다섯 개 중 임의로 선택된 두 개의 이론은 언뜻 보기에 마치 물과 얼음처럼 전혀 다른 겉모습을 갖고 있지만, 이들의 끈결합상수값을 변형시키면 이론의 형태가 점차 변화를 일으키면서 다른 쪽 이론을 닮아간다. 온도를 높이면 얼음이 물로 변하는 것처럼, 하나의 끈이론을 선정하여 끈결합상수값을 점차 크게 가져가면 다른 끈이론에 접근하는 것이다. 물론 모든 끈이론들이 이런 식으로 이중성을 갖고 있다는 사실을 증명하려면 꽤 긴 여정을 거쳐야 한다. 그리고 이 과정에서 가장 중요한 역할을 하는 것은 다름 아닌 '대칭 symmetry'의 개념이다. 이 점에 관하여 좀더 자세히 알아보기로 하자.

대칭성 symmetry의 위력

몇 년 동안 물리학자들은 다섯 개의 이론에 대하여 끈결합상수가 1보다 큰 경우를 따로 연구한 적이 없었다. 왜냐하면 이론을 진척시키는 유일한 방법이 바로 섭동이론이었기 때문이다(앞에서 여러 번 강조한 대로, 끈결합상수가 1보다 큰 경우에는 섭동이론이 그 의미를 상실한다). 그러나 1980년대 말~1990년대 초반에 걸친 기간 동안 물리학자들은 강결합 strong-coupling 끈이론을 이용하여 입자의 질량과 힘전하 등을 계산하는 작업을 꾸준하게 진행해왔다. 이러한 계산이 이루어지려면 섭동적 방법의 한계를 벗어나야 하는데, 끈이론의 제2차 혁명기가 닥치면서 대칭성의 위력을 십분 활용한 이중성이 그 꿈을 실현시켜줄 강력한 후보로 부상하게 된 것이다.

대칭의 원리는 물리적 세계에 대하여 깊은 통찰과 새로운 시각의 이해를 가능하게 해주는 매우 유용한 개념이다. 예를 들어 특정 시간, 특정 장소에서 성립한 물리학 법칙은 언제, 어디서나 동일한 형태로 성립한다. 이를 만족하지 못하면 그것은 더 이상 물리학 법칙이 될 수 없다

(다시 말해서 시공간의 변환에 대하여 물리학의 법칙이 대칭성을 갖는다는 뜻이다 : 옮긴이). 이것은 대칭의 스케일이 엄청나게 큰 사례에 해당되는데, 이보다 작은 스케일에서 존재하는 대칭성도 얼마든지 있다. 예를 들어 당신이 어떤 범죄 현장에서 범인의 얼굴을 목격했는데, 반쪽이 벽에 가려진 상태에서 오른쪽 반만 보았다 해도, 경찰서의 몽타주 작가는 얼굴 전체를 그려낼 수 있다. 사람의 얼굴은 좌-우 대칭형이기 때문이다. 물론 좌우가 완벽하게 똑같은 얼굴은 거의 없지만 얼굴의 반쪽 정보만으로 나머지 반쪽을 유추해내면 실제의 얼굴과 거의 비슷한 몽타주를 작성할 수 있다.

위에서 언급한 두 가지 사례는 대칭성의 적용분야가 전혀 다르긴 하지만 대상의 성질을 간접적으로 알아낼 수 있다는 공통점을 갖고 있다. 안드로메다 은하계에 적용되는 물리법칙을 알아내기 위해서는 그곳으로 직접 날아가서 적당한 행성에 입자 가속기를 설치해놓고 지구에서 하던 실험을 되풀이 할 수도 있지만, 물리학의 법칙은 '우주 어느 곳에서나 동일하다' 는 대칭성을 이용하면 비용과 시간 그리고 노력을 엄청나게 줄일 수 있다. 또 범인의 온전한 얼굴을 알기 위해 그를 직접 검거하여 나머지 왼쪽 얼굴을 확인해볼 수도 있지만, 그것보다는 역시 얼굴의 대칭성을 이용하는 편이 훨씬 쉽다.[*7]

초대칭 supersymmetry은 각기 스핀이 다른 소립자들 사이에 존재하는 좀더 추상적인 대칭성이다. 비록 지금까지의 실험 결과로는 미시세계에 초대칭이 존재한다고 확실하게 단언할 수는 없지만, 앞서 논한 대로 믿을 만한 근거는 충분하다. 분명히 초대칭은 끈이론에 없어서는 안 될 중요한 개념이다. 1990년대에 네이션 사이버그 Nathan Seiberg를 비롯한 여러 물리학자들은 간접적인 접근법에 정확한 답을 줄 수 있는 도구로서 초대칭을 지목하고 있었다.

이론 자체의 복잡한 구조를 모두 알고 있지 못한다 해도 그 이론이 초대칭을 갖고 있으면 상당히 많은 제한 조건이 부과되어 이론의 전체적인 골격이 결정될 수 있다. 이 점을 이해하기 위해, 우리가 쓰는 단어를 예로 들어보자. 누군가가 당신에게 다음과 같은 문제를 냈다. "y가 3번 들어가는 알파벳 배열이 있다. 무엇인지 맞춰봐라." — 이것만 갖고는 답을 알 길이 없다. 알파벳의 개수조차도 주어지지 않은 상태에서는 mvcfojziyxidqfqzyycdi 등 y가 3번 들어가는 임의의 배열을 비롯하여 무수히 많은 가능성이 존재하기 때문이다. 그러나 "이 단어는 영어사전에 나와 있으며, y가 3번 들어가는 단어들 중 가장 짧다."는 추가 정보(또는 제한)가 주어진다면 그 많던 가능성이 단 하나로 줄어든다. y가 3개 포함된 가장 짧은 영어단어는 syzygy (삭망, 朔望)이다.

초대칭은 물리학 이론에 이와 같은 실마리를 제공한다. 방금 예로 들었던 단어 문제를 물리학 버전으로 바꿔서 생각해보자. 상자 안에 어떤 물체가 들어 있다. 이 물체는 힘전하를 갖고 있으며, 이것 말고는 알려진 사실이 전혀 없다(하나의 물체일 수도 있고, 여러 개일 수도 있다). 힘전하는 전기전하, 자기전하 등 여러 종류가 있을 수 있는데, 지금은 편의상 '전자의 3배에 해당하는' 전기전하를 갖는다고 가정해보자. 더 이상의 정보가 없으면 상자 안에 들어 있는 물체가 무엇인지, 도저히 맞출 수가 없다. 양성자 1개와 중성자 2개가 들어 있을 수 있고, 양전자 4개와 전자 1개일 수도 있다. 단어 맞추기 문제에서 'y자 3개'라는 정보만 주어진 경우처럼, 이 경우 역시 가능성이 너무 많아서 짐작을 한다는 것 자체가 무모해 보일 지경이다.

그러나 여기에 두 가지 정보를 더 추가해보자. 상자 안의 물체는 초대칭을 갖고 있으며 최소한의 질량을 갖고 있다. 그렇다면 E. Bogomol'nyi와 마노즈 프라사드 Manoj Prasad, 그리고 찰스 좀머펠트 Charles

Sommerfield가 주장했던 논리에 의해 우리는 상자 안에 있는 물체를 알아맞힐 수 있다(여기서 초대칭이라는 조건은 '알파벳의 나열이 영어사전에 있는 단어 중 하나' 라는 조건에 해당되며, 최소한의 질량을 갖는다는 조건은 '단어의 길이가 제일 짧다' 는 조건에 해당된다). 즉, 물체의 전하량이 알려진 상태에서 그 물체가 최소한의 질량을 갖는 경우에는 거기에 초대칭 조건을 부과하여 물체의 정체를 정확하게 규명할 수 있다. 특정 전하량을 가지면서 거기에 상응하는 최소량의 질량을 가진 상태를 두고, 물리학자들은 BPS 상태라 부른다. (위에서 열거한 세 이름의 첫 글자를 딴 것임) BPS 상태가 중요하게 취급되는 이유는, 섭동이론에 의존하지 않고서도 대상의 성질을 쉽고 정확하게 결정할 수 있기 때문이다. 이것은 끈결합상수의 크기와 아무런 상관이 없다. 끈결합 상수가 1보다 커서 섭동이론을 적용할 수 없는 경우에도. BPS의 조건을 부과하면 많은 물리량들이 정확하게 결정된다. 이렇게 결정된 양들은 '비섭동적 질량' , 또는 '비섭동적 전하' 라고 불리는데, 그 이유는 이들이 섭동적 방법을 거치지 않고 얻어진 값이기 때문이다. 이런 이유 때문에 BPS 상태는 '섭동을 초월한 상태' 로 간주될 수 있다.

주어진 끈이론에 BPS 조건을 부과한다 해도, 사실 우리가 알아낼 수 있는 것은 극히 일부분에 불과하다. 그러나 BPS는 우리로 하여금 강결합이론을 다룰 수 있게 해준다. 이것만 해도 엄청난 진보가 아닐 수 없다. 끈이론의 결합상수가 섭동이론의 적용범위를 넘어서면 우리는 BPS 상태에 의존할 수밖에 없다. 몇 개의 단어만으로 외국어로 쓰인 문장의 의미를 알아내듯이 BPS는 우리를 꽤 먼 곳까지 인도해줄 것이다.

끈 이론에서의 Duality

위튼의 논리에 따라, 'Type I 끈이론' 부터 고려해보자. 일단은 이 이론에 등장하는 9차원 공간(1차원 시간은 빼고)이 평평하다고 가정해보자. 물론 이것은 사실이 아니다. 그러나 이런 가정을 하면 논리를 풀어나가기가 쉬워진다. 감겨진 공간에 대해서는 나중에 고려할 예정이다. 그리고 또 하나의 가정 - 끈결합상수가 1보다 훨씬 작다고 가정하자.

이런 경우에는 섭동이론이 성공적으로 적용되어, 끈이론의 특성을 좌우하는 많은 물리량들을 매우 정확하게 계산해낼 수 있다. 여기서, 끈결합상수의 값이 1을 넘지 않는 한도 내에서 그 값을 점차 키워나가면 (섭동이론은 여전히 적용 가능함) 이론의 구체적인 성질들이 서서히 변해나갈 것이다. 예를 들어, 하나의 끈이 다른 끈에 의해 산란 scattering되는 과정에서 얻어지는 물리량들은 조금씩 다른 값을 보이게 된다. 끈설합상수가 커지면 구멍이 많은 다이아그램(그림 12.6 참고)의 기여도가 증가하기 때문이다. 그러나 끈결합상수의 값이 1을 넘지 않는 한, 끈이론에 들어 있는 물리적 내용들은 전체적으로 그 모습을 유지할 것이다.

이제, Type I 끈이론의 끈결합상수 값을 1보다 크게 가져가 보자. 이렇게 되면 섭동적 방법을 더 이상 적용할 수 없으므로 우리가 계산할 수 있는 비섭동적 질량이나 비섭동적 전하(BPS 상태)에 관심을 두는 수밖에 없다. 그리고 바로 이런 상황에서 위튼의 논리가 그 위력을 발휘한다 — "강결합 상태에 있는 Type I 끈이론의 특성은 약결합 상태의 이형 - O Heterotic - O 끈이론과 정확하게 일치한다." (이 사실은 후에 캘리포니아 대학의 조 폴친스키 Joe Polchinsky와 위튼의 공동연구에 의해 확인되었다)

다시 말해서, Type I 끈이론의 끈결합상수가 1보다 클 때 그로부터 계산된 특정입자의 질량과 전하량이, 끈결합상수가 1보다 작은 이형-O Heterotic-O 끈이론에서 계산된 값과 정확하게 일치한다는 뜻이다. 이것은 얼음과 물의 경우처럼, 겉으로 보기에 전혀 다른 두 개의 이론이 서로 이중성 duality의 관계에 있음을 뜻한다. 이로부터 우리는 강결합 Type I 끈이론과 약결합 Heterotic-O 끈이론이 원래부터 '동일한' 이론이었다는 강한 심증을 갖게 되는 것이다. 심증은 이것 뿐 만이 아니다. 이와 반대되는 경우로서, 약결합 Type I 끈이론과 강결합 Heterotic-O 끈이론 역시 서로 정확하게 일치한다.[*9]

섭동적 방법이 통하는 영역(약결합)에서 전혀 다른 모습을 하고 있었던 두 개의 이론이 끈결합상수의 적절한 변환을 통해 하나의 이론으로 통합된 것이다.

하나의 강결합이론이 다른 하나의 약결합이론과 일치한다는 이 새로운 사실은 오늘날 '강-약 이중성 strong-weak duality'이라는 이름으로 널리 알려져 있다. 앞에서 논의한 duality의 다른 사례들처럼, 이것은 두 개의 이론이 동일하다는 것을 강하게 시사하고 있다. 즉, duality 관계에 있는 두 개의 이론은 동일한 이론을 서로 다른 방법으로 서술한 것뿐이다. 이것은 영어-중국어의 단순한 사례와는 달리, duality가 성립한다는 사실만으로도 여러 가지 유용한 정보를 유추해 낼 수 있다. duality 관계에 있는 두 개의 이론 중에서 약결합에 해당되는 이론의 경우에는 섭동적 방법을 통하여 여러 가지 물리량들을 계산할 수 있다. 그리고 섭동적 방법을 적용할 수 없는 강결합이론을 다룰 때에는 이와 이중적인 dual 관계에 있는 약결합이론을 찾아서 역시 섭동적 방법으로 여러 가지를 알아낼 수 있다. 원리적으로 다루기 힘든 이론이라 해도 그 duality 짝을 찾아내면 기존의 방법으로 얼마든지 다룰 수 있게 된다. 이것이 바로 대칭, 즉 이중성 duality의 위력인 것이다. 실제로 강결합 Type I 끈이론과 약결합 Heterotic-O 끈이론이 서로 동일하다는 사실을 엄밀하게 증명하는 것은 엄청나게 어려운 작업이며, 아직도 완전하게 이루어진 상태는 아니다. 왜 그렇게 어려운가? 이유는 간단하다.

duality 관계에 있는 두 이론 중 하나는 필연적으로 끈결합상수가 매우 커서 섭동이론을 적용할 수 없기 때문이다. 그러나 두 개의 이론이 서로 dual 이라는 사실을 증명하지 못한다 해도, 이들로부터 계산된 일부 물리량들이 정확하게 일치한다면 우리는 두 개의 이론이 duality 관계에 있다는 강한 심증을 가질 수 있다. 약결합 Type I 끈이론과 강결합 Heterotic-O 끈이론이 서로 이중적 dual 이라고 말하는 것도, 바로 이러한 사실에 근거를 두고 있다. 실제로 지금까지 계산된 모든 결과들은 이 두 개의 이론이 동일하다는 것을 강하게 시사하고 있다. 그리고 거의 대부분의 학자들은 끈이론의 이중성이 실제로 존재한다고 굳게 믿고 있다.

이와 비슷한 맥락에서, 우리는 다른 끈이론(예를 들어, Type IIB 끈이론)의 강결합 버전을 연구할 수도 있을 것이다. 이것은 헐Hull과 다운젠드가 처음 주장한 후로 여러 명의 물리학자들에 의해 그 당위성이 확인되었는데, Type I 끈이론과는 그 양상이 사뭇 다르다. Type IIB 끈이론의 끈결합상수를 큰 쪽으로 가져가면, 그 결과는 다른 끈이론으로 가는 것이 아니라 끈결합상수값이 작은 Type IIB 끈이론, 즉 자기 자신과 일치한다. 다시 말해서 Type IIB 끈이론은 '자기 이중성 self-dual'을 갖는다.[*10] 지금까지 계산된 결과들로 미루어 볼 때 강결합 Type IIB 끈이론은 끈결합상수를 역수로 대치한(따라서 1보다 작은) 약결합 Type IIB 끈이론과 duality 관계에 있음이 거의 확실시 되고 있다. 그렇다면, Type IIA 끈이론과 Heterotic-E 끈이론도 duality를 갖고 있을까? 물론 모종의 duality가 존재하긴 하지만, 여기에는 한층 더 놀라운 사실이 내재되어 있다. 이 부분을 제대로 이해하기 위해, 잠시 동안 이론 물리학의 역사를 되짚어 보기로 한다.

초중력 Supergravity

끈이론이 세계적인 주목을 받기 전인 1970년대 말~1980년대 초에, 이론 물리학자들은 양자역학과 중력, 그리고 다른 힘들(전자기력, 약력, 강력)을 하나로 통일시키는 통일장 이론의 개발에 전력을 기울이고 있었다. 당시에는 점입자 모델에 기초한 상호작용(힘)의 원리와 양자역학 사이의 충돌이 가장 큰 현안이었는데, 학자들은 이 문제를 풀어줄 해결사로서 대칭이론에 커다란 기대를 걸고 있었다. 1976년에 다니엘 프리드만 Daniel Freedman과 서지오 페라라 Sergio Ferrara, 그리고 피터 반 누이벤후이젠 Peter van Nieuwenhuizen은 '초대칭을 도입하면 페르미온 fermion과 보존 bozon이 미시세계에서 양자적 요동을 상쇄시킨다'는 사실을 발견하여, 초대칭성을 갖는 양자적 중력이론, 즉 '초중력 supergravity' 이론을 탄생시켰다. 결국 이 이론은 양자역학과 일반상대성이론 사이의 충돌을 해결하지 못하여 실패로 끝나고 말았지만, 물리학자들은 이 과정을 겪으면서 커다란 교훈을 얻게 되었으며, 이것은 후에 끈이론 탄생의 밑거름이 되었다.

그 교훈은 1978년에 발표된 유진 크렘머 Eugene Crammer, 버나드 줄리아 Bernard Julia, 셔크 Sherk 등의 논문에 잘 정리되어 있다. 즉, 초대칭이론이 실패한 것은 이 세계를 4차원 시공간으로 간주했기 때문이라는 것이다. '시공간의 구조를 10차원 또는 11차원으로 늘이면 기존의 문제들은 해결될 수 있다.'는 것이 이들의 주장이었다. 그리고 이들의 논리에 의하면 시공간이 가질 수 있는 차원의 최대값은 11이었다.[*11] 그리고 여분의 차원에 대한 연구는 칼루자와 클라인에 의해서도 행하여졌는데, 이들은 여분의 차원이 아주 작은 공간 속에 감겨진 채로 숨어 있을 수도 있다는 가능성을 제시하였다. 10차원 끈이론에서는 6차원이 작은 공간 속에 숨어 있고, 11차원 이론에서는 7개의 차원이 숨어 있는 셈이다.

1984년에 끈이론이 집중적인 주목을 받으면서, 점입자 모델에 기초를 둔 초중력이론은 급격한 변화를 맞이하게 되었다. 앞에서도 여러 번 강조한 바와 같이, 현재 동원할 수 있는 최첨단 장비로 끈을 관측한다 해도, 그것은 점입자처럼 보일 뿐 끈의 형태는 전혀 인식되지 않는다. 이것을 좀더 정확하게 서술하자면 – 낮은 에너지 영역(끈의 구체적인 구조를 보기에는 충분하지 않은 에너지 영역)에서 끈은 점입자로 간주될 수 있으며, 따라서 점입자 모델에 기초를 둔 양자장이론 quantum field theory으로 설명될 수 있다. 그러나 초단거리 또는 고에너지 영역에서는 이러한 근사적 관점을 더 이상 유지할 수가 없다. 왜냐하면 끈이 어떤 길이를 갖고 있어야만 일반상대성이론과 양자역학 사이의 충돌이 해결되기 때문이다. 물론 낮은 에너지 영역(충분히 먼 거리)에서는 이런 문제가 발생하지 않기 때문에, 계산상의 편의를 도모할 때 이런 근사적 접근법이 종종 사용된다.

끈이론에 가장 비슷하게 근접한 양자장이론은 바로 10차원 초중력이론이다. 1970년대와 1980년대에 걸쳐서 만들어진 10차원 중력이론은 지금 '낮은 에너지(저에너지) 영역에서 서술된 끈이론의 고전' 정도로 간주되고 있다. 당시 이 이론을 연구하던 학자들은 끈이론이라는 거대한 빙산의 일각만을 발견했던 셈이다. 그런데 10차원 초중력이론은 초대칭을 도입하는 방식에 따라 네 종류로 구분되었었다. 그리고 이들은 현존하는 끈이론과 하나씩 짝을 맺어줄 수 있다. 다시 말해서, 네 종류의 초중력이론은 다섯 개 끈이론의 저에너지 버전이었던 것이다. 네 개의 초중력이론 중 세 개는 각각 Type IIA, Type IIB, Heterotic − E 끈이론에 대응되며, 나머지 하나는 Type I과 Heterotic − O 끈이론의 근사적 서술에 해당된다.

여기까지는 이야기가 대체로 매끄럽다. 그런데 11차원 초중력이론은 어찌된 것인가? 이 이론은 차원이 달라서 원래부터 왕따였을까? 언뜻 보기에는 그럴 것도 같다. 끈이론은 10차원 시공간을 전제로 하고 있기 때문에, 11차원 이론과 짝을 맺기는 아무래도 어려워 보인다. 그래서 지난 몇 년 동안 대부분의 학자들은 11차원 초중력이론을 '끈이론과 연관성이 없는 수학적 기형이론'으로 취급했었다.[*12]

M − 이론의 탄생

그러나 지금의 시각은 많이 달라졌다. '95년도에 개최된 끈이론 학회에서 위튼은 다음과 같이 선언하였다 — "Type IIA 끈이론의 결합상수를 아주 작은 값에서 1보다 훨씬 큰 값으로 키웠을 때, 우리가 얻는 물리학은 낮은 에너지 영역에서 11차원 초중력과 일치한다."

좌중에 앉아서 위튼의 강연을 듣던 학자들은 모두 어안이 벙벙해졌다. 이것은 향후의 끈이론 학계를 뿌리부터 뒤흔들 폭탄선언이었다. 끈이론을 연구하던 그 어떤 학자들도 이런 생각을 해본 적이 전혀 없었다. 10차원 이론과 11차원 이론이 무슨 수로 같아질 수 있다는 말인가?

그 대답은 매우 깊은 의미를 내포하고 있다. 이를 이해하기 위해, 위튼의 선언을 좀더 구체적으로 살펴보자. 후에 위튼이 페트르 호라바(Petr Hořava, 프린스턴 대학의 박사 후 과정 연구원)와 함께 발견했던 Heterotic-E 끈이론의 특성을 먼저 언급하는 것이 좋을 것 같다. 이들이 얻은 결과에 의하면, 강결합 상태의 Heterotic-E 끈이론은 11차원 이론이 된다. 그 이유는 그림 12.7에 개략적으로 표현되어 있다. 가장 왼쪽에 있는 그림은 끈결합상수가 1보다 훨씬 작은 Heterotic-E 끈을 나타낸다. 이런 상태의 끈에 대해서는 앞에서도 여러 차례 언급한 바 있으며, 끈이론 학자들도 지난 10여 년 동안 주로 이런 끈만을 연구해 왔다.

그러나 끈결합상수가 커지면서 끈의 모습은 그림 12.7의 오른쪽으로 점차 옮겨가게 된다. 1995년 이전의 끈이론 학자들은 이런 경우에 구멍이 많은 다이아그램의 기여도가 커져서(그림 12.6) 섭동적 방법이 적용될 수 없다는 사실 정도는 알고 있었다. 그러나 결합상수가 커지면 새로운 차원이 나타난다는 것은 꿈에서조차 생각하지 못했던 전혀 새로운 사실이었다. 이렇게 나타난 새로운 차원은 그림 12.7에서 수직 방향으로 표현되어 있다. 여기서 제일 왼쪽 그림에 그려진 2차원 평면 격자는 실제로 2차원을 나타내는 것이 아니라 Heterotic-E 끈이 살고 있는 9차원 공간(10차원에서 1차원 시간을 뺀 것)을 의미한다. 지면 위에 9차원 공간을 표현할 방법이 없어서 그림을 단순화시킨 것뿐이다. 따라서, 새롭게 나타난 수직 방향의 차원은 10번째의 공간차원에 해당되며, 이것은 곧 Heterotic-E 끈이론이 11차원 이론으로 변형되었음을 뜻한다.

그림 12.7을 자세히 들여다보면, 새로운 차원에 의해 야기되는 놀라운 결과를 유추해낼 수 있다. Heterotic-E 끈의 구조가 새로운 차원을 따라 변형을 일으키는 것이다! 끈결합상수가 작은 값일 때에는 그냥 1차원적 끈의 형태를 띠고 있던 것이, 결합상수가 커짐에 따라 점차 실린더

형 물체로 변해간다. 다시 말해서, Heterotic – E 끈은 결합상수의 크기에 따라 그 폭이 결정되는 2차원적 존재였던 것이다. 지난 10여 년 동안 끈이론 학자들은 결합상수가 아주 작다는 전제 아래 섭동적 방법을 동원하여 끈이론을 연구해 왔다. 위튼이 지적한 대로, 바로 이러한 가정 때문에 그동안 끈이 1차원적 대상으로 간주되어왔으며, 그 속에 숨어 있던 또 하나의 차원이 발견되지 않았던 것이다.

그러나 끈결합상수가 1보다 작다는 제한을 풀어서 큰 값으로 가져가면, Heterotic – E 끈이론에 숨어있던 하나의 차원이 비로소 그 모습을 드러낸다.

그렇다고 해서, 우리가 이미 유도했던 기존의 결과들이 틀렸다는 뜻은 아니다. 그러나 새로운 차원이 발견된 이상, 이론의 수정/보완은 불가피하다. 예를 들어, 다음과 같은 질문을 던져 보자 ― "애초에 끈이론이 1차원 시간과 9차원의 공간을 갖게 된 이유는 무엇이었는가?" 8장에서 이미 언급했던 대로, 차원의 수는 끈이 진동할 수 있는 '독립적인' 방향의 개수에 의해 결정되었으며, 여기서 얻어진 결과는 양자역학적으로 이치에 맞는 확률값(무한대가 아닌)을 주었기 때문에 사실로 인정되었다. 그런데 지금 새롭게 발견된 차원은 Heterotic – E 끈이 진동할 수 있는 방향의 차원이 아니다. 왜냐하면 그것은 끈 자체의 기하학적 구조를 결정하는 차원에 속하기 때문이다. 이것을 풀어서 말하자면 다음과 같다 ― 애초에 Heterotic – E 끈이론이 10차원의 시공간에서 성립된 이유는 끈결합상수가 작다는 것을 가정했기 때문이었다. 끈결합상수가 작으면 Heterotic – E 끈은 그림 12.7의 왼쪽 그림처럼 1차원적 대상으로 보이며, 이런 경우에는 11번째 차원의 크기가 매우 작아서 섭동이론이 먹혀들었던 것이다. 이 상황을 근사적으로 표현하면, 영락없이 '10차원 시공간에 살고 있는 1차원의 끈'이 된다. 그러나 사실인즉, 이것은 '11

차원 시공간에 살고 있는 2차원 끈'을 결합상수가 작은 경우에 한하여 대략적으로 서술한 결과일 뿐이다.

위튼은 어떤 기술적인 이유 때문에 강결합 11차원 이론을 Type IIA 끈에 먼저 적용했었다. 하지만 그 결과는 Heterotic-E 끈의 경우와 매우 비슷하다 — Type IIA 끈이론에 나타나는 끈결합상수값을 변화시키면 끈의 '굵기'가 달라진다. 다시 말해서 끈결합상수값이 커지면, Type IIA 끈은 Heterotic-E 끈처럼 리본 모양으로 자라나는 것이 아니라, 마치 자전거 바퀴의 튜브처럼 굵어진다는 것이다(그림 12.8 참조). 위튼은 '그동안 Type IIA 끈이론의 결합상수가 작은 경우만을 고려해 왔기 때문에' 이 굵기를 발견하지 못했다고 주장하였다. 만일 이 우주가 약결합 Type IIA 끈이론으로 서술된다면, 섭동이론에 근거한 Type IIA 끈이론은 사실과 매우 가까운 훌륭한 이론이 될 것이다.

그러나 위튼을 비롯한 여러 명의 물리학자들은 끈이론의 2차 혁명기를 겪으면서, Type IIA과 Heterotic-E의 끈이 "11차원 시공간에 살고 있는 2차원적 존재"임을 보여주는 강한 증거를 찾아냈다.

그렇다면, 11차원 이론의 정체는 과연 무엇인가? 저에너지 영역(플랑크 에너지 보다 낮은 영역)에서 11차원 끈이론은 11차원의 초중력 양자장이론과 거의 일치한다. 그러나 고에너지 영역에서 이 이론을 어떻게

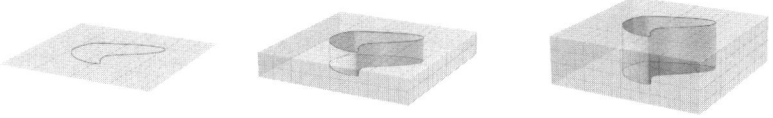

그림 12.7 Heterotic-E 끈의 결합상수가 커지면 수직 방향으로 새로운 공간차원이 그 모습을 드러낸다. 이렇게 형성된 10차원 공간에서 Heterotic-E 끈은 임의의 단면을 가진 실린더 cylinder 물체가 된다.

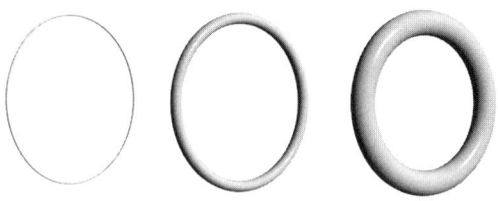

그림 12.8 Type IIA 끈이론의 결합상수가 커지면, 1차원의 끈은 마치 자전거 튜브처럼 생긴 2차원적 대상으로 그 형태가 변형된다.

설명할 것인가? 이에 관한 연구는 지금도 치열하게 진행중이다. 그림 12.7과 12.8에서 알 수 있듯이, 11차원의 이론에 등장하는 끈은 2차원으로 확장된 형태를 띠고 있다. 그리고 앞으로 다루게 되겠지만 다른 차원으로 확장된 물체는 이론의 특성을 결정하는데 매우 중요한 역할을 한다. 그러나 정작 문제는 11차원 이론의 정체가 아직도 파악되지 않고 있다는 점이다. 차원이 확장된 끈은 과연 이론의 근간을 이루는 기본 요소인가? 그들은 어떤 성질을 갖고 있는가? 만일 각 이론의 끈결합상수가 작은 값을 가진다면, 이 질문의 답은 이 책의 11장에서 이미 내려진 거나 다름없다. 우리가 앞에서 논한 것이 바로 약결합 끈이론이기 때문이다. 그러나 끈결합상수가 1보다 크다면 이 질문에 답할 수 있는 사람은 아무도 없다.

11차원 이론의 정체가 무엇이건 간에, 위튼은 여기에 'M-이론'이라는 이름을 붙였다. 여기서 알파벳 M의 의미는 사람들마다 제 각각으로 받아들이고 있다. 어떤 사람은 Mystery Theory라고 해석하기도 하고, 또 어떤 사람은 'Mother Theory'라 부르기도 한다(모든 이론의 어머니라는 뜻). 이 밖에, Membrane Theory 라고 불리는 경우도 있으며(어쨌거나 확장된 끈의 표면은 이론의 한 부분을 이룰 것 이므로) Matrix Theory라고 부르는 사람도 있다. 아직 그 정체는 물론이고 이름까지도 정해지지 않은 이론이긴 하지만, M-이론이 다섯 개의 끈이론을 하나로 통일해 줄 것이라고 믿는 데에는 분명히 그럴만한 이유가 있다.

M-이론과 상호 연결망

장님 세 사람과 코끼리에 관한 일화가 있다. 첫 번째 사람이 코끼리의 상아를 만져보고는 매끄럽고 딱딱하다고 했더니, 두 번째 사람은 코끼리의 다리를 만지면서 굵고 단단한 근육질이라고 했다. 그리고 세 번째 사람은 꼬리를 만져 보고는 가늘고 탄력 있는 끈이라고 우겼다. 세 사람의 표현이 제각각인 데다가, 모두 장님이기 때문에 이들은 세 가지의 다른 동물을 만진 것으로 결론을 내릴 것이다. 지난 여러 해 동안 이론 물리학자들은 바로 이 장님들과 같은 처지에 놓여 있었다. 너넙아는 여러 개의 끈이론들이 전혀 다른 이론이라고 생각했기 때문이다. 그러나 끈이론의 2차 혁명기를 거쳐 온 지금, 물리학자들은 여러 끈이론의 물체로서 모든 것을 하나로 통일시켜 줄 후보가 M-이론이라는데 거의 이견을 달지 않고 있다.

이 장에서 우리는 섭동이론이 적용되는 범위를 넘어서서, 끈결합상수가 1보다 큰 끈이론의 성질을 살펴보았다. 여기서 새롭게 알게 된 끈이론들 사이의 상호관계가 그림 12.9에 요약되어 있다(그림에서 화살표로 연결된 것은 duality 관계에 있음을 뜻한다). 그림에서 보다시피, 이론들 사이의 상호관계가 어느 정도는 형성되어 있지만 이들 모두를 한 식구로 보기에는 어딘가 모자라는 구석이 있다. 그러나 여기에 10장에서 언

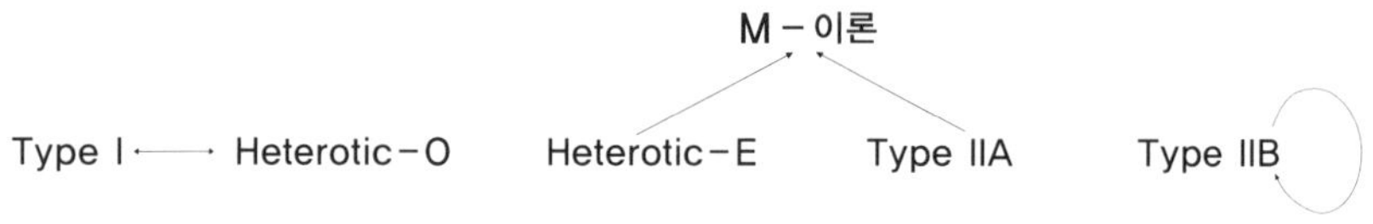

```
                        M - 이론
                      ╱    ╲
Type I ──── Heterotic-O   Heterotic-E   Type IIA   Type IIB
```

그림 12.9 화살표의 방향은 duality를 통해 연결되는 방향을 가리킨다.

급했던 또 하나의 duality를 도입하면, 드디어 이들 모두는 한 식구로 통합된다.

10장에서 이미 논의했던 대로, 반경 R을 갖는 원형차원은 반경 1/R인 원형차원과 duality의 관계에 있다. 그런데 앞에서 이 문제를 논할 때에는 5종류의 끈이론들이 갖는 저마다의 특성을 고려하지 않고 그냥 끈이론의 일반적인 성질에 대해 이야기를 풀어나갔다. 이제, 특정 끈이론의 특성을 고려한 상태에서 원형차원의 duality를 따져보자. 10장의 내용을 잠시 떠올려 보면 — 끈의 감긴 모드 winding mode와 진동모드 vibration mode를 서로 맞바꾸면 반경 R의 원형차원으로 정확하게 전환된다. 그런데 이때 우리가 짚고 넘어가지 않았던 중요한 사실이 하나 있다. Type IIA와 Type IIB 끈이론이 바로 이 duality를 통해 서로 연결된다는 사실이 그것이다. Heterotic-O와 Heterotic-E 끈이론도 역시 이 duality로 연결된다. 원형차원에 관한 duality를 좀더 정확하게 서술하면 다음과 같다 — '반경 R의 원형차원을 갖는 Type IIA 끈이론'이 서술하

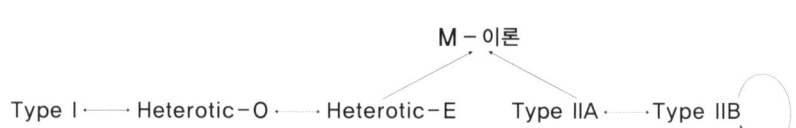

그림 12.10 시공간의 기하학적 구조에 관한 duality까지 고려하면(10장 참조) 5개의 끈이론은 M-이론과 함께 '모두'에 대하여 서로 dual인 관계가 성립한다.

는 우주는, '반경 1/R의 원형차원을 갖는 Type IIB 끈이론'이 서술하는 우주와 완전히 동일하다(Heterotic-O와 Heterotic-E 끈이론 사이의 관계도 마찬가지다). 대/소 반경이 duality로부터 유도된 이 결과는 10장에서 내려진 결론에 큰 영향을 주지 않는다. 그러나 우리가 지금 다루고 있는 문제에는 아주 중요한 실마리를 제공해 준다.

Type IIA와 Type IIB, 그리고 Heterotic-O와 Heterotic-E 사이의 원형차원 duality를 추가로 고려하면, 그림 12.10처럼 끈이론들 사이의 연결관계가 한층 더 치밀해져서, 비로소 한 식구처럼 보이기 시작한다(그림에서 원형차원에 의한 duality는 점선 화살표로 표시되어 있다). 이 그림에서 보면, 다섯 개의 끈이론은 M-이론과 함께 '모두'에 대하여 서로 duality의 관계에 있다. 다시 말해서, 이들 모두는 '하나의 물리적 사실'을 서로 다른 방식으로 표현한 이론들이라는 것이다. 따라서 우리는 편의에 따라 가장 다루기 쉬운 이론들을 고를 수 있다. 예를 들어, 강결합 Type I 끈이론을 다룰 일이 생겼을 때, 이보다 다루기 쉬운 약결합 Heterotic-O 끈이론으로 대치해도 우리가 얻는 물리학은 완전히 동일하다.

전체적인 조망

이제 우리는 이 장의 첫머리에 제시 되었던 두개의 그림-그림 12.1과 12.2를 좀 더 깊이 이해할 수 있게 되었다. 그림 12.1은 1995년 이전의 상황으로서, 이때에는 duality가 전혀 고려되지 않았기 때문에 다섯 개의 끈이론은 전혀 다른 별개의 이론으로 존재했었다. 많은 물리학자들이 개개의 이론에 매달려 연구결과를 내놓았지만, duality가 고려되지 않은 상태에서는 이론들 사이의 상호관계를 짐작조차 할 수 없었다. 각각의 이론들은 끈결합상수나 감겨진 차원의 기하학적 구조 등 자신만의 독특한 특징을 갖고 있었다. 이론 자체 내에서 이런 것들이 결정될 수 있다면 더할 나위 없이 좋았겠지만, 근사적으로 유도된 방정식만으로는 가능성을 유추하는 것만으로 만족해야 했다. 그림 12.1은 바로 이러한 상황을 나타내고 있다. 각각의 이론은 나름대로의 끈결합상수와 감겨진 차원의 독특한 기하학적 구조를 갖고 있었으며, 외관상으로는 전혀 별개의 이론으로 보였다.

그러나, 지금은 상황이 많이 달라졌다. 앞서 말한 대로 여기에 duality를 도입하면 하나의 끈이론은 결합상수와 기하학적 변수(원형차원의 반경 R을 말함 : 옮긴이)의 변환을 통하여 다른 이론으로 얼마든지 전이될 수 있다. 단, 여기에는 전이의 다리 역할을 하는 M – 이론이 포함되어야 한다. 이 상황은 그림 12.2에 잘 표현되어 있다. M – 이론에 대한 이해는 아직 완전하게 이루어지지 못했지만, 우리는 간접적인 논리를 통해서 모든 끈이론들이 하나로 통합될 수 있다는 강한 심증을 갖게 되는 것이다. 뿐만 아니라, M – 이론은 제6의 이론, 즉 11차원 초중력이론과 밀접하게 연관되어 있으므로, 이것까지 고려한다면 그림 12.2는 그림 12.11의 형태로 수정된다.*[13]

그림 12.11은 아직 정체가 규명되지 않은 M – 이론에 의해 모든 종류의 끈이론들이 하나로 통일되는 상황을 보여주고 있다. 결국 M – 이론은 물리학자들의 시야를 넓혀주고 더욱 근본적인 물리학으로 우리를 인도해 주는 '코끼리의 몸통'인 셈이다.

M - 이론의 놀라운 특징 : 민주적 확장

그림 12.11의 돌출부에 해당되는 어떤 끈이론이건 간에(11차원 초중력이론은 제외), 끈결합상수가 충분히 작으면 이론에 등장하는 끈은 1차원적 구조를 갖는다. 그러나 duality를 이용하여 다른 이론으로 넘어가면 끈의 기본적인 형태가 변할 수도 있다. 예를 들어, Heterotic - E나 Type IIA 끈이론에서 시작하여 끈결합상수 값을 키우면 우리가 도달하는 곳은 그림 12.11의 중앙부, 즉 M - 이론이다. 그리고 여기에 등장하는 끈은 1차원적 대상이 아니라 리본이나 타이어 튜브처럼 생긴 2차원적 대상이다. 다시 말해서, 끈 string이 아니라 막 membrane의 형태를 띠는 것이다. 뿐만 아니라, 끈결합상수와 숨겨진 차원의 형태에 관한 duality를 적절하게 적용시키면 그림 12.11에 나타나 있는 임의의 이론을 임의의 다른 이론으로 변환시킬 수 있다. 그런데 Heterotic - E나 Type IIA 끈이론에 나오는 2차원 막은, 다른 세계의 끈이론(Heterotic - O나 Type I, Type IIB)에서 출발하여 duality를 잘 거치면 역시 도달할 수 있는 결론이기 때문에, 결국 다섯 개의 끈이론 모두가 2차원 막을 내포하고 있는 것으로 간주할 수 있다.

여기서 우리는 두개의 질문을 던질 수 있다 — (1) 2차원 막은 정말로 끈이론의 진정한 최소 단위인가? (2) 1970년대~1980년대 초반에 걸쳐서 0 차원의 점입자 모델이 1차원의 끈이론으로 진화해 온 것처럼, 그리고 최근 들어서 1차원 끈이론이 2차원의 막 membrane이론으로 진화한 것처럼, 앞으로 끈이론은 더욱 높은 차원을 갖는 막 이론으로 계속 진화해 갈 것인가? 아직 정확한 답을 제시할 수는 없지만, 지금의 상황에서 볼 때 다음과 같은 추측 정도는 할 수 있다.

우리는 섭동이론의 영역을 벗어난 끈이론을 이해하기 위해 초대칭이라는 개념에 상당히 의존해 왔다. 특히 초대칭으로 질량과 전하를 결정해주는 'BPS 상태'의 개념은 엄청나게 어려운 계산 과정을 거치지 않고도 강결합 끈이론의 특성을 알아낼 수 있는 실마리를 우리에게 제공해 주었다. 호로비츠 Horowitz와 스트로밍거 Strominger가 처음 제안했던 BPS의 개념은 후에 폴친스키 Polchinski에 의해 더욱 구체화되면서 물리학자들 사이에 매우 유용한 도구로 사용되고 있다. 이 개념을 이용하면 우리는 끈의 질량이나 힘전하 뿐만 아니라 끈의 '진정한 형태'까지도 알아낼 수 있다. 그리고 여기서 유도된 결과는 끈이론 학자들을 경악시키기에 부족함이 없었다 ─ BPS 상태들 중 일부는 1차원 끈이고, 또 다른 일부는 2차원 막에 해당된다. 여기까지는 이미 들은 바 있기 때문에 별로 놀랍지 않다. 그러나 그 이외의 BPS 상태들은 3차원, 4차원… 심지어는 9차원적 구조를 가진 끈의 존재를 예견하고 있는 것이다. 끈이론이건, M-이론이건, 혹은 나중에 어떤 이름으로 불리게 되건 간에, 궁극의 이론은 다중차원의 구조를 가진 물체(일반화된 끈의 개념)를 다루게 될 것이다. 물리학자들은 3차원으로 확장된 끈을 칭할 때 three-brane이라는 용어를 사용하고 있으며, 4차원 끈은 four-brane, 9차원 끈은 nine-brane이라 부른다(이것을 일반화시켜서, P차원적 구조를 갖는 끈은 P-brane이라고 부른다. 참으로 적절한 이름이 아닌가!). 지금은 이 용어가 일반화 되어서, 1차원 끈은 one-brane, 2차원 끈(리본 또는 튜브형태)은 two-brane이라 부르기도 한다. 이렇게 차원적으로 확장된 물체는 분명 끈이론의 근간을 이루고 있으며, 타운젠드 Paul Townsend는 이를 가리켜 "브레인 brane의 민주화"라 비유하기도 했다.

이렇게 다양한 브레인 brane들이 등장했음에도 불구하고, one-

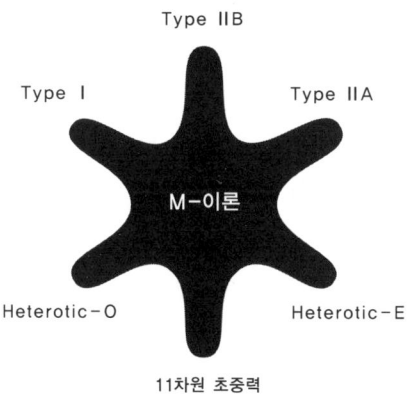

그림 12.11 duality를 고려하면 다섯 개의 끈이론과 11차원 초중력이론, 그리고 M-이론은 하나의 골격 안에서 조화롭게 통일된다.

brane, 즉 '끈'은 여전히 특별한 존재이다. 물리학자들은 1차원 끈을 제외한 모든 brane의 질량이 끈결합상수에 반비례한다는 사실을 증명해냈다. 이것은 그림 12.11에 있는 다섯 종류의 끈이론에 모두 해당되는 사실이다. 그러므로 약결합인 경우에는 1차원 끈을 제외한 모든 brane들은 매우 큰 질량을 갖는다. 실제로 계산을 해 보면, 이 경우의 질량은 플랑크 질량을 상회하는 엄청난 값이다.

그런데 특수상대성이론의 $E=mc^2$에 의하면 큰 질량은 큰 에너지를 의미하므로, 결국 brane은 실제의 물리학에 그다지 큰 영향을 미치지 않는다고 볼 수 있다(물론 항상 그렇지는 않다. 이 문제는 다음 장에서 논할 예정이다). 그러나 강결합인 경우에는 고차원-brane의 질량이 작아져서 이들의 역할이 점차 중요해진다.[*14]

이쯤에서, 독자들은 다음의 사실을 깊이 새겨두어야 한다 — 그림 12.11의 중앙부에 해당하는 이론의 기본 단위는 끈 string이나 막 membrane이 아니라 여러 종류의 차원을 갖는 다중-brane이며, 이들 모두는 동등한 자격을 갖고 있다(다시 말해서, 어느 하나가 특별하게 중요하지 않다는 뜻이다 : 옮긴이). 우리는 아직 이 이론의 성질을 완전하게 규명해내지 못했지만, 한 가지 분명한 사실은 그림 12.11의 중앙부에서 돌출된 부위로 이동할 때 오직 끈(또는 2차원 막)만이 과도한 질량을 갖지 않게 되어 우리의 눈에 보이는 물리학에 기여한다는 것이다(표 1.1에 나열된 입자들과 네 종류의 힘들이 바로 '눈에 보이는' 물리학의 사례이다). 끈이론 학자들이 지난 20여 년간 사용해왔던 섭동적 방법으로는 다른 차원의 초중량 brane이 존재한다는 사실조차 알아낼 수가 없다. 이런 경우에는 1차원의 끈만이 유일하게 의미를 갖는 존재가 되어 다소 비민주적인 '끈이론 string theory' 이라는 이름이 붙여졌던 것이다. 그러나 모든 내막이 드러난 지금, 끈이론(또는 brane 이론)의 실체는 상상했던 것보다 훨씬 많은 정보를 내포하고 있었다.

이들 중 어느 하나라도 끈이론의 질문에 답을 줄 수 있는가?

그렇기도 하고, 그렇지 않기도 하다. 그동안 우리는 섭동적으로 다룰 수 있는 한계를 벗어나면서 끈이론에 대하여 더욱 깊은 이해를 도모할 수 있었다. 그러나 지금 우리에게 주어진 비섭동적 공략법은 분명히 한계가 있다. 끈이론들 사이의 duality가 발견되면서 이론들 사이의 상호관계를 더욱 넓은 관점에서 볼 수 있게 된 것도 사실이지만, 거기에는 아직도 해결되지 않은 문제들이 산재해 있다. 예를 들어, 끈결합상수를 결정하는 방정식은 아직도 근사적인 형태만 알려져 있을 뿐, 그 이상의 진보가 전혀 없다(근사적 방정식은 그 형태가 너무 대략적이서 유용한 정보를 얻을 수가 없다). 또한 우리는 대형 공간차원이 왜 3개인지, 감겨진 차원의 형태는 어떻게 결정되어야 하는지 아직도 갈피를 잡지 못하고 있다. 이런 질문에 답하려면, 지금의 수준을 훨씬 넘어서는 비섭동적 접근법이 개발되어야 한다.

지금까지 우리가 얻은 것은 이런 현실적인 정보가 아니다. 단지 이론의 논리적 구조에 대한 이해가 과거보다 깊어졌을 뿐이다. 그림 12.11과 같은 상호관계가 알려지기 전만 해도, 각 끈이론들의 강결합 버전은 완전한 미지에 쌓인 블랙박스, 그 자체였다. 과거에 그려진 지도에서 강결합 영역은 미지의 왕국이었으며, 용이나 바다괴물 따위로 득실거리는 '무서운 동네'로 취급되었다. 그러나 신대륙과도 같은 M–이론의 영역이 발견되면서 우리는 드디어 미지의 왕국에 발을 들여놓게 되었고, 겉보기에 전혀 달랐던 이론들이 duality를 통해 하나로 통일되는 아름다운 광경도 목격할 수 있었다.

duality와 M 이론은 다섯 개의 끈이론을 하나로 통합했을 뿐만 아니라, 매우 중요한 하나의 결론을 제시하고 있다 — "이제는 더 이상 우리를 놀라게 할 만한 새로운 이론이 추가로 발견되지는 않을 것이다." 일단 지도 제작자가 지구 전체의 지도를 완성하면 지리학상의 지식은 그것으로 종결된다. 물론 그렇다고 해서 남극대륙이나 미크로네시아 군도를 여행해도 과학이나 문화적 지식을 얻을 수 없다는 뜻은 아니다. 단지 지리학적 지식을 목적으로 한 탐사가 더 이상 필요 없다는 뜻이다. 그림 12.11은 끈이론 학자에게 이러한 지도의 역할을 하고 있다. 다섯 개의 끈이론들 중 어떤 것을 출발점으로 삼건 간에, duality의 배를 타고 멋대로 항해를 하다 보면 결국 지도에 표시된 어느 한 지점에 이르게 된다. 비록 M–이론의 정체가 아직 불분명하긴 하지만, 새로운 미개척지는 더 이상 존재하지 않는 것이다. 이제 끈이론 학자들은 지구의를 완성한 지도 제작자처럼 당당한 주장을 할 수 있게 되었다.

지난 한 세기 동안 발견된 모든 이론들 – 특수 및 일반상대성이론, 양자역학, 강력과 약력, 그리고 전자기력에 대한 게이지 이론, 초대칭, 칼루자 – 클라인의 여분차원이론 – 이 그림 12.11에 모두 함축되어 있기 때문이다.

끈이론 학자(이제는 M – 이론 학자라고 부르는 것이 더 어울리지만)들에게 남은 과제는 그림 12.11에 그려진 지도 중에서 진정한 우주를 설명해주는 '하나의 지점'을 찾아내는 것이다. 이를 위해서는 지도상의 한 점을 명쾌하게 찍어주는 정확한 방정식과 그 해를 찾아야 하며, 실험결과를 설명할 수 있는 정확한 이해가 뒤따라야 한다. 위튼이 말한 대로 "M – 이론의 정체가 규명된다면, 그것은 과거에 있었던 어느 대 발견 못지않게 우리의 자연관을 뒤흔드는 일대 혁명을 불러온 것이다."[*15] 이것이 바로 21세기형 '물리학 통일' 프로그램의 모습이다.

제13장
끈/M - 이론의 관점에서 본 블랙홀

끈이론이 태동하기 전에 이미 문제가 되었던 일반상대성이론과 양자역학 사이의 충돌은 '자연의 모든 법칙들이 하나의 커다란 원칙 하에 조화를 이루고 있다.'는 우리의 신념에 심각한 손상을 입혔다. 그러나 이 충돌의 여파는 생각보다 훨씬 더 구체적으로 나타났다. 빅뱅 big bang이 일어나던 무렵의 극단적인 물리적 상태는 지금도 블랙홀 내부에서 지속되고 있는데, 그 구조를 이해하려면 양자역학적으로 기술된 중력이론이 반드시 필요했던 것이다. 지금 이 문제를 풀어줄 1순위 후보는 단연 끈이론이다. 앞으로 13 - 14장에서는 블랙홀과 우주의 기원을 향해 끈이론이 얼마나 가깝게 접근해가고 있는지를 알아보기로 한다.

블랙홀과 소립자

언뜻 볼 때, 블랙홀과 소립자는 그 성질이 달라도 너무나 다른, 전혀 별개의 존재들처럼 느껴질 것이다. 일반적으로 블랙홀은 엄청나게 큰 몸집을 가진 천문학적 대상이며, 소립자는 물질을 이루는 최소 단위이기 때문이다. 그러나 1960년대 말~1970년대 초에 걸쳐서 크리스토둘루 Demetrios Christodoulou, 이스라엘 Werner Israel, 프라이스 Richard Price, 카터 Brandon Carter, 커 Roy Kerr, 로빈슨 David Robinson, 호킹 Stephen Hawking, 펜로즈 Roger Penrose 등은 블랙홀과 소립자가 동일한 존재의 다른 모습일 수도 있다는 놀라운 사실을 발견하였다. 이들은 존 휠러 John Wheeler가 말했던 대로 "블랙홀은 머리카락이 없다"는 것을 입증하는 강력한 증거들을 찾아낸 것이다. 블랙홀에 머리카락이 없다니, 그럼 블랙홀에 귀는 달려 있다는 말인가? 아니다. 이 말의 의미는 "약간의 특징을 제외하면 모든 블랙홀들은 거의 비슷하게 보인다"는 뜻이다. 그럼, 약간의 특징은 또 무엇을 말하는가? — 바로 질량이 대표적인 특징이다. 다른 특징에는 또 어떤 것이 있을까? 그동안의 연구결과에 의하면, 블랙홀이 함유하고 있는 전기전하와 다른 힘전하, 그리고 블랙홀의 스핀(자전)상태 등이 고유의 특징에 속한다. 그런데 블랙홀이 갖고 있는 개개의 특징은 이것이 전부다. 질량이 같고 힘전하도 같고, 또 스핀까지 같은 두 개의 블랙홀은 물리적으로 완전히 동등하다. 다시 말해서, 블랙홀은 그들끼리 구별될 만한 독특한 '헤어스타일'을 전혀 갖고 있지 않은 것이다. 독자들은 여기서 어떤 영감이 떠오르지 않는가? — 그렇다. 질량과 힘전하, 그리고 스핀으로 구별되는 것은 바로 소립자들의 특징이다. 이러한 유사성 때문에 일부 물리학자들은 지난 몇 해 동안 '블랙홀=거대한 소립자'라는 전제하에 연구를 진행해 왔다.

실제로, 아인슈타인의 이론에 의하면 블랙홀이 가질 수 있는 질량의 '최소치'에는 한계가 없다. 커다란 물체를 내리쳐서 작은 조각으로 쪼갠 뒤에, 이들 중 아주 작은 조각에 일반상대성이론을 적용하면 그 조각은 곧 블랙홀이 된다(원래 물체의 질량이 작을수록 더욱 자잘하게 쪼개야 한다). 이제 상상 속에서 진행되는 실험 한 가지를 해보자. 아주 작은 알갱이에서 시작하여 이것을 더욱 작은 여러 개의 알갱이(블랙홀)로 쪼갠 뒤에 이 블랙홀의 특성을 소립자와 비교한다고 상상해보자. 블랙홀에 머리카락이 없다는 휠러의 주장대로, 이렇게 만들어진 초경량의 블랙홀은 소립자와 거의 비슷한 성질을 갖게 될 것이다. 소립자이건, 블랙홀이건 간에, 이들의 특성은 질량과 힘전하, 그리고 스핀에 의해 결정되기 때문이다.

그러나 여기에는 한 가지 주의할 점이 있다. 태양보다 몇 배나 질량이 큰 천문학적 스케일의 블랙홀은 덩치가 너무 커서 기기에 양자역학을 적용한다는 자체가 무의미하다. 이런 경우에는 오로지 일반상대성이론만이 블랙홀의 특성을 규명할 수 있다(지금 여기서는 블랙홀의 전체적인 구조를 놓고 말하는 중이다. 블랙홀 중심부의 특이점 singular point은 크기가 매우 작아서 양자역학적으로 다루어져야 한다). 그러나 질량이 작은 블랙홀로 가면 양자역학이 중요한 역할을 하기 시작한다. 이러한 변화의 경계는 대략 플랑크질량 근처로 알려져 있다(소립자이론의 관점에서 볼 때, 양성자 질량의 100억 × 10억 배에 달하는 플랑크질량은 엄청나게 큰 값이다. 그러나 천문학적 스케일의 블랙홀과 비교한다면 플랑크질량은 한 톨의 먼지에도 미치지 못한다). 그래서 작은 블랙홀과 소립자 사이의 유사성에 눈을 뜬 학자들은 곧바로 양자역학과 일반상대성이론 사이의 충돌문제에 뛰어들었다. 당시 이 문제는 이론 물리학의 거의 전반에 걸쳐서 진보를 방해하는 막강한 걸림돌이었다.

끈이론, 앞으로 진보의 여지가 남아 있는가?

물론이다. 블랙홀에 관하여 놀랍고도 신기한 특성이 알려지면서, 블랙홀과 소립자 사이에 처음으로 이론적인 연결고리를 제공한 것은 다름 아닌 끈이론이었다. 이 업적은 다소 먼 길을 돌아오면서 이루어지긴 했지만, 한 번 정도는 언급할 만한 가치가 있기에 여기 소개하기로 한다.

이 문제는 1980년대 후반에 끈이론 학자들 사이에서 회자되던 전혀 다른 두 개의 질문에서 시작되었다. 6차원 공간이 칼라비-야우 도형의 형태로 감겨졌을 때 그 도형의 내부에 두 종류의 구(sphere, 球)가 존재할 수 있다는 것은 당시 수학자들과 물리학자들 사이에 널리 알려져 있는 사실이었다. 그 중 하나는 비치볼의 표면과 같은 2차원의 구형인데, 이는 11장에서 이미 보았듯이 시공간을 찢어서 변형시킬 때 매우 중요한 역할을 한다. 그리고 다른 하나는 3차원의 표면을 가진 구형으로서, 이는 머리 속에 떠올리기가 좀 어렵지만 2차원 구형과 마찬가지로 공간의 구조를 이해하는데 없어서는 안 될 매우 중요한 도형이다. 물론 11장에서 언급한 대로 일상적인 비치볼은 3차원의 도형이지만, 여기서는 그 표면만 생각하기 때문에 (수도용 호스처럼) 2차원 구형으로 간주한다. 이런 도형에서 특정 지점의 위치를 나타내려면 두 개의 좌표(예: 경도와 위도)만 있으면 된다. 이제 여기에 공간 차원을 하나 추가해보자. 그러면 비치볼은 4차원 공간을 점유하는 물체가 되며, 비치볼의 표면은 2차원이 아닌 3차원 표면으로 확장된다. 이런 구형을 머리 속으로 상상하는 것은 거의 불가능하기 때문에 우리는 흔히 (학자들까지도) 낮은 차원에서 논리를 전개한 후에 그 결과를 높은 차원에 적용시키곤 한다. 그러나 앞으로 보게 되겠지만 4차원 구형의 3차원 표면은 우리의 논리를 전개하는데 매우 중요한 역할을 한다.

 물리학자들은 끈이론의 방정식을 연구하면서, 3차원 구형(4차원 공간을 점유하면서 3차원의 표면을 갖는 구형)이 시간이 흐를수록 지극히 작은 부피로 수축되어 갈 수도 있음을 알아냈다. 그러나 수축의 결과가 어떻게 나타나건 간에, 끈이론 학자들은 묻지 않을 수 없었다 ― "그렇다면 공간 자체도 그런 식으로 수축될 수 있는가? 만일 공간이 수축된다면 파국적 catastrophic인 효과가 나타나지 않을까?" 이것은 11장에서 제시되어 이미 해답을 얻어냈던 질문과 비슷하지만 결정적으로 다른 점이 있다. 11장에서 문제 삼았던 것은 2차원 구형의 수축이었고, 지금 우리는 3차원 구형의 수축을 논하고 있는 것이다(우리는 지금 칼라비-야우 도형 전체를 고려하는 것이 아니라, 그 도형의 일부가 수축되는 상황을 고려하고 있다. 그러므로 10장에서 말한 대/소 반지름의 상등관계는 여기에 적용되지 않는다). 차원이 증가함에 따라(2차원 구형 → 3차원 구형) 나타나는 결정적인 차이점은 다음과 같다.*[1] 11장에서 이미 확인한 바와 같이 끈이 공간 속을 이동해가면, 그 궤적은 2차원의 구형을 완전히 에워쌀 수 있다. 다시 말해서 그림 11.6처럼 2차원의 구형은 2차원 world-sheet(끈의 궤적) 안에 완전히 포함된다. 그래서 2차원 구형이 아주 작은 크기로 수축되어도 바깥 세상에 물리적 혼돈 상태가 초래되지 않는다는 논리가 가능했다. 그런데 칼라비-야우 도형 안에 3차원 구형이 존재한다면, 이것은 이동하는 끈의 world-sheet로 완전히 감싸질 수가 없다. 만일 이 상황이 머릿속에 그려지지 않는다면, 모든 차원들을 하나씩 낮춰서 생각해보라. 그러면 3차원 구형은 일상적인 비치볼과 같은 2차원 구형이 되고, 1차원의 끈은 0차원의 점입자가 된다. 그런데 점입자가 이동하면서 만들어진 궤적, 즉 선으로는 도저히 비치볼 모양의 2차원 구형을 에워쌀 수가 없다. 이 결과는 모든 것이 한 차원씩 높아져도 여전히 성립된다.

이 논리로부터, 끈이론 학자들은 칼라비 – 야우 공간 속에 3차원 구형이 수축되면 그야말로 일대 혼란을 불러올 수 있다고 인식하게 되었다. 실제로 1990년대 중반에 유도된(근사적인) 끈이론 방정식에 의하면, 만일 그런 현상이 실제로 일어난다면 이 우주는 산산이 분해되어 당장 종말을 맞이하게 된다. 끈이론으로 간신히 길들여 놓았던 어떤 '무한대'의 양이 공간의 수축으로 인해 다시 말썽을 일으키는 것이다. 그 당시 수년 동안 끈이론 학자들은 이 문제를 해결하지 못한 채 찜찜한 상태를 감수해야 했다. 그러나 1995년에 스트로밍거 Andrew Strominger는 이러한 논리 자체가 잘못되었음을 선언하여 학자들을 안심시켜 주었다.

위튼과 사이버그 Seiberg의 뒤를 이어 이 분야에 뛰어든 스트로밍거는 끈이론의 2차 혁명기 이후에 새롭게 알려진 사실 — 끈이론에 등장

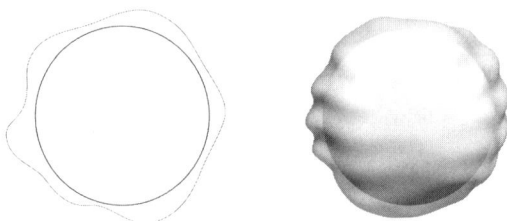

그림 13.1 1차원 끈은 1차원의 원을 에워쌀 수 있다.(왼쪽) 이와 비슷하게 2차원 막 two-brane은 2차원의 구형을 완전하게 에워쌀 수 있다.(오른쪽)

하는 끈은 1차원적 공간의 일부를 완전히 에워쌀 수 있다. 이 상황은 그림 13.1의 왼쪽에 표현되어 있다(이 그림은 그림 11.6과 의미가 다르다. 그림 11.6은 1차원 끈이 쓸고 지나가는 궤적이 2차원 도형을 에워싸는 모습이고, 그림 13.1은 끈의 궤적이 아니라 어느 특정 시간에 1차원 끈이 1차원의 원을 에워싼 모습이다. 즉, 이 그림은 사진기로 찍은 한 장면이라고 생각하면 된다). 이와 비슷하게 2차원의 막 two-brane은 마치 오렌지를 플라스틱 랩으로 싸듯이 2차원 구형을 에워쌀수 있다(그림 13.1의 오른쪽). 스트로밍거는 이런 논리로부터, 새로 발견된 3차원 막 three-brane은 3차원 구형을 에워쌀 수 있다는 사실을 떠올린 것이다(물론 이 상황은 머릿속에 그리는 것이 불가능하다. 독자들뿐만 아니라 전문가들도 마찬가지다. 그러니 머릿속에 그려지지 않는다는 이유로 이해를 포기할 필요는 없다. 낮은 차원에서 얻은 결론을 똑같이 적용하면 그만이다 : 옮긴이). 그리고는 몇 단계의 계산을 통해 "3차원 구형이 수축된다 해도 그 주위를 3차원 막이 에워싸고 있으므로, 물리학이 와해되는 혼돈스러운 결과는 나타나지 않는다."는 결론을 내릴 수 있었다.

두말할 것도 없이, 이것은 매우 중요한 발견이었다. 그러나 얼마 지나지 않아 스트로밍거의 발견은 애초에 생각했던 것 보다 훨씬 강한 위력을 지니고 있음이 밝혀지게 되었다.

확신을 갖고, 시공간 찢기

물리학에서 가장 흥미 있는 사실 중 하나는 현재 알려져 있는 지식들이 하룻밤 사이에 완전히 뒤집어질 수도 있다는 점이다. 스트로밍거가 자신의 논문을 인터넷에 올린 다음날 아침, 나는 코넬 대학의 내 연구실에서 역시 인터넷을 통해 그의 논문을 읽고 있었다. 번뜩이는 아이디어로 난제를 해결한 그의 능력은 분명히 탁월한 것이었다. 그의 논문 덕분에 여분의 차원을 좁은 영역 속에 감아넣는 과제가 다시 제대로 된 진도를 나갈 수 있게 된 것이다. 그러나 나는 그의 논문을 유심히 읽으면서 '이것만이 전부가 아니다' 라는 강한 심증을 갖게 되었다.

11장에서 시공간의 플립 변환 flop-transition을 논할 때, 우리는 두 단계의 과정을 거쳤다. 즉, 2차원의 구형을 점으로 축소시켜서 공간을 찢은 후에, 축소된 구를 다시 부풀려서 찢어진 공간을 다시 복귀시켰다. 스트로밍거의 논문에는 3차원의 구형을 점으로 축소시켰을 때 일어나는 현상들과 끈이론에서 새롭게 발견된 물체들이 이 모든 상황들을 안전하게 유지시켜준다는 내용이 소개되어 있다. 그러나 그의 논문은 더 이상의 내용을 담고 있지 않았다. 나는 혼자 생각에 잠겼다 ― "3차원 구형의 경우에도, 점으로 축소시켰다가 다시 부풀려서 찢어진 공간을 복귀시킬 수 있지 않을까?"

1995년에 데이빗 모리슨 David Morrison은 봄 학기 동안 코넬 대학교를 방문하고 있었는데, 어느 날 오후에 나는 그와 함께 스트로밍거의 논문에 대하여 서로 의견을 주고 받았다. 약 두 시간 동안 토론을

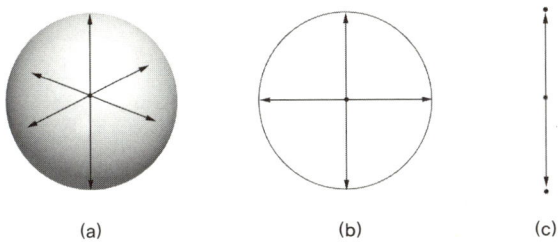

그림 13.2 (a) 2차원 구형, (b) 1차원 구형(원), (c) 0차원 구형의 정의

하면서 우리는 스트로밍거가 다루지 않았던 나머지 부분을 거의 구체화시킬 수 있었다. 3차원 구형이 점으로 축소되면 칼라비-야우 도형이 찢어지고, 축소된 구를 다시 부풀리면 찢어졌던 도형이 다시 복귀되었던 것이다. 그런데 여기에는 아주 놀라운 사실 하나가 숨어 있었다. 점으로 축소된 구형은 3차원이었는데, 나중에 부풀려진 구형은 '2차원'이었다. 3차원 구형이라는 도형 자체가 추상적이기 때문에 이 상황을 머릿속에 그리는 것은 거의 불가능한 일이다. 그래서 지금은 차원을 몇 단계 낮춰서 상황을 이해한 뒤에, 몇 가지 중요한 사실들을 유추해보기로 하자 — 3차원 구형을 2차원 구형으로 대치시키고, 1차원 구형을 변형시켜서 0차원 구형으로 만드는 과정을 생각해보자.

여기서 독자들은 약간의 당혹감을 느낄지도 모르겠다. '1차원 구' 또는 '0차원 구'가 대체 무슨 뜻일까? 2차원 구형의 정의는 3차원 공간에서 임의로 주어진 하나의 점(중심)으로부터 거리가 같은 점들의 집합이다(그림 3.2(a) 참조). 이 정의를 그대로 따르면, 1차원 구형은 2차원 평면상의 한 점으로부터 거리가 같은 점들을 모아놓은 것이다. 그림 3.2(b)에 그려진 도형이 이 경우에 해당하는데, 이것은 다름 아닌 원을 나타내고 있다. 그리고 마지막으로 0차원 구형은 1차원 공간(선)

끈/M-이론의 관점에서 본 블랙홀 | 463

그림 13.3 도넛 모양의 도형 토러스 torus가 점으로 축소되는 과정. 도넛이 찢어지면서 두 개의 구멍이 생기는데, 이것은 제일 왼쪽 그림의 1차원 구형(가는 선으로 표시)이 0차원 구형(두 개의 점)으로 변환되었음을 뜻한다. 그리고 일련의 과정을 거쳐 생성된 도형은 전혀 다른 모양, 즉 비치볼의 형태를 띠고 있다.

의 한 점에서 거리가 같은 점들의 집합이다. 그림 13.2(c)에서 보는 바와 같이, 0차원 구형은 단 두 개의 점으로 이루어져 있으며, 이 두 점 사이의 거리가 0차원 구형의 직경에 해당한다(직경의 1/2이 반지름이다). 따라서 공간을 찢으면 1차원 구형(원)은 0차원 구형(점 두 개)으로 대치되며, 이 상황은 그림 13.3에 잘 표현되어 있다.

우선, 1차원 구형의 연속적 집합으로 이루어진 도넛 모양의 도형 토러스 torus에서 시작해보자. 그림 13.3에서 1차원 구형의 존재는 가느다란 선으로 표현되어 있다(제일 왼쪽 그림). 이제 시간이 흐름에 따라 실선으로 표시된 부분이 점차 좁아지면서 공간이 찢어지는 과정을 상상해보자. 일단 공간이 찢어지면 찢겨 나간 부분에 0차원 구형(두 개의 점)을 삽입하여 다시 정상적인 도형의 상태를 유지시킬 수 있다. 그림 13.3에서 보다시피, 이렇게 만들어진 도형은 구부러진 바나나의 형태이며, 여기서 더 이상 공간을 찢지 않고 외형을 잘 변형시키면 비치볼 모양의 2차원 구형이 얻어진다. 따라서 1차원 구형을 축소시켜서 0차원 구형(두 개의 점)으로 대치시키면, 원래의 도형(도넛형 torus)은 전혀 다른 도형으로 변한다는 사실을 알 수 있다. 작은 영역 속에 감겨진 채 존재하는 여분의 공간차원에 이 논리를 적용하면, 그림 13.3과 같은 우주공간을 그림 8.7의 형태로 바꿔놓을 수 있다.

물론 이것은 낮은 차원에서의 비유에 불과하지만, 여기에는 모리슨과 내가 생각했던(그리고 스트로밍거가 미처 생각하지 못했던) 아이디어의 핵심이 담겨 있다. 칼라비-야우 도형의 내부에 들어 있는 3차원 구형이 수축되어 공간이 찢어지면 곧바로 2차원 구형이 자라나면서 찢어진 곳을 메우는데, 그 결과로 생성된 새로운 도형은 과거에 위튼과 내가 발견했던 것보다 훨씬 더 심각하게 변형된 모습을 하고 있었다(과거의 발견에 관한 내용은 11장에 이미 언급했다) 이 논리에 의하면, 칼라비-야우 도형은 도넛이 비치볼로 변하는 것처럼 매우 다른 모습으로 변형될 수 있으며, 이 과정에서 물리학적 재앙은 결코 일어나지 않는다. 우리(그린과 모리슨)는 이 아이디어에 확실한 심증을 갖고 있었지만, 설득력을 갖추기 위해서는 물리적 재앙이 닥치지 않는다는 사실을 계산으로 확인해야 했다. 그날 저녁, 우리는 끈이론의 새로운 장이 펼쳐질 것을 기대하며 의기양양하게 집으로 돌아갔다.

쏟아지는 e-mail

다음날 아침, 내 앞으로 e-mail 하나가 배달되었다. 자신의 논문에 조언을 해달라는 스트로밍거의 메일이었다. 그래서 나는 "당신의 논문은 애스핀월과 모리슨의 연구 결과와 깊이 연관되어 있는 것 같다"고 했다. 사실은 스트로밍거 역시 공간의 위상 topology이 변하는 과정을 연구하던 중이었다. 나는 전날 오후에 모리슨과 토론했던 내용을 요약하여 e-mail로 보내주었다. 그리고 스트로밍거가 다시 보내온 답장을 보니, 그의 관심은 우리와 정확하게 일치하고 있었다.

그로부터 며칠 동안 우리 세 사람은 공간을 찢으면서 발생하는 극적인 변환에 대하여 엄청난 양의 e-mail을 주고받으면서 그 아이디어를 수학적으로 구현하기 위해 최선의 노력을 기울였다. 그리고 시간이 가면서 모든 것이 분명하게 드러나기 시작했다. 스트로밍거의 논문을 처음 읽고서 일주일이 지난 어느 날, 우리는 3차원 구형이 수축되면서 일어나는 새로운 공간 변형에 대하여 공동 논문을 완성할 수 있었다.

스트로밍거는 다음날 하버드에서 세미나를 하기로 되어 있었기 때문에 아침 일찍 산타바바라를 떠났다. 그래서 모리슨과 나는 논문의 구체적인 계산을 완성하여 다음날 저녁 무렵 e-mail을 통해 학계에 공개하기로 했다. 밤 11시 45분경에, 우리는 계산을 끝냈다. 모든 것이 완벽하게 맞아들어 가고 있었다. 모리슨과 나는 완성된 논문을 e-mail로 보낸 뒤에 물리학과 건물을 빠져나왔다. 우리는 주차장으로 걸어가면서 논문에 관한 대화를 주고받다가 '우리의 결과를 받아들이지 않는' 반대파의 입장에 서서 모든 내용을 다시 한 번 점검해보았다. 그런데 차에 시동을 걸고 주차장을 빠져나와 학교 캠퍼스를 가로질러갈 즈음, 무언가 좋지 않은 생각이 뇌리를 스쳐 지나갔다. 우리의 논리는 강력한 설득력을 갖추긴 했지만, 완전무결하지는 않았던 것이다. 물론 모리슨과 나는 우리의 결론을 굳게 믿고 있었다. 그러나 만일 논문에 적은 몇 가지 논지들이 반론의 대상이 된다면 우리가 애써 얻어낸 결과가 곁가지 논쟁에 휘말려 그 중요성이 퇴색될 것 같았다. 그래서 우리는 주장하는 바의 강도를 조금 낮추고 새로운 아이디어를 부각시키는 쪽으로 논문을 수정하기로 했다.

그런데 갑자기 모리슨이 중요한 사실을 떠올렸다. 인터넷으로 이미 제출된 논문은 다음날 새벽 2시가 넘으면 전 세계 물리학계에 그대로 공개된다는 것을 깜박 잊고 있었던 것이다. 우리는 그 길로 차를 돌려 연구실로 되돌아와서 주장의 강도를 줄이는 수정작업에 착수했다. 다행이 수정은 생각보다 쉽게 끝났다. 문장 중에 단어 몇 개를 고쳤더니 논지가 한결 부드러워지면서 우리의 아이디어를 부각시키는 효과가 금세 나타났던 것이다. 수정을 시작한 지 한 시간 만에 우리는 논문을 다시 e-mail로 보냈다. 그리고 차를 타고 모리슨을 집에 데려다 줄 때까지 그에 관해서 두 번 다시 언급하지 않기로 약속했다.

다음날 아침, 우리의 논문은 학자들 사이에 열광적인 반향을 불러일으켰다. 특히 플리서 plesser는 우리의 아이디어에 극찬을 아끼지 않으면서 "내가 왜 진작 그런 생각을 못 했을까? 너무나 안타깝네…." 하며 부러워하기도 했다. 전날 밤의 걱정에도 불구하고, 우리의 논문은 '시공간의 찢어짐 현상'이 11장에서 언급된 방식 이외에 그림 13.3과 같이 파격적인 방식으로 일어날 수도 있음을 밝혀낸 것이다.

다시 블랙홀과 소립자로 되돌아와서…

지금까지 언급한 내용들이 블랙홀과 어떤 관계에 있다는 말인가? ─물론 깊은 관계가 있다. 이 점을 이해하기 위해 11장에서 제기되었던 질문을 다시 한 번 떠올려보자. 시공간이 정말로 찢어진다면, 우리는 그것을 어떻게 실험적으로 확인할 수 있을까? 앞에서는 플럽 변환 flop transition을 이용하여 이 질문에 답할 수 있었지만, 그것은 결코 흔히 일어나는 현상이 아니다. 그러나 우리가 발견했던 새로운 찢김 현상(전문용어로는 '코니폴드 변환 conifold transition'이라고 부른다)은 물리학적 재난을 불러일으키지 않으면서 '관측 가능한' 물리량을 제시하고 있다.

    이 물리량에는 두 가지의 개념이 내재되어 있다. 지금부터 이 개념에 대하여 자세한 설명을 하고자 한다. 우선 첫째로, 스트로밍거의 아이디어를 떠올려보자. 칼라비-야우 공간의 내부에 들어 있는 3차원 구형은 3-brane에 의해 완전하게 에워싸여질 수 있기 때문에 물리적인 대재난을 일으키지 않으면서 얼마든지 수축될 수 있다. 그렇다면 이렇게 brane으로 에워싸인 3차원 구형과 이들을 포함하는 칼라비-야우 도형은 어떤 형태를 하고 있을까? 그 해답은 호로비츠와 스트로밍거가 과거에 얻어냈던 연구 결과에서 찾을 수 있다 — 우리 인간들처럼 3차원의 공간만을 인식할 수 있는 존재들의 입장에서 볼 때, 3차원 구형을 에워싸고 있는 3-brane이 만들어낸 중력장은 마치 블랙홀처럼 보인다.[*2] 물론 이것은 brane(차원이 확장된 끈)에 관한 방정식을 직접 풀어봐야 분명하게 이해할 수 있다. 이 경우 역시 지면에 그림으로 표현할 수가 없기 때문에 차원을 하나 낮춰서 생각해보기로 하자.

그림 13.4 감겨진 차원 속에서 구형을 에워싸고 있는 brane(차원이 확장된 끈)은 일상적인 차원(3차원 공간)에서 볼 때 마치 블랙홀처럼 보인다.

그림 13.4는 칼라비-야우 도형 내부에서 2-brane이 2차원 구형을 에 워싸고 있는 모습을 도식적으로 표현한 그림이다. 호로비츠와 스트로 밍거가 알아낸 사실은 바로 이것이다—"만일 누군가가 3차원 공간 이 외에 여분의 차원을 볼 수 있는 눈을 갖고 있어서, 그 눈으로 3차원 구 형을 에워싸고 있는 3-brane을 관측하여 질량과 힘전하 등을 관측한 다면, 그 결과는 블랙홀의 관측 결과와 동일하다." 스트로밍거는 1995 년에 이 내용을 학계에 발표하면서, 3-brane의 질량(블랙홀의 질량)은 그 안에 싸여 있는 3차원 구형의 부피에 비례한다고 주장했다. 즉, 구 형의 부피가 클수록 그것을 에워싸는 3-brane의 크기가 커지고, 따라 서 질량도 그만큼 증가한다는 논리이다. 이와 마찬가지로, 구형의 부 피가 작아지면 3-brane의 질량도 작아진다. 그리고 3차원 구형이 수 축되면 이것을 에워싸고 있는 3-brane(블랙홀처럼 보였던 물체)도 따 라서 가벼워질 것이다. 그래서 3차원 구형이 하나의 점으로 수축되면 여기에 해당되는 블랙홀은 질량이 아예 사라져버린다! 블랙홀의 질량 이 0이라니, 이게 대체 어찌된 영문인가? 지금 당장은 이해가 가지 않 겠지만, 이 수수께끼는 끈이론과 관련지어 잠시 후에 다시 언급될 것 이다.

두 번째로 고려되어야 할 것은 9장에서 말한 대로 칼라비-야우 도형에 나 있는 구멍의 수가 저에너지(작은 질량)의 끈 진동 패턴(표 1.1에 나열된 소립자들의 특성을 좌우하는 진동 패턴)을 결정한다는 사실 이다. 공간을 찢는 코니폴드 변환은 구멍의 수를 바꿔놓기 때문에(그 림 13.3의 경우, 도넛의 구멍이 변환 후에 사라졌음을 상기하기 바란다), 이것은 결국 저에너지에서의 진동 패턴에 모종의 변화를 불러올 것이 다. 실제로 모리슨과 스트로밍거, 그리고 내가 이 문제를 집중적으로 연구할 때 "한 점으로 수축된 3차원 구형이 2차원 구형으로 대치되면 질량이 없는 끈의 진동 패턴이 정확하게 하나 증가한다."는 사실을 발견했다. (그림 13.3에서는 변환된 후에 구멍의 수가 줄어들었지만, 저에너지에서는 상황이 달라질 수 있다)

지금까지 이야기한 두 개의 요소들을 한데 합치기 위해, 3차원 구형의 크기가 점차 줄어들고 있는 칼라비-야우 도형을 단계별로 상상해보자. 3차원 구형을 에워싸고 있는 3-brane(우리에게는 블랙홀처럼 보임)이 점점 작아지면서 결국에는 질량이 없는 하나의 점으로 사라진다. 그런데 사라진다는 게 대체 무슨 뜻인가? 위에서 언급했던 두 번째 고려 사항을 잘 음미해보면 그 해답을 얻을 수 있다. 우리의 연구 결과에 의하면, 공간을 찢는 코니폴드 변환의 결과로 나타난 질량 없는 끈의 새로운 진동 패턴은 "블랙홀이 변환되어 생긴 질량 없는 입자를 미시적으로 표현한 것"이었다. 그래서 우리는 "공간이 코니폴드 변환을 겪을 때, 블랙홀은 점차 작아져서 결국에는 광자와 같은 질량 없는 입자가 된다."는 결론에 이르게 되었다. 끈이론에서 '질량 없는 입자'란, 어떤 특정한 모드로 진동하고 있는 끈에 불과하다. 이렇게 해서 끈이론은 역사상 처음으로 블랙홀과 소립자 사이의 관계를 구체적으로 규명할 수 있었다.

블랙홀 '녹이기'

블랙홀과 소립자 사이의 관계는 우리가 일상생활 속에서 흔히 볼 수 있는 '상 변화(상전이) phase transition'라는 현상과 매우 비슷하다. 상 변화의 간단한 사례로는 물의 상태 변화(얼음, 물, 수증기)를 들 수 있다. 이들은 모두 물이 가질 수 있는 '상태'에 해당되며 하나의 상태에서 다른 상태로 변할 때 우리는 그것을 상 변화라 부른다. 모리슨과 스트로밍거, 그리고 나는 하나의 칼라비-야우 도형이 코니폴드 변환을 거쳐서 다른 형태의 칼라비-야우 도형으로 변환되었을 때, 거기에는 수학 및 물리학적 상 변화가 일어난다는 사실을 발견하였다. 물을 한 번도 본 적이 없는 사람과 얼음을 한 번도 못 본 사람이 물과 얼음의 공통된 성질을 간파하지 못하는 것처럼, 이전의 물리학자들은 블랙홀과 소립자가 둘 다 끈으로 이루어진 동일한 물체의 다른 위상이라는 것을 인식하지 못했다. 얼음과 물의 상태가 온도에 따라 좌우되듯이, 블랙홀과 소립자의 상태는 칼라비-야우 공간의 기하학적 형태에 따라 좌우된다. 다시 말해서 첫 번째 위상은 칼라비-야우 도형 내부에 블랙홀이 존재하는 상태이고(얼음의 상태에 해당됨) 두 번째 위상은 블랙홀이 상 변화를 일으켜(얼음이 '녹은' 상태에 해당됨) 진동하는 끈으로 전환된 상태이다. 시공간을 찢는 코니폴드 변환이 가해지면 칼라비-야우 도형의 위상이 달라지는데, 이로부터 우리는 블랙홀과 소립자가 물과 얼음처럼 동일한 존재의 다른 모습임을 알 수 있으며, 천문학의 대상이었던 블랙홀을 끈이론의 범주 안에서 이해할 수 있게 되었다.

우리는 지금까지 '공간 찢기 변환'과 '다섯 개의 끈이론들 사이에 존재하는 연결고리'를 이해하기 위해 물과 얼음의 유사성을 예로 들었다. 그림 12.11에 나타나 있는 것처럼, 모든 끈이론들은 서로에 대하여 duality의 관계에 있으며, 따라서 이 모든 것을 포함하는 하나의 이론으로 통합될 수 있다. 그러나 하나의 끈이론에서 다른 끈이론으로 자유롭게 넘나들 수 있는 이러한 성질이 칼라비-야우 공간에 변환을 준 뒤에도 여전히 유지될 것인가? 코니폴드 변환이 발견되기 전에는 이것이 불가능하다고 알려져 있었다. 칼라비-야우 공간을 연속적인 단계를 거쳐 변형시키는 방법을 몰랐기 때문이었다. 그러나 지금은 얼마든지 가능하다. 물리적으로 아무런 하자가 없는 공간찢기(코니폴드 변환) 과정을 거치면, 하나의 칼라비-야우 도형은 연속적인 단계를 거쳐서 다른 칼라비-야우 도형으로 변환될 수 있다. 즉 끈결합상수와 칼라비-야우 도형의 기하학적 구조를 변화시킴으로써, 우리는 지금까지 알려진 모든 끈이론을 섭렵할 수 있다. 따라서 이 모든 이론들을 포함하는 커다란 통일이론의 등장에 더욱 큰 기대를 걸게 되는 것이다. 여분의 차원들을 좁은 영역에 모두 감아넣은 후에도 그림 12.11은 여전히 그 모양을 유지할 것이다.

블랙홀의 엔트로피

몇 해 동안 세계적으로 저명한 이론물리학자들 중 몇 명은 블랙홀과 소립자 사이의 관계 및 공간 찢기 변환에 대하여 집중적인 연구를 시도하였다. 이런 테마들은 언뜻 듣기에 공상과학 소설에나 나올 법한 황당한 이야기처럼 들리지만, 양자역학과 일반상대성이론을 조화롭게 양립시키는데 성공한 끈이론은 이런 주제들을 최첨단 과학의 화두로 끌어올렸다. 이러한 일련의 성공에 고무된 물리학자들은 지난 수십 년간 해결되지 않았던 다른 문제들도 끈이론으로 해결될 수 있다는 자신감을 갖게 되었다. 이들 중 가장 대표적인 문제가 바로 '블랙홀의 엔트로피' 문제다. 45년 동안 미지로 남아 있었던 이 문제가 끈이론으로 해결됨으로써, 끈이론은 자신의 입지를 더욱 다질 수 있었다.

엔트로피란 무질서도 disorder나 무작위도 randomness를 구체적인 수치로 나타낸 물리량이다. 예를 들어 당신의 책상이 책과 잡지, 신문, 우편물 등으로 잔뜩 어질러져 있다면, 이것은 무질서도가 아주 높은 상태로서 엔트로피의 값이 아주 큰 경우에 해당된다. 이와는 반대로 모든 책들을 알파벳순으로 책꽂이에 꽂아넣고 잡지와 신문은 발행일 순으로 정돈하고, 굴러다니는 펜들을 한데 모아서 필통 속에 가격대순으로 가지런히 정리해두었다면, 당신의 책상은 매우 질서가 잡힌 상태이며 이 경우에 엔트로피는 아주 작은 값을 갖는다. 책상의 예는 기본적인 개념만을 보여 줄 뿐이지만, 물리학자들은 정확한 숫자로 표현될 수 있도록 엔트로피를 구체적으로 정의해놓았다. 숫자가 크면 엔트로피가 크고, 숫자가 작으면 엔트로피도 작다. 구체적인 정의는 다소 복잡하지만, 엔트로피의 개략적인 개념은 다음과 같다 — "하나의 물리계가 주어졌을 때, 그 외관을 변화시키지 않으면서 내용물을 재배열시킬 수 있는 방법의 가짓수"가 바로 엔트로피다(더욱 정확하게 표현하자면, 이 값에 자연로그를 취하고 거기에 어떤 특정 상수를 곱한 양이다 : 옮긴이). 책상이 완전하게 정리되어 있을 때에는 책이나 신문, 잡지, 펜들 중 일부를 재배열시키면 무질서도가 증가한다. 어떻게 옮기건 간에 원래의 정돈된 순서를 흩뜨릴 것이기 때문이다. 따라서 이런 경우에는 엔트로피가 지극히 작은 값을 가진다. 반면에 책상 위가 극도로 어질러져 있으면 그들 중 일부의 배열을 바꿔도 전체적인 무질서도는 거의 변화가 없다. 이것이 바로 엔트로피가 큰 경우이다.

물론 책상 위의 책이나 신문, 잡지, 필기도구 등을 재배열하는 과정은 물리적으로 정확하기가 어렵다. 엔트로피에 대하여 엄밀하게 정의를 내리려면 미시적인 양자역학적 범위의 입자계에서 거시적 성질(에너지나 압력 등)을 변화시키지 않은 채로 입자들을 재배열하는 방법의 수를 셀 수 있어야 한다. 그 구체적인 과정은 이 책에서 굳이 언급할 필요가 없고, 다만 엔트로피라는 것이 주어진 물리계의 전체적인 무질서도를 나타내는 양자역학적 개념임을 깊이 새겨두기 바란다.

1970년에, 프린스턴 대학교 교수 존 휠러 John Wheeler의 제자였던 베켄슈타인 Jacob Bekenstein은 누가 들어도 깜짝 놀랄 만한 하나의 가설을 제안하였다 — 블랙홀이 방대한 양의 엔트로피를 갖고 있을 수도 있다는 대담한 제안이었다. 베켄슈타인의 아이디어는 그 당시 이미 충분하게 검증된 '열역학 제2법칙'에 근거를 두고 있었다. 즉, 물리계의 엔트로피는 항상 증가만 할 뿐 결코 감소하지 않는다는 법칙이 그것이었다. 모든 만물은 무질서도가 증가하는 쪽으로 이동하려는 경향을 갖고 있다. 책상을 깨끗하게 정리하여 책상 위의 엔트로피를 감소시킨 경우에도, 당신의 몸과 주변 공기를 모두 포함한 전체 물리계의 엔트로피는(책상까지 포함해서) 결국 증가하게 된다. 왜 그럴까? — 책상을 정돈하려면 당신은 에너지를 소모해야 한다. 당신의 몸 안에서 지방질을 이루고 있는 분자들은 근육에 에너지를 전달하면서 무질서도가 증가하게 되고, 근육이 일을 하다보면 몸에서 열이 발생하여 주변에 있는 공기분자들의 무질서도를 높이기 때문이다. 이런 부수적인 효과들까지 모두 고려한다면, 책상 위의 엔트로피가 감소했다 해도 전체 엔트로피는 결국 증가하게 되는 것이다. (열역학 제2법칙은 '고립된' 물리계에 적용된다. 책상 자체만 놓고 본다면 이것도 고립된 물리계로 간주될 수 있지만, 책상 위가 정돈되려면 반드시 사람이나 기계의 노동이 외부로부터 개입되어야 한다. 따라서 이 경우에는 책상과 사람, 그리고 그 주변의 공간들을 모두 합쳐야 고립된 계로 간주될 수 있다 : 옮긴이)

그러나 베켄슈타인이 던졌던 질문은 상황이 사뭇 다르다 — "당신이 블랙홀의 사건지평선 event horizon 근처에서 책상을 정리한다고 하

자. 그리고 막강한 파워를 가진 진공 펌프를 동원하여 당신의 행동으로 인해 교란된 공기분자들을 모두 블랙홀의 내부로 빨아들여서, 차디찬 진공 중에 당신 혼자 남았다면 엔트로피는 어찌 될 것인가?" 베켄슈타인의 논리는 다음과 같다. 당신이 있는 곳(방)의 엔트로피는 감소했음이 분명하므로, 열역학 제2법칙이 만족되려면 블랙홀 내부의 엔트로피는 증가해야만 한다. 그리고 이 증가량은 당신이 있는 곳에서 감소된 엔트로피의 양보다 많아야 한다.

 이것은 스티븐 호킹의 주장을 인용하여 그 내용을 더욱 발전시킨 결과로 볼 수 있다. 호킹은 블랙홀을 감싸고 있는 사건지평선(이보다 가깝게 접근하면 블랙홀로 빨려 들어가서 다시는 나오지 못한다)의 넓이가 어떠한 물리적 과정을 거치건 간에 항상 증가한다는 사실을 알아낸 바 있다. 즉, 블랙홀에 혹성이 떨어지거나 근처에 있는 별의 표면을 덮고 있는 가스층이 부풀면서 블랙홀의 영역을 침범했을 때, 또는 두 개의 블랙홀이 충돌하여 하나로 합쳐질 때 등등… 물리적 상호작용이 일어나는 모든 경우에, 블랙홀을 에워싸고 있는 사건지평신의 면적은 항상 증가한다. 베켄슈타인은 '증가하는 사건지평선의 면적' 을 '증가하는 엔트로피' 에 대응시켜서 열역학 제2법칙을 사수했던 것이다. 그리고 사건지평선의 면적으로부터 엔트로피 값을 결정하는 구체적인 관계식까지 제시하였다.

 그러나 이 시점에서 문제를 좀더 면밀하게 검토해보면, 대부분의 물리학자들이 베켄슈타인의 아이디어에 반기를 들 수밖에 없었던 두 가지의 이유를 집어낼 수 있다. 첫째, 블랙홀은 이 우주 안에 있는 모든 물체들 중에서 그 내부가 가장 질서 정연하게 정돈되어 있는 물체다. (적어도 겉으로 볼 때는 그렇다) 블랙홀의 질량과 힘전하, 그리고 자전 상태가 규명되기만 하면 블랙홀의 모든 정체가 드러난다. 블랙홀의 특성을 결정하는 요인이 이렇게 세 가지밖에 없기 때문에, 그 안에서 커다란 무질서나 혼돈 상태가 존재하리라고는 생각하기 어렵다. 마치 책 한 권과 펜 한 자루가 달랑 놓여 있는 책상처럼 블랙홀의 구조 자체가 단순하기 때문에, 고도의 무질서 상태에 놓이는 것이 원리적으로 불가능해 보인다. 베켄슈타인의 아이디어가 받아들여지지 않았던 두 번째 이유는 엔트로피라는 물리량이 양자역학적 개념이었던 것에 반해, 블랙홀은 그와 상극이었던 일반 상대성이론의 산물이었기 때문이다. 1970년대 초반에는 일반상대성이론과 양자역학을 한데 섞을 만한 논리가 전혀 없었으므로, 블랙홀의 엔트로피를 논하는 것 자체가 힘에 부치는 일이었던 것이다.

얼마나 검어야 '검다' 고 말할 수 있는가?

스티븐 호킹도 블랙홀 사건지평선의 면적이 증가하는 현상과 엔트로피의 증가현상을 연결지으려고 시도했었지만 결국은 포기하고 말았다. 그는 자신이 발견했던 '사건지평선 면적 증가의 법칙'과 다른 연구결과들(제임스 바딘 James Bardeen, 브랜든 카터 Brandon Carter와 공동연구)을 종합한 결과, 블랙홀과 열역학 법칙의 유사점을 논할 때에는 사건지평선의 면적과 엔트로피 사이의 관계뿐만 아니라 블랙홀의 '온도(그리고 사건지평선에서 계산된 블랙홀 중력의 정확한 크기)'가 함께 고려되어야 한다는 사실을 알게 되었다. 그런데 만일 블랙홀이 절대온도 $0°K(-273°C)$보다 높은 온도를 갖고 있다면, 이미 잘 알려진 물리학의 법칙에 의해 달궈진 부지깽이처럼 복사에너지를 방출해야만 한다. 그러나 모든 사람들이 익히 알고 있는 바대로 블랙홀은 분명히 '검다', 즉 아무 것도 방출하고 있지 않다는 뜻이다. 호킹을 비롯한 대다수의 물리학자들은 바로 이러한 이유 때문에 베켄슈타인의 아이디어를 선뜻 받아들이지 않았었다. 그 대신에 호킹은 엔트로피를 가진 물질이 블랙홀의 내부로 빨려 들어가면 엔트로피 자체가 사라진다는 단순하고 평범한 생각을 갖고 있었다. 물론 열역학 제2법칙에는 위배되는 생각이었지만, 달리 방법이 없었다. 당시로서는 그것이 최선의 결론이었다.

그러나 1974년에 호킹은 정말로 놀라운 사실을 발견하였다. 호킹의 표현을 빌리자면, "블랙홀은 완전히 검지 않다"는 것이다! 양자역학을 문제 삼지 않고 오로지 일반상대성이론만 고려한다면 1910년에 이미 알려진 바와 같이 블랙홀은 아무 것도 (심지어는 빛까지도) 방출하지 않아야 한다. 중력이 워낙 커서 그 어떤 것도 블랙홀의 중력권을 벗어날 수 없기 때문이다. 그러나 여기에 양자역학의 개념을 도입하면 사태는 심각하게 달라진다. 당시 호킹은 양자역학과 일반상대성이론을 조화롭게 엮을 수는 없었지만, 이 두 개의 이론을 부분적으로 통합하여 믿을 만한 결론을 이끌어내는 데 성공하였다. 그가 얻어낸 결과들 중에서 가장 중요한 것은 '블랙홀도 양자역학적으로 복사를 방출한다'는 사실이었다.

구체적인 계산 과정은 길고도 복잡하지만, 호킹의 기본 아이디어는 매우 단순했다. 양자역학의 불확정성원리에 의하면 아무 것도 없는 진공 중에서도 수많은 가상입자 virtual particle들이 수시로 생성되었다가 사라지는 한바탕의 난리가 벌어지고 있다. 이러한 양자적 요동 현상은 블랙홀의 사건지평선 바깥쪽에서도 물론 진행되고 있다. 그런데 짝으로 생성된 두 개의 가상입자들 중 하나가 우연히 사건지평선을 넘어서 블랙홀 속으로 빨려 들어가면, 짝을 잃은 나머지 하나의 광자는 소멸될 방법이 없다. 호킹이 얻은 결과에 의하며, 홀로된 광자는 블랙홀의 중력에서 에너지를 얻어서 블랙홀의 반대 방향으로 멀리 사라지게 된다. 이러한 현상이 여러 번 반복해서 일어나고 있을 때, 충분히 먼 거리에서 블랙홀을 바라보면 마치 꾸준하게 복사를 방출하고 있는 것처럼 보인다. 다시 말해서 블랙홀이 '빛을 발하고' 있는 것이다.

호킹은 이러한 사실 외에도 멀리 있는 관측자가 느끼는 블랙홀의 온도를 계산했는데 이 온도는 사건지평선에서 측정된 블랙홀의 중력과 밀접하게 관련되어 있다. 이것은 블랙홀의 물리학 법칙과 열역학 법칙 사이의 관계와 완전하게 동일한 것이었다.[*3] 결국 베켄슈타인이 옳았던 것이다! ─블랙홀은 분명히 엔트로피를 갖고 있었으며 온도도 갖고 있었다. 그리고 블랙홀 물리학의 중력법칙은 열역학의 법칙들을 '중력적 언어'로 재서술한 것에 지나지 않았다. 이것이 바로 1974년에 있었던 '호킹의 폭탄선언'이었다.

여기서 독자들의 이해를 돕기 위해 약간의 수치를 소개하도록 한다. 태양의 3배에 달하는 질량을 가진 블랙홀의 경우, 그 온도는 약 $10^{-8}\,°K(0.00000001\,°K)$ 정도이다. 아주 낮은 온도이긴 하지만, 분명히 $0\,°K$는 아니다. 그러므로 블랙홀은 완전하게 검지 않다. 그저 거무스름할 뿐이다. 불행하게도 여기서 복사되는 양이 너무나 작아서 아직은 실험적으로 관측할 만한 방법이 없지만, 딱 한 가지 예외적인 경우가 있다. 호킹의 계산 결과에 의하면, 블랙홀의 질량이 작을수록 온도가 높고 복사량도 많아진다. 예를 들어, 소행성 정도 크기의 블랙홀은 감마선(태양광선 중 적외선에 해당되는 단색광의 하나)을 수소폭탄 100만×100만 톤의 강도로 복사해내고 있다. 그래서 천문학자들은 블랙홀을 찾기 위해 바로 이 감마선의 원천을 추적하고 있다. 그러나 지금까지의 관측 결과에 의하면 이렇게 작은 블랙홀은 존재할 확률이 거의 희박한 것으로 추정되고 있다. 그래서 호킹은 "누군가가 이런 방식으로 블랙홀을 찾아내기만 하면, 나는 틀림없이 노벨상을 타게 될 것이다."라고 농담 삼아 말하곤 했다.[*5]

블랙홀의 온도는 상상을 초월할 정도로 낮지만, 엔트로피의 양은 실로 엄청나다. 태양의 3배 질량을 갖는 블랙홀의 엔트로피는 무려 10^{78}이나 된다. 물론 블랙홀의 질량이 더 커질수록 엔트로피도 증가한다. 호킹의 계산 결과는 블랙홀의 내부에 엄청난 양의 무질서도가 존재하고 있음을 분명하게 보여주고 있다. 그런데 이 무질서도의 근원은 무엇일까? 앞에서 여러 차례 강조했던 바와 같이, 블랙홀은 너무나도 단순한 구조를 갖고 있기 때문에 이렇게 큰 엔트로피를 갖고 있다는 것이 쉽게 이해되지 않는다. 호킹도 이 질문에 대해서는 철저하게 침묵을 지키고 있었다. 그는 양자역학과 일반상대성이론을 부분적으로 조화시켜서 블랙홀의 엔트로피를 계산해내는 데 성공했지만 거기에 숨어 있는 미시적 의미를 알아내지는 못했다. 그 후로 근 25년 동안 세계적인 물리학자들이 블랙홀의 엔트로피를 설명해줄 만한 미시적 특성을 찾아내기 위해 무진 애를 써왔다. 그러나 양자역학과 일반상대성이론이 부조화를 이루는 상태에서는 해답의 근처만을 맴돌 뿐 어느 누구도 블랙홀의 신비를 벗기지 못하고 있었다.

다시 끈이론으로…

1996년 1월, 스트로밍거와 바파 Vafa는 서스킨드 Susskind와 젠 Sen

의 연구 결과를 토대로 한 새로운 논문 — '베켄슈타인-호킹 엔트로피의 미시적 원천 Microscopic Origin of Bekenstein-Hawking Entropy'을 발표하였다. 이 논문에서 스트로밍거와 바파는 끈이론을 이용하여 어떤 특정 부류에 속하는 블랙홀의 엔트로피를 계산하였으며, 엔트로피의 원인이 되는 미시적 요소들을 성공적으로 규명하였다. 이들의 계산은 1980년대~1990년대 초에 개발된 새로운 테크닉, 즉 '섭동적 근사법의 한계를 부분적으로 극복한' 방법에 기초를 두고 있었으며, 이들이 얻어낸 결과는 베켄슈타인과 호킹의 예상치와 정확하게 들어맞았다. 20여 년 전부터 미지로 남겨져왔던 문제 하나가 시원하게 해결되는 순간이었다.

스트로밍거와 바파가 집중적으로 연구한 것은 '극단적 extremal' 블랙홀이라는 특정 부류의 블랙홀이었다. 이런 종류의 블랙홀들은 그들이 갖고 있는 전하량(전기전하라고 생각해도 상관없다)에 대응하는 최소한의 질량을 갖고 있다. 따라서 이들은 12장에서 언급한 BPS-brane들을 소재로 하여 극단적 블랙홀을 (물론 이론상으로) 만들어냈던 것이다. 마치 쿼크와 전자들을 잘 조합하여 특정 원자를 만들어내듯이, 스트로밍거와 바파는 끈이론에서 새롭게 발견된 요소들을 재료 삼아 특정 부류의 블랙홀을 재구성하는데 성공하였다.

사실 블랙홀은 별이 진화 과정을 겪으면서 최종적으로 도달하는 상태 중 하나이다. 하나의 별이 수십억 년 동안 핵융합반응을 일으키면서 타오르다가 마침내 핵원료가 고갈되고 나면 바깥쪽으로 향하는 압력이 급격하게 줄어들면서 자체 중력에 의해 수축되기 시작한다. 그런데 중력은 거리가 가까울수록 커지기 때문에 별이 수축될수록 중력에 의한 수축현상이 더욱 강하게 일어나, 결국에는 더 이상 압축될 수 없는 블랙홀이 되는 것이다. 그런데 스트로밍거와 바파는 이렇게 현실적인 의미의 블랙홀이 아니라 아무 것도 없는 허당으로부터 블랙홀을 만들어내는 데 성공하였다. 이들은 끈이론의 2차 혁명기를 거치면서 탄생한 brane들을 정교하게 조합하여 블랙홀을 재구성함으로써, 블랙박스처럼 미지로 남아 있던 블랙홀의 내부구조를 이론적으로 규명한 후에, 질량과 전하 등 블랙홀의 특성을 변화시키지 않은 채로 미시적 구성요소의 배열을 바꾸는 방법의 가짓수를 계산하였다. 그리고는 이 값을 사건지평선의 면적(베켄슈타인과 호킹이 예측했던 엔트로피의 값)과 비교해보았다 — 결과는 완벽하게 일치했다. 적어도 '극단적인 블랙홀'에 대해서는 끈이론을 이용하여 블랙홀의 엔트로피를 이해하는 데 성공을 거둔 것이다. 25년 동안 물리학자들을 괴롭히던 난제는 결국 이렇게 해결되었다.*6

대다수의 끈이론 학자들은 스트로밍거와 바파의 성공적인 결과가 '끈이론의 당위성을 입증하는 증거'라며 흥분을 감추지 못했다. 사실, 과거의 끈이론은 쿼크나 전자의 질량처럼 실험적으로 확인할 수 있는 아주 기본적인 물리량조차 계산해내지 못하는 답답한 이론이었다. 그러나 이제 끈이론은 블랙홀과 관계된 유서 깊은 문제를 해결함으로써, 가장 근본적인 단계에서 우주를 설명하는 능력을 유감없이 보여주었다. 그리고 블랙홀의 엔트로피는 블랙홀이 복사를 방출한다는 호킹의 예상과도 일맥상통하고 있으므로, 이는 그동안 끈이론이 내놓는 결과들 중에서 실험적으로 확인이 가능한 최초의 결과이기도 하다. 물론 이를 위해서는 먼저 하늘에서 블랙홀을 찾아야 하고, 그로부터 방출된 복사를 감지할 만한 고성능 감지기도 개발해야 할 것이다(만일 블랙홀이 소행성 정도의 규모라면 지금의 감지기로도 충분하다). 블랙홀의 복사에너지를 감지하는 실험은 아직 성공을 거두진 못 했지만, 그래도 끈이론과 실제 우주 사이의 거리감을 좁히는데 상당한 공헌을 하고 있다. 1980년대에 끈이론을 맹렬하게 반대했던 셸던 글래쇼 Sheldon Glashow는 최근에 이런 말을 한 적이 있다 — "끈이론 학자들이 블랙홀에 대해서 이야기하고 있다면, 그것은 어느 정도 관측 가능한 현상을 다루고 있다는 뜻이다. 물론 쉽게 관측될 리는 없지만 그것만으로도 대단한 환속 還俗이라고 본다."

아직도 남아 있는 블랙홀의 신비

엔트로피에 얽힌 비밀이 밝혀지긴 했지만, 블랙홀에는 아직도 밝혀지지 않은 커다란 문제가 남아 있다. 그 중 하나는 결정론적 개념을 토대로 블랙홀을 이해하는 것이다. 19세기가 시작될 무렵에, 프랑스의 수학자였던 라플라스 Pierre-Simon de Laplace는 뉴턴의 운동법칙에 입각하여 '태엽이 풀리면서 작동되고 있는' 우주를 다음과 같이 서술하였다.

> 자연을 움직이고 있는 모든 힘들과 자연을 구성하는 모든 요소들의 구체적인 상태를 알 수 있는 존재가 있다면, 그는 우주 안에서 가장 큰 천체의 운동과 가장 작은 원자의 운동을 동일한 원리로부터 알아낼 수 있을 것이다. 그에게 불확실이란 있을 수 없으며, 과거와 미래도 그 앞에 실체를 드러낼 것이다.[*8]

다시 말해서, 만일 우리가 주어진 한 순간에 우주 안에 있는 모든 입자들의 위치와 속도를 알 수 있다면 뉴턴의 운동방정식을 이용하여 (원리적으로는) 그 모든 입자들의 과거와 미래를 알아낼 수 있다는 뜻이다. 결정론적인 관점에서 볼 때, 태양의 생성과정과 예수의 십자가 처형, 그리고 이 책을 읽고 있는 눈동자 운동에 이르기까지 모든 삼라만상이 빅뱅 이후로부터 이미 결정된 수많은 입자들의 위치와 속도에 의해 좌우되고 있는 셈이다. 이렇게 앞날의 모든 것이 이미 결정되어 있는 우주관은 '자유 의지'라는 철학적 문제와 심각한 충돌을 일으켜왔으나, 양자역학이 등장하면서 이 문제는 자연스럽게 해결되었다. 양자역학의 불확정성원리는 라플라스가 말했던 결정론적 우주관을 와해시켰다 — 우리는 우주를 이루고 있는 구성입자들의 위치와 속도를 '동시에' 정확하게 알아낼 수가 없기 때문이다. 그리하여 위치와 속도라는 고전적인 물리량들은 양자역학에 의해 '파동함수 wave function'로 대치되었다. 이것은 주어진 입자가 어떤 위치에 있을 확률(또는 어떤 속도를 가질 확률)을 말해주는 함수로서, 양자역학의 특성을 한눈에 보여주는 상징과도 같은 양이다.

라플라스의 우주관은 종말을 맞이했지만 그렇다고 결정론의 개념 자체가 완전히 와해된 것은 아니다. 파동함수(양자역학의 확률파동)는 시간이 흘러감에 따라 엄격한 수학적 법칙 하에서 그 모습이 변해가며, 이것은 슈뢰딩거의 파동방정식에 일목요연하게 표현되어 있다(상대론적 효과를 고려한 디락 방정식과 클라인-고든 Klein-Gordon 방정식도 있다.) 따라서 라플라스의 고전적 결정론은 완전히 사라진 게 아니라 양자역학적 결정론으로 대치된 것이다. 어느 주어진 한 순간에 우주에 있는 모든 구성입자들의 파동함수를 알 수만 있다면, 우리는 우주의 과거와 미래를 모두 알 수 있다. "미래의 어느 한 순간에 특정 사건이 일어날 확률은 그 사건을 서술하는 파동함수의 과거값으로부터 완전하게 결정된다." — 이것이 바로 결정론의 양자역학적 버전이다. 양자역학이 갖는 확률적 성질은 라플라스의 결정론이 말하는 '결과'

를 '결과의 확률'로 완화시키긴 했지만, 이 확률은 양자역학의 체계 안에서 완전하게 결정될 수 있다. 1976년에 호킹은 바로 이 '완화된 결정론'이 블랙홀에 적용되지 않는다는 사실을 발견하였다. 이것 역시 구체적인 계산은 복잡하기 그지없지만 기본적인 아이디어는 아주 단순하다. 무언가가 수축해서 블랙홀이 되면, 그것을 서술하는 파동함수도 같이 수축되어 블랙홀의 영역 안에 갇혀 있게 된다. 그런데 이런 경우에는 파동함수의 과거로부터 그 미래를 예측할 수가 없다. 무언가가 블랙홀로 빨려 들어간다면, 그 안에 들어 있던 과거의 정보가 모두 소실되기 때문이다. 즉, "오늘의 파동함수를 완전하게 알면 미래의 파동함수를 완전하게 예견할 수 있다"는 논리가 적용되지 않는 것이다.

얼핏 생각해보면 이 문제로 골머리를 앓을 필요가 없을 것 같기도 하다. 블랙홀의 사건지평선을 넘어선 지역은 다른 지역과 완전히 동떨어진 유별난 동네로 간주될 수 있기 때문에, 그 안으로 빨려 들어간 것은 그냥 무시해버려도 별 지장이 없을 것 같다. 만일 블랙홀로 빨려 들어간 무언가가 정보를 잃지 않는다 해도, 사건지평선의 건너편 지역을 '지적 존재가 인식할 수 없는 신성불가침의 영역'이라는 다소 애매모호한 철학적 언어로 정의해놓으면 더 이상 왈가왈부할 일이 없을 것 같다. 블랙홀이 완전히 검지 않다는 호킹의 폭탄선언이 발표되기 전에는 이러한 자위적 설명이 그런 대로 설득력을 가질 수 있었다. 그러나 블랙홀이 복사를 방출한다는 사실이 알려지면서 상황은 급변하기 시작했다. 복사는 에너지를 동반하기 때문에, 복사를 방출하는 블랙홀은 그 대가로 질량이 서서히 줄어들 수밖에 없다. 다시 말해서, 블랙홀이 서서히 '증발'되는 것이다. 그리고 이 결과로 블랙홀의 중심부로부터 사건지평선까지의 거리가 점차 수축되면서 앞에서 이야기했던 '신성불가침의 영역'이 점차 좁아지게 된다. 그렇다면, 무언가가 블랙홀로 빨려 들어갈 때 갖고 있었던 정보들이 블랙홀의 증발과 함께 되살아 나올 것인가? 양자적 결정론이 성립되려면 그렇게 되어야 한다. 만일 그렇다면 블랙홀은 별들이 진화하다가 도달하는 최종상태가 아닌 셈이다.

이 질문에는 아직 만족할 만한 답이 나오지 않고 있다. 호킹은 오랫동안 강한 어조로 다음과 같이 주장해왔다 ─ "일단 블랙홀로 빨려 들어간 정보는 두 번 다시 재생되지 않는다. 블랙홀은 모든 정보를 붕괴시키기 때문이다. 따라서 우리는 기존의 불확정성 원리 이외에, 새로운 수준에서 또 하나의 불확정성 원리를 도입해야 한다."[*9] 호킹은 캘리포니아 공과대학교 Caltech의 킵 손 Kip Thorne과 한 편이 되어, 역시 캘리포니아 공과대학교에 있는 존 프리스킬 Jhon Preskill과 내기를 걸었다. 블랙홀에서 날아온 정보가 인간에 의해 감지되면 그 내용에 따라 내기의 승자가 결판날 것이다. 호킹과 손은 정보가 소실된다는 쪽에 걸었고, 프리스킬은 블랙홀이 복사를 방출할 때 정보가 되살아난다는 쪽에 걸었다. 무엇을 긴 내기일까? ─ 바로 정보 사체가 판논인 셈이다. 내기에서 진 사람은 이긴 사람이 내린 블랙홀의 정의를 받아들여야 할 것이다.

아직 승자가 가려지지는 않았으나, 최근에 호킹은 끈이론이 새롭게 발견한 블랙홀의 성질에서 출발하여, 블랙홀로 빨려 들어간 정보가 되살아나올 수도 있음을 발견하였다.[*10] 즉, 스트로밍거와 바파가 연구했던 극단적인 블랙홀의 경우에 블랙홀의 구성요소인 brane에 정보가 저장될 수 있다는 것이다. 최근에 스트로밍거는 이런 말을 했다 ─ "그의 영감 어린 발견을 전해들은 일부 끈이론 학자들은 당장 승리를 외치고 싶을 것이다. 블랙홀이 증발하면서 숨어 있는 정보가 방출된다는 확실한 증거처럼 보이기 때문이다. 그러나 내가 보기에 그런 결론은 시기상조이다. 아직은 검증되어야 할 문제들이 사방에 남아 있다."[*11] 바파 역시 스트로밍거의 의견에 동조하며 이렇게 말했다 — "아직은 명확한 답이 나오지 않았다. 그런 식의 논리로는 정반대의 결론이 유도될 수도 있다."[*12] 이 문제는 지금도 커다란 이슈로 남아 있다. 호킹의 이야기를 잠시 들어보자.

> 대다수의 물리학자들은 정보가 사라지지 않기를 바라고 있다. 그래야만 이 우주가 예견 가능한 존재로 남을 수 있기 때문이다. 그러나 아인슈타인의 일반상대성이론을 진리로 받아들이는 한, 시간과 공간이 한데 묶이면서 생겨난 매듭 속에서 정보가 유실될 수도 있다는 가능성 또한 받아들여야 할 것이다. 정보의 생사 여부를 판가름 하는 것은 오늘날 이론물리학이 해결해야 할 가장 중요한 문제들 중 하나이다.[*13]

블랙홀에 관하여 아직도 해결되지 않은 두 번째 미스터리는 블랙홀 중심부의 시공간에 관한 문제이다.[*14] 일반상대성이론을 여기에 적용하면 블랙홀 중심부의 시공간은 무한대의 곡률로 휘어져서 결국에는 구멍이 뚫리게 된다. '시공간의 특이점 spacetime singularity'이라 부르는 곳이 바로 이 지점이다. 이로부터 내려질 수 있는 결론들 중 하나는 블랙홀의 중심이 시간의 종착점이라는 것이다. 즉, 사건지평선을 넘어선 물체는 무조건 블랙홀의 중심 쪽으로 사정없이 빨려 들어가고, 그곳에는 물체의 미래라는 것이 아예 존재하지 않기 때문에 블랙홀의 중심부는 시간의 최종 종착지로 간주될 수 있다. 아인슈타인의 방정식을 도구 삼아 블랙홀의 중심부를 꾸준히 연구해온 다른 일부 물리학자들은 그곳이 다른 우주로 통하는 가느다란 통로일지도 모른다고 주장하고 있다. 말하자면, 우리가 속한 우주의 시간이 끝나는 그 지점에서 다른 우주의 시간이 시작된다는 뜻이다.

　우리의 과학적 마음가짐을 심란하게 만드는 이 주장은 다음 장에서 다시 다루기로 하고, 여기서는 한 가지 중요한 점을 짚고 넘어가고자 한다. 지금까지의 이야기들을 종합해볼 때, 우리가 배운 가장 큰 교훈은 이것이다 — 거대한 질량에 지극히 작은 크기를 갖는 물체는 밀도가 상상을 초월할 정도로 높아서 아인슈타인의 고전적 이론이 통하지 않는다. 이런 대상에는 양자역학적 접근이 병행되어야 한다. 그렇다면 끈이론은 시공간의 특이점에 대하여 어떤 설명을 제시할 수 있는가? 이것도 최근 이론물리학의 핫이슈이며, 정보의 생사 여부에 관한 문제처럼 아직 결론이 내려지지 않은 상태이다. 그동안 끈이론은 다양한 특이점들(11장에서 언급했던 공간 찢기와 이 장의 서두에 언급했던 새로운 형태의 공간 찢기 등)을 제법 성공적으로 다루어왔지만*15 물리학이 마주치고 있는 특이점은 그것뿐만이 아니다. 우리가 살고 있는 우주공간은 여러 가지 다양한 형태로 갈라지고, 구멍 나고, 찢어질 수 있다. 끈이론은 일부 특이짐들에 내하여 깊은 통찰을 제공하고 있지만, 블랙홀 내부의 특이점은 아직도 어떻게 손을 써볼 방법이 없다. 사정이 이렇게 된 데는 여러 가지 이유가 있겠으나, 그 중에서도 가장 큰 원인은 '현실적 끈이론' 자체가 아직도 섭동적인 방법에 전적으로 의존하고 있기 때문이다. 이런 상황에서 블랙홀 중심부의 비밀을 완전하게 규명한다는 것은 거의 불가능한 일이다.

　그러나 최근 들어 비섭동적 방법들이 장족의 발전을 보이고 있고, 이로부터 블랙홀의 다른 성질들이 성공적으로 규명되고 있기 때문에, 끈이론 학자들은 머지않은 장래에 블랙홀 중심부의 비밀이 드러날 것이라는 강한 희망을 버리지 않고 있는 것이다.

제 14장
우주론 Cosmology

　인류는 역사 이래 지금까지 우주의 기원을 밝히려는 열정을 끊임없이 불태워왔다. 그 오랜 세월 동안 제기되어왔던 수많은 의문들을 여기에 다 열거할 수는 없지만, 가장 근본적이면서도 공통적인 질문은 대략 다음의 세 가지로 축약될 수 있을 것이다 ― "우주는 어떻게 태어났는가?", "우주는 왜 지금과 같은 모습을 하고 있는가?", "우주는 어떤 법칙에 따라 진화하는가?" 그런데 정말로 놀라운 것은 인류 역사상 처음으로 이 질문에 과학적인 대답을 할 수 있는 시기가 코앞에 도래했다는 것이다.

　현재 수용되고 있는 과학적 창조이론은 그야말로 극단적인 조건(엄청난 에너지, 초고온, 초고밀도)에서 출발하고 있다. 지금은 우리에게 이미 익숙해져버린 이 초기 조건에는 양자역학과 중력이론이 모두 적용되기 때문에 우주탄생이론을 구축하는 것은 초끈이론의 가능성을 타진하는 아주 훌륭한 실험대라고 할 수 있다. 초기 우주에 관한 이야기를 본격적으로 시작하기에 앞서서, 우선 끈이론이 탄생하기 이전의 우주론을 간략하게 되돌아보기로 하자. 이 이론은 흔히 '우주의 표준

모형 standard model of cosmology' 이라고 부르기도 한다.

우주론의 표준 모형

현대의 우주론은 아인슈타인이 일반상대성이론을 완성하고 15년이 지난 후에 비로소 시작되었다. 아인슈타인은 자신이 창조해낸 이론을 액면 그대로 받아들이지 않았으며, 일반상대성이론에 의하면 이 우주는 영원하지도, 정적 static이지도 않다고 생각하였다. 그러나 알렉산더 프리드만 Alexander Friedmann의 생각은 달랐다. 이 책의 3장에서 이미 언급했던 바와 같이, 프리드만은 아인슈타인 방정식으로부터 '빅뱅해 big bang solution'를 찾아낸 사람이다. 그가 찾아낸 해에 의하면 이 우주는 무한대에 가까운 초고압 상태에서 격렬한 폭발의 여파로 계속 확장되고 있다. 그러나 아인슈타인은 이 우주의 모습이 시간에 따라 변하지 않는다고 확신했기 때문에, 프리드만의 연구 결과에 치명적인 오류가 있음을 지적하는 짤막한 기사를 모 잡지에 기고하였다. 그리고 그로부터 8개월이 지난 후에 프리드만은 자신의 논리에 전혀 오류가 없다는 것을 증명하여 아인슈타인을 납득시키는데 성공했다. 결국 아인슈타인은 썩 내키지 않은 자세로 (그러나 공식적으로) 자신의 반대 의견을 철회하였다. 하지만 아인슈타인은 프리드만의 주장을 내심 끝까지 받아들이지 않았다. 그런데 그로부터 5년이 지난 후에 허블 Edwin Hubble이 윌슨산 천문대에서 100인치 망원경으로 수십 개의 은하를 관측한 자료로부터 확실한 결론을 내렸다. 우주는 정말로 팽창하고 있었다! 이리하여 프리드만의 이론은 후에 로버트슨 Howard

Robertson과 워커 Arthur Walker에 의해 더욱 체계가 잡히면서 현대 우주론의 정설로 받아들여지게 되었다.

좀더 자세하게 설명하자면, 현대 우주론의 시나리오는 다음과 같다. 지금부터 약 150억 년 전에 엄청난 에너지를 가진 작은 덩어리가 대폭발을 일으키면서 모든 공간과 물질들이 그 안에서 쏟아져나왔다(빅뱅이 일어난 위치가 어디였는지는 궁금해 할 필요가 없다. 지금 존재하는 우주공간은 빅뱅이 일어나기 전에 모두 하나의 지점에 똘똘 뭉쳐져 있었다) 빅뱅이 일어난 지 10^{-43}초 후에(이를 플랑크 시간 Plank Time이라고 한다) 우주의 온도는 약 10^{32}K였으며, 이는 지금의 태양 중심부 온도의 10조×1조 배(10^{25}배)에 해당되는 엄청난 온도였다. 그 후로 시간이 흐르면서 우주는 계속 팽창되었고 뜨거웠던 열기도 서서히 식어갔다. 그리고 탄생 초기에 모든 방향으로 균질하게 존재했던 뜨거운 플라즈마는 점차 그 등방성을 잃어가면서 군데군데 뭉쳐지기 시작했다. 이리하여 빅뱅이 발생한지 10만분의 1초가 지난 후에는 온도가 충분히 내려가서(약 10^{13}K, 태양 내부 온도의 100만 배 정도), 쿼크입자가 셋씩 그룹을 지어 양성자와 중성자를 형성하게 되었다. 그리고 빅뱅 10^{-2}초(0.01초) 후에는 지금 원소 주기율표에 존재하는 가벼운 원자핵들이 식어가는 플라즈마 속에서 탄생하였으며, 빅뱅 3분 후에는 우주의 온도가 수십억 도까지 낮아져서 수소, 헬륨, 중수소(무거운 수소), 리튬 등의 원자핵들이 만연하게 되었다. 이 시간까지를 흔히 '원시 핵합성기 primordial nucleosynthesis'라 부른다.

그로부터 수십만 년 동안, 우주는 별다른 사건 없이 계속 팽창하면서 꾸준하게 식어갔다. 그런데 온도가 수천 도까지 떨어지면서 사방에 흩어져 있던 전자들이 원자핵들에게 붙잡혀서 전기적으로 중성인 원자가 최초로 탄생하게 되었다. 당시에는 가장 흔한 원자핵이 수소와 헬륨의 원자핵이었으므로, 가장 먼저 만들어진 원자 역시 수소와 헬륨이었으며, 바로 이러한 이유 때문에 향후의 우주는 지금과 같이 투명한 모습을 띠게 된다. 전자가 원자핵에 붙잡히기 전의 우주는 전기전하를 가진 입자들이 한데 어우러져 플라즈마 상태를 이루고 있었다. 이들 중에는 양성자와 같이 양전하를 가진 입자도 있었고, 음전하를 가진 전자도 함께 섞여 있었다. 전기전하를 띤 입자들 하고만 상호작용을 하는 광자 photon는 하전입자들과 수시로 부딪히고 튕겨나가면서 수시로 방향이 굴절되거나 흡수되었다. 이렇게 광자의 진행을 방해하는 하전입자들 때문에, 초창기의 우주는 마치 안개 자욱한 거리나 눈보라 치는 산길처럼 거의 앞이 보이지 않았다. 그런데 음전하를 가진 전자들이 양전하를 띤 핵에 붙잡혀 전기적으로 중성인 원자들이 생겨나면서 진한 안개가 걷히기 시작했다. 그리고 이때부터 광자는 아무런 방해 없이 자유롭게 움직일 수 있게 되었고, 이 우주의 모습이 비로소 눈에 보이기 시작했던 것이다.(물론 그 장엄한 모습을 봐줄 만한 생명체는 한참 뒤에 나다닌다 : 옮긴이)

그로부터 약 10억 년이 지난 후, 탄생 초기의 아수라장이 거의 진정된 우리의 우주는 무엇이든 끌어들이는 중력에 의해 은하와 별, 행성 등을 만들어내기 시작했다. 그리고 빅뱅으로부터 150억 년이 지난 지금, 우리는 우주의 광대함에 경탄하면서 또 한편으로는 여러 가지 이론과 관측 결과를 짜깁기 하여 우주의 근원을 추정해낸 우리 자신의 능력에도 감탄하고 있는 것이다.

그러나, 과연 빅뱅이론을 무작정 믿어도 좋을 것인가? 이 이론은 어느 정도의 신뢰도를 갖고 있는가?

빅뱅이론의 검증

현재 지구상에서 가장 성능이 좋은 천체망원경을 동원하면, 빅뱅이 일어난 지 수십억 년 후에 은하나 퀘이사(quasar, 준항성체)로부터 방출된 빛을 관측할 수 있다. 천문학자들은 이렇게 얻은 관측자료들로부터 우주가 팽창하고 있다는 빅뱅이론의 진위 여부를 검증하고 있는데, 지금까지 얻어진 결과는 한결같이 긍정적이다. 물리학자들과 천문학자들은 더욱 엄밀한 검증을 위해 다소 간접적인 검증방법을 사용하고 있는데, 그 중 하나가 바로 '우주 배경 복사 cosmic background radiation'이다.

자전거 바퀴에 펌프로 공기를 가득 채우고 난 뒤 손으로 만져보면 따뜻한 온기가 느껴질 것이다. 펌프질을 하면서 투입된 당신의 에너지가 타이어 내부의 온도 상승이라는 결과로 나타난 것이다. 이 현상을 설명해주는 일반적인 원리는 다음과 같다 — "어떠한 상황이건 간에, 무언가를 압축시키면 온도가 올라간다. 반대로, 무언가가 팽창되면 온도는 내려간다." 에어컨이나 냉장고는 이 원리를 따라 작동되는 대표적인 기계이다. 기계의 주변을 따라 순환하는 프레온 가스는 압축과 팽창(또는 기화 액화)을 반복하면서 열의 흐름을 원하는 방향으로 조절하는 역할을 한다. 이것은 지구상에서는 별로 특별할 것도 없는 일상적인 원리이지만, 범우주적 스케일로 확장시켰을 때에는 매우 의미심장한 법칙이 된다.

일단 전자가 핵에 붙잡혀서 그 주변을 돌게 되면(즉, 원자가 형성되면) 광자는 아무런 방해 없이 우주 공간을 여행할 수 있게 된다. 다시 말해서 이 우주 전체가 균일하게 퍼진 '광자 가스'로 가득 차 있다는 뜻이다. 그런데 우주는 광자를 담는 일종의 용기이므로, 우주가 확장되면 광자 가스도 함께 확장된다. 기체의 부피가 커지면 온도가 떨어지듯이 우주가 팽창됨에 따라 광자 가스의 온도도 감소하게 된다. 1950년대 조지 가모브 George Gamow와 그의 제자였던 랄프 알퍼 Ralph Alpher, 로버트 헤르만 Robert Hermann, 그리고 1960년대 중반에 로버트 딕케 Robert Dicke와 짐 피벨스 Jim Peebels 등은 빅뱅 무렵에 탄생했던 '원시 광자'들이 150억 년의 세월을 거치면서 절대온도 0K에 가까이 식은 채로 아직도 우주 전역을 돌아다니고 있음을 알아냈다.[*1] 그리고 1965년에 뉴저지의 벨연구소에 근무하던 아르노 펜지아스 Arno Penzias와 로버트 윌슨 Robert Wilson은 통신위성과 교신 중인 안테나의 시그날을 분석하던 중에 우연히도 이 시대 최고의 발견인 빅뱅의 잔광 殘光을 발견함으로써 물리학자들을 흥분의 도가니로 몰아 넣었다. 그 후로 후속 연구가 이론과 실험 분야에서 활발하게 진행되어 1990년대 초반에는 NASA에서 COBE (Cosmic Background Explorer) 위성을 띄우기까지 했다. 물리학자들과 천문학자들은 그동안 얻은 데이터들을 종합하여 우주공간이 마이크로 복사파 microwave radiation로 가득 차 있다는 사실을 알아냈다(만일 우리 눈으로 마이크로 복사파를 볼 수 있다면, 우리가 사는 세상은 천지 사방으로 정신없이 반짝이고 있을 것이다). 이 복사파의 온도는 절대온도 2.7K($-270.3°c$)로서, 빅뱅이론이 예견한 값과 정확하게 일치했다. 조금 더 실감나게 표현하자면, 이 우주 전역에 걸쳐서 $1m^3$당 평균 4억 개의 원시 광자가 아직도 존재하고 있는 셈이다. TV 방송이 모두 끝난 후에 화면에 나타나는 흰색 반점들도, 바로 빅뱅 무렵에 탄생했던 복사의 여파인 것이다. 이렇게 이론적 예상과 관측 결과가 일치함으로써, 우리는 광자가 처음으로 자유롭게 움직이기 시작했던 '빅뱅 후 (ATB : After the Big Bang) 수십만 년' 까지 거슬러 올라가는 우주론을 완성하게 되었다.

그렇다면 빅뱅의 순간을 향해 조금 더 거슬러 갈 수는 없을까? 물론 가능하다. 핵물리학과 열역학의 원리를 도입하면 ATB 수백분의 1초~몇 분 무렵까지 거슬러 올라가서, 초기 핵융합으로 탄생한 가벼운 원자들이 얼마나 많이 분포되어 있었는지를 추정할 수 있다. 계산 결과에 의하면, 이 우주의 23%는 헬륨 He으로 이루어져 있다고 한다. 천문학자들은 별과 성운에 존재하는 헬륨의 분포를 조사한 결과, 이론적 예견 치와 관측 결과가 정확하게 일치함을 확인하였다. 이보다 더욱 인상적인 것은 중수소의 양을 이론적으로 예측했다는 것인데, 빅뱅이론을 제외한 다른 어떤 천체 물리학으로도 중수소의 생성 과정을 설명할 수 없기 때문에, 이 또한 빅뱅이론을 지지하는 하나의 증거로 간주될 수 있다(우주 안에 산재하는 중수소는 지극히 소량이지만, 어쨌거나 분명히 존재하고 있다!) 최근에는 리튬 Li의 양까지 관측되어 초기 우주론의 검증에 더욱 박차를 가하고 있다.

이정도면 과학자들은 목에 힘을 줄만도 하다. 지금 우리가 갖고 있는 데이터를 이용하면 ATB 1/100초(빅뱅이 일어난 지 1/100초가 지난 시점)부터 현재에 이르기까지, 150억 년의 역사를 검증할 수 있다. 그러나 우주 탄생의 초기에는 커다란 변화들이 순식간에 일어났기 때문에, 1/100초 보다 훨씬 짧은 찰나의 순간에 우주의 미래가 결정되었다고 보아야 한다. 다시 말해서 ATB 1/100초 보다 더 거슬러 올라간 우주의 모습을 알아야만 빅뱅이론이 완성될 수 있는 것이다(너무나 짧은 시간이라 '거슬러 올라간다' 는 표현이 왠지 어색하다 : 옮긴이). 우리가 빅뱅의 시점으로 거슬러 갈수록 우주는 더욱 작고, 뜨겁고, 밀도가 커지기 때문에 물질과 힘을 양자역학적으로 정확하게 서술하는 것이 무엇보다도 중요하다. 이 책의 앞부분에서 언급했던 것처럼, 점입자 모델에 기초를 둔 양자장이론은 입자의 에너지가 플랑크 에너지 보다 작은 영역에 한해서 적용될 수 있다. 우주론적 입장에서 볼 때, 플랑크 에너지는 우주 전체가 플랑크 크기 정도의 덩어리로 뭉쳐져 있을 때 나타난다. 이런 상황에서 우주의 밀도란, 우리가 사용하는 언어로는 도저히 표현할 수 없을 정도로 높다. ATB 플랑크 시간 무렵의 우주 밀도는, 그냥 '어마어마하게 크다'는 말로밖에 달리 표현할 길이 없다. 그리고 이렇게 큰 밀도와 에너지를 갖는 상황에서, 중력과 양자역학은 점입자 양자장론의 경우처럼 서로 별개의 개체로 존재할 수가 없다. 따라서 플랑크 에너지를 넘는 영역에서는 끈이론에 의존할 수밖에 없는 것이다. 우주가 이 정도의 에너지를 갖고 있었던 시점은 ATB 10^{-43}초 이전이므로, 우주의 가장 초창기에 일어났던 그 복잡한 사연들을 밝혀줄 수 있는 후보는 지금으로선 끈이론 뿐이다.

그러면 지금부터 ATB 플랑크 시간~ATB 1/100초 사이에 존재했던 우주의 모습을 표준 우주론의 시각에서 소개해 보기로 하자.

ATB 플랑크 시간($1/10^{43}$초)에서 ATB 1/100초까지

7장에서 말했던 대로(그림 7.1 참조) 엄청나게 뜨거웠던 초기의 우주에서는 중력을 제외한 세 종류의 힘들(약력, 강력, 전자기력)이 서로 구별되지 않는 하나의 힘으로 존재했었다. 온도에 따른 힘의 변화를 계산해보면, ATB 10^{-35}초 이전까지 이들은 한 종류의 힘이었으며, 물리학자들은 이 힘을 가리켜 '대통일힘 grand unified force' 또는 '초힘

super force' 이라고 부른다. 이 무렵의 우주는 지금 보다 훨씬 더 높은 대칭성을 갖고 있었다. 서로 다른 물질들을 섞어놓고 열을 가하면 한데 녹아서 융합되듯이, 현재 우리에게 관측되는 힘들은 초고온, 초에너지 상태에서 그 개성이 드러나지 않는다. 초창기의 우주가 바로 이러한 상태였다. 그러나 시간이 흐름에 따라 우주가 팽창하고 온도가 내려가면서 고도의 대칭성이 붕괴되고, 몇 단계의 갑작스런 변화를 거치면서 자연계의 힘들은 지금과 같이 비교적 대칭성이 낮은 형태를 띠게 되었다.

대칭성의 붕괴 symmetry breaking 현상을 물리학적으로 이해하는 것은 그다지 어려운 일이 아니다. 예를 들어, 물이 가득 차있는 물통을 상상해보자. 물을 이루고 있는 H_2O 물분자는 물통 전체에 골고루 분포되어 있기 때문에 어느 각도에서 바라보더라도 물의 모습은 항상 똑같다. 이제, 물통의 온도를 내려보자. 처음에는 별다른 변화가 눈에 띄지 않을 것이다. 미시적 스케일에서 볼 때 온도가 내려가면 물분자의 평균 이동속도가 줄어들게 되는데, 온도에 따른 변화라고는 이것이 전부이다. 그러나 물통의 온도가 섭씨 0°C까지 내려가면 갑자기 엄청난 변화가 일어난다. 액체상태였던 물이 고형의 얼음으로 둔갑하는 것이다! 13장에서 말했던 대로, 이것은 일종의 상 변화 phase transition이다. 여기서 우리가 주목할 것은, 상 변화(상전이)의 결과로 물분자 H_2O들이 갖고 있던 대칭성이 줄어들었다는 사실이다. 액체상태로 있을 때에는 어느 방향에서 보더라도 물의 모습이 동일했었는데(이것을 회전 대칭성 rotational symmetry이라 한다). 고체인 얼음은 더 이상 그렇지가 않다. 얼음은 독특한 결정구조를 갖고 있기 때문에 자세히 들여다보면 보는 각도에 따라 외형이 다름을 쉽게 알 수 있다. 다시 말해서, 물의 상 변화가 회전 대칭성을 붕괴시키는 쪽으로 일어난 것이다.

방금 서술한 것은 지극히 일상적이고 간단한 사례에 불과하지만, 이것은 일반적인 경우에도 항상 적용된다 — 물리계의 온도를 낮추면 어느 임계점에서 상 변화가 일어나며, 그 결과로 기존의 대칭성 중 일부가 붕괴된다. 그리고 온도의 변화 폭이 매우 크면 상 변화가 여러 차례 일어날 수도 있다. 다시 물의 경우를 예로 들어보자. 섭씨 100℃에서 물은 수증기의 형태로 존재하는데, 이 경우에는 H_2O 분자들이 액체 상태일 때 보다 더욱 자유롭게 돌아다닐 수 있으므로 더욱 높은 대칭성을 갖고 있다. 만일 이 수증기가 용기 안에 갇혀 있다면, H_2O 분자들은 빠른 속도로 움직이면서 용기의 내벽을 때려 압력을 만들어내는데, 이 값은 용기의 어느 부분에서나 동일하다. 또한 기체상태의 H_2O 분자들은 소그룹으로 무리를 짓거나 뭉치는 일이 결코 없다. 높은 온도에서 H_2O 분자들은 철저한 민주주의 정책을 고수하고 있는 것이다. 여기서 온도를 낮춰 100℃ 미만이 되면 기체→액체로의 상 변화가 일어나면서 물방울이 맺히고, 따라서 대칭성은 붕괴되기 시작한다. 여기서 온도를 계속 낮추면 한동안 큰 변화 없이 액체상태를 유지하다가 섭씨 0℃가 되면 액체 → 고체(얼음)로의 상 변화가 일어나며, 대칭성은 또 한 번 급격하게 줄어들게 된다. 즉, 대칭성이 또 한 번 붕괴되는 것이다.

물리학자들은 ATB 플랑크 시간~ATB 1/100초 사이의 짧은 시간 동안에 이 우주가 최소한 두 번 이상의 상 변화를 겪었을 것으로 믿고 있다. $10^{28}K$ 이상의 고온에서는 중력을 제외한 세 개의 힘들이 고도의 대칭성을 가진 채 하나의 통일된 형태로 존재한다(이 장의 마지막 부분에 가면 끈이론을 이용하여 중력도 함께 고려할 것이다). 그런데 온도가 $10^{28}K$ 아래로 떨어지면서 우주는 상 변화를 겪었고, 그 결과로 세 개의 힘들이 결정화 되어 각자의 길을 걷게 되었다는 것이다. 원래 하나의 형태로 녹아있었던 이들이 분리되면서 힘의 크기와 작용하는 방식 등이 서로 달라지는 현상 — 이것이 바로 우주적 대칭성의 붕괴이다. 그러나 글래쇼 Glashow, 살람 Salam, 와인버그 Weinberg의 연구결과에 의하면(5장에서 언급되었음), 초고온일 때 갖고 있었던 대칭성이 10^{28}K에서 완전히 붕괴되지는 않았었다. 약력과 전자기력은 깊은 레벨에서 여전히 교묘하게 얽혀있었다. 이 후로 우주가 더욱 팽창하고 식으면서 한동안은 별다른 사건 없이 조용하게 지내다가 10^{15}K (태양 중심부 온도의 1억 배)에 이르렀을 때 이 우주는 또 한 번의 상 변화를 겪으면서 약력과 전자기력이 완전하게 분리되었다. 그리고 온도가 더욱 내려감에 따라 이 힘들 사이의 차이점은 더욱 분명해져 갔다. 약력과 강력, 그리고 전자기력은 원래 구별되지 않는 하나의 힘이었으나 온도 하강에 따른 두 차례의 상 변화를 겪으면서 결국 지금과 같은 성질로 진화되었다는 것이 표준 우주론의 시각인 것이다.

우주적 수수께끼

ATB 플랑크 시간(빅뱅이 일어난 후 플랑크 시간만큼 지난 시점) 이후를 서술하는 우주론은 그 체계가 우아하고 모순점도 없으며, 특정 물리량에 대한 이론적 계산이 가능하기 때문에 나름대로 강한 설득력을 갖고 있다. 그러나 이론이 완전해질수록 우리의 질문은 더욱 구체화 되어가는 법이다. 그리고 이렇게 제기된 질문들은 기존의 우주론을 위협하진 않지만, 미진한 부분을 부각시켜 더욱 심도 깊은 이론의 탄생을 재촉하곤 한다. 이제 우리도 하나의 문제를 부각시켜 보자. 현대 우주론의 최대 난제 중 하나 — 바로 '지평선 문제 horizon problem'이다.

우주 배경복사를 세밀하게 연구한 결과, 우주 어느 곳에서 날아온 복사이건 간에 온도가 거의 균일하다는 사실이 밝혀졌다(0.001%의 오차 이내). 곰곰 생각해 보면, 이것은 참으로 신기한 현상이 아닐 수 없다. 이 우주가 그토록 광활한데, 어째서 그토록 획일적인 온도를 유지하고 있단 말인가? 우주의 정 반대편에 있는 두 장소를 생각해 보자. 우주가 처음 생성될 무렵에는 한 지점이었지만, 지금은 우주의 크기만큼이나 떨어져 있다. "그래도 태초에는 같은 지점이었으니, 온도와 같은 물리적 특성이 같을 수도 있지 않을까?" — 독자들은 이렇게 생각할지도 모른다.

그러나 표준 우주론에 의하면 이것은 있을 수 없는 일이다. 왜 그런가? 뜨거운 국물이 담긴 그릇을 식탁 위에 놓아두면 국물의 온도는 서서히 실내온도와 가까워진다. 뜨거운 국물이 차가운 실내공기에 둘러싸여 있기 때문이다. 충분히 오랜 시간이 지나면 국물과 실내공기는 새로운 열병형상태를 이루며 온도가 같아진다. 그러나 만일 국그릇을 단열재로 포장해 놓았다면 뜨거운 기운이 훨씬 더 오래 지속될 것이다. 바깥 환경과의 접촉 기회가 거의 차단되기 때문이다. 이로부터 우리가 알 수 있는 사실은, 두 물체(또는 물리계)의 온도가 같아지려면 둘 사이의 교류가 다른 방해요인 없이 꾸준하게 계속되어야 한다는 것이다. 우주의 정 반대편에 있는 두 지점이 탄생 초기에 서로 붙어 있었다는 이유로 온도가 같다는 식의 논리를 펴려면, 우리는 우주탄생 초기에 두 지점 사이의 정보교류가 얼마나 원활하게 이루어졌었는지를 검증해야 한다. 얼핏 생각하기에는 태초에 두 지점이 한 곳에 모여 있었기 때문에 정보의 교환도 쉽게 이루어졌을 것 같다. 그러나 공간적으로 가깝다고 해서 상황이 유리한 것만은 아니다. '시간지연 현상

temporal duration'이 복병처럼 숨어있기 때문이다.

이 점을 좀더 자세히 이해하기 위해 우주가 팽창되는 모습을 필름으로 촬영하여 재생시킨다고 상상해 보자. 단, 필름의 진행방향이 현재로부터 시작하여 빅뱅의 시점으로 거슬러 올라간다고 가정하자. 정보를 담은 모든 종류의 시그날(신호)들은 제아무리 빨라봐야 빛의 속도를 넘지 못하기 때문에, 우주공간내의 두 지점이 열을 교환하여 같은 온도가 되려면 두 지점 사이의 거리가 '빅뱅이 일어나던 시점부터 지금 이 순간까지 빛이 도달할 수 있는 거리'보다 짧아야 한다(만일 이 거리보다 멀다면 열은 아직도 전달 중에 있기 때문에 두 지점은 같은 온도가 될 수 없다 : 옮긴이). 따라서 우주 팽창과정이 담긴 필름을 거꾸로 돌리면 두 지점 사이의 거리와 되돌려진 시간 사이에는 일종의 경쟁관계가 성립된다. 예를 들어 두 지점 사이의 거리를 300,000km까지 좁히려면 필름은 ATB 1초(빅뱅이 일어 난지 1초 후) 이전까지 되돌려져야 한다. 이 정도면 꽤 가까운 거리지만, 두 지점 사이를 빛이 달려간다 해도 1초가 걸리기 때문에 열평형상태에 이르기에는 시간이 너무 부족하다.[2] 거리를 더 좁혀서 300km까지 되돌린다 해도, 그 시점은 ATB 1/1000초 이전이기 때문에 앞의 경우와 달라질 것이 하나도 없다. 1/1000초가 채 안되는 짧은 시간동안에는 제 아무리 빠른 신호라 해도 300km를 달려갈 수 없기 때문이다. 필름을 거꾸로 되돌리면서 두 지점 사이의 거리를 아무리 가깝게 만들어도, 빅뱅과 동시에 한 지점에서 출발한 빛은 주어진 시간(빅뱅~필름을 되돌린 시점)동안 다른 지점에 도달할 수 없다. 이것은 마치 자신의 그림자를 밟으려고 달려가는 것과 비슷한 상황이다. 빅뱅 무렵에 두 지점이 아무리 가깝게 있었다 해도, 이러한 사실 자체가 열평형상태에 도달하기 위한 충분조건은 못되는 것이다. 물리학자들은 표준 빅뱅 모델에 이런 문제가 있음을 감지하고 구체적인 계산을 수행한 결과, 우주 전역이 열교환으로 동일한 온도가 되는 것은 이 이론으로 설명 불가능하다는 결론을 내렸다. 이 문제를 '지평선 문제'라고 부르는 이유는 지평선이라는 단어 속에 '우리가 볼 수 있는 한계' 또는 '빛이 도달할 수 있는 한계'라는 뜻이 내포되어 있기 때문이다. 물론, 이 문제 하나 때문에 표준 빅뱅이론이 틀렸다고 말할 수는 없다. 그러나 우주전역이 균일 온도 상태라는 것은, 아직도 우리가 중요한 무언가를 놓치고 있음을 강하게 암시하고 있다. 현재 MIT의 교수로 있는 앨런 구스 Alan Guth는 1979년도에 바로 이 부분을 채워주는 논문을 발표하였다.

인플레이션 Inflation

지평선 문제의 근원은 우리가 우주팽창의 영화 필름을 거꾸로 놀려서 두 개의 지점을 가까이 가져갈수록, 그 시점 또한 빅뱅의 순간으로 접근한다는데 있다. 과거의 시점으로 아무리 돌아가도, 두 지점(우주의 정반대편에 있는 두 지점) 사이의 거리를 빛이 주파할 수 있을 만큼 시간(우주가 탄생한 후 흐른 시간)이 충분하지 않기 때문에 열평형상태에 이를 수 없었던 것이다. 다시 말해서, 이런 문제가 발생한 이유는 빅뱅의 시점을 향하여 필름을 거꾸로 돌릴 때, 우주의 수축 속도가 충분히 빠르지 않다는 데 있다.

지금까지 말한 것은 대략적인 상황 설명인데, 구스의 아이디어를 이해하기 위해 좀더 자세한 설명을 곁들이기로 한다. "지면 위에서 공을 위로 던지면 그 공을 아래로 잡아당기는 중력이 작용한다. 그리고 바로 이 중력 때문에 우주의 팽창속도가 늦춰진다" — 지평선 문제는 이러한 사실로부터 비롯되었다. 따라서 두 지점 사이의 거리를 반으로 줄이려면 우리의 필름은 우주 역사의 반 이상을 거슬러 올라가야 한다. 그런데 많이 거슬러 올라 갈수록 두 지점 사이의 거리는 가까워지지만 정보를 교환하기가 더욱 어려워진다.

지평선 문제에 대한 구스의 해결 방안은 다음과 같다 — 그는 우주의 초창기 무렵에 엄청난 속도로 팽창 inflation하는 우주를 상정하고, 여기에 대응하는 아인슈타인 방정식의 해를 구했다. 위로 던져진 공이 점차 속도가 줄어드는 경우와는 달리, 구스가 제안한 '지수함수적으로 팽창하는 exponential expansion' 우주의 경우에는 공의 속도가 오히려 점점 빨라져서, 우주 팽창 과정이 담긴 필름을 거꾸로 돌리면 엄청난 팽창 가속도는 엄청난 수축 가속도로 나타나게 된다. 따라서 두 지점 사이의 거리를 반으로 줄이고자 할 때, 우리의 필름은 우주역사의 반이 되는 시점까지 거슬러 갈 필요가 없다. 특히 지수함수적으로 팽창한다는 가설을 받아들인다면 반보다 한참 못 미치는 시점까지만 되돌

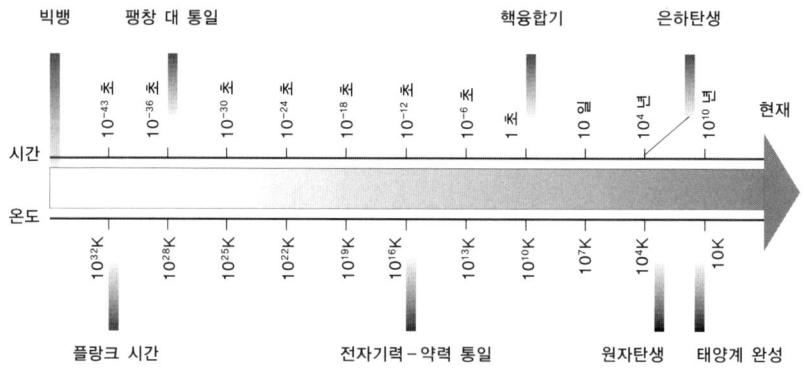

그림 14.1 우주 역사의 중요 시점을 기록한 우주의 이력서

려도 두 지점 사이의 거리를 반으로 줄일 수 있다. 이렇게 되면 두 개의 지점 사이에는 정보교환이 이루어질 시간이 충분하기 때문에 동일한 온도가 유지될 수 있다.

구스의 발견은 후에 스탠포드 대학의 안드레이 린데 Andrei Linde와 펜실바니아 대학의 폴 스타인하르트 Paul Steinhardt, 안드리아 알브리트 Andreas Albrecht 등에 의해 더욱 체계화 되었으며, 이로부터 기존의 표준 우주론 모델은 '팽창 우주론 모델 inflationary cosmological model'로 대치되었다. 이 모델은 기존의 표준 모델에서 ATB 10^{-36}초 ~10^{-34}초 사이의 시나리오에 약간의 수정을 가한 것이다. 즉, 이 시간 동안에 우주는 표준 모델보다 100배 정도 빠른 속도로 팽창되었다는 가정이다. 이 이론대로라면, ATB 10^{-36}초 무렵의 우주 팽창 속도는 150억 년이 지난 지금보다 훨씬 빨랐으며, 그 이전에는 물질들 사이의 간격이 표준 우주론에서 말하는 값 보다 훨씬 더 가까웠기 때문에 동일 온도 상태를 유지하는 것이 가능했다. 구스는 이런 식으로 표준 우주 모델에 약간의(하지만 의미심장한) 수정을 가하여 지평선 문제(그리고 이 책에서 언급하지 않은 다른 문제들)를 해결하였으며, 지금은 많은 천문학자들이 그의 이론을 받아들이고 있다.*[3]

그림 14.1에는 ATB 플랑크 시간부터 현재까지의 우주 역사가 최근의 이론을 토대로 요약되어 있다.

우주의 끈이론

그림 14.1에는 우리가 아직 한번도 언급하지 않은 부분이 있다. 빅

뱅과 플랑크 시간 사이의 시간대가 그것이다. 일반상대성이론의 방정식을 이 부분에 그대로 적용하면 빅뱅의 시점으로 접근할수록 더욱 작고, 더욱 뜨겁고, 더욱 고밀도를 갖는 우주의 해가 얻어진다. 그리고 정확하게 빅뱅의 시점, 즉 시간=0에 이르면 우주의 크기가 아예 사라지면서 온도와 밀도는 무한대가 되어, 탄탄한 기반을 자랑하는 고전적 중력이론, 즉 일반상대성이론은 이 시점에서 완전 무용지물이 되고 만다.

이런 상황에서, 자연은 우리에게 단호히 말하고 있다. "우선은 일반상대성이론과 양자역학을 조화롭게 합쳐놓은 뒤에 다시 도전하라"고 말이다. 하지만 우리도 믿는 것이 있다. 빅뱅의 비밀을 밝혀줄 수 있는 유일한 희망 ― 바로 끈이론이다. 끈이론이 도입된 새로운 우주론은 아직 초보단계를 벗어나지 못했다. 초고에너지, 초고온, 초고밀도 상태를 물리적으로 규명하려면 정확한 분석이 필요한데, 끈이론은 섭동적 방법에 주로 의존해 왔기 때문이다. 끈이론의 2차 혁명기를 거치면서 비섭동적 방법이 개발되긴 했지만, 우주적 물리량을 계산하려면 이것 역시 많은 정제 과정을 거쳐야 한다. 그러나 이런 열악한 환경에도 불구하고, 물리학자들은 지난 10여 년 동안 '끈 우주론'의 이해를 향한 첫걸음을 내딛는 데 성공하였다. 지금부터 그 구체적인 내용을 알아보기로 하자.

끈이론이 표준 우주론 모델에 수정을 가할 수 있는 부분은 대충 세 가지로 요약될 수 있다. 첫째로, 끈이론은 이 우주가 가질 수 있는 '최소한의 크기'를 예측할 수 있다. 이것은 빅뱅 무렵의 우주의 실제 모습을 알아내는데 매우 중요한 정보이다. 표준 우주론은 빅뱅 이전의 우주가 '하나의 점'이었다고 주장하고 있지만, 이 말에 논리적으로 납득될 사람은 어디에도 없을 것이다. 두 번째로, 끈이론의 작은 반경/큰 반경 이중성도 우주의 비밀을 벗기는 데 결정적인 역할을 할 것으로 기대되고 있다(또한 이것은 우주의 최소 크기와 밀접하게 관련되어 있다). 그리고 마지막으로, 끈이론은 4차원 보다 훨씬 많은 시공간을 갖고 있기 때문에, 차원의 진화과정이 밝혀진다면 우주에 대한 이해는 한층 더 깊어질 것이다. 그러면 지금부터 이 세 가지 항목들을 좀더 자세하게 조명해 보기로 하자.

태초에, 플랑크 크기만한 덩어리가 있었다.

1980년대 말에 브란덴 버거와 바파는 표준 우주론 모델에 끈이론을 도입하여 최초의 성과를 거두었다. 이들이 얻어낸 결론은 두 가지로 요약될 수 있는데, 대략적인 내용은 다음과 같다 — 첫째로, 시간을 과거로 되돌릴수록 우주의 온도가 상승하는 것은 당연한 사실이나, 이것은 우주의 크기가 플랑크 크기보다 큰 동안에만 적용되는 것이다. 시간을 더 되돌려서 우주의 크기가 플랑크 크기보다 작아지면 그때부터 온도는 오히려 감소하기 시작한다. 왜 그럴까? 이유는 비교적 간단하다. 문제를 좀더 단순화시키기 위해 우주의 모든 공간 차원들이 원형 circular이라고 가정해 보자(브란덴 버거와 바파도 이런 가정을 내세웠다). 이제 시간을 거꾸로 돌리면 원형차원들이 수축되면서 우주의 온도가 올라간다. 그런데 차원의 반경이 플랑크 길이를 지나 계속해서 작아지면, 이것은 차원의 반경이 증가하는 것과 물리적으로 완전히 동일하다. 우리는 이 사실을 앞에서 여러 번 확인하였다. 다시 말해서, 시간을 거꾸로 돌리면 차원 반경이 계속 감소하다가 플랑크 길이에서 바닥을 '차고' 다시 증가한다고 볼 수도 있는 것이다. 그런데 차원의 팽창은 곧 온도의 감소를 의미하기 때문에, 우주의 크기가 플랑크 크기보다 작아지면 온도의 증가 추세는 감소하는 추세로 전환된다. 브란덴버거와 바파는 구체적인 계산을 통해 이 사실을 확인하였다.

브란덴 버거와 바파는 이렇게 얻은 결론으로부터 새로운 우주론을 만들어냈다. 즉, 태초의 우주는 끈이론에서 말하는 모든 공간차원들이 플랑크 길이의 영역 안에 돌돌 감겨져 있었다는 것이다. 당시의 온도와 에너지는 물론 상상을 초월한 정도로 높았지만 무한대는 아니었다. 왜냐하면 최초 우주의 크기가 더 이상 0이 아니었기 때문이다. 우주가 처음 탄생했을 무렵에, 끈이론이 말하는 공간차원들은 모두가 동등한 자격을 갖고 있었다. 이들은 고도의 대칭성을 가진 상태에서 플랑크 크기만한 다중차원 공간 속에 담겨져 있었다. 그런데 이 덩어리가 폭발을 일으키면서 여러 개의 차원들 중 단 세 개만이 팽창되기 시작하였고, 나머지 차원들은 여전히 플랑크 크기의 영역 안에 남게 되었다. 다시 말해서, 차원들 사이의 대칭성이 붕괴된 것이다. 팽창의 운명을 타고난 세 개의 차원은 그 후로 ATB 플랑크 시간을 그림 14.1에 기록된 우주 역사의 산 증인이 되었으며, 150억 년 동안 팽창일로를 걸어오면서 오늘날과 같은 공간을 형성하게 되었다.

왜 하필 세 개인가?

그렇다면 당장 떠오르는 의문이 하나 있다. 대 폭발로 인해 차원들 사이의 대칭성이 붕괴되었다면, 왜 하필 3개만이 팽창되었는가? 다섯 개, 여섯 개, 또는 모든 공간차원들이 대칭성을 유지하면서 똑같이 팽창될 수도 있었을 텐데, 왜 하필 3개만이 선택되었는가? 끈이론은 이 질문에 근본적인 해답을 제시할 수 있는가? 브란덴 버거와 바파는 나름대로의 해답을 찾아내는데 성공했다. 앞에서 설명했던 대로, 끈이론이 말하는 작은 반경/큰 반경의 이중성 duality은, "원형으로 감겨진 차원은 끈으로 에워쌀 수 있다"는 사실에 근거를 두고 있다. 브란덴 버거와 바파는 자전거 바퀴의 튜브를 감싸고 있는 타이어처럼, 차원을 감싸고 있는 끈이 차원의 팽창을 억제한다는 사실을 알아냈다. 그렇다면 언뜻 생각에, 모든 차원들이 팽창을 억제 당했을 것 같다. 끈은 특별히 한쪽 차원만을 감싸지는 않기 때문이다. 그러나 특별한 경우를 가정하면 일부만 팽창될 가능성이 있다. 만일 차원을 에워싸고 있는 끈이 자신의 '반끈 antistring'에 해당되는 짝(대충 말하자면, 반대 방향에서 차원을 에워싸고 있는 끈)과 접촉하여 순식간에 사라진다면, 차원은 아무런 방해 없이 팽창될 수 있다. 그런데 브란덴 버거와 바파는 이러한 현상이 오로지 세 개의 차원에서만 일어난다고 주장했다.

그 이유는 무엇인가?

무한히 길게 뻗어있는 1차원의 선을 따라 두 개의 점입자가 같은 방향으로 움직이고 있다고 상상해 보자. 이동속도가 동일하지 않다면 이들은 언젠가 반드시 충돌하게 될 것이다. 그러나 똑같은 점입자들이 1차원 선이 아닌 2차원 평면 위에서 아무렇게나 돌아다니고 있다면 충돌할 가능성이 거의 없다. 하나의 차원이 추가됨으로써 입자들이 지나갈 수 있는 새로운 세상이 열렸기 때문에, 이들이 같은 시간에 같은 장소를 지나갈 확률은 급격하게 줄어드는 것이다. 3차원, 4차원 등으로 차원이 확장될수록, 두 개의 입자가 충돌할 확률은 더욱 작아질 수밖에 없다. 브란덴 버거와 바파는 방금 언급했던 두 개의 점입자를 '차원을 에워싸고 있는 고리형 끈'으로 대치시켰을 때에도 이와 비슷한 현상이 일어난다고 생각했다. 머리 속에 그리기는 엄청나게 어렵지만 다음과 같이 상상해 보자 — 만일 원형공간차원이 원래 3개(또는 그 이하)가 있었다면, 차원을 감싸고 있는 3개의 끈들 중 2개는 서로 충돌할 수도 있다(1차원에서 움직이는 점입자들과 비슷한 상황이다). 그러나 4 또는 그 이상의 차원이라면 차원을 감고 있는 끈들끼리 충돌할 가능성은 급격하게 줄어든다.(2차원 평면에서 움직이는 두 개의 점입자와 비슷하다)*4

이러한 사실로부터, 우리는 다음과 같은 추론을 이끌어낼 수 있다 — 우주가 처음으로 탄생했을 무렵에는 그 내부가 엄청난 고온(그러나 유한한 온도)으로 들끓고 있었으므로 모든 원형차원들은 팽창하려는 성향을 갖고 있었을 것이다. 그런데 원형차원을 감고 있는 끈들이 그 성향을 억제하여 플랑크 길이 이내의 반경을 유지시키고 있었다. 그러던 어느 순간에 열적인 동요가 극렬해지면서 세 개의 차원이 다른 차원들보다 커지기 시작했으며, 따라서 이 세 개의 차원을 에워싸고 있던 끈들은 서로 충돌할 확률이 커졌다. 충돌횟수의 절반 정도가 끈/반끈 짝 끼리의 충돌이었으므로, 차원을 감고 있는 끈들이 충돌로 인해 빠르게 소멸되면서 이 세 개의 차원은 계속해서 팽창되었다. 그리고 차원이 크게 팽창될수록 다른 끈들은 차원을 에워싸기가 어려워졌다. 왜냐하면 대형차원을 에워싸려면 그만큼 많은 에너지가 필요하기 때문이다. 결국 팽창하는 차원은 스스로 팽창능력을 키워 나가면서 거의 아무런 제한 없이 자신의 규모를 키워나간 끝에 지금과 같이 방대한 공간을 형성하게 된 것이다.

우주론과 칼라비 – 야우 도형

　브란덴 버거와 바파는 문제를 단순화시키기 위해 모든 공간차원들이 원형이라고 가정하였다. 얼핏 보면 이것은 사실과 다른 억지 가정처럼 보인다. 그러나 8장에서 논한 바와 같이 원형차원의 규모가 우리 인간의 관측 능력을 벗어날 정도로 크다면 브란덴 버거와 바파의 가정에는 아무런 문제가 없다. 우주공간을 이루는 차원들은 모두가 원형일 수도 있다. 단, 작은 영역에 남아 있는 차원들은 단순한 원형이 아니다. 칼라비 – 야우 공간의 형태로 복잡하게 감겨져 있다. 물론, 여기에도 질문은 남아있다 — "그 많은 칼라비 – 야우 도형들 중에 과연 어느 것이 진짜인가? 진짜배기를 무슨 수로 가려낼 수 있는가?" 아직은 아무도 해답을 알아내지 못했다. 그러나 13장에서 논했던 공간찢기의 결과와 새로이 얻어진 우주론을 잘 조합시키면 대략적인 방향을 제시할 수는 있다. 우리는 공간을 찢는 코니폴드 변환을 통해 하나의 칼라비 – 야우 도형이 다른 형태의 칼라비 – 야우 도형으로 바뀔 수 있음을 알았다. 그러므로 다음과 같은 시나리오가 가능하다 — 빅뱅이 일어난 직후 초고온의 상태에서, 여전히 초미세 영역에 머물러 있던 칼라비 – 야우 공간들은 찢어졌다가 다시 붙는 격렬한 춤을 추면서 수시로 그 형태가 변해갔을 것이다. 그러다가 우주의 온도가 내려가고 세 개의 차원이 크게 확장되면서 칼라비 – 야우 공간의 변화가 진정되어, 결국은 지금과 같은 모습으로 진화되었을 것이다. 앞으로 물리학자들에게 남은 과제는 칼라비 – 야우 공간의 변천 단계를 원리적으로 규명하여 현재의 모습을 찾아내는 것이다. 여러 개의 칼라비 – 야우 도형들 중에서 올바른 하나를 찾아내는 것은 끈이론 뿐만 아니라 우주론의 운명까지 좌우할 만큼 중요한 과제인 것이다.*5

빅뱅이 일어나기 전에는?

끈이론에는 정확한 방정식이 부족하기 때문에 브란덴 버거와 바파는 우주론을 연구하면서 다양한 근사식과 여러 가지 가정을 도입하였다. 최근에 바파가 했던 말을 들어보자.

> 우리는 기존의 우주론이 갖고 있었던 문제들을 끈이론으로 해결하는 데 주안점을 두고 연구를 진행했다. 그리고 그 결과로서 초기 우주의 무한대 문제는 끈이론을 도입하여 완전하게 해결되었다. 그러나 지금의 끈이론으로는 이런 극단적인 상태에서 물리량들을 정확하게 계산할 수가 없기 때문에 우리의 연구 결과는 끈 우주론의 첫걸음 정도로 간주되어야 할 것이다. 목적지까지는 아직 멀고도 험한 길이 남아있다.*6

브란덴 버거와 바파의 업적이 학계에 알려진 이후로 끈 우주론은 여러 물리학자들에 의해 꾸준한 발전을 거듭해 오다가 토리노 대학의 베네치아노 Gabriele Vaneziano와 그의 동료인 가스페리니 Maurizio Gasperini에 의해 또 한 번의 전환기를 맞이하게 되었다. 가스페리니와 베네치아노가 제시했던 끈 우주론은 지금까지 서술했던 이론과 여러 가지 특성들을 공유하고 있지만, 몇 가지 중요한 성질에 대해서는 커다란 차이를 보이고 있다. 브란덴 버거와 바파의 끈 우주론은 초기 우주의 무한대 온도와 무한대 에너지 문제를 피하기 위해 최소한의 크기를 갖고 있는 우주 모델을 제안하였지만, 그렇다고 해서 우주의 역사가 바로 그 시점부터 시작됐다는 뜻은 아니었다. 가스페리니와 베네치아노는 우리가 '시간=0'라 부르는 시점보다 더 이전부터 우주의 역사가 이미 시작되었다고 주장하였으며, 이것은 '플랑크식 우주 배아 Planckian cosmic embryo'라는 새로운 개념을 탄생시켰다.

이른바 '선 빅뱅기 pre-big bang'의 시나리오에 의하면, 당시의 우주는 빅뱅이론에서 말하는 것과 전혀 다른 상태에 있었다고 한다. 즉, 지극히 좁은 영역 안에 모든 내용물과 공간이 꽉꽉 눌려진 채로 담겨있는 초고온의 덩어리에서 시작된 것이 아니라, 진정한 초기 우주는 아주 차갑고 공간적으로 무한히 큰 상태에서 시작되었다는 것이다. 이러한 상태에 끈이론 방정식을 적용하면 우주내의 모든 지점들은 다른 모든 지점들에 대하여 엄청난 속도로 멀어져가게 된다. 가스페리니와 베네치아노는 세밀한 분석을 통하여, 이런 경우에는 공간이 점차 휘어지면서 온도와 에너지 밀도가 급격하게 상승한다는 사실을 알아냈다.[7] 그리고 이런 식으로 어느 정도 시간이 지나면 광활한 우주공간 속의 한 지점(직경이 수 mm인 3차원 구형)은 초고온, 초밀도를 가진 공간처럼 보이게 되는데, 이는 구스가 지적한 '초고속 팽창'이 일어났던 시점이기도 하다. 이렇게 조그만 영역이 팽창하면서 지금의 우주가 형성되었다는 것이 바로 선 빅뱅이론의 주장이다. 게다가 선 빅뱅기(빅뱅이 일어나기 전)에도 우주는 급속하게 팽창하고 있었으므로, 구스의 지평선 문제는 자연스럽게 해결된다. 베네치아노의 말 대로, 끈이론은 우리에게 "은접시에 담긴 채로 팽창하는 우주" 이론을 가져다 준 셈이다.[8]

현재 끈 우주론은 많은 물리학자들을 매료시키면서 급속하게 발전하고 있다. 특히 선 빅뱅기 이론은 학자들 사이에 치열한 공방을 야기

우주론 Cosmology | 511

시키면서 비상한 관심을 끌고 있는데, 끈이론이 어떤 식으로 결말을 내려줄지는 아직 분명하지 않다. 새로운 우주론의 완성 여부는 말할 것도 없이 끈이론 2차 혁명기에 얻어진 모든 사실들을 조화롭게 연결시키는 물리학자들의 능력에 전적으로 달려 있다. 고차원 brane의 존재는 지금의 우주에 어떤 영향을 주었는가? 끈결합상수가 그림 12.11의 돌출부가 아닌 중심부에서 결정된다면 지금까지 말한 우주론은 어떻게 달라질 것인가? 다시 말해서 M-이론이 완성된 후의 우주론은 어떤 형태를 띠고 있을 것인가? 끈이론 학자들은 지금 이 질문의 해답을 찾기 위해 자신의 모든 능력을 투자하고 있다. 그리고 하나의 중요한 문제가 서서히 그 진상을 드러내고 있는 중이다.

M-이론과 힘의 통일

우리는 그림 7.1에서 중력을 제외한 세 종류의 힘이 초기 우주의 초고온 상태에서 하나로 합쳐지는 것을 확인했다. 그렇다면 중력은 이들과 어떤 식으로 합쳐질 것인가? M-이론이 출현하기 이전에 끈이론으로 예견된 중력의 크기 변화는 칼라비-야우 도형을 가장 단순하게 선택했을 때 그림 14.2와 같이 다른 세 힘과 상대적으로 큰 차이를 보였다. 끈이론 학자들은 칼라비-야우 도형을 잘 선택하면 그림에 나타난 불일치가 극복된다는 사실을 잘 알고 있었지만 결과에 맞도록 이론을 수정하는 행위는 어느 모로 보나 설득력을 갖기가 어려웠다. 지금까지 알려진 수많은 칼라비-야우 도형들 중에 어느 것이 실제의 우주 공간과 일치하는지를 아직 알 수 없을 뿐만 아니라, 힘의 크기를 계산

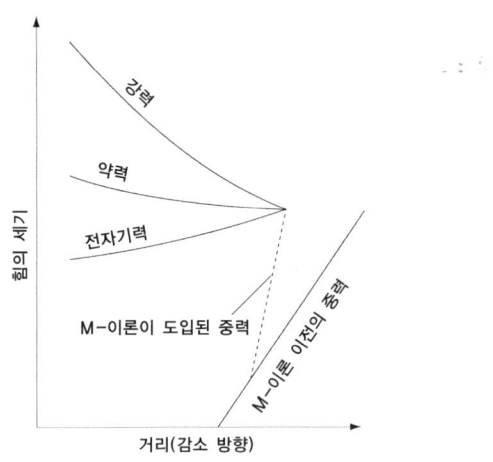

그림 14.2 M-이론이 도입되면 4종류 힘의 크기는 특정온도에서 자연스럽게 일치한다.

한 결과는 선택된 칼라비–야우 도형의 형태에 크게 의존하기 때문에, 중력을 다른 힘들과 맞추기 위해 칼라비–야우 도형을 이리저리 바꾸는 것은 그다지 바람직한 접근법이 아니었던 것이다.

그러나 위튼은 끈이론의 2차 혁명으로 새롭게 얻어진 사실들을 이용하여, 누구나 신뢰할 만한 해결책을 제시하였다. 그는 끈결합상수가 비교적 큰 경우에 힘들의 크기를 계산하여, 칼라비–야우 도형하고는 아무런 관계없이 네 개의 힘을 한 지점으로 모으는 데 성공하였다(그림 14.2의 점선). 아직은 성급한 판단일 수도 있지만, 이것은 M-이론을 토대로 한 '통일된 우주론'이 멀지 않은 곳에 있음을 보여주는 증거이기도 하다. 이 절과 앞 절에서 논한 내용은 끈이론과 M-이론에 바탕을 둔 우주론의 가능성을 보여주고 있다. 물리학자들은 앞으로 끈이론과 M-이론을 더욱 강화시켜서, 이로부터 탄생한 우주론이 모든 비밀을 벗겨주기를 기대하고 있다.

그러나 아직은 끈이론 자체가 우주론에 자유롭게 적용될 수 있을 만큼 유연하지 못하기 때문에, 현재 상태에서는 우주론이 '궁극의 이론 ultimate theory'을 구축하는데 어느 정도의 역할을 할 것인지 일반화 된 관점에서 고려해보는 것이 좋을 듯하다. 앞으로 이 장에서 거론될 이야기들은 아직 확실하게 검증된 것은 아니지만, 궁극의 이론에 반드시 포함되어야 할 중요한 문제들이다.

우주론적 고찰과 궁극의 이론

우주론은 우리에게 매우 깊고 심오한 레벨에서 자연을 이해할 수 있는 길을 열어준다. 만물이 '어떻게' 시작되었는지를 아는 것은 곧 그들이 '왜' 시작되었는지를 이해하는 지름길이기 때문이다. 물론 그렇다고 해서 현대과학이 '어떻게'와 '왜'라는 질문을 연결할 만한 논리를 갖고 있다는 뜻은 결코 아니다. 이런 종류의 논리는 지금까지 단 한 번도 발견된 적이 없었다. 그러나 우주론의 연구는 우리에게 '우주가 왜 탄생되었는지'를 이해할 만한 실마리를 제공해주었으며, 과학적 질문이 가능한 '과학적 우주관'의 폭을 한층 더 넓혀주었다. 그리고 가끔씩은 질문 자체가 스스로 해답을 가져다주기도 했다.

궁극의 이론을 찾는 과정에서는 이렇게 고아한 자세로 우주론을 상기하는 것이 구체적인 아이디어를 떠올리는 계기가 될 수도 있다. 오늘날 우리의 눈에 보이는 우주는 물리학의 법칙에 따라 운영되고 있지만, 가장 심오한 이론마저 넘어서 있는 우주진화의 원리를 따르고 있기도 하다.

그렇다면 우주진화의 원리란 무엇인가? 심오하긴 하지만 상상은 해볼 수 있다. 예를 들어 지표면에서 비스듬한 각도로 던져진 공을 생각해보자. 이 경우에 던져진 공의 향후 운명은 중력법칙에 의해 결정되지만, 이것만으로는 공의 도착지점을 예견할 수 없다. 공이 손을 떠날 때 갖고 있던 속도와 진행방향까지 알아야 한다. 다시 말해서, 공에 주어진 초기 조건 initial condition을 알아야 공의 향후 운명을 구체적으로 예견할 수 있는 것이다. 이와 비슷하게, 우리의 우주는 '역사적 우연'이라는 특성을 가진 채 일련의 인과관계를 따라 진화해왔다. 별과 행성들이 특정 지역에 형성된 것은 지극히 복잡한 사건들이 모종의 규칙에 따라 진행된 결과이며 우리는 (적어도 원리적으로는) 이 일련의 사건들을 거꾸로 거슬러 올라가 초기 우주의 모습을 상상해볼 수 있다. 그러나 이보다 더 근본적인 것들, 즉 물질의 근본이나 매개입자의 특성 역시 진화에 의한 필연적인 결과일 수도 있다. 우주의 진화방향은 태초에 주어진 초기 조건에 의해 이미 결정되어 있었을 지도 모를 일이다.

실제로 우리는 끈이론을 통해 이러한 가능성을 이미 확인했다. 초기의 뜨거웠던 우주가 진화하면서 여분의 차원은 여러 차례의 변환 과정을 겪었으며, 온도가 충분히 내려간 후에는 하나의 칼라비-야우 공간으로 정착되었다. 그러나 위로 던져진 공의 경우처럼, 칼라비-야우 공간의 변천사는 이미 애초부터 초기 조건에 의해 결정되어 있었을지도 모른다. 그리고 칼라비-야우 공간의 구체적인 형태는 입자와 힘의 특성을 좌우하므로, 우주가 지금과 같은 모습을 띠고 있는 것은 태초부터 이미 결정된 운명이었다고 생각할 수도 있다.

우리는 우주의 초기 조건에 대해 전혀 아는 것이 없으며, 그것을 어떤 개념으로, 어떤 언어로 서술해야 할지조차도 모르고 있다. 분명한 것은 표준우주론과 급속팽창이론 inflation theory이 황당한 초기 조건(무한대의 에너지, 무한대의 밀도, 무한대의 온도)을 전혀 다루지 못한다는 사실이다. 끈이론이 우주론의 영역에 접목되면서 무한대의 문제는 피할 수 있게 됐지만, 우주의 탄생 과정에 얽힌 비밀은 여전히 미지로 남아 있다. 사실 우리의 무지함은 이보다 훨씬 더 근본적인 레벨에서도 걸림돌로 작용한다. 우주의 초기 조건이라는 것이 과연 지금 사용되는 언어로 표현이 가능할 것인지, 우리는 그 여부조차 알 길이 없다. 이것은 마치 누군가가 상공으로 공을 던질 때, 공을 던지려는 마음을 먹을 확률을 일반상대성이론으로 계산하려는 것과 비슷할지도 모른다. 이 세상의 어떤 이론도 그런 질문에 답을 줄 수는 없다. 호킹과 하틀 James Hartle을 비롯한 몇 명의 대담한 물리학자들은 우주의 초기 조건에 관한 질문을 물리학적 언어로 표현하려고 시도해보았으나, 아직은 이렇다 할 결론을 내리지 못하고 있다. 끈이론과 M - 이론이 접목된 우주론도 아직은 초기 단계이기 때문에, 이것이 과연 우주의 초기 조건을 물리학 법칙으로 표현하여 '만물의 이론 theory of everything'이라는 이름값을 해줄 것인지는 아무도 알 수 없다. 이 문제는 앞으로 진행될 연구의 최대 화두가 될 것이다.

그러나 우주의 초기 조건조차 넘어선 영역에서 매우 사색적인 논리가 최근에 제기되었다. 인간이 만들어낸 이론의 한계를 문제삼은 이 논리는 그 진위 여부를 따질 수도 없고, 과학의 주류에서 파생되었다고 보기도 어렵지만 모든 종류의 '궁극의 이론' 들이 필연적으로 부딪칠 수밖에 없는 장애를 매우 자극적이면서도 사색적인 논리로 부각시키고 있다.

기본적인 아이디어는 다음과 같은 가능성에서 출발한다 — 우리의 우주가 단 하나만 존재하는 것이 아니라, 비슷한 규모의 우주들이 상상을 초월하는 방대한 영역에 마치 다도해처럼 산재해 있다고 가정해 보자. 언뜻 듣기에는 황당하기 이를 데 없는 소리 같지만(그리고 실제로 그럴지도 모르지만) 안드레이 린데 Andrei Linde는 이 초대규모의 우주에 적용되는 구체적인 형태의 역학적 체계를 제안하였다. 그는 우주의 급속한 팽창이 단발성 이벤트로 끝나는 것이 아니라 다도해 우주의 여러 지역에서 다발적으로 일어나 각자 다른 형태의 우주로 진화했다고 주장하였다. 개개의 우주는 각자 나름대로의 초기 조건에 의해 끝없는 팽창을 계속한다. 여기서 새로운 용어를 또 늘어놓으면 독자들의 심기가 불편하겠지만, 린데의 논리를 따라가기 위해 한 가지만 도입하기로 하겠다 — 여러 개의 우주들이 속해 있는 초대형 우주를 '다중우주 multiverse'라 부르고, 낱개의 우주들은 지금까지 불러왔던 대로 그냥 '우주 universe'라 부르기로 하자.

지금까지 우리가 알고 있는 모든 것들은 전 우주에 걸쳐 성립하는 물리학의 테두리 안에서 이해할 수 있으나, '다른 우주'에서도 동일한 물리학 법칙이 성립한다는 보장은 없다. 게다가 다른 우주들은 우리와 너무 멀리 떨어져 있기 때문에 그곳으로부터 방출된 빛이 아직 우리의 눈에 도달하지 않았을 수도 있다. 그러므로 이런저런 사정들을 고려할 때, 물리학의 법칙은 개개의 우주마다 다르다고 가정하는 것이 타당할 듯하다. 어떤 우주는 이 차이가 아주 작아서 전자의 질량이나 강력의 크기가 우리의 우주와 0.001%밖에 다르지 않을 수도 있고, 또 어떤 우주에서는 쿼크의 질량과 전자기력의 크기가 우리의 우주보다 10배나 될 수도 있다. 심지어는 소립자와 힘의 종류가 이곳과는 판이하게 다를 수도 있으며, 우리에게 3개로 주어진 대형공간차원이 아예 하나도 없거나 8개, 9개 또는 10개인 우주도 있을 것이다. 상상력에 아무런 제한을 두지 않는다면 이런 식의 가능성은 끝도 없이 나열할 수 있다.

바로 여기가 키포인트이다. 이렇게 다양한 우주들이 산재하고 있다면 대부분의 우주는 생명체가 살아가기에 부적합할 것이며 설령 생명체가 있다고 해도 살아가는 방식이 우리와는 판이하게 다를 수밖에 없다. 우리에게 이미 친숙한 물리학 법칙 자체가 다르다면 그것은 이미 다른 세상이기 때문이다. 만일 우리의 우주가 수도용 호스처럼 생겼다면 지금과 같은 형태의 생명체는 결코 존재할 수 없었을 것이다. 그러나 물리학의 법칙이 아주 조금만 다르다고 해도, 핵융합으로 원자를 만들어 생명의 존재를 가능케 한 별들이 제 기능을 못 할 수도 있다. 생명의 존재는 이토록 물리학 법칙에 크게 의존하고 있는 것이다. 이런 점을 고려할 때 "힘과 입자들은 왜 지금과 같은 특성을 갖고 있는가?"하고 질문을 던진다면 다음과 같은 대답이 가능하다 ─ 다중우주 전체에 걸쳐서 각 우주들의 특성은 서로 다를 수도 있고 실제로 그럴 가능성이 높다. 그런데 우리의 우주를 구성하고 있는 입자들과 힘의 특성은, 그들이 생명체의 존재를 허용한다는 것이다. 그리고 지적 능력을 가진 생명체가 있어야만 "우리의 우주는 왜 지금과 같은 모습이어야 했는가?"라는 의문을 가질 수가 있다. 다시 말해서, 우리의 우주가 지금과 같은 형태를 띠고 있는 이유는 '그렇지 않으면 그것을 인지할 만한 생명체가 존재하지 않았을 것이기 때문' 이다. 러시안 룰렛 게임(권총에 총알 하나를 장전하고 게임 참가자의 머리를 향해 돌아가면서 방아쇠를 당겨 승자를 가리는 무모한 게임)의 승자가 놀라움을 금치 못하는 것은 그가 살아남았기 때문이다. 그가 죽었다면 놀라움을 느낄 존재 자체가 없었을 것이다. 이와 마찬가지로 다중우주의 개념은 지금의 우주상태의 개연성을 설명하려는 우리의 집요한 노력에 제동을 걸고 있다.

이러한 종류의 논리는 오랜 역사를 자랑하는 '발생원리 anthropic

principle'와 일맥상통하는 논지를 갖고 있다. 이것은 물리학자들이 꿈꾸는 통일된 이론, 즉 우주가 이런 모습으로 진화할 수밖에 없었음을 보여주는 결정론적 이론과 정반대의 성질을 갖는 이론이다. 다중우주론과 발생원리는 우주 만물을 우아한 법칙 속에 보기 좋게 담아내는 것이 아니라, 엄청나게 다양한 우주의 형태를 한정 없이 허용하고 있다. 다중우주론의 진위 여부를 판별하는 것은 우리 인간의 능력으로는 거의 불가능하며, 가능하다 해도 상상을 초월할 정도로 어려운 문제일 것이다. 만일 다른 우주가 정말로 존재한다 해도, 우리는 그 세상과 결코 접촉할 수 없을 것이다. 그러나 은하수 milky way가 수많은 은하 중의 하나에 불과하다는 사실을 보잘것없는 한 인간, 에드윈 허블 Edwin Hubble이 알아냈던 것처럼, 우리가 인지할 수 있는 우주의 스케일은 그동안 끝없이 확장되어왔다. 그리고 다중우주론은 궁극의 이론을 추구하는 우리 인간들에게 "너무 많은 것을 원하지 말라"는 일종의 경각심을 일깨우고 있다.

궁극의 이론은 모든 종류의 힘들과 모든 물질의 특성을 양자역학적으로 서술할 수 있어야 하며, 우리의 우주에 적용되는 올바른 우주론을 제시할 수 있어야 한다. 그러나 만약에 다중우주론이 사실로 밝혀진다면 입자의 질량과 전하, 힘의 크기 등이 문제가 아니다. 설명해야 할 항목들이 엄청나게 많아질 것이다.

우리가 다중우주의 가정을 받아들인다 해도, 결론이 쉽게 내려지지 않을 것이다. 우리가 상상력의 제한을 풀어서 다중우주적 사고를 허용한다면, 그 다양하고 무작위적인 여러 종의 우주들을 설명하기 위해 이론상의 제약도 풀어야 한다. 다소 보수적이고 희망어린 짐작을 해보자면, 앞으로 우리는 궁극의 이론을 다중우주에 적용하여 "확장된 궁극의 이론"—즉, 근본적인 물리량들이 여러 개의 우주에 걸쳐서 왜 그러한 값들을 가져야만 했는지를 설명해주는 최후의 이론을 찾아낼 수도 있다.

펜실바니아 주립 대학교의 리 스몰린 Lee Smolin은 이보다 좀더 급진적인 의견을 제시했다. 빅뱅과 블랙홀의 중심부 사이에 모종의 공통점이 존재한다는 사실로부터 영감을 떠올린 그는 "모든 블랙홀은 새로운 우주의 씨앗이며 그곳에서 빅뱅이 일어나면 새로운 우주가 탄생된다. 그러나 이 모든 사건은 블랙홀의 사건지평선 event horizon에 가려져 있기 때문에 결코 우리 눈에 보이지 않는다"고 주장했다. 또한 스몰린은 다중우주를 창출해내는 역학이론을 뛰어넘어서 '우주적 유전자 변형'이라는 새로운 개념을 도입하였는데, 이것은 발생원리와 관련된 과학이론으로서는 최상의 설득력을 갖고 있었다.[*9] 예를 들어, 만일 블랙홀의 중심부에서 우주가 탄생한다면 입자의 질량이나 힘의 크기 등은 자신을 낳아 준 부모(블랙홀)와 완전히 같지는 않겠지만 상당히 닮아 있을 것이다. 그런데 블랙홀은 별의 수명이 다한 형태이고, 별의 형성과정은 입자의 질량과 힘의 크기에 따라 크게 달라질 것이다. 따라서 자손우주의 변수값(입자의 질량, 힘의 크기)이 조금 변하여 부모 우주보다 더욱 왕성한 번식력을 소유하게 될 수도 있다.[*10] 이런 식으로 여러 세대를 거치다보면 다중우주는 수많은 우주들로 가득 채워지게 될 것이다. 스몰린은 발생원리에 의존하지 않고, 차세대 우주의 변수들을 어떤 특정값(블랙홀을 생성하기에 가장 적당한 값)에 가깝게 만들어주는 하나의 역학체계를 제안하였다.

이런 식의 접근법을 택하면 다중우주에서 기본 물질과 힘을 나름대로 설명할 수 있다. 만일 스몰린의 생각이 옳다면, 그리고 우리가 어느 정도 나이를 먹은 '중년 다중우주'의 한 구석에 살고 있다면, 우리가 알고 있는 입자와 힘의 특성들은 블랙홀을 생성하는데 가장 적절한 값으로 이미 세팅되어 있을 것이다. 다시 말해서, 이 값들이 조금만 변해도 블랙홀을 생성하는 데에는 마이너스 요인으로 작용한다는 뜻이다. 물리학자들은 이 이론의 진위 여부를 지금도 테스트하고 있다. 아직 이렇다 할 결론은 내려지지 않았지만, 만일 스몰린의 생각이 틀렸다 해도 궁극의 이론이 취하게 될 또 하나의 형태를 제시했다는 점에서 그의 이론은 관심을 가져볼 만한 가치가 있다. 궁극의 이론은 언뜻 보기에 무언가 모자라는 듯한 인상을 줄지도 모른다. 그리고 그 다양한 우주를 물리적으로 이해할 수는 있겠지만, 우리의 예견 능력은 어쩔 수 없는 한계를 벗어나지 못할 수도 있다. 그러나 우리가 궁극적인 법칙뿐만 아니라 상상을 초월하는 대형 스케일에서 우주 진화의 의미를 알아낼 수 있다면 궁극의 이론은 언젠가 우리 앞에 그 모습을 드러낼 것이다.

두말할 것도 없이, 21세기에는 끈이론과 M-이론을 접목한 우주론의 연구가 이론물리학의 주류를 이루게 될 것이다. 어차피 플랑크 에너지 스케일의 위력을 빌휘할 만한 입자가속기는 민들 수 없기 때문에 우리는 우주적 가속기 즉 빅뱅에 의존할 수밖에 없다. 우주에 가득 차 있는 빅뱅의 흔적을 추적하다보면 언젠가는 그 몸체가 드러나게 될 것이다. 우리가 인내력을 최대한으로 발휘하고 거기에 약간의 행운이 따라준다면 우주의 시작과 그 진화 과정에 얽힌 비밀은 결국 풀리고야 말 것이다. 물론 완전한 해답으로 가는 길목에는 아직 한번도 밟아보지 못한 미개척지가 여기저기 산재하고 있다. 그러나 끈이론에 기초를 둔 양자중력이론은 미지의 세계를 헤쳐나가는 강력한 도구로써 손색이 없다. 끈질긴 시도가 반복되다보면, 역사상 가장 심오한 질문의 해답은 반드시 얻어지리라 믿는다.

5부

21세기형 통일이론

the elegant universe

"M-이론의 정체가 규정된다면, 그것은 과거에 있었던 어느 대발견 못지 않게 우리의 자연관을 뒤흔드는 일대 혁명을 불러올 것이다." 이것이 바로 21세기형 '물리학 통일' 프로그램의 모습이다.

— **에드워드 위튼** *Edward Witten*

제15장
앞으로의 전망

앞으로 1세기가 지나면 초끈이론 또는 M-이론은 지금의 석학들도 짐작하기 어려울 정도로 커다란 진보를 이룰 것이다. 우리가 궁극의 이론을 향해 나아갈수록 끈이론의 필요성은 더욱 크게 부각될 것이다. 끈이론은 지금까지 인류가 발견했던 과학이론들 중 가장 스케일이 크면서도, 인류의 영원한 질문 - 우주의 창조와 진화 - 에 가장 근접한 해답을 줄 수 있는 후보로서 손색이 없다. 과학의 역사를 돌이켜 보면, 인류가 모든 문제를 해결했다고 자만할 때마다 자연은 그 모든 것을 뒤집어 엎을만한 비밀을 항상 숨기고 있었다. 그리고 그 비밀이 드러날 때마다 우리는 기존의 사고방식을 송두리째 바꾸는 혼돈기를 겪어야 했다. 또한 우리는 이런 변화를 겪으면서 "지금이야말로 우주의 비밀이 드러나는 역사적 순간이다!"라는 다소 오만한 생각을 갖기도 했다. 위튼의 말을 잠시 들어보자.

가장 낙관적인 관점에서 지금의 상황을 평가한다면, 우리는 이제 끈이론의 핵심에 거의 접근했다고 본다. 아마도 멀지 않은 어느 날, 궁극의 이론은 하늘로부터 떨어져서 어느 운 좋은 학자의 무릎 위에 내려앉을 것이다. 그러나 좀더 현실적으로 생각해보면 우리는 지금 과학의 역사 이래 가장 심오한 이론을 만들어 나가는 과정에 있다고 보는 것이 타당할 것이다. 앞으로 내가 나이를 먹어서 물리학에 도움이 될 만한 생각을 더 이상 할 수 없게 되면, 젊은 물리학자들이 나서서 우리가 과연 궁극의 이론을 찾았는지, 그 여부를 판단해 줄 것이다.[*1]

우리는 아직 끈이론 제2차 혁명의 충격에서 완전히 진정되지 못했고, 그로부터 새롭게 얻은 영감들과 새롭게 등장한 여러 가지 도구의 사용법을 배워나가는 단계에 있긴 하지만 대다수의 끈이론 학자들은 앞으로 이런 혁명을 3~4차례만 더 겪으면 끈이론의 모든 것이 규명되어 궁극의 이론이 탄생할 것으로 믿고 있다. 그동안 이 책에서 여러 번 지적했던 것처럼, 끈이론은 우리에게 매우 새로운 형태의 우주관을 제시해주었다. 그러나 거기에는 아직 극복해야 할 장애물이 도처에 잔재되어 있으며, 이 문제를 해결하는 것은 두말할 것도 없이 21세기 끈이론의 최대 과제라 할 것이다. 이 분야의 연구는 아직 활발하게 진행 중인 상태이므로 이론의 종착점을 언급하는 것은 더 이상 의미가 없을 듯 하다. 그래서 이 마지막 장에서는 끈이론과 관련된 다섯 가지의 핵심적인 질문을 제기하고, 해답의 윤곽을 찾음으로써 끈이론의 미래를 추정해보고자 한다.

끈이론의 저변에 깔려 있는 기본 원리는 과연 무엇인가?

지난 100년의 세월을 겪으면서 우리가 배웠던 가장 큰 교훈 중의 하나는 물리학의 중요한 법칙들이 대칭성의 원리와 깊게 연관되어 있다는 것이었다. 특수상대성원리는 상대성의 대칭원리, 즉 등속운동을 하고 있는 모든 관찰자들의 관점이 동등하다는 원리에 기초를 두고 있으며, 중력을 다룬 일반상대성원리는 등속운동뿐만 아니라 임의의 운동을 하고 있는 모든 관찰자들의 관점이 동등하다는 '등가원리 equivalence principle'에 기초를 두고 있다. 뿐만 아니라 약력과 강력, 그리고 전자기력은 이보다 다소 추상적인 게이지 대칭성 guage symmetry을 갖고 있다.

그동안 물리학자들은 이러한 대칭성에 지대한 관심을 보인 끝에 그것을 수학적인 언어로 표현해내는 데 성공하였다.

이 관점에서 볼 때, 중력은 모든 관측자의 관점이 동등해지기 위해 (등가원리가 성립하기 위해) 필연적으로 존재해야하며, 약력, 강력, 전자기력도 게이지 대칭성이 유지되려면 반드시 자연계에 존재해야만 한다. 물론 이런 식으로 논리를 전개하면 "힘은 왜 존재하는가?"라는 질문이 "자연은 왜 대칭성에 의존하는가?"라는 질문으로 전환될 뿐, 근본적인 의문은 여전히 남게 된다. 그러나 대칭성의 도입이 지극히 자연스럽게 이루어진 경우라면 이것은 어떤 면에서 볼 때 일종의 진보가 될 수도 있다. 한 가지 예를 들어보자. 한 관측자가 설정한 기준계는 왜 다른 관측자들의 기준계와 다르게 취급되어야 하는가? 우주의 법칙은 모든 관측자들에게 동일하다고 보는 것이 훨씬 더 자연스러운 관점일 것이다. 등가 원리와 중력의 법칙(일반상대성이론)은 바로 이러한 관점에서 탄생되었다. 그리고 중력을 제외한 세 종류의 힘들도 이와 비슷한 논리에 의해 게이지 대칭성으로 자연스럽게 설명될 수 있다.

끈이론 역시 이론의 구조적 특성에 의해 초대칭이라는 대칭적 성질이 자연스럽게 도입된다. 그러나 만일 끈이론이 100년 전쯤에 발견되어 초대칭에 관한 모든 것이 이론/실험적으로 이미 규명되었다 해도, 그것으로 모든 의문이 풀리지는 않을 것이다. 등가원리는 중력이 존재하는 이유를 말해주고, 게이지 대칭은 약력, 강력, 전자기력이 존재하는 이유를 설명해주고 있지만, 끈이론에 도입된 대칭성은 하나의 결과에 불과하다. 물론 그렇다고 해서 중요성이 줄어드는 것은 아니지만, 초대칭의 개념은 거대한 이론 체계로부터, 생산된 일종의 결과물인 것이다.

여기서 우리는 다음과 같은 질문을 제기할 수 있다 — "등가원리가 일반상대성이론을 낳고, 게이지 대칭성이 약력, 강력, 전자기력의 존재를 자연스럽게 유도했던 것처럼, 끈이론 역시 어떤 포괄적인 원리(반드시 대칭원리일 필요는 없지만)로부터 유도되는 필연적인 결과일 것인가? 아직은 아무도 알 수 없다. 그러나 이것은 너무나도 중요한 질문이다. 만일 아인슈타인이 1907년에 베른의 특허청 사무실에서 그 유명한 "행복한 생각(happy thought : 등가 원리를 지칭함 : 옮긴이)"을 떠올리지 않았다면 과연 일반상대성이론이 탄생할 수 있었을까? 운 좋게 탄생했다 해도, 엄청나게 어렵고 복잡한 과정을 거쳐야만 했을 것이다. 등가원리는 일반상대성이론의 길을 유도하는 매우 간결하고 강력한 길잡이였기 때문이다.

이 책의 3장에서 일반상대성이론을 언급할 때, 우리는 등가원리의 개념에 주로 의존하였으며, 수학적인 체계를 세울 때에도 등가원리는 핵심적인 역할을 한다.

지금 끈이론 학자들의 처지는 한마디로 말해서 "등가원리 없는 아인슈타인"이라 할 수 있다. 1968년에 베네치아노에 의해 처음 제안된 이후로, 끈이론은 몇 차례의 혁명기를 겪으면서 꾸준하게 발전해왔다. 그러나 이 모든 발견들을 비롯하여 지금까지 알려진 끈이론의 모든 특징들을 하나의 우아한 체계 속에 깔끔하게 정리정돈해 줄 만한 핵심적 원리가 아직 발견되지 않고 있다. 물론, 이런 원리가 반드시 존재한다는 보장은 어디에도 없다. 그러나 지난 100년간의 물리학사를 돌이켜 볼 때, 심오한 원리 없이 복잡한 수학체계 만으로 성공을 거둔 이론은 단 하나도 없었다. 그래서 끈이론 학자들은 희망을 버리지 않고 있는 것이다. 앞으로 진행될 끈이론의 연구는, 끈이론이 탄생할 수밖에 없었던 필연적인 이유, 즉 '필연성의 원리 principle of inevitability'를 찾는 데 집중될 것이다.[*2]

시간과 공간의 정체는 과연 무엇인가? 그것 없이는 할 수 있는 일이 없는가?

우리는 이 책의 전반에 걸쳐서 공간, 또는 시공간의 개념을 자유롭게 사용해왔다. 2장에는 아인슈타인의 특수상대성이론에 의해 시간과 공간이 하나의 좌표체계로 통일되었으며 (물체의 운동상태는 시간의 흐름에 영향을 주기 때문이다) 3장에서 언급된 일반상대성이론의 경우에는 중력적 상호작용의 결과로 시공간이 휘어진다는 논리를 별다른 장애 없이 펼칠 수 있었다. 그리고 4장과 5장에서는 초미세 영역 속에 항상 존재하는 격렬한 양자적 요동과 부드럽게 휘어진 시공간을 화해시키기 위해 끈이론을 도입하였다. 또 그 위로 여러 장에 걸쳐서 우리는 끈이론이 주장하는 새로운 공간 차원을 접하게 되었다 — 이 우주는 눈에 보이는 3차원 공간 이외에 여분의 차원들이 지극히 좁은 영역 안에 숨어 있으며, 이들은 찢어졌다가 모양이 변한 채로 다시 붙는 일련의 변환과정을 겪을 수도 있다.

그동안 우리는 그림 3.4, 3.6, 8.10 등과 같이 시공간의 구조를 시각적인 형태로 표현하여 나름대로의 이해를 도모해 왔다. 사실, 이 그림들은 매우 효과적인 설명력을 갖고 있기 때문에 물리학자들도 자신의 이론을 설명할 때, 시각적인 이해를 돕기 위해 종종 사용하는 그림이다. 독자들도 이 그림을 계속해서 들여다보고 있으면 점차 그 의미가 머리 속에 그려지긴 할 것이다. 그러나 마음속 한쪽 귀퉁이에서는 여전히 하나의 의문이 맴돌고 있을 줄로 안다 — "대체 우주공간의 진정한 의미란 무엇인가?"

이것은 지난 100여 년간 꾸준하게 토론의 주제가 되어 왔던 매우 심오한 질문이다. 뉴턴은 시간과 공간이 우주를 구성하는 불멸의 요소이며, 그 존재의 당위성에 의문을 품는 것은 의미가 없다고 선언하였다. 그는 자신의 저서인 '프린키피아 principia'에 다음과 같이 기록하였다 — "외부의 어떤 존재와도 관계를 맺지 않은 채 스스로 존재하는 절대 공간은 그 형태가 변하지 않으며 다른 곳으로 이동하지도 않는다. 또한 수학적으로 분명하게 정의된 절대시간 역시 외부의 어떤 존재에게도 영향을 받지 않고 항상 균일하게 흐른다."[*3] 라이프니츠

Gottfried Leibniz를 비롯한 몇 명의 학자들은 시간과 공간이라는 것이 '물체'와 '사건' 사이의 관계를 서술하기 위해 편의상 도입된 수단에 불과하다며 뉴턴의 관점에 동의하지 않았었다. 시간과 공간 속에서 한 물체가 점유하고 있는 위치는 비교 대상이 있을 때에만 의미를 가질 수 있다. 따라서 시간과 공간은 이 관계를 서술하기 위한 어휘일 뿐, 그 이상의 의미는 없을 지도 모른다. 뉴턴의 관점은 그가 발견한 운동법칙 세 개가 실험적으로 확인되면서 근 200년이 넘도록 진리로 군림해 왔지만, 라이프니츠의 관점 역시 오스트리아의 물리학자였던 에른스트 마하 Ernst Mach에 의해 더욱 구체화 되면서 현대적인 시공간의 개념에 한층 더 가깝게 접근하였다. 그러나 우리의 의문은 아직 시원하게 풀리지 않았다. 일반상대성 이론과 끈이론에서 핵심적인 역할을 하고 있는 시공간의 기하학적 모델이 과연 여러 위치들 사이의 관계를 서술하기 위한 도구에 불과한 것인가? 아니면 시공간이라는 것이 우주 만물의 존재를 좌우하는 근본적인 개념인가?

우리는 아직 이론적인 영역에 한정되어 있긴 하지만, 끈이론은 이 질문에 나름대로의 해답을 제시하고 있다. 중력을 매개하는 최소단위의 존재, 즉 중력자 graviton는 끈이 가질 수 있는 진동 패턴 중의 하나로 해석될 수 있다. 전자기력이 엄청난 양의 광자(빛)에 의해 매개되는 것처럼, 엄청난 양의 끈들이 특정한 형태의 진동 패턴을 유지하면서 중력이라는 힘을 유발시키고 있는 것이다. 그런데 중력장에는 시공간의 휘어진 상태가 그대로 내포되어 있기 때문에, 결국 시공간의 구조는 특정 형태의 진동을 겪고 있는 수많은 끈들과 동일하게 취급될 수 있다. 장 field의 개념으로 설명하자면, 비슷한 형태로 진동하고 있는 수많은 끈들이 끈의 '조화상태 coherent state'를 이루고 있는 것이다. 물론 이것은 다소 추상적인 서술이며, 정확한 의미는 앞으로 더욱 철저하게 연구되어야 한다.

시공간이 끈으로 꿰매어져 있다는 주장을 받아들인다면, 또 하나의 질문이 어쩔 수 없이 제기된다. 보통의 천 조각은 어디서나 공통적으로 사용되는 원단에 정교한 바느질이 추가되어 탄생한 최종적인 생산물로 볼 수 있다.

그렇다면 우리가 보고 느끼는 시공간에도 그러한 원단이 존재할 것인가? — 개개의 끈들이 한데 어우러져서 이렇게 질서정연한 시공간을 이룬다고 보기는 어렵다. 왜냐하면 기존의 사고방식으로 생각해 볼 때 이것은 끈이 진동하는 '공간' 과 끈의 형태가 변형되어 가는 '시간' 의 개념을 둘 다 가정하고 있기 때문이다. 그러나 끈에 의해 질서정연한 우주가 만들어지기 이전의 상태, 즉 원단의 상태에서는 시간이나 공간의 인식이란 있을 수 없다. 이 문제를 논하기에는 우리의 언어가 너무 거칠기도 하거니와, 이 시점에서는 '이전' 이라는 말 자체가 의미를 갖기 어렵다. 개개의 끈들은 시공간의 자잘한 파편에 불과하며, 이들이 합쳐져서 적당한 패턴의 진동을 유지해야만 시공간의 개념이 비로소 탄생하는 것이다.

이렇게 시공간의 개념조차 없는 무형의 원초적 상태를 상상하다 보면, 대부분의 사람들은 상상력의 한계에 부딪쳐 더 이상 생각을 진행시키기가 어려울 것이다.(나라고 예외일수는 없다) 지평선의 사진을 가능한 한 가까운 거리에서 찍으려고 사진작가가 자꾸만 지평선을 향해 걸어가는 것처럼, 우리가 우주의 실체를 파헤치려고 노력할수록 기존의 개념들은 자취를 감추어 버린다. 그러나 이것은 우리가 끈이론을 충분히 이해하기 위해 반드시 마주쳐야 할 문제이며, 적어도 그 문제의 의미만큼은 반드시 파악하고 넘어가야 할 것이다. 지금 우리가 갖고 있는 끈이론은(M-이론까지 포함해서) 끈이 진동하면서 이동할 수 있는 시간과 공간을 애초부터 가정하고 있다. 1차원의 시간 속에서 끈의 속성을 추론하기 위해서는 확장된 공간 차원이 반드시 필요하며, (흔히 3개로 간주함) 끈이론의 방정식에서 유도된 여분의 숨은 차원도 함께 고려되어야 한다. 그러나 이것은 화가에게 숫자로 그림을 그리라고 강요한 후에 그 그림으로 화가의 재능을 판정하는 것과 별로 다르지 않다. 화가는 그림의 이곳, 저곳에서 자신의 재능을 발휘하겠지만, 그리는 방식에 너무나 큰 제한을 두었기 때문에 우리는 그의 천재성을 제대로 느끼지 못할 것이다. 이와 마찬가지로, 끈이론이 각광을 받는 것은 양자역학과 중력을 성공적으로 화해시켰기 때문이고, 중력은 시간/공간과 밀접하게 연관되어 있기 때문에, 끈이론의 작품성을 제대로 감상하려면 그것이 기존의 시공간에서 제대로 작동되기를 기대하는 마음부터 떨쳐버려야 한다. 예술가로 하여금 텅 빈 화폭에 마음대로 기량을 펼치게 내버려두어야 창의성이 돋보이는 작품이 나오듯이, 끈이론의 경우에도 시간이나 공간의 개념조차 없는 허당에서 출발하여 자기 나름대로의 시공간을 창출해내도록 유도해야 할 것이다.

이것이 지금 우리의 희망사항이다. 빅뱅, 또는 빅뱅이전의 시대에서 출발하여 끈의 진동으로부터 우주의 진화가 설명되고, 그로부터 시공간의 개념이 자연스럽게 유도되는 이론 — 이렇게 되어야 모든 것이 순리에 맞는다. 이런 체계의 이론이 완성된다면, 시간과 공간은 우주를 이루는 근본적 물리량이 아니라 원초적인 우주의 상태를 편리하게 표현하기 위한 수단에 불과하다는 것을 깊이 이해할 수 있을 것이다.

스티븐 셴커 Stephen Shenker, 에드워드 위튼 Edward Witten, 톰 뱅크스 Tom Banks, 윌리 피슐러 Willy Fischler, 레너드 서스킨드 Leonard

Susskind 등 수많은 학자들이 연구하고 있는 M-이론의 최근 결과에 의하면, '0-브레인 zero-brane'(M-이론의 가장 기본을 이루는 구성요소로서, 멀리서 보면, 점 입자처럼 보이지만 가까이 접근해서 보면 전혀 다른 구조가 나타남)을 통해 시간과 공간의 개념이 존재하지 않는 영역을 들여다 볼 수 있다고 한다. 끈이론의 체계를 유지하면서 플랑크 스케일보다 작은 초미세 영역으로 가면 공간이라는 개념은 더 이상 의미가 없어지면서 '0-브레인 zero-branes'이 새로운 세계를 보여 주는 창문의 역할을 한다는 것이다. 0-브레인을 연구하다 보면 기존의 기하학은 '비가환성 기하학 noncommutative geometry'으로 대치되는데, 이 분야는 프랑스의 수학자인 알리앙 콘느 Alain Connes에 의해 주로 개발되었다.[*4] 이 기하학에서 두 지점 사이의 거리나 공간의 개념은 의미가 없으며, 기존의 기하학은 발붙일 곳이 없을 정도로 전혀 다른 체계를 갖고 있다. 그러나 플랑크 길이보다 큰 스케일로 나오면 우리에게 이미 친숙한 시간과 공간의 개념이 다시 나타나게 된다. 비가환성 기하학은 아직 개발 단계에 있지만 시간과 공간의 근본적인 의미를 규명해 줄 강력한 후보로 주목받고 있다.

    기존의 시공간 개념에 의존하지 않고 끈이론의 체계를 세울 수 있는 수학 — 이것이 앞으로 끈이론 학자들이 이루어야 할 가장 중요한 과제들 중 하나이다. 시공간의 출처를 알아낸다면, 지금의 공간(특히 여분의 차원)의 구체적인 모습도 자연스럽게 알려질 것이다.

끈이론은 양자역학의 체계를 바꿔놓을 것인가?

이 우주는 양자역학의 원리에 의해 운영되고 있다. 실험 결과도 엄청나게 정확하여, 여기에는 이견이 있을 수 없다. 그러나 지난 50여 년 동안 물리학자들은 양자역학을 '제2차 물리학'으로 취급해왔다. 그들은 새로운 이론을 개발할 때, 양자적 확률이나 파동 함수 등 양자역학적 요인들을 모두 배제한 채 맥스웰이나 뉴턴 시대의 물리학으로 일단 기초공사를 끝내고, 거기에 2차적으로 양자적 개념을 도입했던 것이다. 사실, 이것은 그다지 놀라운 일이라고 할 수도 없다. 우리의 일상적인 경험도 양자역학 보다는 뉴턴의 고전물리학 쪽에 훨씬 가깝기 때문이다. 겉으로 보기에 이 우주는 '특정 시간에 정확한 위치와 정확한 운동량을 갖는' 입자들의 집합처럼 보인다. 우리의 직관과 잘 맞아 떨어지는 고전 역학은 거시적 세계에서 여전히 진리로 통용되고 있으며, 미시세계로 접어들어야 비로소 양자역학에 의한 수정이 필요하게 된다. 그동안 이루어졌던 물리학적 발견의 대부분은 고전적 이론체계의 양자역학적 버전이었으며, 이러한 추세는 앞으로도 당분간 계속될 것이다.

끈이론도 여기서 예외는 아니었다. 끈이론의 수학체계는 무한히 작은 고전적 끈의 운동을 서술하는 방정식에서 출발하는데, 이는 300년 전의 뉴턴조차도 쉽게 이해할 수 있는 내용이다. 그 뒤에, 이 방정식은 곧바로 양자화 quantaized 된다. 즉 지난 50년간 개발되어온 양자역학의 모든 요소들 — 확률, 불확정성, 양자적 요동 등이 방정식에 추가되는 것이다. 이 책의 12장에서, 우리는 이 과정을 이미 지켜보았다. 무한히 많은 고리형 다이어그램의 기여도를 더해 나가는 과정에는 양자적 개념이 잘 구현되어 있다. 많은 수의 고리를 고려할수록 양자적 효과는 그만큼 정확하게 계산된다.(그림 12.6 참조)

고전적인 관점에서 이론적 체계를 세우고 거기에 양자적 효과를 추가하는 식의 접근법은 지난 세월동안 엄청난 위력을 발휘하면서 물리학자들을 기쁘게 해주었다. 표준 입자 모델의 물리학 체계 역시 이런 방법으로 구축되었다. 그러나 끈이론과 M-이론 같은 최첨단의 이론을 이런 식으로 만들어 내는 것은 지나치게 보수적인 발상일 수도 있다. 이 우주가 양자역학으로 서술되는 것이 확실한 이상, 정확한 이론은 양자역학에서 출발되어야 할 것이다. 고전적 관점에서 출발한 지금의 끈이론이 아직까지 별 문제를 일으키지 않는 것은, 우리가 아직 그 정도로 깊고 심오한 영역에 발을 내딛지 못했기 때문이다. 그러나 끈이론/M-이론은 언젠가 이런 장벽에 반드시 부딪칠 것이며, 100% 양자적인 이론이 필요한 날은 반드시 도래할 것이다.

끈이론의 2차 혁명기에 대두되었던 몇 개의 아이디어를 돌이켜보면(그림 12.11 참조) 위에서 언급한 문제가 분명한 현실임을 실감할 수 있다. 12장에서 언급했던 대로, 5개의 끈이론을 통일시켜 주는 duality 원리에 의해, 다섯 개 중 하나의 끈이론으로 설명되는 물리적 과정은 다른 끈이론의 언어로 재 표현될 수 있다. 이렇게 재구성된 결과는 언뜻 보기에 원래의 서술과 전혀 다른 듯이 보이지만 사실은 물리적으로 완전히 동일하며, 이것이 바로 duality의 위력이다.

duality를 이용하여, 우리는 하나의 물리적 과정을 여러 가지 다른 형태로 재 서술할 수 있게 된 것이다. 이 점만 고려해도 duality 의 중요성은 충분히 이해가 가고도 남을 것이다. 그러나 duality의 특성에 관하여 아직 언급하지 않은 것이 하나있다.

duality를 통해 물리적 과정을 재 서술할 때, 원래 양자역학에 크게 의존하던 물리적 과정이 (예를 들어, 끈들 사이의 상호작용은 양자적으로만 가능하며 고전적 관점으로는 결코 일어나지 않는 현상이다.) 다른 끈이론으로 재 서술된 후에는 양자역학에 크게 의존하지 않게 되는 경우가 종종 있다. (예를 들어, 어떤 물리적 과정의 수치적 성질은 양자적 계산 과정에 의해 크게 좌우되면서, 전체적인 형태는 고전적 모델과 거의 일치하는 경우가 있다.) 이것은 곧 양자역학 자체가 끈이론/M-이론의 duality와 밀접하게 연관되어 있다는 것을 의미한다. 다시 말해서, duality는 본질적으로 양자역학적 대칭성이라는 뜻이다.(두 종류의 서술 중 어느 한 쪽이 양자역학에 의해 크게 좌우되면서 다른 서술은 좌우되는 정도가 약하다면 이는 곧 duality와 양자역학 사이에 모종의 깊은 관계가 있다는 의미로 해석할 수 있다.) 따라서 끈이론/M-이론이 완전해지기 위해서는 고전적 바탕에서 양자화 되는 방식이 아니라, 처음부터 duality가 고려된 환경 속에서 출발할 수 있어야 한다. duality는 양자적 특성의 산물이기 때문에 고전적인 출발점에서는 이러한 성질이 고려될 수가 없다. 즉, 끈이론/M-이론의 완전한 버전은 전통적인 방법을 벗어나 100% 양자역학적인 기초에서 세워져야 하는 것이다.

아직 이런 체계를 구현한 사례는 없었다. 그러나 끈이론 학자들은 "이 우주를 양자역학적 기초에서 시작하여 전체적으로 재 서술하는 작업이 이루어지면 우리의 우주관에는 새로운 지평이 열릴 것이다."라는 주장에 대부분 동의하고 있다.

바파는 이렇게 말했다 ― "수많은 수수께끼를 풀어 줄 '양자역학의 재서술'은 이제 거의 목적지에 도달했다고 본다. 최근에 발견된 duality는 시간과 공간, 그리고 양자적 특성들을 우아한 체계 속에 하나로 묶어줄 것이다."[*5] 위튼의 말도 들어보자 ― "아인슈타인이 등가원리를 발견하여 중력이론에 엄청만 진보를 가져왔던 것처럼, 양자역학도 이와 비슷한 혁명을 겪게 될 것이다. 물론 그렇게 된다고 해서 양자역학이 완성되지는 않겠지만, 후대의 과학자들은 지금의 시기를 가리켜 '혁명의 출발기' 라고 부르게 될 것이다."*6

다소 낙관적인 시각으로 바라볼 때, 양자역학의 원리들이 끈이론 속에서 재구성된다면 우리는 우주가 어떻게 시작되었으며 시간과 공간이 왜 존재하는지를 설명할 수 있을 것이다. 그리고 한걸음 더 나아가서 라이프니츠의 심오한 질문 — "왜 우주는 텅 비어있지 않고 물질의 존재를 허락했는가?"에도, 질문만큼이나 심오한 답을 구할 수 있을 것이다.

끈이론은 실험적으로 검증될 수 있는가?

지금까지 언급했던 끈이론의 여러 가지 특성들 중에서도 가장 중요한 3가지를 꼽는다면 다음과 같다. 첫째로, 중력과 양자역학은 우주의 작동원리를 설명하는 불가분의 요소이므로 어떠한 형태의 통일이론이건 간에 이 두 가지는 반드시 고려되어야 한다. 그런데 끈이론이 바로 이것을 훌륭하게 해냈다. 둘째로, 지난 100년간의 물리학 역사를 돌아볼 때, 우주를 이해하는 핵심적 아이디어들은 스핀, 입자족, 매개입자, 게이지 대칭, 등가원리, 대칭성의 붕괴, 초대칭 등이다. 그리고 이 모든 개념들 역시 끈이론에 모두 함축되어 있다. 마지막으로, 기존의 표준모델은 실험을 통해 결정되는 19개의 변수를 갖고 있는 반면에 끈이론은 실험으로 결정할 수 있는 변수가 단 하나도 없다. 다시 말해서, 이론의 진위 여부를 실험적으로 판단할 만한 방법이 없다는 뜻이다.

끈이론을 실험적으로 확인하는 데에는 여러 가지 장애가 도사리고 있다. 9장에서 언급했던 대로 여분의 차원이 갖는 기하학적 형태를 결정할 만한 방법이 아직 발견되지 않았으며, 12장과 13장에서는 차원 문제를 포함한 몇 가지의 장애를 언급하면서 M-이론이 도입된 배경을 설명한 바 있다. M-이론이 완성되려면 엄청난 노동량과 그에 못지않은 천재성이 발휘되어야 할 것이다.

예나 지금이나 끈이론 학자들은 자신의 이론을 실험적으로 검증할 수 있는 방법을 찾기 위해 부단한 노력을 기울이고 있다. 그러나 9장에서 말한 바와 같이, 이들의 바램이 이루어질 가능성은 아직 희박하다. 게다가 끈이론에 대한 우리의 이해가 깊어질수록 이론과 실험 사이의 거리는 점점 더 멀어져 갈 것이 분명하다. 그러나 9장에서 언급된 초대칭짝 superpartner이 발견된다면 이는 자연에 초대칭이 존재한다는 확실한 증거이며, 끈이론은 일대 전환기를 맞이하게 될 것이다. 초대칭은 끈이론을 개발하는 과정에서 발견된 이론상의 대칭성이며, 끈이론의 주춧돌과 같은 역할을 하고 있다. 초대칭짝의 발견은 (사실 그다지 근본적인 이슈는 아니지만) 끈이 존재한다는 결정적인 증거로서 전혀 손색이 없다. 그리고 초대칭짝은 초대칭의 산물이기 때문에 이것이 실험적으로 확인되면, 초대칭짝 입자의 질량과 전하 등을 측정하여 초대칭이 자연에 구현되는 구체적인 방식을 이해할 수 있으며, 끈이론 학자들은 이러한 사실들을 끈이론의 범주에서 설명하는 새로운 업적을 남길 수 있을 것이다. 좀 더 낙관적인 앞날을 예견해보자면 앞으로 10년 이내에 (제네바에 건설 중인 대형 강입자 가속기가 가동되기 전) 끈이론은 충분히 발전하여 초대칭짝의 물리적 성질을 순전히 이론만으로 계산해 낼 것이며, 이 기념비적인 업적은 과학사에 영원히 남게 될 것이다.

과학적 설명에는 한계가 있는가?

모든 것에 대한 설명 — 우주의 구성물질과 힘의 성질 등 물리적인 영역에 국한된 설명이겠지만, 이것은 인류의 과학역사를 통틀어 가장 도전해 볼만한 가치 있는 과제이다. 초끈이론이 처음 등장했을 무렵에는 이 과제가 거의 해결된 것처럼 보이기도 했다. (역자가 끈이론을 공부하던 1986년에는 국내에서도 일부 성급한 물리학자들이 '끈이론=만물의 이론' 을 강력하게 주장하여 학회가 열릴 때마다, 맹렬한 공방이 오갔었다 : 옮긴이) 과연 끈이론은 쿼크의 질량이나 전자기력의 크기 등 '관측 가능한' 우주의 성질을 이론적으로 예견할 수 있을 것인가? 앞 절에서 언급한 대로, 최종 목적지에 도달하기까지는 아직 여러 개의 장애물이 남아 있다 — 이들 중 최근에 극복된 것은 섭동적 방법의 한계이다. 즉 끈이론/M - 이론의 비섭동적 이론체계가 세워지면서 하나의 장애가 극복되었다.

그러나 지금보다 더욱 새롭고 분명한 양자역학적 체계로 끈이론/M - 이론이 완성되었다고 해서, 입자의 질량이나 힘의 크기를 계산할 수 있다는 보장이 과연 있을까? 그때가 되어도 우리는 이론적 계산이 아닌 실험을 통해야만 그런 값들을 알 수 있을까? 만일 그렇다면, 그것은 더욱 수준 높은 이론의 필요성을 요구하는 것이 아니라, 실존하는 물리량을 설명할 방법이 애초부터 존재하지 않았음을 의미하는 것은 아닐까?

방금 나열한 질문들에 대하여, 당장 떠오르는 답은 '그렇다' 이다. 언젠가 아인슈타인이 말했던 대로, "이 우주에서 가장 이해하기 어려운 것은 우주 자체가 이해 가능하다는 점이다"[*7] 우주에 대한 인간의 이해능력은 실로 놀라운 정도이지만, 발전 속도가 너무 빠르기 때문에 실감이 안나는 것뿐이다. 그러나 그 이해 가능성에도 분명히 한계는 있다. 만일 우리에게 우주의 원리를 설명하고 최상의 과학이론이 주어진다 해도, 이해할 수 없는 우주의 속성은 여전히 남아 있을 것이다.

아마도 이러한 속성들은 우연히 그렇게 되었거나 조물주의 선택이라는 설명 정도로 만족해야 할지도 모른다. 과학적 방법으로 성공을 거둔 과거의 사례들을 돌이켜보면, 사실 불가능한 일이 없을 것처럼 보이기도 한다. 충분한 시간과 노력이 투입된다면, 언젠가는 우주의 모든 신비가 정체를 드러낼 것 같다. 그러나 과학이 갖고 있는 서술 능력의 한계를 넘어서는 것은 (기술적 장애가 아니라 인간의 이해 능력의 한계를 뛰어 넘는 것) 과거의 사례들로부터 미루어 짐작할 수 있는 사건이 아니다. 그것은 단 한 번 발생하고 마는 단발성 대형사건이다.

궁극의 이론을 찾고 싶은 우리의 열망이 아무리 간절하다 해도, 이것만은 우리가 해결할 수 없는 문제이다. 사실 "과학적 설명에 한계가 있는가?"라는 의문조차도 영원히 풀리지 않을 것이다. 앞에서 언급되었던 다중 우주문제만 보더라도 처음에는 너무나 황당하여 과학적 설명의 한계를 벗어난 듯이 보이지만, 그에 못지않게 황당한 이론으로 이 기상천외한 우주론을 설명할 수도 있다. 과학적 설명의 한계점을 추정하는 것은 그만큼 추상적이고, 어려운 과제인 것이다

그렇다면, 궁극의 이론이라는 거대 왕국에서 우주론의 역할은 무엇인가? 앞에서 말한 것처럼, 끈우주론은 이제 막 첫발을 내디딘 신생 이론이다. 앞으로는 이 분야는 가장 혁신적인 발전을 이루면서 최대의 관심을 끄는 연구 분야로 부상하게 될 것이다. 또한 끈이론/M-이론에 대한 이해가 깊어질수록, 우주론으로 만들어 가는 '궁극의 이론'은 그

형태가 한층 더 분명해 질 것이다. 물론, 이모든 노력의 결과가 "과학적 서술에는 한계가 있다"는 허무한 결론으로 귀결될 수도 있다. 그러나 이와는 정반대로 우주의 근본적인 설명이 가능해진 새로운 시대로 당당하게 접어들 수도 있다. 그 세계를 지키는 문지기의 영접을 받는 것 — 아마도 모든 물리학자들의 꿈일 것이다.

별을 향하여

비록 우리의 몸은 중력의 구속 때문에 지구와 태양계 내부를 벗어나지 못하고 있지만, 고도로 발달한 실험장비와 상상력을 동원하여 극미의 세계와 우주의 끝을 이론적으로나마 탐사할 수 있게 되었다.

특히 지난 100년 동안 수많은 물리학자들이 혼신의 노력을 기울인 끝에 우주의 비밀 중 일부는 그 정체를 드러내었으며, 그때마다, 새롭게 열린 창문을 통해 바라본 우주는 여전히 수많은 비밀을 간직하고 있었다. 하나의 물리학 이론이 얼마나 깊은 내용을 담고 있는지는, 그것이 기존의 세계관을 바꾸어 놓은 정도로부터 대략적으로 평가될 수 있다. 이 점에서 볼 때, 양자역학과 상대성이론은 모든 이의 상상을 뛰어넘는 심오한 이론으로서 손색이 없다 — 파동함수, 확률, 양자 터널효과, 진공 중의 양자적 요동, 시간과 공간의 통합, 동시성의 붕괴, 시공간의 휘어짐, 블랙홀, 빅뱅 등 현대 물리학의 근간을 이루는 거의 모든 개념들은 이 두 개의 이론에 뿌리를 두고 있다. 대체 어느 누가, 200여 년간 물리학계를 지배해온 뉴턴의 기계론적 세계관이 진리의 단편에 불과하다고 감히 상상이나 할 수 있었을까? 이것은 실로 인류의 과학사를 뿌리 채 뒤흔든 역사적 발견이었다.

그러나 이러한 충격적인 발견들도 거대한 발견의 일부분에 불과하다. 물리학자들은 극미의 세계와 거시세계에 적용되는 물리 법칙이 일맥상통해야 한다는 확고한 신념을 가진 채, 만물의 이론을 찾기 위해 필사의 노력을 기울여 왔다. 연구는 아직 진행 중에 있지만, 끈이론/M-이론은 양자역학과 일반상대성이론을 조화롭게 합치는데 성공하였으며, 여기에 강력과 약력, 그리고 전자기력까지 하나로 통합하여 대단한 위용을 갖추게 되었다. 그리고 새로운 이론이 제시한 새로운 세계관은 그야말로 기념비적인 것이었다 — 고리형 끈과 알갱이들의 진동 패턴에 의해 우주의 모든 창조물들이 하나의 법칙으로 통합되고, 우주 안에 숨어 있는 여러 개의 차원들은 비틀리고 찢어졌다가 다시 붙으면서 우주의 진화를 주도하고 있다.

양자역학과 중력을 한데 합쳐서 모든 물질과 힘을 설명하는 통일이론은 예전부터 물리학자들이 꿈꾸던 희망봉이었다. 그러나 그 이론이 이토록 황당한 우주관을 강요할지, 어느 누가 짐작이나 했겠는가?

앞으로 끈이론의 연구가 진행되면서 새로운 사실들이 밝혀질수록, 이런 식의 황당한 결과는 줄줄이 양산될 것이다. 우리는 이미 M-이론을 통해 프랑크 길이 이내의 영역에 숨어 있는 이상한 세계(시간과 공간의 개념조차 없는 세계)를 얼핏 보았다. 그리고 거시적 극단에서 볼 때, 우리의 우주는 다중 우주의 광활한 바다 표면에서 정처 없이 표류하고 있는 수많은 물방울 중 하나일 수도 있다. 이러한 아이디어들은 지금 현대 물리학의 최첨단에 놓여 있지만, 머지않아 새로운 우주관으로 넘어가는 징검다리였음이 밝혀지게 될 것이다.

우리의 시야를 미래에 고정시키고, 앞으로 알게 될 놀라운 사실들을 미리 예측하는 것도 중요하지만, 지금까지 우리가 걸어왔던 길을 되돌아봐도 경이로운 사건은 얼마든지 있다. 우주의 법칙을 찾으려는 과학적 탐구의 역사는 우리의 마음을 넓혀주고 영혼을 풍부하게 해준 한 편의 휴먼 드라마였다. 아인슈타인은 일반상대성이론을 완성한 후에 이런 말을 남겼다 — "몇 년 동안 밤길을 헤매는 불안한 심정으로, 그러나 무엇인가를 반드시 찾고야 말겠다는 바위 같은 신념으로 연구에 몰두하였다. 그동안 내 마음 속에는 자신감과 좌절감이 수도 없이 교차되었으며, 결국 어느 날 모든 것이 그 모습을 드러냈다."[*8] 이 말 속에는 인간의 탐구 역사가 고스란히 담겨 있다. 우리 모두는 각자의 길에서 진리를 찾는 탐구자이며, 자신이 왜 여기에 있는지를 알기 위해 부단히 노력하고 있다. 이 모든 노력의 결과로 쌓인 지식은 각 세대마다 거대한 산을 이루며, 후손들은 선조가 쌓은 산꼭대기에서 시작하여 새로운 지식의 산을 추가로 쌓아갈 것이다. 과연 우리의 후손들 중 누군가가 산의 최정점에 올라 한 점의 의문도 없는 아름답고 우아한 우주의 장관을 감상할 수 있을지, 지금으로서는 예측하기가 어렵다. 그러나 브로노프스키 Jacob Bronowski의 표현대로 각 세대마다 쌓아 나가는 지식의 산 속에는 반드시 전환점이 존재하며, 우리는 이 지점을 거치면서 사리에 맞는 새로운 세계관을 정립해 가고 있다.[*9] 그리고 우리 세대의 사람들은 우리가 창출해 낸 새로운 우주관에 경이로움을 느끼면서 별을 향해 나아가는 인류의 계단에 또 하나의 벽돌을 쌓아 올리게 되는 것이다.

후주

제1장

1. 아래의 표는 표 1.1을 조금 더 구체화시킨 것이다. 여기에는 세 입자족의 질량과 힘전하가 기록되어 있다. 각각의 쿼크는 3종류의 강전하 strong force charge 중 하나를 가지며, 그 양은 색color으로 표현된다.

약전하 weak charge는 좀 더 엄밀하게 말하자면 약 하전스핀 weak isospin의 세 번째 성분에 해당된다.

입자	질량	입자족 I 전기전하	약전하	강전하
전자 (electron)	0.00054	−1	−1/2	0
전자-뉴트리노 (electron-neutrino)	$< 10^{-8}$	0	1/2	0
업-쿼크 (up-quark)	0.0047	2/3	1/2	red, green, blue
다운-쿼크 (down-quark)	0.0074	−1/3	−1/2	red, green, blue

입자족2				
입자	질량	전기전하	약전하	강전하
뮤온 (muon)	0.11	−1	−1/2	0
뮤온-뉴트리노 (muon-neutrino)	< 0.0003	0	1/2	0
charm-쿼크 (charm-quark)	1.6	2/3	1/2	red, green, blue
strange-쿼크 (strange-quark)	0.16	−1/3	−1/2	red, green, blue

입자족3				
입자	질량	전기전하	약전하	강전하
타우 (tau)	1.9	−1	−1/2	0
타우-뉴트리노 (tau-neutrino)	< 0.033	0	1/2	0
top-쿼크 (top-quark)	189	2/3	1/2	red, green, blue
bottom-쿼크 (bottom-quark)	5.2	−1/3	−1/2	red, green, blue

2. 그림 1.1 에 그려진 닫힌 끈 closed string 이외에, 열린 끈 open string도 존재할 수 있다. 이 책에서는 표기의 단순화를 위해 주로 닫힌 끈에 중점을 두고 논리를 전개하기도 한다. 그러나 끈의 근본적인 성질은 위의 두 가지 경우에 공통적으로 적용된다.

3. 1942년에 친구에게 보낸 아인슈타인의 편지. Tony Hey와 Patrick Walters의 〈*Einstein's Mirror*, Cambridge, Eng. : Cambridge University Press, 1997〉에서 발췌.

4. Steven Weinberg, 〈*Dreams of Final Theory*〉—New York : Pantheon, 1992 P. 52

5. 1998년 5월 11일 에드워드 위튼과의 인터뷰에서 발췌.

제2장

1. 지구와 같이 덩치 큰 물체가 근처에 있으면 중력의 효과가 매우 복잡하게 나타난다. 그런데 우리는 지금 수직운동이 아닌 수평운동을 고려하고 있으므로 지구의 존재를 무시할 수 있다. 다음 장에서는 중력 문제를 함께 다룰 것이다.

2. 좀 더 정확하게 말하자면, '진공 중에서' 빛의 속도는 시속 6억 7천만 마일/시이다. 빛이 대기 중이나 유리 속을 통과할 때는 속도가 조금 늦춰지는데, 이것은 절벽에서 자유 낙하하는 바위가 물 속에 빠진 후에 속도가 줄어드는 것과 비슷한 원리이다. 공기나 유리 속에서 일어나는 빛 속도의 변화량은 지금 우리의 논지에 영향을 줄만큼 심각하지 않기 때문에 고려하지 않기로 한다.

3 수학에 관심 있는 독자들을 위해, 좀더 자세한 설명을 덧붙이고자 한다. 만일 v의 속도로 움직이는 광자시계로부터 방출된 광자가 거울에 반사된 후, 되돌아 올 때까지 t초가 소요되었다면 (광자가 왕복운동을 하는데 걸린 시간) 그사이에 광자시계는 vt 만큼 이동했을 것이다. 그림 2.3에 나타난 사선 경로의 길이는 피타고라스 정리를 이용하면 $\sqrt{(vt/2)^2+h^2}$가 된다. (여기서 h는 두 거울 사이의 최단거리이며, 본문에서는 6인치로 간주하였다.)

실제로 광자가 이동한 거리는 이 경로의 두 배이므로 $2\sqrt{(vt/2)^2+h^2}$이다. 따라서 광자가 왕복하는데 걸린 시간은 $2\sqrt{(vt/2)^2+h^2}/c$ 초이며, $t=2\sqrt{(vt/2)^2+h^2}/c$의 방정식을 t에 관해 풀면 $t=2h/\sqrt{c^2-v^2}$이 얻어 진다. 혼동을 피하기 위해 t 아래에 첨자를 붙여서 $t_{moving}=2h/\sqrt{c^2-v^2}$으로 표기하기로 하자. 아래첨자는 광자시계가 한번 째깍이는데 걸리는 시간임을 의미한다. 그리고 이와는 달리 정지상태에 있는 우리의 시계는 한번 째깍이는데, $t_{stationary}=2h/c$의 시간이 걸린다. 이 두 시간을 비교하면 $t_{moving}=t_{stationary}/\sqrt{1-v^2/c^2}$의 관계식이 얻어지며, 이동중인 시계가 정지 상태에 있는 시계보다 느리게 간다는 사실을 확인 할 수 있다.

4. 입자 가속기보다 좀 더 현실적인 사례를 들면 시간지연 효과가 더욱 실감나게 느껴질 것이다. 1971년 10월에 St. Louis에 있는 워싱턴 대학교의 J. C. Hafele와 United States Naval 관측소의 Richard Keating은 세슘 원자시계를 일반 항공기에 싣고 총 40시간동안 비행을 했다. 중력에 의한 시간지연효과(이 내용은 다음 장에서 자세하게 다룰 예정이다)를 제외시키고 순전히 특수상대성이론적 효과만 고려하면 비행기 안에서 흐른 시간은 지구상에 정지되어 있는 사람들에게 흐른 시간보다 몇 천 억

분의 1초 정도 느려지며, Hafele 과 Keating은 바로 이러한 사실을 눈으로 확인할 수 있었다. ― 움직이는 시계는 정지해 있는 시계보다 느리게 간다.

5. 그림 2.4는 움직이는 물체가 운동 방향으로 수축되는 예를 잘 보여주고 있지만, 이동 속도가 거의 빛 속도에 가까워지면 상황은 달라진다. (물론, 우리의 눈이나 카메라는 아무리 빠른 물체도 다 볼 수 있다고 가정한다) 눈이나 카메라로 무언가를 보려면 그 물체로부터 반사된 빛이 안구나 렌즈로 도달해야 한다. 그런데 물체에서 반사된 빛은 물체의 여러 곳에서 반사되었으므로 우리의 눈에 도달할 때까지 걸리는 시간이 제각각이며, 이로 인해 물체는 수축되는 것 이외에 '회전시킨 듯한' 형태로 변형된다.

6. 수학에 관심 있는 독자들을 위해, 위치와 속도를 4차원 벡터(성분이 4개인 벡터)로 표현하여 이 논리를 다시 이해해보자. 위치 벡터는 $x=(ct, x_1, x_2, x_3)=(ct, \bar{x})$ 로 표현되며, 속도 벡터 $u=dx/d\tau$ 이다. 여기서 τ 는 $d\tau^2 = dt - c^{-2}(dx_1^2 + dx_2^2 + dx_3^2)$ 로 정의되는 적정시간 proper time이다. 그러므로 시공간 속에서의 속도는 속도 4차원 벡터 u의 길이, 즉 $\sqrt{(c^2 dt^2 - d\bar{x}^2)/(dt^2 - c^{-2}d\bar{x}^2)}$ 이며, 이 값은 빛의 속도 c 와 항상 일치한다. 또한 방정식 $c^2(dt/d\tau)^2 - (d\bar{x}/d\tau)^2 = c^2$은 $c^2(d\tau/dt)^2 + (d\bar{x}/dt)^2 = c^2$으로 변형될 수 있으며, 이로부터 우리는 '공간에서의 속도 $\sqrt{(d\bar{x}/dt)^2}$가 증가하면 $d\tau/dt$, 즉 시간의 흐름이 늦어진다' 는 결론을 내릴 수 있다.

제3장

1. Isaac Newton, 〈Sir Isaac Newton's Mathematical Principle of Natural Philosophy and His System of the World〉 ― A. Motte and Florian Cajori 번역, Berkeley : University of Califonia Press, 1962, Vol. I, p.634.

2. 조금 더 정확하게 설명하자면, 아인슈타인은 관측자의 관측 영역이 좁은 곳에 한정되었을 때, 등가원리가 성립한다고 하였다. 그 이유는 다음과 같다. ― 중력의 크기는 장소에 따라 다르다. 그러나 당신이 타고 있는 객차나 우주선 근방에는 통째로 균일한 중력장이 형성된다. 우주선의 크기가 작으면 작을수록 중력이 변할 수 있는 여지가 줄어들고, 따라서 등가원리는 더욱 정확하게 맞아 떨어지게 되는 것이다. 결론적으로 말해서, 관측자가 타고 있는 이동 물체 내부의 공간이 작으면 작을수록, 실제의 중력과 가속운동에 의한 중력의 차이도 작아진다.

3. Albrecht Fölsing, 〈*Albert Einstein*〉 — New York : Viking, 1997, p.315

4. John Stachel, 〈*Einstein and the Rigidly Rotating Disk*〉 — General Relativity and Gravitation, ed. A. Held, New York : Plenum, 1980, p.1

5. 토네이도 놀이기구, 또는 회전하는 원판 문제는 흔히 혼동을 불러일으킨다. 실제로 최근까지도 이 문제는 논란의 대상이 되고 있다. 본문에서 우리는 아인슈타인 식의 분석을 따르고 있지만, 여기서는 혼동하기 쉬운 두 가지 문제를 좀더 자세하게 짚고 넘어가기로 하자. 첫째로, 독자들은 회전하는 원판의 테두리가 왜 운동하는 자 ruler와 똑같이 수축되지 않는지 의아해 할 것이다. 그러나 지금 우리의 원판은 계속해서 돌고 있다는 사실을 기억하라.

회전을 멈춘 상태는 우리의 고려 대상이 아니다. 따라서 바깥에 있는 우리의 관점에서 볼 때, 우리와 슬림의 차이는 '슬림의 자가 로렌츠 수축을 겪었다' 는 점이다. (당신과 슬림이 관측을 하는 동안에도 원판은 계속 회전하고 있다) 결국 우리가 볼 때, 슬림의 자는 짧아졌으므로, 그가 얻은 원주의 길이는 우리가 측정한 값보다 길어지는 것이다. 원판 테두리 자체의 로렌츠 수축 효과는 원판이 정지해 있는 경우와 비교할 때에만 의미를 가지며, 지금은 그 효과를 고려할 필요가 없다.

둘째로, 원판이 멈춘 경우를 생각할 필요가 없다 해도 독자들은 이런 의문을 가질 수 있다. "그렇다면 원판의 회전 속도가 서서히 느려지다가 멈추면 어떻게 될 것인가?" 회전 속도가 달라지면 원주의 길이가 수축되는 정도도 달라질 것이다. 그러나 변하지 않는 반지름과 변하는 원주의 길이는 어떻게 조화를 이룰 것인가? 이것은 매우 미묘한 문제로서, '완전한 강체는 존재하지 않는다.' 는 사실로부터 실마리를 풀어야 한다. 만일 완전한 강체로 된 원판이 돌고 있다면 수축 비율이 균일하지 않아서 균열이 가고 말 것이다. 완전한 강체가 아니기 때문에 구부러지고 수축되는 유연성이 있어서 회전 중에도 그 모습을 유지할 수 있는 것이다. 더 자세한 내용을 알고 싶은 독자들은 Stachel 의 "Einstein and the Rigidly Rotating Disk"를 참조하기 바란다.

6. 내용을 잘 아는 독자들은 회전하는 원판의 경우에 휘어진 3차원 공간을 4차원 시공간으로 확장시키면 곡률이 사라진다는 것을 이해할 수 있을 것이다.

7. Hermann Minkowski, Fölsing의 "Albert Einstein", p.189

8. 1998년 1월 27일, John Wheeler와의 인터뷰 내용 중에서 발췌.

9. 현재 사용 중인 원자 시계는 그 정도의 작은 시간 차이를 인지할 수 있을 정

도로 정확하다. 1976년에 Robert Vessot 와 Martin Levine은 NASA의 물리학자들과 함께 버지니아의 Wallops 섬에서 Scout D 로켓을 발진시켰는데, 그 안에는 1조 분의 1초가지 측정할 수 있는 원자 시계가 탑재되어 있었다. 이들의 목적은 로켓의 고도가 충분히 높아져서 중력이 작아지면, 시계가 빨리 간다는 사실을 확인하는 것이었는데, 실제로 로켓의 고도가 6,000마일에 이르렀을 때, 그 안에 탑재된 시계는 지구상에 있는 시계보다 10억 분의 4초 정도 빨랐다. 이것은 이론적으로 예견된 값과 불과 0.001% 밖에 차이가 나지 않는 매우 정확한 결과였다.

10. 1800년대 중반에 프랑스의 과학자였던 Urbain Jean Joseph Le Verrier 는 화성의 공전 궤도가 뉴턴의 예상치에서 조금 빗나가 있다는 사실을 발견하였다. 화성의 근일점이 일종의 세차운동을 하고 있었던 것이다. 뉴턴의 역학에 의하면 절대로 일어날 수 없는 일이었다. 그 후로 50년간 이 현상을 설명하는 여러 가지 이론들이 제시되었지만, 사람들을 납득시키지는 못했다. 그러다가 1915년에 이르러 아인슈타인은 일반상대성이론의 방정식으로부터 수성의 근일점이 이동하는 정도를 계산하였으며, 이 값은 관측 결과와 정확하게 일치하였다. 아인슈타인은 이 사건을 계기로 자신의 이론에 확신을 가졌으나, 대다수의 사람들은 이미 알려져 있는 현상을 설명하는 것보다는 새로운 현상을 예측해주기를 바랐다. 자세한 내용은 Abraham Pais 의 〈Subtle Is the Lord〉 — New York : Oxford University Press, 1982, p.253을 참고하기 바란다.

11. Robert P. Crease and Charles C. Mann, 〈The Second Creation〉 — New Brunswick, N.J : Rutgers University Press, 1996, p.39.

12. 놀랍게도, 우주팽창에 관한 최초의 연구결과에 의하면 우주상수 값은 아주 작긴 하지만 0이 아니었다.

제4장

1. Richard Feynman, 〈The character of Physical Law〉 — Cambridge, Mass : MIT Press, 1965, P.129.

2. 플랑크의 연구결과는 무한대에너지의 수수께끼를 해결하긴 했지만, 원래 그의 연구의도는 이런 것이 아니었다. 플랑크는 흑체로부터 방출되는 복사에너지의 강도와 빛의 파장사이의 관계를 규명하고 싶었던 것이다. 자세한 내용을 알고 싶은

독자들은 Thomas S. Kuhn의 〈Black-Body Theory and Quantum Discontinuity, 1894~1912, Oxford ,Eng : Clarendon, 1978〉을 참조할 것.

3. 좀 더 정확히 말하자면, 최저에너지가 평균에너지 기여도보다 큰 파동들은 방출이 제한된다.

4. 플랑크 상수의 값은 $1.05 \times 10^{-27} g \cdot cm^2/s$ 이다.

5. Timothy Ferris, 〈Comming of Age in the Milky Way〉 — New York : anchor, 1989, P.286

6. Stephen Hawking 의 강의 1977년 6월21일, 암스텔담 학회에서 발췌.

7. 양자역학에 대한 파인만식 접근법과 파동함수에 기초를 둔 접근법은 물리적으로 동일하지만 중간과정에 도입된 개념과 용어들, 그리고 해석은 상당한 차이를 보인다. 물론 이로부터 계산된 물리량들은 정확하게 일치한다.

8. 일반인을 위한 파인만의 QED 강의 (박병철 옮김. 승산)

제5장

1. Stephen Hawking, 〈A Brief History of Time〉 — New York : Bantam Books, 1988, P.175.

2. Richard Feynman, Timothy Ferris 의 〈The Whole Shebang〉 — New York : Simon & Schuster, 1977, P97.

3. 아무것도 없는 진공 중에서 대체 무슨 사건이 일어날 수 있다는 것인지, 아직도 이해가 가지 않는 독자들은 불확정성원리를 떠올려보라. 이 원리에 의하면 진공이 비어있는 데에도 한계가 있다. 전자기장에 불확정성원리를 적용하면 전자기파의 진폭과 진폭이 변해 가는 속도는 입자의 위치와 속도처럼 서로 불확정성의 관계에 있음을 알 수 있다. 따라서 진폭이 정확하게 알려질수록 진폭이 변하는 속도는 더욱 알 수 없게 된다. 우리가 '진공'이라고 말할 때, 그 진정한 의미는 특정 지역 안에 장 Field이 존재하지 않는다는 뜻이다. 다시 말해서 진공지역을 통과하는 모든 파동의 진폭은 0이라고 말할 수 있다. 그러나, 진폭이 이렇듯 정확하게 결정되면 진폭의 변하는 정도는 불확정성이 극에 달하여 아무 값이든 가질 수 있게 된다. 그리고 원래 0이었던 진폭이 변했다는 것은 진폭이 더 이상 0이 아니라는 뜻이다. 즉, 진공인데도 불구하고 파동이 존재하게 된다. 평균적으로 볼 때 장의 평균값은 0이지

만 국지적으로는 진공 중에서도 에너지의 파동이 +또는 -값으로 살아 있는 것이다.

4. 슈뢰딩거가 처음 제시했던 상대론적 방정식은 수소원자의 양자역학적 성질을 제대로 설명하지 못했으나, 후에 적절한 수정을 거쳐 아주 유용한 방정식으로 사용되었다. 그런데 슈뢰딩거가 이 방정식을 발표했을 때 오스카 클라인 Oskar Klein 과 월터고든 Walter Gordon이 처음으로 인용하여 발전시켰기 때문에 클라인-고든 방정식이라는 이름으로 불리게 된 것이다.

5. 수학에 관심 있는 독자들을 위해 입자물리학에서 사용되고 있는 대칭성을 수학적으로 표현한 군론 group theory에 대해 약간의 설명을 추가한다. 소립자들은 여러 개의 다양한 군 group으로 분리될 수 있으며, 입자의 운동을 말해주는 방정식은 모종의 대칭변환 symmetry transformation 과 밀접하게 관련이 있다. 강력의 경우, 이 대칭성은 SU(3) (3차원 회전과 비슷한데 더욱 복잡한 공간에서 회전이 이루어진다)이며, 쿼크에 부여된 3종류의 color는 3차원 나툼 representation에 해당된다. 본문에 언급된 전하이동(red, green, blue → yellow, indigo, violet)은 쿼크의 색상좌표 color coordinate에 SU(3)변환을 작용했다는 뜻이다. 게이지 대칭은 군 변환 group transformation이 시공간에 따라 달라지는 성질을 가질 때 나타나는 대칭성이다.

6. 중력을 제외한 세 종류의 힘의 양자역학적 버전이 개발되고 있을 때, 물리학자들은 무한대의 결과가 나오는 계산 문제 때문에 골머리를 앓았다. 그러나 시간이 지나면서 무한대는 재규격화 renormalization를 통해 제거될 수 있음을 알게 되었다. 그러나 일반상대성이론과 양자역학을 한데 합칠 때 발생하는 무한대 문제는 훨씬 더 심각하여 재규격화로 제거 될 수 없었다. 그 후로 시간이 더 흐른 뒤에, 물리학자들은 이론의 적용 한계를 벗어난 영역에 무리하게 이론을 적용시키면 무한대의 결과가 얻어진다는 사실을 알아냈다. 지금 연구가 진행되고 있는 이론은 적용 영역에 한계가 없는 궁극의 이론이므로, 더 이상의 무한대는 재현되지 말아야 할 것이다. 물론 이것은 어디까지나 희망사항 이다.

7. 플랑크 길이의 물리적 의미를 이해하기 위해, 물리학자들은 차원분석 dimensional analysis이라는 논리를 즐겨 사용한다. 그 내용은 다음과 같다. 일련의 방정식으로 하나의 이론이 만들어질 때 거기에 나타난 추상적 기호들은 실제세계의 특성을 담고 있어야 한다. 특히, 기호가 갖는 값으로부터 이론의 스케일을 추정하려면 여러 가지 형태의 단위가 도입되어야 한다. 예를 들어, 방정식으로부터 얻어진

길이가 5였다면, 우리는 그것이 $5cm$인지, $5km$인지, 아니면 5광년인지를 알 수 있어야 하는 것이다. 일반상대성이론에 등장하는 기본적인 상수는 광속 c와 뉴턴의 중력상수 G이며, 양자역학의 기본상수이다. 이 세 가지 상수들을 이리저리 짜 맞추다 보면, $\sqrt{\hbar G/c^3}$가 길이의 단위를 갖는다는 것을 알 수 있다. 실제 계산을 해보면 $1.616 \times 10^{-33} cm$이며, 이것이 바로 플랑크의 길이이다. 여기에는 중력(G)과 시공간(c), 그리고 양자역학적 정보($\hbar$)가 모두 들어 있으므로, 자연스럽게 유도된 길이의 단위로 간주할 수 있다.

8. 최근 들어, 일반상대성이론과 양자역학을 통합하는 두 종류의 방법이 새롭게 제기되었다. 그 중 하나는 옥스퍼드 대학의 펜로즈 Roger Penrose가 제안한 트위스터 이론 twister theory이며, 다른 하나는 펜실베니아 주립대학의 아쉬테카 Abhay Ashtekar가 제안한 새로운 변수 new variables를 이용한 방법이다. 이 책에서는 자세한 설명을 생략하겠지만, 학계에서는 이들이 끈이론과 밀접한 관계에 있다는 심증이 점차 확산되고 있다.

제6장

1. 이 장에서는 섭동적 끈이론 perturbative string theory만을 중점적으로 고려했다. 비섭동적 nonperturbative 방법에 대해서는 12, 13장에서 따로 다루어질 것이다.

2. 1997년 12월 23일, John Schwarz와의 인터뷰에서 발췌.

3. Tamiaki Yoneya와 Korkut Bardakci, Marain Halpen 등도 이와 비슷한 제안을 하였다. 스웨덴의 물리학자인 Lars Brink도 초창기의 끈이론에 많은 공헌을 하였다.

4. 1997년 12월 23일, John Schwarz와의 인터뷰에서 발췌.

5. 1997년 12월 20일, Michael Green과의 인터뷰에서 발췌.

6. 표준 모델에 의하면, 입자의 질량은 힉스 메커니즘 Higgs mechanism에 의해 생성된다. (스코틀랜드 출신의 물리학자 힉스 Peter Higgs가 처음으로 제안함) 그러나 입자의 질량을 설명한다는 관점에서 볼 때, 이것은 모든 난제를 힉스 보존(Higgs boson, 질량을 부여하는 입자)에 떠넘긴 것에 불과하다. 힉스 보존은 아직 한번도 발견된 적이 없으며, 지금도 탐사실험이 계속 진행 중이다. 그러나 이 입자가 실제로 발견되어 모든 특성이 알려진다 해도, 이것은 표준모델의 입력데이터에 해당될 뿐이다. 이로부터 새롭게 알 수 있는 것은 아무것도 없다.

7. 수학에 관심 있는 독자들을 위해, 끈의 진동패턴과 힘전하 사이의 관계에 대하여 약간의 설명을 추가한다. 끈의 운동이 양자화 되면, 끈이 가질 수 있는 진동상태는 힐버트 공간 내에서 벡터 vector로 표현된다. 그리고 이 벡터들은 가환성 헤르미시안 연산자 commuting Hermitian operator에 적용되어 각각의 고유값 eigenvalue을 갖게 된다. 이 연산자 중에서 해밀토니안 Hamiltonian 연산자의 고유값이 에너지인데, 이것이 바로 진동하는 끈의 질량에 해당된다. 그리고 게이지 대칭성을 발생시키는 연산자도 있는데, 이들의 고유 값은 끈이 갖고 있는 힘전하에 해당된다.

8. 위튼 Edward Witten과 릭켄 Joe Lykken은 끈이론의 제2차 혁명기(본문 12장 참조)에서 새롭게 알게 된 사실들을 종합하여, 여기에 약간의 문제가 있음을 지적하였다. 특히, 릭켄은 장력이 아주 작고 그 대신 길이가 매우 긴 끈이 존재할 수도 있다고 주장하였는데, 그의 말대로라면 차세대 입자가속기 정도의 장비로 끈을 관측하는 것이 가능하다. 만일 릭켄의 주장이 사실로 판명된다면, 끈이론의 많은 특성들은 향 후 10년 이내에 실험적으로 확인이 가능해진다. 그러나 많은 사람들이 믿는 대로 끈의 길이가 $10^{-33}cm$ 정도라면 그 존재여부는 간접적으로 확인하는 수밖에 없다. 이 문제는 9장에서 다시 언급될 것이다.

9. 전자와 양전자가 충돌하면서 생성된 광자는 가상광자(virtual photon)로서, 아주 짧은 시간동안 존재하다가 다시 입자 반입자쌍을 만들면서 자신은 소멸된다.

10. 물론 실제의 카메라는 물체에서 반사된 광자들은 필름에 기록하여 영상을 만들어 낸다. 그러나 우리는 끈으로부터 반사된 광자를 고려하고 있지 않기 때문에 지금 언급하고 있는 카메라는 상징적인 의미로 이해되어야 한다. 우리의 관심은 그림 6.7(c)처럼 상호작용하고 있는 끈의 모든 역사를 기록하는 것이다.

제7장

1. Albert Einstein, R. Clark, ⟨*Einstein : The Life and Times*⟩ — New York : Avon Books, 1984, P287

2. 스핀이 1/2이라 함은 전자의 각 운동량 angular momentum이 $\hbar/2$라는 뜻이다.

3. 초대칭의 발견과 개념상의 발전에는 복잡한 사연들이 숨어 있다. 본문에서 언급한 사람들 이외에도, 초기 단계에 공헌을 한 사람들로는 R.

Haag, M. Sohnius, J. t. Lopuzanski, Y. A. Gol'fand, E. P. Lichtman, J. L. Gervais, B. Sakita, V. P. Akulov, D. V. Volkov, V .A. Soroka 등이 있다. 이들의 업적들 중 일부는 Rosanne Di Stefano의 Notes on the Conceptual Development of Supersymmetry(Institute for Theoretical Physics, State University of New York at Stony Brook, Preprint ITP−SB−8878)에 요약되어 있다.

4. 시공간의 좌표에 새로운 양자 좌표를 추가하여 확장시킨 것을 의미한다. 추가된 좌표를 u, v라 하면 $u \times v = -v \times u$이다. 즉, 교환법칙이 성립하지 않는다. 초대칭은 시공간을 양자역학적으로 확장시킨 개념이다.

5. 이 문제에 관심이 많은 독자들을 위해 약간의 설명을 추가한다. 6장의 후주 6번에서 소립자 질량의 원천이 되는 힉스 보존 Higgs boson에 대해 언급한 바 있다. 이것이 사실이라면 힉스 입자의 질량은 양성자의 1,000배 정도이다. 그러나 양자적 요동에 의해 이 질량은 거의 플랑크 스케일까지 증가하게 된다. 이론물리학자들은 표준모델의 변수를 잘 조절하여 이 터무니 없는 질량을 크게 줄이는 데 성공하였다.

6. 이 책의 앞부분에서 약력이 강력이나 전자기력보다 약하다고 언급하였으나, 그림 7.1에는 약력의 크기가 강력과 전자기력의 중간치로 표현되어있다. 그 이유는 바로 표 1.2에 나열된 매개입자 때문이다. 전자기력과 강력의 매개입자는 질량이 없는 반면에, 약력의 매개입자는 매우 큰 질량을 갖고 있다. 그래서 원래 약력의 크기는 그림 7.1에 표현된 대로이지만, 매개입자의 움직임이 둔하여 그 효과가 크게 나타나지 않는 것이다.

7. Edward Witten, Heinz Pagels Memorial Lecture Series(Aspen, Colorado, 1997)에서 발췌.

8. 더욱 자세한 내용은 Steven Weinberg의 《Dreams of a Final Theory》에 잘 서술되어 있다.

제8장

1. 이것은 매우 단순한 아이디어지만 약간의 혼돈이 초래될 수도 있기에 두 가지 사실을 추가로 짚고 넘어간다. 첫째로, 우리는 개미가 수도용 호스의 표면에 살고 있다고 가정하였음을 명심해야 한다. 만일 개미가 호수의 표면에 구멍을 뚫고, 그 안으로 들어가는 것을 허용한다면 이 상황은 3차원적으로 서술되어야 한다. 그

러나 개미가 표면에서만 움직인다는 제한을 두면 개미의 위치는 두개의 좌표만으로 정확하게 정의될 수 있다. 두 번째로 짚고 넘어 갈 것은 2차원이라는 말의 의미이다. 2차원은 단순한 평면을 의미하는 것이 아니라 임의의 위치를 정의하는데 필요한 최소한의 좌표 수가 2개인 공간을 의미한다. 따라서 개미의 입장에서 볼 때 호스의 표면은 분명한 2차원의 세계이다.

2. 물리학자인 Savas Dimopoulos 와 Nima Arkani-Hamed, 그리고 Gia Dvali는 Ignatios Antoniadis와 Joseph Lykken의 아이디어를 확장 시켜서 감겨진 차원의 크기가 수mm 정도로 큰 경우에도, 이들은 실험적으로 관측되지 않을 수도 있다고 주장하였다. 그 이유는, 입자가속기로 미시세계를 탐사할 때 강력과 약력, 그리고 전자기력을 이용하기 때문이다. 중력은 크기가 너무나 작아서 일반적으로 무시된다. 감겨진 여분의 차원이 주로 중력에만 영향을 주고 있다면, 그 존재가 실험적으로 감지되지 않을 수도 있기 때문이다. 앞으로 좀더 예민한 중력감지장치가 개발된다면 이 초대형 감긴 차원이 발견 될 것이며, 이것은 역사상 가장 위대한 발견이 될 것이다.

3. Edwin Abbott, Flatland (Princeton : Princeton university press, 1991).

4. Einstein이 T. Kaluza에게 보낸 편지. Abraham Pais의 Subtle is the Lord : The Science and the life of Albert Einstein (Oxford : oxford University Press, 1982). P.330

5. Einstein이 T. Kaluza에게 보낸 편지 P. Freedman과 P.van Nieuwenhuizen의 The Hidden Dimensions of Spacetime (Scientific America 252, 1985) P.62

6. 5와 동일

7. 표준 모델을 높은 차원에 적용시킬 때 가장 문제가 되는 것은 카이럴리티 chirality이다. 본문에서는 논리가 필요이상으로 복잡해지는 것을 피하기 위해 언급하지 않았지만, 관심 있는 독자들을 위해 약간의 설명을 보태기로 한다. 누군가가 당신에게 한 편의 영화를 보여주면서 문제를 냈다고 상상해보자. 영화 속에서는 물리적 실험이 진행되고 있는데, 그 영상이 원래의 모습 그대로인지, 아니면 좌-우가 바뀐 것인지를 맞춰보라고 했다. 영화는 아주 주도면밀하게 촬영되었기 때문에 화면만 봐서는 그것이 실제의 영상인지, 아니면 거울에 비친 모습인지 육안으로 확인할 방법이 없다. 자, 당신은 과연 정답을 알아낼 수 있을 것인가? 1950년대 중반에 이론 물리학자인 T. D. Lee와 C. N. Yang, 그리고 실험 물리학자인 C. S. Wu가 공동 연구하여 얻은 결과에 의하면 당신은 정답을 알아 낼 수 있다. 물론, 영화 속에서 진

행 중인 실험이 어떤 특정한 내용일 때에만 가능하다. 이들의 연구결과에 의하면, 자연의 법칙은 완벽하게 거울 대칭적이지 않다. 다시 말해서, 일부 자연현상 (특히 약력과 관계된 형상들)은 특정 방향성을 갖고 있기 때문에, 거울에 비친 영상이 실제 세계에서는 절대로 일어날 수 없는, 그런 현상이 존재할 수 있다는 뜻이다. 따라서 이런 경우에는 영화 필름만 보고서도 그것이 진짜인지, 아니면 거울에 비친 영상인지를 판별할 수 있다. 거울은 모든 영상의 좌-우를 바꾸는 역할을 하므로, 이것은 곧 우주 안에 완벽한 좌-우 대칭성이 존재하지 않는다는 뜻이며, 이러한 성질을 전문용어로 '카이럴 chiral'이라 부른다. 물론 이것은 표준 모델에 국한된 논리이며 더 높은 차원의 초중력 이론에는 적용되지 않는다. 10장에 가면 칼라비-야우 도형의 '거울대칭'에 관한 이야기가 언급되는데, 거기에서 말하는 '거울'은 지금의 거울과 완전히 다른 의미이다.

8. 수학적 취향의 독자들을 위한 첨언 : 칼라비-야우 다양체 manifold는 첫 번째 천 계열(first chern class)이 존재하지 않는 복잡한 Kahler 다양체이다. 1957년에 Calabi는 이러한 다양체에 Ricci-flat metric이 적용된다고 추정하였으며 1977년에 Yau가 이 사실을 증명하였다.

9. 이 그림은 인디애나 주립대학의 Andrew Hanson이 Mathematica-3D를 이용하여 그린 것이다.

10. 수학적 취향의 독자들을 위한 첨언 : 여기 제시된 그림은 5차원 초표면 hypersurface의 3차원 단면도로 이해될 수 있다.

제9장

1. Edward Witten, 〈*Reflections on the Fate of Spacetime*〉 ― Physics Today, April 1996, P24.

2. 1998년 5월 11일, Edward Witten과의 인터뷰에서 발췌.

3. Sheldon Glashow and Paul Ginsparg, 〈*Desperately Seeking Superstrings?*〉 ―Physics Today, May 1986, P.7.

4. Sheldon Glashow, 〈*The Superworld I*〉 ― A. Zichichi 편저, New York : Plenum, 1990, P.250.

5. Sheldon Glashow, 〈*Interactions*〉 ― New York: Warner Books, 1988, p.335

6. Richard Feynman, 〈*Superstring : A Theory of Everything?*〉 – Paul Davis 편저, Cambridge Eng : Cambridge University Press, 1988.

7. Howard Georgi, 〈*The New Physics*〉 — Paul Davis 편저, Cambridge : Cambridge University Press 1989, p446

8. 1998년 3월 4일 Edward Witten과의 인터뷰에서 발췌.

9. 1998년 1월 12일 Cumrun Vafa와의 인터뷰에서 발췌.

10. Murray Gell–Mann, Robert P. Crease와 Charles C. Mann의 〈*The Second Creation*〉, New Brunswick, N. J. : Rutgers University Press 1996, p414에서 인용함.

11. 1997년 12월 28일, Sheldon Glashow와의 인터뷰에서 발췌.

12. 1997년 12월 28일, Sheldon Glashow와의 인터뷰에서 발췌.

13. 1997년 12월 28일, Horward Georgi와의 인터뷰에서 발췌.

14. David Gross, 〈*Superstrings and Unification*〉 — Proceeding of the XXIV International Conference on High Energy Physics, Kotthaus and J. Kühn 편집, Berlin : Springer–Verlag, 1988, p329.

15. 이 시점에서, 6장의 후주 8에 언급된 희박한 가능성을 다시 한번 상기할 필요가 있다. 만일 끈의 길이가 수 mm정도로 크다면 몇 십 년 이내에 실험적으로 그 존재가 확인될 것이다.

16. 수학적 취향의 독자들을 위한 첨언 — 입자족의 수는 칼라비–야우 공간이 갖는 오일러 수Euler number의 절대 값의 반(1/2)에 해당 된다. 오일러 수는 호몰로지군homology group 다양체의 차원을 모두 더한 값으로서, 3개의 입자족을 얻으려면 오일러 수는 ±6 이어야 한다.

17. 1997년 12월 23일 John Schwarz와의 인터뷰에서 발췌

18. 수학적 취향의 독자들을 위한 첨언 — 우리는 지금 칼라비–야우 다양체를 비단순형 유한군 finite, nontrivial fundamental group으로 간주하고 있다. 이 군의 원소의 개수에 의해 전하의 분포값이 결정된다.

19. 1998년 3월 4일, Edward Witten과의 인터뷰에서 발췌

20. 이 과정 중 일부는 렙톤수 lepton number와 전하–반전성–시간반전대칭(charge–parity–time (CPT)reversal symmetry)을 만족하지 않는다.

제10장

1. 더욱 완전한 논리를 위해 한 가지 짚고 넘어가야 할 것이 있다. 이 책에서 말하는 끈의 성질들은 대부분 열린 끈 open string과 닫힌 끈(고리형 끈, closed string)에 모두 적용되지만, 지금 말하고 있는 주제에 관해서는 두 종류의 끈이 매우 다른 성질을 갖는다. 열린 끈은 원형 차원을 휘감은 형태로 존재할 수 없기 때문이다. 그러나 1989년에 켈리포니아 공과대학의 Joe Polchinski와 그의 제자였던 Jian-Hui Dai, 그리고 Robert Leigh는 열린 끈의 경우에도 동일한 결론에 도달한다는 사실을 증명하여 끈이론의 제2차 혁명에 커다란 공헌을 하였다.

2. 끈의 균일 진동에 의한 에너지가 왜 $1/R$의 정수배인지 궁금한 독자들은 4장에서 언급된 "창고 문제"를 다시 한 번 상기하기 바란다. 양자역학에 의하면 에너지는 어떤 최소단위의 정수배, 즉 '다발'의 형태로 존재한다. 호스형 우주에서 균일 진동 모드에 있는 끈의 경우에는, 본문에서 증명한대로 에너지의 최소단위가 $1/R$로 주어지기 때문에, 결국 진동에너지는 $1/R$의 정수배가 되는 것이다.

3. 반지름 R인 원형차원과 반지름 $1/R$인 원형차원에서 끈의 에너지가 같아지는 수학적인 이유는 에너지 자체가 $v/R+wR$의 형태로 주어지기 때문이다. 여기서 v는 진동수 vibration number이며, w는 감긴수 winding number이다. 이 식은 $R \to 1/R$, $v \to w$, $w \to v$로 바꾸어도 그 형태가 변하지 않는다. 즉, 진동수와 감긴수를 맞바꾸고 R을 $1/R$로 대치시키는 변환을 가해도 에너지가 변하지 않는다는 뜻이다. 지금 우리는 플랑크 단위에서 논리를 전개하고 있지만, 에너지 공식을 $\sqrt{\alpha'}$(끈의 크기, 약 10^{-33}cm로서, 플랑크 길이와 비슷함)을 이용하여 다시 쓸 수도 있다. 그 결과는 $v/R+wR/\alpha'$이며, 이 역시 $v \to w$, $w \to v$, $R \to \alpha'/R$로 바꾸는 변환에 대하여 불변이다.

4. 반지름 R의 원형차원에 뻗어 있는 끈이 $1/R$의 원형차원에 살고 있는 끈과 어떻게 동일하게 취급될 수 있는지 독자들은 궁금할 것이다. 우리가 "반경 R의 원형차원을 끈이 감고 있다"고 말할 때, 거기에는 '거리'의 개념이 이미 개입되어 있다. (반지름은 길이의 단위를 갖는다) 그러나 이러한 길이의 개념은 감기지 않은 모드, 즉 진동모드에서 정의된 개념이다. 이 정의로부터 따져보면, 감겨져 있는 끈은 공간의 원형차원을 한바퀴 감싸고 있는 형태로 이해되어야 한다. 그러나 길이에 관한 두 번째 정의(감긴 모드에서 내려진 정의)에 의하면 끈은 공간상의 한 지점에 집중되어 있다. 그리고 이들이 느끼는 원형차원의 반지름은 본문에서 언급한 대로 $1/R$

이다.

5. 수학적 취향의 독자들을 위한 첨언 — 좀더 정확하게 표현하자면, 진동 패턴에 의한 끈의 족 family 수는 9장의 후주 16에서 지적했던 바와 같이 칼라비-야우 공간의 오일러수 Euler number의 절대값×1/2이며, 이 값은 $h^{2,1}$과 $h^{1,1}$의 차이로부터 구해진다. 여기서 $h^{p,q}$는 (p,q)하지수 Hodge number 이다. 이 값은 nontrivial homology three-cycle(three-dimensional holes의 수와 homology two-cycle(two-dimensional holes))의 수에 관한 정보를 갖고 있다. 본문에서는 전체 구멍의 수만을 언급하고 있지만 좀더 세밀하게 분석해보면 족의 수는 '짝수차원의 구멍수와 홀수차원 구멍수의 차이의 절대값'에 의해 결정됨을 알 수 있다. 그러나 이렇게 계산한 결과는 전술한 방법으로 얻은 값과 일치한다.

6. 거울대칭 짝을 이루는 칼라비-야우 공간들의 "Hodge diamond"(칼라비-야우 공간의 여러 차원에 나 있는 구멍의 분포를 수학적으로 규명하는 용어)가 서로 거울대칭을 이루기 때문에 이런 이름을 붙였다.

7. '거울대칭 mirror symmetry'이라는 용어는 물리학에서 전혀 다른 의미로 사용되기도 한다. (8장의 후주7 참조)

제11장

1. 수학적 취향의 독자를 위한 첨언 — 우리는 지금 공간의 위상 topology이 다이나믹한지, 그 여부를 따지는 중이다. 즉 공간의 위상을 변화시킬 수 있는가? - 이것이 질문의 요지다. 우리는 앞으로 '다이나믹한 위상의 변화'라는 말을 자주 사용하게 될 텐데, 이것은 주로 '어떤 하나의 매개변수의 함수 형태로 위상이 변하는 일련의 시공간들'을 대상으로 한다. 이 매개변수는 시간은 아니지만 어떤 특정한 극단을 취하면 시간과 동일하게 취급될 수 있다.

2. 수학적 취향의 독자를 위한 첨언 — 이것은 칼라비-야우 다양체가 어떤 특별한 경우에 한해서 특이성 singularity을 극복할 수 있다는 사실을 이용한 것이다.

3. K. C. Cole, New York, New York Times Magazine, October 18. 1987. p.20

제12장

1. Albert Einstein, 'Theories of Everything(New York: Fawcett – Columbine, 1992) P.13'에서 John Barrow가 인용함.

2. 다섯 가지 끈이론의 다른 점을 대략적으로 짚고 넘어가기로 하자. 이를 위해서는 우선 닫힌 끈의 진동패턴이 끈의 원주를 따라 시계방향으로 진행될 수 있고, 반시계방향으로 진행될 수도 있다는 사실을 염두에 두어야 한다. Type ⅡB 끈이론에서는 시계방향/반시계방향으로 진동하는 끈이 완전하게 동일하고, Type ⅡA 끈의 경우에는 정확하게 반대 성질을 갖는다. 여기서 말하는 '반대'의 의미는 수학적으로 엄밀하게 정의되어 있지만, 여기서는 진동의 결과로 나타나는 스핀으로 이해해도 별 지장은 없다. Type ⅡB 이론에서는 모든 입자의 스핀이 동일한 방향이며(카이럴리티 chirality도 모두 같다), 반면에 Type ⅡA 이론에서는 스핀이 두 가지 방향을 모두 가질 수 있다. (chirality도 두 가지 모두 가능하다) 그러나, 이 두 개의 이론은 모두 초대칭적 성질을 갖고 있다. 두 종류의 Heterotic 끈이론도 이와 비슷한 차이점을 보이지만, 그 다른 방식이 훨씬 드라마틱하다. 이 두 이론에 등장하는 끈의 시계방향 진동패턴은 Type Ⅱ 이론의 끈과 동일하지만(시계방향의 진동만 고려한다면 Type ⅡA와 Type ⅡB는 동일한 이론이다), 반시계방향 진동패턴은 원래의 보존형 끈이론과 동일하다. 보존형 끈이론은 시계방향/반시계방향 진동을 모두 고려하면 곤란한 문제들이 속출하는데, 1985년에 David Gross와 Jeffery Harvey, 그리고 Emil Hartines와 Ryan Rhom(이들은 모두 프린스턴 대학에 적을 두고 있었기 때문에 '프린스턴 현악 4중주단 Princeton String Quartet'으로 불리기도 했다)은 보존형 끈이론과 Type Ⅱ 끈이론을 접목시키면 모든 문제들이 깨끗하게 해결된다는 것을 증명하였다. 그런데 여기서 한 가지 이상한 것은 보존형 끈이론이 26차원의 시공간을 요구하는데 반해 초끈이론의 시공간은 10차원이라는 사실이다. 그래서 Heterotic 끈이론은 마치 혼혈아 같은 모습을 하고 있다. 즉, 반시계방향의 진동은 26차원에서 진행되고, 시계방향의 진동은 10차원 시공간에서 진행되는 것이다! — 독자들은 지금 어이가 없을 것이다. 하지만 너무 고민할 필요는 없다. David Gross와 그의 동료들이 보존형 끈에서 초과된 16차원을 고차원의 도넛 속에 감아 넣는데 성공했기 때문이다. 이것이 바로 Heterotic – O와 Heterotic – E의 끈이론이다. 여분의 16차원은 아주

견고하게 감겨져 있기 때문에, Heterotic 끈이론은 Type II 이론처럼 10차원 이론의 형태를 갖추고 있다. 물론 Heterotic 끈이론도 초대칭을 갖고 있다. 끝으로 Type I 이론은 Type IIB 끈이론과 가까운 사촌지간인데, 열린 끈 open string의 존재를 허용하는 특징을 갖고 있다.

3. 이 장에서 '정확한' 이라는 단어를 사용할 때 그 뜻은 어떤 물리량을 '특정이론의 범주 안에서' 정확하게 계산한다는 의미다. 우리가 궁극의 이론을 찾기 전까지는 정말로 정확한 계산이란 있을 수 없다. 모든 계산은 진실을 향한 근사적 결과일 뿐이다. 그러나 이 '근사식'의 개념은 이 장에서 펼치는 논리와 아무런 상관이 없다. 단지, 하나의 이론으로부터 정확한 물리량을 계산해내는 것이 (불가능하지는 않다 하더라도) 엄청나게 어려울 수도 있다는 점을 강조하고자 한다. 이런 경우에 써먹는 방법이 바로 섭동이론에 의거한 근사적 접근법이다.

4. 이 그림은 파인만 다이아그램 Feynman diagram의 끈이론 버전이다. 파인만은 점입자 양자장이론에서 섭동 계산을 하기 위해 이 다이아그램을 창안하였다.

5. 좀더 정확하게 말하자면 모든 가상의 끈 쌍 virtual string pair들, 즉 다이아그램에 포함된 구멍의 기여도는 끈결합상수를 공비로 하는 무한 수열처럼 변해간다. 다시 말해서, 주어진 다이아그램의 기여도 앞에 곱해지는 끈결합상수에는 구멍의 수가 지수로 얹혀져 있는 것이다. 따라서 끈결합상수가 1보다 작을 경우에는 구멍이 많을수록 기여도가 작아지며, 반대로 1보다 클 때에는 구멍이 많을수록 기여도가 커진다.

6. 수학적 취향의 독자들을 위한 첨언 — 시공간을 서술하는 방정식은 Ricci-flat metric을 허용해야 한다. 만일 우리가 시공간을 4차원의 Minkowski 시공간과 6차원의 Kähler 공간으로 나눈다면, Ricci-flat 조건에 의해 후자는 칼라비-야우 다양체가 된다. 끈이론에서 칼라비-야우 다양체가 중요하게 취급되는 이유가 바로 이것이다.

7. 물론 이런 간접적인 접근 방법이 옳은 결과를 준다는 보장은 어디에도 없다. 얼굴의 좌-우 생김새가 많이 다른 사람이 있는 것처럼, 광활한 우주의 저편에는 물리학의 법칙이 다를 수도 있다. 이 점에 대해서는 14장에서 다시 언급될 것이다.

8. 여기에는 N=2 초대칭이론이 도입되어야 한다.

9. 좀더 정확하게 말해서, Heterotic-O 이론의 결합상수를 g_{HO}라 하고 Type I 이론의 결합상수를 g_I라 하면 $g_{HO} = 1/g_I$ 또는 $g_I = 1/g_{HO}$의 관계가 성립한다. 다시 말

해서, 한쪽이 크면 다른 한쪽은 작다.

10. 이것은 앞에서 언급된 R, $1/R$의 이중성 duality과 비슷하다. Type ⅡB 이론의 결합상수를 g_{IIB}라 하면, g_{IIB}와 $1/g_{IIB}$은 정확하게 같은 이론을 서술한다.

11. 4개의 차원을 제외한 모든 차원들이 감겨져 있다면, 11차원 이상을 포함하는 모든 이론에는 질량이 없고 스핀값이 2인 입자가 등장하게 되는데, 이것은 이론적으로나 실험적으로 불가능한 일이다.

12. 그러나 1987년에 Duff와 Paul Howe, Takeo Inami, Kelly Stelle 등은 Eric Bergshoeff와 Ergin Sezgin, Townsend의 논리를 더욱 발전시켜서 10차원 끈이론과 11차원 이론 사이의 긴밀한 관계를 간파하고 있었다.

13. 좀더 정확하게 말하자면, 이 그림은 "여러 개의 변수에 의존하는 하나의 이론"을 뜻하는 것으로 이해되어야 한다. 결합상수와 기하학적 크기, 모양 등이 변수에 해당된다. 원리적으로는 이론 자체로부터 모든 변수들의 값을 결정할 수 있어야 하지만, 아직은 그 방법이 알려지지 않은 상태다. 그래서 끈이론 학자들은 이론을 더욱 깊이 이해하기 위해 변수들이 가질 수 있는 모든 가능한 값들에 대하여 이론의 특성을 일일이 연구하고 있다. 선택된 변수값이 그림 12.11의 돌출된 부분에 있다면 그 이론은 기존의 5개 중 하나이거나 아니면 11차원 중력이론이 된다. 반면에 선택된 값이 중앙부에 있으면 그곳은 아직도 정체가 불분명한 M - 이론이 되는 것이다.

14. 그림 12.11의 돌출된 부위에서도 brane이 기존의 물리학에 영향을 주는 경우가 있다. 예를 들어, 우리에게 익숙한 3차원 공간이 엄청나게 큰 3-brane일 수도 있는 것이다. 만일 그렇다면, 우리의 모든 일상사는 3차원 막 membrane의 내부에서 일어나고 있는 셈이다. 그 진위 여부는 아직 연구 중에 있다.

15. 1998년 5월 11일, Edward Witten과의 인터뷰에서 발췌.

제13장

1. 거울대칭 하에서 칼라비-야우 공간의 3차원 구형을 함몰시키는 것은 이것과 거울대칭 관계에 있는 칼라비-야우 공간의 2차원 구형을 함몰시키는 것과 같다 — 이것은 11장에서 언급했던 플럽 flop과 비슷한 상황이다. 다른 점이 있다면 반대칭형(antisymmetric) metric tensor field $B_{\mu\nu}$(거울 칼라비-야우 공간에서 정의된 Kähler 복소수장 complex field의 실수 부분)가 0이 되어 11장에서 말한 것보다 더욱

심각한 특이성 singularity을 낳는다.

2. 엄밀하게 말하자면 이것은 극단적 블랙홀 extremal black hole(현재 갖고 있는 힘전하에 대하여 최소한의 질량을 갖는 블랙홀)이다. 이런 종류의 블랙홀은 엔트로피를 계산할 때 아주 유용한 사례로 흔히 거론된다.

3. 블랙홀에서 방출된 복사는 뜨거운 오븐에서 나오는 복사파와 같아야 한다. 이것은 양자역학의 근간을 이루는 핵심적인 개념으로 4장의 첫머리 부분에 언급되어 있다.

4. 공간을 찢는 코니폴드 변환이 일어나는 블랙홀은 극단적 블랙홀이므로, 아무리 가벼워도 호킹 복사 Hawking radiation를 방출하지 않는다.

5. Stephen Hawking, 1996년 6월 21일, 알스텔담 학회의 강연 내용에서 발췌.

6. Strominger와 Vafa는 처음 계산 때 4차원이 아닌 5차원 시공간에서 수학 계산이 훨씬 쉽다는 사실을 발견하였다. 그래서 5차원 블랙홀의 엔트로피를 계산하고 난 후에 주변을 둘러보니, 5차원 일반상대성이론에서 극단적인 블랙홀을 가정한 이론이 그때까지 전혀 시도되지 않았음을 알고는 매우 놀랐다고 한다. 이들은 자신이 얻은 답을 극단적 블랙홀의 사건지평선의 면적과 비교해야 확실한 결론을 얻을 수 있었기 때문에 하는 수 없이 5차원 블랙홀을 수학적으로 창조해내야 했다. 그리고 그들은 멋지게 성공했다. 이 덕분에 미시적 끈이론으로 계산된 엔트로피가 블랙홀의 사건지평선 면적으로부터 계산된 호킹의 예상값과 일치하는지를 확인할 수 있었다.

7. 1997년 12월 29일, Sheldon Glashow와의 인터뷰에서 발췌.

8. Laplace, "Philosophical Essay on Probabilities", Andrew I. Dale 번역(New York : Springer-Verlag, 1995)

9. Stephen Hawking, in Hawking and Roger Penrose, "The nature of space and time"(Princeton University Press, 1995). p41

10. Stephen Hawking, 1997년 6월 21일 암스텔담 학회의 강연 내용 중에서 발췌.

11. 1997년 12월 29일, Andrew Strominger와의 인터뷰에서 발췌.

12. 1998년 1월 12일, Cumrun Vafa와의 인터뷰에서 발췌.

13. Stephen Hawking, 1997년 6월 21일 암스텔담 학회의 강연 내용 중에서 발췌.

14. 일부 물리학자들은 블랙홀로 빨려들어간 모든 물질들의 정보가 담겨져 있는 일종의 '알맹이'가 블랙홀의 중심부에 존재한다고 믿고 있다.

15. 이 장에서 언급된 코니폴드 변환은 블랙홀의 경우도 포함하고 있으므로, 언

뜻 생각하면 블랙홀의 특이성까지 이 범주 안에서 해결할 수 있을 것처럼 보일지도 모른다. 그러나 코니폴드 변환은 블랙홀이 자신의 질량을 모두 상실해야만 일어날 수 있기 때문에 블랙홀의 singularity와 직접적인 관계는 없다.

제14장

1. 조금 더 엄밀하게 말하자면 이 우주는 완벽한 흡수체, 즉, '흑체 black body'로부터 방출된 광자로 가득 차 있다. 이것은 블랙홀이나 오븐에서 양자적으로 방출된 복사와 동일하다.

2. 팽창하는 우주의 구체적인 특성을 좌우하는 빛의 미묘한 성질들을 고려하지 않는다 해도, 이 문제는 다분히 논란의 여지가 있다. 특히, 특수상대성이론에 의해 빛보다 빨리 움직이는 것이 범 우주적으로는 금지되기는 했지만, 팽창하는 우주공간 속에서 서로 반대편으로 달리고 있는 두 개의 광자는 빛보다 빠른 속도로 멀어질 수 있다. 예를 들어 우주가 처음으로 투명해지기 시작했던 ATB 300,000년 무렵에 900,000 광년의 거리로 떨어져 있는 두 지점은 300,000 광년보다 먼 거리임에도 불구하고 서로 영향을 주고받을 수 있었다. 3배의 차이는 우주공간의 팽창효과에 의해 나타난 것이다. 그러므로 우리가 우주의 생성 과정이 담긴 필름을 거꾸로 돌릴 때 ATB 300,000년 시점으로 가면 900,000 광년 이내의 지점들은 서로 온도를 주고받으면서 열적 평형상태로 가고 있을 것이다. 그러나 이런 구체적인 계산은 본문의 논지에 영향을 주지 않는다.

3. 급속팽창이론 inflation theory과 그 문제점에 관하여 자세히 알고 싶은 독자들은 〈The Inflationary Universe(Reading, Mass: Addison Wesley, 1997)〉을 읽어보길 바란다.

4. 수학적 취향의 독자들을 위한 첨언 — 이 결론의 근간을 이루는 아이디어는 다음과 같다 : 두 개의 물체가 각각 움직이면서 만들어지는 궤적의 시공간 차원을 합한 값이 그 물체가 속해 있는 시공간의 차원보다 크거나 같으면, 이런 물체들은 일반적으로 충돌할 가능성이 있다. 예를 들어 1차원 시공간(선) 위를 움직이고 있는 점입자는 1차원의 궤적을 그리므로, 입자가 두 개라면 이들을 합한 값은 2다. 그리고 선으로 이루어진 시공간은 2차원이므로(1차원 공간 + 1차원 시간) 이 입자들은 일반적으로 충돌한다고 볼 수 있다. (속도가 똑같지 않다는 전제가 필요하다) 이와

비슷하게 2차원의 시공간 궤적을 만들면서 이동하고 있는 두 개의 끈은 4차원 시공간(3차원 공간 + 1차원 시간)에서 충돌한다.

5. M - 이론과 함께 11차원 이론의 중요성이 부각되면서, 끈이론 학자들은 여분의 7차원을 비슷한 논리를 이용하여 감아 없애는 방법을 연구하고 있다. 이것을 만족하는 해는 조이스 다양체 Joyce manifold로 알려져 있는데, 이것은 이 분야에서 처음으로 업적을 남긴 옥스퍼드 대학교의 Domenic Joyce의 이름을 딴 것이다.

6. 1998년 1월 12일, Cumrun Vafa와의 인터뷰에서 발췌.

7. 내용을 잘 이해하고 있는 독자들은 우리의 논리가 끈 기준계 string reference frame에서 전개되고 있음을 알 수 있을 것이다. 이 기준계에서 볼 때 빅뱅이 일어나기 전에 시공간의 곡률이 증가한 것은 중력의 세기가 커졌기 때문이다. 아인슈타인 기준계 Einstein frame에서 보면 우주의 진화는 수축되는 가속도의 위상 phase으로 설명된다.

8. 1998년 5월 19일, Gabriele Veneziano와의 인터뷰에서 발췌.

9. 스몰린의 아이디어는 그의 저서인 《The Life of the Cosmos(New York : Oxford University Press, 1997)》에 잘 설명되어 있다.

10. 끈이론의 입장에서 볼 때, 이런 식의 진화는 감긴 차원의 구조를 약간 변형시킴으로써 잘 설명될 수 있다. 코니폴드 변환에 의한 이런 식의 미세한 변형이 여러 차례 반복되다 보면, 하나의 칼라비 - 야우 공간은 다른 칼라비 - 야우 공간으로 얼마든지 변할 수 있으며, 그 결과 다중우주 multiverse는 그 생산력을 점차 키워나갈 수 있게 된다. 다중우주가 이런 식으로 여러 세대를 거치면 칼라비 - 야우 공간은 새로운 우주를 생산하는데 최적의 상태로 진화하게 될 것이다.

제15장

1. 1998년 3월 4일, Edward Witten과의 인터뷰에서 발췌.

2. 일부 학자들은 이 원리를 '홀로그래피 원리 holographic principle'에서 찾고 있다. 이것은 Susskind와 Gerard't Hooft가 창안한 이론으로써, 홀로그램이 3차원 영상을 2차원의 필름으로부터 만들어 내는 것처럼, 현재 우리가 알고 있는 모든 물리법칙들은 실제보다 '저차원의 세계'에서 정의된 방정식으로 표현되어 있다는 것을 기본 가정으로 삼고 있다. 이것은 마치 그림자를 보면서 사람의 모습을 그리는 것

만큼 이상한 논리지만, 13장에서 논했던 블랙홀의 엔트로피를 상기해보면 이들의 주장을 어느 정도는 이해할 수 있을 것이다. 블랙홀의 엔트로피는 '사건지평선 내부의 부피'가 아니라, '사건지평선의 면적'에 의해 결정된다. 다시 말해서 블랙홀의 무질서도와 블랙홀이 갖고 있는 정보의 양은 2차원의 평면에 저장되어 있는 셈이다. 그러므로 블랙홀의 사건지평선은 3차원의 물체인 블랙홀의 정보가 투영된 일종의 홀로그램으로 이해될 수 있다. 일부 물리학자들은 홀로그래피 원리가 끈이론의 제3차 혁명기에서 핵심적인 역할을 할 것으로 기대하고 있다.

3. 〈*Sir Isaac Newton's Mathematical Principles of Natural Philosophy and His System of World*〉— Mott, Cajori 공역(Berkeley : University of California Press, 1962), Vol. I, p.6

4. 선형 대수학 linear algebra에 익숙한 독자들은 비가환성 기하학 noncommutative geometry을 직교 좌표계에서 정의된 행렬에 비유하여 이해를 도모할 수 있을 것이다. 좌표값 자체도 곱셈에 대하여 교환법칙이 성립하지만, 행렬의 곱은 교환법칙이 성립하지 않는다.

5. 1998년 1월 12일, Cumrun Vafa와의 인터뷰에서 발췌.

6. 1998년 5월 11일, Edward Witten과의 인터뷰에서 발췌.

7. Banesh Hoffman, 〈*Albert Einstein, Creator and Rabel*〉— New York : viking, 1972. p18

8. Martin J. Klein, 〈*Einstein* : The Life and Times by R. W. Clark〉— book review Science 174. p1315~p1316

9. Jacob Bronkowski, 〈*The Ascent of Man*〉— Boston: Little, Brown, 1973, p20.

용어 해설

가상 입자 Virtual particles : 진공 중에서 잠시 생성되는 입자로서, 불확정성 원리에 의해 에너지를 빌려와서 순간적으로 존재했다가 곧 바로 에너지를 돌려주면서 소멸됨.

가속기 Accelerator : 입자 가속기 참조

가속도 Acceleration : 물체의 속도나 진행 방향이 변하는 정도. 속도 참조

간섭 현상 Interference pattern : 서로 다른 파동이 겹치면서 진폭과 주기가 달라지는 현상.

감김에너지 Winding energy : 원형의 공간차원을 감고 있는 끈의 내부 에너지.

감긴 모드 Winding mode : 원형의 공간차원을 끈이 감고 있는 상태.

감긴 수 Winding number : 원형의 공간차원에 끈이 감겨 있는 회수.

감긴 차원 Curled-up dimension : 관측이 불가능할 정도로 작은 영역에 감겨져 있는 공간 차원.

강력, 핵력 Strong force, Strong nuclear force : 자연계에 존재하는 네 가지의 기본 힘들 중에서 가장 강한 힘. 이 힘에 의해 양성자와 중성자 안에서 세 개의 쿼크들이 단단하게 결속되어 있으며 원자핵의 형태가 유지되고 있음.

강력 대칭성 String force symmetry : 강력에 내재되어 있는 게이지 대칭성. 쿼크의 색전하를 모종의 규칙에 따라 바꾸어도 물리계는 변하지 않음.

강결합 Strongly coupled : 끈결합상수가 1 보다 큰 끈이론

강-약 이중성 Strong-Weak duality : 강결합 이론과 약결합이론이 물리적으로 동일한 상태.

거시적 Macroscopic : 사람에게 일상적인 크기, 또는 그 이상의 스케일을 갖는 세계. "미시적 microscopic"의 반대말임.

거울 대칭성 Mirror symmetry : 두개의 칼라비-야우 도형 사이에 존재하는 대칭성의 일종으로, 이러한 대칭관계에 있는 칼라비-야우 도형들을 거울대칭짝이라고 함.

거품 Foam : 시공간 거품 참조

게이지 대칭성 Gauge symmetry : 중력을 제외한 세 가지 힘을 양자역학적으로 기술할 때 그 저변에 깔려있는 대칭성. 힘전하와 위치 및 시간을 변화시켜도 물리계는 변하지 않음.

결합상수 Coupling constant : 끈결합상수 참조.

경로총합 Sum-over-paths : 양자역학적으로 볼 때 입자들이 한 곳에서 다른 곳으로 이동할 때에는 발생 가능한 모든 경로를 동시에 거쳐 가는데, 이 모든 확률을 더해서 최종적인 이동확률을 얻어내는 계산과정을 의미함.

고리형 끈/닫힌 끈 Closed string : 고리 모양의 끈. 열린 끈 open string과 구별하기 위해 붙여진 이름.

고차원 초중력 Higher-dimensional supergravity : 4차원 시공간보다 더 높은 차원의 초중력이론.

곡률 Curvature : 물체나 공간, 또는 시공간의 휘어진 정도를 나타내는 양. 유클리드 기하학으로부터 정의됨.

곱 Product : 두 숫자 또는 연산자를 곱한 결과.

공간을 찢는 플립 변환 Space-tearing flop transition : 플립 변환 참조

공명 Resonance : 진동하는 물리계의 자연스러운 상태중 하나.

관찰자 Observer : 물리계와 관련된 특정 물리량을 측정하는 사람, 또는 실험 장치.

광자 Photon : 전자기력을 매개하는 입자, 빛의 최소단위 입자.

광자시계 Light clock : 하나의 광자가 두 개의 거울 사이를 왕복 운동하는 횟수로부터 시간을 측정하는 장치. 이론적으로만 존재함.

광전효과 Photoelectric effect : 금속 표면에 빛을 쪼였을 때 전자가 방출되는 현상. 이 발견으로 아인슈타인이 노벨상을 수상함.

구형 Sphere : 공의 외부 표면을 뜻하는 말로서, 일반적으로 임의의 차원의 구의 표면을 나타냄. 3차원 공의 표면은 2차원 구면이며, 4차원의 공의 표면은 3차원 구면으로서 그림으로 나타내기는 어려움. 1차원의 구면은 원이라는 이름으로 불리고, 0

차원의 구면은 두 점으로 나타냄

극단적 블랙홀 Extremal black holes : 주어진 총 질량에 대하여 최대한의 힘전하를 갖고 있는 블랙홀.

글루온 Gluon : 강력을 매개하는 입자. 강한 상호작용에서 메신저 역할을 함.

균일 진동 Uniform vibration : 형태의 변화 없이 진행하는 끈의 전체적인 운동상태.

끈 String : 끈이론의 가장 기본단위를 이루는 1차원의 물체.

끈결합상수 String coupling constant : 하나의 끈이 둘로 나뉘거나 두개의 끈이 하나로 합쳐지는 사건의 발생 확률을 나타내는 양수. 각각의 끈이론들은 나름대로의 끈결합상수를 갖고 있으며 이 값은 이론에서 주어진 방정식에 의해 결정됨. 그러나 아직은 방정식에 대한 이해가 부족하여 이로부터 유용한 정보를 얻어내지 못하고 있음. 섭동적 방법이 의미를 가지려면 끈결합상수가 1 보다 작아야 함.

끈 모드 String mode : 끈이 가질 수 있는 가능한 상태 진동 모드, 감긴 모드

끈이론 String theory : 끈이라 불리는 작은 1차원적 물체가 자연의 근본 물질이라는 가정에서 출발한 일종의 통일장이론. 미시세계를 다루는 양자역학과 거시세계를 다루는 일반상대성이론을 조화롭게 통합한 이론으로서, 초끈이론 이라고도 불림.

뉴턴의 만유인력의 법칙 Newton's universal theory of gravity : 두 물체사이의 인력은 두 물체의 질량의 곱에 비례하고 두 물체사이의 거리의 제곱에 반비례한다는 중력 이론. 후에 아인슈타인의 일반상대성이론으로 대체됨.

뉴턴의 운동법칙 Newton's laws of motion : 시간과 공간이 불변이고 절대적이라는 개념에서 물체의 운동을 기술한 법칙. 아인슈타인이 특수상대성이론을 발견하기 전까지는 이 법칙이 지배적이었음.

다중 - 도넛 Multi-doughnut, Multi-handled doughnut : 도넛 형태를 일반화토러스시킨 도형. 하나 이상의 구멍을 갖는 다양체.

다중우주 Multiverse : 우리가 살고있는 우주를 이론적으로 확장한 개념. 우리의 우주는 이미 존재하고 있는 수많은 우주중 하나라고 주장함.

다중차원 구멍 Multidimensional hole : 도넛의 구멍을 고차원으로 확장시킨 개념.

대응축 Big crunch : 현재의 팽창하는 우주가 어느 날 팽창을 멈추어 모든 공간과 모든 물질이 다시 합쳐 뭉쳐지게 되는 과정, 대폭발의 역과정을 미래에 겪게 된다는 하나의 가설.

대칭성 Symmetry : 어떤 특정한 방법으로 물리계를 변화시켜도 바뀌지 않는 물리량

이 존재하는 상황. 예를 들어, 구 sphere는 어떤 방향으로 회전을 시켜도 외형이 변하지 않으므로 회전 대칭성을 가짐.

대칭성의 붕괴 Symmetry breaking : 물리계의 대칭성이 줄어드는 현상. 일반적으로 이런 경우에는 상전이phase transition가 나타남.

대통일 이론 Grand unification : 중력을 제외한 세 가지 힘을 하나의 이론체계로 통일시킨 이론.

대폭발 Big bang : 150억 년 전에 막대한 에너지와 밀도를 가진 응축체가 폭발하면서 팽창하는 우주가 탄생되었다고 주장하는 이론. 현재 학계에서 정설로 받아들여지고 있음.

W 보존 W boson : 약 게이지 보존 참조.

등가원리 Principle of equivalence : 일반상대성이론의 핵심이 되는 원리. 관찰영역이 충분히 작을 때 중력장에 의한 효과와 가속운동에 의한 효과가 구별 불가능하다는 것을 의미함. 모든 관찰자는 자신의 운동상태에 상관없이 자신이 설정한 좌표계를 정지계로 간주할 수 있으며, 따라서 가속운동은 적절한 크기의 중력장으로 대치될 수 있음.

라플라스의 결정론 Laplacian determinism : 임의의 한 순간의 우주 전체의 상태를 완전히 알 수 있다면 우주의 모든 과거와 미래를 알 수 있다는 논리.

로렌츠 수축 Lorentz contraction : 특수 상대성이론의 결과로 나타나는 현상 중의 하나로서, 움직이는 물체가 움직이는 방향 쪽으로 길이가 줄어드는 현상.

리만 기하학 Riemannian geometry : 임의의 차원의 구부러진 구조를 표현하는 수학적 방법. 일반상대성이론의 시공간을 묘사하는데 중요한 역할을 함.

만물의 이론 T. O. E. Theory of Everything : 모든 물질과 모든 힘을 포함하는 양자역학적 이론.

무한대 Infinities : 점입자이론의 체계 속에서 일반상대성이론과 양자역학을 동시에 고려하여 무언가를 계산할 때 흔히 나타나는 비상식적인 결과.

매개 입자 Messenger particle : 역장 force field을 매개하는 입자의 총칭. 힘을 전달하는 미시적 메신저.

맥스웰의 이론, 맥스웰의 전자기학 이론 Maxwell's theory, Maxwell's electromagnetic theory : 1880년경 맥스웰에 의해 완성된 전기력과 자기력의 통합 이론. 전자기장의 개념에 기초를 두고 있으며 가시광선이 전자기파의 일종임을 입증하였음.

반물질 Antimatter : 중력장에서는 보통의 물질과 같은 속성을 보이지만 전기전하를 비롯한 힘전하가 보통 물질과 반대인 물질.

반입자 Antiparticle : 반물질 참조

발생론적 원리 Anthropic principle : 우주가 지금과 같은 모습을 띠고 있는 이유를 설명해주는 원리로서, 우주를 관찰할 수 있는 생명체가 '거기에' 있기 때문에 우주가 지금의 모습으로 보인다고 주장함.

보존 Boson : 정수의 스핀을 갖는 입자 혹은 진동하는 끈. 일반적으로 매개입자가 여기에 해당됨.

보존 끈이론 Bosonic string theory : 보존boson형 진동 형태만 고려한 초기의 끈이론.

BPS **상태** BPS state : 대칭성만으로 상태를 결정하는 초대칭 이론의 구성요소

복사 Radiation : 입자나 파동에 의해 방출되는 에너지.

불확정성 원리 Uncertainty principle : 하이젠베르그가 발견한 양자역학의 기본원리로서, 물체의 위치와 속도를 동시에 정확하게 측정할 수 없다는 원리. 미시세계로 갈수록 이 효과는 더욱 크게 나타나며, 입자와 장field은 불확정성 원리에 따라 끊임없이 요동치고 있음. 진공 중에서 일어나는 양자요동 quantum fluctuation도 불확정성 원리의 결과임.

브레인 Brane : 끈이론에서의 확장된 임의의 물체 1-브레인은 끈, 2-브레인은 표면, 3-브레인은 확장된 3차원의 물체이며, 일반적으로는 p-브레인은 p개의 공간 차원을 갖는 물체임.

블랙홀 Black hole : 막대한 중력장으로 사건지평선event horizon 안에 들어온 모든 것 심지어는 빛까지도 빨아들이는 물체.

블랙홀 엔트로피 Black-hole entropy : 블랙홀에 내재되어 있는 엔트로피

비섭동적 Nonperturbative : 근사적인 섭동 계산의 타당성 여부에 상관없이 독립적으로 존재하는 이론의 성질.

3-**브레인** Three-brane : 브레인 참조

사건지평선 Event horizon : 블랙홀의 주변에 존재하는 일방통행, 한번만 통과할 수 있는 표면. 이 지점을 통과하면 블랙홀의 강력한 중력에 잡혀 탈출이 불가능함.

3**차원 구면** Three-dimensional sphere : 구면 참조

상대론적 양자장 이론 Relativistic quantum field theory : 양자역학과 특수상대성이론

이 함께 고려된 장이론.

상대성 원리 Principle of relativity : 특수상대성이론의 핵심이 되는 원리. 서로에 대하여 등속 운동을 하고 있는 모든 관찰자는 동일한 물리 법칙을 겪으며 등속 운동을 하고 있는 모든 관찰자는 자신의 좌표계를 정지계로 간주할 수 있음. 이 원리를 일반화한 것이 등가원리임.

상 변화(상전이) Phase transition : 하나의 상태에서 다른 상태로 물리계가 변하는 현상.

섭동이론 Perturbation theory : 풀기 어려운 문제의 근사적인 해답을 찾기 위해 먼저 하나의 답을 가정해놓고 단계적으로 값을 수정해 가는 방법.

섭동적 접근, 섭동적 방법 Perturbative approach, Perturbative method : 섭동 이론 참조

속도 Velocity : 운동하는 물체의 방향과 속력.

슈바르츠쉴트 해 Schwarzchild solution : 물질이 구형으로 분포되어 있는 공간에 대한 일반상대성이론 방정식의 해. 이로부터 블랙홀의 존재가 예견되었음.

슈뢰딩거 방정식 Shrödinger equation : 양자 역학에서 확률파의 진행을 결정해주는 방정식.

스핀 Spin : 양자역학에서 주로 쓰이는 용어이며 입자가 본질적으로 갖고 있는 불변의 양으로서 정수나 반정수에 플랑크 상수가 곱해진 값을 가짐.

시간 지연 Time dilation : 특수상대성이론으로부터 유도된 결과 중의 하나. 움직이는 관찰자에게 시간의 흐름이 지연되는 현상.

시공간 Spacetime : 특수상대성이론에 의해 통합된 시간과 공간을 합쳐서 부르는 이름. 우주를 이루는 가장 근본적인 물리량으로서, 우주 내의 모든 사건들이 일어나는 무대.

시공간 거품 Spacetime foam : 점입자 이론으로 초미세 영역을 서술할 때 시공간이 심하게 뒤틀리고 격렬하게 요동하는 현상. 양자역학과 일반상대성이론이 상충되는 근본적인 이유이며, 최근에 끈이론이 이 문제를 해결하였음.

11차원 초중력 Eleven-dimensional supergravity : 1970년대에 개발된 고차원의 초중력 이론. 당시에는 별다른 주목을 끌지 못하다가 최근 들어 끈이론의 중요한 부분임이 알려짐.

약력, 약핵력 Weak force, Weak nuclear force : 자연계에 존재하는 4가지의 기본 힘들 중 하나로서, 방사능 붕괴에서 나타남.

약 게이지 보존 Weak gauge boson : 약력을 매개하는 입자W 또는 Z 보존.
약 게이지 대칭성 Weak gauge symmetry : 약력의 게이지 대칭성.
약결합 Weakly coupled : 결합상수가 1보다 작은 끈이론.
약전자 이론 Electroweak theory : 약력과 전자기력을 하나의 통일된 체계 안에서 서술하는 상대론적 양자장이론.
양자 거품 Quantum foam : 시공간 거품 참조
양자 기하학 Quantum geometry : 리만 기하학을 양자역학에 맞게 변형시킨 기하학. 양자적 효과가 중요해지는 초미세 공간의 물리를 정확하게 기술하기 위해 도입됨.
양성자 Proton : 양(+)의 전하를 가진 입자. 세 개의 쿼크, 두개의 up - 쿼크와 한 개의 down - 쿼크로 이루어져 있으며, 중성자와 함께 원자핵을 이루고 있음.
양자 Quanta : 양자역학의 법칙에 의해 임의의 물리량이 가질 수 있는 최소단위를 통칭하는 용어. 전자기장의 양자는 광자임.
양자 밀실공포증 Quantum claustrophobia : 양자 요동 참조
양자색역학 Quantum chromodynamics ; QCD : 강력과 쿼크에 특수상대론적 효과를 고려한 상대론적 양자장이론.
양자 요동 Quantum fluctuation : 불확정성 원리에 의해 미시세계에서 일어나는 불안정한 현상.
양자약전기이론 Quantum electroweak theory : 약전기 이론 참조
양자역학 Quantum mechanics : 불확정성의 원리, 양자 요동, 파동 - 입자 이중성 등의 생소한 물리 현상을 설명하는 이론체계. 미시세계의 원자나 소립자들의 운영방식을 지배하는 역학원리.
양자장이론 Quantum field theory : 상대론적 양자장 이론 참조
양자적 결정론 Quantum determinism : 임의의 한 순간의 주어진 물리계의 양자적 상태를 완전하게 알 수 있으면 그 물리계의 모든 과거와 모든 미래의 양자적 상태를 알 수 있다는 논리. 그러나 단지 확률만을 알 수 있음.
양자전기역학 Quantum electrodynamics ; QED : 전자기력과 전자에 특수상대론적 효과를 고려하여 만들어진 상대론적 양자장이론.
양자 중력 Quantum gravity : 양자역학과 일반상대성이론을 통합한 중력이론의 통칭. 끈이론은 양자 중력 이론의 한 예라고 할 수 있음.
양자 터널링 Quantum tunneling : 뉴턴의 고전 물리법칙으로는 도저히 투과할 수 없

는 장벽을 통과하여 벽의 건너편에서 물체가 발견되는 양자역학적 현상.

ATB : 폭발 후After The Big Bang의 약어로서, 일반적으로 '대폭발 이후에 경과한 시간'의 의미로 사용됨.

엔트로피 Entropy : 물리계의 무질서도를 나타내는 양. 계의 외형을 바꾸지 않은 채로 구성성분을 재배열시킬 수 있는 경우의 수.

M-이론 M-theory : 끈이론의 제 2차 혁명기를 거치면서 기존의 끈이론들을 단일논리체계로 통합한 새로운 이론. 11차원의 시공간을 주장하고 있으며, 아직은 그 정체가 완전하게 규명되지 않았음.

역수 Reciprocal : 해당 숫자와 곱한 결과가 1이 되는 수. 예를 들어 3의 역수는 1/3, 1/2의 역수는 2임.

0차원 구면 Zero-dimensional sphere : 구면 참조

열린 끈 Open string : 두 끝이 자유로운 끈.

열역학 Thermodynamics : 19세기에 발전된 물리학의 한 분야. 열과 일, 에너지, 엔트로피 등이 교환되는 물리계를 다룸.

열역학 제2법칙 Second law of thermodynamics : 엔트로피 entropy:무질서도의 총량은 항상 증가한다는 열역학의 법칙.

우주 배경 복사 Cosmic microwave background radiation : 150억 년 전 대폭발 때 탄생하여 아직도 우주공간을 여행하고 있는 마이크로 복사파.

우주 상수 Cosmological constant : 정적인 우주 static universe를 고려하기 위해 일반상대성이론의 방정식에 도입된 상수로서, 진공중의 에너지 밀도를 의미함.

원자 Atom : 물질의 근본 구성단위로서 원자핵을 구성하고 있는 양성자와 중성자, 그리고 그 주위를 돌고 있는 전자로 이루어짐.

원자핵 Nucleus : 양성자와 중성자로 이루어진 원자의 중심부.

월드시트 World-sheet : 움직이는 끈의 궤적에 의해 형성되는 2차원 표면.

웜홀 Wormhole : 우주의 서로 다른 영역으로 연결된 튜브 모양의 통로.

이중성, 이중성대칭 Duality, Duality symmetry : 두 개 이상의 전혀 다른 이론이 완전하게 동일한 물리적 결과를 주는 상황.

위상 Phase : 물질이 취할 수 있는 여러 가지 상태들 중 하나, 고체상태, 액체상태, 기체상태. 일반적으로는 온도, 끈결합상수, 시공간의 형태 등에 의해 좌우되는 물리계의 특정 상태를 나타내는데 사용됨.

위상 변화 전이 Topology changing transition : 찢거나 구멍을 뚫어서 위상 topology 을 바꾸는 변환.

위상적 상이 Topologically distinct : 외형을 변화시켜서 찢거나 뚫는 방법은 제외하고 서로 같아질 수 없는 두 개의 도형.

위상수학 Topology : 연속적인 변형으로 일치될 수 있는 도형들을 같은 부류로 간주하는 기하학의 한 분야.

2-브레인 Two-brane : 브레인 참조

2차원 구면 Two-dimensional sphere : 구면 참조

인플레이션, 인플레이션 우주론 Inflation, Inflationary cosmology : 표준 대폭발 이론에서 시작점을 수정한 이론. 우주탄생 초기에 막대한 팽창이 순식간에 일어났음을 주장함.

1-고리 과정 One-loop process : 섭동론적으로 가상 쌍 virtual pair을 이루는 끈 또는 점입자 이론에서의 입자에 의한 기여도를 계산하는 과정.

입자 가속기 Particle accelerator : 빛의 속도에 가깝게 입자를 가속시켜 물질과 충돌시킴으로써 물질의 내부구조를 탐색하는 장치.

일반상대성이론 General relativity : 아인슈타인의 중력이론. 시공간이 중력과 상호작용하여, 그 결과가 시공간의 곡률로 나타남.

입자물리학의 표준모델 Standard model of particle physics, Standard model, Standard theory : 중력을 제외한 세 가지 힘의 작용원리를 설명하는 이론. 약전기 이론과 양자색역학이 효과적으로 통합된 형태임.

입자족 Families : 3가지 무리로 분류된 입자들의 집합

장, 역장 Field, Force field : 거시적인 관점에서 힘이 전달되는 수단. 장이 존재하는 공간 속의 모든 점들은 고유한 힘의 크기와 방향을 갖고 있다.

전자 Electron : 음 전하를 가진 입자. 일반적으로 원자핵 주위를 돌고 있음.

전자기력 Electromagnetic force : 네 가지 기본 힘의 하나로 전기력과 자기력을 통합한 힘.

전자기장 Electromagnetic field : 전자기력에 의한 장으로서, 공간상의 각 점들은 전기 또는 자기력선으로 표시됨.

전자기적 게이지 대칭성 Electromagnetic gauge symmetry : 양자전기역학 QED하에서의 게이지 대칭성.

전자기파 Electromagnetic wave : 전자기장 내에 존재하는 파동형태의 교란. 모든 전자기파가 시광선, X선, 적외선 등 빛의 속도로 움직임.

전자기파 복사 Electromagnetic radiation : 전자기파에 의한 에너지

전하 Charge : 힘 – 전하 참조

절대 영도 Absolute zero : 가능한 가장 낮은 온도로서 대략 섭씨 영하 273도 또는 절대 온도 0도.

Z 보존 Z boson : 약 게이지 보존 참조

중력 Gravitational force : 자연계에 존재하는 네 가지 기본 힘 중 가장 약한 힘으로서, 뉴턴의 중력 이론과 아인슈타인의 일반상대성이론에 의해 서술됨.

중력자 Graviton : 중력을 매개하는 입자. 중력적 상호작용에서 메신저 역할을 함.

지평선 문제 Horizon problem : 공간적으로 매우 멀리 떨어져 있는 두 지점이 거의 동일한 성질, 온도 등을 갖고 있다는 것은 우주의 수수께끼이며, 인플레이션 inflation 우주론이 해결책을 줌.

질량 없는 블랙홀 Massless black hole : 끈이론이 예견한 블랙홀의 일종. 처음에는 큰 질량을 갖는 블랙홀이었다가 칼라비–야우 공간이 한 점으로 수축되면서 질량을 모두 잃어버림. 이 경우 사건지평선 event horizon같은 블랙홀의 성질은 더 이상 명확하게 나타나지 않음.

중성미자 Neutrino : 약력에만 작용하는 입자. 전기적으로 중성임.

중성자 Neutron : 일반적으로 원자핵에서 발견되는 전기적으로 중성인 입자. 세 개의 쿼크, 두개의 다운–쿼크와 한 개의 업–쿼크로 구성됨.

진동수 Frequency : 1초에 파가 주기를 반복한 수.

진동 모드 Vibrational mode : 진동 무늬 참조

진동 패턴 Vibrational pattern : 끈의 진동상태를 정의하는 특성. 진동수와 진폭 등으로 대표됨.

진동수 Vibration number : 균일진동 상태에 있는 끈의 에너지를 나타내는 정수.

진폭 Amplitude : 파의 꼭대기와 바닥 사이의 높이.

차원 Dimension : 공간 또는 시공간에서 독립적인 축이나 방향의 수. 우리에게 익숙한 공간은 3차원, 왼쪽–오른쪽, 앞–뒤, 상–하이며, 시공간은 4차원, 즉 3차원 공간 + 1차원 시간으로 이루어짐. 초끈이론은 부가적인 공간 차원을 필요로 한다.

초기 조건 Initial condition : 물리계의 시작 상태를 기술하는 조건들.

초끈이론 Superstring theory : 초대칭성이 적용된 끈이론.

초끈이론의 제2혁명 Second superstring revolution : 1995년경 비섭동적 방법이 개발되면서 끈이론에 급속한 발전이 이루어진 기간.

초미세 Ultramicroscopic : 길이의 단위로는 플랑크 길이보다 짧은 길이의 영역을 뜻하며, 시간 단위로는 플랑크 시간보다 짧은 시간간격을 의미함.

초대칭 Supersymmetry : 정수의 스핀을 갖는 보존 boson 입자와 반정수의 스핀을 갖는 페르미온 fermion 입자사이에 존재하는 대칭성 원리.

초대칭짝 Superpartner : 초대칭성에 의해 한 입자와 짝을 이루는 또 다른 입자. 스핀이 1/2 만큼 차이가 남.

초대칭 양자장이론 Supersymmetric quantum field theory : 초대칭성이 적용된 양자장이론.

초대칭 표준 모형 Supersymmetric standard model : 초대칭성이 적용된 입자 물리학 표준모형의 일반화로서, 각 입자는 초대칭짝이 있어야 하므로 이미 알려진 기본 입자 종류의 두 배가 존재한다고 가정해야 함.

초중력 Supergravity : 일반상대성론과 초대칭이론을 결합한 점-입자 이론의 통칭.

카이럴, 카이럴리티 Chiral, Chirality : 좌-우를 구별하는 입자물리학의 기본적 성질. 우주에 좌-우 대칭성이 존재하지 않을 수도 있다는 것을 보여주고 있음.

칼라비-야우 공간, 칼라비-야우 도형 Calabi-Yau space, Calabi-Yau shape : 끈이론이 예견한 여분의 차원으로, 확장된 공간차원, 기존의 3차원 공간의 내부에 특수한 형태로 감겨져 있음. 이론의 방정식에 부합되는 성질을 가짐.

칼루자-클라인 이론 Kaluza-Klein theory : 양자역학과 함께 여분의 차원을 고려한 이론의 통칭.

켈빈 Kelvin : 절대 영도부터 값을 매겨 만든 온도의 척도.

코니폴드 변환 Conifold transition : 스스로 찢어지고 복구되면서 진화를 겪는 칼라비-야우 공간의 진화모델. 끈이론에 의해 정설로 인정됨. 찢어짐 조건은 플럽 변환보다 더 엄격함.

쿼크 Quark : 강력을 통해 상호 작용하는 입자. 여섯 가지의 다양성 up, down, charm, strange, top, bottom과 세 가지의 색 red, green, blue 중 하나를 가짐.

클라인-고든 방정식 Klein-Gordon equation : 상대론적 양자장이론의 기초가 되는 방정식.

타입 I 끈이론 Type I string theory : 열린 끈과 닫힌 끈을 모두 허용하는 초끈이론.

타입 IIA 끈이론 Type IIA string theory : 다섯 개의 끈이론 중 하나. 좌 - 우 대칭성을 갖는 닫힌 끈을 기본단위로 함.

타입 IIB 끈이론 Type IIB string theory : 다섯 개의 끈이론 중 하나. 좌 - 우 대칭성을 갖지 않는 닫힌 끈을 기본단위로 함.

타키온 Tachyon : 질량의 제곱이 음의 값을 갖는 입자로서, 현존하는 이론과 일반적으로 상충됨.

토러스 Torus : 도넛의 이차원 표면.

특수상대성이론 Special relativity : 중력이 없는 경우의 시간과 공간에 대한 아인슈타인의 법칙. 일반상대성이론 참조

특이점 Singularity : 공간 또는 시공간의 구조가 파열된 지점. 수학적으로 다루는 것이 불가능함.

파동함수 Wave function : 양자역학의 기초를 이루는 확률파.

파동 - 입자 이중성 Wave - particle duality : 양자역학의 기본적 성질로서, 모든 물체는 파동적 성질과 입자적 성질을 모두 갖고 있음.

파인만의 경로총합 Feynman sum - over - path : 경로총합 참조

파장 Wavelength : 파동의 두 마루 peak사이의 거리.

페르미온 Fermion : 반정수1/2, 3/2, …의 스핀을 갖는 입자 또는 진동하는 끈. 일반적으로 물질 입자가 여기에 해당된다.

평면 Flat : 유클리드 기하학에서 정의한 면 상태의 일종. 완전히 매끈한 탁자의 표면 같은 상태로서, 고차원에서도 일반화 됨.

표준 우주론 모형 Standard model of cosmology : 입자물리학의 표준모델에 입각하여 우주의 탄생, 빅뱅과 전자기력, 약력 및 강력을 설명하는 이론.

플랑크 길이 Planck length : 대략 10^{-33}센티미터. 시공간 구조에서 양자 요동이 일어나는 범위 이하의 길이이며 끈이론의 일반적인 끈의 크기를 의미함.

플랑크 상수 Planck constant : 양자역학의 기본을 이루는 상수이며 $\hbar$로 표기됨. 미시세계의 불연속적 단위에너지, 질량, 스핀 등을 결정해 줌. 대략적인 값은 $1.05 \times 10^{-27} g \cdot cm/sec$.

플랑크 시간 Planck time : 빅뱅 이후에 우주가 대략 플랑크 길이 정도로 커질 때까지 흐른 시간. 더 정확하게는 빛이 플랑크 길이만큼 진행하는 데 걸리는 시간. 대략

10^{-43}초 정도.

플랑크 압력 Planck tension : 끈이 갖고 있는 일반적인 장력. 대략 10^{39}톤 정도.

플랑크 에너지 Planck energy : 대략 $1,000\ kw\cdot h$ 에 해당되는 에너지로서, 플랑크 길이정도의 초단거리를 측정하기 위해 요구되는 에너지. 진동하는 끈이 갖는 일반적인 에너지.

플랑크 질량 Planck mass : 대략 중성자의 100억 배의 10억 배에 해당되는 질량 약 $10^{-5}g$정도. 일반적으로 진동하는 끈의 질량과 같음.

던 시기.

플럽 변환 Flop transition : 찢어졌다가 스스로 복구되는 칼라비 - 야우 공간의 변환과정. 이 과정에서 물리적 재난은 발생하지 않음.

확장된 차원 Extended dimension : 우리에게 익숙한 공간 또는 시공간, 감겨진 차원과 구별하기 위해 붙여진 이름.

헤테로틱 - O 끈이론, 헤테로틱 O32 끈이론 Heterotic - O string theory, Heterotic O32 string theory : 다섯 개의 초끈이론 중 하나. 오른쪽 진동패턴은 Type II 끈과 같고 왼쪽진동패턴은 보존형 끈bosonic string과 일치함. Heterotic-E 끈이론과 미묘한 차이를 가짐.

헤테로틱 - E 끈이론, 헤테로틱 끈이론 Heterotic - E string theory, Heterotic string theory : 다섯 개의 초끈이론 중 하나. 오른쪽 진동패턴은 Type II 끈과 같고 왼쪽 진동패턴은 보존형 끈 bosonic string과 일치함. Heterotic - O 끈이론과 미묘한 차이를 가짐.

힘전하 Force charge : 한 입자가 특정한 힘에 의해 영향 받는 정도를 나타내는 양. 전자기력의 경우 입자의 힘전하는 전기전하임.

| 역자후기 |

"자연의 법칙은 신의 의도에 얼마나 부합되는가?"

이것은 우리의 선조 과학자들이 새로운 이론의 진위여부를 검증할 때 흔히 떠올리는 질문이었다. 그들은 신학적 논리를 바탕으로 신의 창조의도를 나름대로 이해하고 있었지만 그 의도에 따라 만들어진 '자연'을 체계적으로 이해하지 못했기 때문에 "자연은 이러이러하다"라는 식의 나열형 설명보다는 "자연은 이러이러해야 한다"는 종교적, 또는 신학적 인과율에 의한 필연성을 더욱 중요하게 취급했었다. 현대과학에서는 신의 입지가 과거보다 형편없이 좁아지긴 했지만, 필연성에 연연하는 비과학적 습성(역자가 보기에는)은 여러 세대를 거치면서 면면히 전수되어 지금도 그 흔적이 곳곳에 남아있다. 물론 지금은 이러한 잣대로 과학이론의 진위여부를 판별하는 사람은 없다. 그러나 과학적 검증을 이미 통과한 이론에 최후의 날개를 달아주는 수단으로서 '필연성'과 '당위성'은 여전히 그 영향력을 유지하고 있는 것이 사실이다.

그러나, 양자전기역학 QED을 완성하여 노벨 물리학상을 수상했던 파인만 Richard. Feynman은 자연을 설명하는 논리 자체가 일반적으로 인간의 이해력을 벗어나 있음을 지적하면서, 양자역학이 제아무리 기이하다 해도 그것이 실험적 결과를 잘 설명해준다면 우리는 이 우주 자체가 원래부터 터무니없이 황당한 존재라는 것을 현실로 받아들여야 한다고 강조하였다.

두말할 것도 없이, 파인만의 주장은 위에서 언급한 '창조의 의도'와 정면으로 상충된다. 자연의 질서 속에 숨어있는 창조의 의도를 인간의 지적 능력으로 이해하는 것이 과연 불가능한 일일까? 우리가 알고 있는 자연의 법칙들은 과연 실체의 그림자에 불과한 것일까? 만일 그렇다면, 우리는 그림자를 발견한 것만으로 만족해야 할 만큼 미개한 존재인가?

자연과학에는 다수결이라는 개념이 있을 수 없다. 과학의 첨단은 항상 극소수의 천재들에 의해 이끌어져 왔다. 그러므로 이론 속에 담겨있는 수학이 제아무리 아름답고 그로부터 창조의 당위성이 제아무리 절실하게 느껴진다 해도, 그것은 어디까지나 소수 학자들의 전유물일 뿐, 우리에게는 가장 최종적인 결과만이 어설프게 전달될 수밖에 없다. 그러나 어설픈 결과만을 알고 있는 우리들은 위에서 언급한 파인만의 주장을 납득할 수 없다. 우리를 설득할만한 중간과정이 모두 생략되었기 때문이다. 게다가 그 결과라는 것이 우리의 고정관념과 너무나도 큰 차이를 보이기 때문에 창조의 의도를 짐작할 수도 없다. 결국 우리는 피카소의 추상화를 불편한 마음으로 감상하듯이 과학이론을 그렇게 대하는 수밖에 없는 것이다. 한 가지 다행스러운 것은, 물리학 이론에는 미술작품과 같은 주관성이 철저하게 배제되어 있다는 점이다. 그래서 누군가가 중간에 생략된 과정을 우리에게 논리적으로 이해시킬 수만 있다면 우리는 창조의 의도까지는 가지 않더라도 파인만식의 이해는 도모할 수 있다. 그 생략된 과정을 일상적인 언어로 우리에게 전달해주는 것이 바로 교양과학서적의 역할일 것이다.

이 책의 주제는 물리학자들도 결코 다루기 쉽지 않은 최첨단의 이론물리학 — 끈이론/M-이론이다. 여기에는 현대물리학의 기초를 떠받치고 있는 두 개의 기둥, 즉 양자역학과 상대성이론을 필두로 하여 초대칭이론, 입자물리학, 양자장이론, 초중력이론, 우주론, 리만 기하학, 위상수학 등 난해하기로 소문난 최첨단의 수학과 물리학이 망라되어 있다. 이렇게 복잡하기 그지없는 물리학 이론을 일상적인 언어로 풀어낸다는 것은 낙엽이 흩날리는 스산한 가을풍경을 수학으로 납득시키는 것만큼이나 어려운 일이다. 그래서 끈이론은 세간의 이목을 끌기 시작한 지 17년이 넘었음에도 불구하고 다른 이론들처럼 대중화를 이루지 못하고 있었다. 그러나 Brian Greene의 섬세한 필체로 완성된 이 한 권의 책에 의해, 이제 끈이론은 상아탑의 전유물에서 벗어나 만인에게 통용되는 우주의 진리로 새로운 자리 매김을 눈앞에 두게 되었다.

1986년, 역자는 박사과정에 진학하면서 끈이론과 첫 대면을 했었다. 당시 이론물리학의 최대 화누는 자연계의 네 가시 힘들을 하나의 체계로 통일시키는 대통일이론 (GUT, Grand Unified Theory)이었는데, 그동안 학자들을 끊임없이 괴롭혀왔던 중력의 양자화문제를 끈이론이 해결했다는 이유 하나 때문에 끈이론에 대한 기대가 다소 도를 지나쳤던 것이 사실이었다. 당시의 동료 학생들은 수시로 쏟아져 나오는 첨단의 논문을 소화하는데 급급하여 기초를 쌓을 여유가 거의 없었으며, "왜 하필 끈이론인가?"라는 질문을 심각하게 던져볼 여유도 없었다. 만물의 이론 (T.O.E. Theory of Everything)이 탄생하는 역사적 순간의 증인이 되기 위해, 그저 기계처럼 논문을 읽고 있을 뿐이었다.

그러나 지금은 사정이 많이 달라졌다. 초기의 흥분은 차분하게 가라앉았고 끈이론의 2차 혁명기를 거치면서 논리 체계가 더욱 구체화되어, 교과서에 실어도 무리가 없을 만큼 매끈하게 정리되었다. 아직은 실험적으로 확인할 수 있는 물리량을 계산해내지 못했기 때문에 이론의 진위여부는 미지로 남아있지만, 우주가 지금과 같은 모습으로 진화할 수밖에 없었던 필연성을 우리에게 납득시킬 수 있는 역사상 최초의 이론으로서 부동의 입지를 굳히고 있다.

만일 미래의 어느 날 끈이론이 틀렸다는 결론이 내려진다 해도, 물리학의 역사가 증명하듯이 그 아이디어만은 끝까지 살아남아서 궁극의 이론을 구축하는데 커다란 역할을 하게 될 것이다. 그러므로 지금은 이론의 진위여부에 연연할 것이 아니라 끈이론으로 알아낼 수 있는 정보의 양을 극대화시키는데 전력을 기울여야 할 때이다. 물론 이 일은 최첨단에서 이론의 향방을 결정하고 있는 학자들의 몫이다. 그러나 이 역사적인 시점에서 경기를 관전하고 있는 관중들의 역할도 결코 무시할 수는 없다. 극소수의 전유물로 머문 과학이론이 성공을 거둔 예는 단 한 번도 없었다. 이 점에서 볼 때, 이 책은 "끈이론의 제3차 대중혁명기"를 선도할 선봉장으로서 손색이 없다. 독자들은 이 책을 덮으면서, 일반대중의 상식이 최첨단의 과학이론에 이렇게까지 근접할 수 있는 시대를 살고 있음에 자긍심을 느끼게 될 것이다.

2002년 1월
박병철

INDEX

ㄱ

가속운동 58, 59, 80, 83, 102, 105~10, 114, 116, 124, 204, 261,

가상의 끈 쌍 419~23

간섭 171, 174, 181, 182, 184, 194, 201

감긴 차원

감긴 끈 350~1, 356, 361, 369~70

감김모드 350, 362, 446

감김에너지 352, ~5, 357~8, 367, 369

감김수 351, 356~60, 362

강력 192, 200~7, 217~20, 222, 270~5, 301~4, 438, 454, 495, 498, 517, 527~8, 543

거리 32, 46, 52, 65~9, 72, 74, 75, 85~89, 115, 121, 128, 136, 149~151, 179, 203, 211, 269~74, 284~5, 297, 343~4, 347, 364, ~70, 381~2, 393, 396, 416, 439, 463, 478, 480~1, 484, 491, 500~3, 513, 534, 539

거울 다양체 376, 392

거울대칭 377~80, 388~385, 401~2, 428

게이지 대칭 204, 206, 262, 428, 527~8, 538

결정론 179, 482~4, 519

고차원 초중력이론 303

공간 22, 24~26, 46, 49, 51, 53, 55, 65, 68, 4, 88~91, 95, 100~2, 106, 113, 114, 116~126, 138, 140, 141, 142, 177, 189, 196~9, 207~10, , 216, 217, 241, 243~5, 251, 262, 281~93, 298~9, 302, 304, 306~314, 323~8, 335~8, 342, 346, 349~51, 363~73, 376, 381~32, 438~44, 462~8, 470~2, 474, 486~7, 490, 492, 499, 506, 508~9, 511, 529~34, 537~8, 542~3

공명패턴 219, 227~36, 248, 254, 265, 276~9, 310, 311, 315, 324~6, 328~9, 331, 333, 335, 349, 351, 372, 405, 408, 419, 422

광자 31, 33, 62, 65, 71~6, 91, 127, 161~4, 169, 170~3, 182, 187, 188, 195, 200, 202~204, 229, 240, 247, 248, 253, 264, 267, 351, 367, 470, 477, 491~3, 531

광자시계 71~6, 161

광전효과 158, 160~3, 171, 179

구형 45, 123, 133, 141, 215, 302~3, 306, 371, 388, 458~61, 462~4

균일진동 352~3, 360

그리니치 천문대 132

글루온 33, 202~4, 218, 228, 264, 267
끈이론 23, 26, 37~40, 43~6, 214, 214, 216~32, 235~7, 243~6, 253~5, 258, 265, 268, 275~80, 281, 304~55, 362~80, 384~461, 481, 485, 487, 525~43
끈이론의 제1차 혁명기 221~2, 427
끈이론의 제2차 혁명기 222, 307, 410, 411, 413, 427, 431, 443, 445, 460, 480, 504, 512
끈우주론 372, 541
끈결합상수 422~7, 429~31, 434~7, 441~53, 472, 512~3

ㄴ

뉴턴의 운동법칙 172, 185, 482
뉴턴의 중력이론 94~101, 116, 120, 130, 131, 141, 142, 169
뉴트리노 28~30, 77, 229, 267, 335, 337

ㄷ

다운down-쿼크 28, 30
다중우주 517~20
대수기하학 378
대칭 128, 204~7, 256~7, 260~2, 265~8, 275, 276, 331, 372~4, 431~2, 527~8, 538
대칭성의 붕괴 201, 496~8, 506
대폭발 91, 140, 490
대통일이론 269~70, 280, 583

W 보존 202, 267
등가원리 106, 108, 261, 527~9, 537~8
등속운동 58~60, 71, 73~4, 79, 85, 102, 105, 107~8, 128, 261

ㄹ

리만 기하학 341~7, 370, 381

ㅁ

마이크로 복사파 493
만물의 이론 39~42, 229, 230~1, 254, 317, 412, 516, 540, 543
매개입자 33, 202, 219, 229~30, 253~4, 258, 264, 267, 326, 330, 515, 538
맥스웰의 전자기이론 149, 172, 286, 299
물질 22~5, 25~40, 43, 100~140, 143, 158, 172~8, 189, 197, 199, 202, 216~7, 220, 223~5, 229~30, 238, 240~4, 247, 255, 258, 264, 267, 272, 276, 302, 333, 335, 337, 346~9, 456, 477, 490, 494, 496, 503, 515, 519~20, 538, 543
물질파 172, 174~8, 241
뮤온 29~31, 77~9, 93

ㅂ

반물질 197, 247
반입자 247, 264, 271~2, 333
반쿼크 333
발생원리 519~20
방사능 붕괴 33, 77, 204

베켄스타인-호킹 엔트로피 44, 479
별(항성) 21~2, 56, 96, 129, 131~40, 144, 193, 346~7, 417~8, 423, 491, 494, 515, 520, 542, 544
보존 끈이론 276~7
불확정성원리 186, 189~92, 194~7, 199, 209~10, 234, 235, 241, 353, 365~6
브레인brane 451~2, 468~70, 480, 485, 512
블랙홀 22, 44, 129, 133~8, 194, 337, 384, 411, 455~461, 467~72, 474~87, 520~1, 542
블랙홀 엔트로피 472, 450, 475~81
블랙홀의 온도 478~9
비가환성 기하학 534
BPS 상태 434~5, 450, 480
빅뱅 22, 29, 41, 91, 133, 140, 141, 194, 201, 237, 242, 259, 272, 308, 334~5, 347, 371, 406, 455, 482, 489~94, 498, 500, 503~4, 509, 511, 520, 521, 533, 542
빅뱅후ATB 494~5, 497~8, 500, 503, 506
빛 24, 25, 33, 36, 49~57, 61~9, 76, 79, 82, 86, 90~4, 98~9, 102, 126~7, 130~2, 135, 137, 148, 155~6, 158~74, 182~3, 186~8, 195, 200, 232, 235, 245, 248, 256, 263, 299. 317, 346, 384, 477~8, 492, 500~1, 517

ㅅ

사건지평선 134~7, 384, 474~8, 481, 484, 486, 520
3-브레인brane 413, 456~8, 461, 468~70
상대론적 양자역학 199
상 변화(상전이) 428, 470~1, 496~8
섭동이론 327, 414~24, 431, 434~7, 442~3, 445, 450
소립자 21, 23, 28~31, 40~3, 77, 175, 190, 202, 218, 220, 225~30, 234, 236, 240, 262, 300, 311, 316, 331, 406, 432, 456, 467~8, 470~2, 517
속도 22, 24, 36, 46, 50~9, 61~71, 74~77, 79~81, 85~93, 95, 98, 102, 105~7, 109, 115, 119, 126, 127, 129~30, 133, 137, 159, 162~3, 175~7, 186, 188~92, 194,, 235, 238, 245, 251, 264, 267, 335, 345, 347, 365, 398, 406, 415, 482~3, 496~70
슈뢰딩거 방정식 178, 198, 483
스트레인지strange-쿼크 30
스핀 262~8, 276, 315, 326, 331, 456~7, 538
시간 24~6, 44, 46, 49~55, 65~97, 100, 102, 110, 114~6, 124~30, 136, 138, 140~2, 148, 169, 195, 211, 248~9, 252, 25960, 262, 264, 266, 281, 283, 291~2, 298~301, 307, 309, 317, 323, 364~5, 390~2, 406, 413, 432, 435, 442, 459,

464~6, 483, 486, 489~90, 494~507, 511, 529~38, 542~3

시간지연 499

시공간 24, 26, 43~4, 49, 53, 55, 86, 89, 90, 95, 102, 108, 111, 114, 116, 123, 130~5, 138, 140, 146, 175, 200, 209~11, 217, 237~8, 243~4, 253, 266, 281, 283, 290, 292, 298, 306~7, 314, 338, 342, 344, 348, 363~4, 372, 378, 385, 388, 390, 392, 404, 408, 413, 425, 432, 438~43, 458, 462, 467, 471, 486~7, 505, 529~34, 542

시공간의 곡률 344,

시공간의 왜곡 26, 114, 116, 118~22, 125~8, 131, 133~4, 136, 138, 207

시공간 찢기 462

COBE 493

CERN 217, 273, 373

ㅇ

암흑물질 335, 346

약력 32~5, 39, 197, 200~2, 204~7, 220, 270~5, 301~2, 304, 329, 438, 454, 495, 498, 502, 513, 527~8, 543

약전자력 202

약전자 이론 200

양성자 24, 27~8, 30, 33~8, 97, 204, 217, 229, 234~238, 241, 270, 275, 335, 367, 351, 370, 420. 422

양자 152, 163, 196, 268, 271~80, 305,

370, 372, 490~1, 530, 536

양자거품 208, 210

양자기하학 341~2, 345, 347, 370, 372

양자색역학 200, 218

양자역학 21~3, 26, 37, 39, 43, 49, 142, 145~8, 164, 172, 176~88, 190~211, 214, 220, 233~244, 253~5, 264~6, 268~9, 271, 291, 300~1, 304~6, 319, 337~8, 341, 347, 353, 361, 365, 382, 384~5, 402, 404, 419, 439, 442, 454~5, 457, 492~3, 476~7, 479, 483, 487~8, 494~5, 504, 519, 533, 535~7, 542

양자장이론 198, 204, 207, 220, 246~7, 277, 300, 335, 439, 443, 495

양자전기역학 199~200

양자터널 190, 192, 542

양전자 30, 197, 247~8, 433

입자가속기 77, 93, 217~8, 223, 237~8, 241, 273, 275, 323, 332, 521

업 up-쿼크 28, 30

에너지 25, 28~30, 36, 92~4, 118, 138, 148~63, 171, 173, 187~92, 194, 196~200, 228, 233~237, 241~2, 247, 270~4, 322~4, 329, 334, 336, 351~69, 405, 419, 439, 440, 443, 451, 469, 473~4, 476~7, 481, 484, 488, 450. 492, 495~6, 504, 506, 508, 511, 516, 520

X선 137, 159, 201

엔트로피 44, 472~82

M-이론 46, 407, 412~4, 440, 444~50,

453~5, 512~3, 516, 521, 525, 533~4, 536~7, 539~43
열역학 제2법칙 474~7
연성(계) 64, 423
0-브레인 *brane* 534
오일러 베타함수 217, 218
우라늄 33, 92
우주배경복사 492, 499
우주론 132, 283~4, 302~3, 345, 371~2, 411, 488~90, 495, 498~9, 502~6, 509~12, 514, 516, 519, 521, 541
우주론의 표준모델
우주선 29, 553, 56, 63, 103, 128, 135~6, 260, 363
우주상수 136, 336
우주팽창 139, 501
우주의 기원 455, 488
우주의 크기 138, 211, 367~9, 499, 504~6
운동량 174~5, 190, 196~7, 241, 535
원자 21~3, 27, 32, 34~8, 71, 139, 145, 147, 157~8, 185, 192, 193, 198, 201, 211, 216, 218, 223, 224, 240, 263, 300, 337, 347, 480, 482, 490~1, 494, 518
월드시트 249~50, 403
웜홀 382~4
유클리드 기하학 112~3, 341
은하 21~2, 24, 36, 56, 69, 96, 136, 139~40, 193, 322, 335, 344~7, 432
2-브레인 *brane* 450, 460~1

이중슬릿 실험 164~6, 170~1, 173~4, 180, 182, 185~6, 188
이중성, 듀얼리티 *duality* 172~3, 199, 411, 426~8, 430~1, 436~7, 504, 507
인플레이션 501
일반상대성이론 21~6, 37, 41, 44, 95, 100, 106~8, 116, 121, 125, 128~34, 137~145, 192~7, 204, 206~7, 210~2, 216, 218, 237, 242~5, 254, 256, 261, 278, 280~1, 286, 298, 301~2, 305, 315, 3367, 341~2, 345, 347, 364, 370, 372, 376, 381, 384~5, 428, 438~9, 454~5, 457, 472, 476~7, 479, 486, 489, 504, 516, 528~30, 543, 544
1-브레인 *brane* 450~1
일식 101, 131~2
임계밀도 346~7
입자물리학의 표순모델 202
입자족 30~1, 324~6, 328~9, 373, 376, 405, 538

ㅈ

자외선 159
전자 21, 25, 27~37, 42, 77, 97, 139, 158~63, 170~8, 181~9, 195, ~7, 200, 229, 234, 238, 241, 243, 247~8, 263~4, 267, 271~2, 300, 305, 316, 329, 333, 368, 433, 480~1, 490~2, 517
전자-뉴트리노 29~30, 77
전자기력 32, 33~6, 39~40, 199,

201~7, 220, 270, 272~5, 299, 300~1, 304, 438, 454, 495, 498, 502, 513, 517, 527~31, 540, 543·

전자기장 49~50, 197, 199, 201~3

전자기파 33, 50, 148~51, 154~6, 158~9, 163

전기전하 229, 332, 433, 456, 480, 491

점입자 216~8, 223, 241~8, 252~5, 263, 265, 267~8, 333~5, 344, 349, 352, 402~3, 438~9, 449, 460, 495, 507~8

점입자-양자장이론 198, 204, 207, 220, 246~7, 263, 277~8, 305, 332, 333, 348, 351~2, 365, 402, 495

Z 보존 204, 267

중력 25, ~6, 32~7, 39~41, 96~111, 116, 118, 120~41, 169, 200~12, 219~20, 229~31, 235, 238, 243, 245, 253~66, 268~71, 299~303, 315~6, 319, 326~327, 329, 338, 341~2, 344, 346, 372, 384, 416, 418, 438~9, 455, 476~8, 480, 48, 491, 495, 497, 501, 512~3, 527~8, 531, 533, 538, 542~3

중력자 33~4, 204, 219, 229, 232, 235, 254, 265, 316, 326, 351, 531

중력장 128, 209, 243, 468, 531

중성자별 129, 337

중수소 490, 494

지평선 문제 499, 501~3, 511

진동수 *vibration number* 40, 149~50, 155~6, 159~63, 171, 173, 187~8, 195,

356~60, 362

진폭 149~51, 167, 176, 188, 268, 233~4

질량 22, 25, 29~36, 40, 56, 64, 92~5, 97, 99, 107~8, 118, 120~122, 126, 129, 133~8, 173, 175, 190, 194~7, 200, 202, 207, 209, 220, 228, 230, 234~7, 260, 26~5, 270, 274, 276, 300, 310~1, 315~6, 323~37, 349, 351, 360, 362, 366, 367, 369, 371~2, 378, 384, 400, 402, 405~6, 408, 416, 424, 432~76, 450~2, 457, 469~70, 475, 478~81, 484, 487, 517, 519, 520, 539~40

ㅊ

차원 26, 44, 88~93, 118, 125, 250, 279, 281~310, 312~5, 324~7, 329, 333, 343, 348, 351~2, 363, 367, 371, 373, 375, 378, 404, 409, 425, 428, 435, 439, 441, 444, 447, 449, 450, 452, 459, 462~4, 466, 468~70, 472, 509, 512~3, 515, 517, 530, 533~4, 539, 543

참 *charm*-쿼크 30

초대칭 258, 265~70, 273~9, 303~4, 330~4, 408, 432~4, 438~9, 450, 454, 528, 538~9

초대칭 양자장이론 277

초대칭짝 265~7, 269, 275, 331, 539

초끈이론 23~4, 26, 212, 215, 216, 221~2, 258, 277~9, 316, 488

초중력 303, 438~40, 443, 448~9, 451,

525

ㅋ

카이럴리티 *chirality*

칼라비-야우 공간(도형) 312~4, 323~30, 373~80, 385~92, 397~401, 404~5, 408, 428, 458~60, 462, 464~5, 467~72, 509, 512~3, 515

칼루자-클라인 이론 291, 300~1, 352, 454

코니폴드 변환 467, 469~71, 509

쿼크 21, 23,, 28~31, 33, 36~7, 40, 42, 204~6, 234~5, 267, 333, 335, 480~1, 490, 517, 540

퀘이사 137, 492

클라인-고든 방정식 483

ㅌ

타입-I 끈이론 408, 409, 412, 435~7, 440, 447~9

타입-IIA 끈이론 408, 412, 437, 440, 446, 448~9

타입-IIB 끈이론 408, 412, 437, 440, 446, 448~9

타키온 94, 276~8

탑*top*-쿼크 29, 30~1, 235

토러스 303, 306, 324, 464

통일장이론 23, 39, 237, 304, 407~9

특수상대성이론 25, 51~4, 56, 61, 70, 77, 79, 85~8, 95, 98~100, 102, 106,
109, 114~5, 124~7, 130, 133, 141~2, 145, 173, 198~9, 210, 228, 245~6, 261, 281~2, 337, 451, 529

특이점 384~5, 457, 486~7

ㅍ

파동함수 178, 180, 184, 190, 194, 483~4, 535, 542

파동-입자의 이중성 172~3, 199

파장 137, 149, 150~1, 155, 157, 174~5, 187~8, 227~8, 241

페르미온 269, 276, 279

평면공간

표준 우주모델

플랑크 길이 211~2, 216, 223, 225, 233, 238, 241~4, 253, 272, 291, 322~3, 334, 342, 347~8, 351~2, 356, 361~4, 366~7, 369~71, 490, 495, 497~8, 502~4, 506, 534

플랑크 상수 49, 156, 161, 174~5, 190, 192, 211

플랑크 시간 490, 495, 497~8, 502~4, 506

플랑크 에너지 234~5, 237, 329, 358, 361, 443, 495, 521

플랑크 장력 232~3

플랑크 질량 234, 237, 270, 334, 451, 457

플립변환 386, 388~94, 396~8, 402, 462, 467

p-브레인*brane* 450

ㅎ
핵력 32, 36
핵융합 36, 92, 346, 480, 494, 502, 518
핵자 28, 36, 217~8
헤테로틱-O 끈이론 408, 412, 437, 440, 441, 447~9
헤테로틱-E 끈이론 408, 412, 437, 440~3, 446~9
호스형 우주 292, 295, 349, 352~6, 360~3
혼돈이론 42
홀로그래피 원리
확률 176~84, 190~4, 199, 245, 305~6, 319, 404, 423, 442, 478, 483, 507~8, 516, 535, 542
확장된 차원 533
회전대칭 262, 266
힘입자 325~6
힘전하 202, 206, 220, 228, 230, 265, 311, 331, 349, 360~2, 372, 378, 408, 424, 431, 433, 450, 456~7, 469, 475